下冊

工程數學
Engineering Mathematics

陳焜燦、陳緯　編著

東華書局

國家圖書館出版品預行編目資料

工程數學／陳焜燦,陳緯編著 初版.臺北市：臺灣東華, 民99.09-民99.10
　　冊；公分

ISBN 978-957-483-621-5 (上冊：平裝). --
ISBN 978-957-483-635-2 (下冊：平裝)

1. 工程數學

440.11　　　　　　　　　　　　　99016833

版權所有・翻印必究

中華民國一〇〇年元月初版

工程數學 下冊

（外埠酌加運費匯費）

編著者　陳　焜　燦・陳　　　緯
發行人　卓　　劉　　慶　　弟
出版者　臺灣東華書局股份有限公司
　　　　臺北市重慶南路一段一四七號三樓
　　　　電話：（02）2311-4027
　　　　傳眞：（02）2311-6615
　　　　郵撥：0 0 0 6 4 8 1 3
　　　　網址：http://www.tunghua.com.tw

行政院新聞局登記證　局版臺業字第零柒貳伍號

編著者序

本書主要特色與目標：

　　工程數學的內容包含了七大領域：常微分方程式、拉氏變換、Fouier 分析、偏微分方程式、向量分析、矩陣理論與複變函數等，一般大學都安排一學年的課程，六學分的時間要講完這些內容，也只能蜻蜓點水式的帶過，同樣地，一本書五、六百頁，想要將這些領域內之精華，全部埋入於字裡行間，更是恨「紙短情長」。因此，對作者而言，如何用最精煉的文筆，將整個工程數學的重要內容作最大化之書寫，對讀者而言，如何用最有效的思考，將整個工程數學的重要內容作最容易之吸收，這才是目前最重要的工作。

　　因此，作者集二十餘載的學習心得與教學驗證，發現一個蠻有效率之學習方法，可應用於大學課程上之學習，必能在預定的時間內，達到令你驚奇的學習效率。本書的書寫也是照著這個概念堆砌而成，利用數學歸納法之技巧，將觀念一氣呵成的從簡而繁，從內而外，貫穿於全書，使學員易於抓重點，提綱挈領，增加學習效率。

　　工程數學的七大領域，若是視為個自獨立領域，則先念那一個領域，效率都一樣，須花七倍時間，方能完成的學習效果，若是善用本書數學歸納法之技巧，先將觀念一氣呵成的從簡而繁，從內而外，貫穿於全書，則只需三、四倍的時間就可達到同樣效果，甚至你會感覺到持久不忘。

　　同時，在學習完這些重要定義、定理之後，再練習解題技巧，才能很邏輯是的引經據典，享受逐步推導答案的過程，也就更能體會答題技巧，此時你才會體會到什麼叫做「詳細寫出其計算過程，否則不給分」，因為題目中都常會出現之字眼。

本書的範例安排、習題之精選，作者是希望至少能達到下列三大心願：

「以最少的題目，涵蓋最多常考題型之經典範例為主」。

「以最精簡的概念，去解最常見題目之精粹解法」。

「以最少時間之演練，達到最大解題的範圍」。

希望本書的安排，得到你的眷顧，若能將本書的缺失與謬誤，告訴我們，同時能將你的學習經驗，與我們分享，那是我們最大的安慰。

陳焜燦、陳緯　謹識（2010 夏）

工程數學

目錄

第十九章　純量函數之三重積分與曲面積分

第一節　純量積分學種類 1
第二節　單重定積分 2
第三節　直接雙重積分學 3
第四節　變換積分次序 5
第五節　極座標變換 10
第六節　任意座標變換 14
第七節　卡氏座標三重積分 19
第八節　圓柱座標三重積分 20
第九節　球座標三重積分 23
第十節　體積之計算 27
第十一節　曲面積分之定義 31
第十二節　直接曲面積分：投影法 32
第十三節　直接曲面積分：曲面參數法 41
　考題集錦 49

第二十章　Gauss 散度定理

第一節　Gauss 散度定理 53
第二節　散度定理(非封閉曲面積分) 71
第三節　平面角 (含奇異點之 Plane Green 定理) 76
第四節　立體角 (含奇異點之散度定理) 78
第五節　梯度定理 81
第六節　旋度定理 83
第七節　Green 第一恆等式 86

第八節　Green 第二恆等式 90
考題集錦 92

第二十一章

第一節　(純量)線積分概論 97
第二節　平面曲線之切線與法線向量 99
第三節　平面線段積分之計算 101
第四節　平面路徑無關線積分 101
第五節　平面線段積分之直接計算 105
第六節　平面 Green 定理 110
第七節　橢圓面積 124
第八節　含奇異點之正圓圍線積分-直接積分 127
第九節　含奇異點之任意形狀圍線積分-變形成正圓 129
第十節　平面 Green 定理之切線式或 2D Stoke 定理 143
第十一節　平面 Green 定理法線式或 2-D Gauss 定理 145
第十二節　Green 定理延伸至 3-D Gauss 與 Stoke 定理 149
考題集錦 150

第二十二章　三維線積分與 Stoke 定理

第一節　3-D 線積分路徑無關 155
第二節　3-D 線段直接積分 160
第三節　3-D Stoke 定理 167
第四節　3-D Stoke 定理(分量展開) 170
考題集錦 179

第二十三章　矩陣與行列式

第一節　概論 183
第二節　矩陣定義 184
第三節　常見矩陣 185
第四節　矩陣加法運算 189
第五節　矩陣純量乘法運算 189
第六節　矩陣乘矩陣運算 190

第七節	矩陣轉置運算	196
第八節	矩陣之跡（Trace）	199
第九節	基本列運算	204
第十節	基本行運算	205
第十一節	基本行列矩陣之定義	206
第十二節	等效（等價）基本行列運算	211
第十三節	同義變換（Equivalent transform）	213
第十四節	行列式之定義	217
第十五節	行列式之子式	218
第十六節	行列式之展開法（一）拉氏展開法	220
第十七節	行列式之基本定理	226
第十八節	簡易行列式之直接計算	236
第十九節	保值運算	239
第二十節	保值運算法(高階行列式)	241
第二十一節	矩陣分割之行列式值展開	247
考題集錦		254

第二十四章　反矩陣

第一節	反矩陣定義	257
第二節	反矩陣基本特性	259
第三節	伴隨矩陣定義	263
第四節	反矩陣之伴隨矩陣法	266
第五節	同義變換法或基本列運算法	268
第六節	分割矩陣之反矩陣	271
考題集錦		278

第二十五章　聯立代數方程組

第一節	線性聯立代數方程組概論	283
第二節	線性非齊性聯立代數方程組解之判定	284
第三節	最簡列梯形矩陣	288
第四節	Gauss 消去法	290
第五節	Gauss-Jordon 消去法	292
第六節	Cramer's 法則	294

第七節　反矩陣法 299
　　第八節　矩陣之 LU 分解 301
　　第九節　LU 分解法 303
　　🔖 考題集錦 306

第二十六章　矩陣之特徵值問題

　　第一節　概論 309
　　第二節　特徵值定義 311
　　第三節　三階矩陣之特徵方程式中根與係數之關係 ... 313
　　第四節　三階矩陣之特徵方程式中根與矩陣之關係 ... 315
　　第五節　矩陣特徵向量之特性 320
　　第六節　對稱矩陣之特徵值特性 325
　　第七節　非對稱矩陣之(一般)轉換矩陣 335
　　🔖 考題集錦 344

第二十七章　矩陣之對角化與喬登化

　　第一節　特徵值之化簡 349
　　第二節　對角化之定義 351
　　第三節　廣義特徵向量之定義 366
　　第四節　非對稱矩陣之喬登化(一) 375
　　🔖 考題集錦 387

第二十八章　矩陣函數與二次式

　　第一節　概論 391
　　第二節　矩陣代數式函數定義 392
　　第三節　矩陣超越函數 396
　　第四節　對角化法求矩陣函數 397
　　第五節　喬登化法求矩陣函數 411
　　第六節　Cayley-Hamilton 定理 417
　　第七節　矩陣最低次多項式函數 431
　　第八節　矩陣方程式(對角化法) 439
　　第九節　雙線式 (Bilinear Form) 與二次式 447

- 第十節　二次式 (Quadratic Form) 定義 450
- 第十一節　二次式 (Quadratic Form) 化簡 452
- 考題集錦 460

第二十九章　一階聯立常微分方程式

- 第一節　線性系統概論 463
- 第二節　線性系統定義 464
- 第三節　變數消去法 465
- 第四節　拉氏變換法 470
- 第五節　對角化法 476
- 第六節　喬登化法 485
- 第七節　一階聯立 ODE(五)基本矩陣法 493
- 第八節　一階非齊性聯立 ODE(一)逆運算法 495
- 第九節　一階非齊性聯立 ODE(二)參數變更法 500
- 考題集錦 506

第三十章　複數運算

- 第一節　概論 511
- 第二節　複數運算法則 512
- 第三節　複變數 514
- 第四節　複變數之 Euler 公式 523
- 第五節　複變數 DeMoivre 定理 526
- 第六節　複變數冪函數與開方根 528
- 第七節　二次方程式所有根求解 533
- 考題集錦 537

第三十一章　Riemann-Cauchy 定理

- 第一節　複變函數定義 539
- 第二節　複變函數極限定義 540
- 第三節　解析函數之定義 545
- 第四節　Cauchy-Riemann 公式 549

第五節	複變函數之微分	562
第六節	解析函數特性	568
考題集錦		576

第三十二章　複變基本解析函數

第一節	複變數多項式解析函數	577
第二節	基本指數函數	578
第三節	基本解析函數（二）雙曲線函數	580
第四節	基本解析函數（三）三角函數定義	584
第五節	三角函數與雙曲線關係	594
第六節	對數函數定義	596
考題集錦		600

第三十三章　Cauchy 積分定理與均值定理

第一節	複數積分	603
第二節	複變函數平面 Green 定理	610
第三節	Cauchy-Goursat 積分定理	613
第四節	積分路徑無關或變形原理	614
第五節	Cauchy 積分式	615
第六節	Cauchy 積分通式	619
第七節	Gauss 均值定理	622
第八節	Cauchy 不等式	622
第九節	最大模數定理	624
第十節	最小模數定理	625
第十一節	Liouville 定理	625
第十二節	Gauss 代數基本定理	626
第十三節	Rouche 定理	628
考題集錦		635

第三十四章　複數級數與殘數計算

| 第一節 | 複數 Taylor 級數 (在解析點展開) | 637 |
| 第二節 | 複數 Laurent 級數(在奇異點展開) | 643 |

第三節　利用 Laurent 級數定義殘數 654
第四節　奇異點之分類 663
第五節　奇異點之分類(一)孤立奇異點或極點之種類 664
第六節　奇異點之分類(四)無窮遠處之極點 665
　考題集錦 672

第三十五章　殘數定理

第一節　殘數定理 675
第二節　殘數定理（Lauren 級數法） 676
第三節　殘數定理之計算(六)在無窮遠之極點 700
第四節　在零點之殘數 703
　考題集錦 710

第三十六章　殘數定理之應用求瑕積分

第一節　三角函數積分(單位圓複變積分) 715
第二節　有理式實變函數積分 722
第三節　傅立葉變換積分式之計算 735
第四節　避點積分式（Indented Contour） 751
第五節　含分支線之圍線積分式 755
　考題集錦 764

附錄　工程數學(下)習題簡答 767

第十九章
純量函數之三重積分與曲面積分

第一節　純量積分學種類

在完整研討向量函數之積分學之前，必須先將純量函數之各種積分類型，作一熟習，然後才能舉一反三，應用自如。因為所有向量函數之積分式，都須利用向量之運算規則代入，化成純量函數之積分式，然後再進行實際積分計算。

所有純量函數之積分式，大致上可分成下列三大積分：

1. 線積分 (Line Integral)：

    (1) 平面線積分 (Plane Line Integral)：$\int_C Pdx + Qdy$

    (2) 空間線積分 (Space Line Integral)：$\int_C Pdx + Qdy + Rdz$

2. 面積分 (Surface Integral)：

    (1) 平面積分 (Plane Integral)：$\iint_R f(x,y)dA$

    (2) 曲面積分 (Surface Integral)：$\iint_S f(x,y,z)dS$

3. 體積分 (Volume Integral)：$\iiint_V f(x,y,z)dV$

以這些積分式為基礎，接著再介紹各種積分式間之積分轉換定理，同時，再繼續介紹這些積分式在三大常用座標系統間之轉換與計算。這是向量積分學中之主要內容。

第二節　單重定積分

　　以上各類型之積分計算，都可從最簡單的單重定積分式之計算開始，然後逐步延伸至所有多重積分之計算。

　　已知純量函數 $y = f(x)$，其定積分之定義如下：

$$\lim_{n \to \infty} \sum_{i=1}^{n} f(x_i) \Delta x_i = \int_a^b f(x)dx \qquad (1)$$

物理意義之一：當 $y = f(x) \geq 0$，則上式積分式可視為平面曲線下，x 軸以上，$[a,b]$ 區間內之面積。

上式之計算可利用微積分基本定理求，亦即：

已知函數 $y = f(x)$ 定義在區間 $[a,b]$ 內為連續函數，且 $\dfrac{d}{dx}F(x) = f(x)$，則

$$\int_a^b f(x)dx = F(b) - F(a) \qquad (2)$$

其中　　$F(x)$ 為 $f(x)$ 不定積分。

　　接著，再將單重定積分，延伸去計算雙變數函數之定積分，稱雙重積分 (Double Integral)，定義如下：

$$\lim_{n \to \infty} \sum_{i=1}^{n} f(x_i, y_i) \Delta x_i \Delta y_i = \iint_R f(x, y)dxdy \qquad (3)$$

物理意義：上述雙重積分可視為空間曲面 $z = f(x, y) > 0$ 下，xy 平面以上，R 區域內所圍之體積。

第三節　直接雙重積分學

當雙變數函數 $f(x,y)$ 在 R 內 C 上為連續函數時，可依序先對 x 單重定積分，接著再對 y 單重定積分，最後求得雙重積分其解，此種類型，稱為可直接雙重積分型。其整理如下：

已知雙重平面積分

$$\iint_R f(x,y)dA = \iint_R f(x,y)dxdy$$

其值之計算技巧如下：

1. 先對 y 積分，此時為區間 dy 之長度為 zdy，代入得

$$\int_{y_1}^{y_2} f(x,y)dy = \int_{f_1(x)}^{f_2(x)} f(x,y)dy$$

2. 再積 x，從 $x=a$ 積至 $x=b$，代入雙重積分式得

$$\iint_R f(x,y)ddy = \int_a^b \left(\int_{f_1(x)}^{f_2(x)} f(x,y)dy \right) dx \tag{4}$$

同理，

1. 亦可先對 x 積分，此時微區間之長度為

$$\int_{x_1}^{x_2} f(x,y)dx = \int_{f_1(y)}^{f_2(y)} f(x,y)dx$$

2. 再積 y，從 $y=c$ 積至 $y=d$，代入雙重積分式得

$$\iint_R f(x,y)dxdy = \int_c^d \left(\int_{f_1(y)}^{f_2(y)} f(x,y)dx \right) dy$$

上式內項積分式，可直接利用單重定積分積出其答案者，稱之為可直接積分型。

上述積分次序無關的特性，須保證 $f(x,y)$ 在積分區域 R 內及邊界 C 上為

連續函數。

範例 01

Evaluate $\int_0^\pi \int_0^{\cos y} (x\sin y)dxdy$.

解答：

直接先對 x 積　　$\int_0^\pi \int_0^{\cos y} (x\sin y)dxdy = \int_0^\pi \sin y\left[\left(\frac{x^2}{2}\right)_0^{\cos y}\right]dy$

或　　$\int_0^\pi \int_0^{\cos y} (x\sin y)dxdy = \frac{1}{2}\int_0^\pi (\cos^2 y \sin y)dy$

或　　$\int_0^\pi \int_0^{\cos y} (x\sin y)dxdy = \frac{1}{2}\int_0^\pi \cos^2 y\, d(-\cos y)$

再對 y 積　　$\int_0^\pi \int_0^{\cos y} (x\sin y)dxdy = \frac{1}{2}\left(-\frac{\cos^3 y}{3}\right)_0^\pi = \frac{1}{3}$

範例 02：積分上下限

$D = \iint_R 2y^2 \sin xy\, dA$；其中 R 為平面上由 $(0,0)$、$(2,2)$、$(0,2)$ 三點所圍成之三角形區域，則 $D = $ ____ 。

解答：

$$D = \iint_R 2y^2 \sin xy\, dA = \int_0^2 \left(\int_0^y (2y^2 \sin xy)dx\right)dy$$

積分得　　$D = \int_0^2 (-2y\cos(xy))_0^y\, dy = \int_0^2 (1-\cos(y^2))2y\, dy$

得　　$D = (y^2 - \sin(y^2))\Big|_0^2 = 4 - \sin 4$

第四節　變換積分次序

當一雙重積分式，其中 $f(x,y)$ 在積分區域 R 內及邊界 C 上為連續函數，列如下式：

$$\iint_R f(x,y)dxdy = \int_c^d \left(\int_{f_1(y)}^{f_2(y)} f(x,y)dx \right) dy$$

上式內項積分式，無法直接利用單重定積分積出其答案者，此時須變換 x、y 之積分次序，改列如下式

$$\iint_R f(x,y)dxdy = \int_a^b \left(\int_{g_1(x)}^{g_2(x)} f(x,y)dy \right) dx \tag{5}$$

此時內項積分式，應可直接利用單重定積分積出其答案者，之後對 x 也可直接積分者，稱此型為變換積分次序型。

若上述變換積分次序後，仍無法求得其單重定積分時，須考慮進行座標轉換，以利求解。

範例 03

> Consider the following iterated integral $\int_0^4 \left(\int_{y^{\frac{3}{2}}}^8 y^2 \sin(x^3) dx \right) dy$ Graph the region D of integration and then evaluate the integral. (8%)

　　　　　　　　　　　　　　　　　　　　　　　　　　　　　　台大轉 A

解答：

變換積分次序

$$\int_0^4 \left(\int_{y^{\frac{3}{2}}}^8 y^2 \sin(x^3) dx \right) dy = \int_0^8 \left(\sin(x^3) \int_0^{x^{\frac{2}{3}}} y^2 dy \right) dx$$

$$\int_0^4 \left(\int_{y^{\frac{3}{2}}}^8 y^2 \sin(x^3) dx \right) dy = \int_0^8 \sin(x^3) \left(\frac{y^3}{3} \right)_0^{x^{\frac{2}{3}}} dx = \int_0^8 \sin(x^3) \left(\frac{x^2}{3} \right) dx$$

其中積分區域如下：

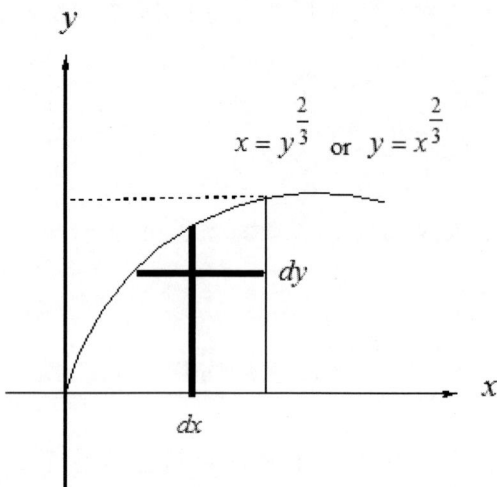

積分
$$\int_0^4 \left(\int_{y^{\frac{3}{2}}}^8 y^2 \sin(x^3) dx \right) dy = \frac{1}{9} \int_0^8 \sin(x^3) d(x^3) = \frac{1}{9} \left(-\cos(x^3) \right)_0^8$$

或
$$\int_0^4 \left(\int_{y^{\frac{3}{2}}}^8 y^2 \sin(x^3) dx \right) dy = \frac{1 - \cos(8^3)}{9}$$

範例 04

$$\int_0^1 \int_{2x}^2 \frac{\sin y}{y} dy dx$$

成大材工所

解答：

變換積分次序
$$\int_0^1 \int_{2x}^2 \frac{\sin y}{y} dy dx = \int_0^2 \left(\int_0^{\frac{y}{2}} \frac{\sin y}{y} dx \right) dy$$

其中積分區域如下：

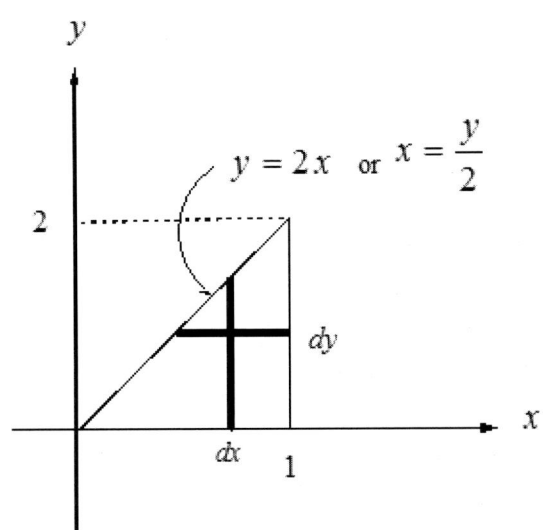

先對 x 積分　　原式 $= \int_0^2 \left(\dfrac{\sin y}{y} \cdot \dfrac{y}{2} \right) dy = \dfrac{1}{2} \int_0^2 \sin y \, dy$

再對 y 積分　　原式 $= \dfrac{1}{2}(-\cos y)_0^2 = \dfrac{1}{2}(1 - \cos 2)$

範例 05

$$\int_0^1 \int_y^1 y e^{-x^3} dx dy$$

交大工工所

解答：

變換積分次序　　$\int_0^1 \int_y^1 y e^{-x^3} dx dy = \int_0^1 \left(e^{-x^3} \int_0^x y \, dy \right) dx$

先對 y 積分　　$\int_0^1 \int_y^1 y e^{-x^3} dx dy = \int_0^1 e^{-x^3} \left(\dfrac{y^2}{2} \right)_0^x dx = \int_0^1 e^{-x^3} \left(\dfrac{x^2}{2} \right) dx$

再對 x 積分，令 $u = x^3$，$du = 3x^2 dx$，代入得

$$\int_0^1 \int_y^1 y e^{-x^3} dx dy = \frac{1}{6}\int_0^1 (e^{-u}) du = \frac{1}{6}(1-e^{-1})$$

範例 06

$$\int_0^6 \left(\int_{\frac{y+2}{2}}^4 f(x,y)dx\right)dy + \int_{-3}^0 \left(\int_{1-y}^4 f(x,y)dx\right)dy = \int_C^4 \left(\int_B^A f(x,y)dy\right)dx \text{,求} A, B, C$$

中央太空所

解答：

首先畫出原積分式 $\int_0^6 \left(\int_{\frac{y+2}{2}}^4 f(x,y)dx\right)dy + \int_{-3}^0 \left(\int_{1-y}^4 f(x,y)dx\right)dy$

之積分區域為下列三條曲線：$y=1-x$，$y=2x-2$ 及 $x=4$，所圍三角形區域，

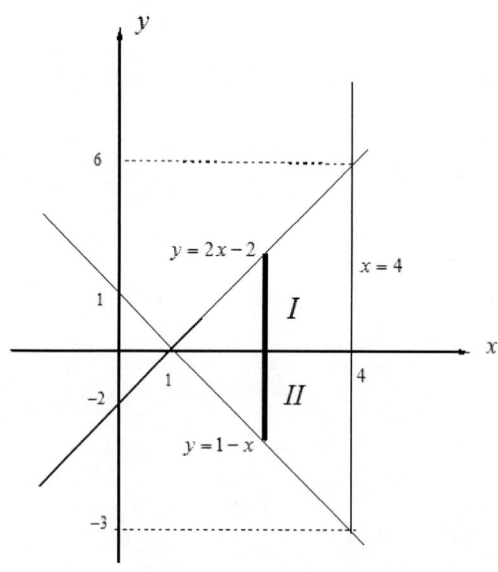

故積分次序對調後之積分上下限為

$$\int_0^6 \left(\int_{\frac{y+2}{2}}^4 f(x,y)dx\right)dy + \int_{-3}^0 \left(\int_{1-y}^4 f(x,y)dx\right)dy = \int_1^4 \left(\int_{1-x}^{2x-2} f(x,y)dy\right)dx$$

範例 07

求積分

(1) $\int_0^\infty \int_a^b e^{-xy} dx dy$

(2) $\int_0^\infty \dfrac{e^{-ay} - e^{-by}}{y} dy$

(3) $\int_0^\infty \dfrac{\sin x}{x} dx$

交大運輸所

解答：

(1) $\int_0^\infty \int_a^b e^{-xy} dx dy = \int_a^b \left(\int_0^\infty e^{-xy} dy \right) dx$

$\int_0^\infty \int_a^b e^{-xy} dx dy = \int_a^b \left(-\dfrac{1}{x} e^{-xy} \right)_0^\infty dx = \int_a^b \dfrac{1}{x} dx$

$\int_0^\infty \int_a^b e^{-xy} dx dy = \ln \dfrac{b}{a}$

(2) 【方法一】

$\int_0^\infty \dfrac{e^{-ay} - e^{-by}}{y} dy = \int_0^\infty \int_a^b e^{-xy} dx dy = \int_a^b \int_0^\infty e^{-xy} dy dx$

得 $\int_0^\infty \dfrac{e^{-ay} - e^{-by}}{y} dy = \ln \dfrac{b}{a}$

【方法二】

$\int_0^\infty \dfrac{e^{-ay} - e^{-by}}{y} dy = \int_0^\infty L\left[e^{-at} - e^{-bt} \right] ds = \int_0^\infty \left[\dfrac{1}{s+a} - \dfrac{1}{s+b} \right] ds$

$$\int_0^\infty \frac{e^{-ay}-e^{-by}}{y}dy = \ln\left(\frac{S+a}{s+b}\right)_0^\infty = \ln\left(\frac{b}{a}\right)$$

(3) $\int_0^\infty \frac{\sin x}{x}dx = \int_0^\infty L[\sin t]ds = \int_0^\infty \frac{1}{s^2+1}ds = \left(\tan^{-1} s\right)_0^\infty = \frac{\pi}{2}$

範例 08

$$\int_0^1 \frac{x^b - x^a}{\ln x}dx$$

解答：

因 $\int_a^b x^y dy = \left(\frac{x^y}{\ln x}\right)_a^b = \frac{x^b - x^a}{\ln x}$

$$\int_0^1 \frac{x^b - x^a}{\ln x}dx = \int_0^1 \left(\int_a^b x^y dy\right)dx$$

變換積分次序

$$\int_0^1 \int_a^b x^y dy dx = \int_a^b \left(\int_0^1 x^y dx\right)dy = \int_a^b \left(\frac{x^{y+1}}{y+1}\right)_0^1 dy = \int_a^b \left(\frac{1}{y+1}\right)dy$$

$$\int_0^1 \int_a^b x^y dy dx = \int_a^b \left(\frac{1}{y+1}\right)dy = [\ln(y+1)]_a^b = \ln\left(\frac{b+1}{a+1}\right)$$

第五節　極座標變換

已知雙重定積分式

$$\iint_R f(x,y)dxdy$$

上式積分式都無法直接利用卡氏座標系統內之 x 變數或 y 變數之單重積分求得其值時，此時就須考慮轉換座標系統，看看能否化到其可定積分之類型為止。

其中有一種常見類型，可藉極座標轉換求得，整理如下：

已知函數 $f(x, y)$ 內含有 $x^2 + y^2$ 項，即

$$\iint_R f(x, y) dxdy = \iint_R f(x^2 + y^2) dxdy \qquad (6)$$

而且無法直接對 x、y 積分，此時可利用極座標轉換，令

$x = r\cos\theta$、$y = r\sin\theta$

消去變數 r，得 $x^2 + y^2 = r^2$，此時微面積轉換公式如

$dA = dx \cdot dy = rd\theta \cdot dr = rdrd\theta$

或

$dA = dx \cdot dy = J \cdot drd\theta = rdrd\theta$

【註】可利用下節定義之 Jacobian 因子定義式

$$J = \frac{\partial(x, y)}{\partial(r, \theta)} = \begin{vmatrix} \frac{\partial x}{\partial r} & \frac{\partial x}{\partial \theta} \\ \frac{\partial y}{\partial r} & \frac{\partial y}{\partial \theta} \end{vmatrix} = \begin{vmatrix} \cos\theta & -r\sin\theta \\ \sin\theta & r\cos\theta \end{vmatrix} = r$$

代回原雙重積分式，得

$$\int_c^d \left(\int_{f_1(y)}^{f_2(y)} f(x^2 + y^2) dx \right) dy = \int_\alpha^\beta \left(\int_{f_1(\theta)}^{f_2(\theta)} f(r^2) rdr \right) d\theta \qquad (7)$$

上式內項積分式，可直接利用單重定積分積出其答案者，則稱之為極座標轉換型。

此種雙重積分，當積分區域 R 為圓形區域 $(x^2 + y^2 \leq a^2)$ 或扇形區域者，也可利用極座標轉換式如下：

$$\iint_R f(x,y)dxdy = \iint_{x^2+y^2 \le a^2} f(x,y)dxdy = \int_0^{2\pi} \left(\int_0^a f(r\cos\theta, r\sin\theta) r\, dr \right) d\theta$$

範例 09：速算法

Evaluate the double integral $\iint_R f(x,y)dxdy$，where $f(x,y) = \cos(x^2+y^2)$，$R: x^2+y^2 \le \dfrac{\pi}{2}$，$x \ge 0$

清大電機所丙

解答：

已知 $\quad\iint_R f(x,y)dA = \iint_R \cos(x^2+y^2)dydx$

令變數變換 $x = r\cos\vartheta$，$y = r\sin\vartheta$，$dxdy = r\,dr\,d\vartheta$

代入得 原式 $= \iint_R \cos(x^2+y^2)dydx = \int_{-\frac{\pi}{2}}^{\frac{\pi}{2}} \left(\int_0^{\sqrt{\frac{\pi}{2}}} \cos(r^2) r\,dr \right) d\vartheta$

其中積分區域 $R: x^2+y^2 \le \dfrac{\pi}{2}$，$x \ge 0$，只有右半圓。

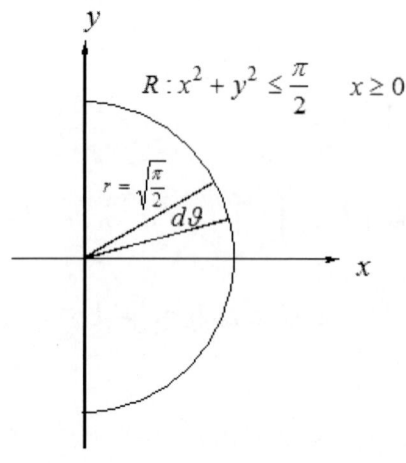

先對 r 積分　　原式 $= 2\int_0^{\frac{\pi}{2}} \left(\frac{1}{2}\sin(r^2)\right)\Big|_0^{\sqrt{\frac{\pi}{2}}} d\vartheta = \int_0^{\frac{\pi}{2}} d\vartheta$

再對 ϑ 積分　　原式 $= \int_0^{\frac{\pi}{2}} d\vartheta = \frac{\pi}{2}$

範例 10

$$\int_{-\infty}^{\infty} e^{-x^2} dx$$

成大材工所、交大電物所

解答：

令　　　　　$I = \int_{-\infty}^{\infty} e^{-x^2} dx$

及　　　　　$I = \int_{-\infty}^{\infty} e^{-y^2} dy$

相乘積，得　$I^2 = \left(\int_{-\infty}^{\infty} e^{-x^2} dx\right) \cdot \left(\int_{-\infty}^{\infty} e^{-y^2} dy\right) = \int_{-\infty}^{\infty}\int_{-\infty}^{\infty} e^{-(x^2+y^2)} dxdy$

極座標轉換，即令變數變換 $x = r\cos\vartheta$，$y = r\sin\vartheta$，$dxdy = rdrd\vartheta$

得　　　　　$I^2 = \int_0^{2\pi} \left(\int_0^{\infty} e^{-r^2} rdr\right) d\theta$

先對 r 積分　$I^2 = \frac{1}{2}\int_0^{2\pi} d\theta$

再對 ϑ 積分　$I^2 = \frac{1}{2}\int_0^{2\pi} d\theta = \pi$

開方　　　　$I = \sqrt{\pi}$

故得　　　　$\int_{-\infty}^{\infty} e^{-x^2} dx = \sqrt{\pi}$

第六節　任意座標變換

已知雙重定積分式

$$\iint_R f(x,y)dxdy$$

上式積分式都無法直接利用卡氏座標系統內之 x 變數或 y 變數之單重積分求得其值，同時也無法利用極座標轉換求得時，此時就須考慮轉換座標系統，看看能否化到其可定積分之類型為止。

已知已知雙重定積分式

$$\iint_R f(x,y)dxdy$$

令任意座標轉換 (u,v) 系統，亦即，令

$$u = u(x,y)，及 v = v(x,y)$$

將上式化成 u、v 之雙重積分式

$$\iint_R f(x,y)dxdy = \iint_R F(u,u)|J|dudv \qquad (8)$$

此兩式之轉換率計算步驟，介紹如下：

1. 首先設定新舊變數間關係式。

   令 $u = u(x,y)$，及 $v = v(x,y)$
   或 $x = g(u,v)$；$y = h(u,v)$

2. 接著新變數之微分取代舊變數之微分。

   即 $dudv$ 取代 $dxdy$

3. 新變數之積分項內再乘上一 Jacobian 因子。

Jacobian 因子定義：

$$J = \frac{\partial(x,y)}{\partial(u,v)} = \begin{vmatrix} \frac{\partial x}{\partial u} & \frac{\partial x}{\partial v} \\ \frac{\partial y}{\partial u} & \frac{\partial y}{\partial v} \end{vmatrix}$$

4. 最後重新設定新變數之積分上下限（須同一積分區域）。

   代回原雙重積分式，得新變換式如下：

$$\iint_R f(x,y)dxdy = \iint_R f(g(u,v),h(u,v))J \cdot dudv \qquad (9)$$

範例 11

用 $u = x+y$，$v = y-x$ 之代換，求 $\int_0^{\frac{1}{2}} dx \int_x^{1-x} (x-y)^2 e^{(x+y)^2} dy$. (15%)

解答：

已知 $\int_0^{\frac{1}{2}} dx \int_x^{1-x} (x-y)^2 e^{(x+y)^2} dy = \int_0^{\frac{1}{2}} \int_x^{1-x} (x-y)^2 e^{(x+y)^2} dydx$

令變數變換 $u = x+y$，$v = y-x$。

或 $x = \frac{1}{2}(u-v)$，$y = \frac{1}{2}(u+v)$

Jacobian 值 $J = \frac{\partial(x,y)}{\partial(u,v)} = \begin{vmatrix} \frac{1}{2} & -\frac{1}{2} \\ \frac{1}{2} & \frac{1}{2} \end{vmatrix} = \frac{1}{2}$

代回原積分式 $\int_0^{\frac{1}{2}} dx \int_x^{1-x} (x-y)^2 e^{(x+y)^2} dy = \int_0^1 \left(\int_0^u v^2 e^{u^2} \frac{1}{2} dv \right) du$

積分得 原式 $= \frac{1}{2} \int_0^1 \frac{u^3}{3} e^{u^2} du = \frac{1}{6} \int_0^1 u^2 e^{u^2} u du$

令 $u^2 = w$，$udu = \dfrac{1}{2}dw$

代入得　原式 $= \dfrac{1}{6}\int_0^1 we^w \dfrac{1}{2}dw = \dfrac{1}{12}\left(we^w - e^w\right)\Big|_0^1 = \dfrac{1}{12}$

範例 12

$\iint_R \tan^2(x-y)\sin^2(x+y)dxdy$，其中 R 為 $(\pi,0)$, $(2\pi,\pi)$, $(\pi,2\pi)$ 與 $(0,\pi)$ 所圍平行四邊形區域

台大應力所

解答：

令變數變換 $u = x - y$，$v = x + y$

$$J = \dfrac{\partial(x,y)}{\partial(u,v)} = \dfrac{1}{\dfrac{\partial(u,v)}{\partial(x,y)}} = \dfrac{1}{\begin{vmatrix} 1 & -1 \\ 1 & 1 \end{vmatrix}} = \dfrac{1}{2}$$

代入得

$$\iint_R \tan^2(x-y)\sin^2(x+y)dxdy = \iint_R \tan^2 u \cdot \sin^2 v \, J\,dudv$$

原積分區域：R 為 $(\pi,0)$, $(2\pi,\pi)$, $(\pi,2\pi)$ 與 $(0,\pi)$ 所圍平行四邊形區域表成方程式為 $x + y = \pi$、$x + y = 3\pi$、$x - y = -\pi$ 及 $x - y = \pi$ 所圍平行四邊形區域。

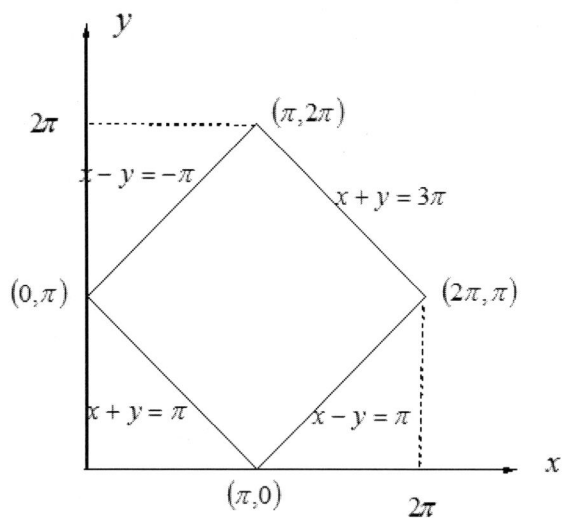

表成新座標為　$v = \pi$、$v = 3\pi$、$u = -\pi$ 及 $u = \pi$

原式得　$\iint_R \tan^2(x-y)\sin^2(x+y)dxdy = \dfrac{1}{2}\int_\pi^{3\pi}\left(\int_{-\pi}^\pi \tan^2 u \cdot \sin^2 v\, du\right)dv$

上式積分中　$\int_{-\pi}^\pi \tan^2 u \cdot du = 2\int_0^\pi \tan^2 u \cdot du = 2\int_0^\pi \dfrac{\sin^2 u}{\cos^2 u} \cdot du$

因分母　$\cos\dfrac{\pi}{2} = 0$，故上式為瑕積分

即　$\int_{-\pi}^\pi \tan^2 u \cdot du = 2\int_0^{\frac{\pi}{2}}(\sec^2 u - 1)du + \int_{\frac{\pi}{2}}^\pi(\sec^2 u - 1)du$

$\int_{-\pi}^\pi \tan^2 u \cdot du = 2\lim_{t\to\frac{\pi}{2}}(\tan u - u\cdot)\big|_0^t + 2\lim_{t\to\frac{\pi}{2}}(\tan u - u \cdot)\big|_t^\pi$

積分不存在。

範例 13　分區積分

Let $F(x,y) = |x+y|$ and $G(x,y) = |x-y|$ Compute the integral

$$\iint_R \left(\frac{\partial F}{\partial x} - \frac{\partial G}{\partial y} \right) dxdy$$

over the area bounded by a circle having a radius of unity (i.e. $r = 1$) and centered at the origin of x-y plane.

清大光電所

解答：

先分區定義

得
$$F(x,y) = |x+y| = \begin{cases} x+y, & x+y > 0 \\ -x-y, & x+y < 0 \end{cases}$$

及
$$G(x,y) = |x-y| = \begin{cases} x-y, & x-y > 0 \\ -x+y, & x-y < 0 \end{cases}$$

再將單位圓 $r = 1$，分成四個區域：R_1、R_2、R_3、R_4

$$\iint_R \left(\frac{\partial F}{\partial x} - \frac{\partial G}{\partial y} \right) dxdy = \iint_{R_1} (2) dxdy + \iint_{R_2} (1-1) dxdy$$
$$+ \iint_{R_1} (-1-1) dxdy + \iint_{R_2} (-1+1) dxdy = 0$$

第七節　卡氏座標三重積分

若三變數函數 $u = f(x, y, z)$，在體積 V 內及邊界 S 上為連續函數，則其三重體積分，定義如下：

$$\lim_{n \to \infty} \sum_{i=1}^{n} f(x_i, y_i, z_i) \Delta x_i \Delta y_i \Delta z_i = \iiint_V f(x, y, z) dV$$

或

$$\iiint_V f(x, y, z) dV = \iiint_V f(x, y, z) dz dy dx$$

其計算技巧，仍是藉著單重定積分之計算次序，逐次計算而得，整理如下：

1. 首先先對 z 積分，即

$$\iiint_V f(x, y, z) dV = \iint_R \left[\int_{f_1(x,y)}^{f_2(x,y)} f(x, y, z) dz \right] dx dy$$

2. 再利用雙重積分之技巧，列出 x、y 積分上下限，如

$$\iiint_V f(x, y, z) dV = \int_a^b \left(\int_{g_1(x)}^{g_2(x)} \left(F(x, y, f_2(x, y)) - F(x, y, f_1(x, y)) \right) dy \right) dx \quad (10)$$

3. 再逐次由內而外直接利用單重積分求出積分值者

以上稱之為可直接三重積分型。

範例 14

Find $\int_0^1 \left(\int_0^{y^2} \left(\int_0^y \frac{1}{y} \cos\left(\frac{x}{y}\right) dz \right) dx \right) dy$

政大統計轉

解答：

直接積分 $\int_0^1 \left(\int_0^{y^2} \left(\int_0^y \frac{1}{y} \cos\left(\frac{x}{y}\right) dz \right) dx \right) dy = \int_0^1 \left(\int_0^{y^2} \frac{1}{y} \cos\left(\frac{x}{y}\right) \cdot (z)_0^y \, dx \right) dy$

或 $\int_0^1 \left(\int_0^{y^2} \left(\int_0^y \frac{1}{y} \cos\left(\frac{x}{y}\right) dz \right) dx \right) dy = \int_0^1 \left(\int_0^{y^2} \cos\left(\frac{x}{y}\right) \cdot dx \right) dy$

積分 $\int_0^1 \left(\int_0^{y^2} \left(\int_0^y \frac{1}{y} \cos\left(\frac{x}{y}\right) dz \right) dx \right) dy = \int_0^1 \left(y \sin\left(\frac{x}{y}\right) \right)_0^{y^2} dy = \int_0^1 (y \sin y) dy$

得 $\int_0^1 \left(\int_0^{y^2} \left(\int_0^y \frac{1}{y} \cos\left(\frac{x}{y}\right) dz \right) dx \right) dy = (-y\cos y + \sin y)_0^1 = \sin 1 - \cos 1$

第八節　圓柱座標三重積分

已知三變數連續函數 $u = f(x, y, z)$，之三重體積分式如下

$$\iiint_V f(x, y, z) dV = \iiint_V f(x, y, z) dz dy dx$$

上式無法直接由內而外依序利用單重積分求出積分值者，此時就需考慮座標轉換，但若觀察三變數連續函數 $u = f(x, y, z)$ 中只含有 $x^2 + y^2$ 項者,即

$$\iiint_V f(x, y, z) dV = \iiint_V f(x^2 + y^2) dz dy dx$$

則可利用圓柱座標轉換，令座標三軸為 (r, θ, z)，定義如下：
其中

得 $x = r\cos\theta$ ； $y = r\sin\theta$ ； $z = z$

消去變數 θ，得

$x^2 + y^2 = r^2$

三變數之座標轉換率，Jacobian 因子定義式如下：

$$J = \frac{\partial(x,y,z)}{\partial(u,v,w)} = \begin{vmatrix} \frac{\partial x}{\partial u} & \frac{\partial y}{\partial u} & \frac{\partial z}{\partial u} \\ \frac{\partial x}{\partial v} & \frac{\partial y}{\partial v} & \frac{\partial z}{\partial v} \\ \frac{\partial x}{\partial w} & \frac{\partial y}{\partial w} & \frac{\partial z}{\partial w} \end{vmatrix}$$

代入圓柱座標，得 Jacobian 值為

$$J = \frac{\partial(x,y,z)}{\partial(r,\theta,z)} = \begin{vmatrix} \frac{\partial x}{\partial r} & \frac{\partial y}{\partial r} & \frac{\partial z}{\partial r} \\ \frac{\partial x}{\partial \theta} & \frac{\partial y}{\partial \theta} & \frac{\partial z}{\partial \theta} \\ \frac{\partial x}{\partial z} & \frac{\partial y}{\partial z} & \frac{\partial z}{\partial z} \end{vmatrix} = \begin{vmatrix} \cos\theta & \sin\theta & 0 \\ -r\sin\theta & r\cos\theta & 0 \\ 0 & 0 & 1 \end{vmatrix} = r$$

最後代入原三重積分式，得

$$\iiint_V f(x,y,z)dV = \iiint_V f(r^2) r \, dr d\theta dz \tag{11}$$

上式可直接由內而外依序利用單重積分求出積分值者，稱之為可圓柱座標轉換三重積分型。

範例 15

(10%) Use cylindrical coordinates to compute

$$\int_0^3 \int_0^{\sqrt{9-y^2}} \int_0^{\sqrt{9-x^2-y^2}} \frac{1}{\sqrt{x^2+y^2}} dz dx dy .$$

中央企業管理所

解答：

對 z 直接積分　　　原式 $= \int_0^3 \int_0^{\sqrt{9-y^2}} \frac{\sqrt{9-(x^2+y^2)}}{\sqrt{x^2+y^2}} dxdy$

令極座標變換　　　　$x = r\cos\theta，y = r\sin\theta$

代入　　$\int_0^3 \int_0^{\sqrt{9-y^2}} \dfrac{\sqrt{9-(x^2+y^2)}}{\sqrt{x^2+y^2}} dxdy = \int_0^{\frac{\pi}{2}} \left(\int_0^3 \dfrac{\sqrt{9-r^2}}{r} rdr \right) d\theta$

或　　$原式 = \int_0^{\frac{\pi}{2}} \left(\int_0^3 \sqrt{9-r^2} dr \right) d\theta$

令三角變換　　　　$r = 3\sin t，dr = 3\cos t dt$

$$原式 = \int_0^{\frac{\pi}{2}} \left(3 \cdot 3 \int_0^{\frac{\pi}{2}} \sqrt{1-\sin^2 t}\, \cos t\, dt \right) d\theta$$

積分得　　$原式 = 9\left(\int_0^{\frac{\pi}{2}} d\theta \right)\left(\int_0^{\frac{\pi}{2}} \cos^2 t\, dt \right) = 9 \cdot \dfrac{\pi}{2} \cdot \dfrac{1}{2} \cdot \dfrac{\pi}{2} = \dfrac{9}{8}\pi^2$

範例 16

（10%）Evaluate the integral $\int_{-1}^1 \int_{-\sqrt{1-x^2}}^{\sqrt{1-x^2}} \int_{x^2+y^2}^{2-x^2-y^2} (x^2+y^2)^{\frac{3}{2}} dzdydx$.

　　　　　　　　　　　　　　　　　　　　　　　　台大商學所

解答：

令極座標變換　　　　$x = r\cos\theta，y = r\sin\theta$

代入　$\int_{-1}^1 \int_{-\sqrt{1-x^2}}^{\sqrt{1-x^2}} \int_{x^2+y^2}^{2-x^2-y^2} (x^2+y^2)^{\frac{3}{2}} dzdydx = \int_0^{2\pi} \int_0^1 \int_{r^2}^{2-r^2} (r^2)^{\frac{3}{2}} dz\, rdrd\theta$

積分　$\int_{-1}^1 \int_{-\sqrt{1-x^2}}^{\sqrt{1-x^2}} \int_{x^2+y^2}^{2-x^2-y^2} (x^2+y^2)^{\frac{3}{2}} dzdydx = \int_0^{2\pi} \int_0^1 2(1-r^2) r^4\, drd\theta$

得　$\int_{-1}^1 \int_{-\sqrt{1-x^2}}^{\sqrt{1-x^2}} \int_{x^2+y^2}^{2-x^2-y^2} (x^2+y^2)^{\frac{3}{2}} dzdydx = 2\int_0^{2\pi} \int_0^1 (r^4 - r^6)\, drd\theta$

或 $\int_{-1}^{1}\int_{-\sqrt{1-x^2}}^{\sqrt{1-x^2}}\int_{x^2+y^2}^{2-x^2-y^2}(x^2+y^2)^{\frac{3}{2}}dzdydx = 2\cdot 2\pi\cdot\left(\frac{1}{5}-\frac{1}{7}\right) = \frac{8\pi}{35}$

第九節　球座標三重積分

已知三變數連續函數 $u = f(x,y,z)$，之三重體積分式如下

$$\iiint_V f(x,y,z)dV = \iiint_V f(x,y,z)dzdydx$$

上式無法直接由內而外依序利用單重積分求出積分值者，但三變數連續函數 $u = f(x,y,z)$ 中只含有 $x^2+y^2+z^2$ 項者，即

$$\iiint_V f(x,y,z)dV = \iiint_V f(x^2+y^2+z^2)dzdydx \qquad (12)$$

則可利用球座標轉換 (Triple Integrals in Spherical Coordinates)，令球座標三軸為 (ρ, ϕ, θ)，定義如下：

其中

　　為從原點到任意空間中定點 P 之距離。

　　θ（同極座標之 θ）為從 x 軸與半徑 ρ 在 xy 平面投影 r 之夾角。

　　ϕ 為 z 軸到半徑 ρ 之夾角，故得空間中幾何關係為

$r = \rho\sin\phi$，$z = \rho\cos\phi$

將其代入圓柱座標，$x = r\cos\theta$，$y = r\sin\theta$，$z = z$，得

　　$x = \rho\sin\phi\cos\theta$；$y = \rho\sin\phi\sin\theta$；$z = \rho\cos\phi$

消去變數 ϕ、θ，得

　　$x^2 + y^2 + z^2 = \rho^2$

三變數之座標轉換率，Jacobian 因子定義式如下：

$$J = \frac{\partial(x,y,z)}{\partial(\rho,\phi,\theta)} = \begin{vmatrix} \frac{\partial x}{\partial \rho} & \frac{\partial y}{\partial \rho} & \frac{\partial z}{\partial \rho} \\ \frac{\partial x}{\partial \phi} & \frac{\partial y}{\partial \phi} & \frac{\partial z}{\partial \phi} \\ \frac{\partial x}{\partial \theta} & \frac{\partial y}{\partial \theta} & \frac{\partial z}{\partial \theta} \end{vmatrix}$$

代入球座標，得 Jacobian 值為

$$J = \frac{\partial(x,y,z)}{\partial(\rho,\phi,\theta)} = \begin{vmatrix} \sin\phi\cos\theta & \sin\phi\sin\theta & \cos\phi \\ \rho\cos\phi\cos\theta & \rho\cos\phi\sin\theta & -\rho\sin\phi \\ -\rho\sin\phi\sin\theta & \rho\sin\phi\cos\theta & 0 \end{vmatrix} = \rho^2 \sin\phi$$

最後代入原三重積分式，得

$$\iiint_V f(x,y,z)dV = \iiint_V f(\rho^2)\rho^2 \sin\phi \, d\rho d\phi d\theta \tag{13}$$

上式可直接由內而外依序利用單重積分求出積分值者，稱之為可球座標轉換三重積分型。

範例 17

(a) 試繪出三維空間內由 $x+y+z=a$，$(a>0)$，$x=0$，$y=0$，$z=0$ 所圍成之區域 R。(5%)

(b) 說明 $\iiint_R (x^2+y^2+z^2)dxdydz$ 之物理意義。(5%)

(c) 求 (b) 之三重積分？((10%)

交大土木所

解答：

(a) 由 $x+y+z=a$，$(a>0)$，$x=0$，$y=0$，$z=0$ 所圍成之區域 R 為一個四面角錐體。

第十九章　純量函數之三重積分與曲面積分

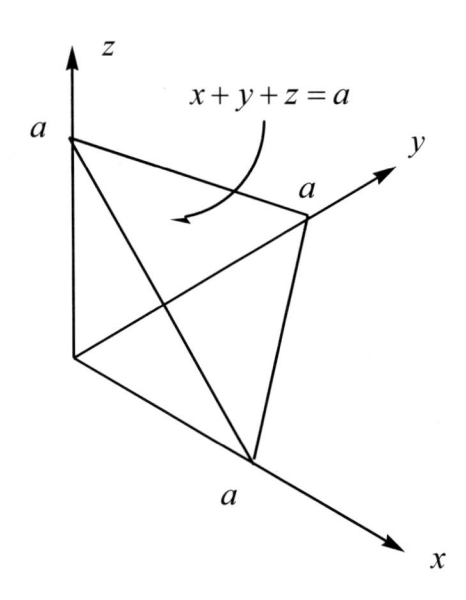

(b) $\iiint_R (x^2 + y^2 + z^2) dxdydz$ 之物理意義為極慣性矩。

(c) $\iiint_R (x^2 + y^2 + z^2) dxdydz = \int_0^a \left(\int_0^{a-x} \left(\int_0^{a-x-y} (x^2 + y^2 + z^2) dz \right) dy \right) dx$

積分得

$$\iiint_R (x^2 + y^2 + z^2) dxdydz = \frac{a^5}{20}$$

範例 18：4D 球座標積分

Find the 「volume」 of the 「Four dimension sphere」

$$x^2 + y^2 + z^2 + w^2 = a^2$$

by evaluating $16 \int_0^a \left(\int_0^{\sqrt{a^2-x^2}} \left(\int_0^{\sqrt{a^2-x^2-y^2}} \left(\int_0^{\sqrt{a^2-x^2-y^2-z^2}} dw \right) dz \right) dy \right) dx$

解答：

$$V = 16 \int_0^a \left(\int_0^{\sqrt{a^2-x^2}} \left(\int_0^{\sqrt{a^2-x^2-y^2}} \left(\int_0^{\sqrt{a^2-x^2-y^2-z^2}} dw \right) dz \right) dy \right) dx$$

積分

$$V = 16\int_0^a \left(\int_0^{\sqrt{a^2-x^2}} \left(\int_0^{\sqrt{a^2-x^2-y^2}} \left(\sqrt{a^2-x^2-y^2-z^2}\right) dz \right) dy \right) dx$$

$$V = 16\int_0^{\frac{\pi}{2}} \left(\int_0^{\frac{\pi}{2}} \left(\int_0^a \left(\sqrt{a^2-\rho^2}\right)\rho^2 \sin\phi d\rho \right) d\phi \right) d\theta$$

$$V = 16\left(\frac{\pi}{2}\right)\cdot(-\cos\phi)\Big|_0^{\frac{\pi}{2}} \left(\int_0^a \left(\sqrt{a^2-\rho^2}\right)\rho^2 d\rho \right)$$

$$V = 8\pi\left(a\int_0^{\frac{\pi}{2}} \left(\sqrt{\cos^2 t}\right)a^2 \sin^2 t a \cos t dt \right)$$

$$V = 8a^4\pi \int_0^{\frac{\pi}{2}} \sin^2 t \cos^2 t dt = 2a^4\pi \int_0^{\frac{\pi}{2}} \sin^2 2t dt$$

$$V = a^4\pi \int_0^{\frac{\pi}{2}} (1-\cos 4t) dt = \frac{1}{2}a^4\pi^2$$

範例 19

$$\iiint_V \frac{1}{x^2+y^2+z^2} dV \text{ ，其中 V 為} \{9 \le x^2+y^2+z^2 \le 36\} \text{。}$$

交大機械研

解答：

令變數變換　　$x = \rho\sin\phi\cos\theta$; $y = \rho\sin\phi\sin\theta$; $z = \rho\cos\phi$

代入得　　$\iiint_V \frac{1}{x^2+y^2+z^2} dV = \iiint_V \frac{1}{\rho^2}\rho^2 \sin\phi d\rho d\phi d\theta$

代入得　　$\iiint_V \frac{1}{x^2+y^2+z^2} dV = \int_0^{2\pi} \left(\int_0^{\pi} \left(\int_3^6 \sin\phi d\rho \right) d\phi \right) d\vartheta$

積分 $$\iiint_V \frac{1}{x^2+y^2+z^2}dV = 3\int_0^{2\pi}\left(\int_0^{\pi}\sin\phi d\phi\right)d\vartheta = 6\int_0^{2\pi}d\vartheta = 12\pi$$

第十節 體積之計算

當一個三重體積分式,如

$$\iiint_V f(x,y,z)dV = \iiint_V f(x,y,z)dzdydx$$

若取上述積分式中函數,$f(x,y,z)=1$,則上式簡化成

$$\iiint_V dV = V$$

所得積分值為該積分區域 V 之體積。

上式求體積積分式,為三重積分式,有求任意形狀區域 V 之體積,但是碰到規則形狀區域 V 之體積計算時,可以化簡成單重定積分型式,當對積分區域 V 取一微體積,可表成:$dV = A(z)dz$ 時,則

$$V = \int dV = \int_a^b Adz = \int_a^b \pi(r^2)dz = \int_a^b \pi(x^2+y^2)dz \qquad (14)$$

則表示此時,可用單重積分求得體積,(可想像成吃薯片,$dV = A(z)dz$ 為任一薯片的體積,其和就是積分,也就是所吃全部薯片之體積)

若區域 V 之體積稍微複雜,則上式積分式中 $A(z)$ 不好求,此時可考慮化成雙重積分之積分式去求體積,亦即取區域 V 之體積內之一微體積,$dV = z(x,y)dA$,則

$$V = \iint_R dV = \iint_R z(x,y)dA \qquad (15)$$

上式表示曲面 $z = f(x,y)$ 以下,xy 平面以上,R 區域以內所圍體積。

其中 $z = f(x, y)$ 表空間曲面。上式可計算任意空間形狀中之體積。(可想像成吃薯條，$dV = zdA$ 為任一薯條的體積，其和就是積分，也就是所吃全部薯條之體積)。

最後，區域 V 之體積更複雜，則上式積分式中 z 不好求，此時只好利用三重積分之積分式去求體積，亦即取區域 V 之體積內之一微體積，$dV = dzdydx$，則

$$V = \iiint_V dV = \iiint_V dzdydx \tag{16}$$

(可想像成吃薯泥，$dV = dzdydx$ 為任一小塊薯泥的體積，其和就是積分，也就是所吃全部薯泥之體積)。

範例 20

(20%) A spherical solid $x^2 + y^2 + z^2 \leq 100$ is cut into two pieces (S1 and S2) by a plane $z = 5$ as the figure below. Determine the volume of the small piece S1.

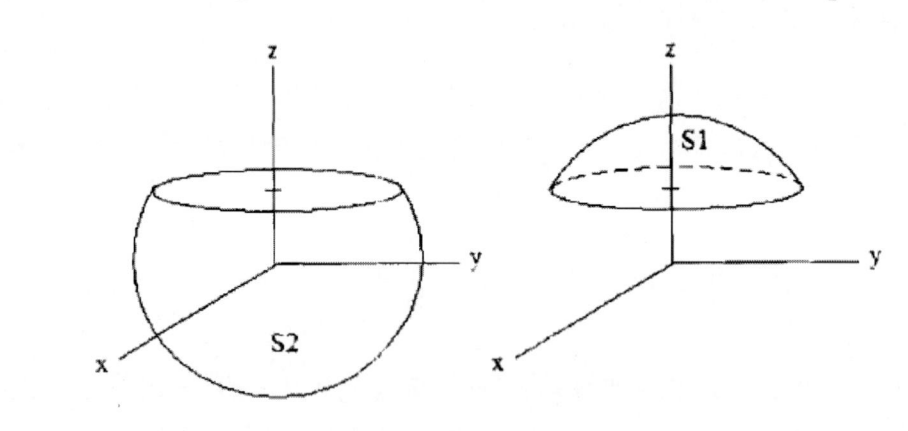

台科大機械工數

解答：

$$V = \int_5^{10} A dz = \int_5^{10} \pi r^2 dz = \int_5^{10} \pi(x^2 + y^2) dz$$

其中 $\qquad x^2 + y^2 + z^2 = 100$，$x^2 + y^2 = 100 - z^2$

$$V = \int_5^{10} \pi(100 - z^2)dz = \pi\left(100z - \frac{z^3}{3}\right)_5^{10}$$

$$V = \pi\left(\frac{2000}{3} - 500 + \frac{125}{3}\right) = \frac{625}{3}\pi$$

範例 21

(20%) A solid model was cut from a cylinder with radius r. Calculate the volume of the solid model.

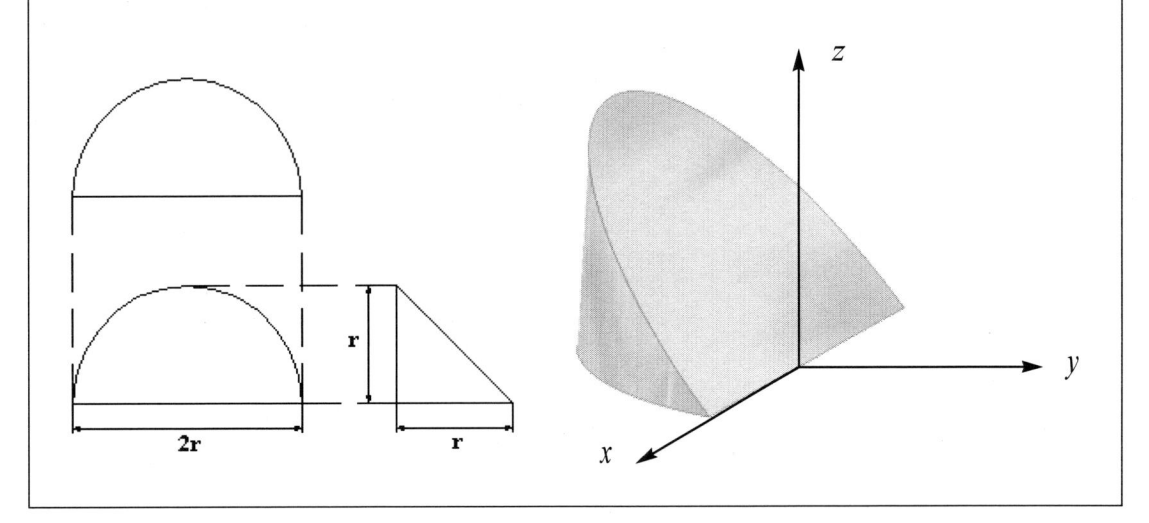

台科大機械所

解答：

如圖立體是由平面 $z + y = 0$ 與圓柱體 $x^2 + y^2 = r^2$ 相交而成

$V = \iint_R z\,dx\,dy$，其中 R 為半圓

$$V = \iint_R z\,dx\,dy = \iint_R (-y)\,dx\,dy = \int_\pi^{2\pi}\left(\int_0^r -r\sin\theta\, r\,dr\right)d\theta$$

$$V = \iint_R z\,dx\,dy = \frac{r^3}{3}(\cos\theta)_\pi^{2\pi} = \frac{2r^3}{3}$$

範例 22：含 $z = f(x^2 + y^2)$ 之體積

上方以 $z = 5 - x^2 - y^2$ 為界，下方以 $z = 4x^2 + 4y^2$ 為界的部分體積為_____

台大轉 D

解答：

1. 先求交點 $z = 5 - x^2 - y^2 = 4x^2 + 4y^2$

    $x^2 + y^2 = 1$

2. $V = \int_a^b A\,dz = \int_0^4 \pi(x^2 + y^2)\,dz + \int_4^5 \pi(x^2 + y^2)\,dz$

    $V = \int_a^b A\,dz = \pi \int_0^4 \frac{z}{4}\,dz + \pi \int_4^5 (5 - z)\,dz$

    積分

    $$V = \pi\left(\frac{z^2}{8}\right)_0^4 + \pi\left(5z - \frac{z^2}{2}\right)_4^5 = \pi\left(7 - \frac{9}{2}\right) = \frac{5\pi}{2}$$

範例 23

計算橄欖球體積 $\dfrac{x^2}{a^2} + \dfrac{y^2}{b^2} + \dfrac{z^2}{b^2} = 1$ 之體積，$0 \leq b \leq a$

成大地科所

解答：

令 $x = au$，$y = bv$，$z = bw$

$\dfrac{x^2}{a^2} + \dfrac{y^2}{b^2} + \dfrac{z^2}{b^2} = u^2 + v^2 + w^2 = 1$

$$V = \iiint dxdydz = \iiint Jdudvdw$$

其中 $J = \dfrac{\partial(x,y,z)}{\partial(u,v,w)} = \begin{vmatrix} a & 0 & 0 \\ 0 & b & 0 \\ 0 & 0 & b \end{vmatrix} = ab^2$

$$V = \iiint dxdydz = \iiint ab^2 dudvdw = ab^2 \dfrac{4\pi}{3}$$

第十一節　曲面積分之定義

已知已知雙重定積分式

$$\iint_R f(x,y)dA = \iint_R f(x,y)dxdy$$

其中積分區域為 xy 平面上之區域 R。

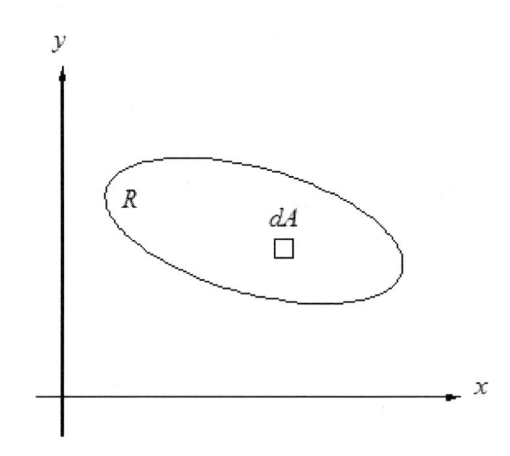

現在將 xy 平面上之區域 R，延伸推廣至空間曲面 (Surface) S 上，其 S 曲面方程式為

$$\phi(x,y,z)=0\text{，或 }z=f(x,y)$$

其積分式為

$$\iint_S f(x,y,z)dS$$

其中 $f(x,y,z)$ 為空間中連續函數，dS 為曲面上之一微曲面積。上式稱之為曲面積分 (Surface Integral)。

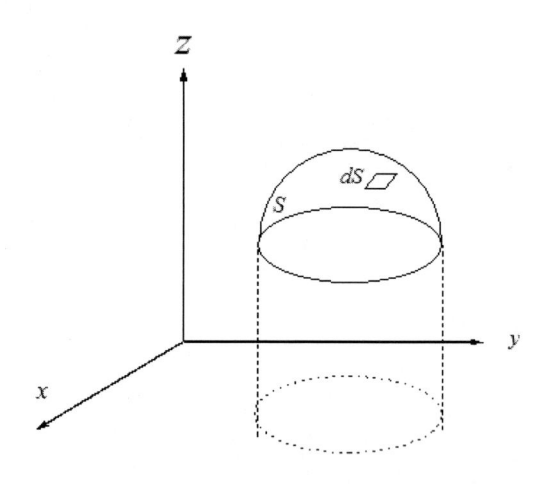

第十二節　直接曲面積分：投影法

已知純量函數之曲面積分式，形式如下

$$\iint_S f(x,y,z)dS$$

其中 S 為空間曲面。直接曲面積分計算方法，一般有兩種：一是投影成雙重平面積分式。另一種為變數變換至新平面 (u,v) 之雙重積分（或又稱曲面參數法）。

本節先討論投影法：

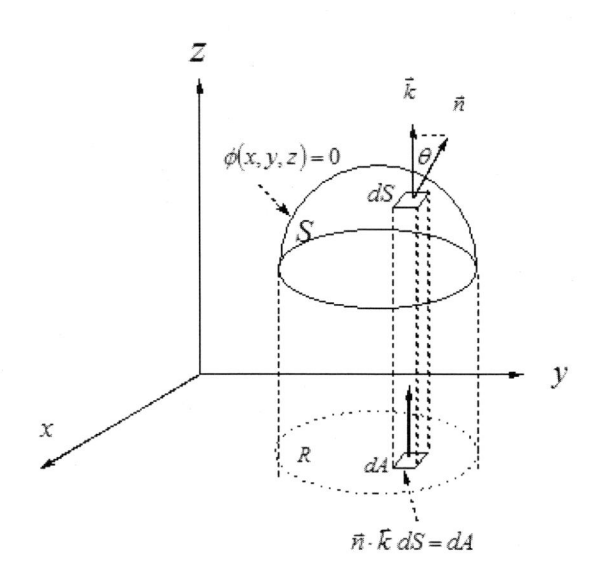

1. 首先針對一般曲面方程式：$\phi(x,y,z)=0$

　　首先在空間曲面中取一微曲面積 dS，曲面上該微曲面積處之單位垂直向量為其梯度

$$\vec{n} = \frac{\nabla\phi}{|\nabla\phi|} = \frac{\dfrac{\partial\phi}{\partial x}\vec{i} + \dfrac{\partial\phi}{\partial y}\vec{j} + \dfrac{\partial\phi}{\partial z}\vec{k}}{\sqrt{\left(\dfrac{\partial\phi}{\partial x}\right)^2 + \left(\dfrac{\partial\phi}{\partial y}\right)^2 + \left(\dfrac{\partial\phi}{\partial z}\right)^2}}$$

表成向量式為 $d\vec{S} = \vec{n}dS$，平面上 dA 處之單位垂直向量為 $\vec{k}$，表成向量式 $d\vec{A} = \vec{k}dA$，故微曲面積 dS 與微面積 dA 之關係式為投影關係，意即

$$\cos\theta\, dS = dA$$

其中 $\cos\theta$ 即為 $\vec{n}, \vec{k}$ 之夾角，即

$$\vec{n}\cdot\vec{k} = |\vec{n}||\vec{k}|\cos\theta = \cos\theta$$

代入上式，得

$$\vec{n}\cdot\vec{k}\,dS = dA \quad 或 \quad dS = \frac{dA}{\vec{n}\cdot\vec{k}} = \frac{dxdy}{\vec{n}\cdot\vec{k}}$$

代回原曲面積分式，得

$$\iint_S f(x,y,z)dS = \iint_R f(x,y,z(x,y))\frac{dxdy}{\vec{n}\cdot\vec{k}} \tag{17}$$

其中

$$\vec{n}\cdot\vec{k} = \frac{\dfrac{\partial\phi}{\partial z}}{\sqrt{\left(\dfrac{\partial\phi}{\partial x}\right)^2 + \left(\dfrac{\partial\phi}{\partial y}\right)^2 + \left(\dfrac{\partial\phi}{\partial z}\right)^2}}$$

代入得

$$\iint_S f(x,y,z)dS = \iint_R f(x,y,z)\frac{\sqrt{\left(\dfrac{\partial\phi}{\partial x}\right)^2 + \left(\dfrac{\partial\phi}{\partial y}\right)^2 + \left(\dfrac{\partial\phi}{\partial z}\right)^2}}{\dfrac{\partial\phi}{\partial z}}dxdy \tag{18}$$

同理，投影至 xz 平面積，得

$$\iint_S f(x,y,z)dS = \iint_R f(x,y(x,z),z)\frac{dxdz}{\vec{n}\cdot\vec{j}}$$

同理，投影至 yz 平面積，得

$$\iint_S f(x,y,z)dS = \iint_R f(x(y,z),y,z)\frac{dydz}{\vec{n}\cdot\vec{i}}$$

2. 若已知曲面方程式表成顯函數，即 $z = f(x,y)$

則令　隱函數形式　$\phi(x,y,z) = z - f(x,y) = 0$

偏微分，得

$$\frac{\partial \phi}{\partial x} = -\frac{\partial f}{\partial x} \ , \ \frac{\partial \phi}{\partial y} = -\frac{\partial f}{\partial y} \ , \ \frac{\partial \phi}{\partial z} = 1 \ ,$$

代入曲面積分公式(18) 中

代入得曲面積分

$$\iint_S f(x,y,z)dS = \iint_R f(x,y,z)\sqrt{\left(\frac{\partial f}{\partial x}\right)^2 + \left(\frac{\partial f}{\partial y}\right)^2 + 1}\ dxdy \qquad (19)$$

上式為雙重定積分，其積分方法，如同上一節之類型。

範例 24

Show that the surface area $A(s)$ of $z = f(x,y)$ is

$A(s) = \iint_R \sqrt{1 + \left(\frac{\partial f}{\partial x}\right)^2 + \left(\frac{\partial f}{\partial y}\right)^2}\ dxdy$, and where R is the projection of S into the xy-plane.

中興土木所

解答：

微面積
$$d\vec{S} = \vec{n}dS = \vec{n}\frac{dxdy}{\vec{n}\cdot\vec{k}} = \frac{\vec{n}}{\vec{n}\cdot\vec{k}}dxdy$$

$$\left|d\vec{S}\right| = \frac{|\vec{n}|}{|\vec{n}\cdot\vec{k}|}dxdy = \frac{1}{|\vec{n}\cdot\vec{k}|}dxdy$$

其中單位垂直向量 $\vec{n} = \frac{\nabla \phi}{|\nabla \phi|}$, $\phi = z - f(x,y) = 0$

則
$$\frac{\partial \phi}{\partial x} = -\frac{\partial f}{\partial x} \ , \ \frac{\partial \phi}{\partial y} = -\frac{\partial f}{\partial y} \ , \ \frac{\partial \phi}{\partial z} = 1 \ ,$$

代入上式得
$$S = \iint_S dS = \iint_R \sqrt{\left(\frac{\partial f}{\partial x}\right)^2 + \left(\frac{\partial f}{\partial y}\right)^2 + 1}\, dxdy$$

範例 25

Evaluate the area of the sphere using $A = \iint_R \sqrt{1 + \left(\frac{\partial f}{\partial x}\right)^2 + \left(\frac{\partial f}{\partial y}\right)^2}\, dxdy$

彰師電機

解答：

令球面方程式　$\phi = x^2 + y^2 + z^2 - a^2 = 0$

或上半球面　$z = \sqrt{a^2 - x^2 - y^2}$

代入公式　$A = \iint_R \sqrt{1 + \left(\frac{\partial f}{\partial x}\right)^2 + \left(\frac{\partial f}{\partial y}\right)^2}\, dxdy$

得

$$A = \iint_R \sqrt{1 + \left(\frac{-x}{\sqrt{a^2 - x^2 - y^2}}\right)^2 + \left(\frac{-y}{\sqrt{a^2 - x^2 - y^2}}\right)^2}\, dxdy$$

$$A = \iint_R \sqrt{1 + \frac{x^2 + y^2}{a^2 - x^2 - y^2}}\, dxdy = \iint_R \sqrt{\frac{a^2}{a^2 - x^2 - y^2}}\, dxdy$$

$$A = a \iint_R \frac{1}{\sqrt{a^2 - x^2 - y^2}}\, dxdy = a \int_0^{2\pi} \left(\int_0^a \frac{1}{\sqrt{a^2 - r^2}}\, r\, dr \right) d\theta$$

積分得上半球面積　$A = 2 \cdot a \int_0^{2\pi} \left[-\frac{1}{2}(a^2 - r^2)^{\frac{1}{2}} \right]_0^a d\theta = a^2 \int_0^{2\pi} d\theta = 2\pi a^2$

範例 26

(10%) Evaluate $\iint_\sigma \nabla \times (y\vec{i} + 3\vec{j} + 5\vec{k}) \cdot \vec{n} d\sigma$, where σ is the surface in the first octant made up of part of the plane $x + 2y + 3z = 6$, and triangles in the (x,z) and (y,z) planes.

成大太空與電漿科學所

解答：

已知 $\quad\quad\quad\quad \iint_\sigma \nabla \times (y\vec{i} + 3\vec{j} + 5\vec{k}) \cdot \vec{n} d\sigma = -\iint_\sigma \vec{k} \cdot \vec{n} d\sigma$

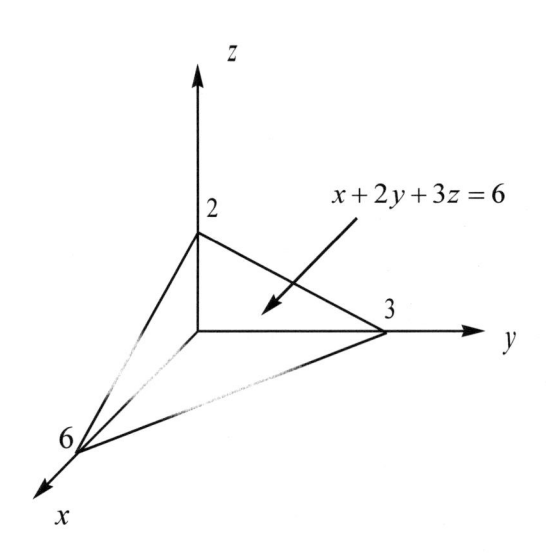

斜平面 $\quad\quad\quad x + 2y + 3z = 6$

其梯度 $\quad\quad\quad \nabla \phi = \vec{i} + 2\vec{j} + 3\vec{k}$

單位垂直向量 $\quad\quad \vec{n} = \dfrac{\nabla \phi}{|\nabla \phi|} = \dfrac{\vec{i} + 2\vec{j} + 3\vec{k}}{\sqrt{1+4+9}} = \dfrac{\vec{i} + 2\vec{j} + 3\vec{k}}{\sqrt{14}}$

代入 $\quad\quad\quad \iint_\sigma \nabla \times (y\vec{i} + 3\vec{j} + 5\vec{k}) \cdot \vec{n} d\sigma = -\iint_\sigma \vec{k} \cdot \vec{n} d\sigma = -\dfrac{3}{\sqrt{14}} \iint d\sigma$

利用投影法
$$I = -\frac{3}{\sqrt{14}} \iint_\sigma d\sigma = -\frac{3}{\sqrt{14}} \iint_R \frac{dA}{\vec{n}\cdot\vec{k}} = -\iint_R dA$$

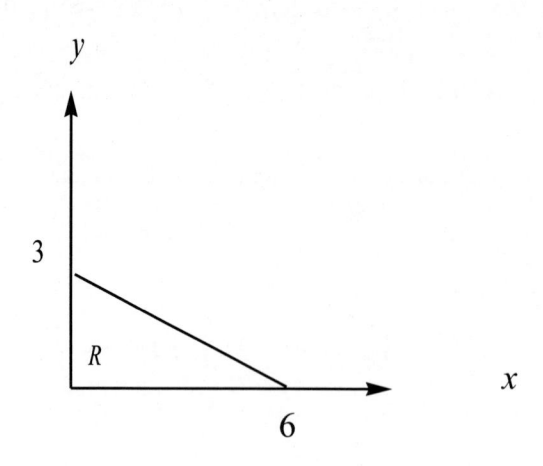

其中 R 為

平面積分
$$I = -\frac{1}{2}\cdot 3 \cdot 6 = -9$$

範例 27

Compute the flux of water through the parabolic cylinder $S: y = x^2$, $0 \le x \le 3$, $0 \le z \le 3$ if the velocity vector is $\vec{V} = [3z^2,\ 6, 6xz]$, speed being measured in meters/sec.

【台大造船所】

解答：

已知 $\quad \vec{V} = 3z^2\vec{i} + 6\vec{j} + 6xz\vec{k}$

曲面 $\quad S: y = x^2,\ 0 \le x \le 3,\ 0 \le z \le 3$

或 $\quad \phi = x^2 - y = 0$

其梯度 $\quad \nabla\phi = 2x\vec{i} - \vec{j}$

單位垂直向量 $\quad \vec{n} = \dfrac{\nabla\phi}{|\nabla\phi|} = \dfrac{2x\vec{i}-\vec{j}}{\sqrt{4x^2+1}}$

其流通量
$$\vec{V}\cdot\vec{n}=\left(3z^2\vec{i}+6\vec{j}+6xz\vec{k}\right)\cdot\left(\frac{2x}{\sqrt{4x^2+1}}\vec{i}-\frac{1}{\sqrt{4x^2+1}}\vec{j}\right)$$

或
$$\vec{V}\cdot\vec{n}=\frac{6xz^2-6}{\sqrt{4x^2+1}}$$

曲面積分
$$\iint_S \vec{V}\cdot\vec{n}\,dS=\iint_S \frac{6xz^2-6}{\sqrt{4x^2+1}}\,dS$$

微曲面積
$$dS=ds\,dz=\sqrt{1+\left(\frac{dy}{dx}\right)^2}\,dx\,dz=\sqrt{1+4x^2}\,dx\,dz$$

代入上式
$$\iint_S \vec{V}\cdot\vec{n}\,dS=\iint_S \frac{6xz^2-6}{\sqrt{4x^2+1}}\,dS=\iint_S (6xz^2-6)\,dx\,dz$$

或
$$\iint_S \vec{V}\cdot\vec{n}\,dS=\int_0^3\left(\int_0^3 (6xz^2-6)\,dz\right)dx=\int_0^3 (54x-18)\,dx=189$$

範例 28

(15%) Evaluate the surface integral $\iint_S \vec{F}\cdot\vec{n}\,dA$ where $\vec{F}=18z\vec{i}-12\vec{j}+3y\vec{k}$，The surface S represents the part of the plane $2x+3y+6z=12$, located in the first quadrant.

中興機械所、中興機械所、中興應數所

解答：

$$\vec{F}=18z\vec{i}-12\vec{j}+3y\vec{k}$$

已知 $2x+3y+6z=12$

單位垂直向量 $\vec{n}=\frac{2}{7}\vec{i}+\frac{3}{7}\vec{j}+\frac{6}{7}\vec{k}$

代入 $\vec{F}\cdot\vec{n} = \left(18z\vec{i} - 12\vec{j} + 3y\vec{k}\right)\cdot\left(\frac{2}{7}\vec{i} + \frac{3}{7}\vec{j} + \frac{6}{7}\vec{k}\right)$

$$\vec{F}\cdot\vec{n} = \frac{36z - 36 + 18y}{7} = \frac{6(6z + 3y - 6)}{7} = \frac{6(6 - 2x)}{7}$$

代入

$$\iint_S \vec{F}\cdot\vec{n}\,dA = \int_0^4\left(\int_0^{6-\frac{3}{2}y}(6-2x)dx\right)dy = 24$$

範例 29

Find the surface area of that portion of the sphere $x^2 + y^2 + z^2 = a^2$ that is above the xy-plane and within the cylinder $x^2 + y^2 = b^2$, $0 \le b \le a$

成大工科所

解答:

$$S = 2\iint_S dS = 2\iint_R \frac{1}{\vec{n}\cdot\vec{k}}dA$$

其中 $\vec{n} = \frac{\nabla\phi}{|\nabla\phi|} = \frac{x\vec{i} + y\vec{j} + z\vec{k}}{a}$, $\vec{n}\cdot\vec{k} = \frac{z}{a}$

$$S = 2\iint_R \frac{a}{z}dxdy = 2\iint_R \frac{a}{\sqrt{a^2 - (x^2 + y^2)}}dxdy$$

令 $x = r\cos\theta$, $y = r\sin\theta$, $dxdy = rdrd\theta$

$$S = 2\int_0^{2\pi}\left(\int_0^b \frac{a}{\sqrt{a^2 - r^2}}rdr\right)d\theta = 2a\int_0^{2\pi}\left(-\sqrt{a^2 - r^2}\right)\Big|_0^b d\theta$$

$$S = 2a\left(a - \sqrt{a^2 - b^2}\right)\int_0^{2\pi}d\theta = 4\pi a\left(a - \sqrt{a^2 - b^2}\right)$$

第十三節　直接曲面積分：曲面參數法

已知空間曲面方程式，S 為

$$\phi(x,y,z)=0 \text{，或 } z=f(x,y)$$

其曲面積分為　　　$\iint_S f(x,y,z)dS$

若利用投影法，化成雙重平面積分式，如下

$$\iint_S f(x,y,z)dS = \iint_R f(x,y,z(x,y))\frac{\sqrt{\left(\frac{\partial \phi}{\partial x}\right)^2+\left(\frac{\partial \phi}{\partial y}\right)^2+\left(\frac{\partial \phi}{\partial z}\right)^2}}{\frac{\partial \phi}{\partial z}}dxdy$$

有時候，上式之積分非常繁雜，此時也可考慮第二種曲面積分法，意即，將原曲面積分，作變數轉換成另一平面面積分，其步驟如下：

1. 首先令以 u、v 為兩新參數之曲面參數方程式，如下所示：

令 $x = f(u,v)$，$y = g(u,v)$，$z = h(u,v)$

則曲面上任一點之位置向量為

$$\vec{r} = x\vec{i} + y\vec{j} + z\vec{k}$$

代入得

$$\vec{r} = \vec{r}(u,v) = f(u,v)\vec{i} + g(u,v)\vec{j} + h(u,v)\vec{k}$$

2. 首先將位置向量對 u 偏微分，則得沿 $v=c$ 曲線切線向量

$$\frac{\partial \vec{r}}{\partial u} = \frac{\partial f}{\partial u}\vec{i} + \frac{\partial g}{\partial u}\vec{j} + \frac{\partial h}{\partial u}\vec{k}$$

再將位置向量對 v 偏微分,則得沿 $u = c$ 曲線切線向量

$$\frac{\partial \vec{r}}{\partial v} = \frac{\partial f}{\partial v}\vec{i} + \frac{\partial g}{\partial v}\vec{j} + \frac{\partial h}{\partial v}\vec{k}$$

以上兩偏微分向量,都為在曲面上之切線向量,故此兩向量之叉積,必為曲面上該點處之垂直向量,(因叉積會同時垂直自己之兩向量),故可得曲面之垂直向量

$$\frac{\partial \vec{r}}{\partial u} \times \frac{\partial \vec{r}}{\partial v}$$

或單位垂直向量

$$\vec{n} = \frac{\dfrac{\partial \vec{r}}{\partial u} \times \dfrac{\partial \vec{r}}{\partial v}}{\left|\dfrac{\partial \vec{r}}{\partial u} \times \dfrac{\partial \vec{r}}{\partial v}\right|}$$

因此得微曲面積之向量式為

$$d\vec{S} = \vec{n}dS = \frac{\dfrac{\partial \vec{r}}{\partial u} \times \dfrac{\partial \vec{r}}{\partial v}}{\left|\dfrac{\partial \vec{r}}{\partial u} \times \dfrac{\partial \vec{r}}{\partial v}\right|} dS$$

其中 dS 為純量微曲面積,

又利用位置向量

$$\vec{r} = \vec{r}(u,v) = f(u,v)\vec{i} + g(u,v)\vec{j} + h(u,v)\vec{k}$$

取全微分

$$d\vec{r} = d\vec{r}(u,v) = \frac{\partial \vec{r}}{\partial u}du + \frac{\partial \vec{r}}{\partial v}dv$$

利用上式兩分量間之叉積得 x、y 方向微長所圍之微面積特性,可求得空間曲面

任意微曲面積

$$d\vec{S} = \left(\frac{\partial \vec{r}}{\partial u} du\right) \times \left(\frac{\partial \vec{r}}{\partial v} dv\right) = \frac{\partial \vec{r}}{\partial u} \times \frac{\partial \vec{r}}{\partial v} du dv$$

其 $d\vec{S}$ 為純量微曲面積向量（亦即有含垂直向量），dS 為

$$dS = |d\vec{S}| = \left|\frac{\partial \vec{r}}{\partial u} \times \frac{\partial \vec{r}}{\partial v}\right| du dv$$

代回原曲面積分式，可得曲面參數法之積分式，如下：

$$\iint_S \vec{F} \cdot \vec{n} dS = \iint_S \vec{F} \cdot d\vec{S} = \iint_S \vec{F} \cdot \left(\frac{\partial \vec{r}}{\partial u} \times \frac{\partial \vec{r}}{\partial v}\right) du dv \qquad (20)$$

上式右邊為一平面面積分式。

上述方法之成敗關鍵，在於位置向量 $\vec{r} = \vec{r}(u,v)$ 之取法，現將一般常見的曲面，其參數方程式，整理如下：

---

1. 球面　　　　$x^2 + y^2 + z^2 = a^2$
   參數方程　　$\vec{r} = a\sin u\cos v\vec{i} + a\sin u\sin v\vec{j} + a\cos u\vec{k}$

2. 圓柱　　　　$x^2 + y^2 = a^2$
   參數方程　　$\vec{r} = a\cos u\vec{i} + a\sin u\vec{j} + v\vec{k}$

3. 圓錐　　　　$z^2 = x^2 + y^2$
   參數方程　　$\vec{r} = v\cos u\vec{i} + v\sin u\vec{j} + v\vec{k}$

4. 拋物體　　　$z = x^2 + y^2$
   參數方程　　$\vec{r} = v\cos u\vec{i} + v\sin u\vec{j} + v^2\vec{k}$

5. 立方體　　　$x = \pm a$，$y = \pm b$，$z = \pm c$

範例 30：球面

試利用直接積分法計算曲面積分 (1) $\iint_S dS$ (2) $\iint_S d\vec{S}$，其中 S 為上半球面 $x^2 + y^2 + z^2 = a^2$

彰師電機、中山海環所

解答：(1) $\iint_S dS = S = \frac{1}{2} 4\pi a^2 = 2\pi a^2$。 (2) $\iint_S d\vec{S} = \pi a^2 \vec{k}$

已知曲面　　　$x^2 + y^2 + z^2 = a^2$

令參數方程　　$x = a \sin u \cos v$，$y = a \sin u \sin v$，$z = a \cos u$

其中　　　　　$0 \le u \le \pi$，$0 \le v \le 2\pi$

位置向量　　　$\vec{r} = a \sin u \cos v \vec{i} + a \sin u \sin v \vec{j} + a \cos u \vec{k}$

偏微分　　　　$\dfrac{\partial \vec{r}}{\partial u} = a \cos u \cos v \vec{i} + a \cos u \sin v \vec{j} - a \sin u \vec{k}$

偏微分　　　　$\dfrac{\partial \vec{r}}{\partial v} = -a \sin u \sin v \vec{i} + a \sin u \cos v \vec{j}$

垂直向量　　　$\dfrac{\partial \vec{r}}{\partial u} \times \dfrac{\partial \vec{r}}{\partial v} = \begin{vmatrix} \vec{i} & \vec{j} & \vec{k} \\ a \cos u \cos v & a \cos u \sin v & -a \sin u \\ -a \sin u \sin v & a \sin u \cos v & 0 \end{vmatrix}$

展開得　　　　$\dfrac{\partial \vec{r}}{\partial u} \times \dfrac{\partial \vec{r}}{\partial v} = a^2 \sin^2 u \cos v \vec{i} + a^2 \sin^2 u \sin v \vec{j} + a^2 \cos u \sin u \vec{k}$

大小為　　　　$dS = \left| \dfrac{\partial \vec{r}}{\partial u} \times \dfrac{\partial \vec{r}}{\partial v} \right| dudv = a^2 \sin u \, dudv$

(1) 代入原式　$\iint_S dS = \int_0^{2\pi} \left(\int_0^{\frac{\pi}{2}} a^2 \sin u \, du \right) dv = 2\pi a^2$

(2) $\iint_S d\vec{S} = \iint_S \dfrac{\partial \vec{r}}{\partial u} \times \dfrac{\partial \vec{r}}{\partial v} du dv$，其中 $S: x^2 + y^2 + z^2 = a^2$，$z \geq 0$

代入積分得

$$\iint_S d\vec{S} = \int_0^{2\pi} \left(\int_0^{\frac{\pi}{2}} \left(a^2 \sin^2 u \cos v \vec{i} + a^2 \sin^2 u \sin v \vec{j} + a^2 \cos u \sin u \vec{k} \right) du \right) dv$$

得
$$\iint_S d\vec{S} = \pi a^2 \vec{k}$$

範例 31

Calculate the surface integral $\iint_S \vec{F} \cdot \vec{n} dS$ of the vector function $\vec{F} = y^3 \vec{i} + x^3 \vec{j} + z^3 \vec{k}$ over the portion of the surface defined as $x^2 + 4y^2 = 4$; $x \geq 0$，$y \geq 0$，$0 \leq z \leq b$．

清大電機所

解答：

曲面參數方程式

$\vec{r} = x\vec{i} + y\vec{j} + z\vec{k} = 2\cos u \vec{i} + \sin u \vec{j} + v \vec{k}$

$\iint_S \vec{F} \cdot \vec{n} dS = \iint_S \left(y^3 \vec{i} + x^3 \vec{j} + z^3 \vec{k} \right) \cdot \left(\dfrac{\partial \vec{r}}{\partial u} \times \dfrac{\partial \vec{r}}{\partial v} \right) du dv$

$= \iint_S \left(y^3 \cos u + x^3 2 \sin u \right) du dv$

$\iint_S \vec{F} \cdot \vec{n} dS = \int_0^b \left(\int_0^{\pi/2} \left(\sin^3 u \cos u + 16 \cos^3 u \sin u \right) du \right) dv = \dfrac{17}{4} b$

範例 32：圓柱體之直接側表面積分

(15%) Evaluate the integral $\iint_S \vec{F} \cdot \vec{n} dS$ where $\vec{F} = z\vec{i} + x\vec{j} - 3y^2 z\vec{k}$ and where S

is the surface of the cylinder $x^2 + y^2 = 16$ included in the first octant between $z = 0$ and $z = 5$, and $\vec{n}$ is the unit vector of the surface S.

清大微機電系統所

解答：

$$S: \vec{n} = \frac{\vec{r}}{4} , dS = 4d\theta \cdot dz$$

$$\iint_S \vec{F} \cdot \vec{n} dS = \iint_S (z\vec{i} + x\vec{j} - 3y^2z\vec{k}) \cdot \left(\frac{x}{4}\vec{i} + \frac{y}{4}\vec{j}\right) dS$$

$$\iint_S \vec{F} \cdot \vec{n} dS = \iint_S \left(\frac{xz}{4} + \frac{yx}{4}\right) dS$$

$$\iint_S \vec{F} \cdot \vec{n} dS = \iint_S \left(\frac{xz}{4} + \frac{yx}{4}\right) 4 dz d\theta = \int_0^{\frac{\pi}{2}} \int_0^5 \left(\frac{4\cos\theta z}{4} + \frac{4\cos\theta 4\sin\theta}{4}\right) 4 dz d\theta$$

$$\iint_S \vec{F} \cdot \vec{n} dS = \int_0^{\frac{\pi}{2}} \int_0^5 (z\cos\theta + 2\sin 2\theta) 4 dz d\theta$$

$$\iint_S \vec{F} \cdot \vec{n} dS = 4 \int_0^{\frac{\pi}{2}} \left(\frac{25}{2}\cos\theta + 10\sin 2\theta\right) = \left(\frac{25}{2}\sin\theta - 5\cos 2\theta\right)\Big|_0^{\frac{\pi}{2}} = \frac{45}{2}$$

範例 33

圓柱 $x^2 + z^2 = 4$ 在圓柱 $x^2 + y^2 = 4$ 之內的部分的表面積是 _____。

台大工工所

解答：

$$\phi = x^2 + z^2 - 4 = 0$$

$$\vec{n} = \frac{\nabla\phi}{|\nabla\phi|} = \frac{x}{2}\vec{i} + \frac{z}{2}\vec{k}$$

$$d\vec{S} = \frac{dA}{\vec{n}\cdot\vec{k}} = \frac{2}{z}dxdy = \frac{2}{\sqrt{4-x^2}}dxdy$$

$$S = 2\iint_S dS = 2\int_{-2}^{2}\left(\int_{-\sqrt{4-x^2}}^{\sqrt{4-x^2}}\frac{2}{\sqrt{4-x^2}}dy\right)dx$$

$$S = 8\int_{-2}^{2}dx = 32$$

範例 34： 球座標之投影法

試證明球 $x^2 + y^2 + z^2 = R^2$，表面積為 $4\pi R^2$

91 彰師電機、83 中山海環所

解答：

$$S = \iint_S dS = 2\iint_R \frac{dxdy}{\vec{n}\cdot\vec{k}}$$

其中 $\quad \vec{n} = \frac{\vec{r}}{R} = \frac{x}{R}\vec{i} + \frac{y}{R}\vec{j} + \frac{z}{R}\vec{k}$

$$S = 2\iint_R \frac{dxdy}{\vec{n}\cdot\vec{k}} = 2R\iint_R \frac{dxdy}{z} = 2R\iint_R \frac{1}{\sqrt{R^2-(x^2+y^2)}}dydx$$

$$S = 2R\int_0^{2\pi}\left(\int_0^R \frac{1}{\sqrt{R^2-r^2}}rdr\right)d\theta = 2R\int_0^{2\pi}\left(-\sqrt{R^2-r^2}\right)\Big|_0^R d\theta = 4\pi R^2$$

範例 35

(10%) $\vec{F} = x^2\vec{i} + y^2\vec{j} + z^2\vec{k}$，$S$ 為如圖四面體之包絡表面，計算 $\iint_S \vec{F}\cdot\vec{n}dA$

解答：

直接面積分：

(1) $S: x+y+z=1$

$$\iint_S \vec{F} \cdot \vec{n}\, dS = \frac{1}{4}$$

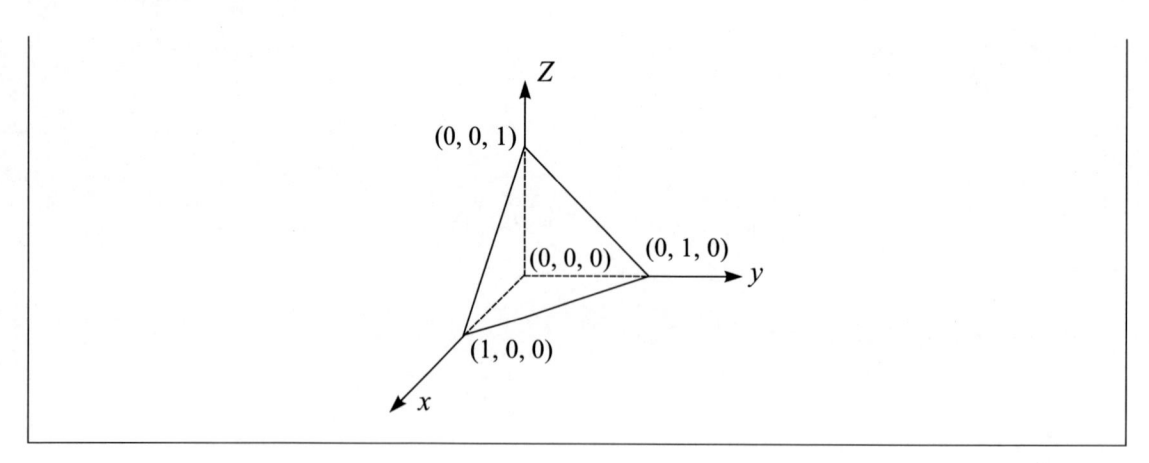

(2) $S_x: z=0$，$\vec{n} = -\vec{k}$

$$\iint_{S_x} \vec{F} \cdot \vec{n}\, dS = \iint_{S_x} -2z\, dS = 0$$

(3) $S_y: x=0$，$\vec{n} = -\vec{i}$

$$\iint_{S_y} \vec{F} \cdot \vec{n}\, dS = \iint_{S_y} -2x\, dS = 0$$

(4) $S_z: y=0$，$\vec{n} = -\vec{j}$

$$\iint_{S_z} \vec{F} \cdot \vec{n}\, dS = \iint_{S_z} -2y\, dS = 0$$

得

$$\iint_{S^*} \vec{F} \cdot \vec{n}\, dS = \frac{1}{4}$$

考題集錦

1. 求 $I = \iint_R \left(1 - \dfrac{x}{4} - \dfrac{y}{3}\right) dA$，其中 $R: -2 \le x \le 2$，$-1 \le y \le 1$。

   成大環工所

2. 積分 $\displaystyle\int_0^4 \left[\int_{\sqrt{x}}^2 \sqrt{1+y^3}\, dy\right] dx = $ _____ (8%)。

   台大電機所

3. Evaluate $\iint_S \sin(y^3)\, dA$ where S is the region bounded by $y = \sqrt{x}$, $y = 2$ and $x = 0$.

4. $\displaystyle\int_0^\infty \int_1^2 e^{-xy}\, dx\, dy$

   台大國際企業所

5. $\displaystyle\int_0^1 \dfrac{x-1}{\ln x}\, dx$

   成大企管所、國際企業所

6. Let $f : [0,1] \to R$ be a continuous function, and suppose that $\int_0^1 f(x)\, dx = \pi$ and $\int_0^1 x f(x)\, dx = \sqrt{3}$. Then $\displaystyle\int_0^1 \int_0^x f(x-y)\, dy\, dx = $ _____，

   $\iint_{x^2+y^2 \le 1} x^2 f(x^2+y^2)\, dy\, dx = $ _____。

   清大（化學、化工）轉學考

7. $\iint_R e^{-(x^2+y^2)}\, dx\, dy$，其中 R 為圓 $x^2+y^2 = 1$ 與 $x^2+y^2 = 4$ 所圍環形區域

   成大水利所

8. $\int_{-\infty}^{\infty} e^{-x^2} dx$

　　　　　　　　　　　　　　　　　　　　　　　　成大材工所、交大電物所

9. $\int_{-\infty}^{\infty} \int_{-\infty}^{\infty} \frac{e^{-(x-y)^2}}{1+(x+y)^2} dxdy$

　　　　　　　　　　　　　　　　　　　　　　　　成大材工所

10. 試繪出三維空間內由 $x+y+z=a$，$(a>0)$，$x=0$，$y=0$，$z=0$ 所圍成之區域 R。

   (a) 說明 $\iiint_R (x^2+y^2+z^2) dxdydz$ 之物理意義。(10%)

   (b) 求 (b) 之三重積分？(10%)

　　　　　　　　　　　　　　　　　　　　　　　　交大土木所

11. Find the moment of inertia $I_z = \iiint_V (x^2+y^2) dxdydz$ of the upper half of a solid sphere $x^2+y^2+z^2=4$ about the z axis.

　　　　　　　　　　　　　　　　　　　　　　　　交大機械所

12. $\iiint_V \frac{1}{x^2+y^2+z^2} dV$，其中 V 為 $\{9 \leq x^2+y^2+z^2 \leq 36\}$。

　　　　　　　　　　　　　　　　　　　　　　　　交大機械研

13. 求由兩圓柱 $x^2+y^2=a^2$ 與 $x^2+z^2=a^2$ 之共同部份體積

　　　　　　　　　　　　　　　　　　　　　　　　中央光電所、成大製造所

14. 試求出球面 $x^2+y^2+z^2=4a^2$ 與圓柱面 $x^2+y^2=2ax$ 所包圍的體積。

　　　　　　　　　　　　　　　　　　　　　　　　成大環工所

15. Find the cent of mass of the unit cube $\{0 \leq x \leq 1; 0 \leq y \leq 1; 0 \leq z \leq 1\}$，given that the density at (x,y,z) is proportional to the square of its distance from the origin.

16. A surface is defined by $z = x^2 + y^2$. Calculate the surface area defined on the domain $0 \leq x^2 + y^2 \leq b^2$。(20%)

成大地科所

17. Find the flux of $\vec{F} = x\vec{i} + y\vec{j} - z\vec{k}$, across the part of plane $x + 2y + z = 8$ lying in the first octant. (10%)

台科大機械所

18. Compute the surface integral of the normal component of $\vec{F} = x^2\vec{i} + yx\vec{j} + zx\vec{k}$. Over the triangle with vertices $(1,0,0), (0,2,0), (0,0,3)$, consider the triangle oriented so that its positive side is that away from the origin.

交大電信所

19. What is the integral of the function $x^2 z$ taken over the entire surface of the right circular cylinder of height h which stands on the circle $x^2 + y^2 = a^2$?

交大土木所

第二十章
Gauss 散度定理

第一節　Gauss 散度定理

若研討空間流場 $\vec{F}(x,y,z)$ 問題，當流體流過一封閉曲面流通率 (Flux) 的工程問題，亦即依題意可得流通率積分式如下：

$$\oiint_S \vec{F} \cdot d\vec{S} = \oiint_S \vec{F} \cdot \vec{n}\, dS$$

式中 $d\vec{S}$ 為空間曲面 S 之微曲面向量，其方向為曲面任一點之垂直向量 $\vec{n}$，大小為

$$\left|d\vec{S}\right| = dS$$

上式曲面積分值之計算有兩種方法：第一種為直接曲面積分 (Direct Surface integral)，此法已在前一章中介紹過。第二種方法為利用散度定義，轉換成等值之散度體積分而得，亦即將此轉換表成下列散度定理：

定理：

> 若 $\vec{F}(x,y,z)$ 在有限區域 V 內為一階偏導數連續，S 為封閉曲面，$\vec{n}$ 朝外向為正，則
>
> $$\iiint_V \nabla \cdot \vec{F}\, dV = \oiint_S \vec{F} \cdot \vec{n}\, dS$$
>
> 或散度定理展開成純分量形式，如下：

$$\iiint_V \left(\frac{\partial P}{\partial x} + \frac{\partial Q}{\partial y} + \frac{\partial R}{\partial z}\right) dV = \oiint_S \left(P\vec{n}\cdot\vec{i} + Q\vec{n}\cdot\vec{j} + R\vec{n}\cdot\vec{k}\right) dS$$

或

$$\iiint_V \left(\frac{\partial P}{\partial x} + \frac{\partial Q}{\partial y} + \frac{\partial R}{\partial z}\right) dV = \oiint_S \left(Pdzdy + Qdxdz + Rdxdy\right)$$

【證明】：

（只證 $\iiint_V \left(\frac{\partial R}{\partial z}\right) dV = \oiint_S R(x,y,z)\vec{n}\cdot\vec{k}\,dS$，其他同理可證）

先將曲面 S 分成：

上曲面 $S_2 : z = f_2(x,y)$ 及下曲面 $S_1 : z = f_1(x,y)$

R^* 為 x-y 平面上之投影區域。

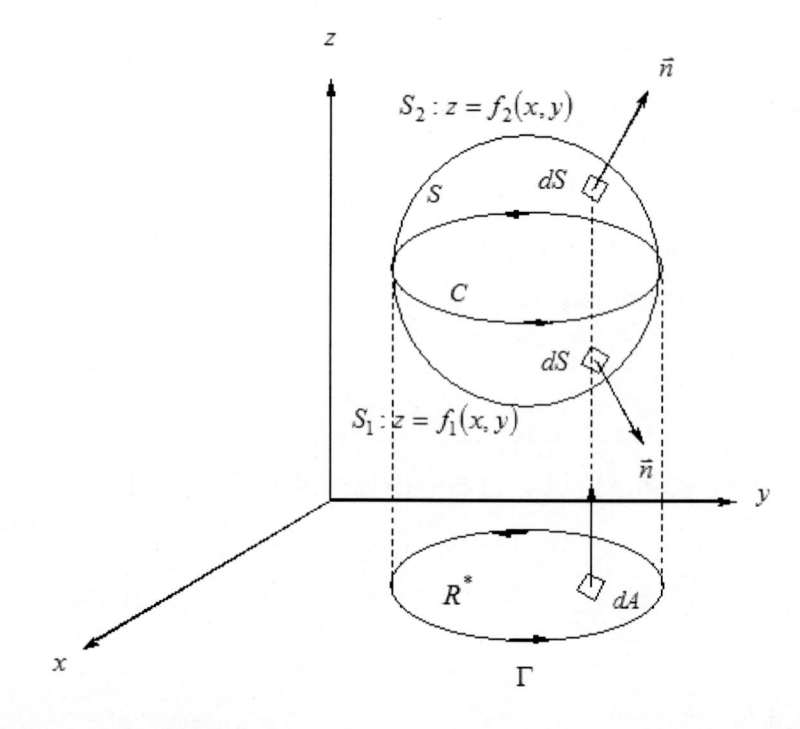

左邊體積分，先對 z 積分，得

$$\iiint_V \left(\frac{\partial R}{\partial z}\right)dV = \iiint_V \left(\frac{\partial R}{\partial z}\right)dzdydx = \iint_R \left(\int_{f_1(x,y)}^{f_2(x,y)} \frac{\partial R}{\partial z}dz\right)dxdy$$

積分得

$$\iiint_V \left(\frac{\partial R}{\partial z}\right)dV = \iint_R [R(x,y,z)]_{f_1(x,y)}^{f_2(x,y)} dxdy$$

或

$$\iiint_V \left(\frac{\partial R}{\partial z}\right)dV = \iint_R [R(x,y,f_2(x,y)) - R(x,y,f_1(x,y))]dxdy$$

上曲面 $S_2 : z = f_2(x,y)$ 與其投影面積之關係為

$$dA = dxdy = (\vec{n}_2 \cdot \vec{k})dS_2 = (\vec{n}_2 \cdot \vec{k})dS$$

同理,下曲面 $S_1 : z = f_1(x,y)$ 與其投影面積之關係為

$$dA = dxdy = -(\vec{n}_1 \cdot \vec{k})dS_1 = -(\vec{n}_1 \cdot \vec{k})dS$$

代回原散度定理

$$\iiint_V \left(\frac{\partial R}{\partial z}\right)dV = \iint_R R(x,y,f_2(x,y))dxdy - \iint_R R(x,y,f_1(x,y))dxdy$$

得

$$\iiint_V \left(\frac{\partial R}{\partial z}\right)dV = \iint_{S_2} R(x,y,z)(\vec{n}_2 \cdot \vec{k})dS_2 + \iint_{S_1} R(x,y,z)(\vec{n}_1 \cdot \vec{k})dS_1$$

其中 $S = S_1 + S_2$,得證

$$\iiint_V \left(\frac{\partial R}{\partial z}\right)dV = \oiint_S R(x,y,z)(\vec{n} \cdot \vec{k})dS$$

範例 01

(10%) 敘述高斯散度定理?

成大資源所工數

解答：

若 $\vec{F}(x,y,z)$ 在有限區域 V 內為一階偏導數連續，S 為封閉曲面，$\vec{n}$ 朝外向為正，則

$$\iiint_V \nabla \cdot \vec{F}\, dV = \oiint_S \vec{F} \cdot \vec{n}\, dS$$

或散度定理展開成分量形式，如下：

$$\iiint_V \left(\frac{\partial P}{\partial x} + \frac{\partial Q}{\partial y} + \frac{\partial R}{\partial z} \right) dV = \oiint_S \left(P\vec{n} \cdot \vec{i} + Q\vec{n} \cdot \vec{j} + R\vec{n} \cdot \vec{k} \right) dS$$

或

$$\iiint_V \left(\frac{\partial P}{\partial x} + \frac{\partial Q}{\partial y} + \frac{\partial R}{\partial z} \right) dV = \oiint_S \left(P\,dzdy + Q\,dxdz + R\,dxdy \right)$$

範例 02：常數 (橢球體)

Evaluate $\iint_S \vec{n} \cdot \nabla \times \vec{F}\, dA$ where $\vec{F} = xz\vec{i} - yz^4\vec{k}$，$S: x^2 + 4y^2 + z^2 = 4$. (8%)

清大工程與系統所

解答：

利用 Gauss 散度定理，得

$$\iint_S \vec{n} \cdot \nabla \times \vec{F}\, dA = \iiint_V \nabla \cdot (\nabla \times \vec{F})\, dV$$

其中 $\vec{F} = xz\vec{i} - yz^4\vec{k}$，則旋度為

$$\nabla \times \vec{F} = \begin{vmatrix} \vec{i} & \vec{j} & \vec{k} \\ \frac{\partial}{\partial x} & \frac{\partial}{\partial y} & \frac{\partial}{\partial z} \\ xz & 0 & -yz^4 \end{vmatrix} = -z^4 \vec{i} + x\vec{j}$$

代入 $\quad \nabla \cdot \nabla \times \vec{F} = \frac{\partial}{\partial x}(-z^4) + \frac{\partial}{\partial y}(x) = 0$

$$\iint_S \vec{n} \cdot \nabla \times \vec{F} \, dA = \iiint_V \nabla \cdot (\nabla \times \vec{F}) dV = 0$$

範例 03

Let $\phi(x, y, z) = xyz + x^2 - 2y^2$ be a scalar function. Evaluate the flux of $\nabla \phi$ out of the surface of the sphere: $x^2 + y^2 + z^2 = 4$

台大機械 B 工數

解答：

利用 Gauss 散度定理，得流通量

$$\oiint_S \nabla \phi \cdot \vec{n} dS = \iiint_V \nabla \cdot \nabla \phi \, dV = \iiint_V \nabla^2 \phi \, dV$$

其中 $\phi(x, y, z) = xyz + x^2 - 2y^2$，則

$$\nabla^2 \phi(x, y, z) = 2 - 4 = -2$$

$$\oiint_S \nabla \phi \cdot \vec{n} dS = \iiint_V (2 - 4) dV = -2V$$

其中 V 為球 $x^2 + y^2 + z^2 = 4$ 之體積，亦即

$$\oiint_S \nabla \phi \cdot \vec{n} dS = -2 \cdot \frac{4}{3} \pi \cdot 2^3 = -\frac{64}{3} \pi$$

範例 04

Given a vector field $\vec{F} = x\vec{i} + y\vec{j} + z\vec{k}$, evaluate the surface integral $\iint_S \vec{F} \cdot \vec{n} dA$ over the surface $S: \vec{r} = [u\cos v \quad u\sin v \quad u^2]$, $0 \leq u \leq 2$, $-\pi \leq v \leq \pi$ where $\vec{n}$ is the outer unit vector of S.

交大土木甲所工數

解答：

已知 $\vec{F} = x\vec{i} + y\vec{j} + z\vec{k}$，其散度為 $\nabla \cdot \vec{F} = 3$

代入 Gauss 散度定理，得

$$\iint_S \vec{F} \cdot \vec{n} dA = \iiint_V \nabla \cdot \vec{F} dV = 3\iiint_V dV = 3V$$

其中 V 為 S 曲面所圍體積。

S 曲面之位置向量為

$$\vec{r} = u\cos v\vec{i} + u\sin v\vec{j} + u^2\vec{k}$$

或　　$x = u\cos v$，$y = u\sin v$，$z = u^2$

得　　$z = u^2 = x^2 + y^2$

其所圍體積為

$$V = \int_V dV = \int_0^4 A dz = \int_0^4 \pi r^2 dz = \int_0^4 \pi(x^2 + y^2) dz$$

得

$$V = \int_0^4 \pi z dz = \left(\frac{\pi z^2}{2}\right)_0^4 = 8\pi$$

代回上式，得

$$\iint_S \vec{F} \cdot \vec{n} dA = 3V = 24\pi$$

範例 05

(a) 請說明何謂 Divergence Theorem？寫出公式並清楚定義使用的符號。(5%)
(b) 請利用 Divergence Theorem 求出下式的積分值。(10%)

$$I = \iint_S \left(xdydz + ydzdx + zdxdy\right)$$ 其中 S 為圓柱 $x^2 + y^2 = 9$ 與平面 $z = 0$ 及 $z = 3$ 間的區域。

交大機械甲

解答：
(a) 見課文。

(b) $I = \iint_S \left(xdydz + ydzdx + zdxdy\right) = \iint_S \vec{F} \cdot \vec{n} dS$

其中 $\vec{F} = x\vec{i} + y\vec{j} + z\vec{k}$

利用散度定理

$$I = \iint_S \vec{F} \cdot \vec{n} dS = \iiint_V \nabla \cdot \vec{F} dV$$

$\vec{F} = x\vec{i} + y\vec{j} + z\vec{k}$，$\nabla \cdot \vec{F} = 3$

$$I = \iint_S \vec{F} \cdot \vec{n} dS = \iiint_V \nabla \cdot \vec{F} dV = 3\iiint_V dV$$

其中 V 為 $x^2 + y^2 = 9$ 與平面 $z = 0$ 及 $z = 3$ 間的區域圓柱體體積，得

$$I = 3V = 3\pi \cdot 3^2 \cdot 3 = 81\pi$$

範例 06：直接可積分函數

$\vec{F} = xy\vec{i} + y^2 z\vec{j} + z^3 \vec{k}$，evaluate $\iint_S \vec{F} \cdot \vec{n} dS$，where S is the unit cube defined by $0 \leq x \leq 1$，$0 \leq y \leq 1$，$0 \leq z \leq 1$

台科大電子所

解答：

已知 $\vec{F} = xy\vec{i} + y^2 z\vec{j} + z^3 \vec{k}$

$\nabla \cdot \vec{F} = y + 2yz + 3z^2$，$V$ 為立方體 $0 \leq x \leq 1$，$0 \leq y \leq 1$，$0 \leq z \leq 1$

$$\oiint_S \vec{F} \cdot \vec{n} dA = \iiint_V \nabla \cdot \vec{F} dV = \int_0^1 \left(\int_0^1 \left(\int_0^1 (y + 2yz + 3z^2) dz \right) dy \right) dx$$

得 $\oiint_S \vec{F} \cdot \vec{n} dA = 2$

範例 07：圓柱座標

The equation of a spherical surface with radius 「a」 is given by：$x^2 + y^2 + z^2 = a^2$. If the volume, V, of this closed surface is known: $V = \dfrac{4}{3}\pi a^3$. Use the Divergence theorem to find the surface area of this sphere.
(Hint： $\iiint_V \nabla \cdot \vec{F} dV = \oiint_S \vec{F} \cdot \vec{n} dS$)

台大工科所 F

解答：

$$\iiint_V \nabla \cdot \vec{F} dV = \oiint_S \vec{F} \cdot \vec{n} dS$$

令 $\vec{F} = \nabla r = \dfrac{\vec{r}}{r} = \vec{n}$，代入

$$\oiint_S \left(\dfrac{\vec{r}}{r} \right) \cdot \vec{n} dS = \iiint_V \nabla \cdot \left(\dfrac{1}{r} \vec{r} \right) dV$$

得

$$\oiint_S \left(\dfrac{\vec{r}}{r} \right) \cdot \vec{n} dS = \oiint_S dS = S = \iiint_V \nabla \cdot \left(\dfrac{1}{r} \vec{r} \right) dV$$

利用散度公式 $\nabla \cdot (\phi \vec{A})$ 展開，得

$$S = \iiint_V \left(\nabla\left(\frac{1}{r}\right) \cdot \vec{r} + \frac{1}{r} \nabla \cdot \vec{r} \right) dV$$

整理

$$S = \iiint_V \left(\left(-\frac{1}{r^2}\frac{\vec{r}}{r}\right) \cdot \vec{r} + 3\frac{1}{r} \right) dV = \iiint_V \left(-\frac{1}{r} + 3\frac{1}{r} \right) dV$$

球座標積分

$$S = 2\iiint_V \left(\frac{1}{r}\right) dV = 2\int_0^{2\pi} \int_0^{\pi} \int_0^a \left(\frac{1}{r}\right) r^2 \sin\phi\, dr\, d\phi\, d\theta$$

$$S = 2\int_0^{2\pi} \left(\int_0^{\pi} \left(\int_0^a r \sin\phi\, dr \right) d\phi \right) d\theta = a^2 \int_0^{2\pi} \left(\int_0^{\pi} \sin\phi\, d\phi \right) d\theta$$

$$S = a^2 \int_0^{2\pi} (-\cos\phi)_0^{\pi} d\theta = 2a^2 \int_0^{2\pi} d\theta = 4\pi a^2$$

範例 08：換成圓柱座標

(10%) If a vector field $\vec{F} = y^2 \vec{i} + x^2 \vec{j} + z^2 \vec{k}$, evaluate $\iiint_V \nabla \cdot \vec{F}\, dV$ where V is the upper half $(z \geq 0)$ of the volume within the sphere $x^2 + y^2 + z^2 = 1$.

清大動機所

解答：

已知 $\vec{F} = y^2 \vec{i} + x^2 \vec{j} + z^2 \vec{k}$

$\nabla \cdot \vec{F} = 2z$

$\iiint_V \nabla \cdot \vec{F}\, dV = \iiint 2z\, dV$

【方法一】圓柱座標積分

$$\iiint_V \nabla \cdot \vec{F} dV = \iint_R \left(\int_0^{\sqrt{1-(x^2+y^2)}} 2z\,dz \right) dxdy$$

$$\iiint_V \nabla \cdot \vec{F} dV = \iint_R \left(1-(x^2+y^2)\right) dxdy$$

極座標積分

$$\iiint_V \nabla \cdot \vec{F} dV = \int_0^{2\pi} \left(\int_0^1 (1-r^2) r\,dr \right) d\theta = \frac{\pi}{2}$$

【方法二】球座標積分

令 $x = \rho \sin\phi \cos\theta$，$y = \rho \sin\phi \sin\theta$，$z = \rho \cos\phi$

$$\iiint_V \nabla \cdot \vec{F} dV = \iiint 2z\,dV = \int_0^{2\pi} \left(\int_0^{\frac{\pi}{2}} \left(\int_0^1 2\rho\cos\phi\, \rho^2 \sin\phi\, d\rho \right) d\phi \right) d\theta$$

$$\iiint_V \nabla \cdot \vec{F} dV = \int_0^{2\pi} \left(\int_0^{\frac{\pi}{2}} \left(\frac{1}{2} \cos\phi \sin\phi \right) d\phi \right) d\theta$$

$$\iiint_V \nabla \cdot \vec{F} dV = \int_0^{2\pi} \left(\frac{1}{4} \left(\sin^2 \phi\right) \Big|_0^{\frac{\pi}{2}} \right) d\theta = \frac{2\pi}{4} = \frac{\pi}{2}$$

範例 09

(17%) Given a vector $\vec{F} = x\left(x^2 \vec{i} - y^2 \vec{j} + z^2 \vec{k}\right)$

(a) Show $\int_C \vec{F} \cdot d\vec{R}$ is dependent on the integral path C which is a piecewise-smooth curve connecting two arbitrary points in xyz space

(b) Evaluate $\iint_S \vec{F} \cdot \vec{n} dS$ where $\vec{n}$ is the outer unit vector on the surface S

bounding the circular cylinder $x^2 + y^2 \leq 4, 0 \leq z \leq 2$, including top and bottom surfaces.

交大機械所工數

解答：

(a) 因 $\nabla \times \vec{F} \neq 0$，路徑有關 (path dependent)

(b) $\oiint_S \vec{F} \cdot \vec{n} dS = \iiint_V \nabla \cdot \vec{F} dV$

$\vec{F} = x(x^2 \vec{i} - y^2 \vec{j} + z^2 \vec{k})$

$\nabla \cdot \vec{F} = \dfrac{\partial}{\partial x}(x^3) - \dfrac{\partial}{\partial y}(xy^2) + \dfrac{\partial}{\partial z}(xz^2) = 3x^2 - 2xy + 2xz$

$\oiint_S \vec{F} \cdot \vec{n} dS = \iiint_V \nabla \cdot \vec{F} dV = \iiint_V (3x^2 - 2xy + 2xz) dx dy dz$

或

$\oiint_S \vec{F} \cdot \vec{n} dS = \iint_R \left(\int_0^2 (3x^2 - 2xy + 2xz) dz \right) dy dx$

得

$\oiint_S \vec{F} \cdot \vec{n} dS = \iint_R (6x^2 - 4xy + 4x) dy dx$

利用極座標轉換

$\oiint_S \vec{F} \cdot \vec{n} dS = \int_0^{2\pi} \left(\int_0^2 (6r^2 \cos^2 \theta - 4r^2 \cos\theta \sin\theta + 4r\cos\theta) r dr \right) d\theta$

積分得

$\oiint_S \vec{F} \cdot \vec{n} dS = \int_0^{2\pi} \left(\int_0^2 (3r^2(1 + \cos 2\theta) - 4r^2 \cos\theta \sin\theta + 4r\cos\theta) r dr \right) d\theta$

或

$\oiint_S \vec{F} \cdot \vec{n} dS = \int_0^{2\pi} \left(\dfrac{3r^4}{4} \right)_0^2 d\theta = 24\pi$

範例 10：圓柱曲面

(a) State the Divergence theorem.

(b) Use the Divergence theorem to evaluate the integral
$\iint_S (x^3 dydz + x^2 ydxdz + x^2 zdxdy)$ where s is the closed surface consisting of the cylinder $x^2 + y^2 = a^2$,($0 \le z \le b$) with the circular disks at $z = 0$ and $z = b$ $(x^2 + y^2 \le a^2)$

中興應數應用數學甲、成大工科所

解答：

(a) 見課文。

(b) 已知 $\iint_S (x^3 dydz + x^2 ydxdz + x^2 zdxdy)$

已知 $\vec{F} = x^3 \vec{i} + x^2 y \vec{j} + x^2 z \vec{k}$

散度 $\nabla \cdot \vec{F} = 3x^2 + x^2 + x^2 = 5x^2$

代入得散度定理 $\iint_S \vec{F} \cdot dS = \iiint_{\vec{F}} \nabla \cdot \vec{F} dV$

得 $I = \iint_S (x^3 \vec{i} + x^2 y \vec{j} + x^2 z \vec{k}) \cdot dS = \iiint_V 5x^2 dV$

利用圓柱座標積分得

$\iint_S \vec{F} \cdot dS = \int_0^{2\pi} \left(\int_0^a \left(\int_0^b 5r^2 \cos^2 \theta dz \right) rdr \right) d\theta = \frac{5}{4} a^4 b\pi$

範例 11：散度定理 (球座標)

Let S be the surface $\frac{x^2}{a^2} + \frac{y^2}{b^2} + \frac{z^2}{c^2} = 1$, and $\vec{N}$ be the outward init normal vector of

S. Consider the vector field $\vec{F} = \dfrac{1}{b^2}xy^2\vec{i} + \dfrac{1}{a^2}x^2y\vec{j} + \dfrac{1}{3c^2}z^3\vec{k}$

(i) Find the divergence $\nabla \cdot \vec{F}$.

(ii) Find the surface integral $\iint_S (\vec{F} \cdot \vec{N})\,dS$

台大微 A (理)

解答：

(i) 已知 $\vec{F} = \dfrac{1}{b^2}xy^2\vec{i} + \dfrac{1}{a^2}x^2y\vec{j} + \dfrac{1}{3c^2}z^3\vec{k}$

$$\nabla \cdot \vec{F} = \left(\dfrac{\partial F_1}{\partial x} + \dfrac{\partial F_2}{\partial y} + \dfrac{\partial F_3}{\partial z}\right) = \dfrac{y^2}{b^2} + \dfrac{x^2}{a^2} + \dfrac{z^2}{c^2}$$

(ii) 利用 Gauss divergence theorem

$$\oiint_S \vec{F} \cdot \vec{N}\,dS = \iiint_V \nabla \cdot \vec{F}\,dV$$

得

$$\iint_S (\vec{F} \cdot \vec{N})\,dS = \iiint_V \left(\dfrac{y^2}{b^2} + \dfrac{x^2}{a^2} + \dfrac{z^2}{c^2}\right)dx\,dy\,dz$$

令 $x = au$，$y = bv$，$z = cw$，$J = abc$

$$\iint_S (\vec{F} \cdot \vec{N})\,dS = \iiint_V (u^2 + v^2 + w^2)\,abc\,du\,dv\,dw$$

再令球座標轉換

$u = \rho\sin\phi\cos\theta$，$v = \rho\sin\phi\sin\theta$，$w = \rho\cos\phi$，$J = \rho^2\sin\phi$

$$\iint_S (\vec{F} \cdot \vec{N})\,dS = abc\int_0^{2\pi}\int_0^{\pi}\left(\int_0^1 \rho^4\sin\phi\,d\rho\right)d\phi\,d\theta = \dfrac{4\pi abc}{5}$$

範例 12：換成球座標

(a) Evaluate $\iint_R \sqrt{x^2+y^2}\,dxdy$, where R is the region in the xy plane bounded by $x^2+y^2=1$ and $x^2+y^2=9$.

(b) Evaluate $\iint_S \{xz^2\,dydz+(x^2y-z^3)\,dzdx+(2xy+y^2z)\,dxdy\}$, where S is the entire surface of the hemispherical region bounded by $z=\sqrt{1-(x^2+y^2)}$ and $z=0$.

交大機械所甲

解答：

(a) R 為兩同心圓 $x^2+y^2=1$ 與 $x^2+y^2=9$ 所圍區域

$$\iint_R \sqrt{x^2+y^2}\,dxdy = \int_0^{2\pi}\left(\int_1^3 \sqrt{r^2}\,r\,dr\right)d\theta = \frac{52}{3}\pi$$

(b) $\iint_S \{xz^2\,dydz+(x^2y-z^3)\,dzdx+(2xy+y^2z)\,dxdy\} = \iint_S \vec{F}\cdot\vec{n}\,dS$

其中 $\vec{F}=xz^2\vec{i}+(x^2y-z^3)\vec{j}+(2xy+y^2z)\vec{k}$，代入

原式 $=\iiint_V \nabla\cdot\vec{F}\,dV = \iiint_V (x^2+y^2+z^2)\,dV$

利用球座標

原式 $=\iiint_V \nabla\cdot\vec{F}\,dV = \int_0^{2\pi}\left(\int_0^{\frac{\pi}{2}}\left(\int_0^1 \rho^2\cdot\rho^2\sin\phi\,d\rho\right)d\phi\right)d\theta = \frac{1}{5}\cdot 1\cdot 2\pi$

範例 13：反推出散度定理之形式

Using the divergence theorem to evaluate the integral $\iint_S (x^2+y+z)\,dS$, where S is the surface of the unit sphere $x^2 + y^2 + z^2 = 1$

清大工程系統科學所

解答：

已知曲面 $\quad x^2 + y^2 + z^2 = 1$

其梯度 $\quad \nabla \phi = 2x\vec{i} + 2y\vec{j} + 2z\vec{k}$

單位垂直向量 $\quad \vec{n} = \dfrac{\nabla \phi}{|\nabla \phi|} = \dfrac{x\vec{i} + y\vec{j} + z\vec{k}}{\sqrt{x^2 + y^2 + z^2}} = x\vec{i} + y\vec{j} + z\vec{k}$

曲面積分 $\quad \iint_S (x^2 + y + z)\,dS = \iint_S \vec{F} \cdot \vec{n}\,dS$

式中 $\quad \vec{F} \cdot \vec{n} = (P\vec{i} + Q\vec{j} + R\vec{k}) \cdot (x\vec{i} + y\vec{j} + z\vec{k}) = x^2 + y + z$

可推得 $\quad \vec{F} = x\vec{i} + \vec{j} + \vec{k}$

其散度 $\quad \nabla \cdot \vec{F} = 1$

利用散度定理 $\quad \iint_S (x^2 + y + z)\,dS = \iint_S \vec{F} \cdot \vec{n}\,dS = \iiint_V \nabla \cdot \vec{F}\,dV = \iiint_V dV$

故可得 $\quad \iint_S (x^2 + y + z)\,dS = \iiint_V dV = V = \dfrac{4}{3}\pi$

範例 14：驗證散度定理

(a) Evaluate the integral $\iint_S (x\vec{i} + y\vec{j} + 3z\vec{k}) \cdot \vec{n}\,dA$, over $S : x^2 + y^2 + z^2 = 4$

(b) Verify the divergence theorem with (a)　(10%)

交大電信所

解答：

【方法一】(a)利用體積分

已知 $\vec{F} = x\vec{i} + y\vec{j} + 3z\vec{k}$，$\nabla \cdot \vec{F} = 1 + 1 + 3 = 5$

代入

$$\iint_S \vec{F} \cdot \vec{n} dA = \iiint_V \nabla \cdot \vec{F} dV = \iiint_V 5 dV = 5 \cdot \frac{4}{3}\pi \cdot 2^3 = \frac{160}{3}\pi$$

【方法二】

(b) 直接面積分（方法一：投影法）

已知：$S : x^2 + y^2 + z^2 = 4$

單位垂直向量為 $\vec{n} = \frac{x}{2}\vec{i} + \frac{y}{2}\vec{j} + \frac{z}{2}\vec{k}$

代入 $\iint_S (x\vec{i} + y\vec{j} + 3z\vec{k}) \cdot \vec{n} dA = \iint_S \frac{x^2 + y^2 + 3z^2}{2} dA$

投影法直接上半求面積分，$dA = \frac{dxdy}{\vec{n} \cdot \vec{k}}$，代入

$$\iint_S (x\vec{i} + y\vec{j} + 3z\vec{k}) \cdot \vec{n} dA = \iint_S \frac{x^2 + y^2 + 3z^2}{2} \cdot \frac{dxdy}{\frac{z}{2}}$$

或　原式 $= \iint_S \frac{x^2 + y^2 + 3z^2}{z} dxdy = \iint_S \frac{x^2 + y^2 + 3(4 - x^2 - y^2)}{\sqrt{4 - x^2 - y^2}} dxdy$

整理得　原式 $= \iint_R \frac{12 - 2(x^2 + y^2)}{\sqrt{4 - (x^2 + y^2)}} dxdy$

極座標轉換　令 $x = r\cos\theta$，$y = r\sin\theta$，$dxdy = rdrd\theta$

代入得　原式 $= \int_0^{2\pi} \left(\int_0^2 \frac{12 - 2r^2}{\sqrt{4 - r^2}} r dr \right) d\theta = \frac{80}{3}\pi$

同理,下半球面積分也相同,最後得

$$\iint_S (x\vec{i} + y\vec{j} + 3z\vec{k}) \cdot \vec{n}\, dA = 2 \cdot \frac{80}{3}\pi = \frac{160}{3}\pi$$

【方法三】(b)直接面積分 (方法二:直接球面積分法)

$$\iint_S (x\vec{i} + y\vec{j} + 3z\vec{k}) \cdot \vec{n}\, dS$$

曲面　　$S: x^2 + y^2 + z^2 = 4$

垂直向量　　$\vec{n} = \dfrac{\vec{r}}{r} = \dfrac{1}{2}(x\vec{i} + y\vec{j} + z\vec{k})$

$$\iint_S (x\vec{i} + y\vec{j} + 3z\vec{k}) \cdot \vec{n}\, dS = \frac{1}{2}\iint_S (x^2 + y^2 + 3z^2)\, dS$$

其中令

$\begin{array}{l} x = 2\sin\phi\cos\theta \\ y = 2\sin\phi\sin\theta \\ z = 2\cos\phi \end{array}$, $\quad dS = 2\sin\phi\, d\theta \cdot 2\, d\phi$

原式 $= \dfrac{1}{2}\displaystyle\int_0^{2\pi}\left(\int_0^{\pi}\left(4 + 2(2\cos\phi)^2\right)4\sin\phi\, d\phi\right)d\theta$

原式 $= \dfrac{1}{2}\displaystyle\int_0^{2\pi}\left(\int_0^{\pi}\left(4 + 2(2\cos\phi)^2\right)4\sin\phi\, d\phi\right)d\theta = \dfrac{160}{3}\pi$

範例 15:

Let Σ be the closed surface consisting of the surfaces Σ_1 of the cone $z^2 = x^2 + y^2$ for $0 \le x^2 + y^2 \le 1$ and the flat cap Σ_2 consisting of the disk $0 \le x^2 + y^2 \le 1$, $z = 1$, as shown in the following figure. Illustrate Gauss's Divergence Theorem by separately computing both sides of the equation for a vector field $\vec{F}(x,y,z) = x\vec{i} + y\vec{j} + z\vec{k}$

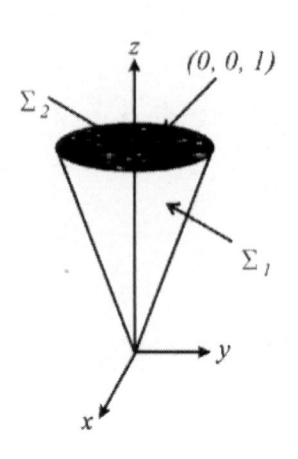

台科大電子所

解答：

【方法一】散度定理

已知散度定理 $\qquad \oiint_S \vec{F} \cdot \vec{n} dS = \iiint_V \nabla \cdot \vec{F} dV$

已知 $\qquad \vec{F}(x,y,z) = x\vec{i} + y\vec{j} + z\vec{k}$

散度 $\qquad \nabla \cdot \vec{F} = 3$

代入散度定理 $\qquad \oiint_S \vec{F} \cdot \vec{n} dS = \iiint_V 3 dV = 3V = 3\left(\frac{1}{3}\pi \cdot 1 \cdot 1\right) = \pi$

【方法二】直接曲面積分

(1) $\Sigma_2 : 0 \leq x^2 + y^2 \leq 1, \ z = 1, \ \vec{n} = \vec{k}$

$\vec{F} \cdot \vec{n} = z$

$\oiint_{\Sigma_2} \vec{F} \cdot \vec{n} dS = \oiint_{\Sigma_2} z dS = \oiint_{\Sigma_2} dS = \pi$

(2) $\Sigma_1 : z^2 = x^2 + y^2 \ \text{for} \ 0 \leq x^2 + y^2 \leq 1$

令　$\phi = x^2 + y^2 - z^2 = 0$

圓錐之垂直向量　$\nabla\phi = 2x\vec{i} + 2y\vec{j} - 2z\vec{k}$

圓錐之單位垂直向量　$\vec{n} = \dfrac{\nabla\phi}{|\nabla\phi|} = \dfrac{x\vec{i} + y\vec{j} - z\vec{k}}{\sqrt{x^2 + y^2 + z^2}}$

$$\vec{F}\cdot\vec{n} = \dfrac{x^2 + y^2 - z^2}{\sqrt{x^2 + y^2 + z^2}}$$

又 Σ_1：$z^2 = x^2 + y^2$，代入

$$\oiint_{\Sigma_1} \vec{F}\cdot\vec{n}\,dS = \oiint_{\Sigma_1} \dfrac{x^2 + y^2 - z^2}{\sqrt{x^2 + y^2 + z^2}}\,dS = 0$$

最後得　$\oiint_S \vec{v}\cdot\vec{n}\,dS = \pi + 0 = \pi$

第二節　散度定理（非封閉曲面積分）

利用體積分之轉換來計算曲面積分時，其積分曲面必須為封閉曲面。若要計算下列曲面積分 $\iint_S \vec{F}\cdot\vec{n}\,dS = ?$ 但其中 S 若為一非封閉曲面，則除直接對非封閉曲面積分外，此時可將非封閉曲面 S，補上一個簡單平面 S_0，使其成一封閉曲面 $S^* = S_0 + S$，再利用散度定理求，亦即

散度定理

$$\iiint_V \nabla\cdot\vec{F}\,dV = \oiint_{S^*} \vec{F}\cdot\vec{n}\,dS = \iint_S \vec{F}\cdot\vec{n}\,dS + \iint_{S_0} \vec{F}\cdot\vec{n}\,dS$$

移項得非封閉曲面積分

$$\iint_S \vec{F}\cdot\vec{n}dS = \iiint_V \nabla\cdot\vec{F}dV - \iint_{S_0} \vec{F}\cdot\vec{n}dS$$

條件：

　　$\vec{F}(x,y,z)$ 在 V 內為可微分函數，且右邊兩項積分都較簡易時才使用，否則直接對左邊之曲面積分，利用投影法或曲面參數法直接積分。

範例 16

> Find the value of integral $\iint_S (\nabla\times\vec{V})\cdot\vec{n}dA$ over the part of the unit sphere $x^2+y^2+z^2=1$ above the xy plane, where $\vec{V}=y\vec{i}$

台科大機械工數

解答：

$$\iint_S (\nabla\times\vec{V})\cdot\vec{n}dS + \iint_{S_0}(\nabla\times\vec{V})\cdot\vec{n}dS = \iiint_V \nabla\cdot(\nabla\times\vec{V})dV = 0$$

其中 $\nabla\cdot(\nabla\times\vec{V})$ 為零運算子，即 $\nabla\cdot(\nabla\times\vec{V})=0$

$$\iint_S (\nabla\times\vec{V})\cdot\vec{n}dS = -\iint_{S_0}(\nabla\times\vec{V})\cdot\vec{n}dS$$

其中

$$\nabla\times\vec{V} = \begin{vmatrix} \vec{i} & \vec{j} & \vec{k} \\ \dfrac{\partial}{\partial x} & \dfrac{\partial}{\partial y} & \dfrac{\partial}{\partial z} \\ y & 0 & 0 \end{vmatrix} = -\vec{k}$$

$S_0 : x^2+y^2=1$

垂直向量　　$\vec{n}=-\vec{k}$

$$\iint_S (\nabla \times \vec{V}) \cdot \vec{n} \, dS = -\iint_{S_0} (\nabla \times \vec{V}) \cdot \vec{n} \, dS = -\iint_{S_0} dA = -\pi$$

範例 17：常數拋物體

> Calculate the surface integral $I_S = \iint_S \vec{F} \cdot \vec{n} \, dS$ where the vector field $\vec{F} = 2z\vec{i} + (x - y - z)\vec{k}$ $\vec{n}$ denotes the unit outer normal vector of the surface $S : z = x^2 + y^2$; $x^2 + y^2 \le 6$

成大土木所乙、丁

解答：

【方法一】Gauss 散度定理

$$\iint_S \vec{F} \cdot \vec{n} \, dS + \iint_{S_1} \vec{F} \cdot \vec{n} \, dS = \oiint_{S^*} \vec{F} \cdot \vec{n} \, dS = \iiint_V \nabla \cdot \vec{F} \, dV$$

其中 (1) $\vec{F} = 2z\vec{i} + (x - y - z)\vec{k}$，則 $\nabla \cdot \vec{F} = -1$，且 $S : z = x^2 + y^2$; $x^2 + y^2 \le 6$

$$\iiint_V \nabla \cdot \vec{F} \, dV = -\iiint_V dV = -\int_0^6 \pi(x^2 + y^2) \, dz = -\int_0^6 \pi z \, dz$$

得

$$\iiint_V \nabla \cdot \vec{F} \, dV = -\int_0^6 \pi z \, dz = -\frac{\pi \cdot 6^2}{2} = -18\pi$$

(2) 在 $S_1 : x^2 + y^2 \le 6, z = 6$，$\vec{n} = \vec{k}$

$$\iint_{S_1} \vec{F} \cdot \vec{n} \, dS = \oiint_{S_1} \vec{F} \cdot \vec{k} \, dS = \oiint_{S_1} (x - y - z) \, dxdy$$

$$\iint_{S_1} \vec{F} \cdot \vec{n} \, dS = \int \left(\int_R ((x - y - 6)) \, dy \right) dx$$

利用極座標轉換 $$\iint_{S_1} \vec{F} \cdot \vec{n} \, dS = \int_0^{2\pi} \left(\int_0^{\sqrt{6}} (r\cos\theta - r\sin\theta - 6) r \, dr \right) d\theta$$

得

$$\iint_{S_1} \vec{F} \cdot \vec{n} \, dS = -2\pi \int_0^{\sqrt{6}} 6r \, dr = -36\pi$$

最後得
$$\iint_S \vec{F}\cdot\vec{n}dS = \iiint_V \nabla\cdot\vec{F}dV - \iint_{S_1}\vec{F}\cdot\vec{n}dS$$

或
$$\iint_S \vec{F}\cdot\vec{n}dS = -18\pi - (-36\pi) = 18\pi$$

【方法二】直接曲面積分

$S : z = x^2 + y^2 \text{ ; } x^2 + y^2 \le 6$

令
$$\phi = x^2 + y^2 - z = 0$$

$$\vec{n} = \frac{\nabla\phi}{|\nabla\phi|} = \frac{2x\vec{i} + 2y\vec{j} - \vec{k}}{\sqrt{4x^2 + 4y^2 + 1}}$$

$$\vec{F}\cdot\vec{n} = \left(2z\vec{i} + (x - y - z)\vec{k}\right)\cdot\frac{2x\vec{i} + 2y\vec{j} - \vec{k}}{\sqrt{4x^2 + 4y^2 + 1}}$$

得
$$\vec{F}\cdot\vec{n} = \frac{4xz - (x - y - z)}{\sqrt{4x^2 + 4y^2 + 1}}$$

$$\iint_S \vec{F}\cdot\vec{n}dS = \iint_R \frac{4xz - (x - y - z)}{\sqrt{4x^2 + 4y^2 + 1}}dS$$

$$\iint_S \vec{F}\cdot\vec{n}dS = \iint_R \frac{4xz - (x - y - z)}{\sqrt{4x^2 + 4y^2 + 1}}\frac{dxdy}{|\vec{n}\cdot\vec{k}|} = \iint_R (4xz - (x - y - z))dydx$$

其中 $S : z = x^2 + y^2$，$R : x^2 + y^2 \le 6$ 代入

$$\iint_S \vec{F}\cdot\vec{n}dS = \iint_R \left(4x(x^2 + y^2) - (x - y - x^2 - y^2)\right)dydx$$

$$\iint_S \vec{F}\cdot\vec{n}dS = \int_0^{2\pi}\left(\int_0^{\sqrt{6}}(4r^3\cos\theta - (r\cos\theta - r\sin\theta - r^2))rdr\right)d\theta$$

$$\iint_S \vec{F}\cdot\vec{n}\,dS = \int_0^{2\pi}\left(\int_0^{\sqrt{6}}(4r^4\cos\theta - r^2\cos\theta + r^2\sin\theta + r^3)dr\right)d\theta$$

$$\iint_S \vec{F}\cdot\vec{n}\,dS = 18\pi$$

範例 18：非封閉曲面積分（直接積分）

(8%) Evaluate the integral of $I = \iint_S \left(2x^3 dydz + x^2 yz dxdz + x^2 z dxdy\right)$ and $S: x^2 + y^2 = a^2$，$0 \le z \le b$

中興材工所乙組、台大化工所

解答：

$$I = \iiint_V \nabla\cdot\vec{F}\,dV - \iint_{S_0(z=0)}(\vec{F}\cdot\vec{n})dS - \iint_{S_1(z=b)}(\vec{F}\cdot\vec{n})dS$$

已知　$I = \iint_S \left(2x^3 dydx + x^2 yz dxdz + x^2 z dxdy\right)$

$$\vec{F} = 2x^3\vec{i} + x^2 yz\vec{j} + x^2 z\vec{k}$$

(1) 散度　$\nabla\cdot\vec{F} = 6x^2 + x^2 z + x^2 = 7x^2 + x^2 z$

　　散度定理　$I = \iint_S \vec{F}\cdot\vec{n}\,dS = \iiint_V \nabla\cdot\vec{F}\,dV = \iiint_V (7x^2 + x^2 z)dV$

$$I = \iint_R\left(\int_0^b (7x^2 + x^2 z)dz\right)dA = \iint_R\left(7x^2 b + \frac{1}{2}x^2 b^2\right)dA$$

$$I = \left(7b + \frac{1}{2}b^2\right)\iint_R (x^2)dA$$

或極座標　$I = \left(7b + \frac{1}{2}b^2\right)\int_0^{2\pi}\left(\int_0^a r^2\cos^2\theta\, r\,dr\right)d\theta$

得　$I = \left(7b + \dfrac{1}{2}b^2\right)\dfrac{a^4}{4}\int_0^{2\pi}\cos^2\theta d\theta = \left(7b + \dfrac{1}{2}b^2\right)\dfrac{a^4}{4}\int_0^{2\pi}\dfrac{1+\cos 2\theta}{2}d\theta$

或　$I = \left(7b + \dfrac{1}{2}b^2\right)\dfrac{a^4\pi}{4}$

(2) $\iint_{S_0(z=0)}(\vec{F}\cdot\vec{n})dS$

On S_0：$S: x^2 + y^2 \leq a^2$，$z = 0$，$\vec{n} = -\vec{k}$，$dS = dxdy$

$\vec{F}\cdot\vec{n} = (2x^3\vec{i} + x^2yz\vec{j} + x^2z\vec{k})\cdot(-\vec{k}) = -x^2z$

代入　$\iint_{S_0}\vec{F}\cdot\vec{n}dS = \iint_S(-x^2z)dS$

令 $z = 0$，代入得　$\iint_{S_0}\vec{F}\cdot\vec{n}dS = \iint_{S_0}(-x^2z)dS = 0$

(3) $\iint_{S_1(z=b)}(\vec{F}\cdot\vec{n})dS$

On S_1：$S: x^2 + y^2 \leq a^2$，$z = b$，$\vec{n} = \vec{k}$，$dS = dxdy$

$\vec{F}\cdot\vec{n} = (2x^3\vec{i} + x^2yz\vec{j} + x^2z\vec{k})\cdot(\vec{k}) = x^2z$

代入　$\iint_{S_1}\vec{F}\cdot\vec{n}dS = \iint_{S_1}(x^2z)dS$

令 $z = b$，代入得　$\iint_{S_1}\vec{F}\cdot\vec{n}dS = b\iint_{S_1}x^2dxdy = b\int_0^{2\pi}\left(\int_0^a r^2\cos^2\theta\cdot rdr\right)d\theta$

積分得　$\iint_{S_1}\vec{F}\cdot\vec{n}dS = \dfrac{a^4b}{4}\int_0^{2\pi}\cos^2\theta d\theta = \dfrac{a^4b}{4}\int_0^{2\pi}\dfrac{1+\cos 2\theta}{2}d\theta = \dfrac{a^4b}{4}\pi$

(4) 最後得

$I = \left(7b + \dfrac{1}{2}b^2\right)\dfrac{a^4\pi}{4} - \dfrac{a^4b\pi}{4} = \left(6b + \dfrac{1}{2}b^2\right)\dfrac{a^4\pi}{4}$

第三節　平面角 (含奇異點之 Plane Green 定理)

　　討論球心角或立體角之定義前，先探討較簡單且易於想像的圓心角或平面角，然後再依此類推至立體角。

※ 定義：平面角

　　已知 C 為一單位圓，圓心角 ϑ 所對應之圓周長為 s_c，則圓心角與圓周長關係為

$$\vartheta = \frac{s_c}{r}，r 為半徑$$

若取圓周上微週長 ds_c，則其對應之微圓心角為

$$d\vartheta = \frac{ds_c}{r}$$

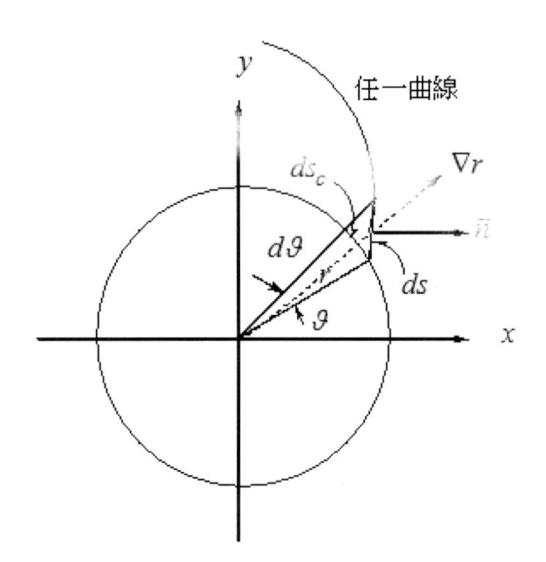

現在再將上式定義延伸至任一曲線上之微曲線長 ds，此點之曲線法線向量為 $\vec{n}$，圓周上任一點之垂直向量為 $\dfrac{\vec{r}}{r} = \nabla r$，則其在圓周上之投影長為

$$\vec{n} \cdot \nabla r ds = ds_c$$

代入上式,得任一曲線上之微曲線長所對應之微平面角為

$$d\vartheta = \frac{\vec{n} \cdot \nabla r ds}{r} = \frac{\vec{n} \cdot \vec{r}}{r^2} ds$$

積分一圈得

$$\vartheta = \oint_C d\vartheta = \oint_C \frac{\vec{n} \cdot \nabla r ds}{r} = \oint_C \frac{\vec{n} \cdot \vec{r}}{r^2} ds$$

令 $\vec{r} = x\vec{i} + y\vec{j}$,$\vec{n} = \vec{T} \times \vec{k} = \left(\frac{dx}{ds}\vec{i} + \frac{dy}{ds}\vec{j}\right) \times \vec{k} = \frac{dy}{ds}\vec{i} - \frac{dx}{ds}\vec{j}$

$$\vec{n} \cdot \vec{r} = x\frac{dy}{ds} - y\frac{dx}{ds}$$

代入曲線 C 所圍平面角為

$$\vartheta = \oint_C \frac{\vec{n} \cdot \vec{r}}{r^2} ds = \oint_C \frac{\left(x\frac{dy}{ds} - y\frac{dx}{ds}\right)}{r^2} ds = \oint_C \frac{xdy - ydx}{x^2 + y^2}$$

第四節　立體角 (含奇異點之散度定理)

※ **定義：立體角**

已知 S 為一單位球,球心角 Ω (類似手電筒之光圈之角度) 所對應之球表面積為 S_c,則球表面積與球心角關係為

$$\Omega = \frac{S_c}{r^2},\ r\ 為半徑$$

若取球表面上微球表面積 dS_c,則其對應之微球心角為

$$d\Omega = \frac{dS_c}{r^2}$$

現在再將上式定義延伸至任一曲面上之微曲面積 dS，此點之曲線法面向量為 $\vec{n}$，球表面上任一點之垂直向量為 $\dfrac{\vec{r}}{r} = \nabla r$，則 dS 在球表面上之投影面積為

$$\vec{n} \cdot \nabla r \, dS = dS_c$$

代入上式，得任一曲面上之微曲面積所對應之微立體角為

$$d\Omega = \frac{\vec{n} \cdot \nabla r \, dS}{r^2} = \frac{\vec{n} \cdot \vec{r}}{r^3} dS$$

積分一圈得曲面 S 所圍立體角為

$$\Omega = \oiint_S d\Omega = \oiint_S \frac{\vec{n} \cdot \nabla r \, dS}{r^2} = \oiint_S \frac{\vec{n} \cdot \vec{r}}{r^3} dS$$

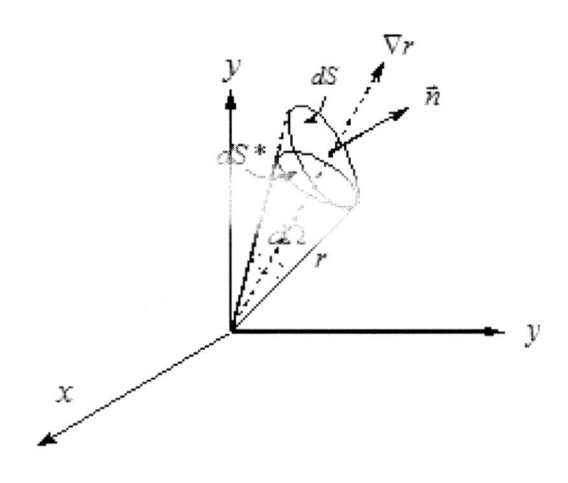

【觀念分析】

1. 整整一圈所對應之平面角為：圓周總長除以半徑，即

$$\vartheta = \frac{2\pi r}{r} = 2\pi$$

2. 整整一圈（四面八方）所對應之立體角為：總球表面積除以半徑的平方，即

$$\Omega = \frac{4\pi r^2}{r^2} = 4\pi$$

範例 19

(10%) Let S be a closed regular surface and $\vec{r}$ denote the position vector of any point (x, y, z) measured from an origin O, Evaluate

$$\iint_S \frac{\vec{n} \cdot \vec{r}}{r^3} dS$$

in which $\vec{n}$ is the outward unit normal vector to dS and $r = |\vec{r}|$

成大機械所

解答:

(1) 當 S 不含原點在內時

$$\iint_S \frac{\vec{n} \cdot \vec{r}}{r^3} dS = \iiint_V \nabla \cdot \frac{\vec{r}}{r^3} dV = 0$$

(2) 當 S 含原點在內時

$$\iint_S \frac{\vec{n} \cdot \vec{r}}{r^3} dS + \iint_{S_0} \frac{\vec{n} \cdot \vec{r}}{r^3} dS = \iiint_V \nabla \cdot \frac{\vec{r}}{r^3} dV$$

其中

$$\nabla \cdot \left(\frac{1}{r^3} \vec{r}\right) = \left(\nabla \frac{1}{r^3}\right) \cdot \vec{r} + \frac{1}{r^3} \nabla \cdot \vec{r}$$

或

$$\nabla \cdot \left(\frac{1}{r^3} \vec{r}\right) = \left(-\frac{3}{r^4}\right) \frac{\vec{r}}{r} \cdot \vec{r} + \frac{3}{r^3} = -\frac{3}{r^3} + \frac{3}{r^3} = 0$$

代入上式,得

$$\iint_S \frac{\vec{n} \cdot \vec{r}}{r^3} dS + \iint_{S_0} \frac{\vec{n} \cdot \vec{r}}{r^3} dS = 0$$

得
$$\iint_S \frac{\vec{n}\cdot\vec{r}}{r^3}dS = -\iint_{S_0}\frac{\vec{n}\cdot\vec{r}}{r^3}dS$$

其中
$$S_0 : x^2 + y^2 + z^2 = \varepsilon^2 \quad 或 \quad r = \varepsilon$$

故
$$\vec{n} = -\frac{\vec{r}}{r}\,(外向為正,即向球心),代入上式$$

$$\iint_S \frac{\vec{n}\cdot\vec{r}}{r^3}dS = -\iint_{S_0}\frac{\vec{n}\cdot\vec{r}}{r^3}dS = \iint_{S_0}\frac{\vec{r}}{r}\cdot\frac{\vec{r}}{r^3}dS$$

$$\iint_S \frac{\vec{n}\cdot\vec{r}}{r^3}dS = \iint_{S_0}\frac{1}{r^2}dS = \frac{1}{\varepsilon^2}\iint_{S_0}dS = \frac{1}{\varepsilon^2}\cdot 4\pi\varepsilon^2 = 4\pi$$

第五節　梯度定理

已知散度定理：

若 $\vec{F}(x, y, z)$ 在有限區域 V 內為一階偏導數連續，S 為封閉曲面，則

$$\iiint_V \nabla\cdot\vec{F}\,dV = \oiint_S \vec{F}\cdot\vec{n}\,dS$$

現將上式中依向量點積滿足交換律特性，將上式改表成

$$\iiint_V \nabla\cdot\vec{F}\,dV = \oiint_S (\vec{n}\cdot\vec{F})\,dS$$

【分析】：

上式可視為向量散度運算子 $\nabla\cdot(\ )$ 之體積分與曲面積分之關係轉換式。

若令　$\vec{F}(x, y, z) = \phi(x, y, z)\vec{a}$，其中 $\vec{a}$ 為常數向量

則取散度，得

$$\nabla \cdot \vec{F}(x,y,z) = \nabla \cdot [\phi(x,y,z)\vec{a}]$$

利用向量微分恆等公式，得

$$\nabla \cdot \vec{F}(x,y,z) = \nabla \phi(x,y,z) \cdot \vec{a} + \phi(x,y,z)(\nabla \cdot \vec{a})$$

其中 $\nabla \cdot \vec{a} = 0$

代入得 $\nabla \cdot \vec{F}(x,y,z) = \vec{a} \cdot \nabla \phi(x,y,z)$

代回原散度定理，得

$$\iiint_V \nabla \cdot (\phi(x,y,z)\vec{a})dV = \oiint_S (\vec{n} \cdot (\phi(x,y,z)\vec{a}))dS$$

亦即

$$\iiint_V (\vec{a} \cdot \nabla \phi(x,y,z))dV = \oiint_S ((\vec{n} \cdot \vec{a})\phi(x,y,z))dS$$

或提出公因式 $\vec{a}$，得

$$\vec{a} \cdot \left[\iiint_V \nabla \phi(x,y,z)dV - \oiint_S (\vec{n}\phi(x,y,z))dS \right] = 0$$

最後得

$$\iiint_V \nabla \phi(x,y,z)dV = \oiint_S \phi(x,y,z)\vec{n}dS$$

其中 $\phi(x,y,z)$ 在 V 內為可微分函數。此定理稱為梯度定理 (Gradient Theorem)，是為向量梯度運算子 $\nabla(\ )$ 之體積分與曲面積分之關係轉換式。

範例 20

If ψ is any scalar field apply the divergence theorem to $\vec{a}\psi$, where $\vec{a}$ is any

> constant vector, and so deduce that $\iint_S \psi \vec{n} dS = \iiint_R \text{grad} \psi dV$, where R is any region, S is its boundary and $\vec{n}$ is the unit outward normal to S, also, show that $\iint_S \vec{n} dS = 0$.

成大土木所

解答：

已知
$$\iint_S \psi \vec{n} dS = \iiint_R \text{grad} \psi dV = \iiint_R \nabla \psi dV$$

令 $\psi = 1$，$\nabla \psi = 0$ 代入得 $\oiint_S 1 \cdot \vec{n} dS = \iiint_V \nabla(1) dV = 0$

第六節　旋度定理

若 $\vec{f}(x, y, z)$ 在有限區域 V 內為一階偏導數連續，S 為封閉曲面，則散度定理為

$$\iiint_V \nabla \cdot \vec{f} dV = \oiint_S \vec{f} \cdot \vec{n} dS$$

現將上式中依向量點積滿足交換律特性，將上式改表成

$$\iiint_V \nabla \cdot \vec{f} dV = \oiint_S (\vec{n} \cdot \vec{f}) dS$$

若令 $\vec{f}(x, y, z) = \vec{F}(x, y, z) \times \vec{a}$，其中 $\vec{a}$ 為常數向量，$\vec{F}(x, y, z)$ 在有限區域 V 內為一階偏導數連續，則取散度，得

$$\nabla \cdot \vec{f}(x, y, z) = \nabla \cdot (\vec{F} \times \vec{a})$$

利用向量微分恆等公式，得

$$\nabla \cdot (\vec{F} \times \vec{a}) = \nabla_F \cdot (\vec{F} \times \vec{a}) + \nabla_a \cdot (\vec{F} \times \vec{a})$$

利用三向量無向積之循環特性，$\vec{A} \cdot (\vec{B} \times \vec{C}) = \vec{C} \cdot (\vec{A} \times \vec{B})$，及 $\vec{F} \times \vec{a} = -\vec{a} \times \vec{F}$，代入得

$$\nabla \cdot (\vec{F} \times \vec{a}) = \vec{a} \cdot (\nabla_F \times \vec{F}) - \nabla_a \cdot (\vec{a} \times \vec{F}) = \vec{a} \cdot (\nabla_F \times \vec{F}) - \vec{F} \cdot (\nabla_a \times \vec{a})$$

其中 $\nabla \times \vec{a} = 0$

代入得

$$\nabla \cdot (\vec{F} \times \vec{a}) = \vec{a} \cdot (\nabla_F \times \vec{F}) = \vec{a} \cdot (\nabla \times \vec{F})$$

代回原散度定理，得

$$\iiint_V \nabla \cdot (\vec{F} \times \vec{a}) dV = \oiint_S (\vec{n} \cdot (\vec{F} \times \vec{a})) dS$$

利用三向量無向積之循環特性，得

$$\iiint_V (\vec{a} \cdot (\nabla \times \vec{F})) dV = \oiint_S (\vec{a} \cdot (\vec{n} \times \vec{F})) dS$$

或

$$\vec{a} \cdot \left[\iiint_V (\nabla \times \vec{F}) dV - \oiint_S (\vec{n} \times \vec{F}) dS \right] = 0$$

最後得

$$\iiint_V (\nabla \times \vec{F}) dV = \oiint_S (\vec{n} \times \vec{F}) dS$$

上式稱為**旋度定理** (Curl Theorem)，是為向量旋度運算子 $\nabla \times (\ )$ 之體積分與曲面積分之關係轉換式。

範例 21

Given $\vec{F} = (x+y)\vec{k}$, Calculate the surface integral $\iint_S \vec{F} \times \vec{n} dS$, Let S is the upper hemisphere $x^2 + y^2 + z^2 = a^2$ $z \geq 0$

清大核工所

解答：

已知
$$\iiint_V (\nabla \times \vec{F}) dV = \oiint_S (\vec{n} \times \vec{F}) dS$$

又
$$\vec{F} = (x+y)\vec{k}$$

旋度
$$\nabla \times \vec{F} = \begin{vmatrix} \vec{i} & \vec{j} & \vec{k} \\ \frac{\partial}{\partial x} & \frac{\partial}{\partial y} & \frac{\partial}{\partial z} \\ 0 & 0 & x+y \end{vmatrix} = \vec{i} - \vec{j}$$

代入上式得
$$\iint_S \vec{F} \times \vec{n} dS = -\iiint_V \nabla \times \vec{F} dV = -\iiint_V (\vec{i} - \vec{j}) dV$$

或
$$\iint_S \vec{F} \times \vec{n} dS = -(\vec{i} - \vec{j})V$$

其中 V 體積為
$$V = \frac{2\pi a^3}{3}$$

得
$$\iint_S \vec{F} \times \vec{n} dS = -\frac{2\pi a^3}{3}(\vec{i} - \vec{j})$$

範例 22

若 S_1 為 $x^2 + y^2 + z^2 = \left(\frac{3}{4\pi}\right)^{\frac{2}{3}}$ 之球表面，S_2 為 $x = \pm 1$；$y = \pm 1$；$z = \pm 1$ 六面體之表面，V 為 $S = S_1 + S_2$ 所圍體積，$f = x^2 + y^2 + 1$，利用散度定理，求

(1) $\oiint_S \dfrac{\partial f}{\partial n} dS$ (2) $\oiint_S \vec{n} \times \nabla f\, dS$

台大機械所

解答：

(1)已知 $\qquad \oiint_S \dfrac{\partial f}{\partial n} dS = \oiint_S \nabla f \cdot \vec{n}\, dS$

利用散度定理得 $\qquad \oiint_S \nabla f \cdot \vec{n}\, dS = \iiint_V \nabla \cdot (\nabla f) dV = \iiint_V \nabla^2 f\, dV$

又 $\qquad f = x^2 + y^2 + 1$

拉氏運算子得 $\qquad \nabla^2 f = 2 + 2 = 4$

代入得 $\qquad \oiint_S \dfrac{\partial f}{\partial n} dS = 4V$

其中體積為 $\qquad V = 2^3 - \dfrac{4\pi}{3}\left[\left(\dfrac{3}{4\pi}\right)^{\frac{1}{3}}\right]^3 = 8 - 1 = 7$

代入得 $\qquad \oiint_S \dfrac{\partial f}{\partial n} dS = 4 \cdot V = 28$

第七節　　Green 第一恆等式

已知散度定理：

若 $\vec{F}(x, y, z)$ 在有限區域 V 內為一階偏導數連續，S 為封閉曲面，則

$$\iiint_V \nabla \cdot \vec{F}\, dV = \oiint_S \vec{F} \cdot \vec{n}\, dS$$

若令 $\vec{F}(x,y,z) = \varphi(x,y,z)\nabla\phi(x,y,z)$，且 $\varphi(x,y,z)$ 與 $\phi(x,y,z)$ 在 V 內為連續可微分函數，代回原散度定理，得

$$\iiint_V \nabla \cdot (\varphi \nabla \phi) dV = \oiint_S (\vec{n} \cdot (\varphi \nabla \phi)) dS$$

其中散度項 $\nabla \cdot (\varphi \nabla \phi)$，利用向量微分恆等公式展開，得

$$\nabla \cdot (\varphi \nabla \phi) = \nabla \varphi \cdot \nabla \phi + \varphi \nabla \cdot \nabla \phi = \nabla \varphi \cdot \nabla \phi + \varphi \nabla^2 \phi$$

代回原散度定理，得

$$\iiint_V (\nabla \varphi \cdot \nabla \phi + \varphi \nabla^2 \phi) dV = \oiint_S (\varphi \nabla \phi \cdot \vec{n}) dS$$

或

$$\iiint_V (\nabla \varphi \cdot \nabla \phi + \varphi \nabla^2 \phi) dV = \oiint_S \left(\varphi \frac{\partial \phi}{\partial n} \right) dS$$

上式稱為 Green 第一恆等式 (Green First identity)。

【分析】

1. 已知 $\iiint_V (\nabla \varphi \cdot \nabla \phi + \varphi \nabla^2 \phi) dV = \oiint_S \left(\varphi \frac{\partial \phi}{\partial n} \right) dS$

   令 $\varphi(x,y,z) = 1$，代入上式，得

   $$\iiint_V (\nabla^2 \phi) dV = \oiint_S \left(\frac{\partial \phi}{\partial n} \right) dS \text{。}$$

   若再滿足 Lapalce 方程式，即 $\nabla^2 \phi = 0$，代入得

   $$\oiint_S \left(\frac{\partial \phi}{\partial n} \right) dS = 0 \text{。}$$

2. 已知 $\iiint_V (\nabla \varphi \cdot \nabla \phi + \varphi \nabla^2 \phi) dV = \oiint_S \left(\varphi \frac{\partial \phi}{\partial n} \right) dS$

   若令 $\varphi = \phi$，代入上式得

$$\iiint_V (\nabla\phi\cdot\nabla\phi + \phi\nabla^2\phi)dV = \oiint_S \left(\phi\frac{\partial\phi}{\partial n}\right)dS$$

若再滿足 Lapalce 方程式，即 $\nabla^2\phi = 0$，代入得

$$\iiint_V (\nabla\phi\cdot\nabla\phi)dV = \oiint_S \left(\phi\frac{\partial\phi}{\partial n}\right)dS$$

或

$$\iiint_V \left[\left(\frac{\partial\phi}{\partial x}\right)^2 + \left(\frac{\partial\phi}{\partial y}\right)^2 + \left(\frac{\partial\phi}{\partial z}\right)^2\right]dV = \oiint_S \left(\phi\frac{\partial\phi}{\partial n}\right)dS$$

3. Green 第一恆等式，化簡至適用於 2-維平面之形式。

已知 Green 第一恆等式 $\iiint_V (\nabla\varphi\cdot\nabla\phi + \varphi\nabla^2\phi)dV = \oiint_S \left(\varphi\frac{\partial\phi}{\partial n}\right)dS$

令 $dV = 1\cdot dA$，$dS = 1\cdot ds$，亦即，假設厚度為單位 1，代入上式，可簡化至二維平面上之 Green 第一恆等式，標準式如下：

$$\iint_R (\nabla\varphi\cdot\nabla\phi + \varphi\nabla^2\phi)dA = \oint_C \left(\varphi\frac{\partial\phi}{\partial n}\right)ds$$

範例 23

(10%) Show that a solution $w(x,y)$ of Laplace's equation $\nabla^2 w = 0$ in a region R with boundary C and outer unit normal vector $\vec{n}$ satisfies the following equation

$$\iint_R \left[\left(\frac{\partial w}{\partial x}\right)^2 + \left(\frac{\partial w}{\partial y}\right)^2\right]dxdy = \oint_C w\frac{\partial w}{\partial n}ds$$

中興化工所

解答：

已知 Green 第一恆等式之平面形式

$$\iint_R (\nabla\varphi\cdot\nabla\phi + \varphi\nabla^2\phi)dA = \oint_C \left(\varphi\frac{\partial\phi}{\partial n}\right)ds$$

若令 $\varphi = \phi = w$，代入上式得

$$\iint_R (\nabla w\cdot\nabla w + w\nabla^2 w)dA = \oint_C \left(w\frac{\partial w}{\partial n}\right)ds$$

若再滿足 Lapalce 方程式，即 $\nabla^2 w = 0$，代入得

$$\iint_R (\nabla w\cdot\nabla w)dA = \oint_C \left(w\frac{\partial w}{\partial n}\right)ds$$

或

$$\iint_R \left[\left(\frac{\partial w}{\partial x}\right)^2 + \left(\frac{\partial w}{\partial y}\right)^2\right]dxdy = \oint_C w\frac{\partial w}{\partial n}ds$$

範例 24；平面 Green 第一恆等式

Let $\phi(x, y)$ and $\psi(x, y)$ be two continuous and differentiable scalar function on a simple closed curve C and throughout the interior D of C, then

$$\oint_C -\phi\left(\frac{\partial\psi}{\partial y}\right)dx + \phi\left(\frac{\partial\psi}{\partial x}\right)dy = \iint_D \phi\nabla^2\psi dA + \iint_D [\quad]dA\ .$$

Fill in the blanket $[\ ]$ in the above identity with proper expression.

台大機械 B 工數

解答：

已知平面 Green 第一恆等式

$$\iint_R (\nabla\phi\cdot\nabla\psi + \phi\nabla^2\psi)dA = \oint_C \left(\phi\frac{\partial\psi}{\partial n}\right)ds$$

其中

$$\oint_C \left(\phi \frac{\partial \psi}{\partial n}\right) ds = \oint_C (\phi \nabla \psi \cdot \vec{n}) ds$$

其中 $\vec{n} = dy\vec{i} - dx\vec{j}$

$$\nabla \psi \cdot \vec{n} = \left(\frac{\partial \psi}{\partial x}\vec{i} + \frac{\partial \psi}{\partial y}\vec{j}\right) \cdot (dy\vec{i} - dx\vec{j})$$

得

$$\nabla \psi \cdot \vec{n} = \frac{\partial \psi}{\partial x} dy - \frac{\partial \psi}{\partial y} dx$$

代入,得

$$\oint_C \left(\phi \frac{\partial \psi}{\partial n}\right) ds = \oint_C -\phi\left(\frac{\partial \psi}{\partial y}\right) dx + \phi\left(\frac{\partial \psi}{\partial x}\right) dy$$

或

$$\oint_C -\phi\left(\frac{\partial \psi}{\partial y}\right) dx + \phi\left(\frac{\partial \psi}{\partial x}\right) dy = \iint_R \phi \nabla^2 \psi \, dA + \iint_R \nabla \phi \cdot \nabla \psi \, dA$$

比較,得

$$[\ \ ] = \nabla \phi \cdot \nabla \psi$$

第八節　Green 第二恆等式

已知 Green 第一恆等式如下:

若 $\phi(x, y, z)$ 及 $\varphi(x, y, z)$ 在 V 內為可微分函數,則

$$\iiint_V (\nabla\varphi\cdot\nabla\phi + \varphi\nabla^2\phi)dV = \oiint_S \left(\varphi\frac{\partial\phi}{\partial n}\right)dS \quad (1)$$

現將上式中兩函數 $\phi(x,y,z)$ 及 $\varphi(x,y,z)$ 互換，仍成立，即得

$$\iiint_V (\nabla\phi\cdot\nabla\varphi + \phi\nabla^2\varphi)dV = \oiint_S \left(\phi\frac{\partial\varphi}{\partial n}\right)dS \quad (2)$$

將上兩式相減，即式(2) − 式(1)，得 Green 第二恆等式 (Green second identity)

$$\iiint_V (\phi\nabla^2\varphi - \varphi\nabla^2\phi)dV = \oiint_S (\phi\nabla\varphi - \varphi\nabla\phi)\cdot\vec{n}\,dS = \oiint_S \left(\phi\frac{\partial\varphi}{\partial n} - \varphi\frac{\partial\phi}{\partial n}\right)dS$$

【交大土木所、清大動機所】

範例 25

(10%) Let $\varphi(x,y,z)$ and $\phi(x,y,z)$ are continuous, with continuous first and second partial derivatives on a smooth closed surface S and it's interior. Suppose both $\nabla\varphi = 0$ and $\nabla\phi = 0$. Prove that
$\iiint_V (\phi\nabla^2\varphi - \varphi\nabla^2\phi)dV = 0$ (hint: Gauss' divergence theorem)

清大動機工數

解答：

已知 Green 第一恆等式如下：

若 $\phi(x,y,z)$ 及 $\varphi(x,y,z)$ 在 V 內為可微分函數，則

$$\iiint_V (\nabla\phi\cdot\nabla\varphi + \phi\nabla^2\varphi)dV = \oiint_S \left(\phi\frac{\partial\varphi}{\partial n}\right)dS$$

現將上式中兩函數 $\phi(x,y,z)$ 及 $\varphi(x,y,z)$ 互換，仍成立

即得

$$\iiint_V (\nabla\varphi\cdot\nabla\phi + \varphi\nabla^2\phi)dV = \oiint_S \left(\varphi\frac{\partial\phi}{\partial n}\right)dS$$

將上兩式相減，得 Green 第二恆等式

$$\iiint_V (\phi\nabla^2\varphi - \varphi\nabla^2\phi)dV = \oiint_S (\phi\nabla\varphi - \varphi\nabla\phi)\cdot\vec{n}dS$$

已知 $\nabla\varphi = 0$ 及 $\nabla\phi = 0$ 代入

$$\iiint_V (\phi\nabla^2\varphi - \varphi\nabla^2\phi)dV = 0$$

範例 26

(a) Please define and explain the divergence theorem for a vector field $\vec{F}$.
(b) Please prove $\nabla\cdot(A\vec{F}) = A\nabla\cdot\vec{F} + \nabla A\cdot\vec{F}$ in Cartesian Coordinates.
(c) According to (a) and (b), please prove
$$\iiint_V (\phi\nabla^2\varphi - \varphi\nabla^2\phi)dV = \oiint_S (\phi\nabla\varphi - \varphi\nabla\phi)\cdot\vec{n}dS \ 0$$

中山通訊所、交大奈米科技所

【證明】

已知 Green 第一恆等式如下：

若 $\phi(x,y,z)$ 及 $\varphi(x,y,z)$ 在 V 內為可微分函數，則

$$\iiint_V (\nabla\phi\cdot\nabla\varphi + \phi\nabla^2\varphi)dV = \oiint_S \phi\nabla\varphi\cdot\vec{n}dS$$

現將上式中兩函數 $\phi(x,y,z)$ 及 $\varphi(x,y,z)$ 互換，仍成立

即得

$$\iiint_V (\nabla\varphi\cdot\nabla\phi + \varphi\nabla^2\phi)dV = \oiint_S \varphi\nabla\phi\cdot\vec{n}dS$$

將上兩式相減，得 Green 第二恆等式

$$\iiint_V (\phi\nabla^2\varphi - \varphi\nabla^2\phi)dV = \oiint_S (\phi\nabla\varphi - \varphi\nabla\phi)\cdot\vec{n}dS$$

考題集錦

1. Evaluate the integral $I_C = \iint_R \vec{r} \cdot d\vec{\sigma}$ over the surface of a sphere of radius R.

   清大天文所應數

2. (15%) Evaluate the integral $\iint_S \vec{F} \cdot \vec{n} dS$ where $\vec{F} = z\vec{i} + x\vec{j} - 3y^2 z\vec{k}$ and where S is the surface of the cylinder $x^2 + y^2 = 16$ included $z = 0$ and $z = 5$, and $\vec{n}$ is the unit vector of the surface S.

   清大微機電系統所

3. Calculate the surface integral $I_S = \iint_S \vec{F} \cdot \vec{n} dS$ where the vector field $\vec{F} = 2z\vec{i} + (x - y - z)\vec{k}$, $\vec{n}$ denotes the unit outer normal vector of the surface $S: z = x^2 + y^2$; $x^2 + y^2 \leq 6$

   成大土木所乙、丁

4. Evaluate the following surface integral by the divergence theorem
$$I = \iint_S [(3x + y^2 + z)dydz + (2x - 2y + z^2)dzdx + (x + 3y^2 + z)dxdy]$$
   where $S: x^2 + y^2 + z^2 = 4$. (10%)

   彰師光電所

5. Use the Divergence theorem to find the surface integral
$\oiint_S \vec{F} \cdot \vec{n} dA$，where $\vec{F} = e^{2x}\vec{i} + e^{2y}\vec{j} + e^{2z}\vec{k}$
   S is the surface of cube $|x| \leq 1$，$|y| \leq 1$，$|z| \leq 1$

   中興精密所

6. Find the flux of $\vec{F} = x\vec{i} + y\vec{j} + z\vec{k}$, across the part of sphere $x^2 + y^2 + z^2 = 4$ lying between the plane $z = 1$ and $z = 2$. (10%)

   北科大化工所

7. Evaluate the surface integral $\iint_S \vec{F}\cdot\vec{n}\,dA$ where $\vec{F}=y^3\vec{i}+x^3\vec{j}+3z^2\vec{k}$, surface $S: z=x^2+y^2$ and $0\le z\le 4$, and $\vec{n}$ is the unit outward normal of S.

成大水利海洋所

8. (a) Evaluate the integral $\iint_S (x\vec{i}+y\vec{j}+3z\vec{k})\cdot\vec{n}\,dA$, over $S: x^2+y^2+z^2=4$。
   (b) Verify the divergence theorem with (a)   (10%)

交大電信所

9. Verify the divergence theorem with the following surface integral
$$I=\iint_S \vec{F}\cdot\vec{n}\,dA$$
where $\vec{F}=\vec{i}-y\vec{j}+3z\vec{k}$ and S is the surface of $x^2+y^2\le a^2$, $|z|\le h$.

交大機械所乙

10. Verify the divergence theorem for the case where the vector field $\vec{v}=\vec{j}+x^2z\vec{k}$，the volume V: the cube $0\le x\le 1$，$0\le y\le 1$，$0\le z\le 1$

清大材工所

11. (單選題) Let $\phi(x,y,z)=-(x^2+y^2+z^2)^{-\frac{1}{2}}$. What is the flux of $\nabla\phi$ across the sphere of a radius 3 centered at the origin?
    (a) 4π (b) 0 (c) 2π (d) 36π (e) -36π

台大機械所 B

12. 試證 $\oiint_S \dfrac{\vec{r}\cdot d\vec{S}}{r^3}=0$，其中 S 為不含原點在內部之任意封閉曲面

台大化工所

13. If a vector A is defined as $\vec{A}=\dfrac{-y\vec{i}+x\vec{j}}{x^2+y^2}$，solve the contour integral $\oint_C \vec{A}\cdot d\vec{r}$ along a curve C when C is a counterclockwise circle $x^2+y^2=1$

成大微機電所

14. Let $G(\vec{x}, \vec{x}_s) = \dfrac{e^{-jkr}}{r}$, where $\vec{x}, \vec{x}_s$ are two position vectors in the three dimensional space, k is a constant, and $r = |\vec{x} - \vec{x}_s|$. Show that the directional derivative $\dfrac{\partial G}{\partial n}$ at the point $\vec{x}$ w.r.t. some direction specified by a unit vector $\vec{n}$ is $\dfrac{\partial G}{\partial n} = -\left(jk + \dfrac{1}{r}\right)\dfrac{e^{-jkr}}{r}\cos\theta$, where θ id the angle between the vector $\vec{n}$ and the vector $\vec{x} - \vec{x}_s$

交大機械所丁

15. 試利用直接積分法計算曲面積分 $\oiint_S d\vec{S}$，其中 S 為球面 $x^2 + y^2 + z^2 = a^2$

中山海環所

16. 若 S_1 為 $x^2 + y^2 + z^2 = \left(\dfrac{3}{4\pi}\right)^{\frac{2}{3}}$ 之球表面，S_2 為 $x = \pm 1$；$y = \pm 1$；$z = \pm 1$ 六面體之表面，V 為 $S = S_1 + S_2$ 所圍體積，$f = x^2 + y^2 + 1$，利用散度定理，求 (1) $\oiint_S \dfrac{\partial f}{\partial n} dS$；(2) $\oiint_S \vec{n} \times \nabla f \, dS$

台大機械所

第二十一章
平面線積分與 Plane Green 定理

第一節 （純量）線積分概論

※ 依實際應用分，線積分有下列兩種類型：

1. 功的計算：

$$W = \int_C \vec{F} \cdot d\vec{r} = \int_C P dx + Q dy + R dz$$

2. 曲面積的計算：

$$S = \int_C z ds = \int_C f(x, y) ds$$

其中 ds 為微曲線長，dS 為微曲面積。

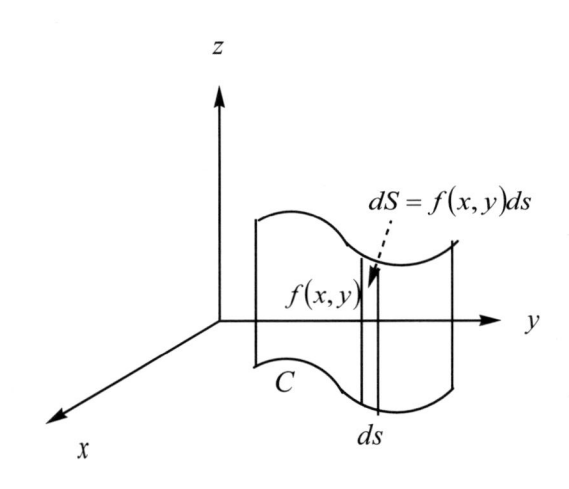

※ 依曲線形狀分，線積分有下列兩種類型：

1. 線段積分：C 為端點 A, B 間一截曲線段

$$W = \int_C \vec{F} \cdot d\vec{r} = \int_C Pdx + Qdy + Rdz$$

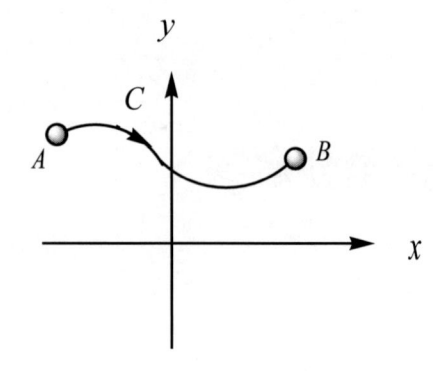

2. 封閉圍線積分 (Contour)：C 為一封閉圍線

$$W = \oint_C \vec{F} \cdot d\vec{r} = \oint_C Pdx + Qdy + Rdz$$

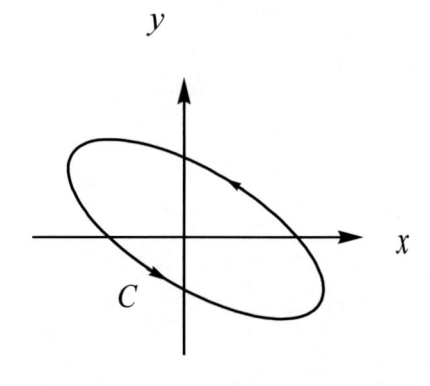

※ 依維度分，線積分有下列兩種類型：

1. 2-D 平面線積分：

$$W = \int_C \vec{F} \cdot d\vec{r} = \int_{C: y=f(x)} P(x,y)dx + Q(x,y)dy$$

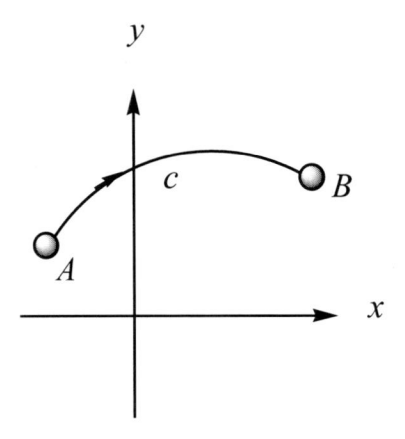

2. 3-D 空間線積分：

$$W = \int_C \vec{F} \cdot d\vec{r} = \int_{C:} P(x,y,z)dx + Q(x,y,z)dy + R(x,y,z)dz$$

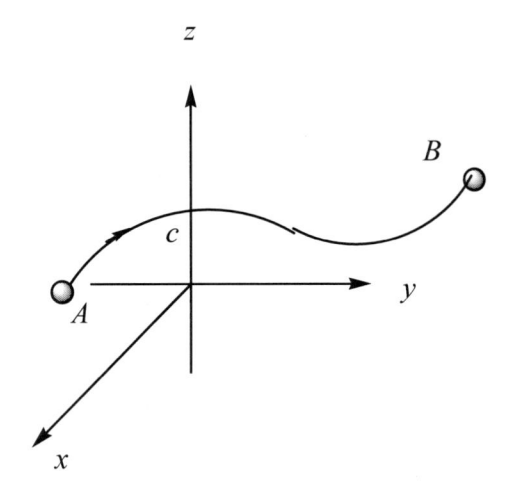

第二節　平面曲線之切線與法線向量

已知曲線 C 上之單位切線向量 (unit tangent vector) 為

$$\vec{T} = \frac{d\vec{r}}{ds} = \frac{dx}{ds}\vec{i} + \frac{dy}{ds}\vec{j}$$

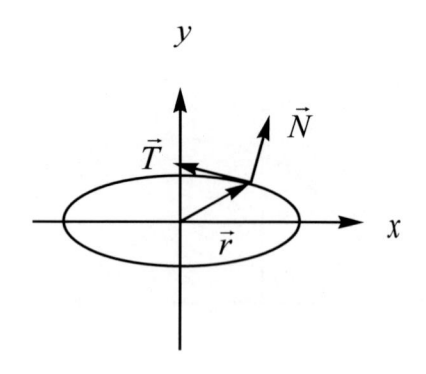

單位法線向量 (unit normal vector) 為

$$\vec{N} = \vec{T} \times \vec{k} = \left(\frac{dx}{ds}\vec{i} + \frac{dy}{ds}\vec{j}\right) \times \vec{k} = \frac{dy}{ds}\vec{i} - \frac{dx}{ds}\vec{j}$$

※ 功之計算 (切線積分)：

假設作用在粒子上的力場 $\vec{F} = P(x,y)\vec{i} + Q(x,y)\vec{j}$，則沿路徑 C 行進所作的功 (Work) 為

$$W = \int_C dW = \int_C \vec{F} \cdot d\vec{r} = \int_C \left(\vec{F} \cdot \frac{d\vec{r}}{ds}\right) ds = \int_C \vec{F} \cdot \vec{T} ds$$

或

$$W = \int_C (P(x,y)dx + Q(x,y)dy)$$

※ 流通量之計算 (法線積分)

假設力場為 $\vec{F} = P(x,y)\vec{i} + Q(x,y)\vec{j}$，流過路徑 C 之流通量 (Flux) 為

$$Flux = \int_C \vec{F} \cdot \vec{n} ds = \int_C (P(x,y)dy - Q(x,y)dx)$$

第三節　平面線段積分之計算

經過平面上一曲線段之功或流通量之計算，為線積分的主要工作，大致上其線積分的特性，有下列兩種題型：

1. 與積分路徑無關：

   需瞭解 (1) 條件　(2) Potential Function 或 (3) 正合微分。

2. 與積分路徑有關：

   需瞭解 (1) 曲線之參數方程式表示法 (2) 如何化成定積分 (3) 直接積分。

第四節　平面路徑無關線積分

已知一二維平面曲線積分，或在力場中從平面上點 (x_1, y_1) 到 (x_2, y_2) 所作之積分路徑總功為

$$W = \int_C dW = \int_C [P(x,y)dx + Q(x,y)dy]$$

上式之直接計算，可利用下列兩種方法求：

1. 分析方法一：全微分 (正合微分) 法

【分析】從全微分 (正合微分) 談起

其中積分項 $P(x,y)dx + Q(x,y)dy$，若能化成某一函數之全微分形式，如

$$P(x,y)dx + Q(x,y)dy = \frac{\partial \phi}{\partial x}dx + \frac{\partial \phi}{\partial y}dy = d(\phi(x,y))$$

則稱為正合微分，上式要能成立，須滿足下列正合條件：

$$\frac{\partial Q}{\partial x} = \frac{\partial P}{\partial y} \text{ 或 } \nabla \times \vec{F} = \left(\frac{\partial Q}{\partial x} - \frac{\partial P}{\partial y}\right)\vec{k} = 0$$

因為 $P(x,y) = \dfrac{\partial \phi}{\partial x}$ 及 $Q(x,y) = \dfrac{\partial \phi}{\partial y}$，分別對 y 及對 x 偏微分，得證

$$\frac{\partial P}{\partial y} = \frac{\partial^2 \phi}{\partial y \partial x} \text{ 及 } \frac{\partial Q}{\partial x} = \frac{\partial^2 \phi}{\partial x \partial y}$$

從 $\dfrac{\partial^2 \phi}{\partial x \partial y} = \dfrac{\partial^2 \phi}{\partial y \partial x}$，得條件 $\dfrac{\partial Q}{\partial x} = \dfrac{\partial P}{\partial y}$。

若曲線積分在滿足上述條件後，得 $\vec{F} = \nabla \phi$

$$\int_C \vec{F} \cdot d\vec{r} = \int_A^B \nabla \phi \cdot d\vec{r} = \int_A^B d(\phi(x,y))$$

或

$$\int_C P dx + Q dy = \int_A^B \left(\frac{\partial \phi}{\partial x} dx + \frac{\partial \phi}{\partial y} dy\right) = \int_A^B d(\phi(x,y)) = [\phi(x,y)]_A^B$$

或

$$\int_C P dx + Q dy = \phi(x_2, y_2) - \phi(x_1, y_1)$$

上式計算結果只與曲線的兩端點 $A:(x_1, y_1)$ 與 $B:(x_2, y_2)$ 有關，而與路徑中間點無關，故稱為積分路徑無關 (Path Independent) 線積分。

2. 分析方法二：保守力場法

【分析】從非旋場（保守力場）談起

已知平面線積分 $\displaystyle\int_C P(x,y)dx + Q(x,y)dy$

滿足條件：$\dfrac{\partial Q}{\partial x} = \dfrac{\partial P}{\partial y}$ 或 $\nabla \times \vec{F} = \left(\dfrac{\partial Q}{\partial x} - \dfrac{\partial P}{\partial y}\right)\vec{k} = 0$

(1) 求 Potential 函數：$F = \nabla \phi$

(2) 公式：$\vec{F} \cdot d\vec{r} = \nabla \phi \cdot d\vec{r} = d\phi$

則

(3) $\int_C \vec{F} \cdot d\vec{r} = \int_A^B \nabla \phi \cdot d\vec{r} = \int_A^B d(\phi(x,y)) = [\phi(x,y)]_A^B$

或稱 Path-independent line integral

範例 01

(10%) Show that the differential from under the integral sign of

$$I = \int_{(-1,5)}^{(4,3)} (3z^2 dx + 6xz\, dz)$$

Is exact, so that we have independence of path in any domain, and find the value of the integral I from $A:(-1, 5)$ to $B:(4, 3)$.

中央機械所工數、中興材料工數

解答：

化成正合

$$I = \int_{(-1,5)}^{(4,3)} (3z^2 dx + 6xz\, dz) = \int_{(-1,5)}^{(4,3)} d(3z^2 x)$$

積分得

$$I = \left(3z^2 x\right)\Big|_{(-1,5)}^{(4,3)} = (3 \cdot 3^2 \cdot 4) - (3 \cdot 5^2 (-1)) = 108 + 75 = 183$$

範例 02

(20%) Evaluate the line integral $\int_C \vec{F} \cdot d\vec{R}$, where

$\vec{F} = (\ln y + \cos x \cos y)\vec{i} + \left(\dfrac{x}{y} - \sin x \sin y\right)\vec{j}$ is a vector field and $\vec{R} = x\vec{i} + y\vec{j}$

is the position vector in the *x-y* plane, for the following cases

(a) C is a path from $\left(0, \dfrac{\pi}{2}\right)$ to $(1, 1)$ in the domain $y > 0$.

(b) C is a simple closed path in the domain $y > 0$.

台大化工 E 工數

解答：

$$\vec{F} = (\ln y + \cos x \cos y)\vec{i} + \left(\dfrac{x}{y} - \sin x \sin y\right)\vec{j}$$

路徑無關條件或正合條件：

$$\dfrac{\partial P}{\partial y} = \dfrac{\partial}{\partial y}(\ln y + \cos x \cos y) = \dfrac{1}{y} + \cos x(-\sin y) = \dfrac{1}{y} - \cos x \sin y$$

$$\dfrac{\partial Q}{\partial x} = \dfrac{\partial}{\partial x}\left(\dfrac{x}{y} - \sin x \sin y\right) = \dfrac{1}{y} - \cos x \sin y$$

相等，故積分路徑無關

$$\int_C \vec{F} \cdot d\vec{R} = \int_C (\ln y + \cos x \cos y)dx + \left(\dfrac{x}{y} - \sin x \sin y\right)dy$$

化成正合微分

$$\int_C \vec{F} \cdot d\vec{R} = \int_C d(x \ln y + \sin x \cos y)$$

(a) C is a path from $\left(0, \dfrac{\pi}{2}\right)$ to $(1, 1)$，代入上式，得

$$\int_C \vec{F} \cdot d\vec{R} = \int_{\left(0, \frac{\pi}{2}\right)}^{(1,1)} d(x \ln y + \sin x \cos y)$$

$$\int_C \vec{F} \cdot d\vec{R} = (x \ln y + \sin x \cos y)\Big|_{\left(0, \frac{\pi}{2}\right)}^{(1,1)}$$

$$\int_C \vec{F}\cdot d\vec{R} = \sin 1 \cdot \cos 1$$

(b) C is a simple closed path in the domain $y > 0$.

$$\int_C \vec{F}\cdot d\vec{R} = \oint_C d(x\ln y + \sin x \cos y) = 0$$

第五節　平面線段積分之直接計算

已知一二維平面曲線積分,或力場從平面路徑點 (x_1, y_1) 到 (x_2, y_2) 所作之總功為

$$W = \int_C dW = \int_C [P(x,y)dx + Q(x,y)dy]$$

若上式與積分路徑有關,則需要進行直接曲線積分 (Direct Line Integral),其要領就是,直接代入曲線參數方程式於積分式中,化成單重積分,其針對曲線方程式種類,分述如下:

1. 若曲線方程式為 $C: y = f(x)$,$a \leq x \leq b$

$$W = \int_C [P(x,y)dx + Q(x,y)dy] = \int_a^b [P(x,f(x)) + Q(x,f(x))f'(x)]dx$$

2. 若曲線方程式為 $C: x = x(t)$,$y = y(t)$,$a \leq t \leq b$

$$W = \int_C [P(x,y)dx + Q(x,y)dy] = \int_a^b [P(x(t),y(t))x'(t) + Q(x(t),(t))y'(t)]dt$$

若曲線積分式微向量形式,須先化成純量形式之線積分,然後再直接線積分。

亦即,已知一平面上之向量力場函數,$\vec{F}(x,y) = P(x,y)\vec{i} + Q(x,y)\vec{j}$,平面曲線方程式:$C: \vec{r}(x,y) = x\vec{i} + y\vec{j}$,則力場對平面路徑所作之微功 (Work) 為

$$dW = \vec{F}(x,y) \cdot d\vec{r} = [P(x,y)\vec{i} + Q(x,y)\vec{j}] \cdot (dx\vec{i} + dy\vec{j})$$

或

$$dW = P(x,y)dx + Q(x,y)dy$$

積分得力場從平面路徑點 (x_1, y_1) 到 (x_2, y_2) 所作之總功為

$$W = \int_C dW = \int_C [P(x,y)dx + Q(x,y)dy]$$

稱上式為平面曲線積分。

若微曲線長為 $ds = \sqrt{dx^2 + dy^2}$

代入得另一種平面曲線積分型式：

$$W = \int_C \left[P(x,y)\frac{dx}{ds} + Q(x,y)\frac{dy}{ds} \right] ds = \int_C f(x,y)ds$$

範例 03：分成：部分路徑無關與有關兩項

(7%) Find the work done by the Force $F(x,y) = (2x + e^{-y})\vec{i} + (4x - xe^{-y})\vec{j}$ along the indicated curve shown in Fig.

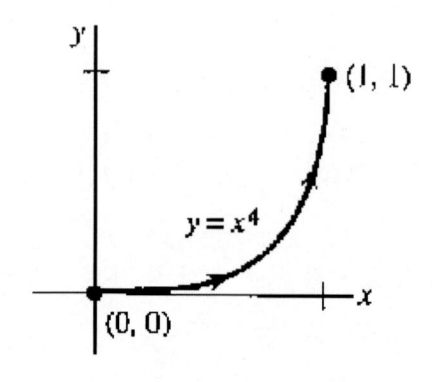

中興機械所

解答：

依功定義：

$$W = \int_C \vec{F} \cdot d\vec{r} = \int_C (2x + e^{-y})dx + (4x - xe^{-y})dy$$

分成兩段線積分

$$W = \int_C 2xdx + 4xdy + \int_C e^{-y}dx - xe^{-y}dy$$

其中 $C: y = x^4$，$dy = 4x^3 dx$

$$W_1 = \int_C 2xdx + 4xdy = \int_0^1 (2x + 4x \cdot 4x^3)dx = \left(x^2 + \frac{16}{5}x^5\right)\Big|_0^1 = \frac{21}{5}$$

$$W_2 = \int_C e^{-y}dx - xe^{-y}dy = \int_{(0,0)}^{(1,1)} d(xe^{-y}) = (xe^{-y})\Big|_{(0,0)}^{(1,1)} = e^{-1}$$

$$W = \frac{21}{5} + e^{-1}$$

範例 04：直接線積分

(15%) Let C be the curve consisting of the quarter circle $x^2 + y^2 = 1$ in the x, y plane, from $(1,0)$ to $(0,1)$, followed by the horizontal segment from $(0,1)$ to $(2,1)$. Evaluate $\int_C x^2 y\, dx + y^2 dy$

交大機械所乙

解答：

積分路徑如下：

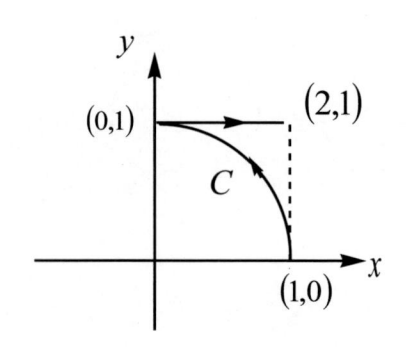

(1) 路徑 1：$x^2 + y^2 = 1$ in the x, y plane, from $(1,0)$ to $(0,1)$

令 $x = \cos t$，$y = \sin t$，$dy = \cos t\, dt$，$dx = -\sin t\, dt$

$$\int_{C_1} x^2 y\, dx + y^2\, dy = \int_0^{\frac{\pi}{2}} \left(-\cos^2 t \sin^2 t + \sin^2 t \cos t\right) dt$$

$$\int_{C_1} x^2 y\, dx + y^2\, dy = -\frac{1}{4}\int_0^{\frac{\pi}{2}} \left(\sin^2 2t\right) dt + \int_0^{\frac{\pi}{2}} \sin^2 t\, d(\sin t)$$

$$\int_{C_1} x^2 y\, dx + y^2\, dy = -\frac{1}{8}\int_0^{\frac{\pi}{2}} (1 - \cos 4t)\, dt + \frac{1}{3}\left(\sin^3 t\right)\Big|_0^{\frac{\pi}{2}}$$

$$\int_{C_1} x^2 y\, dx + y^2\, dy = \frac{1}{3} - \frac{\pi}{16}$$

(2) 路徑 2：方程式 $y = 1$，$dy = 0$

代入得 $\int_{C_2} x^2 y\, dx + y^2\, dy = \int_0^2 x^2\, dx = \frac{8}{3}$

(3) 兩個路徑和 $\int_C x^2 y\, dx + y^2\, dy = \frac{1}{3} - \frac{\pi}{16} + \frac{8}{3} = 3 - \frac{\pi}{16}$

範例 05：綜合兩種（純量與向量線積分）

If the curve C is the quarter part of the circle $x^2 + y^2 = 4^2$ located in the first quadrant of $x-y$ plane. Give $F = x$ and $\vec{G} = y\vec{i} + 2x\vec{j}$，$\vec{H} = y\vec{i} + x\vec{j}$。
calculate (1) $\int F\, dl$，(2) $\int_C \vec{G} \cdot d\vec{l}$，(3) $\int_C \vec{G} \cdot \vec{n}\, dl$，(4) $\int_C \vec{H} \cdot d\vec{l}$

台科大電機所甲

解答：

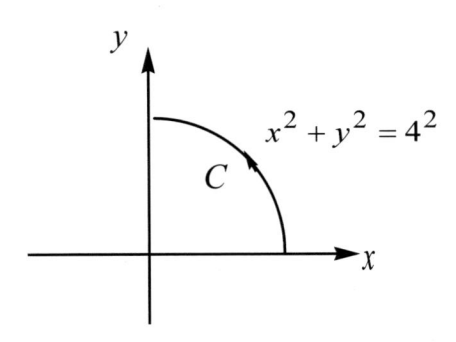

(1) $\int F dl = \int_c x\, dl$

其中 $dl = |\vec{dl}| = \sqrt{dx^2 + dy^2}$

$C:\ x^2 + y^2 = 4^2$

令 $x = 4\cos t$，$y = 4\sin t$，$dl = \sqrt{\left(\dfrac{dx}{dt}\right)^2 + \left(\dfrac{dy}{dt}\right)^2}\, dt = 4dt$ 代入

$\int F dl = \int_c x\, dl = \int_0^{\frac{\pi}{2}} 4\cos t \cdot 4\, dt = 16$

(2) $\int_c \vec{G} \cdot \vec{dl} = \int_c (y\vec{i} + 2x\vec{j}) \cdot (dx\vec{i} + dy\vec{j}) = \int_c y\, dx + 2x\, dy$

其中 $C:\ x^2 + y^2 = 4^2$，$\vec{dl} = x\vec{i} + y\vec{j}$

令 $x = 4\cos t$，$y = 4\sin t$，$dx = -4\sin t\, dt$，$dy = 4\cos t\, dt$ 代入

$\int_c \vec{G} \cdot \vec{dl} = \int_c y\, dx + 2x\, dy = \int_0^{\frac{\pi}{2}} \left(-16\sin^2 t + 32\cos^2 t\right) dt$

$\int_c \vec{G} \cdot \vec{dl} = \int_0^{\frac{\pi}{2}} \left(-8(1 - \cos 2t) + 16(1 + \cos 2t)\right) dt = 4\pi$

(3) $\oint_C \vec{G} \cdot \vec{n} \, dl$

其中 $\vec{n} = \dfrac{\vec{l}}{l} = \dfrac{\vec{r}}{r} = \dfrac{x\vec{i} + y\vec{j}}{\sqrt{x^2 + y^2}} = \dfrac{x}{4}\vec{i} + \dfrac{y}{4}\vec{j}$

$$\oint_C \vec{G} \cdot \vec{n} \, dl = \oint_C (y\vec{i} + 2x\vec{j}) \cdot \left(\dfrac{x}{4}\vec{i} + \dfrac{y}{4}\vec{j}\right) dl = \oint_C \dfrac{3xy}{4} dl$$

$C: \quad x^2 + y^2 = 4^2$

令 $x = 4\cos t$,$y = 4\sin t$,$dx = -4\sin t \, dt$,$dy = 4\cos t \, dt$,$dl = 4dt$ 代入

$$\oint_C \vec{G} \cdot \vec{n} \, dl = \oint_C \dfrac{3xy}{4} dl = \int_0^{\frac{\pi}{2}} \left(\dfrac{3}{4}(4\cos t)(4\sin t)4\right) dt = 48\left(\dfrac{\sin^2 t}{2}\right)\Big|_0^{\frac{\pi}{2}} = 24$$

(4) $\oint_C \vec{H} \cdot d\vec{l} = \oint_C y \, dx + x \, dy$

路徑無關

$$\oint_C \vec{H} \cdot d\vec{l} = \oint_C y \, dx + x \, dy = \int_{(0,4)}^{(4,0)} d(xy) = (xy)\Big|_{(0,4)}^{(4,0)} = 0$$

第六節　平面 Green 定理

若已知一二維平面曲線積分,所經過的曲線不是曲線段而是封閉圍線 (Contour),如

$$\oint_C [P(x,y)dx + Q(x,y)dy]$$

則稱上式為圍線積分,上式積分值之計算有兩種:一是直接線積分,另一種方法為轉換成平面雙重積分積,此轉換定理稱為平面 Green 定理:

※ 定理：

若曲線 C 為簡單封閉曲線，所圍內部區域 R 為簡連區域 (Simple Connected Region)，且 $P(x,y)$，$Q(x,y)$，$\dfrac{\partial P}{\partial y}$，$\dfrac{\partial Q}{\partial x}$ 在區域 R 內為連續 (或不含奇異點)，則

$$\oint_C [P(x,y)dx + Q(x,y)dy] = \iint_R \left(\dfrac{\partial Q}{\partial x} - \dfrac{\partial P}{\partial y}\right)dxdy$$

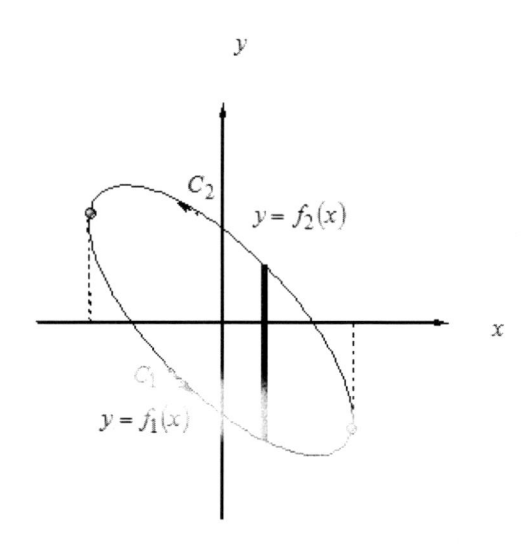

台科大電子所

【證明】

1. 先證 $\oint_C [P(x,y)dx] = \iint_R \left(-\dfrac{\partial P}{\partial y}\right)dxdy$

   先雙重積分 $\qquad \iint_R \left(-\dfrac{\partial P}{\partial y}\right)dxdy = \int_a^b \left(\int_{f_1(x)}^{f_2(x)} -\dfrac{\partial P}{\partial y}dy\right)dx$

   積分得 $\qquad \iint_R \left(-\dfrac{\partial P}{\partial y}\right)dxdy = \int_a^b \left[-P(x,y)\right]_{f_1(x)}^{f_2(x)}dx$

或
$$\iint_R \left(-\frac{\partial P}{\partial y}\right) dxdy = \int_a^b [P(x, f_1(x)) - P(x, f_2(x))] dx$$

投影回原曲線 $\iint_R \left(-\frac{\partial P}{\partial y}\right) dxdy = \int_{C_1} P(x,y) dx + \int_{C_2} P(x,y) dx = \oint_C P(x,y) dx$

2. 同理，可證 $\iint_R \left(\frac{\partial Q}{\partial x}\right) dxdy = \oint_R Q(x,y) dy$

【分析】圍線積分之題型

若已知一二維平面封閉圍線之線積分，如

$$\oint_C [P(x,y)dx + Q(x,y)dy]$$

滿足條件：

$$\frac{\partial Q}{\partial x} = \frac{\partial P}{\partial y} \ , \ 或 \frac{\partial Q}{\partial x} - \frac{\partial P}{\partial y} = 0$$

或

$$\nabla \times \vec{F} = 0$$

則積分路徑無關，積分結果只與 Potential 函數曲線的起點與終點有關，故得

$$\oint_C [P(x,y)dx + Q(x,y)dy] = 0$$

範例 06

(15%) Use Green's Theorem to evaluate $\oint_C xydx + (xy^2 - e^{\cos y})dy$ where C is oriented counterclockwise triangle with vertices $(0,0)$、$(3,0)$、$(0,5)$

北科機電整合所工數

解答：

利用 Green's Theorem

$$\oint_C xydx + (xy^2 - e^{\cos y})dy = \iint_R \left(\frac{\partial}{\partial x}(xy^2 - e^{\cos y}) - \frac{\partial}{\partial y}(xy)\right)dydx$$

得

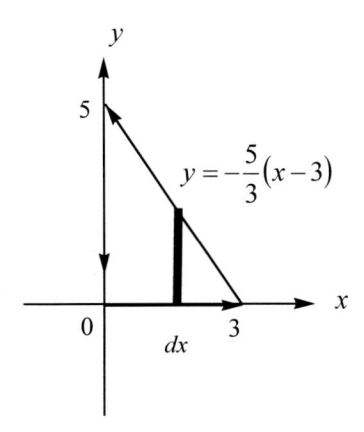

$$\oint_C xydx + (xy^2 - e^{\cos y})dy = \iint_R (y^2 - x)dydx$$

$$\oint_C xydx + (xy^2 - e^{\cos y})dy = \int_0^3 \left(\int_0^{-\frac{5}{3}(x-3)} (y^2 - x)dy\right)dx$$

積分得

$$\oint_C xydx + (xy^2 - e^{\cos y})dy = \int_0^3 \left(\frac{1}{3}\left(-\frac{5}{3}(x-3)\right)^3 - x\left(-\frac{5}{3}(x-3)\right)\right)dx$$

$$\oint_C xydx + (xy^2 - e^{\cos y})dy = \int_0^3 \left(-\frac{5^3}{3^4}((x-3)^3) + \frac{5}{3}(x^2 - 3x)\right)dx$$

得

$$\oint_C xydx + (xy^2 - e^{\cos y})dy = -\frac{5^3}{3^4}\left(\frac{(x-3)^4}{4}\right)_0^3 + \frac{5}{3}\left(\frac{x^3}{3} - \frac{3x^2}{2}\right)_0^3$$

$$\oint_C xydx + (xy^2 - e^{\cos y})dy = \frac{5^3}{4} + \frac{5}{3}\left(9 - \frac{27}{2}\right) = \frac{95}{4}$$

範例 07

(15%)
(a) Describe the Green's theorem in the plane.
(b) Evaluate $I = \oint_C (y^2 - 5y)dx + (2xy - 3x)dy$, where C: the circle $x^2 + y^2 = 4$

中興土木所乙

解答：

利用 Plane Green 定理

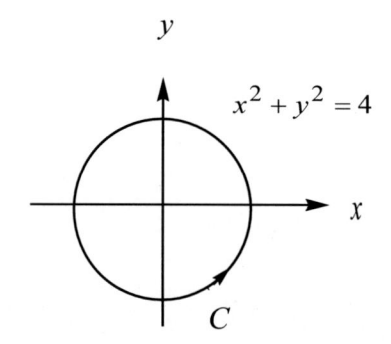

$$I = \oint_C (y^2 - 5y)dx + (2xy - 3x)dy = \iint_R \left(\frac{\partial}{\partial x}(2xy - 3x) - \frac{\partial}{\partial y}(y^2 - 5y) \right) dydx$$

$$I = \iint_R \left((2y - 3) - \frac{\partial}{\partial y}(2y - 5) \right) dydx = 2\iint_R dydx$$

$$I = 2A = 2 \cdot \pi 2^2 = 8\pi$$

範例 08

若 $K = \oint_C \vec{F}(\vec{r}) \cdot d\vec{r}$，其中 $\vec{F}(\vec{r}) = y\vec{i} - x\vec{j}$，封閉曲線 $C: x^2 + y^2 = \dfrac{1}{4}$，則下列何者為正確？

(A) $K=\dfrac{\pi}{2}$ (B) $K=-\dfrac{\pi}{2}$ (C) $K=\pi$ (D) $K=-\pi$

解答：

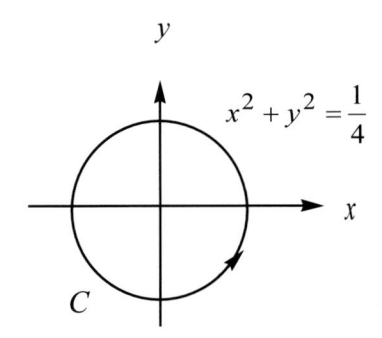

$$K=\oint_C \vec{F}(\vec{r})\cdot d\vec{r}=\oint_C (y\vec{i}-x\vec{j})\cdot(dx\vec{i}+dy\vec{j})=\oint_C (ydx-xdy)$$

利用 Plane Green 定理

$$K=\oint_C (ydx-xdy)=\iint_R \left(\dfrac{\partial}{\partial x}(-x)-\dfrac{\partial}{\partial y}(y)\right)dydx$$

$$K=\iint_R (-1-1)dydx=-2\iint_R dydx$$

$$K=-2A=-2\cdot\pi\cdot\left(\dfrac{1}{2}\right)^2=-\dfrac{\pi}{2}$$

範例 09

(15%) Please apply Green's theorem to evaluate $\oint_C (3xdy-5ydx)$, the contour C is a circle and shown below.

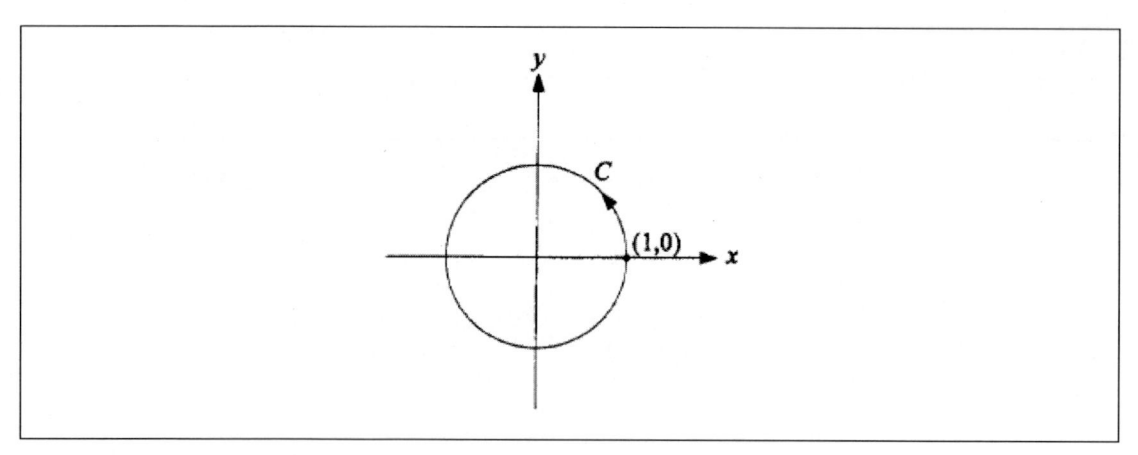

解答：

利用 Plane Green 定理

$$I = \oint_C (3xdy - 5ydx) = \iint_R \left(\frac{\partial}{\partial x}(3x) - \frac{\partial}{\partial y}(-5y)\right)dydx$$

$$I = \iint_R (3+5)dydx = 8\iint_R dydx$$

$$I = 8A = 8 \cdot \pi \cdot 1^2 = 8\pi$$

範例 10

(5%) Evaluate $\oint_C (y - \sin x)dx + \cos xdy$, where C is the triangle shown in the following figure

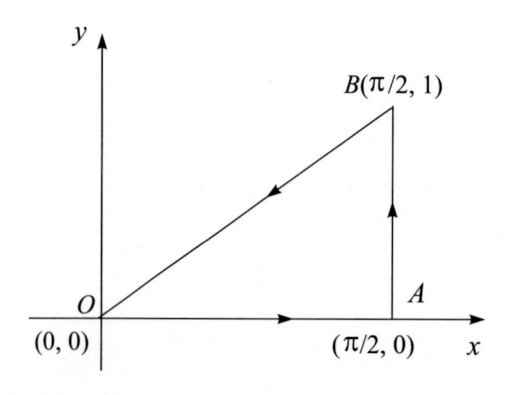

解答：
利用 Plane Green 定理

$$I = \oint_C (y - \sin x)dx + \cos x\, dy = \iint_R \left(\frac{\partial}{\partial x}(\cos x) - \frac{\partial}{\partial y}(y - \sin x) \right) dy\, dx$$

$$I = \iint_R (-\sin x - 1)dy\, dx = \int_0^{\frac{\pi}{2}} \left(\int_0^{\frac{2}{\pi}x} (-\sin x - 1)dy \right) dx$$

$$I = \int_0^{\frac{\pi}{2}} \left(\frac{2}{\pi}x(-\sin x - 1) \right) dx = -\frac{2}{\pi} \int_0^{\frac{\pi}{2}} (x \sin x + x)dx$$

$$I = -\frac{2}{\pi}(x \sin x + x) = -\frac{2}{\pi}\left(1 - \frac{\pi^2}{8}\right)$$

範例 11

(30%) 試求 $\oint_C (x^2 - y^2)dx + (2y - x)dy$ 之值，其中積分路徑 C 如圖所示

(1) 試利用線積分求解。

(2) 試利用 Green theorem in the plane 轉成雙重積分求解。

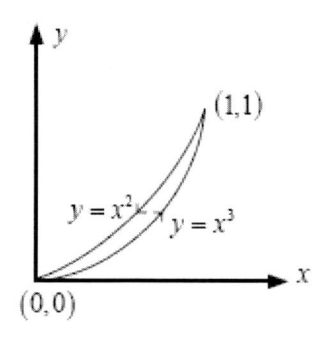

中原轉工數

解答：

$$\oint_C (x^2 - y^2)dx + (2y - x)dy$$

(1) 如圖 $C = C_1 + C_2$

其中 $C_1 : y = x^3$，$dy = 3x^2 dx$，代入

$$I_1 = \oint_{C_1} (x^2 - y^2)dx + (2y - x)dy = \int_0^1 (x^2 - x^6 + (2x^3 - x)3x^2)dx$$

$$I_1 = \int_0^1 (x^2 - x^6 + 6x^5 - 3x^3)dx = \frac{1}{3} + \frac{1}{4} - \frac{1}{7} = -\frac{5}{84}$$

其中 $C_2 : y = x^2$，$dy = 2xdx$，代入

$$I_2 = \oint_{C_2} (x^2 - y^2)dx + (2y - x)dy = \int_0^1 (x^2 - x^4 + (2x^2 - x)2x)dx$$

$$I_2 = \int_1^0 (-x^4 + 4x^3 - x^2)dx = \frac{1}{5} - \frac{2}{3} = -\frac{7}{15}$$

最後得

$$I = I_1 + I_2 = -\frac{1}{3} + \frac{1}{4} + \frac{1}{5} - \frac{1}{7} = -\frac{5}{84} - \frac{7}{15}$$

(2) 利用 Green theorem in the plane，得

$$\oint_C (x^2 - y^2)dx + (2y - x)dy = \iint_R \left(\frac{\partial}{\partial x}(2y - x) - \frac{\partial}{\partial y}(x^2 - y^2) \right) dxdy$$

或

$$I = \iint_R (-1 + 2y)dxdy = \int_0^1 \left(\int_{x^3}^{x^2} (-1 + 2y)dy \right) dx$$

積分得

$$I = \int_0^1 (-y + y^2)\Big|_{x^3}^{x^2} dx = \int_0^1 (-x^2 + x^4 + x^3 - x^6)dx$$

得

$$I = \int_0^1 \left(-x^2 + x^4 + x^3 - x^6\right)dx = -\frac{1}{3} + \frac{1}{4} + \frac{1}{5} - \frac{1}{7}$$

範例 12：常數

The line integral $\oint_C \vec{F} \cdot d\vec{r}$ of the 2-D vector function

$\vec{F} = \left(\dfrac{x^2 + y^2}{2} + 2y\right)\vec{i} + \left(xy - ye^y\right)\vec{j}$ evaluated over the closed path C

defined by $\begin{cases} y = \pm 1, & -1 \leq x \leq 1 \\ x = \pm 1, & -1 \leq y \leq 1 \end{cases}$ is

(a) 4, (b) -8; (c) 0; (d) $-\left(e - e^{-1}\right)$; (e) $2\left(e - e^{-1}\right)$

台大工數 B

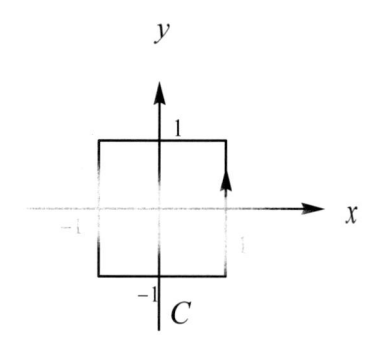

解答：(b) -8

$$\oint_C \vec{F} \cdot d\vec{r} = \oint_C \left(\frac{x^2 + y^2}{2} + 2y\right)dx + \left(xy - ye^y\right)dy$$

利用 Plane Green 定理

$$\oint_C \vec{F} \cdot d\vec{r} = \iint_R \left[\frac{\partial}{\partial x}\left(xy - ye^y\right) - \frac{\partial}{\partial x}\left(\frac{x^2 + y^2}{2} + 2y\right)\right]dxdy$$

$$\oint_C \vec{F} \cdot d\vec{r} = \iint_R [y - (y + 2)]dxdy = -2\iint_R dxdy = -2A = -8$$

範例 13

Given the integral $I = \oint_C (\sin x + y)dx - (x + y^2)dy$, C represents the path along an ellipse $\left(\dfrac{x}{a}\right)^2 + \left(\dfrac{y}{b}\right)^2 = 1$. Integration along the path in the sense of counterclockwise direction is defined a positive. Find the value of this integral.

中興機械所

解答：

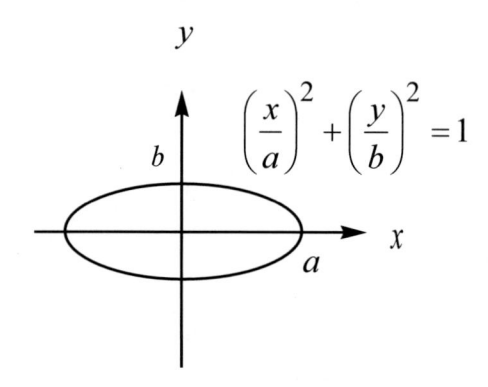

$$I = \oint_C (\sin x + y)dx - (x + y^2)dy$$

利用 Plane Green 定理

$$I = \oint_C (\sin x + y)dx - (x + y^2)dy = \iint_R (-2)dydx = -2A = -2\pi ab$$

其中 $\left(\dfrac{x}{a}\right)^2 + \left(\dfrac{y}{b}\right)^2 = 1$ 之面積為 $A = \pi ab$

範例 14：函數

(15%) 已知 $\vec{F} = x^2\vec{i} - 2xy\vec{j}$，C 為三頂點 $(1,1)$、$(4,1)$、$(2,8)$ 之三角形；請

用 Green's Theorem 計算 $\oint_C \vec{F} \cdot d\vec{R}$

成大製造所工數

解答：

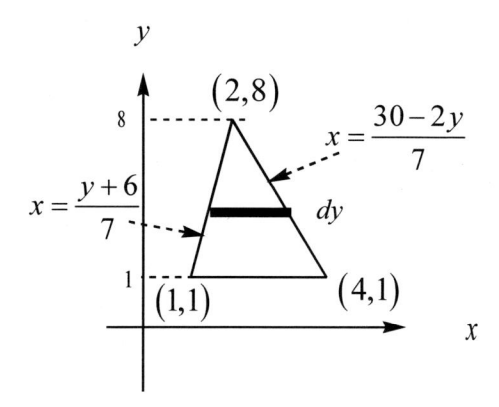

利用 Plane Green 定理

$$\oint_C \vec{F} \cdot d\vec{R} = \iint_R (-2y)\,dx\,dy = -2\int_1^8 \left(\int_{\frac{y+6}{7}}^{\frac{30-2y}{7}} y\,dx \right) dy$$

$$\oint_C \vec{F} \cdot d\vec{R} = -2\int_1^8 \left(\frac{30-2y}{7} - \frac{y+6}{7} \right) y\,dy = -\frac{2}{7}\int_1^8 (24-3y)y\,dy$$

$$\oint_C \vec{F} \cdot d\vec{R} = -\frac{6}{7}\left(8y - \frac{y^2}{2} \right)_1^8 = -\frac{3}{7}(48+1) = -\frac{147}{7}$$

範例 15：通例（功與流通量）

(20%) Find (a) the work done by the force field $\vec{F} = \left(\frac{3}{8}x - \frac{1}{2}y\right)\vec{i} + \left(\frac{1}{2}x + \frac{1}{4}y\right)\vec{j}$ on a particle moving around the ellipse C $\left(\frac{x}{5}\right)^2 + \left(\frac{y}{3}\right)^2 = 1$.

(b) Find the flux of the field $\vec{F} = \left(\dfrac{3}{8}x - \dfrac{1}{2}y\right)\vec{i} + \left(\dfrac{1}{2}x + \dfrac{1}{4}y\right)\vec{j}$ through the ellipse C $\left(\dfrac{x}{5}\right)^2 + \left(\dfrac{y}{3}\right)^2 = 1$

解答：

【方法一】Direct line integral

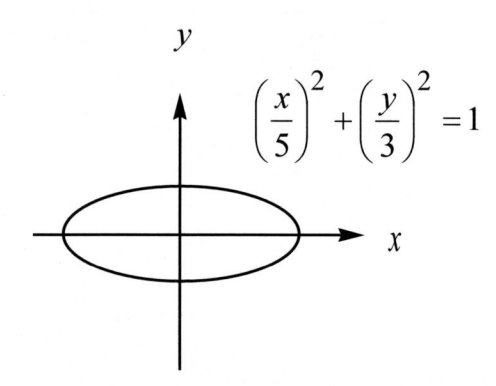

(a) $\oint_C \vec{F} \cdot \vec{T}\,ds = \oint_C P\,dx + Q\,dy = \oint_C \left(\dfrac{3}{8}x - \dfrac{1}{2}y\right)dx + \left(\dfrac{1}{2}x + \dfrac{1}{4}y\right)dy$

已知 $\left(\dfrac{x}{5}\right)^2 + \left(\dfrac{y}{3}\right)^2 = 1$

令參數方程 $x = 5\cos t$，$y = 3\sin t$，$dx = -5\sin t\,dt$，$dy = 3\cos t\,dt$

$\oint_C \vec{F} \cdot \vec{T}\,ds = \displaystyle\int_0^{2\pi} \left[\left(\dfrac{15}{8}\cos t - \dfrac{3}{2}\sin t\right)(-5\sin t) + \left(\dfrac{5}{2}\cos t + \dfrac{3}{4}\sin t\right)(3\cos t)\right]dt$

$\oint_C \vec{F} \cdot \vec{T}\,ds = \oint_C P\,dx + Q\,dy = 15\pi$

(b) Flux is $\oint_C \vec{F} \cdot \vec{N}\,ds$

where $\vec{N} = \vec{T} \times \vec{k} = \left(\dfrac{dx}{ds}\vec{i} + \dfrac{dy}{ds}\vec{j}\right) \times \vec{k} = \dfrac{dy}{ds}\vec{i} - \dfrac{dx}{ds}\vec{j}$

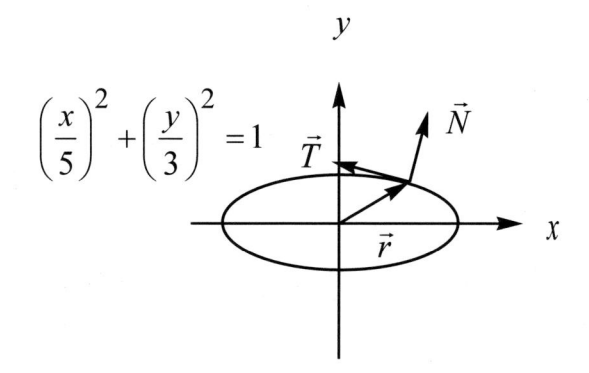

$$\oint_C \vec{F} \cdot \vec{N}\,ds = \oint_C P\,dy - Q\,dx$$

代入得 $\quad \oint_C \vec{F} \cdot \vec{N}\,ds = \oint_C \left(\dfrac{3}{8}x - \dfrac{1}{2}y\right)dy - \left(\dfrac{1}{2}x + \dfrac{1}{4}y\right)dx$

已知 $\quad\left(\dfrac{x}{5}\right)^2 + \left(\dfrac{y}{3}\right)^2 = 1$

令參數方程 $x = 5\cos t$, $y = 3\sin t$, $dx = -5\sin t\,dt$, $dy = 3\cos t\,dt$

得

$$\oint_C \vec{F} \cdot \vec{N}\,ds = \oint_C P\,dy - Q\,dx = \dfrac{75}{8}\pi$$

【方法二】利用 Plane Green 定理

(a) $\oint_C \vec{F} \cdot \vec{T}\,ds = \iint_R \left(\dfrac{1}{2} + \dfrac{1}{2}\right)dx\,dy = 15\pi$

(b) $\oint_C \vec{F} \cdot \vec{N} ds = \iint_R \left(\frac{3}{8} + \frac{1}{4} \right) dxdy = \frac{75}{8}\pi$

第七節　橢圓面積

圍線線積分應用求面積：

> 已知平面積 R 之邊界曲線為 C，則面積 R 之線積分計算公式如下：
> $$A = \frac{1}{2} \oint_C [-ydx + xdy]$$

【證明】

已知平面 Green 定理 $\oint_C [P(x,y)dx + Q(x,y)dy] = \iint_R \left(\frac{\partial Q}{\partial x} - \frac{\partial P}{\partial y} \right) dxdy$

令 $P = -y$，$Q = x$，代入上式，得

$$\oint_C [-ydx + xdy] = \iint_R \left(\frac{\partial x}{\partial x} - \frac{\partial (-y)}{\partial y} \right) dxdy = 2\iint_R dxdy = 2A$$

或得

$$A = \frac{1}{2} \oint_C [-ydx + xdy]$$

【分析】三種形式

1. $A = \oint_C [xdy]$

2. $A = \oint_C [-ydx]$

3. $A = \dfrac{1}{2}\oint_C [-ydx + xdy]$

範例 16：橢圓面積 (All Methods)

(a) Prove that a simple closed curve C whose area $A = \dfrac{1}{2}\oint_C xdy - ydx$. (b) Find the area of an ellipse whose curve is $\dfrac{x^2}{a^2} + \dfrac{y^2}{b^2} = 1$.

中央太空所、台科大電子所

解答：

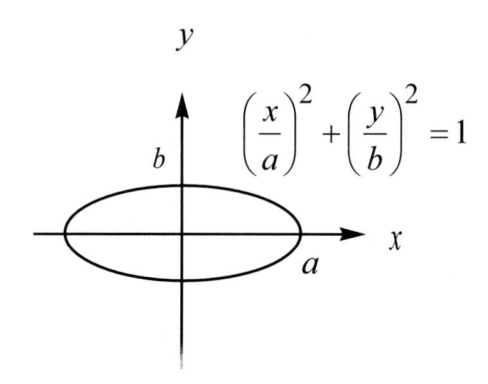

【方法一】直接雙重積分

$$A = \iint_R dA = \int_{-a}^{a} \left(\int_{-b\sqrt{1-\frac{x^2}{a^2}}}^{b\sqrt{1-\frac{x^2}{a^2}}} dy \right) dx = \int_{-a}^{a} \left(2b\sqrt{1-\frac{x^2}{a^2}} \right) dx$$

$$A = 4b \int_0^a \left(\sqrt{1-\frac{x^2}{a^2}} \right) dx$$

令 $x = a\sin\theta$，$dx = a\cos\theta\, d\theta$

$$A = 4b\int_0^a \left(\sqrt{1-\frac{x^2}{a^2}}\right)dx = 4ab\int_0^{\frac{\pi}{2}} \left(\sqrt{1-\sin^2\theta}\right)\cos\theta d\theta = 4ab\int_0^{\frac{\pi}{2}} \cos^2\theta d\theta$$

$$A = 2ab\int_0^{\frac{\pi}{2}}(1+\cos 2\theta)d\theta = 2ab\left(\theta + \frac{1}{2}\sin 2\theta\right)_0^{\frac{\pi}{2}} = \pi ab$$

【方法二】Jacobin 雙重積分

已知 $\quad \dfrac{x^2}{a^2} + \dfrac{y^2}{b^2} = 1$ 或 $\left(\dfrac{x}{a}\right)^2 + \left(\dfrac{y}{b}\right)^2 = 1$

令 $\quad x = au$，$y = bv$，$J = \begin{vmatrix} a & 0 \\ 0 & b \end{vmatrix} = ab$

$$A = \iint_R dxdy = \iint_{R:u^2+v^2=1} Jdudv = ab\iint_{R:u^2+v^2=1} dudv = ab\pi$$

【方法三】線積分

已知線積分求面積公式 $\quad A = \dfrac{1}{2}\oint_C [-ydx + xdy]$

令橢圓方程式之參數式

$x = a\cos t$，$y = b\sin t$，$dx = -a\sin tdt$，$dy = a\cos tdt$

代入上式 $\quad A = \dfrac{1}{2}\int_0^{2\pi}[-b\sin t(-a\sin t) + a\cos t(b\cos t)]dt$

整理積分得 $\quad A = \dfrac{ab}{2}\int_0^{2\pi}[\sin^2 t + \cos^2 t]dt = \dfrac{ab}{2}\int_0^{2\pi} dt = \pi ab$

第八節 含奇異點之正圓圍線積分-直接積分

範例 17：最常見

> Evaluate line integral $\oint_C \left(\dfrac{-y}{x^2+y^2}\vec{i} + \dfrac{x}{x^2+y^2}\vec{j} \right) \cdot d\vec{R}$, where C the circle of radius 1 about the origin, oriented counterclockwise, $\vec{i}$, $\vec{j}$ and $\vec{R}$ are vectors.

台大化工所 E

解答：

$$\oint_C \left(\dfrac{-y}{x^2+y^2}\vec{i} + \dfrac{x}{x^2+y^2}\vec{j} \right) \cdot d\vec{R} = \oint_C \left(\dfrac{-y}{x^2+y^2}dx + \dfrac{x}{x^2+y^2}dy \right)$$

因 $(0,0)$ 為奇異點，在 C 內，則採用直接曲線積分

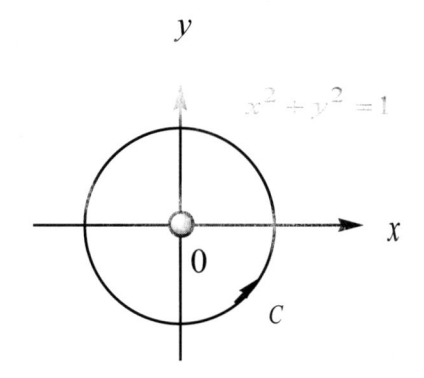

取單位圓之參數方程式，

令 $\qquad x = \cos t，y = \sin t$

代入直接線積分

$$\oint_C \left(\frac{-y}{x^2+y^2} dx + \frac{x}{x^2+y^2} dy \right) = \int_0^{2\pi} \left(\frac{(-\sin t)^2}{1} + \frac{(\cos t)^2}{1} \right) dt$$

$$\oint_C \left(\frac{-y}{x^2+y^2} dx + \frac{x}{x^2+y^2} dy \right) = 2\pi$$

範例 18

(8%) If $\vec{F} = \dfrac{2x}{x^2+y^2}\vec{i} + \dfrac{2y}{x^2+y^2}\vec{j}$, $C_1: (x-2)^2 + (y-1)^2 = 1$. Find the integral $\oint_C \vec{F} \cdot d\vec{r}$ counterclockwise around C_1

中央機械所工數甲乙丙

解答：

圓心 $(0,0)$ 不在 $(x-2)^2 + (y-1)^2 = 1$ 內，

利用 Plane Green 定理

得 $\oint_C \vec{F} \cdot d\vec{r} = \iint_R \left(\dfrac{\partial}{\partial x}\left(\dfrac{2y}{x^2+y^2}\right) - \dfrac{\partial}{\partial y}\left(\dfrac{2x}{x^2+y^2}\right) \right) dxdy = 0$

第九節　含奇異點之任意形狀圍線積分-變形成正圓

條件：$\dfrac{\partial Q}{\partial x} = \dfrac{\partial P}{\partial y}$ 及若 $P(x,y)$，$Q(x,y)$；$\dfrac{\partial Q}{\partial x}$；$\dfrac{\partial P}{\partial y}$ 在區域 R 內有奇異點 x_0，且圍線 C_1 與 C_2 均包含同樣奇異點在內，則

$$\oint_{C_1} \vec{F} \cdot d\vec{r} = \oint_{C_2} \vec{F} \cdot d\vec{r}$$

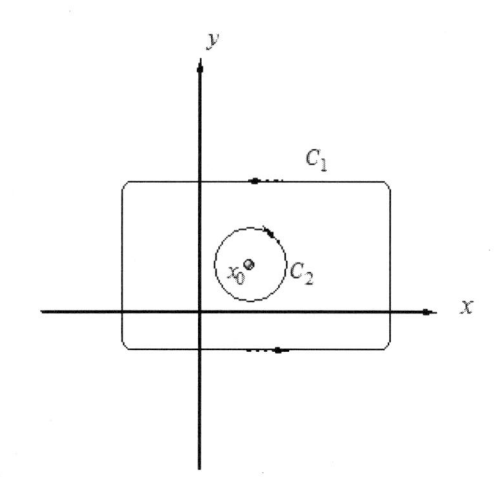

最常見之含奇異點平面線積分式：物理意義：平面角

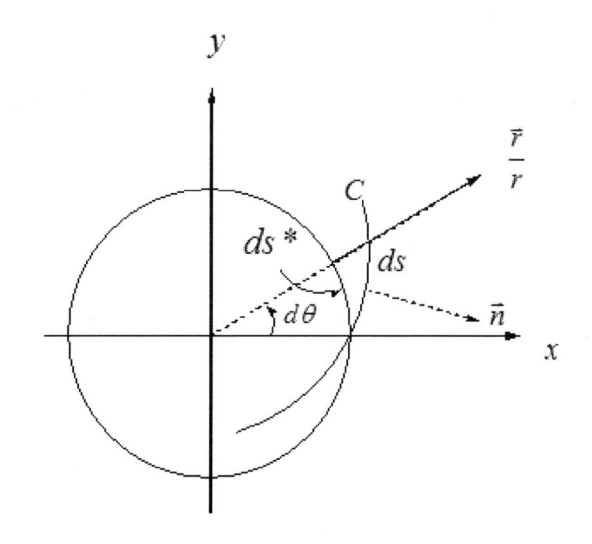

$$\theta = \oint_C \left(\frac{\vec{r}\cdot\vec{n}}{r^2}\right)ds = \oint_C \left(\frac{-y}{x^2+y^2}dx + \frac{x}{x^2+y^2}dy\right)$$

其中 $\vec{r} = x\vec{i} + y\vec{j}$，$\vec{n} = \frac{dy}{ds}\vec{i} - \frac{dx}{ds}\vec{j}$

範例 19

(20%) $\oint_C \left(-\frac{y}{x^2+y^2}dx + \frac{x}{x^2+y^2}dy\right) = ?$ with C any simple positive oriented path in the plane but not passing through the origin.

〔淡大電機所工數〕

解答：

(a) If C is a simple closed curve but no enclosing the origin：

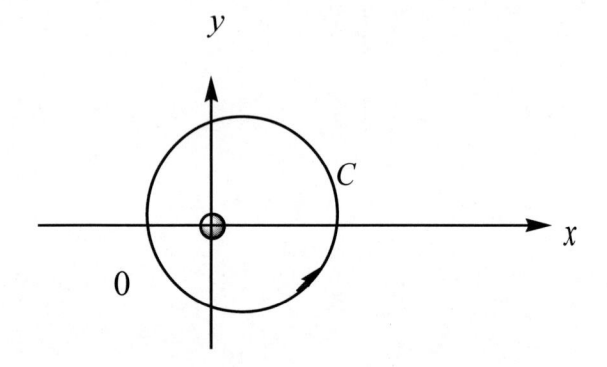

$$\oint_C \left(\frac{-y}{x^2+y^2}dx + \frac{x}{x^2+y^2}dy\right) = \oint_C \vec{G}\cdot d\vec{r}$$

Using Plane Green Theorem

$$\oint_C \vec{G}\cdot d\vec{r} = \iint_R \left[\frac{\partial}{\partial x}\left(\frac{-y}{x^2+y^2}\right) - \frac{\partial}{\partial y}\left(\frac{x}{x^2+y^2}\right)\right]dxdy = 0$$

(b) If C is a simple closed curve but enclosing the origin：

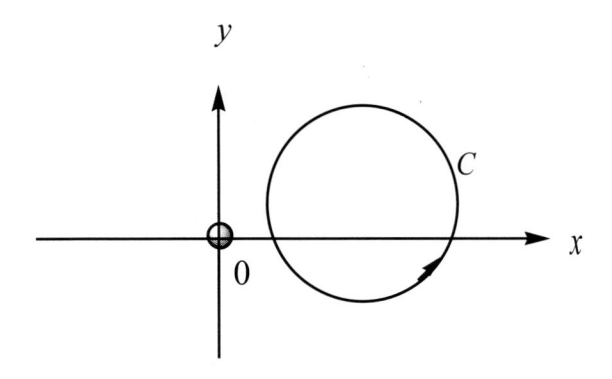

(1) 對原點取 圓 C_b： $x^2+y^2=\xi^2$，順時針，然後直接積分

　　令 $x=\xi\cos t$， $y=\xi\sin t$，代入線積分式

　　Plane Green 定理

$$\oint_{C^*}\vec{G}\cdot d\vec{r}=\oint_{C+C_b}\left(\frac{-y}{x^2+y^2}dx+\frac{x}{x^2+y^2}dy\right)=0$$

其中 $C^*=C+C_b$，且圓 C_b： $x^2+y^2=\xi^2$，為順時針，移項得

$$\oint_C\left(\frac{-y}{x^2+y^2}dx+\frac{x}{x^2+y^2}dy\right)=-\oint_{C_b}\left(\frac{-y}{x^2+y^2}dx+\frac{x}{x^2+y^2}dy\right)$$

$$\oint_C\vec{G}\cdot d\vec{r}=\lim_{\xi\to 0}\int_0^{2\pi}\left(\frac{(-\xi\sin t)^2}{\xi^2}+\frac{(\xi\cos t)^2}{\xi^2}\right)dt=2\pi$$

【分析】If C is any simple positive oriented path in the plane and passing through the origin.

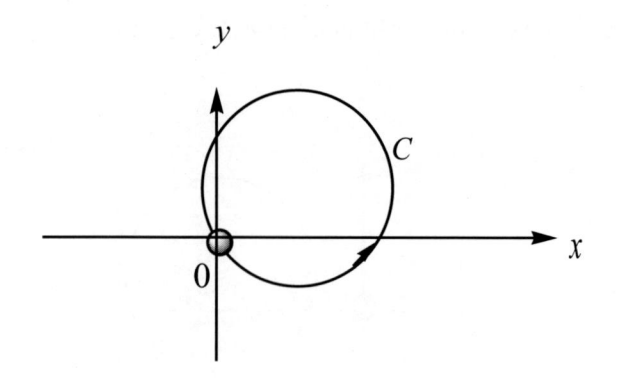

利用圍線變形原理，取如下半圓圍線

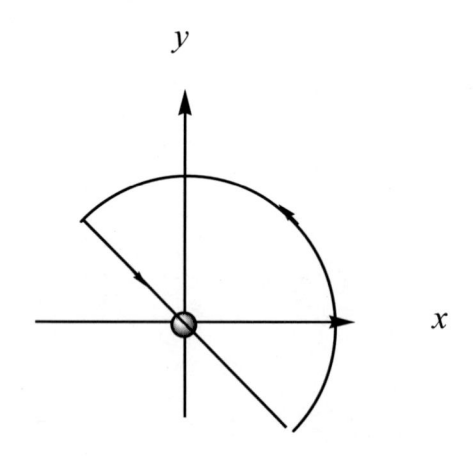

須避開原點積分，如圖 $C_0; x^2+y^2=\xi^2$

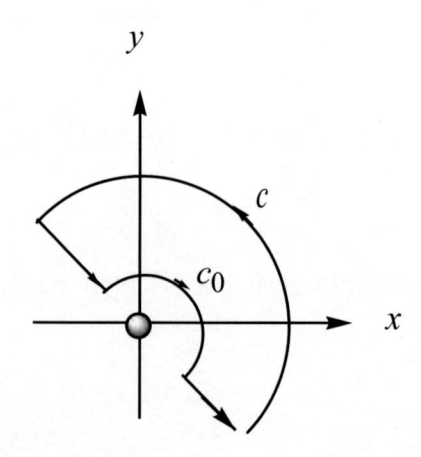

第二十一章　平面線積分與 Plane Green 定理　| 133

令 $x = \xi\cos t$，$y = \xi\sin t$，$dx = -\xi\sin t\,dt$，$dy = \xi\cos t\,dt$

代入直接積分，得

$$\int_C \vec{G}\cdot d\vec{r} = \lim_{\xi\to 0}\int_{-\pi}^{0}\left(\frac{(-\xi\sin t)^2}{\xi^2} + \frac{(\xi\cos t)^2}{\xi^2}\right)dt = \pi$$

範例 20

(15%) Evaluate the line integral $\int_C \dfrac{-y\,dx + (x-1)\,dy}{(x-1)^2 + y^2}$ where C is any piecewise smooth simple closed curve containing the point $(1,0)$ in its interior.

成大土木所

解答：

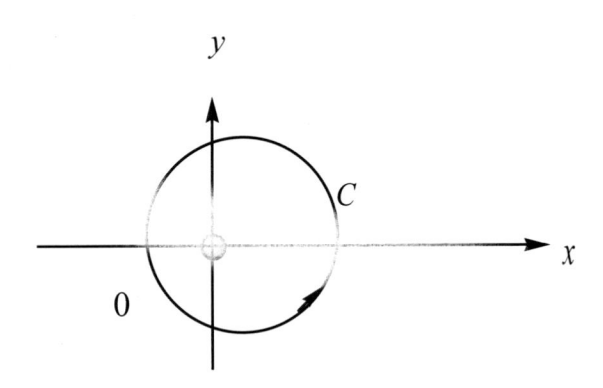

$$\int_C \frac{-y\,dx + (x-1)\,dy}{(x-1)^2 + y^2}$$

令　　$x - 1 = r\cos t$，$y = r\sin t$

$$\int_C \frac{-y\,dx + (x-1)\,dy}{(x-1)^2 + y^2} = \int_0^{2\pi}\frac{(-r\sin t)^2 + (r\cos t)^2}{r^2}\,dt = 2\pi$$

範例 21：通例 (All Cases)

(3%) Assume the vector $\vec{F} = -\dfrac{y}{x^2+y^2}\vec{i} + \dfrac{x}{x^2+y^2}\vec{j}$，evaluate the integral $\oint_C \vec{F}\cdot d\vec{r}$ where the contour C is along

(a) A circle，$x^2 + y^2 = k^2$

(b) A unit circle $(x-1)^2 + y^2 = 1$

(c) An ellipse $5x^2 + 6y^2 = 14$

中興機械所

解答：

(a) 圓心 (0,0) 在 $x^2 + y^2 + k^2$ 內，

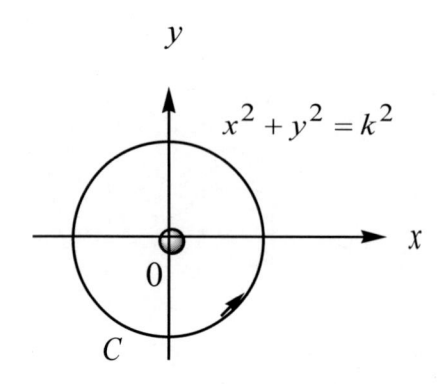

故得 $\oint_C \vec{F}\cdot d\vec{r} = 2\pi$

(b) 圓心 (0,0) 在 $(x-1)^2 + y^2 = 1$ 上

第二十一章　平面線積分與 Plane Green 定理 | 135

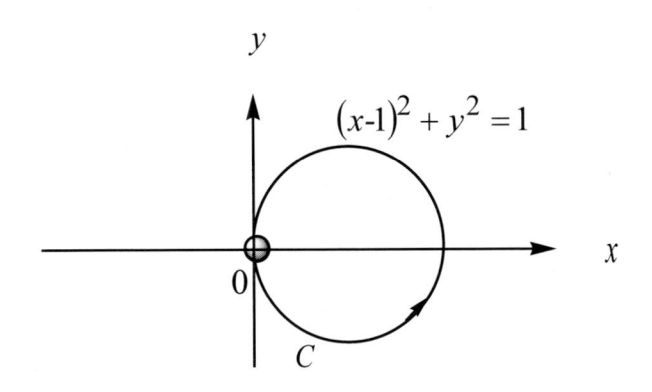

故得 $\qquad \oint_C \vec{F} \cdot d\vec{r} = \lim_{\varepsilon \to 0} \int_{C_\varepsilon} \vec{F} \cdot d\vec{r} = \pi$

(c) 圓心 $(0,0)$ 在 $5x^2 + 6y^2 = 14$ 內，

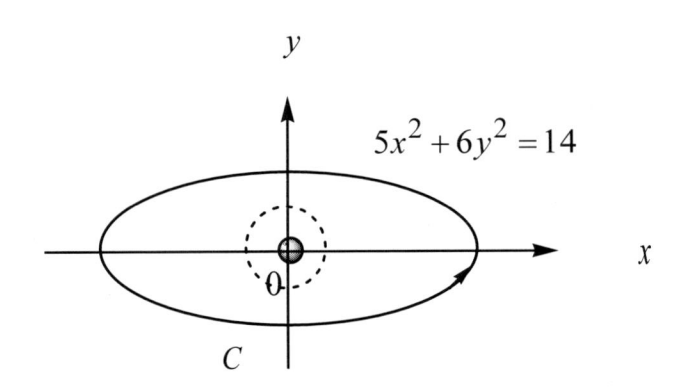

故得 $\qquad \oint_C \vec{F} \cdot d\vec{r} = 2\pi$

範例 22

If a vector A is defined as $\vec{A} = \dfrac{-y\vec{i} + x\vec{j}}{x^2 + y^2}$, solve the contour integral $\oint_C \vec{A} \cdot d\vec{r}$ along a curve C when C is a counterclockwise circle $x^2 + y^2 = 1$

成大微機電所

解答：(平面角)

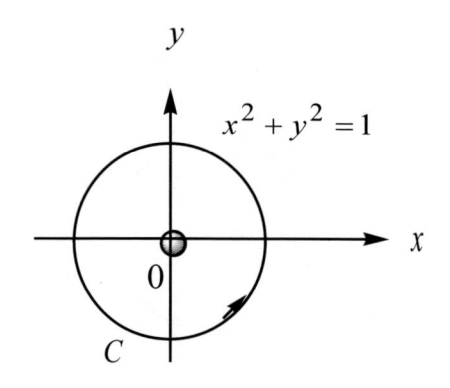

直接線積分
$$\oint_C \vec{A}\cdot d\vec{r} = \oint_C \frac{-y}{x^2+y^2}dx + \frac{x}{x^2+y^2}dy$$

令 $x=\cos t$，$y=\sin t$，$dx=-\sin t\,dt$，$dy=\cos t\,dt$

代入
$$\oint_C \vec{A}\cdot d\vec{r} = \int_0^{2\pi}\left(\frac{-\sin t(-\sin t)}{\sin^2 t+\cos^2 t}+\frac{\cos t(\cos t)}{\sin^2 t+\cos^2 t}\right)dt$$

$$\oint_C \vec{A}\cdot d\vec{r} = \int_0^{2\pi} dt = 2\pi$$

範例 23：通例 (All Cases 2)

Let $\vec{G}=\dfrac{-y}{x^2+y^2}\vec{i}+\dfrac{x}{x^2+y^2}\vec{j}$ is a 2-D vector field. Evaluate the line integral $\int_C \vec{G}\cdot d\vec{r}$ for the case where

(a) C is a counterclockwise simple closed curve no enclosing the origin,
(b) C is a counterclockwise $x^2+y^2=a^2$.
(c) C is a counterclockwise simple closed curve enclosing the origin.
(d) C is a counterclockwise simple closed curve pass through the origin

---

台大 E 化工所

解答：
(a) C is a counterclockwise simple closed curve no enclosing the origin：

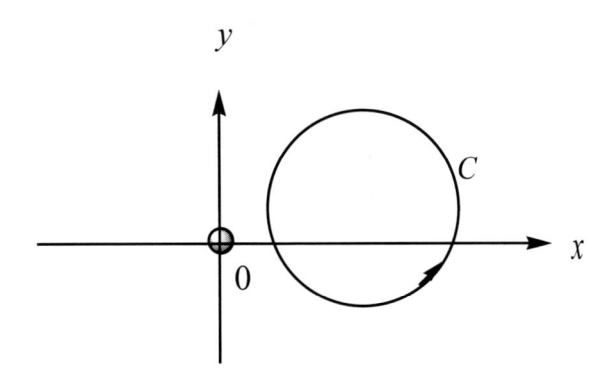

$$\vec{G} = \frac{-y}{x^2+y^2}\vec{i} + \frac{x}{x^2+y^2}\vec{j}$$

$$\oint_C \vec{G} \cdot d\vec{r} = \oint_C \left(\frac{-y}{x^2+y^2} dx + \frac{x}{x^2+y^2} dy \right)$$

Plane Green Theorem

$$\oint_C \vec{G} \cdot d\vec{r} = \iint_R \left[\frac{\partial}{\partial x}\left(\frac{-y}{x^2+y^2}\right) - \frac{\partial}{\partial y}\left(\frac{x}{x^2+y^2}\right) \right] dxdy = 0$$

(b) C is a counterclockwise $x^2 + y^2 = a^2$

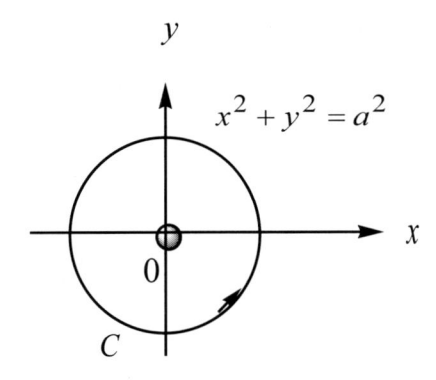

(c) C is a counterclockwise simple closed curve enclosing the origin

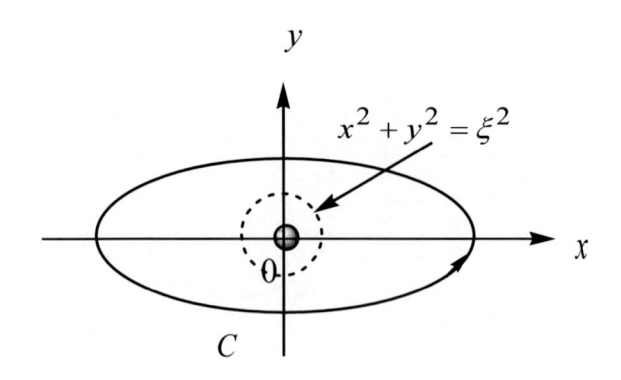

利用圍線變形原理

(1) 對原點取 圓 C_b: $x^2+y^2=\xi^2$,順時針,然後直接積分

 令 $x=\xi\cos t$,$y=\xi\sin t$,代入線積分式

Plane Green 定理

$$\oint_{C^*}\vec{G}\cdot d\vec{r} = \oint_{C+C_b}\left(\frac{-y}{x^2+y^2}dx + \frac{x}{x^2+y^2}dy\right) = 0$$

其中圓 C_b: $x^2+y^2=\xi^2$,為順時針,移項得

$$\oint_C\left(\frac{-y}{x^2+y^2}dx + \frac{x}{x^2+y^2}dy\right) = -\oint_{C_b}\left(\frac{-y}{x^2+y^2}dx + \frac{x}{x^2+y^2}dy\right)$$

$$\int_C \vec{G}\cdot d\vec{r} = \lim_{\xi\to 0}\int_0^{2\pi}\left(\frac{(-\xi\sin t)^2}{\xi^2} + \frac{(\xi\cos t)^2}{\xi^2}\right)dt = 2\pi$$

(2) C,圍線變形原理

$$\int_{C_b:x^2+y^2=\xi^2}\vec{G}\cdot d\vec{r} = \int_C \vec{G}\cdot d\vec{r} = 2\pi$$

(d) C is a counterclockwise simple closed curve pass through the origin

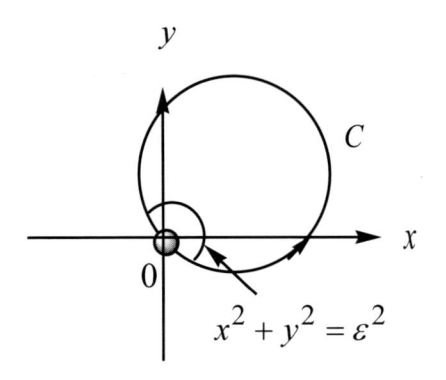

避點積分，對原點取 半圓 $C_c : x^2 + y^2 = \varepsilon^2$，然後直接積分

令 $x = \varepsilon \cos t$，$y = \varepsilon \sin t$，代入線積分式

Plane Green 定理

$$\oint_{C^*} \vec{G} \cdot d\vec{r} = \oint_{C=C+C_c} \left(\frac{-y}{x^2+y^2} dx + \frac{x}{x^2+y^2} dy \right) = 0$$

其中圓 C_c： $x^2 + y^2 = \varepsilon^2$，為順時針，移項得

$$\oint_C \left(\frac{-y}{x^2+y^2} dx + \frac{x}{x^2+y^2} dy \right) = -\oint_{C_c} \left(\frac{-y}{x^2+y^2} dx + \frac{x}{x^2+y^2} dy \right)$$

$$\int_C \vec{G} \cdot d\vec{r} = \lim_{\varepsilon \to 0} \int_0^\pi \left(\frac{(-\varepsilon \sin t)^2}{\varepsilon^2} + \frac{(\varepsilon \cos t)^2}{\varepsilon^2} \right) dt = \pi$$

範例 24

Evaluate the line integral $\oint_C \vec{F} \cdot \vec{n} ds$ with a 2-D vector function $\vec{F} = \frac{x}{x^2+y^2} \vec{i} + \frac{y}{x^2+y^2} \vec{j}$ over the closed curve $C: 9x^2 + 4y^2 = 1$ and $\vec{n}$

the unit normal vector pointing away from the interior of C

台大機械所 B

解答：

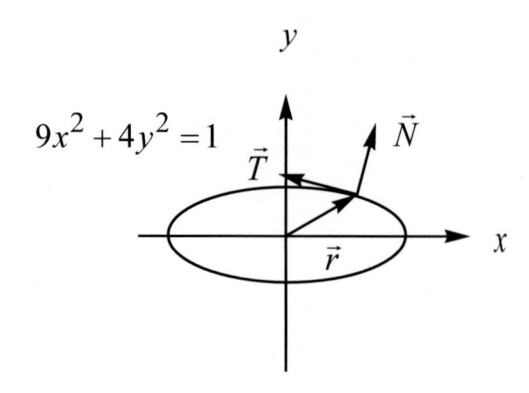

$$\vec{r} = x\vec{i} + y\vec{j} \text{ , } \vec{T} = \frac{d\vec{r}}{ds} = \frac{dx}{ds}\vec{i} + \frac{dy}{ds}\vec{j} \text{ , } \vec{n} = \vec{T} \times \vec{k} = \frac{dy}{ds}\vec{i} - \frac{dx}{ds}\vec{j}$$

$$\vec{F} \cdot \vec{n} = \left(\frac{x}{x^2+y^2}\right)\frac{dy}{ds} + \left(\frac{y}{x^2+y^2}\right)\left(-\frac{dx}{ds}\right) = -\frac{y}{x^2+y^2}\frac{dx}{ds} + \frac{x}{x^2+y^2}\frac{dy}{ds}$$

$$\oint_C \vec{F} \cdot \vec{n}\,ds = \oint_C \left(-\frac{y}{x^2+y^2}dx + \frac{x}{x^2+y^2}dy\right)$$

(b) 因為函數 $\vec{F} = \frac{x}{x^2+y^2}\vec{i} + \frac{y}{x^2+y^2}\vec{j}$，在 0 點不可微分。

在圓心為原點之星形線內（因含 0 點），故平面 Green 定理不再適用。

直接在橢圓上線積分，取橢圓之參數方程式，

令 $\qquad x = \frac{1}{3}\cos t \text{ , } y = \frac{1}{2}\sin t$

代入積分太複雜，故利用圍線變形原理，改為直接在圓周上線積分，取單位圓之參數方程式，

令 $\qquad x = \cos t \text{ , } y = \sin t$

或位置向量 $\qquad \vec{r} = x\vec{i} + y\vec{j} = \cos t\vec{i} + \sin t\vec{j}$

單位圓上任一點之外向垂直向量，$\vec{n} = \dfrac{\vec{r}}{r} = \nabla r$，微曲線長 $ds = rd\theta$

代入直接線積分

$$\oint_C \vec{F} \cdot \vec{n}\,ds = \int_0^{2\pi} \left(\frac{(-\sin t)^2}{1} + \frac{(\cos t)^2}{1} \right) dt = 2\pi$$

範例 25：法線式

Evaluate the line integral $\oint_C \vec{F} \cdot \vec{n}\,ds$ with a 2-D vector function $\vec{F} = \dfrac{x}{x^2+y^2}\vec{i} + \dfrac{y}{x^2+y^2}\vec{j}$ over the closed curve $C: x^{\frac{2}{3}} + y^{\frac{2}{3}} = 1$ and $\vec{n}$ the unit normal vector pointing away from the interior of C.

解答：

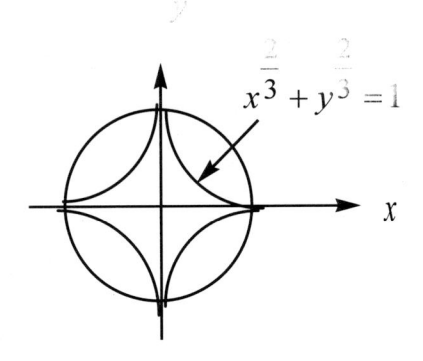

(a) 散度　　$\nabla \cdot \vec{F} = \dfrac{\partial}{\partial x}\left(\dfrac{x}{x^2+y^2}\right) + \dfrac{\partial}{\partial y}\left(\dfrac{y}{x^2+y^2}\right) = 0$

(b) 因為函數　$\vec{F} = \dfrac{x}{x^2+y^2}\vec{i} + \dfrac{y}{x^2+y^2}\vec{j}$，在 0 點不可微分。

在圓心為原點之星形線內（因含 0 點），故平面 Green 定理法線式不再適用。直接在星形線上線積分，取星形線之參數方程式，

令 $\qquad x = \cos^3 t，y = \sin^3 t$

代入積分太複雜，故利用圍線變形原理，改為直接在圓周上線積分，取單位圓之參數方程式，

令 $\qquad x = \cos t，y = \sin t$

或位置向量 $\qquad \vec{r} = x\vec{i} + y\vec{j} = \cos t\vec{i} + \sin t\vec{j}$

單位圓上任一點之外向垂直向量，$\vec{n} = \dfrac{\vec{r}}{r} = \nabla r$，微曲線長 $ds = rd\theta$

代入直接線積分 $\qquad \oint_C \vec{F} \cdot \vec{n}\, ds = \int_0^{2\pi} \dfrac{\vec{r}}{r^2} \cdot \dfrac{\vec{r}}{r} r\, d\theta = \int_0^{2\pi} d\theta = 2\pi$

範例 26：延伸 (非圓孔)

試求 $\oint_C \dfrac{4x - y}{4x^2 + y^2} dx + \dfrac{x + y}{4x^2 + y^2} dy$，其中 C 為 $x^2 + y^2 = 1$

交大機械轉

解答：

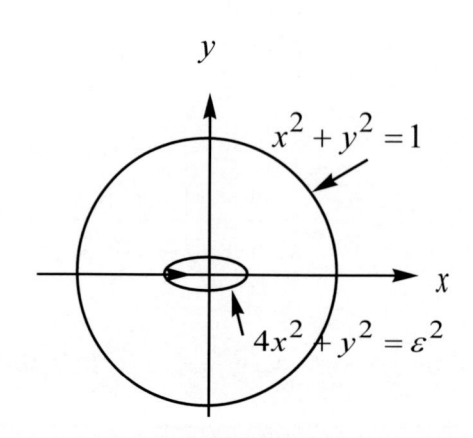

取圍線變形成橢圓：$4x^2 + y^2 = 4$

令 $x = \cos t$，$y = 2\sin t$，$dx = -\sin t\, dt$，$dy = 2\cos t\, dt$，

$$\oint_C \frac{4x-y}{4x^2+y^2}dx + \frac{x+y}{4x^2+y^2}dy$$
$$= \int_0^{2\pi} \left(\frac{-4\cos t \sin t + 2\sin^2 t}{4} + \frac{2\cos^2 t + 4\sin t \cos t}{4} \right) dt$$

積分得 $\quad \oint_C \dfrac{4x-y}{4x^2+y^2}dx + \dfrac{x+y}{4x^2+y^2}dy = \dfrac{1}{2}\int_0^{2\pi} dt = \pi$

第十節　平面 Green 定理之切線式或 2D Stoke 定理

已知位置向量 $\vec{r} = x\vec{i} + y\vec{j}$，其切線與法線向量為

$$\vec{T} = \frac{d\vec{r}}{ds} = \frac{dx}{ds}\vec{i} + \frac{dy}{ds}\vec{j}, \quad \vec{n} = \vec{T} \times \vec{k} = \frac{dy}{ds}\vec{i} - \frac{dx}{ds}\vec{j}$$

已知平面 Green 定理為：

若曲線 C 為簡單封閉曲線，所圍內部區域 R 為簡連區域 (Simple Connected

Region),且 $P(x,y)$,$Q(x,y)$,$\dfrac{\partial P}{\partial y}$,$\dfrac{\partial Q}{\partial x}$ 在區域 R 內為連續,則

$$\oint_C [P(x,y)dx + Q(x,y)dy] = \iint_R \left(\dfrac{\partial Q}{\partial x} - \dfrac{\partial P}{\partial y}\right)dxdy$$

限將上述定理改表成向量函數形式,大體上有兩種形式,第一種稱切線式,及第二種稱法線式。

令向量函數 $\vec{F}(x,y) = P(x,y)\vec{i} + Q(x,y)\vec{j}$,其旋度為

$$\nabla \times \vec{F} = \begin{vmatrix} \vec{i} & \vec{j} & \vec{k} \\ \dfrac{\partial}{\partial x} & \dfrac{\partial}{\partial y} & \dfrac{\partial}{\partial z} \\ P & Q & 0 \end{vmatrix} = 0\vec{i} + 0\vec{j} + \left(\dfrac{\partial Q}{\partial x} - \dfrac{\partial P}{\partial y}\right)\vec{k}$$

又 $(\nabla \times \vec{F}) \cdot \vec{k} = \left(\dfrac{\partial Q}{\partial x} - \dfrac{\partial P}{\partial y}\right)\vec{k} \cdot \vec{k} = \dfrac{\partial Q}{\partial x} - \dfrac{\partial P}{\partial y}$

代回平面 Green 定理,$\oint_C [P(x,y)dx + Q(x,y)dy] = \iint_R \left(\dfrac{\partial Q}{\partial x} - \dfrac{\partial P}{\partial y}\right)dxdy$

得

$$\oint_C \vec{F} \cdot d\vec{r} = \iint_R [(\nabla \times \vec{F}) \cdot \vec{k}] dxdy$$

上式代入微曲線長,得

$$\oint_C \left(\vec{F} \cdot \dfrac{d\vec{r}}{ds}\right) ds = \iint_R [(\nabla \times \vec{F}) \cdot \vec{k}] dxdy$$

上式中 $\dfrac{d\vec{r}}{ds} = \vec{T}$ 為曲線中之單位切線向量。故稱上式為切線式,如

若 $P(x,y)$;$Q(x,y)$;$\dfrac{\partial Q}{\partial x}$;$\dfrac{\partial P}{\partial y}$ 在區域 R 內及 C 上連續,則

$$\oint_C \vec{F} \cdot \vec{T} ds = \iint_R (\nabla \times \vec{F}) \cdot \vec{k} dx dy = \iint_R (\nabla \times \vec{F}) \cdot d\vec{A}$$

第十一節 平面 Green 定理法線式或 2-D Gauss 定理

已知曲線 C 之單位切線向量為 $\vec{T} = \dfrac{d\vec{r}}{ds} = \dfrac{dx}{ds}\vec{i} + \dfrac{dy}{ds}\vec{j}$，如圖所示：

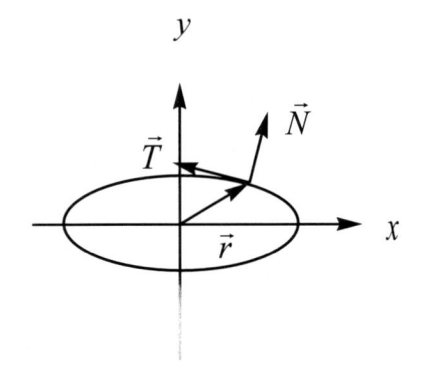

利用叉積可求得同時與 $\vec{T}$ 及 $\vec{k}$ 垂直之曲線 C 之單位法線向量為

$$\vec{n} = \vec{T} \times \vec{k} = \left(\dfrac{dx}{ds}\vec{i} + \dfrac{dy}{ds}\vec{j} \right) \times \vec{k} = \dfrac{dy}{ds}\vec{i} - \dfrac{dx}{ds}\vec{j}$$

代入

$$\oint_C \vec{F} \cdot \vec{n} ds = \oint_C (P\vec{i} - Q\vec{j}) \cdot \left(\dfrac{dy}{ds}\vec{i} - \dfrac{dx}{ds}\vec{j} \right) ds = \oint_C \left(P\dfrac{dy}{ds} + Q\dfrac{dx}{ds} \right) ds$$

代回

代回平面 Green 定理，$\oint_C [P(x,y)dx + Q(x,y)dy] = \iint_R \left(\dfrac{\partial Q}{\partial x} - \dfrac{\partial P}{\partial y}\right)dxdy$

若令向量函數 $\vec{F}(x,y) = Q(x,y)\vec{i} - P(x,y)\vec{j}$，則可配成其散度為

$$\nabla \cdot \vec{F} = \left(\dfrac{\partial}{\partial x}\vec{i} + \dfrac{\partial}{\partial y}\vec{j}\right) \cdot (Q\vec{i} - P\vec{j}) = \dfrac{\partial Q}{\partial x} - \dfrac{\partial P}{\partial y}$$

代回平面 Green 定理，可將雙重積分部分化成

$$\iint_R \left(\dfrac{\partial Q}{\partial x} - \dfrac{\partial P}{\partial y}\right)dxdy = \iint_R (\nabla \cdot \vec{F})dxdy$$

得

$$\oint_C \vec{F} \cdot \vec{n}\,ds = \iint_R (\nabla \cdot \vec{F})dxdy$$

上式中 $\vec{n}$ 為曲線中之單位法線向量。故稱上式為法線式，如若 $P(x,y)$；$Q(x,y)$；$\dfrac{\partial Q}{\partial x}$；$\dfrac{\partial P}{\partial y}$ 在區域 R 內及 C 上連續，則

$$\oint_C \vec{F} \cdot \vec{n}\,ds = \iint_R \nabla \cdot \vec{F}\,dxdy$$

範例 27

Divergence theorem 與 Green Theorem 有何關連？

清大動機所

解答：

　　Divergence theorem 簡化為 2-D 平面時，即為 Plane Green 定理之法線式。

範例 28

Given a function $W = 3x^2 y - y^3 + y^2$ evaluate the integral $I = \oint_C \frac{\partial W}{\partial n} ds$, where C is the elliptic curve $25x^2 + y^2 = 25$, and $\vec{n}$ is outer normal direction of C

成大土木所、成大土木所、台大造船所

解答：

【方法一】利用平面 Green 定理之法線式 $\oint_C \vec{F} \cdot \vec{n} ds = \iint_R \nabla \cdot \vec{F} dxdy$

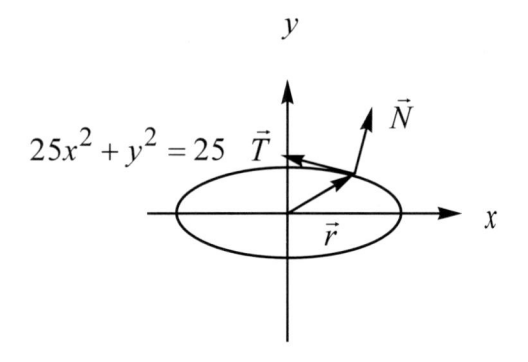

代入得 $I = \oint_C \frac{\partial W}{\partial n} ds = \oint_C \nabla W \cdot \vec{n} ds = \iint_R \nabla \cdot (\nabla W) dxdy = \iint_R \nabla^2 W dxdy$

其中 $W = 3x^2 y - y^3 + y^2$

$$\nabla^2 W = \frac{\partial^2}{\partial x^2}(3x^2 y - y^3 + y^2) + \frac{\partial^2}{\partial y^2}(3x^2 y - y^3 + y^2) = 6y - 6y + 2 = 2$$

代入上式得 $I = \iint_R \nabla^2 W dxdy = 2\iint_R dxdy = 2A = 2\pi \cdot 1 \cdot 5 = 10\pi$

【方法二】直接線積分

已知線積分 $I = \oint_C \frac{\partial W}{\partial n} ds = \oint_C \nabla W \cdot \vec{n} ds$

其中 $W = 3x^2y - y^3 + y^2$，其梯度為 $\nabla W = (6xy)\vec{i} + (3x^2 - 3y^2 + 2y)\vec{j}$

橢圓 $\qquad 25x^2 + y^2 = 25$ 或 $x^2 + \left(\dfrac{y}{5}\right)^2 = 1$

令參數 $\qquad x = \cos t$，$y = 5\sin t$

位置向量 $\qquad \vec{r} = x\vec{i} + y\vec{j} = \cos t\,\vec{i} + 5\sin t\,\vec{j}$

切線向量 $\qquad \dfrac{d\vec{r}}{dt} = -\sin t\,\vec{i} + 5\cos t\,\vec{j}$

單位切線向量 $\qquad \vec{T} = \dfrac{\frac{d\vec{r}}{dt}}{\left|\frac{d\vec{r}}{dt}\right|} = \dfrac{-\sin t\,\vec{i} + 5\cos t\,\vec{j}}{\sqrt{\sin^2 t + 25\cos^2 t}}$

外向垂直向量 $\qquad \vec{n} = \vec{T} \times \vec{k} = \dfrac{5\cos t\,\vec{i} + \sin t\,\vec{j}}{\sqrt{\sin^2 t + 25\cos^2 t}}$

點積 $\qquad \nabla W \cdot \vec{n} = \dfrac{5\cos t(6xy) + \sin t(3x^2 - 3y^2 + 2y)}{\sqrt{\sin^2 t + 25\cos^2 t}}$

其中微曲線長 $\qquad ds = \sqrt{\left(\dfrac{dx}{dt}\right)^2 + \left(\dfrac{dy}{dt}\right)^2}\,dt = \sqrt{\sin^2 t + 25\cos^2 t}\,dt$

代入線積分

$$\oint_C \nabla W \cdot \vec{n}\,ds = \int_0^{2\pi} \dfrac{5\cos t(6xy) + \sin t(3x^2 - 3y^2 + 2y)}{\sqrt{\sin^2 t + 25\cos^2 t}} \sqrt{\sin^2 t + 25\cos^2 t}\,dt$$

或

$$I = \int_0^{2\pi} \left(5\cos t(6\cos t \cdot 5\sin t) + \sin t(3\cos^2 t - 3 \cdot 25\sin^2 t + 10\sin t)\right)dt$$

積分得

$$I = \int_0^{2\pi} (10\sin^2 t)dt = 5\int_0^{2\pi}(1-\cos 2t)dt = 5\cdot 2\pi = 10\pi$$

第十二節　Green 定理延伸至 3-D Gauss 與 Stoke 定理

已知平面 Green 定理為：

若曲線 C 為簡單封閉曲線，所圍內部區域 R 為簡連區域 (Simple Connected Region)，且 $P(x,y)$，$Q(x,y)$，$\dfrac{\partial P}{\partial y}$，$\dfrac{\partial Q}{\partial x}$ 在區域 R 內為連續，則

$$\oint_C [P(x,y)dx + Q(x,y)dy] = \iint_R \left(\frac{\partial Q}{\partial x} - \frac{\partial P}{\partial y}\right)dxdy$$

限將上述定理改表成向量函數形式，大體上有兩種形式，第一種稱切線式，及第二種稱法線式。

令向量函數 $\vec{F}(x,y) = P(x,y)\vec{i} + Q(x,y)\vec{j}$，其旋度為

$$\nabla \times \vec{F} = \begin{vmatrix} \vec{i} & \vec{j} & \vec{k} \\ \dfrac{\partial}{\partial x} & \dfrac{\partial}{\partial y} & \dfrac{\partial}{\partial z} \\ P & Q & 0 \end{vmatrix} = 0\vec{i} + 0\vec{j} + \left(\frac{\partial Q}{\partial x} - \frac{\partial P}{\partial y}\right)\vec{k}$$

又 $(\nabla \times \vec{F})\cdot \vec{k} = \left(\dfrac{\partial Q}{\partial x} - \dfrac{\partial P}{\partial y}\right)\vec{k}\cdot\vec{k} = \dfrac{\partial Q}{\partial x} - \dfrac{\partial P}{\partial y}$

代回平面 Green 定理，$\oint_C [P(x,y)dx + Q(x,y)dy] = \iint_R \left(\dfrac{\partial Q}{\partial x} - \dfrac{\partial P}{\partial y}\right) dxdy$

得

$$\oint_C \vec{F} \cdot d\vec{r} = \iint_R \left[(\nabla \times \vec{F}) \cdot \vec{k}\right] dxdy$$

上式代入微曲線長，得

$$\oint_C \left(\vec{F} \cdot \dfrac{d\vec{r}}{ds}\right) ds = \iint_R \left[(\nabla \times \vec{F}) \cdot \vec{k}\right] dxdy$$

上式中 $\dfrac{d\vec{r}}{ds} = \vec{T}$ 為曲線中之單位切線向量。故稱上式為切線式，如

若 $P(x,y)$；$Q(x,y)$；$\dfrac{\partial Q}{\partial x}$；$\dfrac{\partial P}{\partial y}$ 在區域 R 內及 C 上連續，則

$$\oint_C \vec{F} \cdot \vec{T} ds = \iint_R (\nabla \times \vec{F}) \cdot \vec{k} dxdy$$

考題集錦

1. Evaluate $\int_C \left[(y^2 - 6xy + 6)dx + (2xy - 3x^2)dy\right]$ along the path C (a) if path C: from $(-1, 0)$ to $(3, 0)$ along a straight line $y = 0$ and then to $(3, 4)$ along a straight line $x = 3$. (b) if path c: from $(-1, 0)$ to $(3, 4)$ along a straight line $y = x + 1$

雲科大機械所

2. Evaluate the integral $\int_C \left[2x\cos(2y)dx - 2x^2 \sin(2y)dy\right]$ for every positively

oriented piecewise smooth closed curve in the plane

成大土木所

3. Given C is $\vec{r} = \cos t\, \vec{i} + \sin t\, \vec{j}$, $0 \le t \le 2\pi$ and $\vec{F} = xy^2 \vec{i} + (x^2 y + y^3)\vec{j}$, find $\int_C \vec{F} \cdot d\vec{r}$

成大電機所

4. (8%) Calculate the work down by a force $\vec{F} = x^2 \vec{i} - xy\vec{j}$ from point $(1, 0)$ to $(-1, 0)$ along a curve of $x^2 + \dfrac{y^2}{4} = 1$ the upper plane, i.e. $0 \le y$.

中興材工所乙組、成大土木所

5. If the curve C is the quarter part of the circle $x^2 + y^2 = 4^2$ located in the first quadrant of $x - y$ plane. Give $F = x$ and $\vec{G} = y\vec{i} + 2x\vec{j}$, $\vec{H} = y\vec{i} + x\vec{j}$。 calculate (1) $\int_C F\, dl$, (2) $\int_C \vec{G} \cdot d\vec{l}$, (3) $\int_C \vec{G} \cdot \vec{n}\, dl$, (4) $\int_C \vec{H} \cdot d\vec{l}$

台科大電機所甲

6. (10%) Find $\int_C [(x+y)dx + (2x-z)dy + (y-z)dz]$, where C is the boundary of a triangle with vertices $(2,0,0), (0,3,0)$, and $(0,0,4)$.

台大工數 K 土木

7. (10%) Using Green's theorem, evaluate the line integral $\oint_C \vec{F}(\vec{r})d\vec{r}$ counterclockwise around the boundary C of a closed region R, where $\vec{F} = [x\cosh(2x)\ \ x^2 \sinh(2y)]$, $R: x^2 \le y \le x$.

中央機械、光機電、能源所

8. (10%) Evaluate $\oint_C (x^5 + 3y)dx + (5x - e^{y^3})dy$, where C is the circle $(x-1)^2 + (y-5)^2 = 4$. The curve is oriented counterclockwise.

台科大化工所

9. 限用 Green 定理求 $\oint_C (4x^2 y \, dx + 2y \, dy)$ 之值，其中積分路徑 C 為以 $(0,2)$，$(0,0)$，$(1,2)$ 三點為頂點之三角形邊界（逆時針方向）如下圖。(15 分)

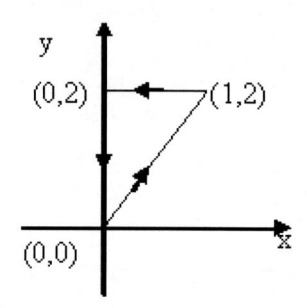

嘉義土木水資源所

10. Verify Green's theorem by the given vector $\vec{F} = 3y\vec{i} - 2xy\vec{j}$ along the circle C: $(x-3)^2 + (y-2)^2 = 16$.

成大土木所

11. Evaluate the line integral $\oint_C \vec{F} \cdot \vec{n} \, ds$ with a 2-D vector function $\vec{F} = \dfrac{x}{x^2+y^2}\vec{i} + \dfrac{y}{x^2+y^2}\vec{j}$ over the closed curve C: $x^{\frac{2}{3}} + y^{\frac{2}{3}} = 1$ and $\vec{n}$ the unit normal vector pointing away from the interior of C.

12. (20%) Evaluate the line integral $\oint_C \dfrac{y}{x^2+y^2}dx - \dfrac{x}{x^2+y^2}dy$ along the following curves:

(a) 正方形 C: 頂點 $(-2,2)$, $(2,2)$, $(2,-2)$, $(-2,-2)$，逆時針方向。

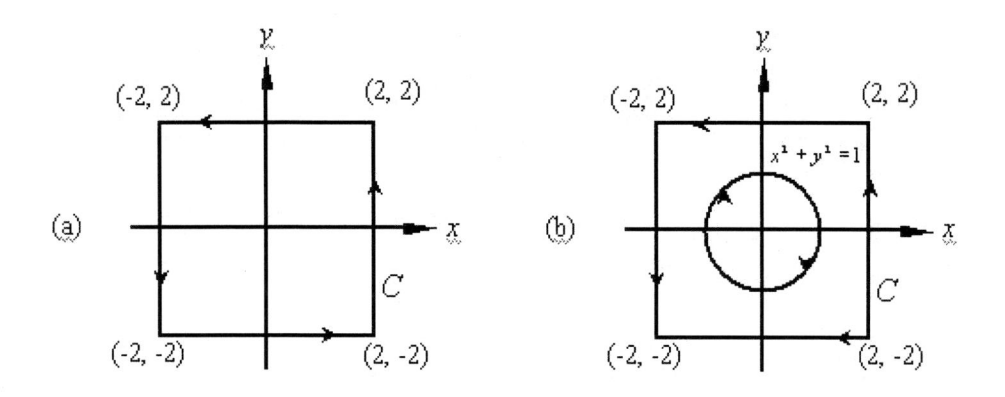

(b) 外部正方形 C 頂點 $(-2,2)$, $(2,2)$, $(2,-2)$, $(-2,-2)$ 順時針方向，內含圓 $x^2+y^2=1$ 順時針方向。

中原電子醫工大三轉

第二十二章
三維線積分與 Stoke 定理

第一節　3-D 線積分路徑無關

已知一三維曲線積分，或力場從空間路徑點 (x_1, y_1, z_1) 到 (x_2, y_2, z_2) 所作之總功為

$$W = \int_C dW = \int_C [P(x,y,z)dx + Q(x,y,z)dy + R(x,y,z)dz]$$

其中積分項 $P(x,y,z)dx + Q(x,y,z)dy + R(x,y,z)dz$，若能化成某一函數之全微分形式，如

$$P(x,y,z)dx + Q(x,y,z)dy + R(x,y,z)dz = \frac{\partial \phi}{\partial x}dx + \frac{\partial \phi}{\partial y}dy + \frac{\partial \phi}{\partial z}dz = d\phi$$

上式要能成立，須滿足條件：

$$\nabla \times \vec{F} = \begin{vmatrix} \vec{i} & \vec{j} & \vec{k} \\ \frac{\partial}{\partial x} & \frac{\partial}{\partial y} & \frac{\partial}{\partial z} \\ P & Q & R \end{vmatrix} = \left(\frac{\partial R}{\partial y} - \frac{\partial Q}{\partial z}\right)\vec{i} + \left(\frac{\partial P}{\partial z} - \frac{\partial R}{\partial x}\right)\vec{j} + \left(\frac{\partial Q}{\partial x} - \frac{\partial P}{\partial y}\right)\vec{k} = 0$$

或

因 $P = \frac{\partial \phi}{\partial x}$、$Q = \frac{\partial \phi}{\partial y}$ 及 $R = \frac{\partial \phi}{\partial z}$，分別前三式對 x、y、z 偏微分，也可得證

$$\frac{\partial Q}{\partial x} = \frac{\partial P}{\partial y} \text{、} \frac{\partial Q}{\partial z} = \frac{\partial R}{\partial y} \text{ 及 } \frac{\partial P}{\partial z} = \frac{\partial R}{\partial x}$$

若曲線積分在滿足上述條件後，得

$$\int_C \vec{F} \cdot d\vec{r} = \int_A^B \nabla \phi \cdot d\vec{r} = \int_A^B d(\phi(x,y,z))$$

或

$$\int_C Pdx + Qdy + Rdz = \int_A^B \left(\frac{\partial \phi}{\partial x} dx + \frac{\partial \phi}{\partial y} dy + \frac{\partial \phi}{\partial z} dz \right) = \int_A^B d(\phi(x,y,z))$$

或

$$\int_C Pdx + Qdy + Rdz = [\phi(x,y,z)]_A^B = \phi(x_2,y_2,z_2) - \phi(x_1,y_1,z_1)$$

範例 01

(15%) Evaluate the integral $I = \int_C (3x^2 dx + 2yz dy + y^2 dz)$ from $A:(0,1,2)$ to $B:(1,-1,7)$

成大醫工所

解答：
積分路徑無關，化成正合微分，得

$$I = \int_C (3x^2 dx + 2yz dy + y^2 dz) = \int_{(0,1,2)}^{(1,-1,7)} d(x^3 + y^2 z)$$

$$I = (x^3 + y^2 z)\Big|_{(0,1,2)}^{(1,-1,7)} = 1 + 7 - 2 = 6$$

範例 02：3D 路徑無關曲線積分

(a) Find a scalar function $f(x,y,z)$.such that $\nabla f = 6x\vec{i} + 2\vec{j} + 2z\vec{k}$. No need to write down the derivation. Just giving your answer is OK.

(b) Then, choose an answer for each of the following integrals along the specified paths：(No need to write down the derivation. Just pick up the correction value for each integral.)

1. $\int_C (6x\vec{i} + 2\vec{j} + 2z\vec{k}) \cdot d\vec{r} =$ (a) 0 (b) 2 (c) 2π (d) 4π (e) 4 (f) 6 (g) 2.5π (h) 10 (i) none of the above.

2. $\int_D (6x\vec{i} + 2\vec{j} + 2z\vec{k}) \cdot d\vec{r} =$ (a) 0 (b) 2 (c) 2π (d) 4π (e) 4 (f) 6 (g) 2.5π (h) 8 (i) none of the above.

3. The absolute value of $\int_E (yz\vec{i} + 6xz^5\vec{j} - xy^2z\vec{k}) \cdot d\vec{r}$ is equal to (a) 0 (b) 2π (c) 3π (d) 5π (e) 8π (f) 11π (g) 13π (h) π (i) none of the above.

Here, C is the path from the point $(0,0,0)$ to $(1,1,1)$ following a straight-line segment.

D is the path first from the point $(0,0,0)$ to $\left(1, \frac{1}{2}, 0\right)$ following a straight-line segment and then from $\left(1, \frac{1}{2}, 0\right)$ to $(1,1,1)$ again following a straight-line segment.

E is the path along the circle：$x^2 + y^2 = 1$，$z = 1$

清大電機領域所

解答：1. (f) 6 2. (f) 6 3. (d) 5π

(1)　$\int_C (6x\vec{i} + 2\vec{j} + 2z\vec{k}) \cdot d\vec{r} = \int_C \nabla f \cdot d\vec{r} = \int_A^B d(f) = f(B) - f(A)$

$\nabla f = 6x\vec{i} + 2\vec{j} + 2z\vec{k}$

積分　$f = 3x^2 + 2y + z^2 + c$

$\int_C (6x\vec{i} + 2\vec{j} + 2z\vec{k}) \cdot d\vec{r} = (3x^2 + 2y + z^2)\Big|_A^B = 6$

(2) 路徑無關，$\int_C (6x\vec{i} + 2\vec{j} + 2z\vec{k}) \cdot d\vec{r} = 6$

(3) $\int_E (yz\vec{i} + 6xz^5\vec{j} - xy^2 z\vec{k}) \cdot d\vec{r} = \int_E (yz\,dx + 6xz^5\,dy - xy^2 z\,dz)$

其中 E is the path along the circle：$x^2 + y^2 = 1$，$z = 1$

令 $x = \cos t$，$y = \sin t$，$z = 1$，$dx = -\sin t\,dt$，$dy = \cos t\,dt$，$dz = 0$

$$\int_E (yz\vec{i} + 6xz^5\vec{j} - xy^2 z\vec{k}) \cdot d\vec{r} = \int_0^{2\pi} (\sin t(-\sin t) + 6\cos t(\cos t))dt = 5\pi$$

範例 03

> (20%) 試判斷 $\int_C (y + yz)dx + (x + 3z^3 + xz)dy + (9yz^2 + xy - 1)dz$ 和積分路徑是否有關？假若和積分路徑無關，試求從 $(1,1,1)$ 到 $(2,1,4)$ 之值。

中原轉工數

解答：

若為保守場 $\nabla \times \vec{F} = 0$，則與積分路徑無關。

$$\nabla \times \vec{F} = \begin{vmatrix} \vec{i} & \vec{j} & \vec{k} \\ \dfrac{\partial}{\partial x} & \dfrac{\partial}{\partial y} & \dfrac{\partial}{\partial z} \\ y + yz & x + 3z^3 + xz & 9yz^2 + xy - 1 \end{vmatrix}$$

$$= (9z^2 + x - 9z^2 - x)\vec{i} + (y - y)\vec{j} + (1 + z - 1 - z)\vec{k} = 0$$

故與積分路徑無關。

(i) 先求 Potential 場　$\phi(x, y, z)$

$$\frac{\partial \phi}{\partial x} = y + yz$$

$$\frac{\partial \phi}{\partial y} = x + 3z^3 + xz$$

$$\frac{\partial \phi}{\partial z} = 9yz^2 + xy - 1$$

分別偏積分,得

$$\phi = xy + xyz + f(y,z)$$
$$\phi = xy + 3yz^3 + xyz + g(x,z)$$
$$\phi = 3yz^3 + xyz - z + h(x,y)$$

比較得

$$\phi = xy + 3yz^3 + xyz - z + c$$

圍線積分

$$\int_C (y+yz)dx + (x+3z^3+xz)dy + (9yz^2+xy-1)dz = [\phi(x,y,z)]_{(1,1,1)}^{(2,1,4)}$$

或

$$I = [xy + 3yz^3 + xyz - z]_{(1,1,1)}^{(2,1,4)} = (2 + 3\cdot 4^3 + 8 - 4) - 4 = 194$$

範例 04:3D 曲線積分

(20%) (a) Calculate the integral $\int_C \vec{F}(\vec{r}) \cdot d\vec{r}$,$\vec{F} = [2z \quad 1 \quad -y]$,

$C: \vec{r} = [\cos t \quad \sin t \quad 2t]$ from $(0,0,0)$ to $(1,0,4\pi)$

(b) Evaluate the integral $\int_{(\frac{\pi}{2},-\pi)}^{(\frac{\pi}{4},0)} (\cos x \cos 2y \, dx - 2\sin x \sin 2y \, dy)$

成大航太所

解答:

(a) $\int_C \vec{F}(\vec{r}) \cdot d\vec{r} = \int_C 2z\,dx + dy - y\,dz$

令 $x = \cos t$，$dx = -\sin t\,dt$，$y = \sin t$，$dy = \cos t\,dt$，$z = 2t$，$dz = 2dt$

$$\int_C \vec{F}(\vec{r}) \cdot d\vec{r} = \int_0^{4\pi} (-4t\sin t + \cos t - 2\sin t)\,dt$$

$$\int_C \vec{F}(\vec{r}) \cdot d\vec{r} = (-4t\sin t + \sin t + 2\cos t)\Big|_0^{4\pi} = 16\pi$$

(b) $\int_{\left(\frac{\pi}{2}, -\pi\right)}^{\left(\frac{\pi}{4}, 0\right)} (\cos x \cos 2y\,dx - 2\sin x \sin 2y\,dy)$

積分路徑無關，得正合微分

$$\int_{\left(\frac{\pi}{2}, -\pi\right)}^{\left(\frac{\pi}{4}, 0\right)} (\cos x \cos 2y\,dx - 2\sin x \sin 2y\,dy) = \int_{\left(\frac{\pi}{2}, -\pi\right)}^{\left(\frac{\pi}{4}, 0\right)} d(\sin x \cos 2y)$$

$$\int_{\left(\frac{\pi}{2}, -\pi\right)}^{\left(\frac{\pi}{4}, 0\right)} (\cos x \cos 2y\,dx - 2\sin x \sin 2y\,dy) = (\sin x \cos 2y)\Big|_{\left(\frac{\pi}{2}, -\pi\right)}^{\left(\frac{\pi}{4}, 0\right)}$$

$$\int_{\left(\frac{\pi}{2}, -\pi\right)}^{\left(\frac{\pi}{4}, 0\right)} (\cos x \cos 2y\,dx - 2\sin x \sin 2y\,dy) = \sin\frac{\pi}{4} - \sin\frac{\pi}{2} = \frac{1}{\sqrt{2}} - 1$$

第二節　3-D 線段直接積分

已知一空間內之向量力場函數

$$\vec{F}(x, y, z) = P(x, y, z)\vec{i} + Q(x, y, z)\vec{j} + R(x, y, z)\vec{k}$$

及空間曲線方程式：$C: \vec{r}(t) = x(t)\vec{i} + y(t)\vec{j} + z(t)\vec{k}$，則力場對空間曲線路徑所作之微功（Work）為

$$dW = \vec{F}(x,y,z) \cdot d\vec{r} = \left[P\vec{i} + Q\vec{j} + R\vec{k}\right] \cdot \left(dx\vec{i} + dy\vec{j} + dz\vec{k}\right)$$

或

$$dW = P(x,y,z)dx + Q(x,y,z)dy + R(x,y,z)dz$$

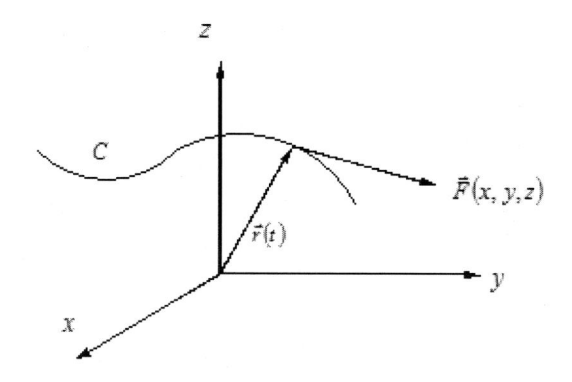

積分得力場從空間之極點 (x_1, y_1, z_1) 或 $t = t_1$ 到 (x_2, y_2, z_2) 或 $t = t_2$，所作之總功為

$$W = \int_C dW = \int_C \left[P(x,y,z)dx + Q(x,y,z)dy + R(x,y,z)dz\right]$$

稱上式為空間曲線積分。表成對參數 t 之積分形式如下：

$$W = \int_{t_1}^{t_2} \left[P(x,y,z)\frac{dx}{dt} + Q(x,y,z)\frac{dy}{dt} + R(x,y,z)\frac{dz}{dt}\right]dt$$

也可表成

$$W = \int_C \left[P(x,y,z)\frac{dx}{ds} + Q(x,y,z)\frac{dy}{ds} + R(x,y,z)\frac{dz}{ds}\right]ds$$

或

$$W = \int_C f(x,y,z)ds$$

其中 ds 為微曲線長。

範例 05：直接曲線積分

(15%) Let $f(x,y,z) = 2x + yz - 3y^2$ and $\vec{F}$ is the gradient of f. Calculate the line integral $\int_C \vec{F} \cdot d\vec{l}$, where C is the quarter circle from A to B as show in Fig.

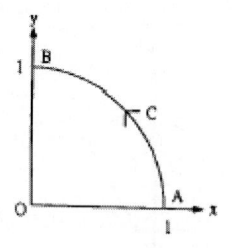

台科大電機甲、乙二

解答：

$$\int_C \vec{F} \cdot d\vec{l} = \int_C \nabla f \cdot d\vec{l} = \int_A^B df$$

$$\int_C \vec{F} \cdot d\vec{l} = \left(2x + yz - 3y^2\right)\Big|_{(1,0,0)}^{(0,1,0)} = -3 - 2 = -5$$

範例 06

(8%) Evaluate $\int_C F_1 dx + F_2 dy + F_3 dz$, where $F = 2x^2 z\vec{i} - y^3 \vec{j} + ze^z \vec{k}$, and C is given by $C: x = t^2, y = \sqrt{t}, z = 2t$, $t: 1 \to 3$.

97 中興精密所

解答：

$$\int_C F_1 dx + F_2 dy + F_3 dz = \int_C 2x^2 z\, dx - y^3\, dy + ze^z\, dz$$

$C: x = t^2, y = \sqrt{t}, z = 2t$
代入

$$\int_C F_1 dx + F_2 dy + F_3 dz = \int_1^3 \left(2t^4 \cdot 2t \cdot 2t - t\sqrt{t}\,\frac{1}{2\sqrt{t}} + 2te^{2t}\cdot 2\right) dt$$

整理得

$$\int_C F_1 dx + F_2 dy + F_3 dz = \int_1^3 \left(8t^6 - \frac{t}{2} + 4te^{2t}\right) dt$$

積分得

$$\int_C F_1 dx + F_2 dy + F_3 dz = \left(8\frac{t^7}{7} - \frac{t^2}{4} + e^{2t}(2t-1)\right)\Big|_1^3$$

得

$$\int_C F_1 dx + F_2 dy + F_3 dz = \frac{8 \cdot 3^7 - 22}{7} + 5e^6 - e^2$$

範例 07

(10%) Evaluate $\oint_C z\,dx + x\,dy + y\,dz$, where C is the trace of the cylinder $x^2 + y^2 = 1$ in the plane $y + z = 2$. Orient C counterclockwise as viewed from above

台聯大大三轉工數

解答：

1. 先求曲線參數方程式：
$x^2 + y^2 = 1$

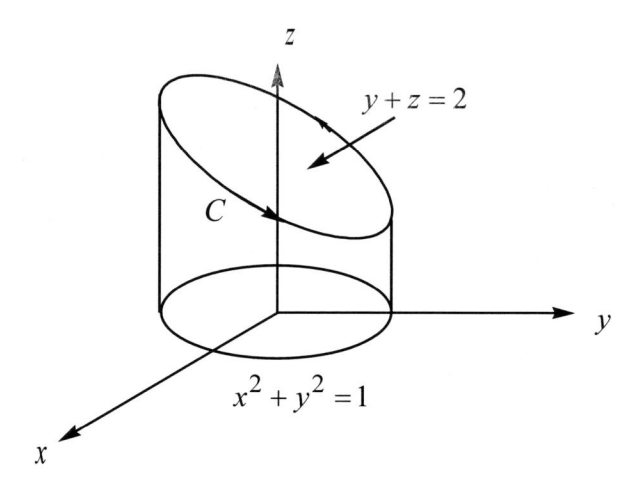

$$y + z = 2$$

令

$$x = \cos t$$
$$y = \sin t$$
$$z = 2 - \sin t$$

2. 代入線積分

$$\oint_C zdx + xdy + ydz = \int_0^{2\pi} \left((2-\sin t)(-\sin t) + \cos^2 t + \sin t \cos t\right) dt$$

$$\oint_C zdx + xdy + ydz = \int_0^{2\pi} (-2\sin t + 1 + \sin t \cos t) dt = 2\pi$$

範例 08：3D 直接曲線積分

(10%) Let field $\vec{G}(x,y,z) = (x - yz)\vec{a}_x + (y^2 - xz)\vec{a}_y + (z^2 - xy)\vec{a}_z$

(a) Find the line integral $\int_{C_1} \vec{G}(x,y,z) \cdot d\vec{l} = \underline{\qquad}$ ，where C_1 is a segment of the curve $y = x^2$，$z = x$ from $(0,0,0)$ to $(1,1,1)$.

(b) Compute the sum of line integrals $\int_{C_2} \vec{G}(x,y,z) \cdot d\vec{l} + \int_{C_3} \vec{G}(x,y,z) \cdot d\vec{l}$，where C_2 is the straight line from $(1,1,1)$ to $(0,0,1)$，C_3 is along the z-axis from $(0,0,1)$ to $(0,0,0)$

中山電機甲丁戊

解答：

(a) $\int_{C_1} \vec{G}(x,y,z) \cdot d\vec{l} = \int_{C_1} (x - yz)dx + (y^2 - xz)dy + (z^2 - xy)dz$

$$x = t，y = t^2，z = t$$

$$\int_{C_1} \vec{G}(x,y,z) \cdot d\vec{l} = \frac{1}{6}$$

(b) On C_2：$y = x$，$z = 1$，$dz = 0$

代入 $\int_{C_2} \vec{G}(x,y,z) \cdot d\vec{l} = \int_{C_2} (x-yz)dx + (y^2 - xz)dy + (z^2 - xy)dz$

得 $\int_{C_2} \vec{G}(x,y,z) \cdot d\vec{l} = \int_1^0 (x^2 - x)dx = -\left(\frac{1}{3} - \frac{1}{2}\right) = \frac{1}{6}$

(c) On C_3：$y = x = 0$，$dy = dx = 0$

代入 $\int_{C_3} \vec{G}(x,y,z) \cdot d\vec{l} = \int_{C_3} (x-yz)dx + (y^2 - xz)dy + (z^2 - xy)dz$

$\int_{C_3} \vec{G}(x,y,z) \cdot d\vec{l} = \int_1^0 z^2 dz = -\frac{1}{3}$

最後得

$$\int_{C_1+C_2+C_3} \vec{G}(x,y,z) \cdot d\vec{l} = \frac{1}{6} + \frac{1}{6} - \frac{1}{3} = 0$$

範例 09：3D 直接曲線積分

(15%) A vector field $\vec{F} = 2x\vec{i} + 6y\vec{j} + 2z\vec{k}$. Refer to Fig. if one moves a particle along path C starting from 0 to D. Let $\vec{r} = x\vec{i} + y\vec{j} + z\vec{k}$ be a position vector from 0.

(a) Please compute $\int_C \vec{F} \cdot d\vec{r} = ?$

(b) If path C is reverse, i, e, $0 \to D \to B \to A$, and back to 0, then $\int_C \vec{F} \cdot d\vec{r} = ?$

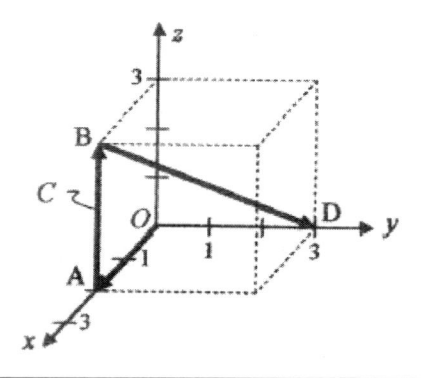

解答：

(a) 【方法一】積分路徑無關

$$\int_{OABD} \vec{F} \cdot d\vec{r} = \int_{OD} \vec{F} \cdot d\vec{r} = \int_{OD} 2xdx + 6ydy + 2zdz$$

$$\int_{OABD} \vec{F} \cdot d\vec{r} = \left(x^2 + 3y^2 + z^2\right)\Big|_{(0,0,0)}^{(0,3,0)} = 27$$

【方法二】直接積分

(1) OA：$y = z = 0$，$dy = dz = 0$

$$\int_{OA} 2xdx + 6ydy + 2zdz = \int_0^2 2xdx = 4$$

(2) AB：$x = 2$，$y = 0$，$dx = 0$，$dy = 0$

$$\int_{AB} 2xdx + 6ydy + 2zdz = \int_0^3 2zdz = 9$$

(3) BD：$\dfrac{x}{-2} = \dfrac{y-3}{3} = \dfrac{z}{-3} = t$

$x = -2t$，$y = 3+3t$，$z = -3t$，$dx = -2dt$，$dy = 3dt$，$dz = -3dt$

$$\int_{AB} 2xdx + 6ydy + 2zdz = \int_{-1}^{0} (8t + 54 + 54t + 18t)dt$$

$$\int_{BD} 2xdx + 6ydy + 2zdz = \int_{-1}^{0} (54 + 80t)dt = 14$$

(b) $\oint_C \vec{F} \cdot d\vec{r} = 0$

因 $\nabla \times \vec{F} = 0$ 故 Path-independent

第三節　3-D Stoke 定理

若向量函數 $\vec{F}(x,y,z) = P(x,y,z)\vec{i} + Q(x,y,z)\vec{j} + R(x,y,z)\vec{k}$，在曲面 S 上及其邊界曲線 C 上為一階偏導數函數，則

$$\iint_S \nabla \times \vec{F} \cdot d\vec{S} = \oint_C \vec{F} \cdot d\vec{r}$$

其中曲線方向 C（順、逆時針）與曲面垂直方向（$\vec{n}$）需遵從右手定則。上式稱為 Stoke 定理。

【證明】：只證明 $\iint_S \nabla \times \left(P(x,y,z)\vec{i}\right) \cdot d\vec{S} = \oint_C P(x,y,z)dx$ 部分

即
$$\iint_S \nabla \times \left(P(x,y,z)\vec{i}\right) \cdot d\vec{S} = \iint_S \nabla \times \left(P\vec{i}\right) \cdot \vec{n}\, dS$$

其中叉積
$$\nabla \times \left(P\vec{i}\right) = \begin{vmatrix} \vec{i} & \vec{j} & \vec{k} \\ \dfrac{\partial}{\partial x} & \dfrac{\partial}{\partial y} & \dfrac{\partial}{\partial z} \\ P & 0 & 0 \end{vmatrix} = \dfrac{\partial P}{\partial z}\vec{j} - \dfrac{\partial P}{\partial y}\vec{k}$$

代入得
$$\iint_S \nabla \times \left(P\vec{i}\right) \cdot d\vec{S} = \iint_S \left(\dfrac{\partial P}{\partial z}\vec{j} - \dfrac{\partial P}{\partial y}\vec{k}\right) \cdot \vec{n}\, dS$$

或
$$\iint_S \nabla \times \left(P\vec{i}\right) \cdot d\vec{S} = \iint_S \left(\dfrac{\partial P}{\partial z}\vec{j} \cdot \vec{n} - \dfrac{\partial P}{\partial y}\vec{k} \cdot \vec{n}\right) dS$$

又已知曲面方程式：$S: z = z(x,y)$

其上任 曲線 $\vec{r} = x\vec{i} + y\vec{j} + z\vec{k}$

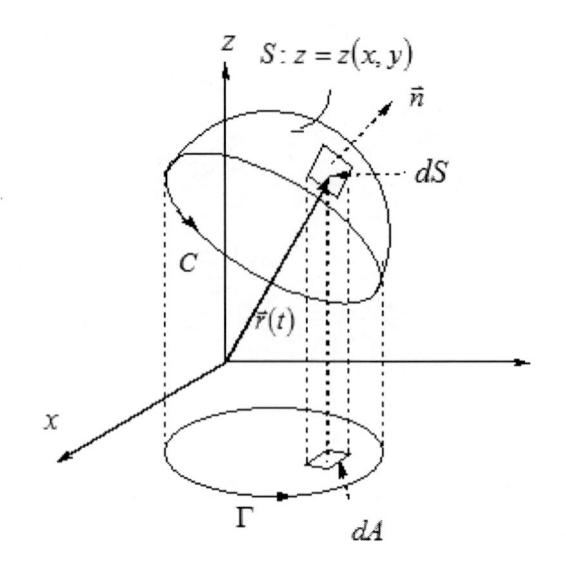

對 y 微分，得曲面任一點之切線向量為 $\dfrac{\partial \vec{r}}{\partial y} = \vec{j} + \dfrac{\partial z}{\partial y}\vec{k}$

則曲面任一點之垂直向量 $\vec{n}$ 與任一切線向量必垂直，亦即

$$\vec{n} \cdot \dfrac{\partial \vec{r}}{\partial y} = \vec{n} \cdot \vec{j} + \dfrac{\partial z}{\partial y}\vec{n} \cdot \vec{k} = 0$$

移項得 $\vec{n} \cdot \vec{j} = -\dfrac{\partial z}{\partial y}\vec{n} \cdot \vec{k}$

代入原積分式中 $\iint_S \nabla \times (P\vec{i}) \cdot d\vec{S} = \iint_S \left(-\dfrac{\partial P}{\partial z}\dfrac{\partial z}{\partial y} - \dfrac{\partial P}{\partial y}\right)\vec{n} \cdot \vec{k}\,dS$

或 $\iint_S \nabla \times (P\vec{i}) \cdot d\vec{S} = -\iint_S \left(\dfrac{\partial P}{\partial z}\dfrac{\partial z}{\partial y} + \dfrac{\partial P}{\partial y}\right)\vec{n} \cdot \vec{k}\,dS$

又將空中曲面 $S : z = z(x, y)$，在 xy 平面之投影區域為 R

將 $z = z(x, y)$ 代入得 $P(x, y, z) = P(x, y, z(x, y)) = P^*(x, y)$

取全微分 $\quad dP(x,y,z) = \dfrac{\partial P}{\partial x}dx + \dfrac{\partial P}{\partial y}dy + \dfrac{\partial P}{\partial z}dz$

及 $\quad dP^*(x,y,z) = \dfrac{\partial P^*}{\partial x}dx + \dfrac{\partial P^*}{\partial y}dy$

除以 dy $\quad \dfrac{\partial P}{\partial y} + \dfrac{\partial P}{\partial z}\dfrac{\partial z}{\partial y} = \dfrac{\partial P^*}{\partial y}$

代入原積分式 $\quad \iint_S \nabla \times (P\vec{i}) \cdot d\vec{S} = -\iint_R \left(\dfrac{\partial P^*(x,y)}{\partial y} \right) dxdy$

其中 $\quad \vec{n} \cdot \vec{k}\, dS = dxdy$，即曲面 S 在 xy 平面之投影量為 R。

再利用二維平面 Green 定理

$$\oint_\Gamma [P^*(x,y)dx + Q^*(x,y)dy] = \iint_R \left(\dfrac{\partial Q^*}{\partial x} - \dfrac{\partial P^*}{\partial y} \right) dxdy$$

令 $Q^* = 0$ 代入上式得 $\oint_\Gamma [P^*(x,y)dx] = -\iint_R \left(\dfrac{\partial P^*}{\partial y} \right) dxdy$

代入上式得 $\quad \iint_S \nabla \times (P\vec{i}) \cdot d\vec{S} = \oint_\Gamma P^*(x,y)dx$

其中 Γ 為空間曲線 C 在 xy 平面之投影圍線。

最後再將函數從 xy 平面之投影量，回復到空間曲面 S 上及 C 上，得

$$\iint_S \nabla \times (P\vec{i}) \cdot d\vec{S} = \oint_C P(x,y,z)dx$$

得證。

範例 11

(10%) State the Stoke's theorem and the Gauss' theorem in equations and discuss the meaning.

台大大氣所

解答： 見課文

第四節　3-D Stoke 定理 (分量展開)

Stoke 定理之向量分量展開：

若向量函數 $\vec{F}(x,y,z) = P(x,y,z)\vec{i} + Q(x,y,z)\vec{j} + R(x,y,z)\vec{k}$，在曲面 S 上及其邊界曲線 C 上為一階偏導數函數，則

$$\iint_S \nabla \times \vec{F} \cdot d\vec{S} = \oint_C \vec{F} \cdot d\vec{r}$$

或

$$\iint_S \left(\frac{\partial R}{\partial y} - \frac{\partial Q}{\partial z}\right)dzdy + \left(\frac{\partial P}{\partial z} - \frac{\partial R}{\partial x}\right)dzdx + \left(\frac{\partial Q}{\partial x} - \frac{\partial P}{\partial y}\right)dxdy = \oint_C (Pdx + Qdy + Rdz)$$

其中曲線方向 C（順、逆時針）與曲面垂直方向（$\vec{n}$）需遵從右手定則。

【證明】：

已知　　　　　　　　　$\vec{F}(x,y,z) = P(x,y,z)\vec{i} + Q(x,y,z)\vec{j} + R(x,y,z)\vec{k}$

位置向量　　　　　　　$\vec{r} = x\vec{i} + y\vec{j} + z\vec{k}$

微分　　　　　　　　　$d\vec{r} = dx\vec{i} + dy\vec{j} + dz\vec{k}$

點積　　　　　　　　　$\vec{F}(x,y,z) \cdot d\vec{r} = P(x,y,z)dx + Q(x,y,z)dy + R(x,y,z)dz$

旋度

$$\nabla \times \vec{F} = \begin{vmatrix} \vec{i} & \vec{j} & \vec{k} \\ \dfrac{\partial}{\partial x} & \dfrac{\partial}{\partial y} & \dfrac{\partial}{\partial z} \\ P & Q & R \end{vmatrix} = \left(\dfrac{\partial R}{\partial y} - \dfrac{\partial Q}{\partial z}\right)\vec{i} + \left(\dfrac{\partial P}{\partial z} - \dfrac{\partial R}{\partial x}\right)\vec{j} + \left(\dfrac{\partial Q}{\partial x} - \dfrac{\partial P}{\partial y}\right)\vec{k}$$

及

$$(\nabla \times \vec{F}) \cdot d\vec{S} = \left(\dfrac{\partial R}{\partial y} - \dfrac{\partial Q}{\partial z}\right)\vec{i} \cdot d\vec{S} + \left(\dfrac{\partial P}{\partial z} - \dfrac{\partial R}{\partial x}\right)\vec{j} \cdot d\vec{S} + \left(\dfrac{\partial Q}{\partial x} - \dfrac{\partial P}{\partial y}\right)\vec{k} \cdot d\vec{S}$$

曲面之垂直向量 $\quad d\vec{S} = \vec{n}dS$

其三個投影面分量為 $\vec{i} \cdot d\vec{S} = \vec{n} \cdot \vec{i}\,dS = dydz$、$\vec{j} \cdot d\vec{S} = \vec{n} \cdot \vec{j}\,dS = dxdz$

$$\vec{k} \cdot d\vec{S} = \vec{n} \cdot \vec{k}\,dS = dxdy$$

代入原式

$$\iint_S \nabla \times \vec{F} \cdot d\vec{S} = \oint_C \vec{F} \cdot d\vec{r}$$

得

$$\iint_S \left(\dfrac{\partial R}{\partial y} - \dfrac{\partial Q}{\partial z}\right)dzdy + \left(\dfrac{\partial P}{\partial z} - \dfrac{\partial R}{\partial x}\right)dzdx + \left(\dfrac{\partial Q}{\partial x} - \dfrac{\partial P}{\partial y}\right)dxdy$$
$$= \oint_C (P(x,y,z)dx + Q(x,y,z)dy + R(x,y,z)dz)$$

【分析】Stoke 旋度定理簡化至 2 維平面上之形式：

Stoke 定理簡化成雙變數函數，或二維空間時，得

$$\iint_S \nabla \times \vec{F} \cdot d\vec{S} = \oint_C \vec{F} \cdot d\vec{r}$$

令 $\vec{F} = P(x,y)\vec{i} + Q(x,y)\vec{j}$，代入得平面 Green 定理

$$\iint_R \left(\dfrac{\partial Q}{\partial x} - \dfrac{\partial P}{\partial y}\right)dxdy = \oint_C (Pdx + Qdy)$$

又 xy 平面上之垂直向量 $\quad d\vec{S} = \vec{k}dA = \vec{k}dxdy$

代入 Stoke 定理得二維向量式

$$\oint_C \vec{F} \cdot d\vec{r} = \iint_R \nabla \times \vec{F} \cdot d\vec{S} = \iint_R \nabla \times \vec{F} \cdot \vec{k} \, dxdy$$

其中 $d\vec{r} = \dfrac{d\vec{r}}{ds} ds = \vec{T} ds$，上式即為平面 Green 定理之切線式

$$\oint_C \vec{F} \cdot \vec{T} \, ds = \iint_R (\nabla \times \vec{F}) \cdot \vec{k} \, dxdy$$

【分析】較簡形式

1. 若 $\vec{r}(x, y, z)$ 為一位置向量，則 $\oint_C \vec{r} \cdot d\vec{r} = 0$

【證明】

已知 Stoke 定理為 $\quad \iint_S \nabla \times \vec{F} \cdot d\vec{S} = \oint_C \vec{F} \cdot d\vec{r}$

令 $\vec{F} = \vec{r}(x, y, z)$ 代入上式，得

$$\iint_S \nabla \times \vec{r} \cdot d\vec{S} = \oint_C \vec{r} \cdot d\vec{r}$$

式中 $\nabla \times \vec{r} = 0$，代入得 $\quad \oint_C \vec{r} \cdot d\vec{r} = 0$

2. 若 S 為一封閉曲面，則 $\oiint_S \nabla \times \vec{F} \cdot d\vec{S} = 0$

【證明】

已知 S 為一封閉曲面，將 S 曲面切成兩曲面 S_1，S_2 組成，此兩曲面有相同邊界曲線 C

即

$$\oiint_S \nabla \times \vec{F} \cdot d\vec{S} = \iint_{S_1} \nabla \times \vec{F} \cdot d\vec{S} + \iint_{S_2} \nabla \times \vec{F} \cdot d\vec{S}$$

利用 Stoke 定理

$$\iint_{S_1} \nabla \times \vec{F} \cdot d\vec{S} = \oint_C \vec{F} \cdot d\vec{r}$$

及

$$\iint_{S_2} \nabla \times \vec{F} \cdot d\vec{S} = \oint_{-C} \vec{F} \cdot d\vec{r}$$

兩者之曲線旋轉方向剛好相反，得

$$\iint_{S_2} \nabla \times \vec{F} \cdot d\vec{S} + \iint_{S_1} \nabla \times \vec{F} \cdot d\vec{S} = \oint_C \vec{F} \cdot d\vec{r} + \oint_{-C} \vec{F} \cdot d\vec{r} = 0$$

故得證 $\oiint_S \nabla \times \vec{F} \cdot d\vec{S} = 0$

3. 若 C 為一封閉曲線，則 $\oint_C \nabla \phi \cdot d\vec{r} = 0$

【證明】

利用 Stoke 定理

$$\iint_S \nabla \times \vec{F} \cdot d\vec{S} = \oint_C \vec{F} \cdot d\vec{r}$$

令 $\vec{F} = \nabla \phi$，代入得

$$\iint_S \nabla \times (\nabla \phi) \cdot d\vec{S} = \oint_C \nabla \phi \cdot d\vec{r}$$

其中梯度之旋度必為 0，即 $\nabla \times (\nabla \phi) = 0$

故得證 $\oint_C \nabla \phi \cdot d\vec{r} = 0$

範例 12：換成曲面積分

Evaluate the line integral $\int_C \vec{F} \cdot \vec{r}'(s) ds$ by the Stokes's theorem $\iint_S \nabla \times \vec{F} \cdot \vec{n} dA$, where C is the circle $x^2 + y^2 = a^2, z = b$, which is the boundary of

S and $\vec{F} = y\vec{i} + xz^3\vec{j} - z^3\vec{k}$。(20%)

北科大化工所

解答：

$$\int_C \vec{F} \cdot \vec{r}'(s)ds = \int_C \vec{F} \cdot d\vec{r} = \int_C ydx + xz^3dy - z^3dz$$

利用 Stokes's theorem $\iint_S \nabla \times \vec{F} \cdot \vec{n} dA$

其中 $\nabla \times \vec{F} = \begin{vmatrix} \vec{i} & \vec{j} & \vec{k} \\ \dfrac{\partial}{\partial x} & \dfrac{\partial}{\partial y} & \dfrac{\partial}{\partial z} \\ y & xz^3 & -z^3 \end{vmatrix} = -z^3\vec{i} + (z^3 - 1)\vec{k}$

S: $x^2 + y^2 \leq a^2$，$z = b$

Normal Vector $\vec{n} = \vec{k}$

$$\iint_S \nabla \times \vec{F} \cdot \vec{n} dA = \iint_S (z^3 - 1)dA = (b^3 - 1)\iint_S dA = \pi a^2 (b^3 - 1)$$

範例 13：面積分 $(\nabla \times \vec{F}) \cdot \vec{n}$ 不為常數（any one Method is selected）

(15%) Let $F(x, y, z) = (-y + z, x + yz, xyz)$. By applying Stokes' Theorem, compute the integral of $Curl\ F$ over the hemisphere $x^2 + y^2 + z^2 = 1$，$z \geq 0$, with outwards normal.

解答：
Stokes' Theorem

$$\iint_R (\nabla \times \vec{F}) \cdot \vec{n} dS = \oint_C \vec{F} \cdot d\vec{r}$$

其中 $R: x^2 + y^2 + z^2 = 1$，$z \geq 0$,

$$\iint_R (\nabla \times \vec{F}) \cdot \vec{n} dS = \int_C ((-y + z)dx + (x + yz)dy + xyzdz)$$

其中 $C: x^2 + y^2 = 1, z = 0$

代入 $\iint_R (\nabla \times \vec{F}) \cdot \vec{n} \, dS = \oint_C ((-y)dx + (x)dy)$

令 $x = \cos t$，$y = \sin t$

$$\iint_R (\nabla \times \vec{F}) \cdot \vec{n} \, dS = \int_0^{2\pi} ((-\sin t)^2 + (\cos t)^2) \, dt = 2\pi$$

範例 14：綜合題

(a) Show that the vector field $\vec{F} = (x + 2y)\vec{i} + (2x - y)\vec{j}$ is a gradient field. Find a potential function for $\vec{F}$. Evaluate $\int_C \vec{F} \cdot d\vec{r}$, $C: (1,0)$ to $(3,2)$

(b) Evaluate the line integral $\oint_C \dfrac{-y^3 dx + xy^2 dy}{(x^2 + y^2)^2}$, where C is the ellipse $x^2 + 4y^2 = 4$

(c) Use Stoke's theorem to evaluate $\oint_C z^2 e^{x^2} dx + xy^2 dy + \tan^{-1} y \, dz$, where C is the circle $x^2 + y^2 = 9$, by finding a surface S with C as its boundary and such that the orientation of C is counterclockwise

中央機械所

解答：

(a) $\int_C \vec{F} \cdot d\vec{r} = \int_C (x+2y)dx + (2x-y)dy = \int_C d\left(\dfrac{x^2}{2} + xy - \dfrac{y^2}{2}\right)$

$\int_C \vec{F} \cdot d\vec{r} = \left(\dfrac{x^2}{2} + xy - \dfrac{y^2}{2}\right)\Big|_{(1,0)}^{(3,2)} = \left(\dfrac{17}{2}\right) - \left(\dfrac{1}{2}\right) = 8$

(b) 【方法一】

$$\oint_C \frac{-y^3 dx + xy^2 dy}{(x^2+y^2)^2} = \oint_C \frac{y^2}{(x^2+y^2)} \cdot \frac{-ydx + xdy}{(x^2+y^2)} = \oint_C \frac{y^2}{(x^2+y^2)} \cdot d\left(\tan^{-1}\frac{y}{x}\right)$$

$$\oint_C \frac{-y^3 dx + xy^2 dy}{(x^2+y^2)^2} = \oint_C \frac{r^2 \sin^2 \theta}{r^2} \cdot d(\theta) = \int_0^{2\pi} \sin^2 \theta \, d\theta = \pi$$

【方法二】

令 $x = \cos t$，$y = \sin t$

$$\oint_C \frac{-y^3 dx + xy^2 dy}{(x^2+y^2)^2} = \int_0^{2\pi} \left[\sin^4 t + \cos^2 t \sin^2 t\right] dt$$

$$\oint_C \frac{-y^3 dx + xy^2 dy}{(x^2+y^2)^2} = \int_0^{2\pi} \left[\sin^4 t + (1-\sin^2 t)\sin^2 t\right] dt$$

$$\oint_C \frac{-y^3 dx + xy^2 dy}{(x^2+y^2)^2} = \int_0^{2\pi} \left[\sin^2 t\right] dt = \int_0^{2\pi} \frac{1-\cos 2t}{2} dt = \pi$$

(c) $\oint_C z^2 e^{x^2} dx + xy^2 dy + \tan^{-1} y \, dz = \iint_R (y^2) dxdy = \int_0^{2\pi} \left(\int_0^3 r^2 \sin^2 \theta \, r \, dr\right) d\theta$

$$\oint_C z^2 e^{x^2} dx + xy^2 dy + \tan^{-1} y \, dz = \frac{81\pi}{4}$$

範例 15：驗證 Stoke 定理

(15%) Verify the Stoke theorem by the vector function $\vec{F} = y\vec{i} + z\vec{j} + x\vec{k}$，by the unit circle $x^2 + y^2 = 1$ in the xy plane。

台科大電機甲、乙二

解答：

(i) $\oint_C \vec{F} \cdot d\vec{r} = \oint_C y\,dx + z\,dy + x\,dz$

曲線 $C: x^2 + y^2 = 1$，$z = 0$

令 $x = \cos t$，$y = \sin t$，$z = 0$，$dx = -\sin t\,dt$，$dy = \cos t\,dt$，$dz = 0$

$\oint_C \vec{F} \cdot d\vec{r} = \int_0^{2\pi} (-\sin^2 t)\,dt = -\pi$

(ii) $\oint_C \vec{F} \cdot d\vec{r} = \iint_S (\nabla \times \vec{F}) \cdot \vec{n}\,dS$

$\nabla \times \vec{F} = \begin{vmatrix} \vec{i} & \vec{j} & \vec{k} \\ \dfrac{\partial}{\partial x} & \dfrac{\partial}{\partial y} & \dfrac{\partial}{\partial z} \\ y & z & x \end{vmatrix} = -\vec{i} - \vec{j} - \vec{k}$

代入 $\oint_C \vec{F} \cdot d\vec{r} = \iint_S (\nabla \times \vec{F}) \cdot \vec{n}\,dS = \iint_S (-1)\,dS = -\pi$

範例 16：驗證 Stoke 定理

(20%) Let $\vec{F} = z\vec{i} + x\vec{j} + y\vec{k}$. Assume that C is the trace (邊緣) of the cylinder $x^2 + y^2 = 1$ in the plane $y + z = 2$. Orient C counterclockwise as viewed as from above. See the following figure.

(a) Calculate the surface integral $I_1 = \iint_S (\nabla \times \vec{F}) \cdot \vec{n}\,dS$ directly, where $\vec{n}$ is the outward unit normal of the surface S enclosed by C, and dS is the differential area element of the surface S.

(Note that you are prohibited to evaluate I_1 by using the result in (b))

(b) Calculate the line integral $I_2 = \oint_C \vec{F} \cdot d\vec{r}$ directly, where $d\vec{r} = dx\vec{i} + dy\vec{j} + dz\vec{k}$ is the differential displacement along C.

(Note that you are prohibited to evaluate I_2 by using the result in (a))

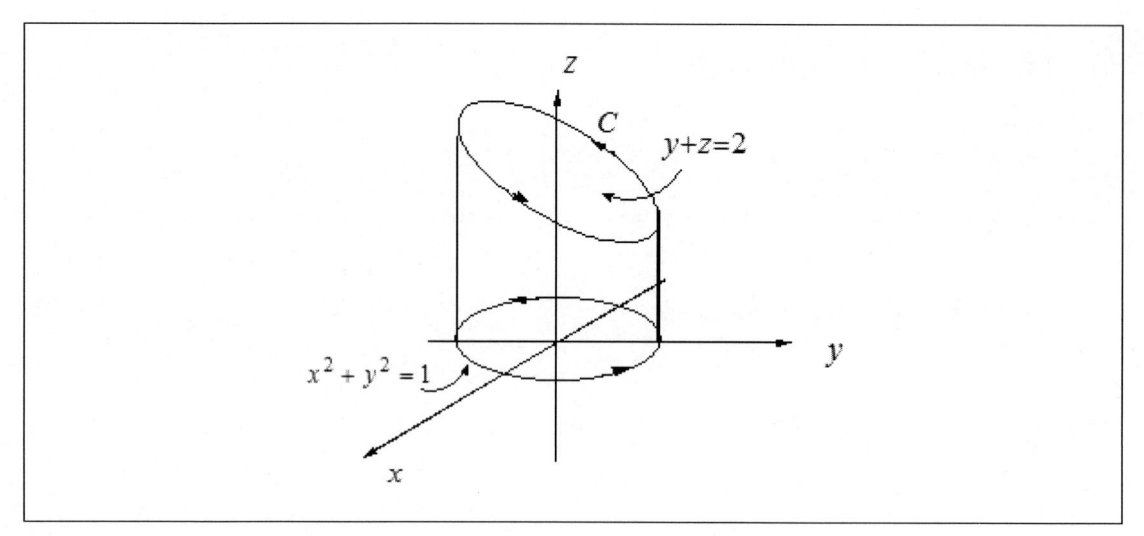

解答：

(a) $\vec{F} = z\vec{i} + x\vec{j} + y\vec{k}$

$$\nabla \times \vec{F} = \begin{vmatrix} \vec{i} & \vec{j} & \vec{k} \\ \dfrac{\partial}{\partial x} & \dfrac{\partial}{\partial y} & \dfrac{\partial}{\partial z} \\ z & x & y \end{vmatrix} = \vec{i} + \vec{j} + \vec{k}$$

平面 $y + z = 2$，$\vec{n} = \dfrac{\vec{j} + \vec{k}}{\sqrt{2}}$

$\nabla \times \vec{F} \cdot \vec{n} = \dfrac{2}{\sqrt{2}} = \sqrt{2}$

$$I_1 = \iint_\sigma (\nabla \times \vec{F}) \cdot \vec{n}\, dS = \iint_\sigma \sqrt{2}\, dS = \iint_R \dfrac{\sqrt{2}}{\vec{n} \cdot \vec{k}} dxdy = 2 \iint_R dxdy$$

$I_1 = 2\pi \cdot 1^2 = 2\pi$

(b) $I_2 = \oint_C \vec{F} \cdot d\vec{r}$，其中 $\vec{F} = z\vec{i} + x\vec{j} + y\vec{k}$

$I_2 = \oint_C z\,dx + x\,dy + y\,dz$

其中 C 為：$x^2 + y^2 = 1$ 及 $y + z = 2$

令　$x = \cos t$，　　　$dx = -\sin t\, dt$，　　　$y = \sin t$，
　　$dy = \cos t\, dt$，　$z = 2 - y = 2 - \sin t$　$dz = -\cos t\, dt$

$$I_2 = \int_0^{2\pi} \left((2 - \sin t)(-\sin t) + \cos^2 t + \sin t(-\cos t)\right) dt$$

$$I_2 = \int_0^{2\pi} \left(-2\sin t + \sin^2 t + \cos^2 t - \sin t \cos t\right) dt = 2\pi$$

考題集錦

1. If $\vec{V} = (x^2 + y^2 x)\vec{i} + (y^2 + x^2 y)\vec{j}$, calculate $\int_{(0,1)}^{(1,2)} \vec{V} \cdot d\vec{r}$

   成大船機電所

2. If $\vec{V} = y^2 \vec{i} + 2(xy + z)\vec{j} + 2y\vec{k}$. Calculate $\int_{(0,0,0)}^{(1,1,1)} \vec{V} \cdot d\vec{r}$

   成大船舶機電所

3. Find the value of the integral along the line C: $x - \dfrac{8}{\pi} y + z = 1$ from point $A(0,0,1)$ to point $B\left(1, \dfrac{\pi}{4}, 2\right)$

   $$I = \int_C \left(2xyz^2\, dx + (x^2 z^2 + z \cos yz)\, dy + (2x^2 yz + y \cos yz)\, dz\right)$$

   台大造船所

4. Let C be a path on the paraboloid $x^2 + y^2 - z = 0$ from the line initial point $(1,0,1)$ to the terminal point $(0,1,1)$, otherwise, C is arbitrary.

   (1) What is the value of the line integral $\int_C \dfrac{-y\,dx + x\,dy + z\,dz}{x^2 + y^2}$ along the path

C? Is it independent of path?

(2) Why?（Prove your answer in (1)）.

台大土木所

5. (10%)求算線積分 $\int_C x\,dx - yz\,dy + e^z\,dz$，且路徑 C 為以下方程式所定義：

   (3) $x = t^3$，$y = -t$，$z = t^2$；$1 \leq t \leq 2$

台大生機所 J

6. 已知某一純量場 $f(\rho, \phi, \theta) = \rho \sin\phi$，

   (1) 試求梯度場 $\vec{F} = \nabla f = ?$ (2%)

   (2) 試求梯度場 $\vec{F}$ 沿下圖所示路徑 C_1 由 A 點至 B 點的線積分 $\int_{C_1} \vec{F} \cdot d\vec{l}$ (4%)

   (3) 試求梯度場 $\vec{F}$ 沿下圖所示路徑 C_2 由 A 點至 B 點的線積分 $\int_{C_2} \vec{F} \cdot d\vec{l}$ (4%)

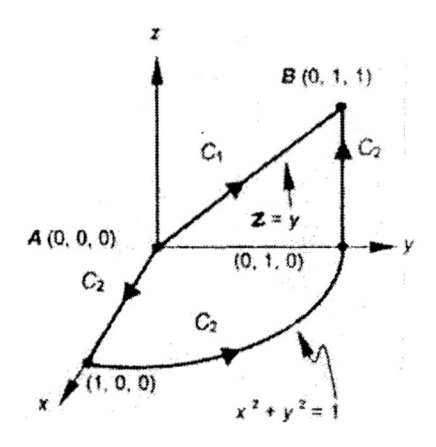

台大生物機電所 J

7. Find the work done by $\vec{F}$ in the displacement along the curve C. $\vec{F} = yz\vec{i} + zx\vec{j} + xy\vec{k}$，C: the intersection of $x^2 + y^2 + z^2 = 25$ and $z = y^2$ (8%)

清大原科所

8. Use Stoke's theorem to determine the value of the integral

$\oint [(1+y)zdx + (1+z)xdy + (1+x)ydz]$ where c is a closed curve in the plane $x - 2y + z = 1$

成大土木所

9. Evaluate $\oint_C zdx + xdy + ydz$, where C is the trace of the cylinder $x^2 + y^2 = 1$ in the plane $y + z = 3$. (30 分)

嘉義生物機電所

10. Calculate the integral $\oint_C (1+y)zdx + (1+z)xdy + (1+x)ydz$, Where C is the triangle with vertices at $P_1(1,0,0)$; $P_2(0,1,0)$; $P_3(0,0,1)$ oriented from P_1 to P_2

台科大機械所

第二十三章
矩陣與行列式

第一節　概論

　　20世紀可說是電腦蓬勃發展的世紀,舉凡各種複雜科學計算,非電腦不可,因此,熟習電腦的演算技巧,如矩陣與行列式運算法,則變得非常重要,這也是認識21碳世紀或新奈米世紀的必要工具。

　　首先,探討最簡單的一元一次方程式,如

$$ax = b,\ a,b \in R \tag{1}$$

其解為

$$x = \frac{b}{a}$$

現在若要聯立解兩個二元一次方程式,如

$$a_1 x + b_1 y = c_1 \tag{2}$$
$$a_2 x + b_2 y = c_2 \tag{3}$$

我們最常用的解法是變數消去法,亦即

$(2) \cdot b_2 - (3) \cdot b_1$,變數消去 y,得　$(a_1 b_2 - a_2 b_1)x = c_1 b_2 - c_2 b_1$

得 $x = \dfrac{c_1 b_2 - c_2 b_1}{a_1 b_2 - a_2 b_1}$

同理 $(3) \cdot a_1 - (2) \cdot a_2$,變數消去 y,得　$(a_1 b_2 - a_2 b_1)y = c_2 a_1 - c_1 a_2$

得 $y = \dfrac{c_2 a_1 - c_1 a_2}{a_1 b_2 - a_2 b_1}$

若已知線性聯立代數方程式組，通式為

$$\begin{aligned} a_{11}x_1 + a_{12}x_2 + \cdots + a_{1n}x_n &= b_1 \\ a_{21}x_1 + a_{22}x_2 + \cdots + a_{2n}x_n &= b_2 \\ &\cdots \\ a_{m1}x_1 + a_{m2}x_2 + \cdots + a_{mn}x_n &= b_m \end{aligned}$$
(4)

當 m, n 值都很大時，就非人腦所能負荷的，因此就需藉助電腦之高速計算能力，利用矩陣的運算，將上述聯立代數方程式，化成最簡單的 n 個一元一次方程式，再去求解，這就是下面連續三章之主要內容。

舉凡各種工程領域的科學計算 (Scientific Computing)，都是利用各種數值分析法，如有限單元法 (Finite Element Method)、有限差分法 (Finite Difference Method)、邊界單元法 (Boundary Element Method)、無網格法 (Meshfree Method)等等，最後都會得到上述線性聯立代數方程式，因此，能否快速有效的解出其解，是工程數學上的使命。

第二節　矩陣定義

矩陣（Matrix）定義：凡形如下列數集

$$A = \begin{bmatrix} a_{11} & a_{12} & \cdots & a_{1n} \\ a_{21} & a_{22} & \cdots & a_{2n} \\ \vdots & \vdots & \ddots & \vdots \\ a_{m1} & a_{m2} & \cdots & a_{mn} \end{bmatrix}$$

稱 A 為 $m \times n$ 階矩陣 (Matrix)。

符號表成　$A = [a_{ij}]_{m \times n}$，$i = 1, 2, \cdots, m$；$j = 1, 2, \cdots, n$

其中 a_{ij}，稱為 A 中第 i 列（Row）、第 j 行（Column）的元素（Element）。

1. 若元素 $a_{ij} \in R$，$\forall i, j$，則稱 A 為 $m \times n$ 階實數矩陣（Real Matrix），表成 $A \in R^{m \times n}$ 或 表成 $A \in M_{m \times n}(R)$ 或 表成 $A \in Mat_{m \times n}(R)$
2. 若元素 $a_{ij} \in C$，$\forall i, j$，則稱 A 為 $m \times n$ 階複數矩陣（Complex Matrix），表成 $A \in C^{m \times n}$ 或 表成 $A \in M_{m \times n}(C)$ 或 表成 $A \in Mat_{m \times n}(C)$

例：

$$A = \begin{bmatrix} 1 & 3 \\ 2 & 4 \end{bmatrix}$$ 為 2×2 階實數矩陣

$$B = \begin{bmatrix} 1+i & 3i \\ 2 & 4 \end{bmatrix}$$ 為 2×2 階複數矩陣

第三節　常見矩陣

1. 方矩陣（square matrix）：
   若 $m = n$，則稱 A 為 n 階方矩陣。亦即

   $$A = \begin{bmatrix} a_{11} & a_{12} & \cdots & a_{1n} \\ a_{21} & a_{22} & \cdots & a_{2n} \\ \vdots & \vdots & \ddots & \vdots \\ a_{n1} & a_{n2} & \cdots & a_{nn} \end{bmatrix}$$

   表成 $A = [a_{ij}]_{n \times n}$，$i, j = 1, 2, \cdots, n$。

2. 列矩陣（Row Matrix）或列向量（Row Vector）：
   矩陣 A 中任一橫列，即

$$A_{(i)} = \begin{bmatrix} a_{i1} & a_{i2} & \cdots & a_{in} \end{bmatrix}_{1 \times n}$$

稱為 A 之 $1 \times n$ 階列矩陣或列向量。

$m \times n$ 階（order）矩陣可表成列向量形式：

$$A = \begin{bmatrix} a_{ij} \end{bmatrix}_{m \times n} = \begin{bmatrix} a_{11} & a_{12} & \cdots & a_{1n} \\ a_{21} & a_{22} & \cdots & a_{2n} \\ \vdots & \vdots & \ddots & \vdots \\ a_{m1} & a_{m2} & \cdots & a_{mn} \end{bmatrix} = \begin{bmatrix} A_{(1)} \\ A_{(2)} \\ \vdots \\ A_{(m)} \end{bmatrix}$$

3. 行矩陣（Column Matrix）或行向量（Column Vector）：
   矩陣 A 中任一直行，即

$$A^{(j)} = \begin{bmatrix} a_{1j} \\ a_{2j} \\ \vdots \\ a_{mj} \end{bmatrix}_{m \times 1}$$

稱為 A 之 $m \times 1$ 階行矩陣或行向量。

$m \times n$ 階（order）矩陣可表成行向量形式：

$$A = \begin{bmatrix} a_{ij} \end{bmatrix}_{m \times n} = \begin{bmatrix} a_{11} & a_{12} & \cdots & a_{1n} \\ a_{21} & a_{22} & \cdots & a_{2n} \\ \vdots & \vdots & \ddots & \vdots \\ a_{m1} & a_{m2} & \cdots & a_{mn} \end{bmatrix} = \begin{bmatrix} A^{(1)} & A^{(2)} & \vdots & A^{(n)} \end{bmatrix}$$

【分析】：上標為行向量，下標為列向量

4. 零矩陣（zero matrix）：每一元素都為 0
   若 $a_{ij} = 0$，$\forall\, 1 \leq i \leq m$，$\forall\, 1 \leq j \leq n$，則稱 A 為 $m \times n$ 階零矩陣。亦即

$$A = [0]_{m \times n} = \begin{bmatrix} 0 & 0 & \cdots & 0 \\ 0 & 0 & \cdots & 0 \\ \vdots & \vdots & \ddots & \vdots \\ 0 & 0 & \cdots & 0 \end{bmatrix}$$

5. 單位矩陣（identity matrix）：對角線上元素為 1，其餘為 0

若 $A = [a_{ij}] = [\delta_{ij}]$，其中 $\delta_{ij} = \begin{cases} 1; & i = j \\ 0; & i \neq j \end{cases}$，則稱 A 為 n 階單位矩陣。

記為 $I_n = \begin{bmatrix} 1 & 0 & \cdots & 0 \\ 0 & 1 & \cdots & 0 \\ \vdots & \vdots & \ddots & \vdots \\ 0 & 0 & \cdots & 1 \end{bmatrix}$

6. 壹矩陣（Constant matrix）：每一元素都為 1

定義：壹矩陣 $ones(...)$ $\begin{bmatrix} 1 & 1 & \cdots & 1 \\ 1 & 1 & \cdots & 1 \\ \vdots & \vdots & \ddots & \vdots \\ 1 & 1 & \cdots & 1 \end{bmatrix}$

7. 常數矩陣（Constant matrix）：對角線上元素為 a，其餘為 0

若 $A = [a_{ij}] = [a\delta_{ij}]$，其中 $\delta_{ij} = \begin{cases} 1; & i = j \\ 0; & i \neq j \end{cases}$，則稱 A 為 n 階常數矩陣。

記為 $A = \begin{bmatrix} a & 0 & \cdots & 0 \\ 0 & a & \cdots & 0 \\ \vdots & \vdots & \ddots & \vdots \\ 0 & 0 & \cdots & a \end{bmatrix} = aI_{n \times n}$

8. 上三角矩陣（upper triangular matrix）：

若 $A = [a_{ij}]$ 為 n 階方矩陣，且 $a_{ij} = 0; \forall i > j$，則稱 A 為 n 階上三角矩陣。

$$A = \begin{bmatrix} a_{11} & a_{12} & \cdots & a_{1n} \\ 0 & a_{22} & \cdots & a_{2n} \\ \vdots & \vdots & \ddots & \vdots \\ 0 & 0 & \cdots & a_{mn} \end{bmatrix}$$

9. 下三角矩陣（lower triangular matrix）：

若 $A = [a_{ij}]$ 為 n 階方矩陣，且 $a_{ij} = 0; \forall i < j$，則稱 A 為 n 階下三角矩陣。

$$A = \begin{bmatrix} a_{11} & 0 & \cdots & 0 \\ a_{21} & a_{22} & \cdots & 0 \\ \vdots & \vdots & \ddots & \vdots \\ a_{m1} & a_{m2} & \cdots & a_{mn} \end{bmatrix}$$

10. 嚴格上三角矩陣（Strictly upper triangular matrix）：

若 A 為 n 階上三角矩陣，且對角線上元素 $a_{ii} = 0$，則稱 A 為 n 階嚴格上三角矩陣。

$$A = \begin{bmatrix} 0 & a_{12} & \cdots & a_{1n} \\ 0 & 0 & \cdots & a_{2n} \\ \vdots & \vdots & \ddots & \vdots \\ 0 & 0 & \cdots & 0 \end{bmatrix}$$

11. 嚴格下三角矩陣（Strictly lower triangular matrix）：

若 A 為 n 階下三角矩陣，且對角線上元素 $a_{ii} = 0$ $a_{ii} = 0$，則稱 A 為 n 階嚴格下三角矩陣。

$$A = \begin{bmatrix} 0 & 0 & \cdots & 0 \\ a_{21} & 0 & \cdots & 0 \\ \vdots & \vdots & \ddots & \vdots \\ a_{m1} & a_{m2} & \cdots & 0 \end{bmatrix}$$

12. 對角矩陣（diagonal matrix）：

若 $A = \left[a_{ij}\right]$ 為 n 階方矩陣，且 $a_{ij} = 0;\ \forall i \neq j$，則稱 A 為 n 階對角矩陣。

$$A = \begin{bmatrix} a_{11} & 0 & \cdots & 0 \\ 0 & a_{22} & \cdots & 0 \\ \vdots & \vdots & \ddots & \vdots \\ 0 & 0 & \cdots & a_{mn} \end{bmatrix}$$

第四節　矩陣加法運算

矩陣加法：兩矩陣必須為同階矩陣

已知同階矩陣 $A = \left[a_{ij}\right]_{m \times n}$，$B = \left[b_{ij}\right]_{m \times n}$，矩陣矩陣加法相加後為 $C = \left[C_{ij}\right]_{m \times n}$

則

$$\left[C_{ij}\right]_{m \times n} = \left[a_{ij}\right]_{m \times n} + \left[b_{ij}\right]_{m \times n} = \left[a_{ij} + b_{ij}\right]_{m \times n}，亦即，C = A + B$$

範例 01：

$$\begin{bmatrix} a_{11} & a_{12} & a_{13} \\ a_{21} & a_{22} & a_{23} \end{bmatrix} + \begin{bmatrix} b_{11} & b_{12} & b_{13} \\ b_{21} & b_{22} & b_{23} \end{bmatrix} = \begin{bmatrix} a_{11}+b_{11} & a_{12}+b_{12} & a_{13}+b_{13} \\ a_{21}+b_{21} & a_{22}+_{22} & a_{23}+b_{23} \end{bmatrix}$$

第五節　矩陣純量乘法運算

純量與矩陣乘積：(scalar multiple matrix)

已知矩陣：$A = \left[a_{ij}\right]_{m \times n}$，$C = \left[c_{ij}\right]_{m \times n}$

則

$$C = \alpha A \text{，亦即，} \alpha [a_{ij}] = [\alpha a_{ij}]\text{，} \alpha \in R$$

稱矩陣 A 與純量 α 之乘積為 C

範例：

$$5A = 5\begin{bmatrix} a_{11} & a_{12} & a_{13} \\ a_{21} & a_{22} & a_{23} \\ a_{31} & a_{32} & a_{33} \end{bmatrix} = \begin{bmatrix} 5a_{11} & 5a_{12} & 5a_{13} \\ 5a_{21} & 5a_{22} & 5a_{23} \\ 5a_{31} & 5a_{32} & 5a_{33} \end{bmatrix}$$

上式運算又可表成兩矩陣相乘

$$5A = \begin{bmatrix} 5 & 0 & 0 \\ 0 & 5 & 0 \\ 0 & 0 & 5 \end{bmatrix}\begin{bmatrix} a_{11} & a_{12} & a_{13} \\ a_{21} & a_{22} & a_{23} \\ a_{31} & a_{32} & a_{33} \end{bmatrix} = \begin{bmatrix} 5a_{11} & 5a_{12} & 5a_{13} \\ 5a_{21} & 5a_{22} & 5a_{23} \\ 5a_{31} & 5a_{32} & 5a_{33} \end{bmatrix}$$

其中矩陣

$$\begin{bmatrix} 5 & 0 & 0 \\ 0 & 5 & 0 \\ 0 & 0 & 5 \end{bmatrix} = 5\begin{bmatrix} 1 & 0 & 0 \\ 0 & 1 & 0 \\ 0 & 0 & 1 \end{bmatrix} = 5I$$

稱為常數矩陣。

第六節　矩陣乘矩陣運算

1. 兩矩陣乘法定義：

    已知矩陣：$A = [a_{ij}]_{m \times p}$，$B = [b_{ij}]_{q \times n}$

    若兩矩陣階數中　$p \neq q$，則無法定義 兩矩陣乘法。

若兩矩陣階數中 $p = q$，則定義兩矩陣乘法如下：

以 2 階矩陣為例：

$$AB = \begin{bmatrix} a_{11} & a_{12} \\ a_{21} & a_{22} \end{bmatrix} \begin{bmatrix} b_{11} & b_{12} \\ b_{21} & b_{22} \end{bmatrix} = \begin{bmatrix} a_{11}b_{11} + a_{12}b_{21} & a_{11}b_{12} + a_{12}b_{22} \\ a_{21}b_{11} + a_{22}b_{21} & a_{21}b_{12} + a_{22}b_{22} \end{bmatrix}$$

或

$$AB = \begin{bmatrix} a_{11}b_{11} + a_{12}b_{21} & a_{11}b_{12} + a_{12}b_{21} \\ a_{21}b_{11} + a_{22}b_{21} & a_{21}b_{12} + a_{22}b_{22} \end{bmatrix} = \begin{bmatrix} \sum_{k=1}^{2} a_{1k}b_{k1} & \sum_{k=1}^{2} a_{1k}b_{k2} \\ \sum_{k=1}^{2} a_{2k}b_{k1} & \sum_{k=1}^{2} a_{2k}b_{k2} \end{bmatrix}$$

或

$$AB = \begin{bmatrix} \sum_{k=1}^{2} a_{1k}b_{k1} & \sum_{k=1}^{2} a_{1k}b_{k2} \\ \sum_{k=1}^{2} a_{2k}b_{k1} & \sum_{k=1}^{2} a_{2k}b_{k2} \end{bmatrix} = \begin{bmatrix} c_{11} & c_{12} \\ c_{21} & c_{22} \end{bmatrix} = C$$

表成通式符號：

已知矩陣：$A = [a_{ij}]_{m \times p}$，$B = [b_{ij}]_{p \times n}$，$C = [c_{ij}]_{m \times n}$

則矩陣 A 與矩陣 B 之乘積定義如下：

$$C = AB = [a_{ij}]_{m \times p} [b_{ij}]_{p \times n} = \left[\sum_{k=1}^{p} a_{ik}b_{kj} \right]_{m \times n} = [c_{ij}]_{m \times n} \qquad (5)$$

或

$$c_{ij} = \sum_{k=1}^{p} a_{ik}b_{kj}$$

2. 兩矩陣乘法與加法特性：(注意階數)

已知矩陣：$A = [a_{ij}]_{m \times p}$，$B = [b_{ij}]_{p \times k}$，$C = [C_{ij}]_{k \times n}$，$\alpha \in R$，則

① $A(BC) = (AB)C$

② $A(B \pm C) = AB \pm AC$

③ $(A \pm B)C = AC \pm BC$

3. 矩陣乘積與加法較特殊之特性：

① 兩矩陣乘法，不具交換性：即使 A，B 為同階方矩陣，則 $AB = BA$ 不一定成立。（$AB \neq BA$）

例如：$A = \begin{bmatrix} 0 & 0 \\ 1 & 0 \end{bmatrix}$，$B = \begin{bmatrix} 0 & 1 \\ 0 & 0 \end{bmatrix}$，則 $AB = \begin{bmatrix} 0 & 0 \\ 0 & 1 \end{bmatrix}$，但 $BA = \begin{bmatrix} 1 & 0 \\ 0 & 0 \end{bmatrix}$

② 若 $A^n = 0$，則 $A = 0$ 不一定成立。

反例：$A = \begin{bmatrix} 0 & 1 & 0 \\ 0 & 0 & 1 \\ 0 & 0 & 0 \end{bmatrix}$，$A^2 = \begin{bmatrix} 0 & 0 & 1 \\ 0 & 0 & 0 \\ 0 & 0 & 0 \end{bmatrix}$，$A^3 = \begin{bmatrix} 0 & 0 & 0 \\ 0 & 0 & 0 \\ 0 & 0 & 0 \end{bmatrix}$

但　　$A \neq 0$

【分析比較】下列行列式倒是成立。

（正確）若 $|A^n| = 0$，則 $|A| = 0$

③ 若 $A^2 = A$，則 $A = 0$ 或 $A = I$，不一定成立。

反例：矩陣 $A = \begin{bmatrix} \dfrac{1}{2} & -\dfrac{1}{2} \\ -\dfrac{1}{2} & \dfrac{1}{2} \end{bmatrix}$，但 $A^2 = A$。

【分析比較】下列行列式倒是成立。

（正確）若 $|A^2| = |A|$，則 $|A| = 0$，或 $|A| = |I|$

④ 若 $A \neq 0$，$B \neq 0$，則可能 $AB = 0$。

【分析比較】下列行列式倒是成立。

（正確）因已知 $|AB| = |A||B| = 0$，故 $|A| = 0$，或 $|B| = 0$

（錯誤）因已知 $AB = 0$，故 $A = 0$，或 $B = 0$

⑤ 若 $AB = AC$，且 $A \neq 0$，則 $B = C$，不一定成立。

反例：$A = \begin{bmatrix} 1 & 0 \\ 2 & 0 \end{bmatrix}$，$B = \begin{bmatrix} 1 & 2 \\ 0 & 0 \end{bmatrix}$，$C = \begin{bmatrix} 1 & 2 \\ 1 & 1 \end{bmatrix}$，$AB = \begin{bmatrix} 1 & 2 \\ 2 & 4 \end{bmatrix} = AC$

範例 01

(3%) Say $M = \begin{bmatrix} 5 & 8 \\ 1 & 0 \\ 2 & 7 \end{bmatrix}$ and $N = \begin{bmatrix} -4 & -3 \\ 2 & 0 \end{bmatrix}$. Please find out $MN =$

(A) $\begin{bmatrix} -36 & -15 \\ -4 & -3 \\ -22 & -6 \end{bmatrix}$ (B) $\begin{bmatrix} -20 & 1 \\ -4 & -3 \\ -8 & 8 \end{bmatrix}$

(C) $\begin{bmatrix} -4 & -15 \\ -4 & -3 \\ 6 & -6 \end{bmatrix}$ (D) $\begin{bmatrix} -20 & -31 \\ -4 & -3 \\ -8 & -22 \end{bmatrix}$

成大材科所

解答：(C)

$$MN = \begin{bmatrix} 5 & 8 \\ 1 & 0 \\ 2 & 7 \end{bmatrix} \begin{bmatrix} -4 & -3 \\ 2 & 0 \end{bmatrix} = \begin{bmatrix} -4 & -15 \\ -4 & -3 \\ 6 & -6 \end{bmatrix}$$

範例 02

(6%) Suppose A, B, C are all matrix, indicate true or false for each of the following statements (No proof is needed)

(a) If $AB = 0$ then $A = 0$ or $B = 0$
(b) If $A^2 = 0$ then $A = 0$
(c) $(A+B)(A-B) = A^2 - B^2$
(d) If $AB = AC$ and A is non-invertible, then $B = C$
(e) All the eigenvalues of a $n \times n$ Hermitian matrix are real.
(f) If A is a $n \times n$ unitary matrix and its eigenvalues is λ, then $|\det(A)| = 1$ and $|\lambda| = 1$

清大動機工數

解答：(e)

(a) (False) 若 $A \neq 0$，$B \neq 0$，則可能 $AB = 0$。

例：$A = \begin{bmatrix} 0 & 1 \\ 0 & 0 \end{bmatrix}$，$B = \begin{bmatrix} 0 & 1 \\ 0 & 0 \end{bmatrix}$，$AB = \begin{bmatrix} 0 & 0 \\ 0 & 0 \end{bmatrix}$

(b) (False) 若 $A^2 = 0$，則 $A = 0$ 不一定成立。

例：$A = \begin{bmatrix} 0 & 1 \\ 0 & 0 \end{bmatrix}$，$A^2 = \begin{bmatrix} 0 & 0 \\ 0 & 0 \end{bmatrix}$

(c) (False) $(A+B)(A-B) = A^2 + BA - AB - B^2 \neq A^2 - B^2$

(d) (False) 若 $AB = AC$，且 $A \neq 0$，則 $B = C$，不一定成立。

例：$A = \begin{bmatrix} 1 & 0 \\ 2 & 0 \end{bmatrix}$，$B = \begin{bmatrix} 1 & 2 \\ 0 & 0 \end{bmatrix}$，$C = \begin{bmatrix} 1 & 2 \\ 1 & 1 \end{bmatrix}$，$AB = \begin{bmatrix} 1 & 2 \\ 2 & 4 \end{bmatrix} = AC$

(e) (true) Hermite 矩陣之所有特徵值均為實數。

(f) (False) 單式矩陣之特徵值其絕對值必為±1。

範例 03：矩陣乘積

(5%) Answer true or false: If A and B are 2×2 matrices, then $(A+B)^2 = A^2 + 2AB + B^2$. If true give a brief explanation, if false give an example where the equality fails.

交大電子所（產業碩士）

解答：false：$(A+B)^2 \neq A^2 + 2AB + B^2$

【方法一】

$A = \begin{bmatrix} 1 & 0 \\ 0 & 0 \end{bmatrix}$，$B = \begin{bmatrix} 0 & 1 \\ 0 & 0 \end{bmatrix}$

$(A+B)^2 = \left(\begin{bmatrix} 1 & 0 \\ 0 & 0 \end{bmatrix} + \begin{bmatrix} 0 & 1 \\ 0 & 0 \end{bmatrix}\right)^2 = \begin{bmatrix} 1 & 1 \\ 0 & 0 \end{bmatrix}^2 = \begin{bmatrix} 1 & 1 \\ 0 & 0 \end{bmatrix}\begin{bmatrix} 1 & 1 \\ 0 & 0 \end{bmatrix} = \begin{bmatrix} 1 & 1 \\ 0 & 0 \end{bmatrix}$

$A^2 + 2AB + B^2 = \begin{bmatrix} 1 & 0 \\ 0 & 0 \end{bmatrix}^2 + 2\begin{bmatrix} 1 & 0 \\ 0 & 0 \end{bmatrix}\begin{bmatrix} 0 & 1 \\ 0 & 0 \end{bmatrix} + \begin{bmatrix} 0 & 1 \\ 0 & 0 \end{bmatrix}^2 = \begin{bmatrix} 1 & 0 \\ 0 & 0 \end{bmatrix}$

故 $(A+B)^2 \neq A^2 + 2AB + B^2$

【方法二】

正確為：$(A+B)^2 = (A+B)(A+B) = A^2 + AB + BA + B^2$

範例 04：矩陣

> Let A be a 2×2 matrix, $B: 2\times 2$，$C: 2\times 3$，$D: 3\times 2$ and $E: 3\times 1$ respectively. Determine which of the following transformation matrix expressions exist.
> (A) $3(BA)(CD)+(4A)(BC)D$ (B) $A^2 D$
> (C) $DC+BA$ (D) $C-3D$ (E) $B^3 + 3CE$

宜蘭大電子所

解答：(A) $3(BA)(CD)+(4A)(BC)D$

(A) $3(B_{2\times 2} A_{2\times 2})(C_{2\times 3} D_{3\times 2})+(4A_{2\times 2})(B_{2\times 2} C_{2\times 3})D_{3\times 2}$

(B) $A^2 D = A^2{}_{2\times 2} D_{3\times 2}$

(C) $D_{3\times 2} C_{2\times 3} + B_{2\times 2} A_{2\times 2}$

(D) $C - 3D = C_{2\times 3} - 3D_{3\times 2}$

(E) $B^3 + 3CE = B^3{}_{2\times 2} + 3C_{2\times 3} E_{3\times 1} = B^3{}_{2\times 2} + 3(CE)_{2\times 1}$

第七節　矩陣轉置運算

定義：

已知矩陣：$A = [a_{ij}]_{m\times n}$，則 A 中行列元素互換，亦即

若 $A^T = [a_{ij}]^T = [a_{ji}]$，則稱為 A 之轉置矩陣（transpose matrix）。

【觀念分析】：

1. 一矩陣 A 經偶次數之轉置，則仍為原矩陣 A
2. 一矩陣 A 經奇次數之轉置，則為轉置矩陣 A^T。

例：

$$A = \begin{bmatrix} a_{11} & a_{12} & a_{13} \\ a_{21} & a_{22} & a_{23} \end{bmatrix}$$

則轉置矩陣

$$A^T = \begin{bmatrix} a_{11} & a_{12} & a_{13} \\ a_{21} & a_{22} & a_{23} \end{bmatrix}^T = \begin{bmatrix} a_{11} & a_{21} \\ a_{12} & a_{22} \\ a_{13} & a_{23} \end{bmatrix}$$

※轉置矩陣基本定理：

若 A，B 為 n 階方矩陣，試證 $(AB)^T = B^T A^T$ (6)

交大機械所甲、台大工工所、清大原科所

【證明】

已知乘積公式 $(AB)^T = \left[\sum_{k=1}^{n} a_{ik} b_{kj} \right]^T = \left[\sum_{k=1}^{n} a_{jk} b_{ki} \right]$

又 $B^T A^T = [b_{ij}]^T [a_{ij}]^T = [b_{ji}][a_{ji}]$

令 $[b_{ji}] = [a^*_{ij}]$，及 $[a_{ji}] = [b^*_{ij}]$（兩指標互換）

代入乘積通式 $B^T A^T = [a^*_{ij}]_{n \times n} [b^*_{ij}]_{n \times n} = \left[\sum_{k=1}^{p} a^*_{ik} b^*_{kj} \right]_{n \times n}$

再將上式中元素指標互換後還原，得

$$B^T A^T = \left[\sum_{k=1}^{p} b_{ki} a_{jk} \right]_{n \times n}$$

【分析】

1. 若 A 為上三角矩陣，則 A^T 為下三角矩陣。
2. 若 A 為下三角矩陣，則 A^T 為上三角矩陣。
3. 若 A 為對角矩陣，則 A^T 仍為對角矩陣。

範例 05

Find an upper triangular matrix A that satisfies $A^3 = \begin{bmatrix} 1 & 30 \\ 0 & -8 \end{bmatrix}$

清大資訊系統應用所工數

解答：

已知 $A^3 = \begin{bmatrix} 1 & 30 \\ 0 & -8 \end{bmatrix} = \begin{bmatrix} 1 & 30 \\ 0 & (-2)^3 \end{bmatrix}$

令上三角矩陣 $A = \begin{bmatrix} 1 & a \\ 0 & -2 \end{bmatrix}$

得

$$A^2 = \begin{bmatrix} 1 & a \\ 0 & -2 \end{bmatrix}\begin{bmatrix} 1 & a \\ 0 & -2 \end{bmatrix} = \begin{bmatrix} 1 & -a \\ 0 & 4 \end{bmatrix}$$

$$A^3 = \begin{bmatrix} 1 & -a \\ 0 & 4 \end{bmatrix}\begin{bmatrix} 1 & a \\ 0 & -2 \end{bmatrix} = \begin{bmatrix} 1 & 3a \\ 0 & -8 \end{bmatrix} = \begin{bmatrix} 1 & 30 \\ 0 & -8 \end{bmatrix}$$

得 $3a = 30$，$a = 10$

範例 06

化簡 $\left(BA^T\right)^T$ 及 $\left(A+2BC+DE^TF^T\right)^T$

中央土木所

解答：

$$\left(BA^T\right)^T = \left(A^T\right)^T B^T = AB^T$$
$$\left(A+2BC+DE^TF^T\right)^T = (A)^T + (2BC)^T + \left(DE^TF^T\right)^T$$

化簡　$\left(A+2BC+DE^TF^T\right)^T = A^T + 2C^TB^T + \left(F^T\right)^T\left(E^T\right)^T(D)^T$

最後得　$\left(A+2BC+DE^TF^T\right)^T = A^T + 2C^TB^T + FED^T$

第八節　矩陣之跡（Trace）

假設方矩陣 $A = \left[a_{ij}\right]_{n\times n}$，$a_{ij} \in R$

定義：

$$tr(A) = \sum_{i=1}^{n} a_{ii} = a_{11} + a_{22} + \cdots + a_{nn}$$

稱為矩陣 A 之跡 (Trace)。亦即，矩陣 A 之跡等於矩陣 A 之主對角線上元素和。

※ 矩陣跡之線性特性基本定理 1：

假設兩矩陣 $A, B \in R^{n\times n}$，P 為 n 階可逆方陣，則

$tr(\alpha A + \beta B) = \alpha \, tr(A) + \beta \, tr(B)$

【證明】

$$\alpha A + \beta B = \alpha[a_{ij}] + \beta[b_{ij}]$$

根據純量乘矩陣

$$\alpha A + \beta B = [\alpha a_{ij}] + [\beta b_{ij}]$$

根據矩陣加法

$$\alpha A + \beta B = [\alpha a_{ij} + \beta b_{ij}]$$

根據矩陣跡之定義

$$tr(\alpha A + \beta B) = \sum_{i=1}^{n}(\alpha a_{ii} + \beta b_{ii})$$

分配律

$$tr(\alpha A + \beta B) = \sum_{i=1}^{n}\alpha a_{ii} + \sum_{i=1}^{n}\beta b_{ii} = \alpha\sum_{i=1}^{n}a_{ii} + \beta\sum_{i=1}^{n}b_{ii} = \alpha\, tr(A) + \beta\, tr(B)$$

※ 矩陣跡之矩陣乘積基本定理 2：

假設兩矩陣 $A, B \in R^{n \times n}$，P 為 n 階可逆方陣，則 $tr(AB) = tr(BA)$ (7)

成大電腦通訊所

【證明】

已知矩陣乘積 $\quad AB = [a_{ij}]_{n \times n}[b_{ij}]_{n \times n} = \left[\sum_{k=1}^{p}a_{ik}b_{kj}\right]_{n \times n}$

令 $i = j$ 得跡 $\quad tr(AB) = \sum_{i=1}^{n}\sum_{k=1}^{n}a_{ik}b_{ki} = \sum_{i=1}^{n}\sum_{k=1}^{n}b_{ki}a_{ik}$

利用矩陣乘積通式得到 $BA = [b_{ij}][a_{ij}] = \left[\sum_{k=1}^{n} b_{ik}a_{kj}\right]$

令 $i = j$ 得跡 $\quad tr(BA) = \sum_{i=1}^{n}\sum_{k=1}^{n} b_{ik}a_{ki}$

指標 i, k 互換 $\quad tr(BA) = \sum_{k=1}^{n}\sum_{i=1}^{n} b_{ki}a_{ik}$

故得證 $\quad tr(BA) = tr(AB)$

※ 定理 3：

假設兩矩陣 $A, P \in R^{n \times n}$，P 為 n 階可逆方陣，則 $tr(PAP^{-1}) = tr(A)$

【證明】

已知 $\quad tr(BA) = tr(AB)$

令 $B = PA$，$A = P^{-1}$，代入上式，故得

$$tr(PA \cdot P^{-1}) = tr(P^{-1} \cdot PA) = tr(A)$$

※ 定理 4：

矩陣 A 之跡之特性：假設兩矩陣 $A, B \in R^{n \times n}$，則 $tr(A^T) = tr(A)$

【證明】

假設方矩陣 $A = [a_{ij}]_{n \times n}$，$a_{ij} \in R$

則 $\quad tr(A) = \sum_{i=1}^{n} a_{ii} = a_{11} + a_{22} + \cdots + a_{nn}$

轉置矩陣 $A^T = [a_{ij}]_{n \times n}^T = [a_{ji}]_{n \times n}$

則 $$tr(A^T) = \sum_{i=1}^{n} a_{ii}$$

故得證 $$tr(A^T) = tr(A)$$

範例 07：證明

> Show that (a) $tr(AB) = tr(BA)$, and (b) if A is similar to B, then $tr(A) = tr(B)$.

成大電腦通訊所

【證明】

(a) 已知矩陣乘積 $$AB = [a_{ij}]_{n \times n} [b_{ij}]_{n \times n} = \left[\sum_{k=1}^{p} a_{ik} b_{kj} \right]_{n \times n}$$

令 $i = j$ 得跡 $$tr(AB) = \sum_{i=1}^{n} \sum_{k=1}^{n} a_{ik} b_{ki} = \sum_{i=1}^{n} \sum_{k=1}^{n} b_{ki} a_{ik}$$

利用矩陣乘積通式得到 $$BA = [b_{ij}][a_{ij}] = \left[\sum_{k=1}^{n} b_{ik} a_{kj} \right]$$

令 $i = j$ 得跡 $$tr(BA) = \sum_{i=1}^{n} \sum_{k=1}^{n} b_{ik} a_{ki}$$

指標 i, k 互換 $$tr(BA) = \sum_{k=1}^{n} \sum_{i=1}^{n} b_{ki} a_{ik}$$

故得證 $$tr(BA) = tr(AB)$$

(b) 已知 A is similar to B，亦即，$P^{-1}AP = B$

取矩陣之跡 $$tr(P^{-1}AP) = tr(B)$$

利用定理 $$tr(AB) = tr(BA)$$

$$tr(PA \cdot P^{-1}) = tr(P^{-1} \cdot PA) = tr(A) = tr(B)$$

範例 08：

Given $A = \begin{bmatrix} 2 & 3 & 4 \\ 1 & 5 & 1 \end{bmatrix}$ and $B = \begin{bmatrix} 4 & 9 \\ 0 & 1 \\ 2 & 1 \end{bmatrix}$, find $Tr(AB)$ and $Tr(BA)$

解答：

$$AB = \begin{bmatrix} 2 & 3 & 4 \\ 1 & 5 & 1 \end{bmatrix} \begin{bmatrix} 4 & 9 \\ 0 & 1 \\ 2 & 1 \end{bmatrix} = \begin{bmatrix} 16 & 25 \\ 6 & 15 \end{bmatrix}$$

$Tr(AB) = 16 + 15 = 31$

$$BA = \begin{bmatrix} 4 & 9 \\ 0 & 1 \\ 2 & 1 \end{bmatrix} \begin{bmatrix} 2 & 3 & 4 \\ 1 & 5 & 1 \end{bmatrix} = \begin{bmatrix} 17 & 57 & 25 \\ 1 & 5 & 1 \\ 5 & 11 & 9 \end{bmatrix}$$

$Tr(BA) = 17 + 5 + 9 = 31$

得 $AB \neq BA$，但是 $Tr(AB) = Tr(BA)$

範例 09

Prove that there do not exist $n \times n$ matrices A and B such that $AB - BA = I$

成大電機所、中央統計所、台大資工所

解答：

假設存在 $A, B \in R^{n \times n}$ 使得 $AB - BA = I$ 成立，

則 $$n = tr(I_n) = tr(AB - BA) = tr(AB) - tr(BA) = 0$$

上式矛盾。

第九節　基本列運算

實數矩陣除了加法、純量乘法、矩陣乘法、轉置等運算之外，常需要對矩陣作化簡，因此需要直接對矩陣本身作運算，因此，歸納出總共有三個基本行、列運算法。茲介紹如下：

※ 三大基本列運算 (elementary row operations)：

已知矩陣 $A = [a_{ij}]_{m \times n}$，$a_{ij} \in R$，定義運算如下：

第一個基本列運算：

「第i列元素與第j列元素，互換位置」，以符號H_{ij}表示。

第二個基本列運算：

「第i列元素乘常數a」，以符號$H_i(a)$表示。

第三個基本列運算：

「第i列元素乘常數a，再加到第j列元素上」，以符號$H_{ji}(a)$表示

【觀念分析】

第三個基本列運算，注意符號$H_{ji}(a)$中i與j的位置。

例：已知3階矩陣A定義如下：　　$A = \begin{bmatrix} 1 & 2 & 3 \\ 4 & 5 & 6 \\ 7 & 8 & 9 \end{bmatrix}$

(1) 基本列運算H_{12}（第一、二列互換），得

$$A = \begin{bmatrix} 1 & 2 & 3 \\ 4 & 5 & 6 \\ 7 & 8 & 9 \end{bmatrix} \underset{\sim}{H_{12}} \begin{bmatrix} 4 & 5 & 6 \\ 1 & 2 & 3 \\ 7 & 8 & 9 \end{bmatrix}$$

(2) 基本列運算 $H_1(-4)$（第一列元素，全乘上 -4），得

$$A = \begin{bmatrix} 1 & 2 & 3 \\ 4 & 5 & 6 \\ 7 & 8 & 9 \end{bmatrix} \underset{\sim}{H_1(-4)} \begin{bmatrix} -4 & -8 & -12 \\ 4 & 5 & 6 \\ 7 & 8 & 9 \end{bmatrix}$$

(3) 基本列運算 $H_{21}(-4)$（第一列元素，全乘上 -4，再加到第二列上），得

$$A = \begin{bmatrix} 1 & 2 & 3 \\ 4 & 5 & 6 \\ 7 & 8 & 9 \end{bmatrix} \underset{\sim}{H_{21}(-4)} \begin{bmatrix} 1 & 2 & 3 \\ 0 & -3 & -6 \\ 7 & 8 & 9 \end{bmatrix}$$

第十節　基本行運算

已知矩陣 $A = [a_{ij}]_{m \times n}$，$a_{ij} \in R$，定義運算如下：

第一個基本行運算：

「第 i 行元素與第 j 行元素，互換位置」，以符號 K_{ij} 表示。

第二個基本行運算：

「第 i 行元素乘常數 a」，以符號 $K_i(a)$ 表示。

第三個基本行運算：

「第 i 行元素乘常數 a，再加到第 j 行元素上」，以符號 $K_{ji}(a)$ 表示。

例1：已知3階矩陣 A 定義如下： $A = \begin{bmatrix} 1 & 2 & 3 \\ 4 & 5 & 6 \\ 7 & 8 & 9 \end{bmatrix}$

(4) 基本行運算 K_{12}（第一、二行互換），得

$$A = \begin{bmatrix} 1 & 2 & 3 \\ 4 & 5 & 6 \\ 7 & 8 & 9 \end{bmatrix} \underset{\sim}{K_{12}} \begin{bmatrix} 2 & 1 & 3 \\ 5 & 4 & 6 \\ 8 & 7 & 9 \end{bmatrix} = P_1$$

(5) 基本行運算 $K_1(-2)$（第一行元素，全乘上 -2），得

$$A = \begin{bmatrix} 1 & 2 & 3 \\ 4 & 5 & 6 \\ 7 & 8 & 9 \end{bmatrix} \underset{\sim}{K_1(-2)} \begin{bmatrix} -2 & 2 & 3 \\ -8 & 5 & 6 \\ -14 & 8 & 9 \end{bmatrix} = P_2$$

(6) 基本行運算 $K_{12}(-2)$（第一行元素，全乘上 -2，再加到第二行上），得

$$A = \begin{bmatrix} 1 & 2 & 3 \\ 4 & 5 & 6 \\ 7 & 8 & 9 \end{bmatrix} \underset{\sim}{K_{21}(-2)} \begin{bmatrix} 1 & 0 & 3 \\ 4 & -3 & 6 \\ 7 & -6 & 9 \end{bmatrix} = P_3$$

第十一節　基本行列矩陣之定義

矩陣化簡的三大基本運算，常需要電腦代勞，因此需要將其進一步化乘兩矩陣相乘的形式，以減少電腦之運算程序。

首先設定一個基本列矩陣：

「將 n 階矩陣 A 同階之單位矩陣 $I_{n \times n}$，進行任一種基本列運算之後，所得矩

陣稱之為該列運算之基本列矩陣。」

(續) 範例1：（以三階為例）

例：首先取三階單位矩陣 $I_{3\times 3}$，即

$$I = \begin{bmatrix} 1 & 0 & 0 \\ 0 & 1 & 0 \\ 0 & 0 & 1 \end{bmatrix}$$

(1) 將其作基本列運算 H_{12}（第一、二列互換），得基本列矩陣 P_{12}

$$I = \begin{bmatrix} 1 & 0 & 0 \\ 0 & 1 & 0 \\ 0 & 0 & 1 \end{bmatrix} H_{12} = \begin{bmatrix} 0 & 1 & 0 \\ 1 & 0 & 0 \\ 0 & 0 & 1 \end{bmatrix} = P_{12}$$

(2) 將其作基本列運算 $H_1(-4)$（第一列元素，全乘上 -4），得基本列矩陣 $P_2(-4)$

$$I = \begin{bmatrix} 1 & 0 & 0 \\ 0 & 1 & 0 \\ 0 & 0 & 1 \end{bmatrix} H_1(-4) = \begin{bmatrix} -4 & 0 & 0 \\ 0 & 1 & 0 \\ 0 & 0 & 1 \end{bmatrix} = P_1(-4)$$

(3) 將其作基本列運算 $H_{21}(-4)$（第一列元素，全乘上 -4，再加到第二列上），得基本列矩陣 $P_{21}(-4)$

$$I = \begin{bmatrix} 1 & 0 & 0 \\ 0 & 1 & 0 \\ 0 & 0 & 1 \end{bmatrix} H_{21}(-4) = \begin{bmatrix} 1 & -4 & 0 \\ 0 & 1 & 0 \\ 0 & 0 & 1 \end{bmatrix} = P_{21}(-4)$$

(續) 範例1：（以三階為例）

例： 首先取三階單位矩陣 $I_{3\times 3}$，即

$$I = \begin{bmatrix} 1 & 0 & 0 \\ 0 & 1 & 0 \\ 0 & 0 & 1 \end{bmatrix}$$

(4) 將其作基本行運算 K_{12}（第一、二行互換），得基本行矩陣 Q_{12}

$$I = \begin{bmatrix} 1 & 0 & 0 \\ 0 & 1 & 0 \\ 0 & 0 & 1 \end{bmatrix} K_{12} = \begin{bmatrix} 0 & 1 & 0 \\ 1 & 0 & 0 \\ 0 & 0 & 1 \end{bmatrix} = Q_{12}$$

(5) 將其作基本行運算 $K_1(-2)$（第一行元素，全乘上 -2），得基本行矩陣 $Q_2(-2)$

$$I = \begin{bmatrix} 1 & 0 & 0 \\ 0 & 1 & 0 \\ 0 & 0 & 1 \end{bmatrix} K_1(-2) = \begin{bmatrix} -2 & 0 & 0 \\ 0 & 1 & 0 \\ 0 & 0 & 1 \end{bmatrix} = Q_1(-2)$$

(6) 將其作基本行運算 $K_{21}(-2)$（第一行元素，全乘上 -2，再加到第二行上），得基本行矩陣 $Q_{21}(-2)$

$$I = \begin{bmatrix} 1 & 0 & 0 \\ 0 & 1 & 0 \\ 0 & 0 & 1 \end{bmatrix} K_{21}(-2) = \begin{bmatrix} 1 & -2 & 0 \\ 0 & 1 & 0 \\ 0 & 0 & 1 \end{bmatrix} = Q_{21}(-2)$$

由以上結果得，同一種基本行、列矩陣後，基本列矩陣與基本行矩陣相同，即

$$P_{12} = \begin{bmatrix} 1 & 0 & 0 \\ 0 & 1 & 0 \\ 0 & 0 & 1 \end{bmatrix} H_{12} \begin{bmatrix} 0 & 1 & 0 \\ 1 & 0 & 0 \\ 0 & 0 & 1 \end{bmatrix} = Q_{12}$$

$$P_1(-2) = Q_1(-2)，P_{21}(-2) = Q_{21}(-2)$$

基本列矩陣之特性：

> 每一個基本列矩陣 P 皆可逆，且 P^{-1} 與 P 為相同型態之基本列矩陣。
>
> (1) $P_{ij}P_{ij} = I$，$P_{ij}^{-1} = P_{ij}$。
>
> (2) $P_i(a)P_i\left(\dfrac{1}{a}\right) = P_i\left(\dfrac{1}{a}\right)P_i(a) = I$。
>
> (3) $P_{ji}(a)P_{ji}(-a) = P_{ji}(-a)P_{ji}(a) = I$。

(續) 例 1.：以三階基本行列矩陣為例

　　第一種基本行或列運算：

$$\begin{bmatrix} 1 & 0 & 0 \\ 0 & 1 & 0 \\ 0 & 0 & 1 \end{bmatrix} H_{12} \sim \begin{bmatrix} 0 & 1 & 0 \\ 1 & 0 & 0 \\ 0 & 0 & 1 \end{bmatrix} = P_{12}$$

$$P_{12}P_{12} = \begin{bmatrix} 0 & 1 & 0 \\ 1 & 0 & 0 \\ 0 & 0 & 1 \end{bmatrix}\begin{bmatrix} 0 & 1 & 0 \\ 1 & 0 & 0 \\ 0 & 0 & 1 \end{bmatrix} = \begin{bmatrix} 1 & 0 & 0 \\ 0 & 1 & 0 \\ 0 & 0 & 1 \end{bmatrix} = I$$

　　第三種基本行或列運算：

$$\begin{bmatrix} 1 & 0 & 0 \\ 0 & 1 & 0 \\ 0 & 0 & 1 \end{bmatrix} H_{21}(2) \sim \begin{bmatrix} 1 & 0 & 0 \\ 2 & 1 & 0 \\ 0 & 0 & 1 \end{bmatrix} = P_{21}(2)$$

$$\begin{bmatrix} 1 & 0 & 0 \\ 0 & 1 & 0 \\ 0 & 0 & 1 \end{bmatrix} H_{21}(-2) \sim \begin{bmatrix} 1 & 0 & 0 \\ -2 & 1 & 0 \\ 0 & 0 & 1 \end{bmatrix} = P_{21}(-2)$$

$$P_3(2)P_3(-2) = \begin{bmatrix} 1 & 0 & 0 \\ 2 & 1 & 0 \\ 0 & 0 & 1 \end{bmatrix} \begin{bmatrix} 1 & 0 & 0 \\ -2 & 1 & 0 \\ 0 & 0 & 1 \end{bmatrix} = \begin{bmatrix} 1 & 0 & 0 \\ 0 & 1 & 0 \\ 0 & 0 & 1 \end{bmatrix} = I$$

第二種基本行或列運算：

$$\begin{bmatrix} 1 & 0 & 0 \\ 0 & 1 & 0 \\ 0 & 0 & 1 \end{bmatrix} \underset{\sim}{H_1(-2)} = \begin{bmatrix} -2 & 0 & 0 \\ 0 & 1 & 0 \\ 0 & 0 & 1 \end{bmatrix} = P_2(-2)$$

$$\begin{bmatrix} 1 & 0 & 0 \\ 0 & 1 & 0 \\ 0 & 0 & 1 \end{bmatrix} \underset{\sim}{H_1\left(-\frac{1}{2}\right)} = \begin{bmatrix} -\frac{1}{2} & 0 & 0 \\ 0 & 1 & 0 \\ 0 & 0 & 1 \end{bmatrix} = P_2\left(-\frac{1}{2}\right)$$

$$P_2(-2)P_2\left(-\frac{1}{2}\right) = \begin{bmatrix} -2 & 0 & 0 \\ 0 & 1 & 0 \\ 0 & 0 & 1 \end{bmatrix} \begin{bmatrix} -\frac{1}{2} & 0 & 0 \\ 0 & 1 & 0 \\ 0 & 0 & 1 \end{bmatrix} = \begin{bmatrix} 1 & 0 & 0 \\ 0 & 1 & 0 \\ 0 & 0 & 1 \end{bmatrix} = I$$

範例 10：

What 3×3 matrix E_{13} adds row 3 to row 1?

交大電子所（產業碩士）

解答：

基本列矩陣 $E_{13} = I \underset{\sim}{\overset{H_{13}(1)}{}} \begin{bmatrix} 1 & 0 & 1 \\ 0 & 1 & 0 \\ 0 & 0 & 1 \end{bmatrix}$

第十二節　等效 (等價) 基本行列運算

因為同一種基本行、列運算，所得到之基本列矩陣與基本行矩陣(或統稱為基本矩陣)，

(1) 等效列運算：

首先將基本矩陣右乘於矩陣 A，結果會得到基本列運算，如下例：

(續) 範例 1：等效列運算：

$$P_{12}A = \begin{bmatrix} 0 & 1 & 0 \\ 1 & 0 & 0 \\ 0 & 0 & 1 \end{bmatrix} \begin{bmatrix} 1 & 2 & 3 \\ 4 & 5 & 6 \\ 7 & 8 & 9 \end{bmatrix} = \begin{bmatrix} 4 & 5 & 6 \\ 1 & 2 & 3 \\ 7 & 8 & 9 \end{bmatrix}$$

等效於「第 1 列元素與第 2 列元素，互換位置」

即基本列運算 H_{12}

$$A = \begin{bmatrix} 1 & 2 & 3 \\ 4 & 5 & 6 \\ 7 & 8 & 9 \end{bmatrix} \underset{\sim}{H_{12}} \begin{bmatrix} 4 & 5 & 6 \\ 1 & 2 & 3 \\ 7 & 8 & 9 \end{bmatrix}$$

(2) 等效行運算：

首先將基本矩陣左乘於矩陣 A，結果會得到基本行運算，如下例：

(續) 範例 1：等效行運算：($P_{12} = Q_{12}$)

$$AQ_{12} = \begin{bmatrix} 1 & 2 & 3 \\ 4 & 5 & 6 \\ 7 & 8 & 9 \end{bmatrix} \begin{bmatrix} 0 & 1 & 0 \\ 1 & 0 & 0 \\ 0 & 0 & 1 \end{bmatrix} = \begin{bmatrix} 2 & 1 & 3 \\ 5 & 4 & 6 \\ 8 & 7 & 9 \end{bmatrix}$$

等效於「第1行元素與第2行元素，互換位置」

即基本行運算 K_{12}

$$A = \begin{bmatrix} 1 & 2 & 3 \\ 4 & 5 & 6 \\ 7 & 8 & 9 \end{bmatrix} K_{12} \sim \begin{bmatrix} 2 & 1 & 3 \\ 5 & 4 & 6 \\ 8 & 7 & 9 \end{bmatrix}$$

範例 11：基本行列運算

設 $A = \begin{bmatrix} a_{11} & a_{12} & a_{13} \\ a_{21} & a_{22} & a_{23} \\ a_{31} & a_{32} & a_{33} \end{bmatrix}$，$B = \begin{bmatrix} a_{21} & a_{22} & a_{23} \\ a_{11} & a_{12} & a_{13} \\ a_{31}+a_{11} & a_{32}+a_{12} & a_{33}+a_{13} \end{bmatrix}$，

$P_1 = \begin{bmatrix} 0 & 1 & 0 \\ 1 & 0 & 0 \\ 0 & 0 & 1 \end{bmatrix}$，$P_2 = \begin{bmatrix} 1 & 0 & 0 \\ 0 & 1 & 0 \\ 1 & 0 & 1 \end{bmatrix}$，則

(A) $AP_1P_2 = B$ (B) $AP_2P_1 = B$ (C) $P_1P_2A = B$ (D) $P_2P_1A = B$

大陸研

解答：(C) $P_1P_2A = B$

$$P_1P_2A = \begin{bmatrix} 0 & 1 & 0 \\ 1 & 0 & 0 \\ 0 & 0 & 1 \end{bmatrix} \begin{bmatrix} 1 & 0 & 0 \\ 0 & 1 & 0 \\ 1 & 0 & 1 \end{bmatrix} \begin{bmatrix} a_{11} & a_{12} & a_{13} \\ a_{21} & a_{22} & a_{23} \\ a_{31} & a_{32} & a_{33} \end{bmatrix}$$

得 $P_1P_2A = \begin{bmatrix} a_{21} & a_{22} & a_{23} \\ a_{11} & a_{12} & a_{13} \\ a_{31}+a_{11} & a_{32}+a_{12} & a_{33}+a_{13} \end{bmatrix} = B$

第十三節　同義變換（Equivalent transform）

綜合以上分析結果，如何利用數學模式表示出來，敘述如下：

首先定義幾個名詞：

(1) 若一 n 階矩陣 A，經過一次或有限次基本列運算之後，所得矩陣，統稱為列同義矩陣 (Row Equivalent matrix)。

(2) 若一 n 階矩陣 A，經過一次或有限次基本行運算之後，所得矩陣，統稱為行同義矩陣 (Column Equivalent matrix)。

根據以上定義，可得下列特性：

(i) 「若 A 經有限次基本列 (行) 運算後得 B，則 A 列 (行) 同義於 B」。

(ii) 若 A 列同義於 B，則必存在一個可逆矩陣 $P \in R^{n \times n}$，使 $B = PA$，其中 P 為這些 n 有限個基本列矩陣之右乘積。

其中 $P = P_n \cdots P_2 P_1$

(iii) 若 A 行同義於 B，則必存在一個可逆矩陣 $Q \in R^{n \times n}$，使 $B = AQ$，其中 Q 為這些 m 個基本行矩陣之左乘積。

其中 $Q = Q_1 Q_2 \cdots Q_m$

最後，若矩陣 A 經過一連串列運算（n 次列運算）及一連串行運算（m 次行運算），後得到最後矩陣 B，則可利用基本行列矩陣右乘與左乘，可將其表成下式：

$$P_n P_{n-1} \cdots P_2 P_1 A Q_1 Q_2 \cdots Q_m = B$$

得　$\underbrace{P_n P_{n-1} \cdots P_2 P_1}_{P} A \underbrace{Q_1 Q_2 \cdots Q_m}_{Q} = B$

$$PAQ = B \qquad (8)$$

※ 定義：同義變換 (equivalent transform)

若 $PAQ = B$，則稱為同義變換，且稱 A、B 稱為同義矩陣。

※同義矩陣特性：

> 兩同義矩陣之 Rank 必相同

【證明】

已知 A、B 稱為同義矩陣，則

$$PAQ = B$$

取行列式，得

$$|PAQ| = |B|$$

或

$$|P||A||Q| = |B|$$

因 P, Q 為非奇異矩陣，故 $|P|, |Q| \neq 0$，因此

若 $|A| = 0$，則 $|B| = 0$
若 $|A| \neq 0$，則 $|B| \neq 0$

故 A、B 之 Rank 必相同

範例 12：

Let $A = \begin{bmatrix} 2 & 0 & -1 & 0 \\ 0 & 2 & 0 & -1 \\ -1 & 0 & 2 & 0 \\ 0 & -1 & 0 & 2 \end{bmatrix}$, and $B = PAP^T = \begin{bmatrix} 2 & -1 & 0 & 0 \\ -1 & 2 & 0 & 0 \\ 0 & 0 & 2 & -1 \\ 0 & 0 & -1 & 2 \end{bmatrix}$ with P being the permutation matrix. Denote the (i, j)-entity of P as P_{ij}, then (A)

$P_{12}P_{22}=1$ (B) $P_{31}=1$ (C) $P_{43}=0$ (D) $trace(P)=2$ (E) $P^T=P^{-1}$

台大電機所

解答：C、D、E

已知 $B=PAP^T=\begin{bmatrix} 2 & -1 & 0 & 0 \\ -1 & 2 & 0 & 0 \\ 0 & 0 & 2 & -1 \\ 0 & 0 & -1 & 2 \end{bmatrix}$

故基本行列運算需同步。

$P=\begin{bmatrix} 1 & 0 & 0 & 0 \\ 0 & 0 & 1 & 0 \\ 0 & 1 & 0 & 0 \\ 0 & 0 & 0 & 1 \end{bmatrix}$

範例 13：同義變換法求對角化

Find the matrix $A=\begin{bmatrix} 1 & 1 & 1 \\ 1 & 2 & 0 \\ 1 & 0 & 3 \end{bmatrix}$. Find two nonsingular matrices P and Q such that PAQ is a diagonal matrix. （15%）

成大工科所

解答：

【方法一】

$P^{-1}AP=PAQ=D$，令 $P=P^{-1}$，$Q=P$ 即可

【方法二】基本行列運算

列運算 $A = \begin{bmatrix} 1 & 1 & 1 \\ 1 & 2 & 0 \\ 1 & 0 & 3 \end{bmatrix} \dfrac{H_{21}(-1)}{H_{31}(-1)} \begin{bmatrix} 1 & 1 & 1 \\ 0 & 1 & -1 \\ 0 & -1 & 2 \end{bmatrix}$

$\begin{bmatrix} 1 & 1 & 1 \\ 0 & 1 & -1 \\ 0 & -1 & 2 \end{bmatrix} \underline{H_{32}(1)} \begin{bmatrix} 1 & 1 & 1 \\ 0 & 1 & -1 \\ 0 & 0 & 1 \end{bmatrix}$

$\begin{bmatrix} 1 & 1 & 1 \\ 0 & 1 & -1 \\ 0 & 0 & 1 \end{bmatrix} \dfrac{K_{21}(-1)}{K_{31}(-1)} \begin{bmatrix} 1 & 0 & 0 \\ 0 & 1 & -1 \\ 0 & 0 & 1 \end{bmatrix}$

$\begin{bmatrix} 1 & 0 & 0 \\ 0 & 1 & -1 \\ 0 & 0 & 1 \end{bmatrix} \underline{K_{32}(1)} \begin{bmatrix} 1 & 0 & 0 \\ 0 & 1 & 0 \\ 0 & 0 & 1 \end{bmatrix}$

得 $\quad P_3 P_2 P_1 A Q_1 Q_2 Q_3 = I$

得 $\quad P = P_3 P_2 P_1$ 及 $Q = Q_1 Q_2 Q_3$

或 $\quad P = \begin{bmatrix} 1 & 0 & 0 \\ -1 & 1 & 0 \\ -2 & 1 & 1 \end{bmatrix}$

$Q = \begin{bmatrix} 1 & -1 & -2 \\ 0 & 1 & 1 \\ 0 & 0 & 1 \end{bmatrix}$

【分析】P, Q 不是唯一存在。

範例 14：同義變換法求對角化

Let the matrices P, A, Q defined as follows:
$$P = \begin{bmatrix} 0 & 1 & 0 \\ 1 & 0 & 0 \\ 0 & 0 & 1 \end{bmatrix}, A = \begin{bmatrix} 2 & 4 & -2 \\ 1 & -6 & 7 \\ 1 & 0 & 2 \end{bmatrix}, Q = \begin{bmatrix} 0 & 0 & 1 \\ 0 & 1 & 0 \\ 1 & 0 & 0 \end{bmatrix}$$
What is PAQ?

〈清大資科所〉

解答：

已知
$$P = \begin{bmatrix} 0 & 1 & 0 \\ 1 & 0 & 0 \\ 0 & 0 & 1 \end{bmatrix}, A = \begin{bmatrix} 2 & 4 & -2 \\ 1 & -6 & 7 \\ 1 & 0 & 2 \end{bmatrix}, Q = \begin{bmatrix} 0 & 0 & 1 \\ 0 & 1 & 0 \\ 1 & 0 & 0 \end{bmatrix}$$

代入得
$$PA = \begin{bmatrix} 0 & 1 & 0 \\ 1 & 0 & 0 \\ 0 & 0 & 1 \end{bmatrix}\begin{bmatrix} 2 & 4 & -2 \\ 1 & -6 & 7 \\ 1 & 0 & 2 \end{bmatrix} = \begin{bmatrix} 1 & -6 & 7 \\ 2 & 4 & -2 \\ 1 & 0 & 2 \end{bmatrix}$$

得
$$PAQ = \begin{bmatrix} 1 & -6 & 7 \\ 2 & 4 & -2 \\ 1 & 0 & 2 \end{bmatrix}\begin{bmatrix} 0 & 0 & 1 \\ 0 & 1 & 0 \\ 1 & 0 & 0 \end{bmatrix} = \begin{bmatrix} 7 & -6 & 1 \\ -2 & 4 & 2 \\ 2 & 0 & 1 \end{bmatrix}$$

第十四節　行列式之定義

已知一 n 階方矩陣，如

$$A = \begin{bmatrix} a_{11} & a_{12} & \cdots & a_{1n} \\ a_{21} & a_{22} & \cdots & a_{2n} \\ \vdots & \vdots & \ddots & \vdots \\ a_{n1} & a_{n2} & \cdots & a_{nn} \end{bmatrix} = \begin{bmatrix} a_{ij} \end{bmatrix}_{n \times n}$$

它是一個數集（Number Set）。

現在再介紹一個貌似矩陣，但含義完全不同的行列式，定義如下：

（n階）行列式（Determinant）：符號如下

$$|A| = \det(A) = \begin{vmatrix} a_{11} & a_{12} & \cdots & a_{1n} \\ a_{21} & a_{22} & \cdots & a_{2n} \\ \vdots & \vdots & \ddots & \vdots \\ a_{n1} & a_{n2} & \cdots & a_{nn} \end{vmatrix} = |a_{ij}|,\ \forall a_{ij} \in R,\ i,j = 1,2,\cdots,n$$

行列式 $|A|$，本身實質上是為一數值，此數值有一定之展開計算方法，分別介紹於後。

第十五節　行列式之子式

首先介紹一個新名詞，子式（Minor），它是行列式展開法中，重要的一項。已知n階行列式值

$$|A| = \begin{vmatrix} a_{11} & a_{12} & \cdots & a_{1n} \\ a_{21} & a_{22} & \cdots & a_{2n} \\ \vdots & \vdots & \ddots & \vdots \\ a_{n1} & a_{n2} & \cdots & a_{nn} \end{vmatrix}$$

※ 定義：子式

若將n階行列式 $|A|$ 中第i列元素與第j行元素移去，所得剩下之 $(n-1)$ 階行列式值，稱為原行列式值之子式，表為符號 M_{ij}。

例：已知 $A = \begin{bmatrix} 1 & 2 & 3 \\ 4 & 5 & 6 \\ 7 & 8 & 9 \end{bmatrix}$

子式：$M_{11} = \begin{vmatrix} 5 & 6 \\ 8 & 9 \end{vmatrix}$，$M_{12} = \begin{vmatrix} 4 & 6 \\ 7 & 9 \end{vmatrix}$

※ 定義：餘因式（Cofactor）

已知 n 階行列式 $|A|$，消去其中第 i 列元素與第 j 行元素移去之子式，為 M_{ij} 為 $(n-1)$ 階行列式，再將子式 M_{ij} 前乘上一個正負號 $(-1)^{i+j}$，所得 $(n-1)$ 階行列式值，稱為餘因式 (Cofactor)，亦即，表為符號 $A_{ij} = (-1)^{i+j} M_{ij}$。

(續) 例 1： Let $A = \begin{bmatrix} 1 & 2 & 3 \\ 4 & 5 & 6 \\ 7 & 8 & 9 \end{bmatrix}$

子式：$M_{11} = \begin{vmatrix} 5 & 6 \\ 8 & 9 \end{vmatrix}$，$M_{12} = \begin{vmatrix} 4 & 6 \\ 7 & 9 \end{vmatrix}$

餘因式：$A_{11} = (-1)^{1+1} M_{11} = M_{11} = \begin{vmatrix} 5 & 6 \\ 8 & 9 \end{vmatrix}$

$A_{12} = (-1)^{1+2} M_{12} = -M_{12} = -\begin{vmatrix} 4 & 6 \\ 7 & 9 \end{vmatrix}$

範例 15：

已知 $|A| = \begin{vmatrix} 3 & 0 & 4 & 0 \\ 2 & 2 & 2 & 2 \\ 0 & -7 & 0 & 0 \\ 5 & 3 & 2 & 2 \end{vmatrix}$，求子式 M_{41}、M_{42}、M_{43}、M_{44}

解答：

【方法一】直接展開

第 4 列各元素的子式和為

$$M_{41} = \begin{vmatrix} 0 & 4 & 0 \\ 2 & 2 & 2 \\ -7 & 0 & 0 \end{vmatrix} ; \quad M_{42} = \begin{vmatrix} 3 & 4 & 0 \\ 2 & 2 & 2 \\ 0 & 0 & 0 \end{vmatrix}$$

$$M_{43} = \begin{vmatrix} 3 & 0 & 0 \\ 2 & 2 & 2 \\ 0 & -7 & 0 \end{vmatrix} ; \quad M_{44} = \begin{vmatrix} 3 & 0 & 4 \\ 2 & 2 & 2 \\ 0 & -7 & 0 \end{vmatrix}$$

第十六節　行列式之展開法（一）拉氏展開法

已知 n 階行列式 $|A|$，型如

$$|A| = \begin{vmatrix} a_{11} & a_{12} & \cdots & a_{1n} \\ a_{21} & a_{22} & \cdots & a_{2n} \\ \vdots & \vdots & \ddots & \vdots \\ a_{n1} & a_{n2} & \cdots & a_{nn} \end{vmatrix}$$

了解了子式與餘因式之算法後，接著利用餘因式可以來計算 n 階行列式 $|A|$ 值了。

首先在 n 階行列式 $|A|$ 中，任取第 i 列元素，為

$$[a_{i1} \quad a_{i2} \quad \cdots \quad a_{in}]$$

再分別將每一個元素，a_{ij}，乘上所對應之餘因式，A_{ij}，然後再將所有乘積項求代數和，即得 n 階行列式 $|A|$ 值，亦即

$$|A| = \sum_{j=1}^{n} a_{ij}A_{ij} = a_{i1}A_{i1} + a_{i2}A_{i2} + \cdots + a_{in}A_{in} \text{,對某一特定第 } i \text{ 列}$$

或

$$|A| = \sum_{i=1}^{n} a_{ij}A_{ij} = a_{1j}A_{1j} + a_{2j}A_{2j} + \cdots + a_{nj}A_{nj} \text{,對某一特定第 } j \text{ 行}$$

上述方法稱為行列式值的拉氏展開法。

範例 16

Find the determinant of $A = \begin{bmatrix} a_{11} & a_{12} \\ a_{21} & a_{22} \end{bmatrix}$

解答：

$$|A| = \begin{vmatrix} a_{11} & a_{12} \\ a_{21} & a_{22} \end{vmatrix} = a_{11}A_{11} + a_{12}A_{12} = a_{11}M_{11} - a_{12}M_{12}$$

得二階行列式值的計算公式：

$$|A| = \begin{vmatrix} a_{11} & a_{12} \\ a_{21} & a_{22} \end{vmatrix} = a_{11}a_{22} - a_{12}a_{21}$$

範例 17

Find the determinant of $A = \begin{bmatrix} a_{11} & 0 & 0 \\ 0 & a_{22} & 0 \\ 0 & 0 & a_{33} \end{bmatrix}$ 與 $A = \begin{bmatrix} a_{11} & a_{12} & a_{13} \\ 0 & a_{22} & a_{23} \\ 0 & 0 & a_{33} \end{bmatrix}$

解答：

1. 對角行列式之行列式值

$$\begin{vmatrix} a_{11} & 0 & 0 \\ 0 & a_{22} & 0 \\ 0 & 0 & a_{33} \end{vmatrix} = a_{11}a_{22}a_{33}。$$

2. 上、下三角行列式之行列式值

$$\begin{vmatrix} a_{11} & a_{12} & a_{13} \\ 0 & a_{22} & a_{23} \\ 0 & 0 & a_{33} \end{vmatrix} = a_{11}a_{22}a_{33}。$$

範例 18

Find the determinant of $A = \begin{bmatrix} a_{11} & a_{12} & a_{13} \\ a_{21} & a_{22} & a_{23} \\ a_{31} & a_{32} & a_{33} \end{bmatrix}$

解答：

三階行列式之行列式值展開，依拉氏展開法公式，得

$$|A| = \begin{vmatrix} a_{11} & a_{12} & a_{13} \\ a_{21} & a_{22} & a_{23} \\ a_{31} & a_{32} & a_{33} \end{vmatrix} = a_{11}A_{11} + a_{12}A_{12} + a_{13}A_{13}$$

依餘因式定義，得

$$|A| = a_{11}M_{11} - a_{12}M_{12} + a_{13}M_{13}$$

或代入子式，得

$$|A| = a_{11}\begin{vmatrix} a_{22} & a_{23} \\ a_{32} & a_{33} \end{vmatrix} - a_{12}\begin{vmatrix} a_{21} & a_{23} \\ a_{31} & a_{33} \end{vmatrix} + a_{13}\begin{vmatrix} a_{21} & a_{22} \\ a_{31} & a_{32} \end{vmatrix}$$

再利用二階公式，得三階行列式值的計算公式：

$$|A| = a_{11}(a_{22}a_{33} - a_{23}a_{32}) - a_{12}(a_{21}a_{33} - a_{23}a_{31}) + a_{13}(a_{21}a_{32} - a_{22}a_{31})$$

【觀念分析】

1. 某一特定第 i 列之取法，以包含 0 之列或行愈多愈會加快計算。
2. 若 A 中有某一列或某一行全為 0，則 $|A| = 0$
3. 拉氏展開法，一次降一階，故較適合低階行列式展開，不適合高階行列式展開。

例：$|A| = \begin{vmatrix} a_{11} & a_{12} & a_{13} \\ a_{21} & a_{22} & a_{23} \\ a_{31} & a_{32} & a_{33} \end{vmatrix}$

範例 19

Find the determinant of matrix $A = \begin{bmatrix} 1 & 2 & 1 \\ 2 & 1 & 3 \\ 3 & 3 & 0 \end{bmatrix}$

交大IC設計產業碩士

解答：

$$|A| = \begin{vmatrix} 1 & 2 & 1 \\ 2 & 1 & 3 \\ 3 & 3 & 0 \end{vmatrix} = 6 + 18 - 3 - 9 = 12$$

範例 20：直接展開

Find $|A|$ given $A = \begin{bmatrix} 0 & a & -b \\ -a & 0 & c \\ b & -c & 0 \end{bmatrix}$

淡大化學所

解答：

$$|A| = \begin{vmatrix} 0 & a & -b \\ -a & 0 & c \\ b & -c & 0 \end{vmatrix} = -abc + abc = 0$$

範例 21：直接拉氏展開 (高階)

計算 4 階行列式，$|A| = \begin{vmatrix} a_1 & 0 & 0 & b_1 \\ 0 & a_2 & b_2 & 0 \\ 0 & b_3 & a_3 & 0 \\ b_4 & 0 & 0 & a_4 \end{vmatrix} = \underline{\qquad}$

(A) $a_1 a_2 a_3 a_4 - b_1 b_2 b_3 b_4$ (B) $a_1 a_2 a_3 a_4 + b_1 b_2 b_3 b_4$
(C) $(a_1 a_2 - b_1 b_2)(a_3 a_4 - b_3 b_4)$ (D) $(a_2 a_3 - b_2 b_3)(a_1 a_4 - b_1 b_4)$

大陸研

解答：(D) $(a_2 a_3 - b_2 b_3)(a_1 a_4 - b_1 b_4)$

【方法一】利用第一列展開

$$|A| = \begin{vmatrix} a_1 & 0 & 0 & b_1 \\ 0 & a_2 & b_2 & 0 \\ 0 & b_3 & a_3 & 0 \\ b_4 & 0 & 0 & a_4 \end{vmatrix} = a_1 \begin{vmatrix} a_2 & b_2 & 0 \\ b_3 & a_3 & 0 \\ 0 & 0 & a_4 \end{vmatrix} - b_1 \begin{vmatrix} 0 & a_2 & b_2 \\ 0 & b_3 & a_3 \\ b_4 & 0 & 0 \end{vmatrix}$$

展開得 $|A| = a_1 a_4 \begin{vmatrix} a_2 & b_2 \\ b_3 & a_3 \end{vmatrix} - b_1 b_4 \begin{vmatrix} a_2 & b_2 \\ b_3 & a_3 \end{vmatrix}$

得　　$|A| = (a_1a_4 - b_1b_4)\begin{vmatrix} a_2 & b_2 \\ b_3 & a_3 \end{vmatrix} = (a_2a_3 - b_2b_3)(a_1a_4 - b_1b_4)$

【方法二】兩列互換二次及兩行互換二次

$$|A| = \begin{vmatrix} a_1 & 0 & 0 & b_1 \\ 0 & a_2 & b_2 & 0 \\ 0 & b_3 & a_3 & 0 \\ b_4 & 0 & 0 & a_4 \end{vmatrix} = (-1)^2(-1)^2 \begin{vmatrix} a_1 & b_1 & 0 & 0 \\ b_4 & a_4 & 0 & 0 \\ 0 & 0 & a_2 & b_2 \\ 0 & 0 & b_3 & a_3 \end{vmatrix}$$

得　　$|A| = (a_2a_3 - b_2b_3)(a_1a_4 - b_1b_4)$

範例 22：直接拉氏展開(高階)

For $A = \begin{bmatrix} 2 & 0 & 0 & 3 \\ 1 & 1 & 0 & 0 \\ 1 & 1 & 1 & 0 \\ 5 & 1 & 1 & 9 \end{bmatrix}$, Find $\det(A)$

成大製造所乙

解答：

$$|A| = \begin{vmatrix} 2 & 0 & 0 & 3 \\ 1 & 1 & 0 & 0 \\ 1 & 1 & 1 & 0 \\ 5 & 1 & 1 & 9 \end{vmatrix} = 2 \cdot \begin{vmatrix} 1 & 0 & 0 \\ 1 & 1 & 0 \\ 1 & 1 & 9 \end{vmatrix} - 3 \begin{vmatrix} 1 & 1 & 0 \\ 1 & 1 & 1 \\ 5 & 1 & 1 \end{vmatrix}$$

$$|A| = \begin{vmatrix} 2 & 0 & 0 & 3 \\ 1 & 1 & 0 & 0 \\ 1 & 1 & 1 & 0 \\ 5 & 1 & 1 & 9 \end{vmatrix} = 18 - 12 = 6$$

第十七節　行列式之基本定理

根據行列式值之拉氏展開法，可逐步推導出一些行列式所擁有的重要基本定理，利用這些定理，可大大簡化一些特殊或高階行列式值之計算繁雜工作。

基本定理一：(行列式轉置定理) 行列互換，其行列式值不變

> 若 $A = [a_{ij}] \in R^{n \times n}$，則 $\det(A) = \det(A)^T$

交大電信所

【證明】

利用拉氏展開法之定義，可得知

$$|A| = \sum_{j=1}^{n} a_{ij} A_{ij} = a_{i1} A_{i1} + a_{i2} A_{i2} + \cdots + a_{in} A_{in}，對某一特定第 i 列$$

或

$$|A| = \sum_{i=1}^{n} a_{ij} A_{ij} = a_{1j} A_{1j} + a_{2j} A_{2j} + \cdots + a_{nj} A_{nj}，對某一特定第 j 行$$

故　$|A| = |A^T|$

※ 基本定理二：兩列互換

> 若 $A = [a_{ij}] \in R^{n \times n}$，若兩列互換得 B，則 $\det(A) = -\det(B)$

【證明】利用拉氏展開法

1. 先證明：若 $A = [a_{ij}] \in R^{n \times n}$，若相鄰兩列 $(i, i+1)$ 互換得 B，則
   $\det(A) = -\det(B)$

選 A 中第 i 列展開行列式值，得

$$|A| = a_{i1}A_{i1} + a_{i2}A_{i2} + \cdots + a_{in}A_{in}$$

或　　$|A| = (-1)^{i+1}a_{i1}M_{i1} + (-1)^{i+2}a_{i2}M_{i2} + \cdots + (-1)^{i+n}a_{in}M_{in}$

同理，選 B 中第 $i+1$ 列展開行列式值，得

$$|B| = a_{i+1,1}A_{+1,1} + a_{i+1,2}A_{+1,2} + \cdots + a_{i+1,n}A_{i+1,n}$$

或　　$|B| = (-1)^{i+2}a_{i+1,1}M_{i+1,1} + (-1)^{i+3}a_{i+1,2}M_{i+1,2} + \cdots + (-1)^{i+1+n}a_{i+1,n}M_{i+1,n}$

代入　$|B| = (-1)^{i+2}a_{i,1}M_{i,1} + (-1)^{i+3}a_{i,2}M_{i,2} + \cdots + (-1)^{i+1+n}a_{i,n}M_{i,n}$

得　　$|B| = -|A|$

2. 再證明：若 $A = [a_{ij}] \in R^{n \times n}$，若任兩列互換得 B，則 $\det(A) = -\det(B)$

   任兩列 $(i, i+m)$ 互換得 B，相當於作 $m+m-1 = 2m-1$ 奇數次之相鄰兩列互換，故

   $$|B| = -|A|$$

※ 基本定理三：兩列（行）相同

若 $A = [a_{ij}] \in R^{n \times n}$，若兩列（或行）相同，則 $\det(A) = 0$

【證明】

設 A 中第 r 列與第 s 列相同，且 $r \neq s$。

設 B 為 A 中第 r 列與第 s 列互換後所得方矩陣，得 $B = P_{ij}A$

但基本列矩陣 $|P_{ij}| = -1$，代入上式行列式 $|B| = |P_{ij}||A| = -|A|$

又 $B = A$，代入上式，即 $|B| = |A| = -|A|$，故得證 $|A| = 0$

※ 基本定理四：（行列式公因數法則）

「行列中某行有公因數c，則公因數c可提到行列式外」。

$$
\text{若}\ |A| = \begin{vmatrix} a_{11} & a_{12} & \cdots & a_{1n} \\ \vdots & \vdots & & \vdots \\ ca_{i1} & ca_{i2} & \cdots & ca_{in} \\ \vdots & \vdots & & \vdots \\ a_{n1} & a_{n2} & & a_{nn} \end{vmatrix}, \quad \text{則}\ |A| = c\begin{vmatrix} a_{11} & a_{12} & \cdots & a_{1n} \\ \vdots & \vdots & & \vdots \\ a_{i1} & a_{i2} & \cdots & a_{in} \\ \vdots & \vdots & & \vdots \\ a_{n1} & a_{n2} & & a_{nn} \end{vmatrix}
$$

【證明】

選 A 中有公因式之第 i 列展開行列式值，得

$$|A| = ca_{i1}A_{i1} + ca_{i2}A_{i2} + \cdots + ca_{in}A_{in}$$

題出公因式 c，得

$$|A| = c(a_{i1}A_{i1} + a_{i2}A_{i2} + \cdots + a_{in}A_{in})$$

得

$$
|A| = c\begin{vmatrix} a_{11} & a_{12} & \cdots & a_{1n} \\ \vdots & \vdots & & \vdots \\ a_{i1} & a_{i2} & \cdots & a_{in} \\ \vdots & \vdots & & \vdots \\ a_{n1} & a_{n2} & & a_{nn} \end{vmatrix}
$$

※ 基本定理五：

「若 A 為 $n \times n$ 階矩陣，則 $\det(aA) = a^n \det(A)$」

【證明】

利用上述基本定理四，若行列中某行有公因數 c，則公因數 c 可提到行列式外，而

$$|aA| = \begin{vmatrix} a\,a_{11} & a\,a_{12} & \cdots & a\,a_{1n} \\ \vdots & \vdots & & \vdots \\ a\,a_{i1} & a\,a_{i2} & \cdots & a\,a_{in} \\ \vdots & \vdots & & \vdots \\ a\,a_{n1} & a\,a_{n2} & & a\,a_{nn} \end{vmatrix}$$

式中每一列都有一個公因式 a，共提出 n 個 a，故得證

$$|aA| = a^n \begin{vmatrix} a_{11} & a_{12} & \cdots & a_{1n} \\ \vdots & \vdots & & \vdots \\ a_{i1} & a_{i2} & \cdots & a_{in} \\ \vdots & \vdots & & \vdots \\ a_{n1} & a_{n2} & & a_{nn} \end{vmatrix} = a^n |A| \tag{9}$$

【分析】

令　$a = -1$，代入上式，得

$$\det(-A) = (-1)^n \det(A) \quad 或 \quad |-A| = (-1)^n |A|$$

※ 基本定理六：(行列式加法法則)

「行列中某列是兩個數之和，則可拆成兩個行列式之和」

若 $|A| = \begin{vmatrix} a_{11} & a_{12} & \cdots & a_{1n} \\ \vdots & \vdots & & \vdots \\ b_{i1}+c_{i1} & b_{i2}+c_{i2} & \cdots & b_{in}+c_{in} \\ \vdots & \vdots & & \vdots \\ a_{n1} & a_{n2} & & a_{nn} \end{vmatrix}$，則

$$|A| = \begin{vmatrix} a_{11} & a_{12} & \cdots & a_{1n} \\ \vdots & \vdots & & \vdots \\ b_{i1} & b_{i2} & \cdots & b_{in} \\ \vdots & \vdots & & \vdots \\ a_{n1} & a_{n2} & & a_{nn} \end{vmatrix} + \begin{vmatrix} a_{11} & a_{12} & \cdots & a_{1n} \\ \vdots & \vdots & & \vdots \\ c_{i1} & c_{i2} & \cdots & c_{in} \\ \vdots & \vdots & & \vdots \\ a_{n1} & a_{n2} & & a_{nn} \end{vmatrix}$$

【證明】

利用拉氏展開法,選有兩述相加之第 i 列元素展開,得

$$|A| = \begin{vmatrix} a_{11} & a_{12} & \cdots & a_{1n} \\ \vdots & \vdots & & \vdots \\ b_{i1}+c_{i1} & b_{i2}+c_{i2} & \cdots & b_{in}+c_{in} \\ \vdots & \vdots & & \vdots \\ a_{n1} & a_{n2} & & a_{nn} \end{vmatrix}$$
$$= (b_{i1}+c_{i1})A_{i1} + (b_{i2}+c_{i2})A_{i2} + \cdots + (b_{in}+c_{in})A_{in}$$

分開成兩部分之和

$$|A| = (b_{i1}A_{i1} + b_{i2}A_{i2} + \cdots + b_{in}A_{in}) + (c_{i1}A_{i1} + c_{i2}A_{i2} + \cdots + c_{in}A_{in})$$

再分別利用拉氏展開法,反推原兩行列式,並得證

$$|A| = \begin{vmatrix} a_{11} & a_{12} & \cdots & a_{1n} \\ \vdots & \vdots & & \vdots \\ b_{i1} & b_{i2} & \cdots & b_{in} \\ \vdots & \vdots & & \vdots \\ a_{n1} & a_{n2} & & a_{nn} \end{vmatrix} + \begin{vmatrix} a_{11} & a_{12} & \cdots & a_{1n} \\ \vdots & \vdots & & \vdots \\ c_{i1} & c_{i2} & \cdots & c_{in} \\ \vdots & \vdots & & \vdots \\ a_{n1} & a_{n2} & & a_{nn} \end{vmatrix}$$

※ 基本定理七：行列式乘法定理

若 $A, B \in R^{n \times n}$，則 $\det(AB) = \det(A)\det(B)$　　　　　　　　(10)

成大電機所、交大電信所、交大資工所

【證明】利用 Laplace 展開法（或餘因式展開法）證明。

已知　　　　　　　　$A, B \in R^{n \times n}$

利用　　　　　　　　$P = \begin{bmatrix} A & 0 \\ -I & B \end{bmatrix}$，其中 $P \in R^{2n \times 2n}$

※分兩部分證明：先證 $|P| = |A||B|$，再證 $|P| = |AB|$

(1) 利用 Laplace 展開法（或餘因式展開法）對 P 展開，

得證　　$|P| = |A||B|$。

（可利用 2 階矩陣 A, B 作運算，再推廣至 n 階）

令　$P = \begin{bmatrix} A & 0 \\ -I & B \end{bmatrix} = \begin{bmatrix} a_{11} & a_{12} & 0 & 0 \\ a_{21} & a_{22} & 0 & 0 \\ -1 & 0 & b_{11} & b_{12} \\ 0 & -1 & b_{21} & b_{22} \end{bmatrix}$

進行 Laplace 展開法

$\begin{vmatrix} a_{11} & a_{12} & 0 & 0 \\ a_{21} & a_{22} & 0 & 0 \\ -1 & 0 & b_{11} & b_{12} \\ 0 & -1 & b_{21} & b_{22} \end{vmatrix} = a_{11} \begin{vmatrix} a_{22} & 0 & 0 \\ 0 & b_{11} & b_{21} \\ -1 & b_{21} & b_{22} \end{vmatrix} - a_{12} \begin{vmatrix} a_{21} & 0 & 0 \\ -1 & b_{11} & b_{21} \\ 0 & b_{21} & b_{22} \end{vmatrix}$

$$\begin{vmatrix} a_{11} & a_{12} & 0 & 0 \\ a_{21} & a_{22} & 0 & 0 \\ -1 & 0 & b_{11} & b_{12} \\ 0 & -1 & b_{21} & b_{22} \end{vmatrix} = a_{11}a_{22}\begin{vmatrix} b_{11} & b_{12} \\ b_{21} & b_{22} \end{vmatrix} - a_{12}a_{21}\begin{vmatrix} b_{11} & b_{12} \\ b_{21} & b_{22} \end{vmatrix}$$

$$\begin{vmatrix} a_{11} & a_{12} & 0 & 0 \\ a_{21} & a_{22} & 0 & 0 \\ -1 & 0 & b_{11} & b_{12} \\ 0 & -1 & b_{21} & b_{22} \end{vmatrix} = (a_{11}a_{22} - a_{12}a_{21})\begin{vmatrix} b_{11} & b_{12} \\ b_{21} & b_{22} \end{vmatrix} = |A||B|$$

(2)進行基本列運算 $H_{i(n+1)}(a_{i1})$，$H_{i(n+2)}(a_{i2})$，…，$H_{i(n+n)}(a_{in})$；$i = 1, 2, \cdots, n$

將上式化成 $P' = \begin{bmatrix} 0 & AB \\ -I & B \end{bmatrix}$

（可利用 2 階矩陣 A, B 作運算，再推廣至 n 階）

令 $P = \begin{bmatrix} A & 0 \\ -I & B \end{bmatrix} = \begin{bmatrix} a_{11} & a_{12} & 0 & 0 \\ a_{21} & a_{22} & 0 & 0 \\ -1 & 0 & b_{11} & b_{12} \\ 0 & -1 & b_{21} & b_{22} \end{bmatrix}$

進行基本列運算

$$\begin{bmatrix} a_{11} & a_{12} & 0 & 0 \\ a_{21} & a_{22} & 0 & 0 \\ -1 & 0 & b_{11} & b_{12} \\ 0 & -1 & b_{21} & b_{22} \end{bmatrix} \begin{matrix} H_{13}(a_{11}) \\ H_{23}(a_{21}) \\ \sim \\ H_{14}(a_{12}) \\ H_{24}(a_{22}) \end{matrix} \begin{bmatrix} 0 & 0 & a_{11}b_{11}+a_{12}b_{21} & a_{11}b_{12}+a_{12}b_{12} \\ 0 & 0 & a_{21}b_{11}+a_{22}b_{21} & a_{21}b_{12}+a_{21}b_{22} \\ -1 & 0 & b_{11} & b_{12} \\ 0 & -1 & b_{21} & b_{22} \end{bmatrix}$$

上式為 $P' = \begin{bmatrix} 0 & AB \\ -I & B \end{bmatrix}$

因將 P 進行第三型基本保值列運算得 P'，故 $|P| = |P'|$

利用拉氏展開法取行列式值為 $|P'| = \begin{vmatrix} 0 & AB \\ -I & B \end{vmatrix} = |AB|$

$\begin{bmatrix} 0 & 0 & a_{11}b_{11}+a_{12}b_{21} & a_{11}b_{12}+a_{12}b_{12} \\ 0 & 0 & a_{21}b_{11}+a_{22}b_{21} & a_{21}b_{12}+a_{21}b_{22} \\ -1 & 0 & b_{11} & b_{12} \\ 0 & -1 & b_{21} & b_{22} \end{bmatrix} = -1\begin{vmatrix} 0 & AB \\ -1 & \cdots \end{vmatrix} = (-1)^2|AB|$

※ 基本定理八：

> $\det(AB) = \det(BA)$ 只有在 A，B 皆為方矩陣時方成立。

【證明】

因已知　　　　　$\det(AB) = \det(A)\det(B)$

及　　　　　　　$\det(BA) = \det(B)\det(A)$

故　　　　　　　$\det(AB) = \det(BA)$

【觀念分析】

1. 一般，A，B 皆為方矩陣時 $AB \neq BA$，但 $\det(AB) = \det(BA)$ 及 $tr(AB) = tr(BA)$。
2. 一般，A，B 皆為方矩陣時 $\det(AB) = \det(A)\det(B)$，但 $tr(AB) \neq tr(A)tr(B)$。
3. 若 A 為 n 階方矩陣，則 $\det(A^2) = (\det(A))^2$

【證明】

由上式，可得知　$\det(A^2) = \det(A)\det(A) = (\det(A))^2$

4. 若 A 為可逆矩陣，則 $\det(A^{-1}) = \dfrac{1}{\det(A)}$

【證明】

$$\det(AA^{-1}) = \det(A)\det(A^{-1}) = \det(I) = 1 \text{,得 } \det(A^{-1}) = \frac{1}{\det(A)}$$

5. 若 $A = [a_{ij}] \in R^{n \times n}$，則

   (a) 若 P 為基本列矩陣，則 $\det(PA) = \det(P)\det(A)$
   (b) 若 Q 為基本行矩陣，則 $\det(AQ) = \det(A)\det(Q)$

   交大電信所

範例 23

(5%) $\det(2I_n) = $ _____ 。

交大資工數學

解答：

$$\det(2I_n) = 2^n|I| = 2^n$$

範例 24

Given that $A = \begin{bmatrix} r & s & t \\ u & v & w \\ x & y & z \end{bmatrix}$ and $\det(A) = 5$, evaluate the determinant:

(a) $\det(-4A)$
(b) $\det(A^{-1})$
(c) $\det(A^2)$
(d) $\det(A^T)$
(e) $\det((3A^{-1})^T)$
(f) $\det\begin{bmatrix} t & r & s \\ w & u & v \\ z & x & y \end{bmatrix}$

交大電子所

解答：

(a) $\det(-4A) = (-4)^3 \cdot 5 = -320$ (b) $\det(A^{-1}) = \dfrac{1}{\det(A)} = \dfrac{1}{5}$

(c) $\det(A^2) = (\det(A))^2 = 5^2 = 25$ (d) $\det(A^T) = \det(A) = 5$

(e) $\det\left((3A^{-1})^T\right) = \det(3A^{-1}) = 3^3 \det(A^{-1}) = \dfrac{27}{5}$

(f) $\det\begin{pmatrix}\begin{bmatrix} t & r & s \\ w & u & v \\ z & x & y \end{bmatrix}\end{pmatrix} = 5$

範例 25 行列式之推理計算

設 A，B 為 n 階方矩陣，滿足 $AB = 0$，則必有
(A) $A = 0$ 或 $B = 0$　(B) $A + B = 0$　(C) $|A| = 0$ 或 $|B| = 0$　(D) $|A| + |B| = 0$。

解答：(C) $|A| = 0$ 或 $|B| = 0$

已知　　　　　　　　$AB = 0$

已知　　　　　　　　$|AB| = |A||B|$

代入　　　　　　　　$|AB| = |A||B| = 0$

得　　　　　　　　　$|A| = 0$ 或 $|B| = 0$

範例 26

設 A，B 為 n 階方矩陣，A 為非零且滿足 $AB = 0$，則必有
(A) $B = 0$　(B) $|A| = 0$ 或 $|B| = 0$
(C) $BA = 0$　(D) $(A - B)^2 = A^2 + B^2$。

解答：(B) $|A| = 0$ 或 $|B| = 0$

已知　　　　　　　　$AB = 0$

令　　　　　　　　　$|AB| = |A||B| = 0$

得　　　　　　　　　$|A| = 0$ 或 $|B| = 0$

【分析】(D) $(A-B)^2 = A^2 + B^2$

$$(A-B)^2 = A^2 - AB - BA + B^2$$

其中 $AB = 0$，但 $BA \neq 0$，故 $(A-B)^2 \neq A^2 + B^2$

第十八節　簡易行列式之直接計算

一般高階行列式值的展開求值，若利用拉氏展開法求，蠻繁雜的。若對某一些特殊的幾種較簡易行列式值的展開，整理如下：

※ n 階上三角矩陣 A

$$A = \begin{bmatrix} a_{11} & a_{12} & \cdots & a_{1n} \\ 0 & a_{22} & \cdots & a_{2n} \\ \vdots & \vdots & \ddots & \vdots \\ 0 & 0 & \cdots & a_{nn} \end{bmatrix}$$

其行列式值為

$$|A| = \begin{vmatrix} a_{11} & a_{12} & \cdots & a_{1n} \\ 0 & a_{22} & \cdots & a_{2n} \\ \vdots & \vdots & \ddots & \vdots \\ 0 & 0 & \cdots & a_{nn} \end{vmatrix} = a_{11} a_{22} \cdots a_{nn}$$

【證明】

利用拉氏展開法，選第一行元素展開，得

$$|A| = a_{11}A_{11} + 0A_{21} + \cdots + 0A_{n1} = a_{11}A_{11}$$

$$|A| = a_{11}M_{11} = a_{11}\begin{vmatrix} a_{22} & a_{22} & \cdots & a_{2n} \\ 0 & a_{33} & \cdots & a_{3n} \\ \vdots & \vdots & \ddots & \vdots \\ 0 & 0 & \cdots & a_{nn} \end{vmatrix}$$

重複上述步驟，依序可求的對角線元素乘積

$$|A| = a_{11}a_{22}\cdots a_{nn}$$

※已知 n 階對角矩陣 A

$$A = \begin{bmatrix} a_{11} & 0 & \cdots & 0 \\ 0 & a_{22} & \cdots & 0 \\ \vdots & \vdots & \ddots & \vdots \\ 0 & 0 & \cdots & a_{nn} \end{bmatrix}$$

其行列式值為

$$|A| = \begin{vmatrix} a_{11} & 0 & \cdots & 0 \\ 0 & a_{22} & \cdots & 0 \\ \vdots & \vdots & \ddots & \vdots \\ 0 & 0 & \cdots & a_{nn} \end{vmatrix} = a_{11}a_{22}\cdots a_{nn}$$

範例 27

Find the determinant of matrix, $A = \begin{bmatrix} 2 & 25 & 56 & 24 & 74 \\ 0 & -3 & 91 & -41 & -75 \\ 0 & 0 & 6 & 82 & -74 \\ 0 & 0 & 0 & 9 & 87 \\ 0 & 0 & 0 & 0 & 4 \end{bmatrix}$

逢甲線代應數大三轉

解答

$$|A| = \begin{vmatrix} 2 & 25 & 56 & 24 & 74 \\ 0 & -3 & 91 & -41 & -75 \\ 0 & 0 & 6 & 82 & -74 \\ 0 & 0 & 0 & 9 & 87 \\ 0 & 0 & 0 & 0 & 4 \end{vmatrix} = 2 \cdot (-3) \cdot 6 \cdot 9 \cdot 4 = -1296$$

範例 28

Find the determinant of a real matrix K, where

$$\begin{bmatrix} 0 & a & b & c & d \\ -a & 0 & e & f & g \\ -b & -e & 0 & h & i \\ -c & -f & -h & 0 & j \\ -d & -g & -i & -j & 0 \end{bmatrix}$$

交大電電子所甲

解答：

取轉置矩陣，得

$$K^T = -K$$

取行列式

$$\left|K^T\right|=\left|-K\right|$$

得

$$|K|=(-1)^5|K|=-|K|$$

故得
$$|K|=\begin{vmatrix} 0 & a & b & c & d \\ -a & 0 & e & f & g \\ -b & -e & 0 & h & i \\ -c & -f & -h & 0 & j \\ -d & -g & -i & -j & 0 \end{vmatrix}=0$$

第十九節　保值運算

若一 n 階行列式 $|A|$，在展開前，先利用三大基本列運算後，再計算其行列式值，結果，得運算後行列式值之變化情況如下：

1. 第一種基本行、列運算：

一 n 階行列式 $|A|$，經基本列運算 H_{ij} 後，得兩列互換後，行列式 $|A|$ 值多一個負號。

即：矩陣 A 經基本列運算 H_{ij} 後得矩陣 B，則 $|B|=-|A|$。

【證明】

矩陣 A 經基本列運算 H_{ji} 後得矩陣 B，即 $P_{ji}A=B$

其中基本列矩陣 P_{ji} 為　將單位矩陣 I_n 經基本列運算 H_{ji} 後，其行列式值為

$$\det(P_{ji})=|P|=-1$$

代回得 $|B|=|PA|=|P||A|=-|A|$

2. 第二種基本行、列運算：

   n 階行列式 $|A|$，經基本列運算 $H_i(a)$ 後，得行列式 $|A|$ 值多 a 倍。

   即矩陣 A 經基本列運算 $H_i(a)$ 後得矩陣 B，則 $|B| = a|A|$。

   【觀念分析】

   ※ 矩陣 A 經基本列運算 $H_i(a)$ 後得矩陣 B，即 $P_i(a)A = B$
   $\det(P_i(a)) = a$

   【證明】

   矩陣 A 經基本列運算 $H_i(a)$ 後得矩陣 B，即 $P_i A = B$

   其中基本列矩陣 P_i 為 將單位矩陣 I_n 經基本列運算 $H_i(a)$ 後，其行列式值為

   $\det(P_i) = a$

   代回得 $|B| = |PA| = |P||A| = a|A|$

3. 第三種基本行、列運算：

   n 階行列式 $|A|$，經基本列運算 $H_{ji}(a)$ 後，得行列式 $|A|$ 值不變，稱此基本列運算 $H_{ji}(a)$ 為保值運算。

   即矩陣 A 經基本列運算 $H_{ji}(a)$ 後得矩陣 B，則 $|B| = |A|$。

   【證明】（以行運算證明）

   設矩陣 A 經基本列運算 $H_{ji}(a)$ 後得矩陣 B，且 $i < j$，即

   若　　$A = \begin{bmatrix} A^{(1)} & \cdots & A^{(i)} & \cdots & A^{(j)} & \cdots & A^{(n)} \end{bmatrix}$

   則　　$B = \begin{bmatrix} A^{(1)} & \cdots & A^{(i)} & \cdots & aA^{(i)} + A^{(j)} & \cdots & A^{(n)} \end{bmatrix}$

   則行列式 $|B| = \begin{vmatrix} A^{(1)} & \cdots & A^{(i)} & \cdots & aA^{(i)} + A^{(j)} & \cdots & A^{(n)} \end{vmatrix}$

   利用行列式加法特性，將上式分開

$$|B| = \begin{vmatrix} A^{(1)} & \cdots & aA^{(i)} & \cdots & A^{(i)} & \cdots & A^{(n)} \end{vmatrix}$$
$$+ \begin{vmatrix} A^{(1)} & \cdots & A^{(i)} & \cdots & A^{(j)} & \cdots & A^{(n)} \end{vmatrix}$$

或

$$|B| = a\begin{vmatrix} A^{(1)} & \cdots & A^{(i)} & \cdots & A^{(i)} & \cdots & A^{(n)} \end{vmatrix}$$
$$+ \begin{vmatrix} A^{(1)} & \cdots & A^{(i)} & \cdots & A^{(j)} & \cdots & A^{(n)} \end{vmatrix}$$

上式第一項，有兩列向量相同，故其行列式值為 0，即

$$|B| = a \cdot 0 + |A| = |A|$$

【觀念分析】

矩陣 A 經基本列運算 $H_{ji}(a)$ 後得矩陣 B，即 $P_{ji}(a)A = B$

$\det(P_{ji}(a)) = 1$

故 $B = |P_{ji}(a)A| = |P_{ji}(a)||A| = |A|$

第二十節　保值運算法（高階行列式）

一矩陣 A 經三大基本行、列運算後，其剩下矩陣 B，之行列式值，沒有變的只有第三個基本運算：$H_{ji}(a)$ 或 $K_{ji}(a)$，因此，只反復使用第三個基本運算，將矩陣 A，化簡成上三角矩陣，則就可很快求得其行列式值，此計算流程，稱為保值運算法。

即，利用一連串保值運算，或基本列運算 $H_{ji}(a)$，將一 n 階行列式 $|A|$，化簡成上或下三角矩陣形式之行列式，形式如：

$$|A| = \begin{vmatrix} a_{11} & a_{12} & \cdots & a_{1n} \\ 0 & a_{22} & \cdots & a_{2n} \\ \vdots & \vdots & \ddots & \vdots \\ 0 & 0 & \cdots & a_{nn} \end{vmatrix}$$

則上式行列式值為對角元素之乘積，即

$$|A| = \begin{vmatrix} a_{11} & a_{12} & \cdots & a_{1n} \\ 0 & a_{22} & \cdots & a_{2n} \\ \vdots & \vdots & \ddots & \vdots \\ 0 & 0 & \cdots & a_{nn} \end{vmatrix} = a_{11} \cdot a_{22} \cdots a_{nn}$$

範例 29

Find the value of the determinant

$$\begin{vmatrix} 3 & 1 & -1 & -1 & 1 \\ 0 & 3 & 1 & 1 & 2 \\ 1 & 4 & 2 & 2 & 1 \\ 5 & -1 & -3 & -3 & 5 \\ -1 & 1 & 1 & 2 & 2 \end{vmatrix}$$

台大化工所 E

解答：

$$\underset{H_{12}}{\overset{H_{23}}{\sim}} \begin{vmatrix} 1 & 4 & 2 & 2 & 1 \\ 3 & 1 & -1 & -1 & 1 \\ 0 & 3 & 1 & 1 & 2 \\ 5 & -1 & -3 & -3 & 5 \\ -1 & 1 & 1 & 2 & 2 \end{vmatrix} \underset{\substack{H_{41}(-5) \\ H_{51}(1)}}{\overset{H_{21}(-3)}{\sim}} \begin{vmatrix} 1 & 4 & 2 & 2 & 1 \\ 0 & -11 & -7 & -7 & -2 \\ 0 & 3 & 1 & 1 & 2 \\ 0 & -21 & -13 & -13 & 0 \\ 0 & 5 & 3 & 4 & 3 \end{vmatrix}$$

$$\begin{vmatrix} 1 & 4 & 2 & 2 & 1 \\ 0 & -11 & -7 & -7 & -2 \\ 0 & 3 & 1 & 1 & 2 \\ 0 & -21 & -13 & -13 & 0 \\ 0 & 5 & 3 & 4 & 3 \end{vmatrix} = \begin{vmatrix} -11 & -7 & -7 & -2 \\ 3 & 1 & 1 & 2 \\ -21 & -13 & -13 & 0 \\ 5 & 3 & 4 & 3 \end{vmatrix}$$

$$\underset{H_{32}(13)}{\overset{H_{12}(7)}{\sim}} \begin{vmatrix} 10 & 0 & 0 & 12 \\ 3 & 1 & 1 & 2 \\ 18 & 0 & 0 & 26 \\ 5 & 3 & 4 & 3 \end{vmatrix} \overset{K_{32}(-1)}{\sim} \begin{vmatrix} 10 & 0 & 0 & 12 \\ 3 & 1 & 0 & 2 \\ 18 & 0 & 0 & 26 \\ 5 & 3 & 1 & 3 \end{vmatrix} = -1 \cdot \begin{vmatrix} 10 & 0 & 12 \\ 3 & 1 & 2 \\ 18 & 0 & 26 \end{vmatrix}$$

$$-1 \cdot \begin{vmatrix} 10 & 0 & 12 \\ 3 & 1 & 2 \\ 18 & 0 & 26 \end{vmatrix} = -1 \cdot 1 \cdot \begin{vmatrix} 10 & 12 \\ 18 & 26 \end{vmatrix} = -260 + 216 = -44$$

範例 30：特殊行列式值 (每一列元素和為常數)

試求行列式值 $\begin{vmatrix} a-b & b-c & c-a \\ b-c & c-a & a-b \\ c-a & a-b & b-c \end{vmatrix}$

台科大營建所

解答：

作基本行運算　　　$K_{1j}(1)$，$j = 2, 3$

得

$$\begin{vmatrix} a-b & b-c & c-a \\ b-c & c-a & a-b \\ c-a & a-b & b-c \end{vmatrix} = \begin{vmatrix} 0 & b-c & c-a \\ 0 & c-a & a-b \\ 0 & a-b & b-c \end{vmatrix} = 0$$

範例 31：

$$試求 |A_n| = \begin{vmatrix} x+a & a & a & & a \\ a & x+a & a & \cdots & a \\ a & a & x+a & & a \\ & & \cdots & & \\ a & a & a & & x+a \end{vmatrix}$$

北科大電腦通訊所

解答：$|A| = (x+na)x^{n-1}$

作基本行運算　　　$K_{1j}(1)$，$j=2,\cdots,n$

得

$$|A| = \begin{vmatrix} x+na & a & a & & a \\ x+na & x+a & a & \cdots & a \\ x+na & a & x+a & & a \\ & & \cdots & & \\ x+na & a & a & & x+a \end{vmatrix}$$

提出公因式

$$|A| = (x+na)\begin{vmatrix} 1 & a & a & & a \\ 1 & x+a & a & \cdots & a \\ 1 & a & x+a & & a \\ & & \cdots & & \\ 1 & a & a & & x+a \end{vmatrix}$$

作基本列運算　　　$H_{i1}(-1)$，$i=2,\cdots,n$

$$|A| = (x+na)\begin{vmatrix} 1 & a & a & & a \\ 0 & x & 0 & \cdots & 0 \\ 0 & 0 & x & & 0 \\ & & \cdots & & 0 \\ 0 & 0 & 0 & & x \end{vmatrix}$$

最後得 $\quad |A| = (x+na)x^{n-1}$

範例 32

試求 $|A| = \begin{vmatrix} 1 & a & a & a & a \\ a & 1 & a & a & a \\ a & a & 1 & a & a \\ a & a & a & 1 & a \\ a & a & a & a & 1 \end{vmatrix}$

【84 交大機械所】

解答：$|A| = (1+4a)(1-a)^4$

作基本行運算 $\quad K_{1j}(1)$，$j = 2,\cdots,5$

得 $\quad |A| = \begin{vmatrix} 1+4a & a & a & a & a \\ 1+4a & 1 & a & a & a \\ 1+4a & a & 1 & a & a \\ 1+4a & a & a & 1 & a \\ 1+4a & a & a & a & 1 \end{vmatrix}$

提出公因式 $\quad |A| = (1+4a)\begin{vmatrix} 1 & a & a & a & a \\ 1 & 1 & a & a & a \\ 1 & a & 1 & a & a \\ 1 & a & a & 1 & a \\ 1 & a & a & a & 1 \end{vmatrix}$

作基本列運算 $\quad H_{i1}(-1)$，$i = 2,\cdots,5$

$$|A| = (1+4a)\begin{vmatrix} 1 & a & a & a & a \\ 0 & 1-a & 0 & 0 & 0 \\ 0 & 0 & 1-a & 0 & 0 \\ 0 & 0 & 0 & 1-a & 0 \\ 0 & 0 & 0 & 0 & 1-a \end{vmatrix}$$

最後得 $\quad |A| = (1+4a)(1-a)^4$

範例 33

試求 $|A| = \begin{vmatrix} x & 1 & \cdots & 1 \\ 1 & x & \cdots & 1 \\ \vdots & \vdots & & \vdots \\ 1 & 1 & \cdots & x \end{vmatrix}$

解答：$|A| = (x+n-1)(x-1)^{n-1}$

作基本行運算 $\quad K_{1j}(1)$ ，$j = 2, \cdots, n$

得 $\quad |A| = \begin{vmatrix} x+(n-1) & 1 & \cdots & 1 \\ x+(n-1) & x & \cdots & 1 \\ \vdots & \vdots & & \vdots \\ x+(n-1) & 1 & \cdots & x \end{vmatrix}$

$$|A| = (x+n-1)\begin{vmatrix} 1 & 1 & \cdots & 1 \\ 1 & x & \cdots & 1 \\ \vdots & \vdots & & \vdots \\ 1 & 1 & \cdots & x \end{vmatrix}$$

作基本列運算 $\quad H_{i1}(-1)$ ，$i = 2, \cdots, n$

$$|A| = (x+n-1)\begin{vmatrix} 1 & 1 & \cdots & 1 \\ 0 & x-1 & \cdots & 0 \\ \vdots & \vdots & & \vdots \\ 0 & 0 & \cdots & x-1 \end{vmatrix}$$

得 $\qquad |A| = (x+n-1)(x-1)^{n-1}$

第二十一節　矩陣分割之行列式值展開

若一 n 階矩陣 A，其行列值 $|A|$ 之計算，首先考慮採用

(1) 拉氏展開法：一般較適用於三階行列式以下。

(2) 若大於三階以上，則利用保值運算法化簡。

(3) 若更高階，保值運算法仍很繁，此時可考慮將行列式分割成幾個較小行列式，分別求值。此法稱矩陣分割法。

※分割定理一：

已知　　$A \in R^{n \times n}$，$B \in R^{m \times m}$，則 $\begin{vmatrix} A & 0 \\ C & B \end{vmatrix} = |A\|B|$

【證明】

取二階矩陣為例，證明之

$$\begin{vmatrix} A & 0 \\ C & B \end{vmatrix} = \begin{vmatrix} a_{11} & a_{12} & 0 & 0 \\ a_{21} & a_{22} & 0 & 0 \\ c_{11} & c_{12} & b_{11} & b_{12} \\ c_{21} & c_{22} & b_{21} & b_{22} \end{vmatrix}$$

$$\begin{vmatrix} a_{11} & a_{12} & 0 & 0 \\ a_{21} & a_{22} & 0 & 0 \\ c_{11} & c_{12} & b_{11} & b_{12} \\ c_{21} & c_{22} & b_{21} & b_{22} \end{vmatrix} \underset{K_{43}\left(-\frac{b_{12}}{b_{11}}\right)}{\overset{K_{21}\left(-\frac{a_{12}}{a_{11}}\right)}{\sim}} \begin{vmatrix} a_{11} & 0 & 0 & 0 \\ a_{21} & a_{22}-\frac{a_{12}}{a_{11}}a_{21} & 0 & 0 \\ c_{11} & c_{12}-\frac{a_{12}}{a_{11}}c_{11} & b_{11} & 0 \\ c_{21} & c_{22}-\frac{a_{12}}{a_{11}}c_{21} & b_{21} & b_{22}-\frac{b_{12}}{b_{11}}b_{21} \end{vmatrix}$$

$$\begin{vmatrix} A & 0 \\ C & B \end{vmatrix} = a_{11}\left(a_{22}-\frac{a_{12}}{a_{11}}a_{21}\right)\cdot b_{11}\left(b_{22}-\frac{b_{12}}{b_{11}}b_{21}\right)$$

或 $\begin{vmatrix} A & 0 \\ C & B \end{vmatrix} = (a_{11}a_{22}-a_{12}a_{21})\cdot(b_{11}b_{22}-b_{12}b_{21}) = |A\|B|$

※分割定理二：

> 已知　　$A \in R^{n \times n}$，$B \in R^{m \times m}$，則 $\begin{vmatrix} A & 0 \\ 0 & B \end{vmatrix} = |A\|B|$

證明：

利用分割定理一，已知

$$\begin{vmatrix} A & 0 \\ C & B \end{vmatrix} = |A\|B|$$

令　$C = 0$，代入得證 $\begin{vmatrix} A & 0 \\ 0 & B \end{vmatrix} = |A\|B|$

※分割定理三：

$$\text{已知} \quad A \in R^{n \times n} , B \in R^{m \times m} , \text{則} \quad \begin{vmatrix} 0 & A \\ A & C \end{vmatrix} = (-1)^n |A|^2$$

【證明】

已知 $M = \begin{bmatrix} 0 & A \\ A & 0 \end{bmatrix}$

【方法一】

經第 i 列與第 $n+i$ 列互換，$i = 1, 2, \cdots, n$，得 $\begin{bmatrix} A & 0 \\ 0 & A \end{bmatrix}$

故得行列式值 $\det(M) = (-1)^n \det\left(\begin{bmatrix} A & 0 \\ 0 & A \end{bmatrix}\right) = (-1)^n \det(A)\det(A)$

代回得 $\det(M) = (-1)^n [\det(A)]^2$

【方法二】見下例

$$\begin{vmatrix} 0 & A \\ A & C \end{vmatrix} = (-1)^{n^2} |A|^2 = (-1)^n |A|^2$$

※分割定理四：

$$\text{已知} \quad A \in R^{n \times n} , B \in R^{m \times m} , \text{則} \quad \begin{vmatrix} 0 & A \\ B & C \end{vmatrix} = (-1)^{mn} |A\|B|$$

【證明】

取 2 階矩陣為例

$$\begin{vmatrix} 0 & A \\ B & C \end{vmatrix} = \begin{vmatrix} 0 & 0 & a_{11} & a_{12} \\ 0 & 0 & a_{21} & a_{22} \\ b_{11} & b_{12} & c_{11} & c_{12} \\ b_{21} & b_{22} & c_{21} & c_{22} \end{vmatrix}$$

$$\begin{vmatrix} 0 & 0 & a_{11} & a_{12} \\ 0 & 0 & a_{21} & a_{22} \\ b_{11} & b_{12} & c_{11} & c_{12} \\ b_{21} & b_{22} & c_{21} & c_{22} \end{vmatrix} \underset{K_{24}}{\overset{K_{13}}{\sim}} (-1)^2(-1)^2 \begin{vmatrix} b_{11} & b_{12} & c_{11} & c_{12} \\ b_{21} & b_{22} & c_{21} & c_{22} \\ 0 & 0 & a_{11} & a_{12} \\ 0 & 0 & a_{21} & a_{22} \end{vmatrix}$$

依此類推，得 $A \in R^{n \times n}$，$B \in R^{m \times m}$

$$\begin{vmatrix} 0 & A \\ B & C \end{vmatrix} = \underbrace{(-1)^n(-1)^n \cdots (-1)^n}_{m \text{次}} \begin{vmatrix} B & C \\ 0 & A \end{vmatrix} = (-1)^{n \cdot m} |A||B|$$

範例 34：

Let $A = \begin{bmatrix} 2 & 3 & 0 & 0 \\ 2 & 4 & 0 & 0 \\ 715 & 245 & 1 & 2 \\ 305 & 570 & 2 & 7 \end{bmatrix}$, then $\det(A) = ?$

(A) 0　　(B) 6　　(C) 3115　　(D) −170　　(E) 107

宜蘭大電子所

解答：(B) 6

已知 $A \in R^{n \times n}$，$B \in R^{m \times m}$，則 $\begin{vmatrix} A & 0 \\ C & B \end{vmatrix} = |A||B|$

$$|A| = \begin{vmatrix} 2 & 3 & 0 & 0 \\ 2 & 4 & 0 & 0 \\ 715 & 245 & 1 & 2 \\ 305 & 570 & 2 & 7 \end{vmatrix} = \begin{vmatrix} 2 & 3 \\ 2 & 4 \end{vmatrix} \cdot \begin{vmatrix} 1 & 2 \\ 2 & 7 \end{vmatrix} = 2 \cdot 3 = 6$$

範例 35：

(a) Find the determinant of $\begin{bmatrix} 5 & 0 & 0 \\ 0 & -10 & 2 \\ 0 & 5 & 30 \end{bmatrix}$

(b) Find the determinant of $\begin{bmatrix} 2 & 3 & 0 & 0 \\ 4 & 5 & 0 & 0 \\ 0 & 0 & -10 & 2 \\ 0 & 0 & 5 & 30 \end{bmatrix}$

(c) Find the determinant of $\begin{bmatrix} 2 & 3 & 2 & 0 & 0 \\ 2 & 2 & 3 & 0 & 0 \\ 3 & 4 & 5 & 0 & 0 \\ 0 & 0 & 0 & -10 & 2 \\ 0 & 0 & 0 & 5 & 30 \end{bmatrix}$

(d) Suppose that $A = \begin{bmatrix} P & 0_2 \\ 0_1 & T \end{bmatrix}$

Where A is an n-by-n matrix, P is a r-by-r matrix, 0_1 is a s-by-r matrix, $0_2 = 0_1^T$, and $n = r + s$

Show that $\det(A) = \det(P)\det(T)$

(Fix matrix T and use mathematical induction to prove the above equality with the help of the adjoint of matrix P)

解答：分割矩陣

(a) $\begin{vmatrix} 5 & 0 & 0 \\ 0 & -10 & 2 \\ 0 & 5 & 30 \end{vmatrix} = 5 \cdot \begin{vmatrix} -10 & 2 \\ 5 & 30 \end{vmatrix} = 5 \cdot (-310) = -1550$

(b) $\begin{vmatrix} 2 & 3 & 0 & 0 \\ 4 & 5 & 0 & 0 \\ 0 & 0 & -10 & 2 \\ 0 & 0 & 5 & 30 \end{vmatrix} = \begin{vmatrix} 2 & 3 \\ 4 & 5 \end{vmatrix} \cdot \begin{vmatrix} -10 & 2 \\ 5 & 30 \end{vmatrix} = (-2) \cdot (-310) = 620$

(c) $\begin{vmatrix} 2 & 3 & 2 & 0 & 0 \\ 2 & 2 & 3 & 0 & 0 \\ 3 & 4 & 5 & 0 & 0 \\ 0 & 0 & 0 & -10 & 2 \\ 0 & 0 & 0 & 5 & 30 \end{vmatrix} = \begin{vmatrix} 2 & 3 & 2 \\ 2 & 2 & 3 \\ 3 & 4 & 5 \end{vmatrix} \cdot \begin{vmatrix} -10 & 2 \\ 5 & 30 \end{vmatrix} = (-3) \cdot (-310) = 930$

範例 36：

Find the determinant $|A| = \begin{vmatrix} 3 & -1 & 0 & 0 & 0 \\ 2 & 4 & 0 & 0 & 0 \\ 0 & 0 & 5 & 0 & 0 \\ 0 & 0 & 1 & 2 & 7 \\ 0 & 0 & 3 & -6 & 1 \end{vmatrix}$

交大土木所

解答：

矩陣分割 $|A| = 3080$

$$|A| = \begin{vmatrix} C & 0 \\ 0 & D \end{vmatrix} = |C||D| = \begin{vmatrix} 3 & -1 \\ 2 & 4 \end{vmatrix} \begin{vmatrix} 5 & 0 & 0 \\ 1 & 2 & 7 \\ 3 & -6 & 1 \end{vmatrix} = 14 \cdot 220 = 3080$$

範例 37：

Given the following $2n \times 2n$ partitioned matrix

$$M = \begin{bmatrix} 0 & A \\ A & 0 \end{bmatrix}$$

where A is an $n \times n$ nonsingular matrix, and 0 is the $n \times n$ zero matrix

(a) Perform a sequence of row operations on M such that

$$EM = \begin{bmatrix} I & 0 \\ 0 & A \end{bmatrix}$$

where I is the $n \times n$ identity matrix. What is E?

(b) Obtain $\det(M)$ in terms of $\det(A)$

交大電信所

解答：

令 $E = \begin{bmatrix} U & W \\ V & X \end{bmatrix}$

代入 $EM = \begin{bmatrix} U & W \\ V & X \end{bmatrix}\begin{bmatrix} 0 & A \\ A & 0 \end{bmatrix} = \begin{bmatrix} WA & UA \\ XA & VA \end{bmatrix} = \begin{bmatrix} I & 0 \\ 0 & A \end{bmatrix}$

得 $W = A^{-1}$、$U = 0$、$X = 0$ 及 $V = I$

代回得 $E = \begin{bmatrix} 0 & A^{-1} \\ I & 0 \end{bmatrix}$

(b) $\det(M) = (-1)^n |A|^2$

範例 38：

已知 A, B 為 3 階方陣，且 $|A| = 2$，$|B| = -1$，則 $\begin{vmatrix} 0 & 2A \\ -B & AB \end{vmatrix} = \underline{}$。

解答：$\begin{vmatrix} 0 & 2A \\ -B & AB \end{vmatrix} = -16$

已知 $A \in R^{n \times n}$，$B \in R^{m \times m}$，則 $\begin{vmatrix} A & 0 \\ C & B \end{vmatrix} = |A||B|$

及 $\begin{vmatrix} 0 & A \\ B & C \end{vmatrix} = (-1)^{mn}|A||B|$

故得 $\begin{vmatrix} 0 & 2A \\ -B & AB \end{vmatrix} = (-1)^{3\times 3}|2A|\cdot|-B| = -2^3|A|\cdot(-1)^3|B|$

已知 $|A| = 2$，$|B| = -1$

得 $\begin{vmatrix} 0 & 2A \\ -B & AB \end{vmatrix} = -2^3|A|\cdot(-1)^3|B| = -8\cdot 2\cdot(-1)(-1) = -16$

考題集錦

1. (5%) $A = \begin{bmatrix} 1 & 2 & 4 \\ 2 & 6 & 0 \end{bmatrix}$，$B = \begin{bmatrix} 4 & 1 & 4 & 3 \\ 0 & -1 & 3 & 1 \\ 2 & 7 & 5 & 2 \end{bmatrix}$，試求 AB

政大國貿、企管所

2. 設 $A = \begin{bmatrix} 1 & 0 & 1 \\ 0 & 2 & 0 \\ 1 & 0 & 1 \end{bmatrix}$，而 $n \geq 2$ 之正整數，則 $A^n - 2A^{n-1} = $ _____。

大陸研

3. 矩陣 $A = \begin{bmatrix} \frac{1}{2} & -\frac{1}{2} & -\frac{1}{2} & -\frac{1}{2} \\ -\frac{1}{2} & \frac{1}{2} & -\frac{1}{2} & -\frac{1}{2} \\ -\frac{1}{2} & -\frac{1}{2} & \frac{1}{2} & -\frac{1}{2} \\ -\frac{1}{2} & -\frac{1}{2} & -\frac{1}{2} & \frac{1}{2} \end{bmatrix}$,試求 A^2 ; A^{20}

4. Let A be a 2×2 matrix, $B: 2\times 2$,$C: 2\times 3$,$D: 3\times 2$ and $E: 3\times 1$ respectively. Determine which of the following transformation matrix expressions exist.

   (A) $3(BA)(CD)+(4A)(BC)D$ (B) A^2D (C) $DC+BA$ (D) $C-3D$ (E) B^3+3CE

   宜蘭大電子所

5. Given $A = \begin{bmatrix} 2 & 3 & 4 \\ 1 & 5 & 1 \end{bmatrix}$ and $B = \begin{bmatrix} 4 & 9 \\ 0 & 1 \\ 2 & 1 \end{bmatrix}$, find $Tr(AB)$ and $Tr(BA)$

6. 設行列式 $f(x) = \begin{vmatrix} x-2 & x-1 & x-2 & x-3 \\ 2x-2 & 2x-1 & 2x-2 & 2x-3 \\ 3x-3 & 3x-2 & 4x-5 & 3x-5 \\ 4x & 4x-3 & 5x-7 & 4x-3 \end{vmatrix}$,則 $f(x) = 0$ 有____個根。

   大陸研

7. 試求 $|A| = \begin{vmatrix} 1 & \alpha & \alpha^2 \\ 1 & \beta & \beta^2 \\ 1 & \gamma & \gamma^2 \end{vmatrix}$

   台科電子所

8. Find the determinant $|A| = \begin{vmatrix} 1 & 1 & 0 & 0 & 0 \\ -1 & 1 & 1 & 0 & 0 \\ 0 & -1 & 1 & 1 & 0 \\ 0 & 0 & -1 & 1 & 1 \\ 0 & 0 & 0 & -1 & 1 \end{vmatrix}$

中興應數所

9. 已知 $A = \begin{bmatrix} \sin t & \cos t \\ -\cos t & \sin t \end{bmatrix}$，試計算 $\left(\dfrac{dA}{dt}\right)^2$

10. 已知 $|A| = \begin{vmatrix} \sin t & \cos t \\ -\cos t & \sin t \end{vmatrix}$，試計算 $\left(\dfrac{d|A|}{dt}\right)^2$

政大科管所

第二十四章
反矩陣

第一節　反矩陣定義

反(逆)矩陣之定義（Inverse Matrix）

已知 $A \in R^{n \times n}$，若

$$AB = BA = I \tag{1}$$

則稱 B 為 A 之反(逆)矩陣

表成 $B = A^{-1}$ 或 $A = B^{-1}$

【觀念分析】

若 $AB = I$ 成立，則稱 B 為 A 之右反矩陣。

若 $BA = I$ 成立，則稱 B 為 A 之左反矩陣。

若反矩陣定義式(1) 要成立，必須 A 之右反矩陣等於 B 為 A 之左反矩陣，則稱 A 必為方矩陣。

若反矩陣定義式(1) 成立，則對式(1) 取行列式值，得

$$|AB| = |A||B| = |I| = 1 \tag{2}$$

若矩陣 A 之行列值

$$|A| = 0$$

則上式永遠無法滿足。因此若 $|A| = 0$，又稱矩陣 A 為奇異矩陣 (Singular Matrix)，同理，若 $|A| \neq 0$，則稱矩陣 A 為非奇異矩陣 (Non-singular Matrix)

因此，得知，$|A| \neq 0$，是反矩陣存在的重要條件，因此可推得矩陣 A 之

反矩陣之存在定理，如下：

※ 反矩陣之存在定理：

若且唯若 $A = [a_{ij}] \in R^{n \times n}$，$A$ 為可逆矩陣，則 $\det(A) \neq 0$

【證明】

1. 先證：若 A 為可逆矩陣，則 $\det(A) \neq 0$

若 A 為可逆矩陣，則依定義知，必存在 $B = A^{-1}$，使 $AB = I$。

取行列式　　　　　$\det(AB) = \det(I)$

代入　　　　　　　$\det(AB) = \det(A)\det(B) = 1$

故　　　　　　　　$\det(A) \neq 0$

2. 再證：若 $\det(A) \neq 0$，則 A 為可逆矩陣

（矛盾法）假設 A 不為可逆矩陣，則 A 可被基本列運算，化簡至列梯形矩陣 B

即　　　　　　　　$P_n \cdots P_2 P_1 A = PA = B$

取行列式值　　　　$\det(P)\det(A) = \det(B)$

此時依定理知，$rank(B) < n$，即 B 至少含一零列。

故　　　　　　　　$\det(B) = 0$

上式中　　　　　　基本列矩陣乘積之行列式值 $\det(P) \neq 0$

代入上式　　　　　$\det(A) = 0$

矛盾!!!

故　　　　　　　　A 為可逆矩陣

※ 反矩陣存在定理之逆定理：

若 A 為奇異矩陣，$|A| = 0$，則 A 矩陣為不可逆矩陣。

【證明】：矛盾法證明

假設　　　　　　A 矩陣為可逆矩陣

則依定義知　　　必存在一矩陣 B，使 $AB = BA = I$

取行列式得　　　$|AB| = |I| = |A||B| = 1$

代入 $|A| = 0$，則　沒有 B 矩陣，可滿足上式

故　　　　　　　A 矩陣為不可逆矩陣。

從以上分析知，若矩陣 A 為非奇異矩陣，則反矩陣 A^{-1} 必存在，接著更進一步，利用反矩陣定義式(1)，可推得反矩陣之唯一性。

※反矩陣唯一定理：

若 A 為非奇異矩陣，則 A 矩陣之反矩陣為唯一。

清大工工所

【證明】：

假設　　　　　A 矩陣之反矩陣不是唯一，即設為 B 及 C

依定義　　　　$AB = BA = I$

及　　　　　　$CA = AC = I$

將　　　　　　$AB = BA = I$

乘上 C　　　$CAB = CI$

代入 $CA = I$　$CAB = IB = CI$ 或 $B = C$

故為唯一

第二節　反矩陣基本特性

既然已知非奇異矩陣 A 之反矩陣必存在且唯一，接著剩下的問題，是如何將它求出來？在探討其有效率的解法之前，先整理一下，只利用反矩陣定義式

(1) 所城推導出的幾個基本定理，之後以它們為基礎，再逐步找出求反矩陣之方法。

※ 基本定理 1：

若 A 與 B 為非奇異矩陣，則 $(AB)^{-1} = B^{-1}A^{-1}$ (3)

台大工工所

【證明】：(利用反矩陣唯一定理證明)

先左乘 $AB \cdot (AB)^{-1} = AB \cdot B^{-1}A^{-1} = A(B \cdot B^{-1})A^{-1} = AA^{-1} = I$

再右乘 $(AB)^{-1}AB = B^{-1}A^{-1}AB = B^{-1}(A^{-1}A)B = B^{-1}B = I$

故 $(AB)^{-1} = B^{-1}A^{-1}$

依此類推，可推廣之一般情況，若 P_i 為非奇異矩陣，則

$$(P_n \cdots P_2 P_1)^{-1} = P_1^{-1} P_2^{-1} \cdots P_n^{-1}$$

※ 基本定理 2：

若 A 為非奇異矩陣，則 $(A^{-1})^{-1} = A$

【證明】：(利用反矩陣之定義)

假設 A 矩陣之反矩陣為 A^{-1}

依定義 $AA^{-1} = A^{-1}A = I$

故 A 矩陣亦為 A^{-1} 之反矩陣

故 $(A^{-1})^{-1} = A$

※ 基本定理 3：

若 A 為非奇異矩陣，則 $(kA)^{-1} = \frac{1}{k}(A^{-1})$

【證明】

已知　$(kA)^{-1} = \dfrac{1}{k}(A^{-1})$

左乘　$(kA)(kA)^{-1} = (kA)\dfrac{1}{k}(A^{-1}) = AA^{-1} = I$

右乘　$(kA)^{-1}(kA) = \dfrac{1}{k}(A^{-1})(kA) = A^{-1}A = I$

由逆矩陣之唯一定理知，得證 $(kA)^{-1} = \dfrac{1}{k}(A^{-1})$。

【分析】$(A+B)^{-1} \neq A^{-1} + B^{-1}$

※ 基本定理 4：

若 A 為非奇異矩陣，則 $(A^T)^{-1} = (A^{-1})^T$

【證明】：(利用反矩陣唯一定理證明)

左乘　$(A^T)(A^T)^{-1} = (A^T)(A^{-1})^T$

已知　$(AB)^T = B^T A^T$

代入得　$(A^T)(A^T)^{-1} = (A^T)(A^{-1})^T = (A^{-1}A)^T = I^T = I$

右乘　$(A^T)^{-1}(A^T) = (A^{-1})^T(A^T)$

已知　$(AB)^T = B^T A^T$

代入得　$(A^T)^{-1}(A^T) = (A^{-1})^T(A^T) = (AA^{-1})^T = I^T = I$

由逆矩陣之唯一定理知，得證 $(A^{-1})^T = (A^T)^{-1}$。

範例 01

若 $A = \begin{bmatrix} 1 & 0 & 1 \\ 0 & 1 & 1 \\ a & b & 1 \end{bmatrix}$ 有反矩陣存在，則 a 與 b 之條件為何？(20%)

文化電機大三轉

解答：

$$|A| = \begin{vmatrix} 1 & 0 & 1 \\ 0 & 1 & 1 \\ a & b & 1 \end{vmatrix} = 1 - a - b \neq 0$$

或 $a + b \neq 1$

範例 02

Find all number r such that the matrix is invertible.
$$A = \begin{bmatrix} 2 & 4 & 2 \\ 1 & r & 3 \\ 1 & 1 & 2 \end{bmatrix}$$

成大資工所

解答：

$$|A| = \begin{vmatrix} 2 & 4 & 2 \\ 1 & r & 3 \\ 1 & 1 & 2 \end{vmatrix} = 2r \neq 0 \text{，得 } r = 0 \text{ 為不可逆。}$$

範例 03

(a) Given $A = \begin{bmatrix} 1 & 1 \\ 1 & 0 \end{bmatrix}$ and $B = \begin{bmatrix} 0 & 1 \\ 1 & 0 \end{bmatrix}$, find complex scalars s, such that $A + sB$ is not invertible.

(b) Let A and B be two n by n real matrices. Prove that if B is invertible then there exists a complex scalar s, such that $A + sB$ is not invertible.

台大電機、光電所

解答：

(a) $A + sB = \begin{bmatrix} 1 & 1 \\ 1 & 0 \end{bmatrix} + \begin{bmatrix} 0 & s \\ s & 0 \end{bmatrix} = \begin{bmatrix} 1 & 1+s \\ 1+s & 0 \end{bmatrix}$

上式不可逆之條件為 $|A + sB| = -(1+s)^2 = 0$

得 $s = -1$

第三節　伴隨矩陣定義

接著，要繼續探討反矩陣 A^{-1} 之實際求解工作，其中先介紹有一個對較低階矩陣很有效的方法，然後再介紹對較高階矩陣很有效的方法。

首先，先定義一個新矩陣名詞，稱為伴隨矩陣（Adjoin Matrix），其定義如下：

若 A 為 n 階方矩陣，則伴隨矩陣定義為

$$adjA = [A_{ij}]^T = [A_{ji}] \qquad (4)$$

其中 A_{ij} 為矩陣 A 之餘因式，即 $A_{ij} = (-1)^{i+j} M_{ij}$，$M_{ij}$ 為矩陣 A 低一階之子式。

展開得伴隨矩陣之展開式

$$adjA = \begin{bmatrix} A_{11} & A_{12} & & A_{1n} \\ A_{21} & A_{22} & \cdots & A_{2n} \\ & & \vdots & \\ A_{n1} & A_{n2} & & A_{nn} \end{bmatrix}^T = \begin{bmatrix} A_{11} & A_{21} & & A_{n1} \\ A_{12} & A_{22} & \cdots & A_{n2} \\ & & \vdots & \\ A_{1n} & A_{2n} & & A_{nn} \end{bmatrix}$$

根據上式定義，已經可直接計算各個子式 M_{ij}，並求得矩陣 A 之伴隨矩陣，但在舉例計算之前，先利用定義式 (4) 推導出幾個基本特性，以了解計算伴隨矩陣，到底有什麼用，跟反矩陣有何關係？

首先，介紹一個應用非常廣之伴隨矩陣基本定理，證明如下：

※ 伴隨矩陣基本定理 1：

$$A \cdot adjA = |A|[\delta_{ij}] = |A|I \qquad (5)$$

【證明或推導】

已知 A 為 n 階方矩陣，即 $A = [a_{ij}]$，伴隨矩陣 $adjA = [A_{ij}]^T = [A_{ji}]$，兩矩陣相乘，得

$$A \cdot adjA = [a_{ij}][A_{ij}]^T = [a_{ij}][A_{ji}]$$

先將 $adjA = [A_{ji}]$，改表成另一個矩陣 $adjA = [A_{ji}] = [b_{ij}]$，再利用兩矩陣乘積通式得

$$A \cdot adjA = [a_{ij}][A_{ji}] = [a_{ij}][b_{ij}] = \left[\sum_{k=1}^{n} a_{ik}b_{kj}\right]$$

再改為原伴隨矩陣之符號，亦即再令 $b_{kj} = A_{jk}$ 代入，得

$$A \cdot adjA = \left[\sum_{k=1}^{n} a_{ik}b_{kj}\right] = \left[\sum_{k=1}^{n} a_{ik}A_{jk}\right]$$

上式

$$A \cdot adjA = \left[\sum_{k=1}^{n} a_{ik}A_{jk}\right]$$

其中

$$\sum_{k=1}^{n} a_{ik}A_{jk} = \begin{cases} |A|; & i = j \\ 0; & i \neq j \end{cases}$$

故上式可表成

$$A \cdot adjA = |A|[\delta_{ij}] = |A|I$$

利用本基本定理，可順利的求導下列各個範例：

範例 04：

> 已知 $A \in R^{n \times n}$ 為可逆矩陣，求 $\det(adj(A))$

台大數學所、清大資科所、逢甲應數

解答：

已知　　　　　　　$A \cdot adj(A) = |A|I = \det(A) \cdot I$

取行列式　　　　　$\det(A \cdot adj(A)) = \det(\det(A) \cdot I) = (\det(A))^n \det(I)$

或　　　　　　　　$\det(A \cdot adj(A)) = \det(A)\det(adj(A)) = (\det(A))^n$

因 $A \in R^{n \times n}$ 為可逆矩陣　　$\det(A) \neq 0$

得　　　　　　　　$\det(adj(A)) = (\det(A))^{n-1}$

範例 05：

> 已知 $A \in R^{n \times n}$ 為可逆矩陣，求 $adj(adj(A))$

台大數學所、成大電機所、逢甲應數

解答：

已知　　　　　　　$A \cdot adj(A) = |A|I = \det(A) \cdot I$

令 $A \sim adj(A)$ 取代上式　　$adj(A) \cdot adj(adj(A)) = |adj(A)|I$

代入 $\det(adj(A)) = (\det(A))^{n-1}$，得

$$adj(A) \cdot adj(adj(A)) = |A|^{n-1} I$$

乘上 A　　　　　$A \cdot adj(A) \cdot adj(adj(A)) = |A|^{n-1} \cdot A$

代入 $A \cdot adj(A) = |A|I$，得

$$|A|I \cdot adj(adj(A)) = |A|^{n-1} \cdot A$$

移項得　　　　　　$adj(adj(A)) = |A|^{n-2} \cdot A$

範例 06：已知伴隨矩陣，求還原矩陣：

已知 $\text{Adj} A = \begin{bmatrix} 2 & -2 & 0 \\ 0 & 2 & -1 \\ 0 & 0 & 1 \end{bmatrix}$，求原矩陣 A

台大機械所

解答：

$$adj(A) = \begin{bmatrix} \begin{vmatrix} a_{22} & a_{23} \\ a_{23} & a_{33} \end{vmatrix} & -\begin{vmatrix} a_{12} & a_{13} \\ a_{32} & a_{33} \end{vmatrix} & \begin{vmatrix} a_{12} & a_{13} \\ a_{22} & a_{23} \end{vmatrix} \\ -\begin{vmatrix} a_{21} & a_{23} \\ a_{31} & a_{33} \end{vmatrix} & \begin{vmatrix} a_{11} & a_{13} \\ a_{31} & a_{33} \end{vmatrix} & -\begin{vmatrix} a_{11} & a_{13} \\ a_{21} & a_{23} \end{vmatrix} \\ \begin{vmatrix} a_{21} & a_{22} \\ a_{31} & a_{32} \end{vmatrix} & -\begin{vmatrix} a_{11} & a_{12} \\ a_{31} & a_{32} \end{vmatrix} & \begin{vmatrix} a_{11} & a_{12} \\ a_{21} & a_{22} \end{vmatrix} \end{bmatrix} = \begin{bmatrix} 2 & -2 & 0 \\ 0 & 2 & -1 \\ 0 & 0 & 1 \end{bmatrix}$$

聯立解得 $A = \begin{bmatrix} 1 & 1 & 1 \\ 0 & 1 & 1 \\ 0 & 0 & 2 \end{bmatrix}$

第四節　反矩陣之伴隨矩陣法

已知伴隨矩陣基本定理 1：

$$A \cdot adj A = |A| |\delta_{ij}| = |A| I$$

移項得

$$A \cdot \frac{adj A}{|A|} = I$$

依反矩陣之定義， $A \cdot A^{-1} = I$ 知

$$A^{-1} = \frac{adjA}{|A|} = \frac{1}{|A|}[A_{ji}] \qquad (6)$$

範例 07 二階(速算法)

Find the 2×2 matrix A such that : $\begin{bmatrix} 0 & 1 \\ 2 & 3 \end{bmatrix} \times A = \begin{bmatrix} -1 & 1 \\ -1 & 1 \end{bmatrix}$

中央水文所

解答：

已知 $\begin{bmatrix} 0 & 1 \\ 2 & 3 \end{bmatrix} \times A = \begin{bmatrix} -1 & 1 \\ -1 & 1 \end{bmatrix}$

$\begin{bmatrix} 0 & 1 \\ 2 & 3 \end{bmatrix}^{-1} \begin{bmatrix} 0 & 1 \\ 2 & 3 \end{bmatrix} \times A = \begin{bmatrix} 0 & 1 \\ 2 & 3 \end{bmatrix}^{-1} \begin{bmatrix} -1 & 1 \\ -1 & 1 \end{bmatrix}$

$A = \dfrac{1}{2}\begin{bmatrix} -3 & 1 \\ 2 & 0 \end{bmatrix}\begin{bmatrix} -1 & 1 \\ -1 & 1 \end{bmatrix} = \begin{bmatrix} 1 & -1 \\ -1 & 1 \end{bmatrix}$

範例 08

Find the inverse matrix pf A, where $T = \begin{bmatrix} 0 & 0 & 1 \\ 0 & 1/2 & 1 \\ 1/3 & 0 & 0 \end{bmatrix}$.

台大造船所 F

解答：

伴隨矩陣法 $|T| = \begin{vmatrix} 0 & 0 & 1 \\ 0 & 1/2 & 1 \\ 1/3 & 0 & 0 \end{vmatrix} = -\dfrac{1}{6}$

$$A_{11} = \begin{vmatrix} 1/2 & 1 \\ 0 & 0 \end{vmatrix} = 0 \quad A_{21} = -\begin{vmatrix} 0 & 1 \\ 0 & 0 \end{vmatrix} = 0 \quad A_{31} = \begin{vmatrix} 0 & 1 \\ 1/2 & 1 \end{vmatrix} = -\frac{1}{2}$$

$$A_{12} = -\begin{vmatrix} 0 & 1 \\ 1/3 & 0 \end{vmatrix} = 1/3 \quad A_{22} = \begin{vmatrix} 0 & 1 \\ 1/3 & 0 \end{vmatrix} = -\frac{1}{3} \quad A_{32} = -\begin{vmatrix} 0 & 1 \\ 0 & 1 \end{vmatrix} = 0$$

$$A_{13} = \begin{vmatrix} 0 & 1/2 \\ 1/3 & 0 \end{vmatrix} = -\frac{1}{6} \quad A_{23} = -\begin{vmatrix} 0 & 0 \\ 1/3 & 0 \end{vmatrix} = 0 \quad A_{33} = \begin{vmatrix} 0 & 0 \\ 0 & 1/2 \end{vmatrix} = 0$$

得反矩陣 $\quad T^{-1} = \begin{bmatrix} 0 & 0 & 3 \\ -2 & 2 & 0 \\ 1 & 0 & 0 \end{bmatrix}$

第五節　同義變換法或基本列運算法

　　若利用伴隨矩陣法，求高階反矩陣時，將非常繁複，因此伴隨矩陣法僅適合較低階反矩陣。

　　若求高階反矩陣時，採用同義變換法較簡捷，亦即
基本列運算法之步驟：

1. 首先列出合成矩陣 $[A|I]$

2. 對合成矩陣 $[A|I]$，進行一連串基本列運算，（不可作基本行運算），將此合成矩陣 $[A|I]$ 中，左邊部分矩陣 A，化簡成單位矩陣 I，即

$$P[A|I] = [PA|PI] = [I|A^{-1}] \quad\quad\quad (7)$$

　　其中 $PA = I$，故 $P = A^{-1}$

3. 此時所得合成矩陣中，左邊部分矩陣即為反矩陣 A^{-1}

範例 09

求矩陣 $\begin{bmatrix} 1 & 0 & 2 \\ 2 & 1 & 1 \\ 1 & 1 & 1 \end{bmatrix}$ 之行列式值與反矩陣。

成大電信管理所

解答：

(a) $\begin{vmatrix} 1 & 0 & 2 \\ 2 & 1 & 1 \\ 1 & 1 & 1 \end{vmatrix} = 2$

(b) 基本列運算法 $[A|I] = \begin{bmatrix} 1 & 0 & 2 & | & 1 & 0 & 0 \\ 2 & 1 & 1 & | & 0 & 1 & 0 \\ 1 & 1 & 1 & | & 0 & 0 & 1 \end{bmatrix}$

$[A|I] \underset{H_{31}(-1)}{\overset{H_{21}(-2)}{\sim}} \begin{bmatrix} 1 & 0 & 2 & | & 1 & 0 & 0 \\ 0 & 1 & -3 & | & -2 & 1 & 0 \\ 0 & 1 & -1 & | & -1 & 0 & 1 \end{bmatrix}$

$[A|I] \overset{H_{32}(-1)}{\sim} \begin{bmatrix} 1 & 0 & 2 & | & 1 & 0 & 0 \\ 0 & 1 & -3 & | & -2 & 1 & 0 \\ 0 & 0 & 2 & | & 1 & -1 & 1 \end{bmatrix}$

$[A|I] \overset{H_3\left(\frac{1}{2}\right)}{\sim} \begin{bmatrix} 1 & 0 & 2 & | & 1 & 0 & 0 \\ 0 & 1 & -3 & | & -2 & 1 & 0 \\ 0 & 0 & 1 & | & 1/2 & -1/2 & 1/2 \end{bmatrix}$

$[A|I] \underset{H_{23}(3)}{\overset{H_{13}(-2)}{\sim}} \begin{bmatrix} 1 & 0 & 2 & | & 0 & 1 & -1 \\ 0 & 1 & 0 & | & -1/2 & -12 & 3/2 \\ 0 & 0 & 1 & | & 1/2 & -1/2 & 1/2 \end{bmatrix}$

得 $\begin{bmatrix} 1 & 0 & 2 \\ 2 & 1 & 1 \\ 1 & 1 & 1 \end{bmatrix}^{-1} = \frac{1}{2}\begin{bmatrix} 0 & 2 & -2 \\ -1 & -1 & 3 \\ 1 & -1 & 1 \end{bmatrix}$

範例 10：高階

(5%) 試求 $A = \begin{bmatrix} 1 & 0 & 0 & 0 \\ -1 & 1 & 0 & 0 \\ 0 & -1 & 1 & 0 \\ 0 & 0 & -1 & 1 \end{bmatrix}$ 之反矩陣 A^{-1}

〈交大應數所〉

解答：

基本列運算法

$[A|I] = \begin{bmatrix} 1 & 0 & 0 & 0 & | & 1 & 0 & 0 & 0 \\ -1 & 1 & 0 & 0 & | & 0 & 1 & 0 & 0 \\ 0 & -1 & 1 & 0 & | & 0 & 0 & 1 & 0 \\ 0 & 0 & -1 & 1 & | & 0 & 0 & 0 & 1 \end{bmatrix}$

$[A|I] \xrightarrow{H_{21}(1)} \begin{bmatrix} 1 & 0 & 0 & 0 & | & 1 & 0 & 0 & 0 \\ 0 & 1 & 0 & 0 & | & 1 & 1 & 0 & 0 \\ 0 & -1 & 1 & 0 & | & 0 & 0 & 1 & 0 \\ 0 & 0 & -1 & 1 & | & 0 & 0 & 0 & 1 \end{bmatrix}$

$[A|I] \xrightarrow{H_{32}(1)} \begin{bmatrix} 1 & 0 & 0 & 0 & | & 1 & 0 & 0 & 0 \\ 0 & 1 & 0 & 0 & | & 1 & 1 & 0 & 0 \\ 0 & 0 & 1 & 0 & | & 1 & 1 & 1 & 0 \\ 0 & 0 & -1 & 1 & | & 0 & 0 & 0 & 1 \end{bmatrix}$

$[A|I] \xrightarrow{H_{43}(1)} \begin{bmatrix} 1 & 0 & 0 & 0 & | & 1 & 0 & 0 & 0 \\ 0 & 1 & 0 & 0 & | & 1 & 1 & 0 & 0 \\ 0 & 0 & 1 & 0 & | & 1 & 1 & 1 & 0 \\ 0 & 0 & 0 & 1 & | & 1 & 1 & 1 & 1 \end{bmatrix}$

反矩陣
$$A^{-1} = \begin{bmatrix} 1 & 0 & 0 & 0 \\ 1 & 1 & 0 & 0 \\ 1 & 1 & 1 & 0 \\ 1 & 1 & 1 & 1 \end{bmatrix}$$

第六節 分割矩陣之反矩陣

高階行列式，也可視需要，將其化成兩、三個低階 (如 2、3 階) 行列式來求，較簡單，說明如下：

共有五種分割矩陣：

$$A = \begin{bmatrix} B & C \\ D & E \end{bmatrix} \cdot A = \begin{bmatrix} B & 0 \\ D & E \end{bmatrix} \cdot A = \begin{bmatrix} B & C \\ 0 & E \end{bmatrix} \cdot A = \begin{bmatrix} B & 0 \\ 0 & E \end{bmatrix} \cdot A = \begin{bmatrix} 0 & C \\ D & 0 \end{bmatrix}$$

1. 分割矩陣之代數運算

$$\begin{bmatrix} A & C \\ 0 & B \end{bmatrix} \begin{bmatrix} D & F \\ 0 & E \end{bmatrix} = \begin{bmatrix} AD & AF+CE \\ 0 & BE \end{bmatrix}$$

2. 分割矩陣之代數運算

$$\begin{bmatrix} A & C \\ 0 & B \end{bmatrix}^n = \begin{bmatrix} A^n & C \\ 0 & B^n \end{bmatrix}$$

$$\begin{bmatrix} A & 0 \\ D & B \end{bmatrix}^n = \begin{bmatrix} A^n & 0 \\ D & B^n \end{bmatrix}$$

n 為自然數

3. 分割矩陣之反矩陣 (一)

範例 11

Consider a square matrix of the form $M = \begin{bmatrix} A & 0 \\ P & B \end{bmatrix}$ where A is $p \times p$ and B is $q \times q$. Verify the following statements.

(a) If A is singular, so is M

(b) If B is singular, so is M

(c) If A and B are invertible, so is M. And $M^{-1} = \begin{bmatrix} A^{-1} & 0 \\ -B^{-1}PA^{-1} & B^{-1} \end{bmatrix}$

北科大商自動管理所甲

解答：

已知
$$\begin{bmatrix} I & 0 \\ -PA^{-1} & I \end{bmatrix} \begin{bmatrix} A & 0 \\ P & B \end{bmatrix} = \begin{bmatrix} A & 0 \\ 0 & B \end{bmatrix}$$

逆矩陣
$$\begin{bmatrix} A & 0 \\ P & B \end{bmatrix} = \begin{bmatrix} I & 0 \\ -PA^{-1} & I \end{bmatrix}^{-1} \begin{bmatrix} A & 0 \\ 0 & B \end{bmatrix}$$

再取逆矩陣
$$\begin{bmatrix} A & 0 \\ P & B \end{bmatrix}^{-1} = \left\{ \begin{bmatrix} I & 0 \\ -PA^{-1} & I \end{bmatrix}^{-1} \begin{bmatrix} A & 0 \\ 0 & B \end{bmatrix} \right\}^{-1}$$

得
$$\begin{bmatrix} A & 0 \\ P & B \end{bmatrix}^{-1} = \begin{bmatrix} A & 0 \\ 0 & B \end{bmatrix}^{-1} \left\{ \begin{bmatrix} I & 0 \\ -PA^{-1} & I \end{bmatrix}^{-1} \right\}^{-1}$$

或
$$\begin{bmatrix} A & 0 \\ P & B \end{bmatrix}^{-1} = \begin{bmatrix} A^{-1} & 0 \\ P & B^{-1} \end{bmatrix} \begin{bmatrix} I & 0 \\ -PA^{-1} & I \end{bmatrix}$$

最後得
$$\begin{bmatrix} A & 0 \\ P & B \end{bmatrix}^{-1} = \begin{bmatrix} A^{-1} & 0 \\ -B^{-1}PA^{-1} & B^{-1} \end{bmatrix}$$

範例 12

$$A = \begin{bmatrix} 1 & 3 & 0 & 0 & 0 \\ 2 & 8 & 0 & 0 & 0 \\ 0 & 0 & 1 & 0 & 1 \\ 0 & 0 & 2 & 3 & 2 \\ 0 & 0 & 4 & 1 & 1 \end{bmatrix}, 求 A^{-1}$$

〈交大運輸所〉

解答：

矩陣分割　　$A = \begin{bmatrix} B & 0 \\ 0 & D \end{bmatrix}$

其中　　$B = \begin{bmatrix} 1 & 3 \\ 2 & 8 \end{bmatrix}$ 及 $D = \begin{bmatrix} 1 & 0 & 1 \\ 2 & 3 & 2 \\ 4 & 1 & 1 \end{bmatrix}$

則反矩陣　　$A^{-1} = \begin{bmatrix} B^{-1} & 0 \\ 0 & D^{-1} \end{bmatrix}$

其中　　$B^{-1} = \begin{bmatrix} 4 & -\dfrac{3}{2} \\ -1 & \dfrac{1}{2} \end{bmatrix}$ 及 $D^{-1} = \begin{bmatrix} -1/9 & -1/9 & 1/3 \\ -\dfrac{2}{3} & \dfrac{1}{3} & 0 \\ \dfrac{10}{9} & \dfrac{1}{9} & -\dfrac{1}{3} \end{bmatrix}$

矩陣分割 $A^{-1} = \begin{bmatrix} 4 & -3/2 & 0 & 0 & 0 \\ -1 & 1/2 & 0 & 0 & 0 \\ 0 & 0 & -1/9 & -1/9 & 1/3 \\ 0 & 0 & -2/3 & 1/3 & 0 \\ 0 & 0 & 10/9 & 1/9 & -1/3 \end{bmatrix}$

範例 13

$$A = \begin{bmatrix} 5 & 2 & 0 & 0 \\ 2 & 1 & 0 & 0 \\ 0 & 0 & 1 & -2 \\ 0 & 0 & 1 & 1 \end{bmatrix}, 求 A^{-1} = \underline{\qquad}$$

解答:

矩陣分割 $A = \begin{bmatrix} B & 0 \\ 0 & D \end{bmatrix}$

其中 $B = \begin{bmatrix} 5 & 2 \\ 2 & 1 \end{bmatrix}$ 及 $D = \begin{bmatrix} 1 & -2 \\ 1 & 1 \end{bmatrix}$

則反矩陣 $A^{-1} = \begin{bmatrix} B^{-1} & 0 \\ 0 & D^{-1} \end{bmatrix}$

其中 $B^{-1} = \begin{bmatrix} 1 & -2 \\ -2 & 5 \end{bmatrix}$ 及 $D^{-1} = \dfrac{1}{3}\begin{bmatrix} 1 & 2 \\ -1 & 1 \end{bmatrix}$

矩陣分割 $A^{-1} = \begin{bmatrix} 1 & -2 & 0 & 0 \\ -2 & 5 & 0 & 0 \\ 0 & 0 & \dfrac{1}{3} & \dfrac{2}{3} \\ 0 & 0 & -\dfrac{1}{3} & \dfrac{1}{3} \end{bmatrix}$

範例 14

$$A = \begin{bmatrix} 0 & a_1 & 0 & \cdots & 0 \\ 0 & 0 & a_2 & \cdots & 0 \\ \vdots & \vdots & \vdots & & \vdots \\ 0 & 0 & 0 & \cdots & a_{n-1} \\ a_n & 0 & 0 & \cdots & 0 \end{bmatrix}$$，其中 $a_i \neq 0$，$i = 1, 2, \cdots, n$，求 $A^{-1} = $ _____

解答：

矩陣分割　　$A = \begin{bmatrix} 0 & A_1 \\ A_2 & 0 \end{bmatrix}$，且 $A^{-1} = \begin{bmatrix} 0 & A_2^{-1} \\ A_1^{-1} & 0 \end{bmatrix}$

其中　　$A_1 = \begin{bmatrix} a_1 & 0 & \cdots & 0 \\ 0 & a_2 & \cdots & 0 \\ \vdots & \vdots & & \vdots \\ 0 & 0 & \cdots & a_{n-1} \end{bmatrix}$ 及 $A_2 = [a_n]$

其中　　$A_1^{-1} = \begin{bmatrix} a_1^{-1} & 0 & \cdots & 0 \\ 0 & a_2^{-1} & \cdots & 0 \\ \vdots & \vdots & & \vdots \\ 0 & 0 & \cdots & a_{n-1}^{-1} \end{bmatrix}$ 及 $A_2 = [a_n^{-1}]$

代入反矩陣　　$A^{-1} = \begin{bmatrix} 0 & A_2^{-1} \\ A_1^{-1} & 0 \end{bmatrix}$

矩陣分割　　$A = \begin{bmatrix} 0 & 0 & \cdots & 0 & \dfrac{1}{a_n} \\ \dfrac{1}{a_1} & 0 & \cdots & 0 & 0 \\ 0 & \dfrac{1}{a_2} & \cdots & 0 & 0 \\ \vdots & \vdots & & \vdots & \vdots \\ 0 & 0 & \cdots & \dfrac{1}{a_{n-1}} & 0 \end{bmatrix}$

範例 15

The inverse of block matrix $\begin{bmatrix} I & 0 & 0 \\ A & I & 0 \\ B & C & I \end{bmatrix}$ is $\begin{bmatrix} I & 0 & 0 \\ X & I & 0 \\ Y & Z & I \end{bmatrix}$. Find matrices X, Y and Z

〔中央資工所〕

解答：

依反矩陣特性知 $\begin{bmatrix} I & 0 & 0 \\ A & I & 0 \\ B & C & I \end{bmatrix}\begin{bmatrix} I & 0 & 0 \\ X & I & 0 \\ Y & Z & I \end{bmatrix} = \begin{bmatrix} I & 0 & 0 \\ 0 & I & 0 \\ 0 & 0 & I \end{bmatrix}$

展開得 $\begin{bmatrix} I & 0 & 0 \\ A+X & I & 0 \\ B+CX+Y & C+Z & I \end{bmatrix} = \begin{bmatrix} I & 0 & 0 \\ 0 & I & 0 \\ 0 & 0 & I \end{bmatrix}$

得 $A+X=0$，$B+CX+Y=0$，$C+Z=0$

或 $X=-A$，$Y=-B-CX=-B+CA$，$Z=-C$

$$\begin{bmatrix} I & 0 & 0 \\ A & I & 0 \\ B & C & I \end{bmatrix}^{-1} = \begin{bmatrix} I & 0 & 0 \\ -A & I & 0 \\ -B+CA & -C & I \end{bmatrix}$$

範例 16

Find the inverse matrix of $A = \begin{bmatrix} 3 & 1 & 2 & 6 & 5 \\ 1 & 2 & 0 & 4 & 3 \\ 1 & 0 & 1 & 2 & 1 \\ 0 & 0 & 0 & 4 & 1 \\ 0 & 0 & 0 & 3 & 2 \end{bmatrix}$

〔成大電機所〕

解答：

【方法一】

$$A^{-1} = \begin{bmatrix} B & C \\ 0 & D \end{bmatrix}^{-1} = \begin{bmatrix} B^{-1} & -B^{-1}CD^{-1} \\ 0 & D^{-1} \end{bmatrix} = \begin{bmatrix} 2 & -1 & -4 & 9/5 & -12/5 \\ -1 & 1 & 2 & -4/5 & 2/5 \\ -2 & 1 & 5 & -2 & 2 \\ 0 & 0 & 0 & 2/5 & -1/5 \\ 0 & 0 & 0 & -3/5 & 4/5 \end{bmatrix}$$

其中

$$B^{-1} = \begin{bmatrix} 2 & -1 & -4 \\ -1 & 1 & 2 \\ -2 & 1 & 5 \end{bmatrix},\ D^{-1} = \frac{1}{5}\begin{bmatrix} 2 & -1 \\ -3 & 4 \end{bmatrix},\ B^{-1}CD^{-1} = \begin{bmatrix} -9/5 & 12/5 \\ 4/5 & -2/5 \\ 2 & -2 \end{bmatrix}$$

【方法二】

$$[A|I] = \begin{bmatrix} 3 & 1 & 2 & 6 & 5 & | & 1 & 0 & 0 & 0 & 0 \\ 1 & 2 & 0 & 4 & 3 & | & 0 & 1 & 0 & 0 & 0 \\ 1 & 0 & 1 & 2 & 1 & | & 0 & 0 & 1 & 0 & 0 \\ 0 & 0 & 0 & 4 & 1 & | & 0 & 0 & 0 & 1 & 0 \\ 0 & 0 & 0 & 3 & 2 & | & 0 & 0 & 0 & 0 & 1 \end{bmatrix}$$

$$\underset{\sim}{H_1\left(\frac{1}{3}\right)} \begin{bmatrix} 1 & 1/3 & 2/3 & 2 & 5/3 & | & 1/3 & 0 & 0 & 0 & 0 \\ 1 & 2 & 0 & 4 & 3 & | & 0 & 1 & 0 & 0 & 0 \\ 1 & 0 & 1 & 2 & 1 & | & 0 & 0 & 1 & 0 & 0 \\ 0 & 0 & 0 & 4 & 1 & | & 0 & 0 & 0 & 1 & 0 \\ 0 & 0 & 0 & 3 & 2 & | & 0 & 0 & 0 & 0 & 1 \end{bmatrix}$$

$$\underset{\sim}{\overset{H_{21}(-1)}{H_{31}(-1)}} \begin{bmatrix} 1 & 1/3 & 2/3 & 2 & 5/3 & | & 1/3 & 0 & 0 & 0 & 0 \\ 0 & 5/3 & -2/3 & 2 & 1/3 & | & -1/3 & 1 & 0 & 0 & 0 \\ 0 & -1/3 & 1/3 & 0 & -2/3 & | & -3/3 & 0 & 1 & 0 & 0 \\ 0 & 0 & 0 & 4 & 1 & | & 0 & 0 & 0 & 1 & 0 \\ 0 & 0 & 0 & 3 & 2 & | & 0 & 0 & 0 & 0 & 1 \end{bmatrix}$$

$$\begin{matrix}H_2\left(\frac{3}{5}\right)\\H_3(3)\\\sim\end{matrix}\begin{bmatrix}1 & 1/3 & 2/3 & 2 & 5/3 & 1/3 & 0 & 0 & 0 & 0\\0 & 1 & -2/5 & 6/5 & 1/5 & -1/5 & 3/5 & 0 & 0 & 0\\0 & -1 & 1 & 0 & -2 & -3 & 0 & 3 & 0 & 0\\0 & 0 & 0 & 4 & 1 & 0 & 0 & 0 & 1 & 0\\0 & 0 & 0 & 3 & 2 & 0 & 0 & 0 & 0 & 1\end{bmatrix}$$

$$\begin{matrix}H_{32}(1)\\H_{12}(-1/3)\\H_3\left(\frac{5}{3}\right)\\H_4\left(\frac{1}{4}\right)\\\sim\end{matrix}\begin{bmatrix}1 & 0 & -8/15 & 24/15 & 24/15 & 6/15 & -1/5 & 0 & 0 & 0\\0 & 1 & -2/5 & 6/5 & 1/5 & -1/5 & 3/5 & 0 & 0 & 0\\0 & 0 & 1 & 2 & -3 & -16/3 & 1 & 5 & 0 & 0\\0 & 0 & 0 & 1 & 1/4 & 0 & 0 & 0 & 1/4 & 0\\0 & 0 & 0 & 3 & 2 & 0 & 0 & 0 & 0 & 1\end{bmatrix}$$

考題集錦

1. (a) 已知 A 為 $n \times n$ 階矩陣，求 $A \cdot adj(A) = ?$ (b) $A = \begin{bmatrix} 1 & 2 & 0 \\ 0 & 1 & 1 \\ 0 & 1 & 2 \end{bmatrix}$，求 $adj(A)$

交大資科所

2. Let $adj(A)$ denote the adioint matrix A. Show that if $\det(A) = 1$, then $adj(adj(A)) = A$. (10%)

中興應數所乙

3. Let A be an $n \times n$ matrix. The adjoint of A is written $adjA$. If $\det A \neq 0$, then prove $A^{-1} = \dfrac{1}{\det A} adjA$.

北科大商自動管理所甲

4. 已知 $A = \begin{bmatrix} -3 & 2 \\ 6 & 1 \end{bmatrix}$，求 A^{-1}

中山光電所

5. 試求矩陣 $A = \begin{bmatrix} 2 & -3 \\ -4 & 5 \end{bmatrix}$ 之反矩陣 A^{-1}。

大葉工工轉

6. 已知 $A = \begin{bmatrix} -3 & 5 \\ 2 & 1 \end{bmatrix}$，求 A^{-1}

大葉工工所

7. Determine the determinant and inverse of $A = \begin{bmatrix} 1 & 2 & 4 \\ -1 & 0 & 3 \\ 3 & 1 & -2 \end{bmatrix}$.(10%)

成大製造所

8. Determine the inverse of the following matrix. $A = \begin{bmatrix} 0 & 1 & 2 \\ 3 & 2 & 2 \\ 1 & 3 & 2 \end{bmatrix}$.

台科大機械所

9. Let $Q = \begin{bmatrix} \cos\theta & \sin\theta & 0 \\ -\sin\theta & \cos\theta & 0 \\ 0 & 0 & 1 \end{bmatrix}$, Find the inverse matrix Q^{-1}.

北科大電力所

10. Find the inverse of the following matrix A by using determinants.

$A = \begin{bmatrix} 8 & 0 & 1 \\ 3 & -2 & 1 \\ 1 & 4 & 0 \end{bmatrix}$.

中央土木所

11. 已知 $A = \begin{bmatrix} 1 & 0 & 2 \\ 2 & 1 & 1 \\ 1 & 1 & 1 \end{bmatrix}$，求 A^{-1}

清大計管所

12. Please compute the inverse of (a) $\begin{bmatrix} 2 & 4 \\ 1 & 3 \end{bmatrix}$ (b) $\begin{bmatrix} 2 & 1 & -3 \\ 3 & 1 & 0 \\ -6 & -4 & 6 \end{bmatrix}$

中央通訊所

13. Let $\begin{bmatrix} 2 & 4 & 3 \\ 0 & 1 & -1 \\ 3 & 5 & 7 \end{bmatrix}$, Determine whether A is invertible and calculate A^{-1} if it is.

北科大商自動管理所甲

14. $A = \begin{bmatrix} -1 & 1 & 2 \\ 3 & -1 & 1 \\ -1 & 3 & 4 \end{bmatrix}$.

    (a) $rank(A) = 2$ (b) $\det(A) = 8$

    (c) $A^{-1} = \begin{bmatrix} -0.7 & 0.2 & 0.3 \\ -1.3 & -0.2 & 0.7 \\ 0.8 & 0.2 & -0.2 \end{bmatrix}$ (d) $A^{-1} = \begin{bmatrix} 0.7 & 0.2 & 0.3 \\ -1.3 & -0.1 & 0.6 \\ 0.7 & 0.2 & -0.1 \end{bmatrix}$

台科大高分子所

15. Find the inverse of each of the following orthogonal matrice.

(a) $A = \begin{bmatrix} 1 & 0 & 0 \\ 0 & \cos\phi & \sin\phi \\ 0 & -\sin\phi & \cos\phi \end{bmatrix}$. (2) $B = \begin{bmatrix} 1 & 0 & 0 \\ 0 & \frac{1}{\sqrt{2}} & -\frac{1}{\sqrt{2}} \\ 0 & -\frac{1}{\sqrt{2}} & \frac{1}{\sqrt{2}} \end{bmatrix}$

中正電機所

16. Let $A = \begin{bmatrix} 9 & 2 & 0 \\ 2 & 6 & 0 \\ 0 & 0 & 5 \end{bmatrix}$, Is A invertible? Explain the answer. Find the A^{-1} if it exists.

台大電機所

17. Find the inverse of the following matrix, if it exists. $\begin{bmatrix} 1 & 0 & 4 \\ 1 & 1 & 0 \\ 3 & 2 & 5 \end{bmatrix}$.

台科大電機所

18. 已知 $A = \begin{bmatrix} a & 0 & 0 & 0 \\ 0 & b & 0 & 0 \\ 0 & 0 & c & 0 \\ 0 & 0 & 0 & d \end{bmatrix}$ (1) For what value of a, b, c, d will A^{-1} exist ? (2) If A^{-1} exist, find it

清大原科所

19. Find the inverse matrix $A = \begin{bmatrix} 2 & 4 & 3 & 2 \\ 3 & 6 & 5 & 2 \\ 2 & 5 & 2 & -3 \\ 4 & 5 & 14 & 14 \end{bmatrix}$

清大化工所

20.（5%）試求 $A = \begin{bmatrix} 1 & 0 & 0 & 0 \\ -1 & 1 & 0 & 0 \\ 0 & -1 & 1 & 0 \\ 0 & 0 & -1 & 1 \end{bmatrix}$ 之反矩陣 A^{-1}

交大應數所

第二十五章
聯立代數方程組

第一節　線性聯立代數方程組概論

已知線性聯立代數方程組，通式為

$$a_{11}x_1 + a_{12}x_2 + \cdots + a_{1n}x_n = b_1$$
$$a_{21}x_1 + a_{22}x_2 + \cdots + a_{2n}x_n = b_2$$
$$\cdots$$
$$a_{m1}x_1 + a_{m2}x_2 + \cdots + a_{mn}x_n = b_m$$

其中 $a_{ij} \in R$，$b_i \in R$，上式中含 n 個未知數，m 個方程式。表成矩陣形式得

$$\begin{bmatrix} a_{11} & a_{12} & \cdots & a_{1n} \\ a_{21} & a_{22} & & a_{2n} \\ \vdots & & \ddots & \vdots \\ a_{m1} & a_{m2} & \cdots & a_{mn} \end{bmatrix} \begin{bmatrix} x_1 \\ x_2 \\ \vdots \\ x_n \end{bmatrix} = \begin{bmatrix} b_1 \\ b_2 \\ \vdots \\ b_m \end{bmatrix} \tag{1}$$

令係數矩陣為 $A = \begin{bmatrix} a_{11} & a_{12} & \cdots & a_{1n} \\ a_{21} & a_{22} & & a_{2n} \\ \vdots & & \ddots & \vdots \\ a_{m1} & a_{m2} & \cdots & a_{mn} \end{bmatrix}$，未知變數為 $X = \begin{bmatrix} x_1 \\ x_2 \\ \vdots \\ x_n \end{bmatrix}$ 及 $B = \begin{bmatrix} b_1 \\ b_2 \\ \vdots \\ b_m \end{bmatrix}$

(1)式可表成下式，得

$$AX = B \tag{2}$$

1. 當 $B=0$，得 $AX=0$ 為齊性線性系統（Homogeneous Linear System），其解稱為齊性解，X_h。
2. 令 $X=0$，很明顯一定會滿足 $AX=0$，故稱 $X=0$ 為零解（Trivial Solution），其他之解，稱之為非零解（Nontrivial Solution）。
3. 當 $B\neq 0$，得 $AX=B$ 為非齊性線性系統（Nonhomogeneous Linear System），其解稱為非齊性解，X_p。

範例 01

(5%) write down a 3×3 matrix A so that if the vector $v=(x,y,z)$ in R^3 is multiplied by A. The x and y coordinates of v are unchanged, but the z coordinates becomes zero?

交大電子所(產業碩士)

解答：

令 $A=\begin{bmatrix}1 & 0 & 0\\ 0 & 1 & 0\\ 0 & 0 & 0\end{bmatrix}$

$Av=\begin{bmatrix}1 & 0 & 0\\ 0 & 1 & 0\\ 0 & 0 & 0\end{bmatrix}\begin{bmatrix}x\\ y\\ z\end{bmatrix}=\begin{bmatrix}x\\ y\\ 0\end{bmatrix}$

第二節　線性非齊性聯立代數方程組解之判定

已知線性聯立代數方程組

$AX=B$

改表成行向量形式，如下

$$[A_1 \quad A_2 \quad \cdots \quad A_n] \begin{bmatrix} x_1 \\ x_2 \\ \vdots \\ x_n \end{bmatrix} = B$$

乘開得

$$B = x_1 A_1 + x_2 A_2 + \cdots x_n A_n$$

亦即，B 可被 $A_1, A_2, \cdots, A_n$ 線性組合表示，則

B 與 $[A_1 \quad A_2 \quad \cdots \quad A_n]$ 線性相關，

或 $[A_1 \quad A_2 \quad \cdots \quad A_n \quad B]$ 為線性相關集，故得知

$$Rank(A) = Rank(A|B)$$

此時，表示 $AX = B$ 有解。

同理，反定理知 $Rank(A) \neq Rank(A|B)$，$AX = B$ 沒有解。

綜合整理：

※ 線性代數方程組之解判定法：

> 若 $A \in R^{n \times n}$，$B \in R^{n \times 1}$，則 $AX = B$，其解判定如下：
> (1) $rank(A) \neq rank([A|B])$，則 $AX = B$ 矛盾無解。
> (2) $rank(A) = rank([A|B]) = n$，則 $AX = B$ 有唯一解。
> (3) $rank(A) = rank([A|B]) < n$，則 $AX = B$ 有無窮多解。

範例 02

> 下式為具有 n 個未知數 $(x_1, x_2, \cdots, x_n)$ 及 m 個方程式的線性方程組

$$a_{11}x_1 + a_{12}x_2 + \cdots + a_{1n}x_n = b_1$$
$$a_{21}x_1 + a_{22}x_2 + \cdots + a_{2n}x_n = b_2$$
$$\cdots$$
$$a_{m1}x_1 + a_{m2}x_2 + \cdots + a_{mn}x_n = b_m$$

試問上式有解答的充要條件為何?並證明之。

97 交大土木丁工數

解答：(見課文)

$$Rank(A) = Rank(A|B)$$

範例 03

(a) Find the value or values of k so that the following system of equation has solutions other than the trivial one.

$$4x_1 - x_2 + 2x_3 + x_4 = 0$$
$$2x_1 - 11x_2 + kx_3 + 8x_4 = 0$$
$$kx_2 - 4x_3 - 5x_4 = 0$$
$$2x_1 + 3x_2 - x_3 - 2x_4 = 0$$

(b) Let $x_2 = a$ and $x_4 = b$ (a, b are any non-zero numbers), find x_1 and x_3.

交大機械所甲

解答:

重排

$$2x_1 + 3x_2 - x_3 - 2x_4 = 0$$
$$2x_1 - 11x_2 + kx_3 + 8x_4 = 0$$
$$kx_2 - 4x_3 - 5x_4 = 0$$
$$4x_1 - x_2 + 2x_3 + x_4 = 0$$

或

$$\begin{bmatrix} 2 & 3 & -1 & -2 \\ 2 & -11 & k & 8 \\ 0 & k & -4 & -5 \\ 4 & -1 & 2 & 1 \end{bmatrix} \begin{bmatrix} x_1 \\ x_2 \\ x_3 \\ x_4 \end{bmatrix} = 0$$

基本列運算

$$\begin{bmatrix} 2 & 3 & -1 & -2 \\ 2 & -11 & k & 8 \\ 0 & k & -4 & -5 \\ 4 & -1 & 2 & 1 \end{bmatrix} \sim \begin{bmatrix} 2 & 3 & -1 & -2 \\ 0 & -14 & k+1 & 10 \\ 0 & k & -4 & -5 \\ 0 & k-7 & 0 & 0 \end{bmatrix}$$

$k \neq 7$,唯一解

$k = 7$,$Rank(A) = 2$,含有兩個參數之解

$$\begin{bmatrix} 2 & 3 & -1 & -2 \\ 2 & -11 & k & 8 \\ 0 & k & -4 & -5 \\ 4 & -1 & 2 & 1 \end{bmatrix} \sim \begin{bmatrix} 2 & 3 & -1 & -2 \\ 0 & -14 & 8 & 10 \\ 0 & 7 & -4 & -5 \\ 0 & 0 & 0 & 0 \end{bmatrix} \sim \begin{bmatrix} 2 & 3 & -1 & -2 \\ 0 & -7 & 4 & 5 \\ 0 & 0 & 0 & 0 \\ 0 & 0 & 0 & 0 \end{bmatrix}$$

已知　　$x_2 = a$　and　$x_4 = b$

聯立解

$$2x_1 + 3x_2 - x_3 - 2x_4 = 0$$
$$-7x_2 + 4x_3 + 5x_4 = 0$$

得　$x_3 = \dfrac{7}{4}a - \dfrac{5}{4}b$,$x_1 = -\dfrac{5}{8}a + \dfrac{3}{8}b$

或　$X = \begin{bmatrix} x_1 \\ x_2 \\ x_3 \\ x_4 \end{bmatrix} = a \begin{bmatrix} -5/8 \\ 1 \\ 7/4 \\ 0 \end{bmatrix} + b \begin{bmatrix} 38 \\ 0 \\ -5/4 \\ 1 \end{bmatrix}$

第三節　最簡列梯形矩陣

已知線性聯立代數方程式為

$AX = B$

當　$Rank(A) = Rank(A|B)$，表示 $AX = B$ 有解。

其解 X 如何求得？在介紹其解法之前，先定義幾個特殊矩陣形式。

(1) 列梯形矩陣（row-echelon matrix）：

若一個 $m \times n$ 階矩陣 A，滿足下列條件：

1. 所有零列都在非零列之下方。（或所有零列須在最下方）
   或（前 k 列內元素不全為 0，後 $(m-k)$ 列內元素全為 0。）
2. 每一非零列，其最左邊之非零元素為 1。
   或（前 k 列第一個非零元素均為 1。）
3. 最左邊之非零元素 1 的所在位置，在越上方的非零列，其行數就越小。
   或（前 k 列第一個非零元素 1，所在之行數為 $j(1), j(2), \cdots, j(k)$，則 $j(1) < j(2) < \cdots < j(k)$。）

則稱 A 為列梯形矩陣（row-echelon matrix）。

例如：

列梯形矩陣　$\begin{bmatrix} 1 & 2 & 3 & 4 \\ 0 & 1 & 2 & 3 \\ 0 & 0 & 0 & 1 \\ 0 & 0 & 0 & 0 \end{bmatrix}$

不是列梯形矩陣　$\begin{bmatrix} 1 & 2 & 3 & 4 \\ 0 & 0 & 1 & 3 \\ 0 & 1 & 0 & 1 \\ 0 & 0 & 0 & 0 \end{bmatrix}$

因第三列最左邊之非零元素1,是位在第二行,但第二列最左邊之非零元素1,是位在第三行,故違反列梯形矩陣的第三項定義。

(2) 列最簡梯形矩陣（Reduced row-echelon matrix）：

若一 $m \times n$ 階矩陣 A，滿足下列條件：

1. A 為列梯形矩陣。
2. 每一非零列最左邊之非零元素,其所在行之其他元素都為0。
   這些行稱為基本行（basic column）

則稱 A 為最簡列梯形矩陣（reduced row-echelon matrix）。

例如：

最簡列梯形矩陣 $\begin{bmatrix} 1 & 0 & 3 & 0 \\ 0 & 1 & 2 & 0 \\ 0 & 0 & 0 & 1 \\ 0 & 0 & 0 & 0 \end{bmatrix}$

不是最簡列梯形矩陣 $\begin{bmatrix} 1 & 0 & 3 & 1 \\ 0 & 1 & 2 & 0 \\ 0 & 0 & 0 & 1 \\ 0 & 0 & 0 & 0 \end{bmatrix}$

因為第三列最左邊之非零元素1,是位在第四行,但第一列元素中,位在第四行之元素為1,不為0,故違反列最簡梯形矩陣的第二項定義。

範例 04

Which of the following matrices is in a row echelon form：

(a) $A = \begin{bmatrix} 1 & 0 & 1 & 0 & 1 \\ 0 & 1 & 0 & 0 & 2 \\ 0 & 0 & 0 & 1 & 3 \end{bmatrix}$ (b) $B = \begin{bmatrix} 0 & 1 & 1 & 0 & 1 \\ 1 & 0 & 0 & 0 & 2 \\ 0 & 0 & 0 & 1 & 3 \end{bmatrix}$

(c) $C = \begin{bmatrix} 1 & 0 & 1 & 0 & 1 \\ 0 & 1 & 0 & 1 & 2 \\ 0 & 0 & 0 & 1 & 3 \end{bmatrix}$

〔大同資工所〕

解答：

$A = \begin{bmatrix} 1 & 0 & 1 & 0 & 1 \\ 0 & 1 & 0 & 0 & 2 \\ 0 & 0 & 0 & 1 & 3 \end{bmatrix}$ 與 $C = \begin{bmatrix} 1 & 0 & 1 & 0 & 1 \\ 0 & 1 & 0 & 1 & 2 \\ 0 & 0 & 0 & 1 & 3 \end{bmatrix}$ 為列梯形矩陣

只有 $A = \begin{bmatrix} 1 & 0 & 1 & 0 & 1 \\ 0 & 1 & 0 & 0 & 2 \\ 0 & 0 & 0 & 1 & 3 \end{bmatrix}$ 為列最簡梯矩陣

第四節　Gauss 消去法

已知線性聯立方程組，通式

$$AX = B \qquad (1)$$

其解 X 之求解，最常用且最有效的方法，為 Gauss 消去法(Gauss elimination method)，當上式有唯一解或無限多解時，均可利用 Gauss 消去法求。其求解步驟如下：

1. 首先列出廣置矩陣 $[A|B]$（Augmented Matrix）
2. 將廣置矩陣利用基本列運算，化簡至列梯形矩陣形式。
3. 再利用後向疊代法，依序求出 $X = \begin{bmatrix} x_1 \\ x_2 \\ \vdots \\ x_n \end{bmatrix}$ 中各變數。

【觀念分析】
※ Gauss 消去法適合於有解存在之情況（唯一解、無限多解）。

範例 05

(8%) Consider the linear equation $Ax = B$
$$x_1 - 2x_3 + x_4 = 4$$
$$3x_1 + x_2 - 5x_3 = 8$$
$$x_1 + 2x_2 - 5x_4 = -4$$

Write the solution in the form $x = x_h + x_p$.

雲科大電機所

解答：

已知
$$x_1 - 2x_3 + x_4 = 4$$
$$3x_1 + x_2 - 5x_3 = 8$$
$$x_1 + 2x_2 - 5x_4 = -4$$

得
$$\begin{bmatrix} 1 & 0 & -2 & 1 \\ 3 & 1 & -5 & 0 \\ 1 & 2 & 0 & -5 \end{bmatrix} \begin{bmatrix} x_1 \\ x_2 \\ x_3 \\ x_4 \end{bmatrix} = \begin{bmatrix} 4 \\ 8 \\ -4 \end{bmatrix}$$

廣置矩陣

$$[A|B] = \begin{bmatrix} 1 & 0 & -2 & 1 & | & 4 \\ 3 & 1 & -5 & 0 & | & 8 \\ 1 & 2 & 0 & -5 & | & -4 \end{bmatrix} \sim \begin{bmatrix} 1 & 0 & -2 & 1 & | & 4 \\ 0 & 1 & 1 & -3 & | & -4 \\ 0 & 2 & 2 & -6 & | & -8 \end{bmatrix}$$

$$[A|B] \sim \begin{bmatrix} 1 & 0 & -2 & 1 & | & 4 \\ 0 & 1 & 1 & -3 & | & -4 \\ 0 & 0 & 0 & 0 & | & 0 \end{bmatrix}$$

聯立解，後向疊代，得

$$x_1 - 2x_3 + x_4 = 4$$
$$x_2 + x_3 - 3x_3 = -4$$

令　$x_3 = c_1$，$x_4 = c_2$
$$x_2 = -x_3 + 3x_4 - 4 = -c_1 + 3c_2 - 4$$
$$x_1 = 2x_3 - x_4 + 4 = 2c_1 - c_2 + 4$$

得　$\begin{bmatrix} x_1 \\ x_2 \\ \vdots \\ x_n \end{bmatrix} = c_1 \begin{bmatrix} 2 \\ -1 \\ 1 \\ 0 \end{bmatrix} + c_2 \begin{bmatrix} -1 \\ 3 \\ 0 \\ 1 \end{bmatrix} + \begin{bmatrix} 4 \\ -4 \\ 0 \\ 0 \end{bmatrix}$

或

$$X_h = c_1 \begin{bmatrix} 2 \\ -1 \\ 1 \\ 0 \end{bmatrix} + c_2 \begin{bmatrix} -1 \\ 3 \\ 0 \\ 1 \end{bmatrix} ; \quad X_P = \begin{bmatrix} 4 \\ -4 \\ 0 \\ 0 \end{bmatrix}$$

第五節　Gauss-Jordon 消去法

已知線性聯立代數方程式為

$AX = B$

　　Gauss 消去法與 Gauss-Jordan 消去法，最大之區別，在於化簡的過程，最後，一個室化簡到列梯形矩陣即可，另一個須化簡到列最簡梯形矩陣。

　　Gauss-Jordan 消去法 (Gauss-Jordan elimination) 之步驟如下：

1. 首先列出廣置矩陣 $[A|B]$
2. 將廣置矩陣利用基本列運算至列最簡梯形矩陣。

3. 直接可求出 $X = \begin{bmatrix} x_1 \\ x_2 \\ \vdots \\ x_n \end{bmatrix}$ 之各個變數。

【觀念分析】

※ Gauss-Jordan 消去法適合於有解存在之情況（唯一解、無限多解）。

範例 06

(10%)以(a) 高斯消去法(Gauss Elimination)，(b) Gauss-Jordan Elimination 兩種方法解以下聯立方程式：
$$2x_1 + 6x_2 + x_3 = 7$$
$$x_1 + 2x_2 - x_3 = -1$$
$$5x_1 + 7x_2 - 4x_3 = 9$$

台大生機所 J、台大財融所 L

解答：
(a) 高斯消去法

$$\begin{bmatrix} 2 & 6 & 1 \\ 1 & 2 & -1 \\ 5 & 7 & -4 \end{bmatrix} \begin{bmatrix} x \\ y \\ z \end{bmatrix} = \begin{bmatrix} 7 \\ -1 \\ 9 \end{bmatrix}$$

基本列運算
$$\left[\begin{array}{ccc|c} 2 & 6 & 1 & 7 \\ 1 & 2 & -1 & -1 \\ 5 & 7 & -4 & 9 \end{array}\right] \sim \left[\begin{array}{ccc|c} 2 & 6 & 1 & 7 \\ 0 & -1 & -3/2 & -9/2 \\ 0 & -8 & -13/2 & -17/2 \end{array}\right]$$

$$\left[\begin{array}{ccc|c} 2 & 6 & 1 & 7 \\ 0 & -1 & -3/2 & -9/2 \\ 0 & -8 & -13/2 & -17/2 \end{array}\right] \sim \left[\begin{array}{ccc|c} 2 & 6 & 1 & 7 \\ 0 & -1 & -3/2 & -9/2 \\ 0 & 0 & 11/2 & 55/2 \end{array}\right]$$

聯立解得 $\begin{bmatrix} x_1 \\ x_2 \\ x_3 \end{bmatrix} = \begin{bmatrix} 10 \\ -3 \\ 5 \end{bmatrix}$

(b) Gauss-Jordan 消去法

(同高斯消去法)，得 $\begin{bmatrix} 2 & 6 & 1 & | & 7 \\ 0 & -1 & -3/2 & | & -9/2 \\ 0 & 0 & 11/2 & | & 55/2 \end{bmatrix}$

再基本列運算 $\begin{bmatrix} 2 & 6 & 1 & | & 7 \\ 0 & -1 & -3/2 & | & -9/2 \\ 0 & 0 & 11/2 & | & 55/2 \end{bmatrix} \sim \begin{bmatrix} 2 & 6 & 0 & | & 2 \\ 0 & -1 & 0 & | & 3 \\ 0 & 0 & 11/2 & | & 55/2 \end{bmatrix}$

$\begin{bmatrix} 2 & 6 & 0 & | & 2 \\ 0 & -1 & 0 & | & 3 \\ 0 & 0 & 11/2 & | & 55/2 \end{bmatrix} \sim \begin{bmatrix} 2 & 0 & 0 & | & 20 \\ 0 & -1 & 0 & | & 3 \\ 0 & 0 & 11/2 & | & 55/2 \end{bmatrix}$

列最簡梯形矩陣 $\begin{bmatrix} 2 & 0 & 0 & | & 20 \\ 0 & -1 & 0 & | & 3 \\ 0 & 0 & 11/2 & | & 55/2 \end{bmatrix} \sim \begin{bmatrix} 1 & 0 & 0 & | & 10 \\ 0 & 1 & 0 & | & -3 \\ 0 & 0 & 1 & | & 5 \end{bmatrix}$

聯立解得 $\begin{bmatrix} x_1 \\ x_2 \\ x_3 \end{bmatrix} = \begin{bmatrix} 10 \\ -3 \\ 5 \end{bmatrix}$

第六節　Cramer's 法則

已知線性聯立代數方程式為

$$AX = B \text{,其中 } X = \begin{bmatrix} x_1 \\ x_2 \\ \vdots \\ x_n \end{bmatrix}$$

當上式只有一個解存在時，可利用變數消去法，消去最後一個方程式，只剩一個變數，即可得。

變數消去法的只要步驟與其規則，以下列兩個二元一次聯立方程組說明，再依此類推至 n 個二元一次聯立方程組之求解。

1. 變數消去法實例推導：

聯立解 $\begin{aligned} a_1 x + b_1 y &= c_1 \\ a_2 x + b_2 y &= c_2 \end{aligned}$

變數消去 y，得 $(a_1 b_2 - a_2 b_1)x = c_1 b_2 - c_2 b_1$

表成矩陣 $\begin{vmatrix} a_1 & b_1 \\ a_2 & b_2 \end{vmatrix} x = \begin{vmatrix} c_1 & b_1 \\ c_2 & b_2 \end{vmatrix}$

同理變數消去 x，得 $(a_1 b_2 - a_2 b_1)y = c_2 a_1 - c_1 a_2$

表成矩陣 $\begin{vmatrix} a_1 & b_1 \\ a_2 & b_2 \end{vmatrix} y = \begin{vmatrix} a_1 & c_1 \\ a_2 & c_2 \end{vmatrix}$

依此類推至 n 個二元一次聯立方程組之求解，表成矩陣形式，稱為 Cramer's 法則。

2. Cramer's 法之一般步驟如下：

已知 $AX = B$，其中 $X = \begin{bmatrix} x_1 \\ x_2 \\ \vdots \\ x_n \end{bmatrix}$

其解為　　$x_i = \dfrac{\Delta_i}{|A|}$　　　　　　　　　　　　　　(3)

其中 $\Delta_i = \begin{vmatrix} a_{11} & \cdots & b_1 & \cdots & a_{1n} \\ a_{21} & & b_2 & & a_{2n} \\ \vdots & & \vdots & & \vdots \\ & & & \ddots & \\ a_{n1} & & b_n & & a_{nn} \end{vmatrix} = \begin{vmatrix} A^{(1)} & \cdots & B & \cdots & A^{(n)} \end{vmatrix}$

Δ_i：將係數矩陣中第 i 行元素以行向量 B 之元素取代所得之行列式值。

【觀念分析】

※ Cramer's 法僅適合於唯一解存在之情況。

範例 07

Solve the system of equation

$3x + 7y + 8z = -13$
$2x + 9z = -5$
$-4x + y - 26z = 2$

By Cramer's rule

台聯大大三轉工數

解答：

$3x + 7y + 8z = -13$
$2x + 9z = -5$
$-4x + y - 26z = 2$

表成矩陣 $\begin{bmatrix} 3 & 7 & 8 \\ 2 & 0 & 9 \\ -4 & 1 & -26 \end{bmatrix} \begin{bmatrix} x \\ y \\ z \end{bmatrix} = \begin{bmatrix} -13 \\ -5 \\ 2 \end{bmatrix}$

$$\begin{vmatrix} 3 & 7 & 8 \\ 2 & 0 & 9 \\ -4 & 1 & -26 \end{vmatrix} = 16 - 252 - 27 + 364 = 101$$

$$x = \frac{\begin{vmatrix} -13 & 7 & 8 \\ -5 & 0 & 9 \\ 2 & 1 & -26 \end{vmatrix}}{\begin{vmatrix} 3 & 7 & 8 \\ 2 & 0 & 9 \\ -4 & 1 & -26 \end{vmatrix}} = \frac{-707}{101} = -7$$

$$y = \frac{\begin{vmatrix} 3 & -13 & 8 \\ 2 & -5 & 9 \\ -4 & 2 & -26 \end{vmatrix}}{\begin{vmatrix} 3 & 7 & 8 \\ 2 & 0 & 9 \\ -4 & 1 & -26 \end{vmatrix}} = \frac{390 + 32 + 468 - 160 - 54 - 676}{101} = 0$$

$$z = \frac{\begin{vmatrix} 3 & 7 & -13 \\ 2 & 0 & -5 \\ -4 & 1 & 2 \end{vmatrix}}{\begin{vmatrix} 3 & 7 & 8 \\ 2 & 0 & 9 \\ -4 & 1 & -26 \end{vmatrix}} = \frac{-26 + 140 + 15 - 28}{101} = 1$$

範例 08

Solve the following equations using determinants

$3y + 2x = z + 1$

$3x + 2z = 8 - 5y$

$3z - 1 = x - 2y$

解答：

整理得
$$2x + 3y - z = 1$$
$$3x + 5y + 2z = 8$$
$$-x + 2y + 3z = 1$$

矩陣形式
$$\begin{bmatrix} 2 & 3 & -1 \\ 3 & 5 & 2 \\ -1 & 2 & 3 \end{bmatrix} \begin{bmatrix} x \\ y \\ z \end{bmatrix} = \begin{bmatrix} 1 \\ 8 \\ 1 \end{bmatrix}$$

行列式
$$\begin{vmatrix} 2 & 3 & -1 \\ 3 & 5 & 2 \\ -1 & 2 & 3 \end{vmatrix} = -22$$

解
$$x = \frac{1}{-22} \begin{vmatrix} 1 & 3 & -1 \\ 8 & 5 & 2 \\ 1 & 2 & 3 \end{vmatrix} = 3$$

解
$$y = \frac{1}{-22} \begin{vmatrix} 2 & 1 & -1 \\ 3 & 8 & 2 \\ -1 & 1 & 3 \end{vmatrix} = -1$$

解
$$z = \frac{1}{-22} \begin{vmatrix} 2 & 3 & 1 \\ 3 & 5 & 8 \\ -1 & 2 & 1 \end{vmatrix} = 2$$

得解
$$X = \begin{bmatrix} x \\ y \\ z \end{bmatrix} = \begin{bmatrix} 3 \\ -1 \\ 2 \end{bmatrix}$$

第七節　反矩陣法

已知線性聯立代數方程式為

$AX = B$

若上式只存在一個解時，矩陣 A 之反矩陣存在，設為 A^{-1}，代入上式得

$A^{-1}AX = X = A^{-1}B$ (4)

【觀念分析】

※ 反矩陣法僅適合於唯一解存在之情況。

範例 09

(10%) Please find the inverse of the given linear transformation：

$x^* = 19x + 2y - 9z$
$y^* = -4x - y + 2z$.
$z^* = -2x + z$

中山光電所

解答：

$x^* = 19x + 2y - 9z$
$y^* = -4x - y + 2z$
$z^* = -2x + z$

$X^* = \begin{bmatrix} 19 & 2 & -9 \\ -4 & -1 & 2 \\ -2 & 0 & 1 \end{bmatrix} X$

$$X = \begin{bmatrix} 19 & 2 & -9 \\ -4 & -1 & 2 \\ -2 & 0 & 1 \end{bmatrix}^{-1} X^* = \begin{bmatrix} 1 & 2 & 5 \\ 0 & -1 & 2 \\ 2 & 4 & 11 \end{bmatrix} X^*$$

範例 10

Consider the following linear system
$-2x_1 + 2x_2 - 3x_3 = 20$
$2x_1 + x_2 - 6x_3 = 4$, which can be written as $AX = B$
$-x_1 - 2x_2 = 1$

1. Determine the rank of the coefficient matrix A. (2%)
2. Find the inverse of the coefficient matrix A. (4%)
3. Find the solution （4%）

清大原科所

解答：

$$x_1 + 2x_2 = -1$$
$$2x_1 + x_2 - 6x_3 = 4$$
$$-2x_1 + 2x_2 - 3x_3 = 20$$

$$A = \begin{bmatrix} 1 & 2 & 0 \\ 2 & 1 & -6 \\ -2 & 2 & -3 \end{bmatrix}$$

$$A^{-1} = \frac{1}{15} \begin{bmatrix} 3 & 2 & -4 \\ 6 & -1 & 2 \\ 2 & -2 & -1 \end{bmatrix}$$

$$X = A^{-1} B = \begin{bmatrix} -5 \\ 2 \\ -2 \end{bmatrix}$$

第八節　矩陣之 LU 分解

矩陣 LU 分解定義：

　　假設矩陣 $A \in R^{n \times n}$，若有一個下三角矩陣 $L \in R^{n \times n}$ 及一個上三角矩陣 $U \in R^{n \times n}$，使 $A = LU$，則稱為 A 之 LU 分解。（LU-decomposition or LU factorization）

矩陣 LU 分解步驟：

【方法一】

1. 首先利用兩大基本列運算（$H_i(a)$ 或 $H_{ij}(a)$），將 A 化成上三角矩陣
   即 $P_m P_{m-1} \cdots P_2 P_1 A = U$，其中 $P_m, P_{m-1}, \cdots, P_2, P_1$ 為各運算對應之基本列矩陣。
   【註】基本 H_{ij} 運算除外，不可作此運算。

2. 求基本列矩陣 $P_m, P_{m-1}, \cdots, P_2, P_1$ 之逆矩陣，代入化簡得
   即
   $$(P_m P_{m-1} \cdots P_2 P_1)^{-1}(P_m P_{m-1} \cdots P_2 P_1) A = (P_m P_{m-1} \cdots P_2 P_1)^{-1} U$$
   或
   $$A = (P_m P_{m-1} \cdots P_2 P_1)^{-1} U = P_1^{-1} P_2^{-1} \cdots P_m^{-1} U = LU$$
   故得　$L = P_1^{-1} P_2^{-1} \cdots P_m^{-1}$

【分析】

　　此法較繁，需反覆求反矩陣與矩陣乘積運算，故改用下列待定係數較簡易。

【方法二】待定係數法

假設 $$LU = \begin{bmatrix} 1 & 0 & 0 \\ l_{21} & 1 & 0 \\ l_{31} & l_{32} & 1 \end{bmatrix} \begin{bmatrix} u_{11} & u_{12} & u_{13} \\ 0 & u_{22} & u_{23} \\ 0 & 0 & u_{33} \end{bmatrix} = A$$

範例 11

(10%) Decompose $\begin{bmatrix} 5 & -5 & 10 & 0 & 5 \\ -3 & 3 & 2 & 2 & 1 \\ -2 & 2 & 0 & -1 & 0 \\ 1 & -1 & 10 & 2 & 5 \end{bmatrix}$ into LU, where L and U denote lower and upper triangular matrices, respectively, and U should have leading 1 in each row.

台科大電子所乙二、丙

解答:

$$A = \begin{bmatrix} 5 & -5 & 10 & 0 & 5 \\ -3 & 3 & 2 & 2 & 1 \\ -2 & 2 & 0 & -1 & 0 \\ 1 & -1 & 10 & 2 & 5 \end{bmatrix} \sim \begin{bmatrix} 5 & -5 & 10 & 0 & 5 \\ 0 & 0 & 8 & 2 & 4 \\ 0 & 0 & 4 & -1 & 2 \\ 0 & 0 & 8 & 2 & 4 \end{bmatrix}$$

$$\sim \begin{bmatrix} 5 & -5 & 10 & 0 & 5 \\ 0 & 0 & 8 & 2 & 4 \\ 0 & 0 & 4 & -1 & 2 \\ 0 & 0 & 8 & 2 & 4 \end{bmatrix} \sim \begin{bmatrix} 5 & -5 & 10 & 0 & 5 \\ 0 & 0 & 8 & 2 & 4 \\ 0 & 0 & 0 & -2 & 0 \\ 0 & 0 & 0 & 0 & 0 \end{bmatrix} = U$$

令

$$A = \begin{bmatrix} 5 & -5 & 10 & 0 & 5 \\ -3 & 3 & 2 & 2 & 1 \\ -2 & 2 & 0 & -1 & 0 \\ 1 & -1 & 10 & 2 & 5 \end{bmatrix} = \begin{bmatrix} 1 & 0 & 0 & 0 \\ l_1 & 1 & 0 & 0 \\ l_2 & l_3 & 1 & 0 \\ l_4 & l_5 & l_6 & 1 \end{bmatrix} \begin{bmatrix} 5 & -5 & 10 & 0 & 5 \\ 0 & 0 & 8 & 2 & 4 \\ 0 & 0 & 0 & -2 & 0 \\ 0 & 0 & 0 & 0 & 0 \end{bmatrix}$$

得 $A = \begin{bmatrix} 5 & -5 & 10 & 0 & 5 \\ -3 & 3 & 2 & 2 & 1 \\ -2 & 2 & 0 & -1 & 0 \\ 1 & -1 & 10 & 2 & 5 \end{bmatrix} = \begin{bmatrix} 1 & 0 & 0 & 0 \\ -3/5 & 1 & 0 & 0 \\ -2/5 & 1/2 & 1 & 0 \\ 1/5 & 1 & 0 & 1 \end{bmatrix} \begin{bmatrix} 5 & -5 & 10 & 0 & 5 \\ 0 & 0 & 8 & 2 & 4 \\ 0 & 0 & 0 & -2 & 0 \\ 0 & 0 & 0 & 0 & 0 \end{bmatrix}$

或 最後得 $L = \begin{bmatrix} 1 & 0 & 0 & 0 \\ -3/5 & 1 & 0 & 0 \\ -2/5 & 1/2 & 1 & 0 \\ 1/5 & 1 & 0 & 1 \end{bmatrix}$, $U = \begin{bmatrix} 5 & -5 & 10 & 0 & 5 \\ 0 & 0 & 8 & 2 & 4 \\ 0 & 0 & 0 & -2 & 0 \\ 0 & 0 & 0 & 0 & 0 \end{bmatrix}$

或 最後得 $L = \begin{bmatrix} 5 & 0 & 0 & 0 \\ -3 & 1 & 0 & 0 \\ -2 & 1/2 & 1 & 0 \\ 1 & 1 & 0 & 1 \end{bmatrix}$, $U = \begin{bmatrix} 1 & -1 & 2 & 0 & 5 \\ 0 & 0 & 8 & 2 & 4 \\ 0 & 0 & 0 & -2 & 0 \\ 0 & 0 & 0 & 0 & 0 \end{bmatrix}$

第九節　LU 分解法

已知線性聯立代數方程式，通式為

$$\begin{bmatrix} a_{11} & a_{12} & \cdots & a_{1n} \\ a_{21} & a_{22} & & a_{2n} \\ \vdots & & \ddots & \vdots \\ a_{m1} & a_{m2} & \cdots & a_{mn} \end{bmatrix} \begin{bmatrix} x_1 \\ x_2 \\ \vdots \\ x_n \end{bmatrix} = \begin{bmatrix} b_1 \\ b_2 \\ \vdots \\ b_m \end{bmatrix}$$

或

$AX = B$

【分析】矩陣分割法適用條件：$AX = B$ 為唯一解存在時。

【解法步驟】

若 $A = LU$，代入 $AX = LUX = B$
令 $UX = Y$，代入原式為 $LY = B$

1. 先解 $LY = B$，因為 L 為下三角矩陣，故利用前向疊代法（Forward Substitution），解得 Y。
2. 再解 $UX = Y$，因為 U 為上三角矩陣，故利用後向疊代法（Backward Substitution），解得 X。

範例 12

(18%) 矩陣方程式 $AX = B$，如下所示：

$$A = \begin{bmatrix} 2 & 3 & -1 \\ 4 & -1 & 5 \\ -2 & 4 & 2 \end{bmatrix}, \quad X = \begin{bmatrix} x_1 \\ x_2 \\ x_3 \end{bmatrix}, \quad B = \begin{bmatrix} 5 \\ 17 \\ 12 \end{bmatrix}$$

(a) 分解 $A = LU$，where L and U denote lower and upper triangular matrices, respectively, 求 L 和 U

(b) 利用(a) 以 $L^{-1}LUX = L^{-1}B$ 方法，求解 X。(不依規定方法，不給分)

中興土木所甲組

解答：

已知 $A = \begin{bmatrix} 2 & 3 & -1 \\ 4 & -1 & 5 \\ -2 & 4 & 2 \end{bmatrix}$

基本列運算　　$A = \begin{bmatrix} 2 & 3 & -1 \\ 4 & -1 & 5 \\ -2 & 4 & 2 \end{bmatrix} \sim \begin{bmatrix} 2 & 3 & -1 \\ 0 & -7 & 7 \\ 0 & 0 & 8 \end{bmatrix} = U$

令
$$L = \begin{bmatrix} 1 & 0 & 0 \\ l_1 & 1 & 0 \\ l_2 & l_3 & 1 \end{bmatrix}$$

$$A = \begin{bmatrix} 2 & 3 & -1 \\ 4 & -1 & 5 \\ -2 & 4 & 2 \end{bmatrix} = \begin{bmatrix} 1 & 0 & 0 \\ l_1 & 1 & 0 \\ l_2 & l_3 & 1 \end{bmatrix} \begin{bmatrix} 2 & 3 & -1 \\ 0 & -7 & 7 \\ 0 & 0 & 8 \end{bmatrix} = LU$$

解得
$$L = \begin{bmatrix} 1 & 0 & 0 \\ 2 & 1 & 0 \\ -1 & -1 & 1 \end{bmatrix}$$

令 $L^{-1}LUX = L^{-1}B$，$U^{-1}UX = X = U^{-1}L^{-1}B$

$$X = \begin{bmatrix} 2 & 3 & -1 \\ 0 & -7 & 7 \\ 0 & 0 & 8 \end{bmatrix}^{-1} \begin{bmatrix} 1 & 0 & 0 \\ 2 & 1 & 0 \\ -1 & -1 & 1 \end{bmatrix}^{-1} \begin{bmatrix} 5 \\ 17 \\ 12 \end{bmatrix}$$

得
$$LY = \begin{bmatrix} 1 & 0 & 0 \\ 2 & 1 & 0 \\ -1 & -1 & 1 \end{bmatrix} Y = \begin{bmatrix} 5 \\ 17 \\ 12 \end{bmatrix}, \text{ 得 } Y = \begin{bmatrix} 5 \\ 7 \\ 24 \end{bmatrix}$$

$$UX = \begin{bmatrix} 2 & 3 & -1 \\ 0 & -7 & 7 \\ 0 & 0 & 8 \end{bmatrix} X = Y = \begin{bmatrix} 5 \\ 7 \\ 24 \end{bmatrix}, \text{ 得 } X = \begin{bmatrix} 1 \\ 2 \\ 3 \end{bmatrix}$$

考題集錦

1. Find the value of a such that there exists nontrivial solution for the system
$$2x - 5y + 3z = 0$$
$$6x + ay + 2z = 0$$
$$-4x - y + 5z = 0$$

2. For the linear system of equations $Ax = b$, where
$$A = \begin{bmatrix} 1 & 2 & 3 \\ 2 & 4 & k_1 \\ 3 & k_2 & 0 \\ 4 & 5 & 10 \end{bmatrix}, \quad x = \begin{bmatrix} x_1 \\ x_2 \\ x_3 \end{bmatrix} \text{ and } b = \begin{bmatrix} 1 \\ b_2 \\ 3 \\ 4 \end{bmatrix}$$

   (a) Determine the values of k_1, k_2 and b_2, for which the system has infinitely many solutions;
   (b) Determine the values of k_1, k_2 and b_2, for which the system has precisely one solutions with $x_3 \neq 0$;
   (c) Determine the values of k_1, k_2 and b_2, for which the system has precisely one solutions with $x_1 = 1$;

   中央機械所

3. A nonhomogeneous system of equations is given as
$$x - 2y + 3z = 1$$
$$2x + ky + 6z = 6$$
$$-x + 3y + (k-3)z = 0$$

   Determine the value of k for which (a) the system has a unique solution, (b) the system has no solution, and (c) the system has general solution.

   88 中央機械所

4. 請以高斯消去法解下列微分方程組 (15%)

   $5x + 2y + 3z + u = 22$
   $2x + 2y + z + 3u = 21$
   $4x + 3y - 2z + 2u = 12$
   $x + y + z + u = 10$

   92 崑山科大環工所

5. Solve the following system by the Gauss elimination ：(20%)。

   $5X_1 + X_2 - 3X_3 = 17$
   $-5X_2 + 15X_3 = -10$
   $2X_1 - 3X_2 + 9X_3 = 0$

   92 成大醫工所

6. Solve the linear system (10%)

   $2x + y + 2z + w = 6$
   $6x - 6y + 6z + 12w = 36$
   $4x + 3y + 3z - 3w = -1$
   $2x + 2y - z + w = 10$

   91 交大機械所

7. Solve the system with the Gauss-Jordan reduction method.

   $x + 3y + 3z = 9$
   $2x - y + z = 8$
   $3x - z = 3$

   89 成大製造所

8. Solve the system with the Gauss-Jordan elimination method.

   $2x + 3y - 4z = 1$
   $3x - y - 2z = 4$
   $4x - 7y - 6z = -7$

   88 交大環工所

9. Solve the system of equations
$$8x_1 - 4x_2 + 3x_3 = 0$$
$$x_1 + 5x_2 - x_3 = -5 \quad .(20\%)$$
$$-2x_1 + 6x_2 + x_3 = -4$$

92 成大地科所

10. Find the LU factorization of the matrix $A = LU = \begin{bmatrix} 1 & 1 & 0 \\ 1 & 2 & 1 \\ 0 & 1 & 2 \end{bmatrix}$, where L is a lower triangular matrix with 1's on the diagonal and U is a upper triangular matrix.

88 交大電控所

11. Given a matrix A and a vector b as follows：
$$A = \begin{bmatrix} 1 & -1 & -2 & -8 \\ -2 & 1 & 2 & 9 \\ 3 & 0 & 2 & 1 \end{bmatrix} \text{ and } b = \begin{bmatrix} -3 \\ 5 \\ -8 \end{bmatrix}$$

    (1) Please find the LU decomposition of matrix A。
    (2) Please solve $Ax = b$, where x is a 4×1 vector。

93 台大電機所

第二十六章
矩陣之特徵值問題

第一節　概論

矩陣之運用，由前幾章之介紹，可知它對我們在科學計算 (Scientific Computing) 領域的工作，利用電腦解聯立代數方程式組，是不可或缺的工具。

接著，要再進一步，探討矩陣的另一種功能，以解聯立一階常微分方程組，它在線性控制系統領域，是非常重要的工作。

首先，以下列二階矩陣為例來說明：

$$A = \begin{bmatrix} 1 & 2 \\ 3 & 4 \end{bmatrix}$$

矩陣 A 右可視為一個運算子，它可將一個二維向量空間任一元素 (在此是一個有兩分量之平面向量)，旋轉並伸長或縮短該向量，如

取 $X_1 = \begin{bmatrix} 0 \\ 2 \end{bmatrix}$

運算

$$AX_1 = \begin{bmatrix} 1 & 2 \\ 4 & 3 \end{bmatrix} \begin{bmatrix} 0 \\ 2 \end{bmatrix} = \begin{bmatrix} 4 \\ 6 \end{bmatrix} = X_1'$$

如圖

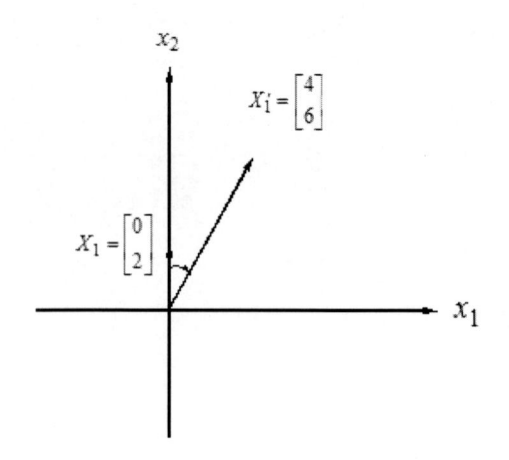

其中新向量 X_1' 與原向量 X_1 之方向與大小，全部改變了。

接著我們思考一個問題，是否在平面上，存在一個向量，是矩陣 A 運算後，仍不會改變方向與大小的？

看看下例

取 $X_2 = \begin{bmatrix} 1 \\ 2 \end{bmatrix}$

運算

$$AX_2 = \begin{bmatrix} 1 & 2 \\ 4 & 3 \end{bmatrix}\begin{bmatrix} 1 \\ 2 \end{bmatrix} = X_2' = \begin{bmatrix} 5 \\ 10 \end{bmatrix} = 5\begin{bmatrix} 1 \\ 2 \end{bmatrix} = 5X_2$$

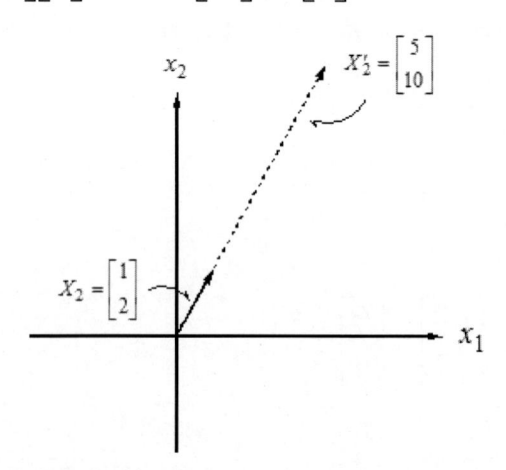

再取

取 $X_3 = \begin{bmatrix} 1 \\ -1 \end{bmatrix}$

運算

$$AX_3 = \begin{bmatrix} 1 & 2 \\ 4 & 3 \end{bmatrix}\begin{bmatrix} 1 \\ -1 \end{bmatrix} = X_3' = \begin{bmatrix} -1 \\ 1 \end{bmatrix} = -1\begin{bmatrix} 1 \\ -1 \end{bmatrix} = -1 \cdot X_3$$

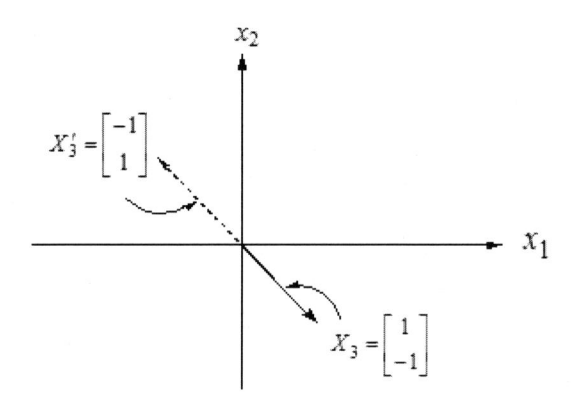

又這種不變向量,到底有幾個?對此矩陣 A 是否一定存在有這種不變向量?

本章將逐步針對以上問題,作一完整探討,惟有些較嚴密的數學證明,須參閱「線性代數」書籍,作更進一步之研讀。

第二節　特徵值定義

已知　一個 n 階方矩陣 A

$$A = \begin{bmatrix} a_{11} & a_{12} & \cdots & a_{1n} \\ a_{21} & a_{22} & & a_{2n} \\ \vdots & & \ddots & \\ a_{n1} & & & a_{nn} \end{bmatrix}$$

首先探討不變向量之問題,所謂不變向量 (Invariant Vector),即滿足下列關係式:

$$AX = \lambda X \qquad (1)$$

其中不變向量 X,又稱為特徵向量 (Eigen Vector),其中常數 λ,稱為特徵值 (Eigen Value)。

移項得

$$AX - \lambda X = (A - \lambda I)X = 0 \qquad (2)$$

上式為齊性代數方程式,故 $X = 0$ 必滿足上式,亦即

當 $rank(A - \lambda I) = n$ 或 $|A - \lambda I| \neq 0$,則上式必存在唯一解,$X = 0$。

此解稱零向量 (Trivial Vector),也是不變向量,但是此解對我們之化簡沒有幫助,因此,我們需要的是找出非零的不變向量解 (Nontrivial Vector),亦即,$X \neq 0$。

若要得到非零向量解 X,則其充要條件為

$$|A - \lambda I| = 0 \qquad (3)$$

將上式代入矩陣 A,得

$$\phi(\lambda) = |A - \lambda I| = \begin{vmatrix} a_{11} - \lambda & a_{12} & \cdots & a_{1n} \\ a_{21} & a_{22} - \lambda & & a_{2n} \\ \vdots & & \ddots & \\ a_{n1} & & & a_{nn} - \lambda \end{vmatrix} = 0$$

為一個變數 λ 之多項式方程式,$\phi(\lambda)$ 稱為方矩陣 A 之特徵方程式(Characteristic Equation)。

若展開會得一個 n 次多項式方程式,如

$$\phi(\lambda) = (-1)^n \left[\lambda^n - C_1 \lambda^{n-1} + C_2 \lambda^2 - + \cdots + (-1)^n C_n \right] = 0$$

範例 01

Suppose that λ is an eigenvalue of the matrix T. Show that for any constant c $\lambda + c$ is an eigenvalue of the matrix $T + cI$.

中興電機所

解答：

已知 λ is an eigenvalue of the matrix T and X is an eigenvector of the matrix T

i.e. $TX = \lambda X$

$$(T+cI)X = TX + cX = \lambda X + cX = (\lambda + c)X$$

So $\lambda + c$ is an eigenvalue of the matrix $T + cI$

第三節　三階矩陣之特徵方程式中根與係數之關係

已知 n 階矩陣 A 之特徵方程式為

$$\phi(\lambda) = |A - \lambda I| = \begin{vmatrix} a_{11} - \lambda & a_{12} & & a_{1n} \\ a_{21} & a_{22} - \lambda & \cdots & a_{2n} \\ \vdots & & \ddots & \\ a_{n1} & a_{n2} & & a_{nn} - \lambda \end{vmatrix} = 0$$

展開得 n 次多項式方程式

$$\phi(\lambda) = (-1)^n \left[\lambda^n - C_1 \lambda^{n-1} + C_2 \lambda^{n-2} - + \cdots + (-1)^n C_n \right] = 0$$

其中多項式方程式之係數如何能快速計算求得？

除了利用前幾章介紹之行列式展開法之前，先探討一些特性，以簡化求特徵向量之工作。

為簡明起見，以三階矩陣 A 為例，推導特徵值根與係數之關係如下：

已知一個三階矩陣 A

$$A = \begin{bmatrix} a_{11} & a_{12} & a_{13} \\ a_{21} & a_{22} & a_{23} \\ a_{31} & a_{32} & a_{33} \end{bmatrix}$$

其特徵方程式，為

$$\phi(\lambda) = |A - \lambda I| = \begin{vmatrix} a_{11} - \lambda & a_{12} & a_{13} \\ a_{21} & a_{22} - \lambda & a_{23} \\ a_{31} & a_{32} & a_{33} - \lambda \end{vmatrix} = 0 \quad (4)$$

展開會得一個三次多項式方程式，如

$$\phi(\lambda) = \begin{vmatrix} a_{11} - \lambda & a_{12} & a_{13} \\ a_{21} & a_{22} - \lambda & a_{23} \\ a_{31} & a_{32} & a_{33} - \lambda \end{vmatrix} = -(\lambda^3 - C_1 \lambda^2 + C_2 \lambda - C_3) = 0 \quad (5)$$

尚未解出上式解之前，先假設三個根或三個特徵值，表為 λ_1、λ_2 及 λ_3，代入上式得

$$\phi(\lambda) = |A - \lambda I| = -(\lambda - \lambda_1)(\lambda - \lambda_2)(\lambda - \lambda_3) = 0$$

乘開得

$$\phi(\lambda) = -(\lambda^3 - (\lambda_1 + \lambda_2 + \lambda_3)\lambda^2 + (\lambda_1\lambda_2 + \lambda_2\lambda_3 + \lambda_1\lambda_3)\lambda - (\lambda_1\lambda_2\lambda_3)) = 0 \quad (6)$$

比較兩式 (5)、(6) 之係數間關係：

$$C_1 = \lambda_1 + \lambda_2 + \lambda_3$$

$$C_2 = \lambda_1\lambda_2 + \lambda_2\lambda_3 + \lambda_1\lambda_3$$

$$C_3 = \lambda_1\lambda_2\lambda_3$$

同理，推廣至 n 階矩陣 A 之特徵值根與係數之關係如下：

$C_1 = \lambda_1 + \lambda_2 + \cdots + \lambda_n$ ：所有一個根之乘積和

$C_2 = \lambda_1\lambda_2 + \lambda_2\lambda_3 + \cdots + \lambda_{n-1}\lambda_n$ ：所有任兩個根之乘積和

$\cdots$

$C_n = \lambda_1\lambda_2 \cdots \lambda_n$ ：所有 n 個根之乘積和

第四節　三階矩陣之特徵方程式中根與矩陣之關係

接著，再推導矩陣 A 與係數 (C_1, C_2, C_3) 之關係如下：

已知特徵方程式 (5)

$$\phi(\lambda) = \begin{vmatrix} a_{11}-\lambda & a_{12} & a_{13} \\ a_{21} & a_{22}-\lambda & a_{23} \\ a_{31} & a_{32} & a_{33}-\lambda \end{vmatrix} = -\left(\lambda^3 - C_1\lambda^2 + C_2\lambda - C_3\right) = 0 \quad (5)$$

令 $\lambda = 0$ 代入特徵方程式，得

$$\phi(0) = \begin{vmatrix} a_{11} & a_{12} & a_{13} \\ a_{21} & a_{22} & a_{23} \\ a_{31} & a_{32} & a_{33} \end{vmatrix} = C_3$$

得 C_3 等於矩陣 A 之行列式值，即

$$|A|_{3\times 3} = C_3$$

接著，將特徵方程式 (5)，利用行列式微分公式，微分一次，得

$$\phi'(\lambda) = \begin{vmatrix} -1 & 0 & 0 \\ a_{21} & a_{22}-\lambda & a_{23} \\ a_{31} & a_{32} & a_{33}-\lambda \end{vmatrix} + \begin{vmatrix} a_{11}-\lambda & a_{12} & a_{13} \\ 0 & -1 & 0 \\ a_{31} & a_{32} & a_{33}-\lambda \end{vmatrix} + \begin{vmatrix} a_{11}-\lambda & a_{12} & a_{13} \\ a_{21} & a_{22}-\lambda & a_{23} \\ 0 & 0 & -1 \end{vmatrix}$$

提出 (-1)，得

$$\phi'(\lambda) = -1\left(\begin{vmatrix} a_{22}-\lambda & a_{23} \\ a_{32} & a_{33}-\lambda \end{vmatrix} + \begin{vmatrix} a_{11}-\lambda & a_{13} \\ a_{31} & a_{33}-\lambda \end{vmatrix} + \begin{vmatrix} a_{11}-\lambda & a_{12} \\ a_{21} & a_{22}-\lambda \end{vmatrix} \right) \quad (7)$$

特徵方程式(5)的右邊，微分得

$$-\frac{d}{d\lambda}\left(\lambda^3 - C_1\lambda^2 + C_2\lambda - C_3\right) = -\left(3\lambda^2 - 2C_1\lambda + C_2\right) = 0 \quad (8)$$

令 $\lambda = 0$ 代入特徵方程式 (7) 與 (8)，得

$$\phi'(0) = -\left(\begin{vmatrix} a_{22} & a_{23} \\ a_{23} & a_{33} \end{vmatrix} + \begin{vmatrix} a_{11} & a_{13} \\ a_{31} & a_{33} \end{vmatrix} + \begin{vmatrix} a_{11} & a_{12} \\ a_{21} & a_{22} \end{vmatrix} \right) = -C_2$$

或

$$C_2 = (M_{11})_{2\times 2} + (M_{22})_{2\times 2} + (M_{33})_{2\times 2} \quad (9)$$

再對特徵方程式 (7) 的右邊微分一次，得

$$\phi''(\lambda) = -1\left(\begin{vmatrix} -1 & 0 \\ a_{32} & a_{33}-\lambda \end{vmatrix} + \begin{vmatrix} a_{22}-\lambda & a_{23} \\ 0 & -1 \end{vmatrix} + \begin{vmatrix} -1 & 0 \\ a_{31} & a_{33}-\lambda \end{vmatrix} + \begin{vmatrix} a_{11}-\lambda & a_{13} \\ 0 & -1 \end{vmatrix} \right.$$
$$\left. + \begin{vmatrix} -1 & 0 \\ a_{21} & a_{22}-\lambda \end{vmatrix} + \begin{vmatrix} a_{11}-\lambda & a_{12} \\ 0 & -1 \end{vmatrix} \right)$$

提出 (-1)，得

$$\phi''(\lambda) = (-1)^2 (a_{33}-\lambda + a_{22}-\lambda + a_{33}-\lambda + a_{11}-\lambda + a_{22}-\lambda + a_{11}-\lambda) \quad (10)$$

特徵方程式 (8) 的右邊，再微分得

$$-\frac{d}{d\lambda}\left(3\lambda^2 - 2C_1\lambda + C_2\right) = -(6\lambda - 2C_1) = 0 \quad (11)$$

令 $\lambda = 0$ 代入特徵方程式(10)與(11)，得

$$\phi''(0) = 2(a_{11} + a_{22} + a)_{33} = 2C_1$$

或得 C_1 等於矩陣 A 上之對角線上元素和，即

$$C_1 = a_{11} + a_{22} + a_{33}$$

綜合此兩節之推導結果整理如下

(1) 若以一個三階矩陣 A 而言

$$C_1 = a_{11} + a_{22} + a_{33} = \lambda_1 + \lambda_2 + \lambda_3$$

$$C_2 = (M_{11})_{2\times2} + (M_{22})_{2\times2} + (M_{33})_{2\times2} = \lambda_1\lambda_2 + \lambda_2\lambda_3 + \lambda_1\lambda_3$$

$$C_3 = |A|_{3\times3} = \lambda_1\lambda_2\lambda_3$$

(2) 若推廣到一個 n 階矩陣 A 而言

同理，推廣至 n 階矩陣 A 之特徵方程式係數與矩陣之關係如下：

$C_1 = \lambda_1 + \lambda_2 + \cdots + \lambda_n = a_{11} + a_{22} + \cdots + a_{nn}$

　　：所有 1×1 階主子式（Major Minor）之和
　　：所有 1 根相乘之和

$C_2 = \lambda_1\lambda_2 + \lambda_2\lambda_3 + \cdots + \lambda_{n-1}\lambda_n = (M_{11})_{2\times2} + (M_{22})_{2\times2} + \cdots + (M_{nn})_{2\times2}$

　　：所有 2×2 階主子式（Major Minor）之和
　　：所有 2 根相互乘積之和

　　　　…

$C_n = \lambda_1\lambda_2\cdots\lambda_n = |A|_{n\times n}$

　　：所有 $n\times n$ 階主子式（Major Minor）之和
　　：所有 n 根相互乘積之和

範例 02

$A = \begin{bmatrix} -5 & 2 \\ 2 & -2 \end{bmatrix}$, find the eigenvalues of the matrix.

(a) 1,6   (b) $-1,-6$ (c) $2,-5$ (d) $-2,5$

台科大高分子所

解答：(b) $-1,-6$

由根與係數關係，知

$$\sum_{i=1}^{2} \lambda_i = \lambda_1 + \lambda_2 = a_{11} + a_{22} = -5 - 2 = -7$$

四個選項，只有 $-1 + (-6) = -7$ 符合。

範例 03

Let the eigenvalues of the matrix $\begin{bmatrix} 2 & 1 & 0 & 0 \\ 1 & 3 & 0 & 0 \\ -1 & 1 & 2 & 1 \\ 0 & 2 & 1 & 2 \end{bmatrix}$ be $\lambda_1, \lambda_2, \lambda_3, \lambda_4$

(1) Find $\lambda_1 + \lambda_2 + \lambda_3 + \lambda_4$ (2) Find $\lambda_1\lambda_2 + \lambda_1\lambda_3 + \lambda_1\lambda_4 + \lambda_2\lambda_3 + \lambda_2\lambda_4 + \lambda_3\lambda_4$.

台科大電子所

解答：

根與係數關係　　$\lambda_1 + \lambda_2 + \lambda_3 + \lambda_4 = a_{11} + a_{22} + a_{33} + a_{44}$

所以得　　$\lambda_1 + \lambda_2 + \lambda_3 + \lambda_4 = 2 + 3 + 2 + 2 = 9$

根與係數關係　　$\lambda_1\lambda_2 + \lambda_1\lambda_3 + \lambda_1\lambda_4 + \lambda_2\lambda_3 + \lambda_2\lambda_4 + \lambda_3\lambda_4 = C_2$

$$C_2 = \begin{vmatrix} 2 & 1 \\ 1 & 2 \end{vmatrix} + \begin{vmatrix} 3 & 0 \\ 2 & 2 \end{vmatrix} + \begin{vmatrix} 3 & 0 \\ 1 & 2 \end{vmatrix} + \begin{vmatrix} 2 & 0 \\ 0 & 2 \end{vmatrix} + \begin{vmatrix} 2 & 0 \\ -1 & 2 \end{vmatrix} + \begin{vmatrix} 2 & 1 \\ 1 & 3 \end{vmatrix} = 28$$

故得
$$\lambda_1\lambda_2 + \lambda_1\lambda_3 + \lambda_1\lambda_4 + \lambda_2\lambda_3 + \lambda_2\lambda_4 + \lambda_3\lambda_4 = 28$$

範例 04

If $\lambda_1, \lambda_2, \lambda_3, \lambda_4, \lambda_5$ are all the eigenvalues of the matrix

$$\begin{bmatrix} 4 & -1 & 0 & 0 & 0 \\ -1 & 3 & -1 & 0 & 0 \\ 0 & -1 & 3 & -1 & 0 \\ 0 & 0 & -1 & 3 & -1 \\ 0 & 0 & 0 & -1 & 3 \end{bmatrix}$$

Then $\lambda_1^2 + \lambda_2^2 + \lambda_3^2 + \lambda_4^2 + \lambda_5^2 = $ _____ 。

台大資工數學

解答：

根與係數關係，知
$$\lambda_1 + \lambda_2 + \lambda_3 + \lambda_4 = a_{11} + a_{22} + a_{33} + a_{44}$$

得
$$\lambda_1 + \lambda_2 + \lambda_3 + \lambda_4 = 4 + 3 + 3 + 3 + 3 = 16$$

根與係數關係，知
$$\lambda_1\lambda_2 + \lambda_1\lambda_3 + \lambda_1\lambda_4 + \lambda_2\lambda_3 + \lambda_2\lambda_4 + \lambda_3\lambda_4 = C_2$$

其中
$$C_2 = M_{345} + M_{245} + M_{145} + M_{235} + M_{135} + M_{125} + M_{234} + M_{134} + M_{124} + M_{123}$$

其中 M_{ijk}：表消去 i, j, k 行與列後剩下之子式。

$$C_2 = \begin{vmatrix} 4 & -1 \\ -1 & 3 \end{vmatrix} + \begin{vmatrix} 4 & 0 \\ 0 & 3 \end{vmatrix} + \begin{vmatrix} 3 & -1 \\ -1 & 3 \end{vmatrix} + \begin{vmatrix} 4 & 0 \\ 0 & 3 \end{vmatrix} + \begin{vmatrix} 3 & 0 \\ 0 & 3 \end{vmatrix} + \begin{vmatrix} 3 & -1 \\ -1 & 3 \end{vmatrix} + \begin{vmatrix} 4 & 0 \\ 0 & 3 \end{vmatrix}$$
$$+ \begin{vmatrix} 3 & 0 \\ 0 & 3 \end{vmatrix} + \begin{vmatrix} 3 & 0 \\ 0 & 3 \end{vmatrix} + \begin{vmatrix} 3 & -1 \\ -1 & 3 \end{vmatrix}$$

得

$$C_2 = 11+12+8+12+9+8+12+9+9+8 = 98$$

故得
$$\lambda_1\lambda_2 + \lambda_1\lambda_3 + \lambda_1\lambda_4 + \lambda_2\lambda_3 + \lambda_2\lambda_4 + \lambda_3\lambda_4 = 98$$

利用公式，配方，得

$$\lambda_1^2 + \lambda_2^2 + \lambda_3^2 + \lambda_4^2 + \lambda_5^2 = (\lambda_1 + \lambda_2 + \lambda_3 + \lambda_4 + \lambda_5)^2 \\ - 2(\lambda_1\lambda_2 + \lambda_1\lambda_3 + \lambda_1\lambda_4 + \lambda_2\lambda_3 + \lambda_2\lambda_4 + \lambda_3\lambda_4)$$

最後得

$$\lambda_1^2 + \lambda_2^2 + \lambda_3^2 + \lambda_4^2 + \lambda_5^2 = 16^2 - 2 \times 98 = 60$$

第五節　矩陣特徵向量之特性

已知　一個 n 階方矩陣 A

$$A = \begin{bmatrix} a_{11} & a_{12} & \cdots & a_{1n} \\ a_{21} & a_{22} & & a_{2n} \\ \vdots & & \ddots & \\ a_{n1} & & & a_{nn} \end{bmatrix}$$

其特徵值分別表為：　$\lambda_1, \lambda_2, \cdots, \lambda_n$

所對應之特徵向量分別表為：　$X_1, X_2, \cdots, X_n$

則這些特徵向量，必為線性獨立。證明如下

※ 特徵向量基本定理：

> 相異特徵值 $\lambda_1, \lambda_2, \cdots, \lambda_n$ 所對應之特徵向量 $X_1, X_2, \cdots, X_n$ 為線性獨立。

成大醫工所、雲科大電機所、台大資工所

【證明】

設存在一組數使 $c_1 X_1 + c_2 X_2 + \cdots + c_n X_n = 0$

則依特徵值定義知 $A(c_1 X_1 + c_2 X_2 + \cdots + c_n X_n) = 0$

乘開 $c_1 A X_1 + c_2 A X_2 + \cdots + c_n A X_n = 0$

代入 $AX_1 = \lambda_1 X_1, \cdots AX_n = \lambda_n X_n$

得 $c_1 \lambda_1 X_1 + c_2 \lambda_2 X_2 + \cdots + c_n \lambda_n X_n = 0$

再乘上 A，再代入特徵值定義，依此類推，重複 k 次，得

$$c_1 \lambda_1^k X_1 + c_2 \lambda_2^k X_2 + \cdots + c_n \lambda_n^k X_n = 0 \text{，} (k = 1, 2, \cdots, n-1)$$

表成矩陣

$$(c_1 X_1, c_2 X_2, \cdots, c_n X_n) \begin{bmatrix} 1 & \lambda_1 & \cdots & \lambda_1^{n-1} \\ 1 & \lambda_2 & & \lambda_2^{n-1} \\ \vdots & & \ddots & \\ 1 & \lambda_n & & \lambda_n^{n-1} \end{bmatrix} = 0$$

上式矩陣為 Van de Mode 行列式，為可逆矩陣。

故得 $(c_1 X_1, c_2 X_2, \cdots, c_n X_n) = 0$

亦即 $c_1 = c_2 = \cdots = c_n = 0$

故特徵向量 $(X_1, X_2, \cdots, X_n)$ 為線性獨立。

【觀念分析】

令 $P = \begin{bmatrix} X_1 & X_2 & \cdots & X_n \end{bmatrix}$，則 $Rank(P) = n$，P^{-1} 必存在。

同時，因為由於代數基本定理 (證明參閱複變函數之 Gauss 均值定理)，知這些特徵值為實數，或為共軛複數。

若 $\lambda = \lambda_i$ 為實數，則 $X = X_i$ 為實數特徵向量。

若 $\lambda = \lambda_i$ 為複數，則 $X = X_i$ 為複數向量。

若 $\lambda = \lambda_i$ 為共軛複數，則 $X = X_i$ 為共軛複數向量。

範例 05

(20%) If A and B are 2 by 2 matrices which do not necessarily commute, show that AB and BA have the same eigenvalues.

嘉義光電與固態電子所

解答：

已知 $\begin{bmatrix} AB-\lambda I & A \\ 0 & I \end{bmatrix} \overset{K_{12}(-B)}{\sim} \begin{bmatrix} -\lambda I & A \\ -B & I \end{bmatrix} \overset{K_2(\lambda)}{\sim} \begin{bmatrix} -\lambda I & \lambda A \\ -B & \lambda I \end{bmatrix} \overset{K_{21}(A)}{\sim} \begin{bmatrix} -\lambda I & 0 \\ -B & -BA+\lambda I \end{bmatrix}$

$\begin{bmatrix} AB-\lambda I & A \\ 0 & I \end{bmatrix} \begin{bmatrix} I & 0 \\ -B & I \end{bmatrix} \begin{bmatrix} I & 0 \\ 0 & \lambda I \end{bmatrix} \begin{bmatrix} I & A \\ 0 & I \end{bmatrix} = \begin{bmatrix} -\lambda I & 0 \\ -B & -BA+\lambda I \end{bmatrix}$

取行列式 $\begin{vmatrix} AB-\lambda I & A \\ 0 & I \end{vmatrix} \begin{vmatrix} 1 & 0 \\ -B & 1 \end{vmatrix} \begin{vmatrix} 1 & 0 \\ 0 & \lambda \end{vmatrix} \begin{vmatrix} 1 & A \\ 0 & 1 \end{vmatrix} = \begin{vmatrix} -\lambda I & 0 \\ -B & -BA+\lambda I \end{vmatrix}$

其中 A and B、I are 2 by 2 matrices

$|AB-\lambda I| \cdot 1 \cdot \lambda^2 \cdot 1 = |-\lambda I| \cdot |-BA+\lambda I| = (-\lambda)^2 \cdot (-1)^2 |BA-\lambda I|$

得證 $|AB-\lambda I| = |BA-\lambda I|$

範例 06【矩陣特徵值定義與定理】

Prove that the eigenvalues of kA, for any scalar k, are k times those of A. Are the corresponding eigenvectors the same? Explain.(7%)

清大工程與系統所

解答：

已知定義　　$AX = \lambda X$

$kAX = k\lambda X$

得矩陣 kA 知特徵值為 $k\lambda$。

範例 07：複數特徵值

Determine the eigenvalues and eigenvectors of $A = \begin{bmatrix} \cos\theta & -\sin\theta \\ \sin\theta & \cos\theta \end{bmatrix}$.(10%)

交大機械所、中央地科系轉

解答：

特徵方程式 $\begin{vmatrix} \cos\theta - \lambda & -\sin\theta \\ \sin\theta & \cos\theta - \lambda \end{vmatrix} = \lambda^2 - 2\cos\theta\lambda + 1 = 0$

得特徵值 $\lambda = \cos\theta \pm \sqrt{\cos^2\theta - 1} = \cos\theta \pm i\sin\theta$

1. 特徵值 $\lambda = \cos\theta + i\sin\theta = e^{i\theta}$ $\quad A = \begin{bmatrix} -i\sin\theta & -\sin\theta \\ \sin\theta & -i\sin\theta \end{bmatrix} \begin{bmatrix} x_1 \\ x_2 \end{bmatrix} = 0$

令 $x_1 = c_1$，$x_2 = -ix_1$

特徵向量 $\quad X = c_1 \begin{bmatrix} 1 \\ -i \end{bmatrix}$

2. 特徵值 $\lambda = \cos\theta - i\sin\theta = e^{-i\theta}$ $\quad A = \begin{bmatrix} i\sin\theta & -\sin\theta \\ \sin\theta & i\sin\theta \end{bmatrix} \begin{bmatrix} x_1 \\ x_2 \end{bmatrix} = 0$

特徵向量 $\quad X = c_2 \begin{bmatrix} 1 \\ i \end{bmatrix}$

得知特徵值為共軛複數，特徵向量為共軛複數。

範例 08

(20%) Find the eigenvalues and eigenvectors of $A = \begin{bmatrix} \sigma & \omega \\ -\omega & \sigma \end{bmatrix}$. where σ, ω are real constant

中央電機所電波組、交大機械所丁、成大航太所

解答：

$$|A-\lambda I| = \begin{vmatrix} \sigma-\lambda & \omega \\ -\omega & \sigma-\lambda \end{vmatrix} = (\sigma-\lambda)^2 + \omega^2 = 0$$

$\lambda_1 = \sigma + i\omega$，$\lambda_2 = \sigma - i\omega$

(1) $\lambda_1 = \sigma + i\omega$，$(A-\lambda_1 I)X = \begin{bmatrix} -i\omega & \omega \\ -\omega & -i\omega \end{bmatrix}\begin{bmatrix} x_1 \\ x_2 \end{bmatrix} = \begin{bmatrix} 0 \\ 0 \end{bmatrix}$

令 $x_1 = c_1$，得 $x_2 = ix_1$，特徵向量為 $X_1 = c_1 \begin{bmatrix} 1 \\ i \end{bmatrix}$

(2) $\lambda_2 = \overline{\lambda_1} = \sigma - i\omega$，特徵向量為共軛，即 $X_2 = \overline{X_1} = \overline{\begin{bmatrix} 1 \\ i \end{bmatrix}} = \begin{bmatrix} 1 \\ -i \end{bmatrix}$

範例 09

Let A be $n \times n$ nonsingular matrix with eigenvalues $\lambda_1, \lambda_2, \cdots, \lambda_n$
(A) Show that $\det(A) = \lambda_1 \lambda_2 \cdots \lambda_n$

(B) Show that A^{-1} has eigenvalues $\dfrac{1}{\lambda_1}, \dfrac{1}{\lambda_2}, \cdots, \dfrac{1}{\lambda_n}$

(C) Show that $(A^T)^{-1} = (A^{-1})^T$

(D) Given $A = \begin{bmatrix} 9 & 3 & 2 & 5 \\ -6 & 3 & 2 & 5 \\ -6 & 0 & 4 & 0 \\ 9 & 6 & 4 & -5 \end{bmatrix}$. Find the multiplication product of all the eigenvalues of $(A^T)^{-1}$

93 中興化工所

解答：

已知 $\left(A^T\right)^{-1} = (\lambda_1 \cdot \lambda_2 \cdots \lambda_n)^{-1}$

先求 A 之特徵值之乘積

$$\lambda_1 \cdot \lambda_2 \cdots \lambda_n = |A|$$

故只需求 A 之行列式

$$A = \begin{bmatrix} 9 & 3 & 2 & 5 \\ -6 & 3 & 2 & 5 \\ -6 & 0 & 4 & 0 \\ 9 & 6 & 4 & -5 \end{bmatrix} \underset{\sim}{H_{12}(-1)} \begin{bmatrix} 9 & 3 & 2 & 5 \\ -15 & 0 & 0 & 0 \\ -6 & 0 & 4 & 0 \\ 9 & 6 & 4 & -5 \end{bmatrix}$$

故得

$$|A| = \begin{vmatrix} 9 & 3 & 2 & 5 \\ -15 & 0 & 0 & 0 \\ -6 & 0 & 4 & 0 \\ 9 & 6 & 4 & -5 \end{vmatrix} = (-1)(-15) \begin{vmatrix} 3 & 2 & 5 \\ 0 & 4 & 0 \\ 6 & 4 & -15 \end{vmatrix} = 15(4) \begin{vmatrix} 3 & 5 \\ 6 & -15 \end{vmatrix} = -4500$$

代入得

$$\left(A^T\right)^{-1} = (\lambda_1 \cdot \lambda_2 \cdots \lambda_n)^{-1} = -\frac{1}{4500}$$

第六節　對稱矩陣之特徵值特性

已知 n 階矩陣 $A_{n \times n}$，會有 n 個特徵值，$\lambda_1, \lambda_2, \cdots, \lambda_n$，但是這些特徵值，什麼狀況下，一定會是實數？

實數矩陣 $A_{n \times n}$，其中有一類特殊矩陣，稱為實對稱矩陣（Symmetry Matrix），定義如下：

$$A^T = A$$

則稱 $A_{n \times n}$ 為對稱矩陣（Symmetry Matrix）。

同理，若實數方矩陣 A 滿足

$$A^T = -A$$

則稱 $A_{n \times n}$ 為反對稱矩陣（Skew-symmetry Matrix）。

當實數矩陣 $A_{n \times n}$ 為對稱矩陣，則 $A_{n \times n}$ 會滿足下列基本特性：

※ 對稱矩陣基本定理 1：

已知 n 階實對稱矩陣 A，則其特徵值必為實數。

清大生科所、中山海環所

【證明】

若 λ 為 A 之特徵值，X 為 A 之特徵向量，即 $AX = \lambda X$

取轉置　　　　　　$(AX)^T = (\lambda X)^T$

或　　　　　　　　$X^T A^T = X^T A = \lambda X^T$（因對稱矩陣 $A^T = A$）

取共軛　　　　　　$\overline{X^T A} = \overline{\lambda X^T}$

或　　　　　　　　$\overline{X}^T \overline{A} = \overline{X}^T A = \overline{\lambda} \overline{X}^T$（因實數矩陣 $\overline{A} = A$）

乘上 X　　　　　$\overline{X}^T AX = \overline{\lambda} \overline{X}^T X$（1）

再將原式 $AX = \lambda X$，乘上 $\overline{X}^T$，得 $\overline{X}^T AX = \overline{X}^T \lambda X = \lambda \overline{X}^T X$（2）

比較（1）及（2）式得　$(\overline{\lambda} - \lambda) \overline{X}^T X = 0$

其中複數內積　　　$\overline{X}^T X = x_1^2 + x_2^2 + \cdots + x_n^2 > 0$

故得證　　　　　　$\overline{\lambda} = \lambda$，即 λ 為實數

※對稱矩陣基本定理 2：

已知 n 階實對稱矩陣 A，則其相異特徵值所對應之特徵向量必為正交。

中興應數所、成大土木所、清大生科所、中山海環所

【證明】

若 λ_i，λ_j 為 A 之任兩相異特徵值，X_i，X_j 為其所對應之特徵向量

即 $AX_i = \lambda_i X_i$ (1) 與 $AX_j = \lambda_j X_j$ (2)

（1）左乘 X_j^T 得 $X_j^T A X_i = X_j^T \lambda_i X_i = \lambda_i X_j^T X_i$ (3)

（2）右乘 X_i^T 得 $X_i^T A X_j = X_i^T \lambda_j X_j = \lambda_j X_i^T X_j$

上式再轉置 $\left(X_i^T A X_j\right)^T = \left(\lambda_j X_i^T X_j\right)^T$

整理得 $X_j^T A^T X_i = X_j^T A X_i = \lambda_j X_j^T X_i$ (4)

由（3）與（4）式得 $(\lambda_i - \lambda_j) X_j^T X_i = 0$

因 λ_i，λ_j 為 A 之任兩相異特徵值，故 $(\lambda_i - \lambda_j) \neq 0$，$i \neq j$

故得證 $X_j^T X_i = 0$，$i \neq j$

【觀念分析】

其相同特徵值所對應之特徵向量未必為正交。

【分析】

1. 若 A 是一個 $n \times n$ 階上三角或下三角或對角實數矩陣，則其特徵值必為主對角線上元素。

※ 反對稱矩陣基本定理 3：

已知 n 階實數反對稱矩陣 A，則其特徵值必為 0 或純虛數。

【證明】

若 λ 為 A 之特徵值，X 為 A 之特徵向量，即 $AX = \lambda X$

取轉置 $(AX)^T = (\lambda X)^T$

或 $X^T A^T = -X^T A = \lambda X^T$ （因反對稱矩陣 $A^T = -A$）

或 $X^T A = -\lambda X^T$

取共軛　　　　　　$\overline{X^T A} = -\overline{\lambda X^T}$

或　　　　　　　　$\overline{X}^T \overline{A} = \overline{X}^T A = -\overline{\lambda} \overline{X}^T$

乘上 X　　　　　$\overline{X}^T A X = -\overline{\lambda} \overline{X}^T X$　（1）

再將原式 $AX = \lambda X$，乘上 $\overline{X}^T$，得 $\overline{X}^T A X = \overline{X}^T \lambda X = \lambda \overline{X}^T X$　（2）

比較（1）及（2）式得　　$(\overline{\lambda} + \lambda) \overline{X}^T X = 0$

其中　　　　　　　$\overline{X}^T X = x_1^2 + x_2^2 + \cdots + x_n^2 > 0$

故得證　　　　　　$\overline{\lambda} = -\lambda$，即 λ 為 0 或純虛數。

範例 10

Show that the eigenvalues of matrix $A = \begin{bmatrix} \alpha & \beta \\ \beta & \gamma \end{bmatrix}$ are real.

〔北科大機電所〕

解答：

已知　　$A^T = \begin{bmatrix} \alpha & \beta \\ \beta & \gamma \end{bmatrix}^T = \begin{bmatrix} \alpha & \beta \\ \beta & \gamma \end{bmatrix} = A$ 為實對稱矩陣

故由定理知：已知 n 階實對稱矩陣 A，則其特徵值必為實數。

範例 11

Show that the eigenvalues of $\begin{bmatrix} \alpha & \beta & \gamma \\ \beta & \phi & \varepsilon \\ \gamma & \varepsilon & \theta \end{bmatrix}$ are real if all the matrix elements are real numbers.

〔成大電腦通訊所〕

解答：

已知 $A^T = \begin{bmatrix} \alpha & \beta & \gamma \\ \beta & \phi & \varepsilon \\ \gamma & \varepsilon & \theta \end{bmatrix}^T = \begin{bmatrix} \alpha & \beta & \gamma \\ \beta & \phi & \varepsilon \\ \gamma & \varepsilon & \theta \end{bmatrix} = A$ 為實對稱矩陣

故由定理知：已知 n 階實對稱矩陣 A，則其特徵值必為實數。

範例 12

(a) Let A and B be two 3 by 3 symmetric matrices, and P be a nonsingular 3 by 3 matrices, such that $B = P^{-1}AP$. Find the relationship of eigenvalues and eigenvectors of matrices A and B.

(b) Let A and B be two symmetric matrices, and let $A = \alpha B + \beta I$. Where I is the identity matrix. If λ and u are the eigenvalue and eigenvector of matrix A, respectively, find the eigenvalue and eigenvector of matrix B (in term of λ and u)

台大應力所

解答：

已知矩陣 A 之特徵值為 λ，特徵向量為 u，亦即 $Au = \lambda u$

已知 $\qquad B = P^{-1}AP$

右乘 P^{-1} $\qquad BP^{-1} = P^{-1}APP^{-1} = P^{-1}A$

再右乘 u $\qquad BP^{-1}u = P^{-1}Au$

代入 $Au = \lambda u$ $\quad BP^{-1}u = P^{-1}Au = P^{-1}\lambda u$

即 $\qquad B(P^{-1}u) = \lambda(P^{-1}u)$

得矩陣 B 之特徵值為 λ，特徵向量為 $P^{-1}u$

(b) 已知 $\qquad A = \alpha B + \beta I$

移項 $\qquad B = \dfrac{1}{\alpha}(A - \beta I)$

右乘 u
$$Bu = \frac{1}{\alpha}(A - \beta I)u = \frac{1}{\alpha}\lambda u - \frac{1}{\alpha}\beta I u$$

整理得
$$Bu = \left(\frac{\lambda - \beta}{\alpha}I\right)u = \frac{\lambda - \beta}{\alpha}u$$

即得矩陣 B 之特徵值為 $\dfrac{\lambda - \beta}{\alpha}$，特徵向量為 u

範例 13：二階對稱矩陣

(25%) Find the eigenvalues and eigenvectors of the matrix $A = \begin{bmatrix} 0 & 1 \\ 1 & 0 \end{bmatrix}$

淡大工大三工數、成大工科所乙

解答：

特徵方程式

$$|A - \lambda I| = \begin{vmatrix} -\lambda & 1 \\ 1 & -\lambda \end{vmatrix} = \lambda^2 - 1 = 0$$

得特徵值 $\lambda = 1$，$\lambda = -1$

(1) 特徵值 $\lambda = 1$，$(A - I)X = \begin{bmatrix} -1 & 1 \\ 1 & -1 \end{bmatrix}\begin{bmatrix} x_1 \\ x_2 \end{bmatrix} = 0$

得特徵向量 $\begin{bmatrix} x_1 \\ x_2 \end{bmatrix} = c_1 \begin{bmatrix} 1 \\ 1 \end{bmatrix}$

(2) 特徵值 $\lambda = -1$，$(A + I)X = \begin{bmatrix} 1 & 1 \\ 1 & 1 \end{bmatrix}\begin{bmatrix} x_1 \\ x_2 \end{bmatrix} = 0$

得特徵向量 $\begin{bmatrix} x_1 \\ x_2 \end{bmatrix} = c_2 \begin{bmatrix} 1 \\ -1 \end{bmatrix}$

範例 14

Find the eigenvalues and eigenvectors of $A = \begin{bmatrix} -5 & 2 \\ 2 & -2 \end{bmatrix}$

台科大高分子所、中央電機所

解答：

特徵方程式 $\quad |A - \lambda I| = \begin{vmatrix} -5-\lambda & 2 \\ 2 & -2-\lambda \end{vmatrix} = \lambda^2 + 7\lambda + 6 = 0$

特徵值 $\quad \lambda = -1 \, , \, \lambda = -6$

當特徵值 $\lambda = -1 \quad (A+I)X = \begin{bmatrix} -4 & 2 \\ 2 & -1 \end{bmatrix} \begin{bmatrix} x_1 \\ x_2 \end{bmatrix} = 0$

特徵向量 $\quad X = \begin{bmatrix} x_1 \\ x_2 \end{bmatrix} = c_1 \begin{bmatrix} 1 \\ 2 \end{bmatrix}$

當特徵值 $\lambda = -6 \quad (A+6I)X = \begin{bmatrix} 1 & 2 \\ 2 & 4 \end{bmatrix} \begin{bmatrix} x_1 \\ x_2 \end{bmatrix} = 0$

特徵向量 $\quad X = \begin{bmatrix} x_1 \\ x_2 \end{bmatrix} = c_1 \begin{bmatrix} 2 \\ -1 \end{bmatrix}$

範例 15：三階對稱矩陣

(15%) Find the eigenvalues and eigenvectors of the matrix

$$M = \begin{bmatrix} 1 & 0 & 3 \\ 0 & -2 & 0 \\ 3 & 0 & 1 \end{bmatrix}$$

成大太空天文與電漿科學所

解答：

(a) $|A - \lambda I| = \begin{vmatrix} 1-\lambda & 0 & 3 \\ 0 & -2-\lambda & 0 \\ 3 & 0 & 1-\lambda \end{vmatrix} = -(\lambda+2)^2(\lambda-4) = 0$

得特徵值 $\lambda_1 = -2, -2$，$\lambda_2 = 4$

(b) 當 $\lambda_1 = -2, -2$，$(A+2I)X = \begin{bmatrix} 3 & 0 & 3 \\ 0 & 0 & 0 \\ 3 & 0 & 3 \end{bmatrix} \begin{bmatrix} x_1 \\ x_2 \\ x_3 \end{bmatrix} = 0$

得 $x_1 = c_1$，$x_3 = -x_1 = -c_1$，$x_2 = c_2$

$X = c_1 \begin{bmatrix} 1 \\ 0 \\ -1 \end{bmatrix} + c_2 \begin{bmatrix} 0 \\ 1 \\ 0 \end{bmatrix}$

(c) 當 $\lambda_2 = 4$，$(A-4I)X = \begin{bmatrix} -3 & 0 & 3 \\ 0 & -6 & 0 \\ 3 & 0 & -3 \end{bmatrix} \begin{bmatrix} x_1 \\ x_2 \\ x_3 \end{bmatrix} = 0$

得 $x_3 = x_1 = c_1$，$x_2 = 0$

$X = c_1 \begin{bmatrix} 1 \\ 0 \\ 1 \end{bmatrix}$

範例 16

(15%) Find the eigenvalues and eigenvectors of $\begin{bmatrix} -1 & 1 & 0 \\ 1 & -1 & 0 \\ 0 & 0 & 0 \end{bmatrix}$

中山環工所工數

解答：

(a) $|A-\lambda I| = \begin{vmatrix} -1-\lambda & 1 & 0 \\ 1 & -1-\lambda & 0 \\ 0 & 0 & -\lambda \end{vmatrix} = -\lambda^2(\lambda+2) = 0$

得特徵值　　$\lambda_1 = 0,0$，$\lambda_2 = -2$

(b) 當　$\lambda_1 = 0,0$，　$AX = \begin{bmatrix} -1 & 1 & 0 \\ 1 & -1 & 0 \\ 0 & 0 & 0 \end{bmatrix} \begin{bmatrix} x_1 \\ x_2 \\ x_3 \end{bmatrix} = 0$

得　$x_1 = x_2 = c_2$，$x_3 = c_2$，

$X = c_1 \begin{bmatrix} 1 \\ 1 \\ 0 \end{bmatrix} + c_2 \begin{bmatrix} 0 \\ 0 \\ 1 \end{bmatrix}$

(c) 當　$\lambda_2 = -2$，　$(A+2I)X = \begin{bmatrix} 1 & 1 & 0 \\ 1 & 1 & 0 \\ 0 & 0 & 2 \end{bmatrix} \begin{bmatrix} x_1 \\ x_2 \\ x_3 \end{bmatrix} = 0$

得　$x_2 = -x_1 = -c_1$，$x_3 = 0$，

$X = c_1 \begin{bmatrix} 1 \\ -1 \\ 0 \end{bmatrix}$

範例 17

(10%) Find the eigenvalues of matrix $A = \begin{bmatrix} 2 & -1 & 0 \\ -1 & 2 & -1 \\ 0 & -1 & 2 \end{bmatrix}$. In addition, find the eigenvectors corresponding to the eigenvalue $\lambda = 2$.

交大電子所(產業碩士)

解答：

(a) $|A - \lambda I| = \begin{vmatrix} 2-\lambda & -1 & 0 \\ -1 & 2-\lambda & -1 \\ 0 & -1 & 2-\lambda \end{vmatrix} = (2-\lambda)^3 - 2(2-\lambda) = 0$

$|A - \lambda I| = (2-\lambda)[(2-\lambda)^2 - 2] = (2-\lambda)(2-\lambda-\sqrt{2})(2-\lambda+\sqrt{2}) = 0$

得特徵值　　$\lambda_1 = 2$，$\lambda_2 = 2 - \sqrt{2}$，$\lambda_3 = 2 + \sqrt{2}$

(b) 當　$\lambda_1 = 2$，$(A - 2I)X = \begin{bmatrix} 0 & -1 & 0 \\ -1 & 0 & -1 \\ 0 & -1 & 0 \end{bmatrix} \begin{bmatrix} x_1 \\ x_2 \\ x_3 \end{bmatrix} = 0$

得　$x_2 = 0$

$x_1 + x_3 = 0$，$x_1 = c_1$，$x_3 = -c_1$

特徵值　$\begin{bmatrix} x_1 \\ x_2 \\ x_3 \end{bmatrix} = \begin{bmatrix} 1 \\ 0 \\ -1 \end{bmatrix}$

範例 18

> Find the eigenvalues and eigenvectors of the matrix $A = \begin{bmatrix} 9 & 1 & 1 \\ 1 & 9 & 1 \\ 1 & 1 & 9 \end{bmatrix}$.（10%）

中原土木所

解答：

【速算】令 $\lambda = 8$，三行均相同，故得 $\lambda = 8, 8$

第三根由對角線元素和求得

$$|A - \lambda I| = -(\lambda - 11)(\lambda - 8)^2 = 0$$

特徵值　　　　　$\lambda = 8, 8$，$\lambda = 11$

$\lambda = 8, 8$
$$\begin{bmatrix} 1 & 1 & 1 \\ 1 & 1 & 1 \\ 1 & 1 & 1 \end{bmatrix} \begin{bmatrix} x_1 \\ x_2 \\ x_3 \end{bmatrix} = \begin{bmatrix} 0 \\ 0 \\ 0 \end{bmatrix}$$

特徵向量
$$\begin{bmatrix} x_1 \\ x_2 \\ x_3 \end{bmatrix} = c_1 \begin{bmatrix} 1 \\ -1 \\ 0 \end{bmatrix} + c_2 \begin{bmatrix} 1 \\ 0 \\ -1 \end{bmatrix}$$

$\lambda = 11$
$$\begin{bmatrix} -2 & 1 & 1 \\ 1 & -2 & 1 \\ 1 & 1 & -2 \end{bmatrix} \begin{bmatrix} x_1 \\ x_2 \\ x_3 \end{bmatrix} = \begin{bmatrix} 0 \\ 0 \\ 0 \end{bmatrix}$$

特徵向量
$$\begin{bmatrix} x_1 \\ x_2 \\ x_3 \end{bmatrix} = c_1 \begin{bmatrix} 1 \\ 1 \\ 1 \end{bmatrix}$$

第七節　非對稱矩陣之(一般)轉換矩陣

相對於對稱矩陣的特徵值與特徵向量特性：

(1) 對稱矩陣的特徵值，一定是實數值。
(2) 對稱矩陣的特徵向量個數，一定有 n 個存在。
(3) 對稱矩陣的相異特徵值所對應之特徵向量，一定會呈正交集合。

已知 $A_{n \times n}$ 為非對稱實數矩陣，則非對稱矩陣的特徵值與特徵向量，有下列幾個特性：

(4) 非對稱矩陣的特徵值，不一定是實數值，有可能是複數值，
(5) 非對稱矩陣的特徵向量，不一定有足夠的 n 個存在，有可能少於 n 個。
(6) 非對稱矩陣的特徵向量，不一定會呈正交集合。

上述特性之詳細證明，或更進一步之研討，超出本書「工程數學」之範疇，有興趣之讀者，可參閱「線性代數」之有關書籍。

範例 19

(20%) $A = \begin{bmatrix} -1 & 1 & 0 \\ 1 & 2 & 1 \\ 0 & 3 & 1 \end{bmatrix}$, find the eigenvalues and corresponded eigenvectors.

高雄大電機所光電組工數

解答：

(a) $|A - \lambda I| = \begin{vmatrix} -1-\lambda & 1 & 0 \\ 1 & 2-\lambda & 1 \\ 0 & 3 & 1-\lambda \end{vmatrix} = -\lambda(\lambda^2 - 2\lambda - 5) = 0$

得特徵值，$\lambda_1 = 0$，$\lambda_2 = 1+\sqrt{6}$，$\lambda_3 = 1-\sqrt{6}$

(b) 當 $\lambda_1 = 0$，$AX = \begin{bmatrix} -1 & 1 & 0 \\ 1 & 2 & 1 \\ 0 & 3 & 1 \end{bmatrix} \begin{bmatrix} x_1 \\ x_2 \\ x_3 \end{bmatrix} = 0$

特徵值 $X_1 = \begin{bmatrix} x_1 \\ x_2 \\ x_3 \end{bmatrix} = \begin{bmatrix} 1 \\ 1 \\ -3 \end{bmatrix}$

當 $\lambda_2 = 1+\sqrt{6}$，$(A-1-\sqrt{6})X = \begin{bmatrix} -2-\sqrt{6} & 1 & 0 \\ 1 & 1-\sqrt{6} & 1 \\ 0 & 3 & -\sqrt{6} \end{bmatrix} \begin{bmatrix} x_1 \\ x_2 \\ x_3 \end{bmatrix} = 0$

特徵值 $X_2 = \begin{bmatrix} x_1 \\ x_2 \\ x_3 \end{bmatrix} = \begin{bmatrix} 1 \\ 2+\sqrt{6} \\ 3+\sqrt{6} \end{bmatrix}$

當 $\lambda_3 = 1-\sqrt{6}$, $(A-1+\sqrt{6})X = \begin{bmatrix} -2+\sqrt{6} & 1 & 0 \\ 1 & 1+\sqrt{6} & 1 \\ 0 & 3 & \sqrt{6} \end{bmatrix} \begin{bmatrix} x_1 \\ x_2 \\ x_3 \end{bmatrix} = 0$

特徵值 $X_3 = \begin{bmatrix} x_1 \\ x_2 \\ x_3 \end{bmatrix} = \begin{bmatrix} 1 \\ 2-\sqrt{6} \\ 3-\sqrt{6} \end{bmatrix}$

範例 20

Find the eigenvalues and eigenvectors of the matrix $A = \begin{bmatrix} 1 & 2 & 2 \\ 2 & 3 & -2 \\ -5 & 3 & 8 \end{bmatrix}$. (15%)

交大土木所丙

解答：

【速算】令 $\lambda = 3$，一、三行相同，令 $\lambda = 5$，二、三行相同

其餘第三根由對角線元素和求得

$$|A - \lambda I| = -(\lambda-3)(\lambda-4)(\lambda-5) = 0$$

特徵值 $\lambda = 3, 4, 5$

特徵值 $\lambda = 3$ $(A-3I)X = \begin{bmatrix} -2 & 2 & 2 \\ 2 & 0 & -2 \\ -5 & 3 & 5 \end{bmatrix} \begin{bmatrix} x_1 \\ x_2 \\ x_3 \end{bmatrix} = 0$

聯利解得，$2x_1 - 2x_3 = 0$，$x_1 = x_3 = c_1$，$x_2 = 0$

特徵向量 $\begin{bmatrix} x_1 \\ x_2 \\ x_3 \end{bmatrix} = c_1 \begin{bmatrix} 1 \\ 0 \\ 1 \end{bmatrix}$

特徵值 $\lambda = 4$
$$(A-4I)X = \begin{bmatrix} -3 & 2 & 2 \\ 2 & -1 & -2 \\ -5 & 3 & 4 \end{bmatrix} \begin{bmatrix} x_1 \\ x_2 \\ x_3 \end{bmatrix} = 0$$

聯立解得，$\begin{array}{l} -3x_1 + 2x_2 + 2x_3 = 0 \\ 2x_1 - x_2 - 2x_3 = 0 \end{array}$，$x_1 = x_2$，$x_3 = \dfrac{1}{2}x_1$

得 $x_1 = 2c_2$，$x_2 = 2c_2$，$x_3 = c_2$，

特徵向量 $\begin{bmatrix} x_1 \\ x_2 \\ x_3 \end{bmatrix} = c_1 \begin{bmatrix} 2 \\ 2 \\ 1 \end{bmatrix}$

特徵值 $\lambda = 5$
$$(A-5I)X = \begin{bmatrix} -4 & 2 & 2 \\ 2 & -2 & -2 \\ -5 & 3 & 3 \end{bmatrix} \begin{bmatrix} x_1 \\ x_2 \\ x_3 \end{bmatrix} = 0$$

聯立解得，$\begin{array}{l} -4x_1 + 2x_2 + 2x_3 = 0 \\ 2x_1 - 2x_2 - 2x_3 = 0 \end{array}$，$x_1 = 0$，$x_2 = -x_3 = c_3$

特徵向量 $\begin{bmatrix} x_1 \\ x_2 \\ x_3 \end{bmatrix} = c_1 \begin{bmatrix} 0 \\ 1 \\ -1 \end{bmatrix}$

範例 21

Find the eigenvalues and eigenvectors of the matrix $A = \begin{bmatrix} 7 & 0 & 3 \\ 2 & 1 & 1 \\ 2 & 0 & 2 \end{bmatrix}$. (15%)

交大土木所甲

解答：

【速算】觀察法知令 $\lambda=1$，第二行為 0 及一、三行相同，故重根 $\lambda=1,1$
其餘第三根由對角線元素和求得

$$|A-\lambda I|=\begin{vmatrix} 7-\lambda & 0 & 3 \\ 2 & 1-\lambda & 1 \\ 2 & 0 & 2-\lambda \end{vmatrix}=-(\lambda-1)^2(\lambda-8)=0$$

特徵值 $\quad \lambda=1,1,8$

$\lambda_1=1,1 \qquad (A-I)X=\begin{bmatrix} 6 & 0 & 3 \\ 2 & 0 & 1 \\ 2 & 0 & 1 \end{bmatrix}\begin{bmatrix} x_1 \\ x_2 \\ x_3 \end{bmatrix}=\begin{bmatrix} 0 \\ 0 \\ 0 \end{bmatrix}$

特徵向量 $\quad \begin{bmatrix} x_1 \\ x_2 \\ x_3 \end{bmatrix}=c_1\begin{bmatrix} 1 \\ 0 \\ -2 \end{bmatrix}+c_2\begin{bmatrix} 0 \\ 1 \\ 0 \end{bmatrix}$

$\lambda_2=8 \qquad (A-8I)X=\begin{bmatrix} -1 & 0 & 3 \\ 2 & -7 & 1 \\ 2 & 0 & -6 \end{bmatrix}\begin{bmatrix} x_1 \\ x_2 \\ x_3 \end{bmatrix}=\begin{bmatrix} 0 \\ 0 \\ 0 \end{bmatrix}$

特徵向量 $\quad \begin{bmatrix} x_1 \\ x_2 \\ x_3 \end{bmatrix}=c_1\begin{bmatrix} 3 \\ 1 \\ 1 \end{bmatrix}$

範例 22

(20%) Consider a matrix A defined by its eigen-decomposition (or diagonalization) as follows,

$$A = EDE^{-1} = \begin{bmatrix} 5 & 4 & 0 & 0 \\ 6 & 5 & 0 & 0 \\ 0 & 0 & 7 & 5 \\ 0 & 0 & 4 & 3 \end{bmatrix} \begin{bmatrix} 4 & 0 & 0 & 0 \\ 0 & 3 & 0 & 0 \\ 0 & 0 & 2 & 0 \\ 0 & 0 & 0 & 1 \end{bmatrix} \begin{bmatrix} 5 & 4 & 0 & 0 \\ 6 & 5 & 0 & 0 \\ 0 & 0 & 7 & 5 \\ 0 & 0 & 4 & 3 \end{bmatrix}^{-1}$$

Where the columns of matrix E are the eigenvectors of A. Find the eigenvalues and corresponding eigenvectors of A^T.

成大電通所

解答：

$$E = \begin{bmatrix} 5 & 4 & 0 & 0 \\ 6 & 5 & 0 & 0 \\ 0 & 0 & 7 & 5 \\ 0 & 0 & 4 & 3 \end{bmatrix}, \quad E^T = \begin{bmatrix} 5 & 4 & 0 & 0 \\ 6 & 5 & 0 & 0 \\ 0 & 0 & 7 & 5 \\ 0 & 0 & 4 & 3 \end{bmatrix}^T = \begin{bmatrix} 5 & 6 & 0 & 0 \\ 4 & 5 & 0 & 0 \\ 0 & 0 & 7 & 4 \\ 0 & 0 & 5 & 3 \end{bmatrix}$$

$$E^{-1} = \begin{bmatrix} 5 & -4 & 0 & 0 \\ -6 & 5 & 0 & 0 \\ 0 & 0 & 3 & -5 \\ 0 & 0 & -4 & 7 \end{bmatrix}, \quad (E^{-1})^T = \begin{bmatrix} 5 & -6 & 0 & 0 \\ -4 & 5 & 0 & 0 \\ 0 & 0 & 3 & -4 \\ 0 & 0 & -5 & 7 \end{bmatrix}$$

$A = EDE^{-1}$,

$$A^T = (E^{-1})^T D E^T = \begin{bmatrix} 5 & -6 & 0 & 0 \\ -4 & 5 & 0 & 0 \\ 0 & 0 & 3 & -4 \\ 0 & 0 & -5 & 7 \end{bmatrix} \begin{bmatrix} 4 & 0 & 0 & 0 \\ 0 & 3 & 0 & 0 \\ 0 & 0 & 2 & 0 \\ 0 & 0 & 0 & 1 \end{bmatrix} \begin{bmatrix} 5 & 6 & 0 & 0 \\ 4 & 5 & 0 & 0 \\ 0 & 0 & 7 & 4 \\ 0 & 0 & 5 & 3 \end{bmatrix}$$

$$= \begin{bmatrix} 28 & 30 & 0 & 0 \\ -20 & -21 & 0 & 0 \\ 0 & 0 & 22 & 12 \\ 0 & 0 & -35 & -19 \end{bmatrix}$$

特徵值：

A^T eigenvalues are 4, 3, 2, 1 and A^T eigenvector is

$$c_1 \begin{bmatrix} 5 \\ 6 \\ 0 \\ 0 \end{bmatrix} + c_2 \begin{bmatrix} 4 \\ 5 \\ 0 \\ 0 \end{bmatrix} + c_3 \begin{bmatrix} 0 \\ 0 \\ 7 \\ 4 \end{bmatrix} + c_4 \begin{bmatrix} 0 \\ 0 \\ 5 \\ 3 \end{bmatrix}$$

$$\left| A\overline{A}^T - \lambda I \right| = \begin{vmatrix} 28-\lambda & 30 & 0 & 0 \\ -20 & -21-\lambda & 0 & 0 \\ 0 & 0 & 22-\lambda & 12 \\ 0 & 0 & 35 & -19-\lambda \end{vmatrix} = 0$$

解得 $\lambda = 1 \cdot 2 \cdot 3 \cdot 4$

得 A^T 的特徵向量 $c_1 \begin{bmatrix} 5 \\ 6 \\ 0 \\ 0 \end{bmatrix} + c_2 \begin{bmatrix} 4 \\ 5 \\ 0 \\ 0 \end{bmatrix} + c_3 \begin{bmatrix} 0 \\ 0 \\ 7 \\ 4 \end{bmatrix} + c_4 \begin{bmatrix} 0 \\ 0 \\ 5 \\ 3 \end{bmatrix}$

範例 23 特殊矩陣之特徵值

已知 $A = \begin{bmatrix} 1 & 1 & 1 & 1 \\ 1 & 1 & 1 & 1 \\ 1 & 1 & 1 & 1 \\ 1 & 1 & 1 & 1 \end{bmatrix}$ (1) What is the rank of A (2) It is known 0 is an eigenvalues of A. Find all linearly independent eigenvectors with the zero eigenvalue (3) Find the nonzero eigenvalues of A and associated eigenvectors

台大機械所

解答：

(1) RankA=1

令特徵值 $\lambda = 0$ $\begin{bmatrix} 1 & 1 & 1 & 1 \\ 1 & 1 & 1 & 1 \\ 1 & 1 & 1 & 1 \\ 1 & 1 & 1 & 1 \end{bmatrix} X = 0$

聯立解，得 $x_1 + x_2 + x_3 + x_4 = 0$

$x_4 = -x_1 - x_2 - x_3 = -c_1 - c_2 - c_3$，其中 $x_1 = c_1$，$x_2 = c_2$，$x_3 = c_3$

特徵向量 $X_1 = c_1 \begin{bmatrix} 1 \\ 0 \\ 0 \\ -1 \end{bmatrix} + c_2 \begin{bmatrix} 0 \\ 1 \\ 0 \\ -1 \end{bmatrix} + c_3 \begin{bmatrix} 0 \\ 0 \\ 1 \\ -1 \end{bmatrix}$

故得知 $\lambda = 0$ 至少三個重根

又利用根與係數關係 $\lambda_1 + \lambda_2 + \lambda_3 + \lambda_4 = a_{11} + a_{22} + a_{33} + a_{44}$

知 $0 + 0 + 0 + \lambda_4 = 1 + 1 + 1 + 1$，$\lambda_4 = 4$

特徵值 $\lambda = 4$ $\begin{bmatrix} -3 & 1 & 1 & 1 \\ 1 & -3 & 1 & 1 \\ 1 & 1 & -3 & 1 \\ 1 & 1 & 1 & -3 \end{bmatrix} X = 0$

聯立解，得特徵向量 $X_1 = c_4 \begin{bmatrix} 1 \\ 1 \\ 1 \\ 1 \end{bmatrix}$

範例 24 特殊矩陣之特徵值

Find the eigenvalues of the matrix A and associated eigenvectors, where

$$A = \begin{bmatrix} a & b & b & & b \\ b & a & b & \cdots & b \\ \vdots & & & & \\ b & b & b & \cdots & b \\ b & b & b & & a \end{bmatrix}.$$

中央統計所、清大統計所

解答：

特徵方程式
$$|A - \lambda I| = \begin{vmatrix} a-\lambda & b & b & & b \\ b & a-\lambda & b & \cdots & b \\ \vdots & & & & \\ b & b & b & \cdots & b \\ b & b & b & & a-\lambda \end{vmatrix} = 0$$

得
$$|A - \lambda I| = (a+(n-1)b-\lambda)\begin{vmatrix} 1 & b & b & & b \\ 1 & a-\lambda & b & \cdots & b \\ \vdots & & & & \\ 1 & b & b & \cdots & b \\ 1 & b & b & & a-\lambda \end{vmatrix} = 0$$

列運算

$$|A - \lambda I| = (a+(n-1)b-\lambda)\begin{vmatrix} 1 & b & b & & b \\ 0 & a-b-\lambda & 0 & \cdots & 0 \\ \vdots & & & & \\ 0 & 0 & 0 & \cdots & 0 \\ 0 & 0 & 0 & & a-b-\lambda \end{vmatrix} = 0$$

最後得 $|A - \lambda I| = (a+(n-1)b-\lambda)(a-b-\lambda)^{n-1} = 0$

特徵值 $\lambda = a+(n-1)b$，$\lambda = a-b$ 為 n-1 次重根。

令特徵值 $\lambda = a+(n-1)b$ $\begin{bmatrix} (1-n)b & b & b & & b \\ b & (1-n)b & b & \cdots & b \\ \vdots & & & & \\ b & b & (1-n)b & \cdots & b \\ b & b & b & & (1-n)b \end{bmatrix} X = 0$

得特徵向量 $X = c_1 \begin{bmatrix} 1 \\ 1 \\ \vdots \\ 1 \\ 1 \end{bmatrix}$

令特徵值 $\lambda = a-b$ $\begin{bmatrix} b & b & b & & b \\ b & b & b & \cdots & b \\ \vdots & & & & \\ b & b & b & \cdots & b \\ b & b & b & & b \end{bmatrix} X = 0$

得特徵向量 $X = c_1 \begin{bmatrix} 1 \\ 0 \\ \vdots \\ 0 \\ -1 \end{bmatrix} + c_2 \begin{bmatrix} 0 \\ 1 \\ \vdots \\ 0 \\ -1 \end{bmatrix} + \cdots + c_{n-1} \begin{bmatrix} 0 \\ 0 \\ \vdots \\ 1 \\ -1 \end{bmatrix}$

考題集錦

1. The matrix A is given by $A = \begin{bmatrix} a & d & e \\ d & b & f \\ e & f & c \end{bmatrix}$, where a, b, c, d, e, f are real numbers. Letting λ_i ($i=1,2,3$) be the eigenvalues of A, calculate the sums: (a)

$\sum_{i=1}^{3} \lambda_i$ (b) $\sum_{i=1}^{3} \lambda_i^2$ in terms of a,b,c,d,e,f

清大物理所

2. 計算矩陣之特徵值之和與積 $\begin{bmatrix} 5 & 3 & 3 & 3 & 3 & 3 & 3 \\ 3 & 5 & 3 & 3 & 3 & 3 & 3 \\ 3 & 3 & 5 & 3 & 3 & 3 & 3 \\ 3 & 3 & 3 & 5 & 3 & 3 & 3 \\ 3 & 3 & 3 & 3 & 5 & 3 & 3 \\ 3 & 3 & 3 & 3 & 3 & 5 & 3 \\ 3 & 3 & 3 & 3 & 3 & 3 & 5 \end{bmatrix}$

中央環工所

3. (15%) Consider the symmetric matrix $A = \begin{bmatrix} 5 & -4 & -2 \\ -4 & 5 & -2 \\ -3 & -2 & 8 \end{bmatrix}$, find its orthogonal diagonalizing matrix Q

台科大電機甲、乙二

4. (10%) (a) Find the eigenvalues and eigenvectors pf the matrix by

$\begin{bmatrix} 1 & 0 & 0 \\ -8 & 4 & -6 \\ 8 & 1 & 9 \end{bmatrix}$

(b) the coordinate vector of $[1 \quad 2 \quad -2]$ relative to the ordered basis $\{[1 \quad 1 \quad 1], [1 \quad 2 \quad 0], [1 \quad 0 \quad 1]\}$

交大電子所甲

5. Determine the eigenvalues and eigenvectors of

$$A = \begin{bmatrix} 5 & 2 & 2 \\ 3 & 6 & 3 \\ 6 & 6 & 9 \end{bmatrix}.$$

交大機械所

6. (15%) If a matrix A is defined as $A = \begin{bmatrix} -1 & 1 & 0 & 0 \\ 1 & 1 & 0 & 1 \\ 0 & 0 & 2 & 0 \\ 0 & 0 & 0 & 3 \end{bmatrix}$. Find all the eigenvalues of A.

北科大機電整合所

7. 令矩陣 $A_{n \times n}$ 之所有元素均為 2, 求 A 之特徵多項式

北科大自動化所

8. Find the eigenvalues of the matrix $A = \begin{bmatrix} c_1 & c_2 & \cdots & c_n \\ c_1 & c_2 & & c_n \\ \vdots & & \ddots & \\ c_1 & c_2 & & c_n \end{bmatrix}$.

交大電子所

9. Find the eigenvalues of A, where $A = \begin{bmatrix} 2 & 3 & 2 & 1 \\ -2 & -3 & 0 & 0 \\ -2 & -2 & -4 & 0 \\ -2 & -2 & -2 & -5 \end{bmatrix}$

交大光電、電控所

10. Find the eigenvalues and eigenvectors of the matrix $\begin{bmatrix} -1 & 1 & 0 \\ -4 & 3 & 0 \\ 1 & 0 & 2 \end{bmatrix}$.

11. Compute the eigenvalues and corresponding eigenvectors of the matrix
$$\begin{bmatrix} 1 & 1 & 0 \\ 0 & 1 & 0 \\ 0 & 0 & 2 \end{bmatrix}$$

〈交大電子所〉

12. $A = \begin{bmatrix} 1 & -1 & 0 \\ 0 & 1 & 1 \\ 0 & 0 & -1 \end{bmatrix}$，求特徵值及特徵向量

〈淡大環工所〉

第二十七章
矩陣之對角化與喬登化

第一節　特徵值之化簡

　　假設一 n 階矩陣 $A_{n\times n}$ 存在有 n 個線性獨立特徵向量 $(X_1\ \ X_2\ \cdots\ X_n)$，亦即，依特徵值定義，得

$$AX_1 = \lambda_1 X_1 \text{ , } AX_2 = \lambda_2 X_2 \text{ , } \ldots \text{ , } AX_n = \lambda_n X_n$$

等式左邊與等式右邊，分別組成一矩陣等式：

$$(AX_1\ \ AX_2\ \cdots\ AX_n) = (\lambda_1 X_1\ \ \lambda_2 X_2\ \cdots\ \lambda_n X_n) \quad (1)$$

左邊可提出公因式 A，得

$$A(X_1\ \ X_2\ \cdots\ X_n) = (\lambda_1 X_1\ \ \lambda_2 X_2\ \cdots\ \lambda_n X_n)$$

右邊可表成兩矩陣乘積，得

$$A(X_1\ \ X_2\ \cdots\ X_n) = (X_1\ \ X_2\ \cdots\ X_n)\begin{bmatrix} \lambda_1 & 0 & \cdots & 0 \\ 0 & \lambda_2 & & 0 \\ \cdots & & \ddots & \\ 0 & 0 & & \lambda_n \end{bmatrix}$$

令　$P = (X_1\ \ X_2\ \cdots\ X_n)$，及對角矩陣 $D = \begin{bmatrix} \lambda_1 & 0 & \cdots & 0 \\ 0 & \lambda_2 & & 0 \\ \cdots & & \ddots & \\ 0 & 0 & & \lambda_n \end{bmatrix}$，代入得

$$AP = PD \tag{2}$$

因為 $P = (X_1 \ X_2 \ \cdots \ X_n)$，其中 $X_1 \ X_2 \ \cdots \ X_n$ 為線性獨立，因此 P 為可逆矩陣，P^{-1} 存在，則上式左邊乘上 P^{-1}，得

$$P^{-1}AP \cdot = P^{-1}PD$$

或

$$P^{-1}AP = D \tag{3}$$

若上式右邊乘上 P^{-1}，得

$$AP \cdot P^{-1} = PD \cdot P^{-1}$$

或

$$A = PDP^{-1} \tag{4}$$

上式關係式(3)或(4)，我們定義為一種新變換關係，稱為相似變換，即

※定義：

對兩個矩陣 A, B，若存在一可逆矩陣 P，使

$$B = P^{-1}AP \tag{5}$$

則稱為相似變換 (Similarity Transform)，其中 A, B 矩陣稱為相似矩陣（Similar Matrix）。

根據上式定義，(3) 或 (4)，中的對角矩陣 D，其實是矩陣 A 的特徵值所組成，因此很容就可證得下列基本定理：

※相似變換之基本定理 1：

兩相似矩陣 A, B 之特徵方程式必相同。

中山光電所

【證明】

已知 A, B 為相似矩陣，則依定義知

$$B = P^{-1}AP$$

已知 A 之特徵方程式為

$$\phi(\lambda) = |A - \lambda I| = 0$$

代入 B 之特徵方程式

$$\varphi(\lambda) = |B - \lambda I| = |P^{-1}AP - \lambda I| = 0$$

整理

$$\varphi(\lambda) = |P^{-1}AP - \lambda P^{-1}P| = |P^{-1}(A - \lambda I)P|$$

或

$$\varphi(\lambda) = |P^{-1}||A - \lambda I||P| = |A - \lambda I| = \phi(\lambda)$$

第二節　對角化之定義

根據方程式 (3)

$$P^{-1}AP = D \tag{3}$$

若對一矩陣 A，存在一個對角矩陣 D 及一個可逆矩陣 P，使 $P^{-1}AP = D$，則稱這矩陣 A 可對角化（Diagonalized）。

若矩陣 A 可對角化，則一定存在一轉換矩陣 P，使

$$P^{-1}AP = D，或 AP = PD$$

現令

$$P = \begin{bmatrix} p_{11} & p_{12} & \cdots & p_{1n} \\ p_{21} & p_{22} & & p_{2n} \\ \cdots & & \ddots & \\ p_{n1} & p_{n2} & & p_{nn} \end{bmatrix} \text{ 及 } D = \begin{bmatrix} d_{11} & 0 & \cdots & 0 \\ 0 & d_{22} & & 0 \\ \cdots & & \ddots & \\ 0 & 0 & & d_{nn} \end{bmatrix}$$

或

$$AP_1 = d_{11}P_1 \text{,} AP_2 = d_{22}P_2 \text{,} \ldots \text{,} AP_n = d_{nn}P_n$$

如此，必滿足

$$AX = \lambda X$$

意即，轉換矩陣 P 必為特徵向量集合

$$P = \begin{pmatrix} X_1 & X_2 & \cdots & X_n \end{pmatrix}$$

至於什麼樣的矩陣，一定可對角化呢？

要回答這問題，需要完整去探討，這也是「線性代數」的主要內容之一。本書只針對較常用且簡易的對稱矩陣之特性作介紹與實例計算，意即，

若一 n 階矩陣 A，為實數對稱矩陣，則 A 一定含有 n 個線性獨立之特徵向量，$X_1 \ X_2 \ \cdots \ X_n$，存在，意即，$P = \begin{pmatrix} X_1 & X_2 & \cdots & X_n \end{pmatrix}$ 必存在，故一定可對角化。

※對稱矩陣之基本定理 1：

已知 n 階實對稱矩陣 A，則必有正交矩陣 P 使 $P^{-1}AP = D$。

【證明】

若對稱矩陣 A 之相異特徵值

$$\lambda_1, \lambda_2, \cdots, \lambda_m$$

他們重根數分別為 $\quad r_1, r_2, \cdots, r_m$ 且 $r_1 + r_2 + \cdots + r_m = n$

由定理知，對應特徵值 λ_i 恰有 r_i 個線性獨立之特徵向量存在

並將他們　　　　　　　　正交化，再單位化

即得　　　　　　　　　　r_i 個單位特徵向量

因　　　　　　　　　　　$r_1 + r_2 + \cdots + r_m = n$

故共得　　　　　　　　　n 個單位特徵向量

組成正交矩陣 P 使　　$P^{-1}AP = D$

【分析】上述證明，用到下列定理：

若 r 為對稱矩陣 A 之重根數目，則方矩陣 $(A - \lambda I)$ 之秩為 $n - r$，因此對應特徵值 λ 之特徵向量恰有 r 個線性獨立之特徵向量。

※對稱矩陣之基本定理 2：

已知 n 階實對稱矩陣 A，則其相異特徵值所對應之特徵向量必為正交。

中興應數所、成大土木所、清大生科所、中山海環所

【證明】

若 λ_i，λ_j 為 A 之任兩相異特徵值，X_i，X_j 為其所對應之特徵向量

即　　　　　　　　$AX_i = \lambda_i X_i$（i）與 $AX_j = \lambda_j X_j$（ii）

（i）左乘 X_j^T 得　　$X_j^T A X_i = X_j^T \lambda_i X_i = \lambda_i X_j^T X_i$（iii）

（ii）右乘 X_i^T 得　　$X_i^T A X_j = X_i^T \lambda_j X_j = \lambda_j X_i^T X_j$

上式再轉置　　　　$\left(X_i^T A X_j\right)^T = \left(\lambda_j X_i^T X_j\right)^T$

整理得　　　　　　$X_j^T A^T X_i = X_j^T A X_i = \lambda_j X_j^T X_i$（iv）

由（iii）與（iv）式得　　$(\lambda_i - \lambda_j) X_j^T X_i = 0$

因 λ_i，λ_j 為 A 之任兩相異特徵值，故 $(\lambda_i - \lambda_j) \neq 0$，$i \neq j$

故得證　　　　　$X_j^T X_i = 0$，$i \neq j$

【分析】根據上述定理，只保證不同特徵值間所對應之特徵向量，必正交。但是其相同特徵值所得之特徵向量們間，未必互為正交。

此時，沒有正交的特徵向量集合，可利用下列 Gram-Schmidt 正交化法，一面維持這些特徵向量的線性獨立特性，同時建立一組正交集合，步驟如下：

※Gram-Schmidt 正交化法：

$(\vec{a}_1, \vec{a}_2, \vec{a}_3)$ 為線性獨立向量但不是正交系統，現在調整 $(\vec{a}_1, \vec{a}_2, \vec{a}_3)$ 成一組正交系統 $(\vec{e}_1, \vec{e}_2, \vec{e}_3)$，此過程稱為 Gram-Schmidt 正交化法

(1) 令 $\vec{e}_1 = \vec{a}_1$　　　　　　　　　　　　　　　　　　　　　　(6)

(2) 令 $\vec{e}_2 = \vec{a}_2 - \alpha \vec{e}_1$，其中 α 由正交條件 $\vec{e}_2 \cdot \vec{e}_1 = \vec{a}_2 \cdot \vec{e}_1 - \alpha \vec{e}_1 \cdot \vec{e}_1 = 0$

得　$\alpha = \dfrac{\vec{a}_2 \cdot \vec{e}_1}{\vec{e}_1 \cdot \vec{e}_1}$。亦即

$$\vec{e}_2 = \vec{a}_2 - \frac{\vec{a}_2 \cdot \vec{e}_1}{\vec{e}_1 \cdot \vec{e}_1} \vec{e}_1 \tag{7}$$

(3) 令 $\vec{e}_3 = \vec{a}_3 - \alpha \vec{e}_1 - \beta \vec{e}_2$，其中 α, β 由正交條件

$\vec{e}_3 \cdot \vec{e}_1 = \vec{a}_3 \cdot \vec{e}_1 - \alpha \vec{e}_1 \cdot \vec{e}_1 - \beta \vec{e}_2 \cdot \vec{e}_1 = 0$ 得　$\alpha = \dfrac{\vec{a}_3 \cdot \vec{e}_1}{\vec{e}_1 \cdot \vec{e}_1}$。

$\vec{e}_3 \cdot \vec{e}_2 = \vec{a}_3 \cdot \vec{e}_2 - \alpha \vec{e}_1 \cdot \vec{e}_2 - \beta \vec{e}_2 \cdot \vec{e}_2 = 0$ 得　$\beta = \dfrac{\vec{a}_3 \cdot \vec{e}_2}{\vec{e}_2 \cdot \vec{e}_2}$。

亦即

$$\vec{e}_3 = \vec{a}_3 - \frac{\vec{a}_3 \cdot \vec{e}_1}{\vec{e}_1 \cdot \vec{e}_1} \vec{e}_1 - \frac{\vec{a}_3 \cdot \vec{e}_2}{\vec{e}_2 \cdot \vec{e}_2} \vec{e}_2 \tag{8}$$

範例 01

(10%) Find a two-by-two matrix with the eigenvalues 2 and 6, and the corresponding eigenvectors $\begin{pmatrix} 1 \\ 2 \end{pmatrix}$ and $\begin{pmatrix} 3 \\ -1 \end{pmatrix}$.

清大動機所

解答：

【方法一】已知 $\lambda_1 = 2$，$\lambda_2 = 6$，及其對應特徵向量 $X_1 = \begin{pmatrix} 1 \\ 2 \end{pmatrix}$ 與

$X_2 = \begin{pmatrix} 3 \\ -1 \end{pmatrix}$

令 $A = \begin{bmatrix} a & d \\ b & c \end{bmatrix}$

(1) $AX_1 = \lambda_1 X_1$，$\begin{bmatrix} a & d \\ b & c \end{bmatrix} \begin{bmatrix} 1 \\ 2 \end{bmatrix} = 2 \begin{bmatrix} 1 \\ 2 \end{bmatrix}$

$\begin{bmatrix} a + 2d \\ b + 2c \end{bmatrix} = \begin{bmatrix} 2 \\ 4 \end{bmatrix}$

(2) $AX_2 = \lambda_2 X_2$，$\begin{bmatrix} a & d \\ b & c \end{bmatrix} \begin{bmatrix} 3 \\ -1 \end{bmatrix} = 6 \begin{bmatrix} 3 \\ -1 \end{bmatrix}$

$\begin{bmatrix} 3a - d \\ 3b - c \end{bmatrix} = \begin{bmatrix} 18 \\ -6 \end{bmatrix}$

聯立解 $\begin{matrix} a + 2d = 2 \\ 3a - d = 18 \end{matrix}$，$a = \dfrac{38}{7}$，$d = -\dfrac{12}{7}$

聯立解 $\begin{matrix} b + 2c = 4 \\ 3b - c = -6 \end{matrix}$，$b = -\dfrac{8}{7}$，$c = \dfrac{18}{7}$

得 $A = \begin{bmatrix} \dfrac{38}{7} & -\dfrac{12}{7} \\ -\dfrac{8}{7} & \dfrac{18}{7} \end{bmatrix}$

【方法二】

令 $P = [X_1 \ X_2] = \begin{bmatrix} 1 & 3 \\ 2 & -1 \end{bmatrix}$，$P^{-1} = \dfrac{1}{7}\begin{bmatrix} 1 & 3 \\ 2 & -1 \end{bmatrix}$

$P^{-1}AP = D$，$A = PDP^{-1} = \begin{bmatrix} 1 & 3 \\ 2 & -1 \end{bmatrix}\begin{bmatrix} 2 & 0 \\ 0 & 6 \end{bmatrix}\dfrac{1}{7}\begin{bmatrix} 1 & 3 \\ 2 & -1 \end{bmatrix} = \begin{bmatrix} \dfrac{38}{7} & -\dfrac{12}{7} \\ -\dfrac{8}{7} & \dfrac{18}{7} \end{bmatrix}$

範例 02

求 $A = \begin{bmatrix} -1 & -\sqrt{3} \\ -\sqrt{3} & 1 \end{bmatrix}$ 之(1) 特徵值與特徵向量(2) 對角化

成大地科所

解答：

特徵方程式 $|A - \lambda I| = \begin{vmatrix} -1-\lambda & -\sqrt{3} \\ -\sqrt{3} & 1-\lambda \end{vmatrix} = (\lambda - 2)(\lambda + 2) = 0$

特徵值 $\lambda = 2$，$\lambda = -2$

特徵值 $\lambda_1 = 2$ $\begin{bmatrix} -3 & -\sqrt{3} \\ -\sqrt{3} & -1 \end{bmatrix}\begin{bmatrix} x_1 \\ x_2 \end{bmatrix} = 0$

特徵向量 $X_1 = c_1 \begin{bmatrix} 1 \\ -\sqrt{3} \end{bmatrix}$

特徵值 $\lambda_2 = -2$ $\begin{bmatrix} 1 & -\sqrt{3} \\ -\sqrt{3} & 3 \end{bmatrix} \begin{bmatrix} x_1 \\ x_2 \end{bmatrix} = 0$

特徵向量 $X_2 = c_2 \begin{bmatrix} \sqrt{3} \\ 1 \end{bmatrix}$

令轉換矩陣 $P = [X_1 \quad X_2] = \begin{bmatrix} 1 & \sqrt{3} \\ -\sqrt{3} & 1 \end{bmatrix}$, $P^{-1} = \frac{1}{4} \begin{bmatrix} 1 & -\sqrt{3} \\ \sqrt{3} & 1 \end{bmatrix}$

對角化 $P^{-1}AP = \frac{1}{4} \begin{bmatrix} 1 & -\sqrt{3} \\ \sqrt{3} & 1 \end{bmatrix} \begin{bmatrix} -1 & -\sqrt{3} \\ -\sqrt{3} & 1 \end{bmatrix} \begin{bmatrix} 1 & \sqrt{3} \\ -\sqrt{3} & 1 \end{bmatrix} = \begin{bmatrix} 2 & 0 \\ 0 & -2 \end{bmatrix}$

範例 03

(10%) 對稱矩陣 $A = \begin{bmatrix} 5 & 4 \\ 4 & -1 \end{bmatrix}$，求一正交矩陣 Q，使能對角化矩陣 A 成一對角矩陣 D，即 $Q^{-1}AQ = D$，並驗證其結果

北科大光電所

解答：

令 $|A - \lambda I| = \begin{vmatrix} 5-\lambda & 4 \\ 4 & -1-\lambda \end{vmatrix} = (\lambda + 3)(\lambda - 7) = 0$

$\lambda_1 = -3$, $AX_1 = \lambda_1 X_1$, $\begin{bmatrix} 8 & 4 \\ 4 & 2 \end{bmatrix} \begin{bmatrix} x_1 \\ x_2 \end{bmatrix} = 0$

特徵向量 $X_1 = \begin{bmatrix} 1 \\ -2 \end{bmatrix}$, 歸一化 $X^*_1 = \begin{bmatrix} 1/\sqrt{5} \\ -2/\sqrt{5} \end{bmatrix}$

$\lambda_1 = 7$ $AX_1 = \lambda_1 X_1$, $\begin{bmatrix} -2 & 4 \\ 4 & -8 \end{bmatrix} \begin{bmatrix} x_1 \\ x_2 \end{bmatrix} = 0$

特徵向量 $X_2 = \begin{bmatrix} 2 \\ 1 \end{bmatrix}$，歸一化 $X^*_2 = \begin{bmatrix} 2/\sqrt{5} \\ 1/\sqrt{5} \end{bmatrix}$

令 $P = [X^*_1 \quad X^*_2] = \begin{bmatrix} 1/\sqrt{5} & 2/\sqrt{5} \\ -2/\sqrt{5} & 1/\sqrt{5} \end{bmatrix}$

$P^{-1}AP = D$，

$A = PDP^{-1} = \begin{bmatrix} 1/\sqrt{5} & 2/\sqrt{5} \\ -2/\sqrt{5} & 1/\sqrt{5} \end{bmatrix} \begin{bmatrix} -3 & 0 \\ 0 & 7 \end{bmatrix} \begin{bmatrix} 1/\sqrt{5} & -2/\sqrt{5} \\ 2/\sqrt{5} & 1/\sqrt{5} \end{bmatrix} = \begin{bmatrix} 5 & 4 \\ 4 & -1 \end{bmatrix}$

範例 04 (三階) 正交轉換矩陣

(15%) (a) Find the eigenvalues of the given matrix
$\begin{bmatrix} 3 & 0 & -2 \\ 0 & 2 & 0 \\ -2 & 0 & 0 \end{bmatrix}$
(b) Find the corresponding eigenvector for each eigenvalue.
(c) Find the orthogonal matrix that diagonalizes this given matrix.

北科機電整合所工數

解答：

特徵方程式 $|A - \lambda I| = \begin{vmatrix} 3-\lambda & 0 & -2 \\ 0 & 2-\lambda & 0 \\ -2 & 0 & -\lambda \end{vmatrix} = -(\lambda-2)(\lambda+1)(\lambda-4) = 0$

特徵方程式 $|A - \lambda I| = (\lambda-2)(\lambda+1)(\lambda-4) = 0$

(1) $\lambda_1 = -1$，$\begin{bmatrix} 4 & 0 & -2 \\ 0 & 3 & 0 \\ -2 & 0 & 1 \end{bmatrix} \begin{bmatrix} x_1 \\ x_2 \\ x_3 \end{bmatrix} = 0$

特徵向量 $X_1 = \begin{bmatrix} 1 \\ 0 \\ 2 \end{bmatrix}$，歸一化 $X_1^* = \begin{bmatrix} 1/\sqrt{5} \\ 0 \\ 2/\sqrt{5} \end{bmatrix}$

(2) $\lambda_2 = 2$，$\begin{bmatrix} 1 & 0 & -2 \\ 0 & 0 & 0 \\ -2 & 0 & -2 \end{bmatrix} \begin{bmatrix} x_1 \\ x_2 \\ x_3 \end{bmatrix} = 0$

特徵向量 $X_2 = \begin{bmatrix} 0 \\ 1 \\ 0 \end{bmatrix}$，歸一化 $X_2^* = \begin{bmatrix} 0 \\ 1 \\ 0 \end{bmatrix}$

(3) $\lambda_3 = 4$，$\begin{bmatrix} -1 & 0 & -2 \\ 0 & -2 & 0 \\ -2 & 0 & -4 \end{bmatrix} \begin{bmatrix} x_1 \\ x_2 \\ x_3 \end{bmatrix} = 0$

特徵向量 $X_3 = \begin{bmatrix} 2 \\ 0 \\ -1 \end{bmatrix}$，歸一化 $X_3^* = \begin{bmatrix} 2/\sqrt{5} \\ 0 \\ -1/\sqrt{5} \end{bmatrix}$

轉換矩陣 $P = \begin{bmatrix} X_1^* & X_2^* & X_3^* \end{bmatrix} = \begin{bmatrix} 1/\sqrt{5} & 0 & 2/\sqrt{5} \\ 0 & 1 & 0 \\ 2/\sqrt{5} & 0 & -1/\sqrt{5} \end{bmatrix}$

$P^{-1}AP = D = \begin{bmatrix} -1 & 0 & 0 \\ 0 & 2 & 0 \\ 0 & 0 & 4 \end{bmatrix}$

範例 05

(20%) Find the eigenvalues and corresponding eigenvectors for the matrix,

$$A = \begin{bmatrix} 2 & 2 & -2 \\ 2 & -1 & 4 \\ -2 & 4 & -1 \end{bmatrix}$$, and find the orthogonal matrix to diagonalizes A

〈交大機械所乙〉

解答：

$$|A - \lambda I| = \begin{vmatrix} 2-\lambda & 2 & -2 \\ 2 & -1-\lambda & 4 \\ -2 & 4 & -1-\lambda \end{vmatrix} = (\lambda - 3)^2 (\lambda + 6) = 0$$

【分析】

1. 觀察法知 $\lambda_1 = 3$，使第一、二、三行差 2 倍

$$\lambda_{1,2} = 3 \quad \begin{bmatrix} -1 & 2 & -2 \\ 2 & -4 & 4 \\ -2 & 4 & -4 \end{bmatrix} \begin{bmatrix} x_1 \\ x_2 \\ x_3 \end{bmatrix} = \begin{bmatrix} 0 \\ 0 \\ 0 \end{bmatrix}$$

特徵向量 $\begin{bmatrix} x_1 \\ x_2 \\ x_3 \end{bmatrix} = c_1 \begin{bmatrix} 2 \\ 1 \\ 0 \end{bmatrix} + c_2 \begin{bmatrix} -2 \\ 0 \\ 1 \end{bmatrix}$

其中 $X_1 = \begin{bmatrix} 2 \\ 1 \\ 0 \end{bmatrix}$，$X_2 = \begin{bmatrix} -2 \\ 0 \\ 1 \end{bmatrix}$ 沒有正交

利用 Grand-Schmidt 正交化法，化成正交

令 $e_1 = \begin{bmatrix} 2 \\ 1 \\ 0 \end{bmatrix}$，歸一化 $E_1 = \dfrac{e_1}{|e_1|} = \begin{bmatrix} 2/\sqrt{5} \\ 1/\sqrt{5} \\ 0 \end{bmatrix}$

$$e_2 = \begin{bmatrix} -2 \\ 0 \\ 1 \end{bmatrix} - \frac{-4}{5}\begin{bmatrix} 2 \\ 1 \\ 0 \end{bmatrix} = \begin{bmatrix} -2/5 \\ 4/5 \\ 1 \end{bmatrix}, 歸一化 E_2 = \frac{e_2}{|e_2|} = \begin{bmatrix} -2/\sqrt{45} \\ 4/\sqrt{45} \\ 5/\sqrt{45} \end{bmatrix}$$

$\lambda_3 = -6$
$$\begin{bmatrix} 8 & 2 & -2 \\ 2 & 5 & 4 \\ -2 & 4 & 5 \end{bmatrix}\begin{bmatrix} x_1 \\ x_2 \\ x_3 \end{bmatrix} = \begin{bmatrix} 0 \\ 0 \\ 0 \end{bmatrix}$$

特徵向量
$$\begin{bmatrix} x_1 \\ x_2 \\ x_3 \end{bmatrix} = c_2 \begin{bmatrix} 1 \\ -2 \\ 2 \end{bmatrix}, 歸一化 E_3 = \frac{X_3}{|X_3|} = \begin{bmatrix} 1/3 \\ -2/3 \\ 2/3 \end{bmatrix}$$

正交轉換矩陣
$$P = \begin{bmatrix} 2/\sqrt{5} & -2/\sqrt{45} & 1/3 \\ 1/\sqrt{5} & 4/\sqrt{45} & -2/3 \\ 0 & 5/\sqrt{45} & 2/3 \end{bmatrix}$$

範例 06：正交特徵向量(三階)

> Find the eigenvalues and the corresponding orthogonal eigenvectors of matrix
> $$\begin{bmatrix} 0 & 1 & 1 \\ 1 & 0 & 1 \\ 1 & 1 & 0 \end{bmatrix}$$

93 中山海下技術所、92 成大船舶機電所

解答：
$$|A - \lambda I| = \begin{vmatrix} -\lambda & 1 & 1 \\ 1 & -\lambda & 1 \\ 1 & 1 & -\lambda \end{vmatrix} = 0$$

令 $\lambda = -1$，則三列相同，故知 $\lambda = -1$ 重根

$$|A-\lambda I| = \begin{vmatrix} -\lambda & 1 & 1 \\ 1 & -\lambda & 1 \\ 1 & 1 & -\lambda \end{vmatrix} = -(\lambda+1)^2(\lambda-2) = 0$$

得 $\lambda = -1, -1$, $\lambda = 2$

(1) $\lambda_{1,2} = -1, -1$ $\quad (A+I)X = \begin{bmatrix} 1 & 1 & 1 \\ 1 & 1 & 1 \\ 1 & 1 & 1 \end{bmatrix} \begin{bmatrix} x_1 \\ x_2 \\ x_3 \end{bmatrix} = \begin{bmatrix} 0 \\ 0 \\ 0 \end{bmatrix}$

$$x_1 + x_2 + x_3 = 0$$

$$x_3 = -x_1 - x_2$$

特徵向量 $\begin{bmatrix} x_1 \\ x_2 \\ x_3 \end{bmatrix} = c_1 \begin{bmatrix} 1 \\ 0 \\ -1 \end{bmatrix} + c_2 \begin{bmatrix} 0 \\ 1 \\ -1 \end{bmatrix}$

$\begin{bmatrix} 1 \\ 0 \\ -1 \end{bmatrix}$ 與 $\begin{bmatrix} 0 \\ 1 \\ -1 \end{bmatrix}$ 不具正交性，利用 Gram-Schmidt 正交化法，化成正交

$$X_1 = \begin{bmatrix} 1 \\ 0 \\ -1 \end{bmatrix}$$

$$X_2 = \begin{bmatrix} 0 \\ 1 \\ -1 \end{bmatrix} - \frac{1}{2}\begin{bmatrix} 1 \\ 0 \\ -1 \end{bmatrix} = \begin{bmatrix} -\frac{1}{2} \\ 1 \\ -\frac{1}{2} \end{bmatrix}$$

(2) $\lambda_3 = 2$ $\begin{bmatrix} -2 & 1 & 1 \\ 1 & -2 & 1 \\ 1 & 1 & -2 \end{bmatrix} \begin{bmatrix} x_1 \\ x_2 \\ x_3 \end{bmatrix} = \begin{bmatrix} 0 \\ 0 \\ 0 \end{bmatrix}$

特徵向量 $\quad X_3 = \begin{bmatrix} x_1 \\ x_2 \\ x_3 \end{bmatrix} = c_1 \begin{bmatrix} 1 \\ 1 \\ 1 \end{bmatrix}$

正交特徵向量 $\quad \left\{ \begin{bmatrix} 0 \\ 1 \\ -1 \end{bmatrix} ; \begin{bmatrix} -1/2 \\ 1 \\ -1/2 \end{bmatrix} ; \begin{bmatrix} 1 \\ 1 \\ 1 \end{bmatrix} \right\}$

範例 07：非對稱矩陣之對角化

(10%) Determine whether the matrix $A = \begin{bmatrix} -5 & 9 \\ -6 & 10 \end{bmatrix}$ is diagonalizable. If so, find the matrix P that diagonalizes A and the diagonal matrix D such that $D = P^{-1}AP$

台聯大大三轉工數

解答：

$$|A - \lambda I| = \begin{vmatrix} -5-\lambda & 9 \\ -6 & 10-\lambda \end{vmatrix} = \lambda^2 - 5\lambda + 4 = 0$$

得特徵值 $\quad \lambda = 1，\lambda = 4$

故 A 可對角化。

(1) $\lambda = 1，(A-I)X = \begin{bmatrix} -6 & 9 \\ -6 & 9 \end{bmatrix} \begin{bmatrix} x_1 \\ x_2 \end{bmatrix} = 0$

特徵向量為 $X_1 = c_1 \begin{bmatrix} 3 \\ 2 \end{bmatrix}$

(2) $\lambda = 4$，$(A-4I)X = \begin{bmatrix} -9 & 9 \\ -6 & 6 \end{bmatrix} \begin{bmatrix} x_1 \\ x_2 \end{bmatrix} = 0$

特徵向量為 $X_2 = c_2 \begin{bmatrix} 1 \\ 1 \end{bmatrix}$

令 $P = \begin{bmatrix} 3 & 1 \\ 2 & 1 \end{bmatrix}$

則 $P^{-1}AP = D = \begin{bmatrix} 1 & 0 \\ 0 & 4 \end{bmatrix}$

範例 08

Consider a square matrix $A = \begin{bmatrix} 0 & 1 & -2 \\ 2 & 1 & 0 \\ 4 & -2 & 5 \end{bmatrix}$

(a) Find the eigenvalues and the correspond eigenvectors of matrix A.
(b) Find an nonsingular rnatrix P and a diagonal matrix B such that $P^{-1}AP = B$.

---

90 台大應力所

解答：

(a) 特徵方程式 $|A - \lambda I| = \begin{vmatrix} -\lambda & 1 & -2 \\ 2 & 1-\lambda & 0 \\ 4 & -2 & 5-\lambda \end{vmatrix} = -(\lambda-1)(\lambda-2)(\lambda-3) = 0$

特徵值 $\lambda = 1$，$\lambda = 2$，$\lambda = 3$

特徵值 $\lambda = 1$ $\begin{bmatrix} -1 & 1 & -2 \\ 2 & 0 & 0 \\ 4 & -2 & 4 \end{bmatrix} \begin{bmatrix} x_1 \\ x_2 \\ x_3 \end{bmatrix} = 0$

特徵向量 $X_1 = \begin{bmatrix} 0 \\ 2 \\ 1 \end{bmatrix}$

特徵值 $\lambda = 2$ $\begin{bmatrix} -2 & 1 & -2 \\ 2 & -1 & 0 \\ 4 & -2 & 3 \end{bmatrix} \begin{bmatrix} x_1 \\ x_2 \\ x_3 \end{bmatrix} = 0$

特徵向量 $X_2 = \begin{bmatrix} 1 \\ 2 \\ 0 \end{bmatrix}$

特徵值 $\lambda = 3$ $\begin{bmatrix} -3 & 1 & -2 \\ 2 & -2 & 0 \\ 4 & -2 & 2 \end{bmatrix} \begin{bmatrix} x_1 \\ x_2 \\ x_3 \end{bmatrix} = 0$

特徵向量 $X_3 = \begin{bmatrix} 1 \\ 1 \\ -1 \end{bmatrix}$

(b) 令轉換矩陣 $P = \begin{bmatrix} X_1 & X_2 & X_3 \end{bmatrix} = \begin{bmatrix} 0 & 1 & 1 \\ 2 & 2 & 1 \\ 1 & 0 & -1 \end{bmatrix}$

對角化 $P^{-1}AP = B$，$B = \begin{bmatrix} 1 & 0 & 0 \\ 0 & 2 & 0 \\ 0 & 0 & 3 \end{bmatrix}$

第三節　廣義特徵向量之定義

若一實數 n 階矩陣 A(非對稱矩陣)，找不到足夠（與 A 階數相同數目）特徵向量者，稱 A 為退化形矩陣，此時，代表一般矩陣 A 無法對角化。

假設 n 階矩陣 A，只存在 $m\,(m<n)$ 個特徵向量，為

$$X_1, X_2, \cdots, X_m$$

此時，尚缺 $(n-m)$ 個特徵向量，才可依著上幾節對角化的過程，來化簡矩陣，若假設能補上這 $(n-m)$ 個特徵向量，組成為一組 n 個線性獨立集，即

$$X_1, X_2, \cdots, X_m, X_{m+1}^*, \cdots, X_n^*$$

其中後面補上的 $X_{m+1}^*, \cdots, X_n^*$，它們不是特徵向量，我們稱它們為廣義特徵向量 (Generalized Eigen Vector)。

※廣義特徵向量的定義說明如下：

已知三階非對稱矩陣

$$A = \begin{bmatrix} a_{11} & a_{12} & a_{13} \\ a_{21} & a_{22} & a_{23} \\ a_{31} & a_{32} & a_{33} \end{bmatrix}$$

若其特徵方程式為

$$\phi(\lambda) = (\lambda - \lambda_1)^3 = (\lambda - \lambda_1)(\lambda - \lambda_1)(\lambda - \lambda_1) = 0$$

為 3 次重根方程式：$\lambda = \lambda_1; \lambda_1; \lambda_1$

令　$\lambda = \lambda_1$，代回原特徵方程式，求特徵向量 X，即代入得

$$(A - \lambda_1 I)X = 0 \tag{9}$$

其結果，可能出現下列兩種狀況：

【情況 1】若 X 只得一個特徵向量 X_1

亦即，令 $X = X_1$，代入上式，得

$$(A - \lambda_1 I)X_1 = 0 \tag{10}$$

接著，令

$$(A - \lambda_1 I)X = X_1 \tag{11}$$

再解上式，得

$$X = X_1 + X_2^*$$

其中 X_2^*，為第一個廣義特徵向量。再代回式(8)，得

$$(A - \lambda_1 I)(X_1 + X_2^*) = X_1$$

因 $(A - \lambda_1 I)X_1 = 0$，得

$$(A - \lambda_1 I)X_2^* = X_1$$

代回式(7)，$(A - \lambda_1 I)X = 0$，得

$$(A - \lambda_1 I)(A - \lambda_1 I)X_2^* = 0$$

$$(A - \lambda_1 I)^2 X_2^* = 0 \tag{12}$$

接著，再令

$$(A - \lambda_1 I)X = X_2^*$$

再解上式，得

$$X = X_1 + X_3^*$$

其中 X_3^*，為第二個廣義特徵向量。再代回上式，得

$$(A - \lambda_1 I)(X_1 + X_3^*) = X_2^*$$

因 $(A - \lambda_1 I)X_1 = 0$，得

$$(A-\lambda_1 I)X_3^* = X_2^*$$

代回式(9), $(A-\lambda_1 I)^2 X_2^* = 0$，得

$$(A-\lambda_1 I)^2 (A-\lambda_1 I) X_3^* = 0$$

$$(A-\lambda_1 I)^3 X_3^* = 0 \tag{13}$$

上式剛好是三次重根之特徵方程式，因此，從上式也得到了三個特徵向量與廣義特徵向量，X_1, X_2^*, X_3^*，其中有加上標"*"者，標示為它為廣義特徵向量。它們分別滿足了下列方程式：

$$(A-\lambda_1 I)X_1 = 0$$
$$(A-\lambda_1 I)X_2^* = X_1$$
$$(A-\lambda_1 I)X_3^* = X_2^*$$

【情況 2】若只得二個特徵向量 X_1、X_2

亦即滿足

$$(A-\lambda_1 I)X_1 = 0$$

與

$$(A-\lambda_1 I)X_2 = 0$$

此時，缺一個特徵向量，因此，先選第一個特徵向量 X_1，令

$$(A-\lambda_1 I)X = X_1$$

解上式，看是否有解，若有解，即會得解

$$X = X_1 + X_2^*$$

其中 X_2^* 為廣義特徵向量。

若上式無解，則再取第二個特徵向量 X_2，令

$$(A-\lambda_1 I)X = X_2$$

解上式，看是否有解，若有解，即會得解

$$X = X_2 + X_2^*$$

其中 X_2^* 為廣義特徵向量。

【情況 3】若得三個特徵向量 X_1、X_2、X_3

此時，表示沒有缺特徵向量，代表矩陣 A 一定可對角化。這是本章前幾節討論的狀況。

範例 09：廣義特徵向量（一）

Find the eigenvalue and the corresponding eigenvectors for the matrix
$A = \begin{bmatrix} 1 & 1 & 2 \\ 0 & 1 & 3 \\ 0 & 0 & 2 \end{bmatrix}$

清大微機電所

解答：

特徵方程式
$$|A - \lambda I| = \begin{vmatrix} 1-\lambda & 1 & 2 \\ 0 & 1-\lambda & 3 \\ 0 & 0 & 2-\lambda \end{vmatrix} = 0$$

$$|A - \lambda I| = (\lambda - 1)^2 (\lambda - 2) = 0$$

特徵值 $\lambda = 1, 1$，$\lambda = 2$

(1) $\lambda_{1,2} = 1, 1$，$(A - I)X = \begin{bmatrix} 0 & 1 & 2 \\ 0 & 0 & 3 \\ 0 & 0 & 1 \end{bmatrix} \begin{bmatrix} x_1 \\ x_2 \\ x_3 \end{bmatrix} = 0$

得　$x_1 = c_1$，$x_2 = x_3 = 0$

或 $X_1 = c_1 \begin{bmatrix} 1 \\ 0 \\ 0 \end{bmatrix}$,少一個特徵向量。

(2) $\lambda_3 = 2$,$(A-2I)X = \begin{bmatrix} -1 & 1 & 2 \\ 0 & -1 & 3 \\ 0 & 0 & 0 \end{bmatrix} \begin{bmatrix} x_1 \\ x_2 \\ x_3 \end{bmatrix} = 0$,得特徵向量 $X_3 = c_2 \begin{bmatrix} 5 \\ 3 \\ 1 \end{bmatrix}$

範例 10

$A = \begin{bmatrix} 2 & 2 & 4 \\ 0 & -2 & 0 \\ -1 & 4 & 6 \end{bmatrix}$,求特徵值及特徵向量

解答:

$|A - \lambda I| = -(\lambda + 2)(\lambda - 4)^2 = 0$;$\lambda = -2, 4, 4$

(1) 當 $\lambda_1 = -2$　　$(A+2I)X = \begin{bmatrix} 4 & 2 & 4 \\ 0 & 0 & 0 \\ -1 & 4 & 8 \end{bmatrix} \begin{bmatrix} x_1 \\ x_2 \\ x_3 \end{bmatrix} = \begin{bmatrix} 0 \\ 0 \\ 0 \end{bmatrix}$

特徵向量　　　　　$X_1 = c_1 \begin{bmatrix} 0 \\ -2 \\ 1 \end{bmatrix}$

(2) 當 $\lambda_{2,3} = 4,4$　　$(A-4I)X = \begin{bmatrix} -2 & 2 & 4 \\ 0 & -6 & 0 \\ -1 & 4 & 2 \end{bmatrix} \begin{bmatrix} x_1 \\ x_2 \\ x_3 \end{bmatrix} = \begin{bmatrix} 0 \\ 0 \\ 0 \end{bmatrix}$

特徵向量　　　　　$X_2 = c_2 \begin{bmatrix} 2 \\ 0 \\ 1 \end{bmatrix}$(只有一個特徵向量)

再解 $(A-4I)X = X_2$ ，$\begin{bmatrix} -2 & 2 & 4 \\ 0 & -6 & 0 \\ -1 & 4 & 2 \end{bmatrix}\begin{bmatrix} x_1 \\ x_2 \\ x_3 \end{bmatrix} = \begin{bmatrix} 2 \\ 0 \\ 1 \end{bmatrix}$

得 $X = c_2 \begin{bmatrix} 2 \\ 0 \\ 1 \end{bmatrix} + \begin{bmatrix} -1 \\ 0 \\ 0 \end{bmatrix}$

其中特徵向量為 $\begin{bmatrix} 0 \\ -2 \\ 1 \end{bmatrix}$ 與 $\begin{bmatrix} 2 \\ 0 \\ 1 \end{bmatrix}$ ，廣義特徵向量為 $X_3^* = \begin{bmatrix} -1 \\ 0 \\ 0 \end{bmatrix}$

範例 11：廣義特徵向量

$A = \begin{bmatrix} 1 & 0 & 0 \\ 0 & 1 & 1 \\ 0 & 0 & 1 \end{bmatrix}$ ，求特徵值及特徵向量

台大機械所

解答：

$|A - \lambda I| = (1-\lambda)^3 = 0$ ；$\lambda = 1, 1, 1$

【速算】對角線元素即為特徵值

(1) 當 $\lambda_{1,2,3} = 1$　　$(A-I)X = \begin{bmatrix} 0 & 0 & 0 \\ 0 & 0 & 1 \\ 0 & 0 & 0 \end{bmatrix}\begin{bmatrix} x_1 \\ x_2 \\ x_3 \end{bmatrix} = \begin{bmatrix} 0 \\ 0 \\ 0 \end{bmatrix}$

得　　　　　　　　$x_3 = 0$ ，$x_1 = c_1$ ，$x_2 = c_2$

特徵向量　　　　$X = c_1 \begin{bmatrix} 1 \\ 0 \\ 0 \end{bmatrix} + c_2 \begin{bmatrix} 0 \\ 1 \\ 0 \end{bmatrix}$

再解 $(A-I)X = X_1$，得 $\begin{bmatrix} 0 & 0 & 0 \\ 0 & 0 & 1 \\ 0 & 0 & 0 \end{bmatrix} \begin{bmatrix} x_1 \\ x_2 \\ x_3 \end{bmatrix} = \begin{bmatrix} 1 \\ 0 \\ 0 \end{bmatrix}$ 無解

再解 $(A-I)X = X_2$，得 $\begin{bmatrix} 0 & 0 & 0 \\ 0 & 0 & 1 \\ 0 & 0 & 0 \end{bmatrix} \begin{bmatrix} x_1 \\ x_2 \\ x_3 \end{bmatrix} = \begin{bmatrix} 0 \\ 1 \\ 0 \end{bmatrix}$

得解 $X = c_1 \begin{bmatrix} 1 \\ 0 \\ 0 \end{bmatrix} + c_2 \begin{bmatrix} 0 \\ 1 \\ 0 \end{bmatrix} + \begin{bmatrix} 0 \\ 0 \\ 1 \end{bmatrix}$

得特徵向量 $X_1 = \begin{bmatrix} 1 \\ 0 \\ 0 \end{bmatrix}$ 與 $X_2 = \begin{bmatrix} 0 \\ 1 \\ 0 \end{bmatrix}$，廣義特徵向量 $X_3^* = \begin{bmatrix} 0 \\ 0 \\ 1 \end{bmatrix}$

範例 12：廣義特徵向量

$A = \begin{bmatrix} 5 & -3 & -2 \\ 8 & -5 & -4 \\ -4 & 3 & 3 \end{bmatrix}$，求特徵值及特徵向量

成大土木所

解答：

【速算】令 $\lambda = 1$，三行均相同，故得 $\lambda = 1,1$

第三根由對角線元素和求得

$$|A - \lambda I| = (1-\lambda)^3 = 0 \ ; \ \lambda = 1, \ 1, \ 1$$

$\lambda_{1,2} = 1$ $\begin{bmatrix} 4 & -3 & -2 \\ 8 & -6 & -4 \\ -4 & 3 & 2 \end{bmatrix} \begin{bmatrix} x_1 \\ x_2 \\ x_3 \end{bmatrix} = 0$

取任意常數 $x_1 = c_1$；$x_2 = 2c_2$，得 $x_3 = 2c_1 - 3c_2$

$$X = c_1 \begin{bmatrix} 1 \\ 0 \\ 2 \end{bmatrix} + c_2 \begin{bmatrix} 0 \\ 2 \\ -3 \end{bmatrix}，即 X_1 = \begin{bmatrix} 1 \\ 0 \\ 2 \end{bmatrix}，X_2 = \begin{bmatrix} 0 \\ 2 \\ -3 \end{bmatrix}$$

解 $(A-I)X = X_1$ $\begin{bmatrix} 4 & -3 & -2 \\ 8 & -6 & -4 \\ -4 & 3 & 2 \end{bmatrix} \begin{bmatrix} x_1 \\ x_2 \\ x_3 \end{bmatrix} = \begin{bmatrix} 1 \\ 0 \\ 2 \end{bmatrix}$ 無解

換解 $(A-I)X = X_2$ $\begin{bmatrix} 4 & -3 & -2 \\ 8 & -6 & -4 \\ -4 & 3 & 2 \end{bmatrix} \begin{bmatrix} x_1 \\ x_2 \\ x_3 \end{bmatrix} = \begin{bmatrix} 0 \\ 2 \\ -3 \end{bmatrix}$，無解

二者都無解，故{修正解如下}：

改取任意常數 $x_1 = c_1$；$x_2 = 2c_1 + 2c_3 = 2c_2$，得 $x_3 = -c_1 - 3c_3$

$$X = c_1 \begin{bmatrix} 1 \\ 2 \\ -1 \end{bmatrix} + c_3 \begin{bmatrix} 0 \\ 2 \\ -3 \end{bmatrix}，$$

(i) $X_1 = \begin{bmatrix} 1 \\ 2 \\ -1 \end{bmatrix}$ 及 (ii) $X_2 = \begin{bmatrix} 0 \\ 2 \\ -3 \end{bmatrix}$

(iii) 解 $(A-I)X = X_1$ $\begin{bmatrix} 4 & -3 & -2 \\ 8 & -6 & -4 \\ -4 & 3 & 2 \end{bmatrix} \begin{bmatrix} x_1 \\ x_2 \\ x_3 \end{bmatrix} = \begin{bmatrix} 1 \\ 2 \\ -1 \end{bmatrix}$

得 $$X = c_1 \begin{bmatrix} 1 \\ 2 \\ -1 \end{bmatrix} + c_3 \begin{bmatrix} 0 \\ 2 \\ -3 \end{bmatrix} + \begin{bmatrix} 0 \\ 0 \\ -\dfrac{1}{2} \end{bmatrix}$$

亦即廣義特徵向量 $X_3^* = \begin{bmatrix} 0 \\ 0 \\ -\dfrac{1}{2} \end{bmatrix}$

範例 13：廣義特徵向量

diagonal matrix $A = \begin{bmatrix} -3 & 1 & 0 \\ 0 & -3 & 1 \\ -4 & 0 & 0 \end{bmatrix}$。

中央電機、通訊所

解答：

直接展開得特徵方程式

$$|A - \lambda I| = \begin{vmatrix} -3-\lambda & 1 & 0 \\ 0 & -3-\lambda & 1 \\ -4 & 0 & -\lambda \end{vmatrix} = -\lambda(\lambda+3)^2 - 4 = 0$$

$$|A - \lambda I| = -(\lambda+1)^2(\lambda+4) = 0$$

$\lambda_1 = -4$ $\begin{bmatrix} 1 & 1 & 0 \\ 0 & 1 & 1 \\ -4 & 0 & 4 \end{bmatrix} \begin{bmatrix} x_1 \\ x_2 \\ x_3 \end{bmatrix} = \begin{bmatrix} 0 \\ 0 \\ 0 \end{bmatrix}$

特徵向量 $X_1 = \begin{bmatrix} 1 \\ -1 \\ 1 \end{bmatrix}$

$\lambda_{2,3} = -1, -1$ 解 $AX = \begin{bmatrix} -2 & 1 & 0 \\ 0 & -2 & 1 \\ -4 & 0 & 1 \end{bmatrix} \begin{bmatrix} x_1 \\ x_2 \\ x_3 \end{bmatrix} = \begin{bmatrix} 0 \\ 0 \\ 0 \end{bmatrix}$

特徵向量 $\quad X_2 = \begin{bmatrix} 1 \\ 2 \\ 4 \end{bmatrix}$

少一個特徵向量,故無法對角化。

再解 $(A+I)X = X_2 \quad \begin{bmatrix} -2 & 1 & 0 \\ 0 & -2 & 1 \\ -4 & 0 & 1 \end{bmatrix} \begin{bmatrix} x_1 \\ x_2 \\ x_3 \end{bmatrix} = \begin{bmatrix} 1 \\ 2 \\ 4 \end{bmatrix}$

解 $\quad X = c_1 \begin{bmatrix} 1 \\ 2 \\ 4 \end{bmatrix} + \begin{bmatrix} 0 \\ 1 \\ 4 \end{bmatrix}$

廣義特徵向量 $\quad X_3^* = \begin{bmatrix} 0 \\ 1 \\ 4 \end{bmatrix}$

第四節　非對稱矩陣之喬登化(一)

若一實數 n 階矩陣 A(非對稱矩陣),找不到足夠 (與 A 階數相同數目) 特徵向量者, 稱 A 為退化形矩陣,此時,代表一般矩陣 A 無法對角化。

假設 n 階矩陣 A,只存在 $m\ (m<n)$ 個特徵向量,為

$X_1, X_2, \cdots, X_m$

此時,尚缺 $n-m$ 個特徵向量,現在依照上節之作法,我們已經補上了 $n-m$ 個廣義特徵向量,組成為一組 n 個線性獨立集

$X_1, X_2, \cdots, X_m, X_{m+1}^*, \cdots, X_n^*$

令轉換矩陣 $P = [X_1, X_2, \cdots, X_m, X_{m+1}^*, \cdots, X_n^*]$，則 $P^{-1}AP = ?$

下面之化簡，為簡明一點，以三階矩陣的化簡為例作說明，並不失一般性。

已知三階矩陣 A

$$A = \begin{bmatrix} a_{11} & a_{12} & a_{13} \\ a_{21} & a_{22} & a_{23} \\ a_{31} & a_{32} & a_{33} \end{bmatrix}$$

若其特徵方程式為

$$\phi(\lambda) = (\lambda - \lambda_1)^3 = 0$$

得重根 $\lambda = \lambda_1; \lambda_1; \lambda_1$

現在只討論第一種情況。亦即 X 只得一個特徵向量 X_1，接著依序同上節方法，得到了三個特徵向量與廣義特徵向量，X_1, X_2^*, X_3^*，其中有加上標"*"者，標示為它為廣義特徵向量。它們分別滿足了下列方程式：

$(A - \lambda_1 I)X_1 = 0$
$(A - \lambda_1 I)X_2^* = X_1$
$(A - \lambda_1 I)X_3^* = X_2^*$

現在將它們乘開，得

$AX_1 = \lambda_1 X_1$
$AX_2^* = \lambda_1 X_2^* + X_1$
$AX_3^* = \lambda_1 X_3^* + X_2^*$

再將以上三式左邊，組成一矩陣

$$[AX_1 \quad AX_2^* \quad AX_3^*]$$

將以上三式右邊，組成一矩陣

$$\begin{bmatrix} \lambda_1 X_1 & \lambda_1 X_2^* + X_1 & \lambda_1 X_3^* + X_2^* \end{bmatrix}$$

依矩陣加法，拆成兩矩陣相加

$$\begin{bmatrix} \lambda_1 X_1 & \lambda_1 X_2^* & \lambda_1 X_3^* \end{bmatrix} + \begin{bmatrix} 0 & X_1 & X_2^* \end{bmatrix}$$

最後得

$$\begin{bmatrix} AX_1 & AX_2^* & AX_3^* \end{bmatrix} = \begin{bmatrix} \lambda_1 X_1 & \lambda_1 X_2^* & \lambda_1 X_3^* \end{bmatrix} + \begin{bmatrix} 0 & X_1 & X_2^* \end{bmatrix}$$

左邊提出公因式 A，右邊化成矩陣乘積，得

$$A\begin{bmatrix} X_1 & X_2^* & X_3^* \end{bmatrix} = \begin{bmatrix} X_1 & X_2^* & X_3^* \end{bmatrix} \begin{bmatrix} \lambda_1 & 0 & 0 \\ 0 & \lambda_1 & 0 \\ 0 & 0 & \lambda_1 \end{bmatrix} + \begin{bmatrix} 0 & X_1 & X_2^* \end{bmatrix}$$

或表成矩陣符號，令 $P = \begin{bmatrix} X_1 & X_2^* & X_3^* \end{bmatrix}$，$D = \begin{bmatrix} \lambda_1 & 0 & 0 \\ 0 & \lambda_1 & 0 \\ 0 & 0 & \lambda_1 \end{bmatrix}$，得

$$AP = PD + \begin{bmatrix} 0 & X_1 & X_2^* \end{bmatrix} \tag{14}$$

令特徵向量與廣義特徵向量組成轉換矩陣，得

$$P = \begin{bmatrix} X_1 & X_2^* & X_3^* \end{bmatrix}$$

假設其逆矩陣為

$$P^{-1} = \begin{bmatrix} Y_1 \\ Y_2 \\ Y_3 \end{bmatrix}$$

其中行向量與列向量之關係須滿足下式：

$$P^{-1}P = \begin{bmatrix} Y_1 \\ Y_2 \\ Y_3 \end{bmatrix} \begin{bmatrix} X_1 & X_2 & X_3 \end{bmatrix} = \begin{bmatrix} Y_1X_1 & Y_1X_2 & Y_1X_3 \\ Y_2X_1 & Y_2X_2 & Y_2X_3 \\ Y_3X_1 & Y_3X_2 & Y_3X_3 \end{bmatrix} = \begin{bmatrix} 1 & 0 & 0 \\ 0 & 1 & 0 \\ 0 & 0 & 1 \end{bmatrix}$$

比較得

$$Y_i X_j = \delta_{ij}$$

將上式(11)兩邊乘上 反矩陣 $P^{-1} = \begin{bmatrix} Y_1 \\ Y_2 \\ Y_3 \end{bmatrix}$,得

$$P^{-1}AP = P^{-1}PD + P^{-1}\begin{bmatrix} 0 & X_1 & X_2 \end{bmatrix}$$

或

$$P^{-1}AP = D + \begin{bmatrix} Y_1 \\ Y_2 \\ Y_3 \end{bmatrix} \begin{bmatrix} 0 & X_1 & X_2 \end{bmatrix}$$

乘開,得

$$P^{-1}AP = D + \begin{bmatrix} 0 & Y_1X_1 & Y_1X_2 \\ 0 & Y_2X_1 & Y_2X_2 \\ 0 & Y_3X_1 & Y_3X_2 \end{bmatrix}$$

代入 $Y_iX_j = \delta_{ij}$,或 $Y_1X_1 = 1$,$Y_2X_2 = 1$,其餘為 0,得

$$P^{-1}AP = D + \begin{bmatrix} 0 & 1 & 0 \\ 0 & 0 & 1 \\ 0 & 0 & 0 \end{bmatrix}$$

代入對角矩陣,得

$$P^{-1}AP = \begin{bmatrix} \lambda_1 & 0 & 0 \\ 0 & \lambda_1 & 0 \\ 0 & 0 & \lambda_1 \end{bmatrix} + \begin{bmatrix} 0 & 1 & 0 \\ 0 & 0 & 1 \\ 0 & 0 & 0 \end{bmatrix} = \begin{bmatrix} \lambda_1 & 1 & 0 \\ 0 & \lambda_1 & 1 \\ 0 & 0 & \lambda_1 \end{bmatrix} \quad (15)$$

上式右邊為一個三階 Jordan 塊矩陣（Jordan Block）或喬登正則式（Jordan Cannonical Form）矩陣。

定義：n 階 Jordan 塊矩陣或喬登正則式

$$J_{n \times n} = \begin{bmatrix} \lambda & 1 & & 0 & 0 \\ 0 & \lambda & & 0 & 0 \\ & & \ddots & & \\ 0 & 0 & & \lambda & 1 \\ 0 & 0 & \cdots & & \lambda \end{bmatrix}$$

上式(12)表成矩陣符號，得

$P^{-1}AP = J$

或

$A = P J P^{-1}$

稱上式為喬登正則化。

範例 14

Find the Jordan form of $A = \begin{bmatrix} 2 & 2 & -1 \\ -1 & -1 & 1 \\ -1 & -2 & 2 \end{bmatrix}$ and P such that $P^{-1}AP$ is in Jordan form.

〈交大資科所、中央數學系轉〉

解答：

【方法一】速算法

特徵方程式　$|A-\lambda I| = \begin{vmatrix} 2-\lambda & 2 & -1 \\ -1 & -1-\lambda & 1 \\ -1 & -2 & 2-\lambda \end{vmatrix} = 0$

觀察知：當 $\lambda = 1$ 時，第一、二行差 2 倍，故有因式 $(\lambda-1)$

同時第一、三行相同，故有因式 $(\lambda-1)^2$

又根與係數關係，$\lambda_1 + \lambda_2 + \lambda_3 = a_{11} + a_{22} + a_{33}$

得　　$1+1+\lambda_3 = 2+(-1)+2 = 3$
故　　$\lambda_3 = 1$

綜合得　$|A-\lambda I| = \begin{vmatrix} 2-\lambda & 2 & -1 \\ -1 & -1-\lambda & 1 \\ -1 & -2 & 2-\lambda \end{vmatrix} = (\lambda-1)^3 = 0$

令特徵值 $\lambda = 1$　　　$(A-I)x = 0$

或　　$(A-I)X = \begin{bmatrix} 1 & 2 & -1 \\ -1 & -2 & 1 \\ -1 & -2 & 1 \end{bmatrix} \begin{bmatrix} x_1 \\ x_2 \\ x_3 \end{bmatrix} = \begin{bmatrix} 0 \\ 0 \\ 0 \end{bmatrix}$

得特徵向量　　$x_1 + 2x_2 - x_3 = 0$

得　　$x_1 = c_1$，$x_2 = c_2$，$x_3 = c_1 + 2c_2$

或　　$X = c_1 \begin{bmatrix} 1 \\ 0 \\ 1 \end{bmatrix} + c_2 \begin{bmatrix} 0 \\ 1 \\ 2 \end{bmatrix}$

令 $(A-I)X = X_1$ 及 $(A-I)X = X_2$ 都無解，無法求得廣義特徵向量。

【分析】

若要使上式有非零解，須利用 X_1 與 X_2 之線性組合，來修正上述特徵向量。

方法如下：

重新取任意常數：得 $x_1 = c_1$，$x_2 = -c_1 + c_2$，$x_3 = c_1 + 2(-c_1 + c_2) = -c_1 + 2c_2$

代回得
$$X = c_1 \begin{bmatrix} 1 \\ -1 \\ -1 \end{bmatrix} + c_2 \begin{bmatrix} 0 \\ 1 \\ 2 \end{bmatrix}，及 X_1 = \begin{bmatrix} 1 \\ -1 \\ -1 \end{bmatrix} 與 X_2 = \begin{bmatrix} 0 \\ 1 \\ 2 \end{bmatrix}$$

再令 $(A-I)X = X_1$
$$(A-I)X = \begin{bmatrix} 1 & 2 & -1 \\ -1 & -2 & 1 \\ -1 & -2 & 1 \end{bmatrix} \begin{bmatrix} x_1 \\ x_2 \\ x_3 \end{bmatrix} = \begin{bmatrix} 1 \\ -1 \\ -1 \end{bmatrix}$$

得特徵向量 $x_1 + 2x_2 - x_3 = 1$

得 $x_1 = c_1$，$x_2 = -c_1 + c_2$

代入得 $x_3 = c_1 + 2(-c_1 + c_2) - 1 = -c_1 + 2c_2 - 1$

或
$$X = c_1 \begin{bmatrix} 1 \\ -1 \\ -1 \end{bmatrix} + c_2 \begin{bmatrix} 0 \\ 1 \\ 2 \end{bmatrix} + \begin{bmatrix} 0 \\ 0 \\ -1 \end{bmatrix}$$

其中
$$X_3^* = \begin{bmatrix} 0 \\ 0 \\ -1 \end{bmatrix} 為廣義特徵向量。$$

令轉換矩陣
$$P = \begin{bmatrix} X_1 & X_3^* & X_2 \end{bmatrix} = \begin{bmatrix} 1 & 0 & 0 \\ -1 & 0 & 1 \\ -1 & -1 & 2 \end{bmatrix}$$

【分析】注意特徵向量與廣義特徵向量之次序，會影響喬登正則矩陣中 1 之位置分布。

得喬登正則式（Jordan form）
$$P^{-1}AP = J = \begin{bmatrix} 1 & 1 & 0 \\ 0 & 1 & 0 \\ 0 & 0 & 1 \end{bmatrix}$$

範例 15 非對稱矩陣之喬登化(二)高階矩陣

Find the Jordan form of $A = \begin{bmatrix} 0 & -3 & 1 & 2 \\ -2 & 1 & -1 & 2 \\ -2 & 1 & -1 & 2 \\ -2 & -3 & 1 & 4 \end{bmatrix}$

交大運輸所、元智電資所

解答：

【方法一】速算法

原矩陣第二、三列相同，故為零，即有根 $\lambda_3 = 0$，亦即有因式 (λ)。

特徵方程式 $\quad |A - \lambda I| = \begin{vmatrix} -\lambda & -3 & 1 & 2 \\ -2 & 1-\lambda & -1 & 2 \\ -2 & 1 & -1-\lambda & 2 \\ -2 & -3 & 1 & 4-\lambda \end{vmatrix} = 0$

觀察知：當 $\lambda_1 = 2$ 時，第一、四行差 -1 倍，故有因式 $(\lambda - 2)$

先求特徵向量

令 $\lambda_1 = 2 \quad\quad AX = \begin{bmatrix} -2 & -3 & 1 & 2 \\ -2 & -1 & -1 & 2 \\ -2 & 1 & -3 & 2 \\ -2 & -3 & 1 & 2 \end{bmatrix} \begin{bmatrix} x_1 \\ x_2 \\ x_3 \\ x_4 \end{bmatrix} = 0$

$$\begin{bmatrix} -2 & -3 & 1 & 2 \\ -2 & -1 & -1 & 2 \\ -2 & 1 & -3 & 2 \\ -2 & -3 & 1 & 2 \end{bmatrix} \sim \begin{bmatrix} -2 & -3 & 1 & 2 \\ 0 & 2 & -2 & 0 \\ 0 & 4 & -4 & 0 \\ 0 & 0 & 0 & 0 \end{bmatrix}$$

或
$$\begin{bmatrix} -2 & -3 & 1 & 2 \\ -2 & -1 & -1 & 2 \\ -2 & 1 & -3 & 2 \\ -2 & -3 & 1 & 2 \end{bmatrix} \sim \begin{bmatrix} -2 & -3 & 1 & 2 \\ 0 & 2 & -2 & 0 \\ 0 & 0 & 0 & 0 \\ 0 & 0 & 0 & 0 \end{bmatrix}$$

得　　秩為 2，故有兩個特徵向量。

得　　$-2x_1 - 3x_2 + x_3 + 2x_4 = 0$

及　　$-2x_1 - x_2 - x_3 + 2x_4 = 0$

相減　　$-2x_2 + 2x_3 = 0$，$x_2 = x_3 = c_2$

又　　$-2x_1 - 2x_3 + 2x_4 = 0$，$x_4 = x_1 + x_3$

令 $x_1 = c_1$; $x_4 = x_1 + x_3 = c_1 + c_2$

特徵向量為
$$X = c_3 \begin{bmatrix} 1 \\ 0 \\ 0 \\ 1 \end{bmatrix} + c_4 \begin{bmatrix} 0 \\ 1 \\ 1 \\ 1 \end{bmatrix}, \ X_1 = \begin{bmatrix} 1 \\ 0 \\ 0 \\ 1 \end{bmatrix} \text{ 及 } X_2 = \begin{bmatrix} 0 \\ 1 \\ 1 \\ 1 \end{bmatrix}$$

故 $\lambda_1 = 2$ 至少二個重根，$\lambda_2 = 2$。

又根與係數關係，$\lambda_1 + \lambda_2 + \lambda_3 + \lambda_4 = a_{11} + a_{22} + a_{33} + a_{44}$

得　　$0 + 2 + 2 + \lambda_4 = 0 + 1 + (-1) + 4 = 4$

$\lambda_4 = 0$，因此可得 $\lambda_3 = 0$ 也是重根。

綜合得 $|A - \lambda I| = \begin{vmatrix} -\lambda & -3 & 1 & 2 \\ -2 & 1-\lambda & -1 & 2 \\ -2 & 1 & -1-\lambda & 2 \\ -2 & -3 & 1 & 4-\lambda \end{vmatrix} = \lambda^2(\lambda - 2)^2 = 0$

再令 $\lambda_3 = 0$
$$AX = \begin{bmatrix} 0 & -3 & 1 & 2 \\ -2 & 1 & -1 & 2 \\ -2 & 1 & -1 & 2 \\ -2 & -3 & 1 & 4 \end{bmatrix} \begin{bmatrix} x_1 \\ x_2 \\ x_3 \\ x_4 \end{bmatrix} = 0$$

得 $\quad x_1 = x_4 = c_1 \,,\, x_2 = x_3 = c_2$

再代回 $\quad -3x_2 + x_3 + 2x_4 = 0$

得 $\quad x_2 = x_4$

得一個特徵向量 $\quad X_3 = c_1 \begin{bmatrix} 1 \\ 1 \\ 1 \\ 1 \end{bmatrix}$

令 $AX = X_3$
$$\begin{bmatrix} 0 & -3 & 1 & 2 \\ -2 & 1 & -1 & 2 \\ -2 & 1 & -1 & 2 \\ -2 & -3 & 1 & 4 \end{bmatrix} \begin{bmatrix} x_1 \\ x_2 \\ x_3 \\ x_4 \end{bmatrix} = \begin{bmatrix} 1 \\ 1 \\ 1 \\ 1 \end{bmatrix}$$

得廣義特徵向量 $\quad X = c_1 \begin{bmatrix} 1 \\ 1 \\ 1 \\ 1 \end{bmatrix} + \begin{bmatrix} 0 \\ -1 \\ -2 \\ 0 \end{bmatrix} \,,\, X_4^* = \begin{bmatrix} 0 \\ -1 \\ -2 \\ 0 \end{bmatrix}$

令轉換矩陣 $\quad P = \begin{bmatrix} X_3 & X_4^* & X_1 & X_2 \end{bmatrix} = \begin{bmatrix} 1 & 0 & 1 & 0 \\ 1 & -1 & 0 & 1 \\ 1 & -2 & 0 & 1 \\ 1 & 0 & 1 & 1 \end{bmatrix}$

得喬登正則式（Jordan form） $P^{-1}AP = J = \begin{bmatrix} 0 & 1 & 0 & 0 \\ 0 & 0 & 0 & 0 \\ 0 & 0 & 2 & 0 \\ 0 & 0 & 0 & 2 \end{bmatrix}$

範例 16

Find the Jordan canonical form of $A = \begin{bmatrix} 1 & 0 & 0 & 0 & 1 & 0 \\ 0 & 1 & 1 & 1 & 0 & -1 \\ 0 & 0 & 1 & 0 & 0 & 0 \\ 0 & 0 & 0 & 1 & 0 & 0 \\ 0 & 0 & 1 & 0 & 1 & -1 \\ 0 & 0 & 0 & 0 & 0 & 1 \end{bmatrix}$ and find an invertible matrix P such that $P^{-1}AP = J$

中正應數所

解答：

$|A - \lambda I| = (\lambda - 1)^6 = 0$

$\lambda = 1$, $X = c_1 \begin{bmatrix} 1 \\ 0 \\ 0 \\ 0 \\ 0 \\ 0 \end{bmatrix} + c_2 \begin{bmatrix} 0 \\ 1 \\ 0 \\ 0 \\ 0 \\ 0 \end{bmatrix} + c_3 \begin{bmatrix} 0 \\ 0 \\ 1 \\ 0 \\ 0 \\ 1 \end{bmatrix}$，或 $X_1 = \begin{bmatrix} 1 \\ 0 \\ 0 \\ 0 \\ 0 \\ 0 \end{bmatrix}$, $X_2 = \begin{bmatrix} 0 \\ 1 \\ 0 \\ 0 \\ 0 \\ 0 \end{bmatrix}$, $X_3 = \begin{bmatrix} 0 \\ 0 \\ 1 \\ 0 \\ 0 \\ 1 \end{bmatrix}$

廣義特徵向量 $(A-I)X = X_1$，得 $X_4^* = \begin{bmatrix} 0 \\ 0 \\ 0 \\ 0 \\ 1 \\ 0 \end{bmatrix}$

廣義特徵向量 $(A-I)X = X_4^*$，得　　$X_5^* = \begin{bmatrix} 0 \\ 0 \\ 0 \\ -1 \\ 0 \\ -1 \end{bmatrix}$

廣義特徵向量 $(A-I)X = X_5^*$，無解

廣義特徵向量 $(A-I)X = X_2$，得　　$X_6^* = \begin{bmatrix} 0 \\ 0 \\ 0 \\ 1 \\ 0 \\ 0 \end{bmatrix}$

令轉換矩陣　　　　$P = \begin{bmatrix} X_1 & X_4^* & X_5^* & X_2 & X_6^* & X_3 \end{bmatrix}$

得喬登正則式（Jordan form）　　$P^{-1}AP = J = \begin{bmatrix} 1 & 1 & 0 & 0 & 0 & 0 \\ 0 & 1 & 1 & 0 & 0 & 0 \\ 0 & 0 & 1 & 0 & 0 & 0 \\ 0 & 0 & 0 & 1 & 1 & 0 \\ 0 & 0 & 0 & 0 & 1 & 0 \\ 0 & 0 & 0 & 0 & 0 & 1 \end{bmatrix}$

考題集錦

1. (10%) Given $A = \begin{bmatrix} 1 & 2 \\ 2 & 4 \end{bmatrix}$. Find the eigenvalues of A, and also diagonalization of λ..

   台聯大大三轉工數

2. (15%) Determine if the matrix $A = \begin{bmatrix} -4 & -3 \\ 3 & 6 \end{bmatrix}$ is diagonalizable. If so, find an invertible matrix P and a diagonal matrix D such that $A = PDP^{-1}$.

   暨南電機所

3. (10%) 對稱矩陣 $A = \begin{bmatrix} 5 & 4 \\ 4 & -1 \end{bmatrix}$，求一正交矩陣 Q，使能對角化矩陣 A 成一對角矩陣 D，即 $Q^{-1}AQ = D$，並驗證其結果。

   北科大光電所

4. (10%) Consider the matrix A. Determine matrices Q and D such that $Q^{-1}AQ = D$ is diagonal. $A = \begin{bmatrix} 1 & 1 & 0 \\ 1 & 1 & 0 \\ 0 & 0 & 2 \end{bmatrix}$

   中央機械所工數甲乙丙丁戊

5. (15%) Consider the symmetric matrix $A = \begin{bmatrix} 5 & -4 & -2 \\ -4 & 5 & -2 \\ -3 & -2 & 8 \end{bmatrix}$, find its orthogonal diagonalizing matrix Q

   台科大電機甲、乙二

6. Find a matrix P such that $P^T A P = D_\lambda$, where D_λ is diagonal matrix

formed by the eigenvalues of A (15%)

$$A = \begin{bmatrix} -2 & 2 & 1 \\ 2 & 1 & 2 \\ 1 & 2 & 6 \end{bmatrix}$$

台大工科與海洋所 F

7. The given matrix A is symmetric. Find an orthogonal matrix P that diagonalizes A and diagonal matrix D $A = \begin{bmatrix} 5 & -2 & 0 \\ -2 & 6 & -2 \\ 0 & -2 & 7 \end{bmatrix}$ （20%）

淡大土木所

8. Consider a 3×3 matrix $A = \begin{bmatrix} 7 & 4 & -4 \\ 4 & -8 & -1 \\ -4 & -1 & -8 \end{bmatrix}$

   (a) Find the eigenvalues and the correspond eigenvectors of matrix A.
   (b) Find an orthogonal matrix P and a diagonal matrix D such that $P^{-1}AP = D$.

清大動機所

9. 令矩陣 $A = \begin{bmatrix} 11 & 2 & -10 \\ 2 & 14 & 5 \\ -10 & 5 & -10 \end{bmatrix}$，求 diagonal Matrix D 及 Matrix P，使得 $D = P^{-1}AP$

北科大自動化所

10. （16%）Please find a basis of eigenvectors and diagonalize the matrix：

$$\begin{bmatrix} 1 & 2 & -2 \\ 2 & 1 & -4 \\ 1 & -1 & -2 \end{bmatrix}$$

中山材料所乙丙

11. Produce a matrix that diagonalizes the following given matrix, or show that this matrix is not diagonalizable.

(a) $\begin{bmatrix} 0 & 0 & 0 \\ 1 & 0 & 2 \\ 1 & 1 & 3 \end{bmatrix}$ (b) $\begin{bmatrix} -2 & 0 & 1 \\ 1 & 1 & 0 \\ 0 & 0 & -2 \end{bmatrix}$.

成大電腦通訊所

12. Find the Jordan form of $A = \begin{bmatrix} 2 & 2 & -1 \\ -1 & -1 & 1 \\ -1 & -2 & 2 \end{bmatrix}$ and P such that $P^{-1}AP$ is in Jordan form.

交大資科所、中央數學系轉

13. Find the Jordan form of $A = \begin{bmatrix} 3 & 1 & -3 \\ -7 & -2 & 9 \\ -2 & -1 & 4 \end{bmatrix}$

清大資科所

14. Find the Jordan canonical form of $A = \begin{bmatrix} 1 & 4 & 0 & 0 & 3 \\ 0 & 1 & 0 & 0 & 0 \\ 0 & 0 & 2 & 0 & -1 \\ 0 & 0 & 0 & 2 & 0 \\ 0 & 0 & 0 & 0 & 2 \end{bmatrix}$

交大應數所

15. Find the Jordan canonical form of $A = \begin{bmatrix} 1 & 0 & 0 & 0 & 1 & 0 \\ 0 & 1 & 1 & 1 & 0 & -1 \\ 0 & 0 & 1 & 0 & 0 & 0 \\ 0 & 0 & 0 & 1 & 0 & 0 \\ 0 & 0 & 1 & 0 & 1 & -1 \\ 0 & 0 & 0 & 0 & 0 & 1 \end{bmatrix}$ and find an invertible matrix P such that $P^{-1}AP = J$

第二十八章
矩陣函數與二次式

第一節 概論

對一 n 階矩陣 A，我們已經介紹了它們相似變換的化簡，現先整理結果如下：

(1) 若矩陣 A，存在 n 個特徵向量：$(X_1 \quad X_2 \quad \cdots \quad X_n)$

令 $P = [X_1 \quad X_2 \quad \cdots \quad X_n]$

得 $P^{-1}AP = D$

其中 D 為對角矩陣。

(2) 若矩陣 A，存在 n 個特徵向量與廣義特徵向量：$X_1, X_2, \cdots, X_m, X_{m+1}^*, \cdots, X_n^*$

令 $P = [X_1, X_2, \cdots, X_m, X_{m+1}^*, \cdots, X_n^*]$

得 $P^{-1}AP = J$

其中 J 為喬登正則矩陣。

現在介紹這些相似變換式之應用，分成兩種形式，分別討論於下。

第二節　矩陣代數式函數定義

首先介紹各種矩陣函數定義，再介紹其計算。

最簡單的函數為冪函數（Power Function），定義如下：

※ 定義：矩陣冪函數（Matrix Power function）

已知冪函數，如

$$f(x) = x^n \text{，} n \in N \text{，} x \in R$$

同理，定義矩陣冪函數如下：

定義：矩陣冪函數（Power function）

$$f(A) = A^n = \underbrace{A \cdot A \cdots A}_{n} \text{，} n \in N \tag{1}$$

亦即，A^n 表示矩陣 A，連續自乘 n 次。

接著，各階冪函數之線性組合，為多項式函數，n 次多項式函數，定義如下：

$$f(x) = a_n x^n + a_{n-1} x^{n-1} + \cdots + a_1 x + a_0$$

若將上式中變數 x 以矩陣 A 取代，可得矩陣多項式函數 $f(A)$ 定義如下：

$$f(A) = a_n A^n + a_{n-1} A^{n-1} + \cdots + a_1 A + a_0 I$$

對任意多項式函數相乘，如：$f(x)g(x)$，則對應矩陣也有類似特性：$f(A)g(A)$，但對於任意多項式函數相除，如：$\dfrac{f(x)}{g(x)}$，則對應矩陣無法直接相除，此時採用任意多項式函數相除之另一種形式，如：$\dfrac{f(x)}{g(x)} = f(x)(g(x))^{-1}$，定義對應

有理式函數矩陣相除之形式，如：$f(A)(g(A))^{-1}$。

其中 $(g(A))^{-1}$ 是為 $g(A)$ 之反矩陣。

範例 01

(20%) Given the matrix $A = \begin{bmatrix} 1 & -1 & 0 & 0 \\ 0 & 1 & 0 & 0 \\ 0 & 0 & 1 & 0 \\ 0 & 0 & -1 & 1 \end{bmatrix}$

(a) The determinant $\det(-A)^{10}$

(b) The eigenvalues $\lambda(A^{10})$;

(c) The rank $\text{rank}(A)$:

(d) How many linearly independent eigenvectors does matrix A have?

成大航太所

解答：

(a) 已知矩陣 $A_{4\times 4}$，利用公式

$$\det(-A)^{10} = |-A|^{10} = [(-1)^4|A|]^{10} = |A|^{10}$$

$$|A| = \begin{vmatrix} 1 & -1 & 0 & 0 \\ 0 & 1 & 0 & 0 \\ 0 & 0 & 1 & 0 \\ 0 & 0 & -1 & 1 \end{vmatrix} = 1 \cdot 1 \cdot 1 \cdot 1 = 1$$

$$\det(-A)^{10} = |A|^{10} = 1$$

(b) 利用公式 $F(A)$ 之特徵值為 $F(\lambda_i)$，$i = 1, 2, \cdots, n$

$$|A-\lambda I| = \begin{vmatrix} 1-\lambda & -1 & 0 & 0 \\ 0 & 1-\lambda & 0 & 0 \\ 0 & 0 & 1-\lambda & 0 \\ 0 & 0 & -1 & 1-\lambda \end{vmatrix} = (1-\lambda)^4 = 0$$

$\lambda = 1, 1, 1, 1$

故 $\lambda(A^{10})$ 之特徵值仍為 $\lambda = 1, 1, 1, 1$

(c) The rank $\text{rank}(A)$

因 $|A| = 1 \neq 0$ 為非奇異矩陣，則 $\text{rank}(A) = 4$

(d) 令 $\lambda = 1$，代入 $(A-I)x = \begin{bmatrix} 0 & -1 & 0 & 0 \\ 0 & 0 & 0 & 0 \\ 0 & 0 & 0 & 0 \\ 0 & 0 & -1 & 0 \end{bmatrix} \begin{bmatrix} x_1 \\ x_2 \\ x_3 \\ x_4 \end{bmatrix} = 0$

得 $x_2 = 0$，$x_3 = 0$

令 $x_1 = c_1$，$x_4 = c_2$

$X = c_1 \begin{bmatrix} 1 \\ 0 \\ 0 \\ 0 \end{bmatrix} + c_2 \begin{bmatrix} 0 \\ 0 \\ 0 \\ 1 \end{bmatrix}$，有兩個線性獨立特徵向量。

【分析】另外兩個須以廣義特徵向量補足 (if any)。

範例 02

(10%) (a) Let $p(s)$ is a polynomial in s. Show that if λ is an eigenvalue of a square matrix A with eigenvector X, then $p(\lambda)$ is an eigenvalue of $p(A)$ with the same eigenvector X.

清大微機電系統所

解答：

已知　　$AX = \lambda X$

令　　　$p(s) = c_0 + c_1 s + c_2 s^2 + \cdots + c_n s^n$

$$p(A) = c_0 I + c_1 A + c_2 A^2 + \cdots + c_n A^n$$

$$p(A)X = c_0 X + c_1 AX + c_2 A^2 X + \cdots + c_n A^n X$$

$$p(A)X = c_0 X + c_1 AX + c_2 A \cdot AX + \cdots + c_n A^{n-1} AX$$

代入 $AX = \lambda X$

$$p(A)X = c_0 X + c_1 \lambda X + c_2 \lambda AX + \cdots + c_n \lambda A^{n-1} X$$

$$p(A)X = c_0 X + c_1 \lambda X + c_2 \lambda^2 X + \cdots + c_n \lambda^n X$$

$$p(A)X = \left(c_0 + c_1 \lambda + c_2 \lambda^2 + \cdots + c_n \lambda^n\right)X$$

得　　　$p(A)X = p(\lambda)X$

亦即特徵值為　　$p(\lambda) = c_0 + c_1 \lambda + c_2 \lambda^2 + \cdots + c_n \lambda^n$

特徵向量仍為 X

範例 03

已知 $f(x) = \dfrac{x}{x+4}$，且 $A = \begin{bmatrix} 1 & -4 \\ 2 & -5 \end{bmatrix}$，試求 $f(A)$

台大生物機電所 J

解答：

已知　　　　　　$f(x) = \dfrac{x}{x+4} = x(x+4)^{-1}$

得矩陣多項式函數 $\quad f(A) = A(A+4I)^{-1} = \begin{bmatrix} 1 & -4 \\ 2 & -5 \end{bmatrix} \cdot \begin{bmatrix} 5 & -4 \\ 2 & -1 \end{bmatrix}^{-1}$

或 $\quad f(A) = \begin{bmatrix} 1 & -4 \\ 2 & -5 \end{bmatrix} \cdot \dfrac{1}{3}\begin{bmatrix} -1 & 4 \\ -2 & 5 \end{bmatrix} = \dfrac{1}{3}\begin{bmatrix} 7 & -16 \\ 8 & -17 \end{bmatrix}$

第三節　矩陣超越函數

定義了矩陣多項式函數及有理式函數後，可利用 Taylor 級數來定義其他超越基本函數，定義如下：

1. 指數矩陣函數：

已知實數指數函數之 Taylor 級數形式：

$$e^x = 1 + \frac{x}{1!} + \frac{x^2}{2!} + \cdots + \frac{x^n}{n!} + \cdots$$

對應指數矩陣函數之形式：

$$e^A = 1 + \frac{1}{1!}A + \frac{1}{2!}A^2 + \cdots + \frac{1}{n!}A^n + \cdots \tag{2}$$

2. 三角矩陣函數：

已知三角函數之 Taylor 級數形式：

$$\sin x = \frac{x}{1!} - \frac{x^3}{3!} + \frac{x^5}{5!} - + \cdots$$

$$\cos x = 1 - \frac{x^2}{2!} + \frac{x^4}{4!} - + \cdots$$

對應三角矩陣函數之形式：

$$\sin A = \frac{1}{1!}A - \frac{1}{3!}A^3 + \frac{1}{5!}A^5 - + \cdots \tag{3}$$

$$\cos A = I - \frac{1}{2!}A^2 + \frac{1}{4!}A^4 - + \cdots \qquad (4)$$

進行矩陣基本函數之計算時，依上述定義，須計算矩陣 A 之無窮次方，這幾乎是不可能，故必須藉矩陣之相似變換特性，來作上述計算工作。

基於以前各章之討論知，這裡討論下列兩大類型：

第一種類型：若 n 階矩陣 A 存在 n 個特徵向量，則可利用矩陣之對角化來計算矩陣函數。

第二種類型：若 n 階矩陣 A 存在少於 n 個特徵向量，則可利用廣義特徵向量之定義，利用矩陣之喬登正則化，來計算矩陣函數。

範例 04：二階矩陣函數

> (10%) Let the matrix A be diagonalizable. Prove that $\det(\exp A) = \exp(TrA)$. And check it with $A = \begin{bmatrix} 1 & 0 \\ 0 & -1 \end{bmatrix}$

清大物理所

解答：

$$\det(\exp A) = |e^A| = |Pe^D P^{-1}| = |P||e^D||P^{-1}| = |e^D|$$

$$\det(\exp A) = |e^D| = e^{\lambda_1} e^{\lambda_2} \cdots e^{\lambda_n} = e^{\lambda_1 + \lambda_2 + \cdots + \lambda_n} = e^{a_{11} + a_{22} + \cdots + a_{nn}}$$

$$\det(\exp A) = e^{a_{11} + a_{22} + \cdots + a_{nn}} = e^{trace(A)}$$

第四節　對角化法求矩陣函數

先討論第一種類型：對角化法求矩陣函數

若矩陣 A 為 n 階方矩陣，且矩陣 A 存在 n 個特徵向量，即 $X_1, X_2, \cdots X_n$

令轉換矩陣 P，$P = \begin{bmatrix} X_1 & X_2 & \cdots & X_n \end{bmatrix}$，並由矩陣相似變換知，

$$P^{-1}AP = D$$

其中 D 為矩陣 A 之特徵值所組成之對角化矩陣。

移項，得 $\qquad A = PDP^{-1}$

平方

$$A \cdot A = PDP^{-1} \cdot PDP^{-1} = PD(P^{-1}P)DP^{-1} = PD^2P^{-1}$$

依此類推，得

$$A^n = PD^nP^{-1}$$

因此任意矩陣函數多可利用 Taylor 級數展開式表示，亦即利用上式矩陣冪函數，可組成與計算矩陣函數，即

$$f(A) = a_0I + a_1A + \cdots + a_nA^n + \cdots$$

代入得

$$f(A) = a_0PIP^{-1} + a_1PDP^{-1} + \cdots + a_nPD^nP^{-1} + \cdots$$
$$f(A) = P(a_0I + a_1D + \cdots + a_nD^n + \cdots)P^{-1}$$

得

$$f(A) = Pf(D)P^{-1}$$

其中對角矩陣

$$D = \begin{bmatrix} \lambda_1 & 0 & & 0 \\ 0 & \lambda_2 & & 0 \\ & & \ddots & \\ 0 & 0 & & \lambda_n \end{bmatrix}$$

任意函數

$$f(D) = \begin{bmatrix} f(\lambda_1) & 0 & & 0 \\ 0 & f(\lambda_2) & & 0 \\ & & \ddots & \\ 0 & 0 & & f(\lambda_n) \end{bmatrix}$$

代入得任意矩陣函數，為

$$f(A) = P f(D) P^{-1} = P \begin{bmatrix} f(\lambda_1) & 0 & & 0 \\ 0 & f(\lambda_2) & & 0 \\ & & \ddots & \\ 0 & 0 & & f(\lambda_n) \end{bmatrix} P^{-1} \quad (5)$$

範例 05：二階矩陣函數

$$A = \begin{bmatrix} 1 & 1 & -2 \\ -1 & 2 & 1 \\ 0 & 1 & -1 \end{bmatrix}$$

(a) (5%) Determine the rank of A
(b) (5%) Find the inverse of A
(c) (5%) Find the eigenvectors of A
(d) (10%) Compute A^m

中興機械所

解答：

(a) $\text{Rank}(A) = 3$

或 $\qquad |A| = \lambda_1 \cdot \lambda_2 \cdot \lambda_3 = 1 \cdot (-1) \cdot 2 = -2 \neq 0$

故 $\qquad \text{Rank}(A) = 3$

(b) $A^{-1} = \begin{bmatrix} 3/2 & 1/2 & -5/2 \\ 1/2 & 1/2 & -1/2 \\ 1/2 & 1/2 & -3/2 \end{bmatrix}$

(c) $|A - \lambda I| = \begin{vmatrix} 1-\lambda & 1 & -2 \\ -1 & 2-\lambda & 1 \\ 0 & 1 & -1-\lambda \end{vmatrix} = (1-\lambda)(1+\lambda)(2-\lambda) = 0$

得特徵值　　$\lambda_1 = 1$，$\lambda_2 = -1$，$\lambda_3 = 2$

(i) $\lambda_1 = 1$，$(A-I)X = \begin{bmatrix} 0 & 1 & -2 \\ -1 & 1 & 1 \\ 0 & 1 & -2 \end{bmatrix} \begin{bmatrix} x_1 \\ x_2 \\ x_3 \end{bmatrix} = 0$

聯立解得特徵向量　　$X_1 = \begin{bmatrix} 3 \\ 2 \\ 1 \end{bmatrix}$，

(ii) $\lambda_2 = -1$，$(A+I)X = \begin{bmatrix} 2 & 1 & -2 \\ -1 & 3 & 1 \\ 0 & 1 & 0 \end{bmatrix} \begin{bmatrix} x_1 \\ x_2 \\ x_3 \end{bmatrix} = 0$

聯立解得特徵向量　　$X_2 = \begin{bmatrix} 1 \\ 0 \\ 1 \end{bmatrix}$，

(iii) $\lambda_3 = 2$，$(A-2I)X = \begin{bmatrix} -1 & 1 & -2 \\ -1 & 0 & 1 \\ 0 & 1 & -3 \end{bmatrix} \begin{bmatrix} x_1 \\ x_2 \\ x_3 \end{bmatrix} = 0$

聯立解得特徵向量　$X_3 = \begin{bmatrix} 1 \\ 3 \\ 1 \end{bmatrix}$

(d) 令　$P = \begin{bmatrix} 3 & 1 & 1 \\ 2 & 0 & 3 \\ 1 & 1 & 1 \end{bmatrix}$

$$A^m = PD^mP^{-1} = \begin{bmatrix} 3 & 1 & 1 \\ 2 & 0 & 3 \\ 1 & 1 & 1 \end{bmatrix} \begin{bmatrix} 1 & 0 & 0 \\ 0 & (-1)^m & 0 \\ 0 & 0 & 2^m \end{bmatrix} \begin{bmatrix} 3 & 1 & 1 \\ 2 & 0 & 3 \\ 1 & 1 & 1 \end{bmatrix}^{-1}$$

範例 06：二階矩陣函數

(16%) Suppose A is a 3×3 matrix with eigenvalues $1,2,3$, then
Where I is a 6×6 identity matrix and
(a) Is A diagonalizable? Briefly explain your answer.
(b) Determine the eigenvalues of $2A^{-1}+I$.
(c) Determine the determinant of $A+I$.
(d) Determine the determinant of $2(A^T A)$.
(e) Determine the rank of A^3.

台科大電子所乙一

解答：

(a) (是)。因為有三個不同特徵值，必對應有三個特徵向向存在。故必可對角化。

(b) $f(A) = 2A^{-1}+I$，其特徵值為 $\lambda_i^* = f(\lambda_i)$

$\lambda_1^* = 2\frac{1}{1}+1$，$\lambda_2^* = 2\frac{1}{2}+1 = 2$，$\lambda_3^* = 2\frac{1}{3}+1 = \frac{5}{3}$

(c) $g(A) = A+I$，則 $|g(A)| = \lambda_1' \cdot \lambda_2' \cdot \lambda_3'$

$\lambda_1' = g(\lambda_1) = 1+1 = 2$，$\lambda_2' = g(\lambda_2) = 2+1 = 3$，$\lambda_3' = g(\lambda_3) = 3+1 = 4$

$|A+I| = 2 \cdot 3 \cdot 4 = 24$

(d) 因 A 是 3×3 矩陣，故得 $A^T A$ 也是 3×3 矩陣，得

$|2(A^T A)| = 2^3 |A^T A| = 2^3 |A||A| = 8 \cdot (1 \cdot 2 \cdot 3)^2 = 228$

其中 $|A| = \lambda_1 \cdot \lambda_2 \cdot \lambda_3 = 1 \cdot 2 \cdot 3 = 6$

(e) A 是 3×3 矩陣，故得 A^3 也是 3×3 矩陣，且

$$|A^3|=|A|^3=6^3\neq 0，\text{rank}(A^3)=3$$

範例 07：二階矩陣函數

(10%) Let $A=\begin{bmatrix} 1 & -1 \\ -1 & 1 \end{bmatrix}$ and $e^{At}=\begin{bmatrix} a+be^{2t} & c+de^{2t} \\ f+ge^{2t} & h+ie^{2t} \end{bmatrix}$. Find a, b, c, d, f, g, h, i.

台科大電子所乙三

解答：

$$A=\begin{bmatrix} 1 & -1 \\ -1 & 1 \end{bmatrix}$$

特徵方程式 $|A-\lambda I|=\begin{vmatrix} 1-\lambda & -1 \\ -1 & 1-\lambda \end{vmatrix}=(\lambda-1)^2-1=\lambda(\lambda-2)=0$

特徵值 $\lambda=0$，$\lambda=2$

(1) $\lambda=0$，$AX=\begin{bmatrix} 1 & -1 \\ -1 & 1 \end{bmatrix}\begin{bmatrix} x_1 \\ x_2 \end{bmatrix}=0$，特徵向量 $X=\begin{bmatrix} 1 \\ 1 \end{bmatrix}$

(2) $\lambda=2$，$(A-2I)X=\begin{bmatrix} -1 & -1 \\ -1 & -1 \end{bmatrix}\begin{bmatrix} x_1 \\ x_2 \end{bmatrix}=0$，特徵向量 $X=\begin{bmatrix} 1 \\ -1 \end{bmatrix}$

令 $P=\begin{bmatrix} 1 & 1 \\ 1 & -1 \end{bmatrix}$，$P^{-1}=\frac{1}{2}\begin{bmatrix} 1 & 1 \\ 1 & -1 \end{bmatrix}$

$e^{At}=Pe^{Dt}P^{-1}=\begin{bmatrix} 1 & 1 \\ 1 & -1 \end{bmatrix}\begin{bmatrix} 1 & 0 \\ 0 & e^{2t} \end{bmatrix}\frac{1}{2}\begin{bmatrix} 1 & 1 \\ 1 & -1 \end{bmatrix}=\begin{bmatrix} \frac{1}{2}+\frac{1}{2}e^{2t} & \frac{1}{2}-\frac{1}{2}e^{2t} \\ \frac{1}{2}-\frac{1}{2}e^{2t} & \frac{1}{2}+\frac{1}{2}e^{2t} \end{bmatrix}$

比較得　$a = b = c = f = h = i = \dfrac{1}{2}$，$d = g = -\dfrac{1}{2}$

範例 08：二階矩陣函數

（10%）Calculate.

$\lim\limits_{N \to \infty}\left(I - i\dfrac{\theta}{N}\sigma\right)^N$，where $I = \begin{bmatrix} 1 & 0 \\ 0 & 1 \end{bmatrix}$ and $\sigma = \begin{bmatrix} 0 & -i \\ i & 0 \end{bmatrix}$

中央電機所

解答：

已知　$I = \begin{bmatrix} 1 & 0 \\ 0 & 1 \end{bmatrix}$，$\sigma = \begin{bmatrix} 0 & -i \\ i & 0 \end{bmatrix}$

代入　$\left(I - i\dfrac{\theta}{N}\sigma\right)^N = \left(\begin{bmatrix} 1 & 0 \\ 0 & 1 \end{bmatrix} - i\dfrac{\theta}{N}\begin{bmatrix} 0 & -i \\ i & 0 \end{bmatrix}\right)^N = \begin{bmatrix} 1 & -\dfrac{\theta}{N} \\ \dfrac{\theta}{N} & 1 \end{bmatrix}^N = A^N$

再求矩陣函數 A 之特徵值

$|A - \lambda I| = \begin{vmatrix} 1-\lambda & -\dfrac{\theta}{N} \\ \dfrac{\theta}{N} & 1-\lambda \end{vmatrix} = (\lambda - 1)^2 + \left(\dfrac{\theta}{N}\right)^2 = 0$

或　$|A - \lambda I| = \left(\lambda - 1 + \dfrac{\theta}{N}i\right)\left(\lambda - 1 - \dfrac{\theta}{N}i\right) = 0$

得特徵值　$\lambda = 1 - \dfrac{\theta}{N}i$，$\lambda = 1 + \dfrac{\theta}{N}i$

(1) $\lambda = 1 - \dfrac{\theta}{N}i$，$\left(A - \left(1 - \dfrac{\theta}{N}i\right)I\right)X = \begin{bmatrix} \dfrac{\theta}{N}i & -\dfrac{\theta}{N} \\ \dfrac{\theta}{N} & \dfrac{\theta}{N}i \end{bmatrix}\begin{bmatrix} x_1 \\ x_2 \end{bmatrix} = 0$

特徵向量　　$X_1 = \begin{bmatrix} 1 \\ i \end{bmatrix}$

(2) $\lambda = 1 + \dfrac{\theta}{N}i$，$\left(A - \left(1 + \dfrac{\theta}{N}i\right)I\right)X = \begin{bmatrix} -\dfrac{\theta}{N}i & -\dfrac{\theta}{N} \\ \dfrac{\theta}{N} & -\dfrac{\theta}{N}i \end{bmatrix}\begin{bmatrix} x_1 \\ x_2 \end{bmatrix} = 0$

特徵向量　　$X_2 = \begin{bmatrix} 1 \\ -i \end{bmatrix}$

轉換矩陣　　$P^{-1}AP = D = \begin{bmatrix} 1 - i\dfrac{\theta}{N} & 0 \\ 0 & 1 + i\dfrac{\theta}{N} \end{bmatrix}$

$$A = PDP^{-1} = \begin{bmatrix} 1 & 1 \\ i & -i \end{bmatrix} \begin{bmatrix} 1 - i\dfrac{\theta}{N} & 0 \\ 0 & 1 + i\dfrac{\theta}{N} \end{bmatrix} \begin{bmatrix} 1 & 1 \\ i & -i \end{bmatrix}^{-1}$$

$$A^N = PD^N P^{-1} = \begin{bmatrix} 1 & 1 \\ i & -i \end{bmatrix} \begin{bmatrix} \left(1 - i\dfrac{\theta}{N}\right)^N & 0 \\ 0 & \left(1 + i\dfrac{\theta}{N}\right)^N \end{bmatrix} \begin{bmatrix} 1 & 1 \\ i & -i \end{bmatrix}^{-1}$$

$$\lim_{N \to \infty} A^N = \begin{bmatrix} 1 & 1 \\ i & -i \end{bmatrix} \begin{bmatrix} \lim_{N \to \infty}\left(1 - i\dfrac{\theta}{N}\right)^N & 0 \\ 0 & \lim_{N \to \infty}\left(1 + i\dfrac{\theta}{N}\right)^N \end{bmatrix} \begin{bmatrix} 1 & 1 \\ i & -i \end{bmatrix}^{-1}$$

其中　　$\lim\limits_{N \to \infty}\left(1 - i\dfrac{\theta}{N}\right)^N = e^{\lim\limits_{N \to \infty}\left(1 - i\frac{\theta}{N} - 1\right)\cdot N} = e^{-i\theta}$

及 $\lim\limits_{N\to\infty}\left(1+i\dfrac{\theta}{N}\right)^N = e^{\lim\limits_{N\to\infty}\left(1+i\frac{\theta}{N}-1\right)\cdot N} = e^{i\theta}$

得 $\lim\limits_{N\to\infty} A^N = \begin{bmatrix} 1 & 1 \\ i & -i \end{bmatrix}\begin{bmatrix} e^{-i\theta} & 0 \\ 0 & e^{i\theta} \end{bmatrix}\begin{bmatrix} 1 & 1 \\ i & -i \end{bmatrix}^{-1}$

$\lim\limits_{N\to\infty} A^N = \begin{bmatrix} 1 & 1 \\ i & -i \end{bmatrix}\begin{bmatrix} e^{-i\theta} & 0 \\ 0 & e^{i\theta} \end{bmatrix}\begin{bmatrix} -i & -1 \\ -i & 1 \end{bmatrix}$

$\lim\limits_{N\to\infty} A^N = \dfrac{i}{2}\begin{bmatrix} 1 & 1 \\ i & -i \end{bmatrix}\begin{bmatrix} -ie^{-i\theta} & -e^{-i\theta} \\ -ie^{i\theta} & e^{i\theta} \end{bmatrix} = \dfrac{i}{2}\begin{bmatrix} -ie^{-i\theta}-ie^{i\theta} & -e^{-i\theta}+e^{i\theta} \\ e^{-i\theta}-e^{i\theta} & -ie^{-i\theta}-ie^{i\theta} \end{bmatrix}$

$\lim\limits_{N\to\infty} A^N = \begin{bmatrix} \dfrac{e^{-i\theta}+e^{i\theta}}{2} & -\dfrac{e^{i\theta}-e^{-i\theta}}{2i} \\ \dfrac{e^{i\theta}-e^{-i\theta}}{2i} & \dfrac{e^{-i\theta}+e^{i\theta}}{2} \end{bmatrix} = \begin{bmatrix} \cos\theta & -\sin\theta \\ \sin\theta & \cos\theta \end{bmatrix}$

範例 09

(15%) 若 $A = \begin{bmatrix} 0 & 1 & 1 \\ 0 & -1 & 1 \\ 1 & 1 & 0 \end{bmatrix}$，計算 A^6.

成大資源所工數

解答：

$|A-\lambda I| = \begin{vmatrix} -\lambda & 1 & 1 \\ 0 & -1-\lambda & 1 \\ 1 & 1 & -\lambda \end{vmatrix} = -(\lambda+1)(2-\lambda^2) = 0$

特徵值　$\lambda = -1, \lambda = -\sqrt{2}, \lambda = \sqrt{2}$

(1) $\lambda = -1$，$(A+I)X = \begin{bmatrix} 1 & 1 & 1 \\ 0 & 0 & 1 \\ 1 & 1 & 1 \end{bmatrix} \begin{bmatrix} x_1 \\ x_2 \\ x_3 \end{bmatrix} = 0$

特徵值　$X = c_1 \begin{bmatrix} 1 \\ -1 \\ 0 \end{bmatrix}$

(2) $\lambda = -\sqrt{2}$，$(A+\sqrt{2})X = \begin{bmatrix} \sqrt{2} & 1 & 1 \\ 0 & -1+\sqrt{2} & 1 \\ 1 & 1 & \sqrt{2} \end{bmatrix} \begin{bmatrix} x_1 \\ x_2 \\ x_3 \end{bmatrix} = 0$

特徵值　$X = c_1 \begin{bmatrix} 1-\sqrt{2} \\ 1 \\ 1-\sqrt{2} \end{bmatrix}$

(3) $\lambda = \sqrt{2}$，$(A-\sqrt{2})X = \begin{bmatrix} -\sqrt{2} & 1 & 1 \\ 0 & -1-\sqrt{2} & 1 \\ 1 & 1 & -\sqrt{2} \end{bmatrix} \begin{bmatrix} x_1 \\ x_2 \\ x_3 \end{bmatrix} = 0$

特徵值　$X = c_1 \begin{bmatrix} 1+\sqrt{2} \\ 1 \\ 1+\sqrt{2} \end{bmatrix}$

令　$P = \begin{bmatrix} 1 & 1-\sqrt{2} & 1+\sqrt{2} \\ -1 & 1 & 1 \\ 0 & 1-\sqrt{2} & 1+\sqrt{2} \end{bmatrix}$，$P^{-1}AP = D = \begin{bmatrix} -1 & 0 & 0 \\ 0 & -\sqrt{2} & 0 \\ 0 & 0 & \sqrt{2} \end{bmatrix}$

$A^6 = PD^6P^{-1}$

$$= \begin{bmatrix} 1 & 1-\sqrt{2} & 1+\sqrt{2} \\ -1 & 1 & 1 \\ 0 & 1-\sqrt{2} & 1+\sqrt{2} \end{bmatrix} \begin{bmatrix} (-1)^6 & 0 & 0 \\ 0 & (-\sqrt{2})^6 & 0 \\ 0 & 0 & (\sqrt{2})^6 \end{bmatrix} \begin{bmatrix} 1 & 1-\sqrt{2} & 1+\sqrt{2} \\ -1 & 1 & 1 \\ 0 & 1-\sqrt{2} & 1+\sqrt{2} \end{bmatrix}^{-1}$$

或

$A^6 = PD^6P^{-1}$

$$= \begin{bmatrix} 1 & 1-\sqrt{2} & 1+\sqrt{2} \\ -1 & 1 & 1 \\ 0 & 1-\sqrt{2} & 1+\sqrt{2} \end{bmatrix} \begin{bmatrix} 1 & 0 & 0 \\ 0 & 8 & 0 \\ 0 & 0 & 8 \end{bmatrix} \begin{bmatrix} 1 & 1-\sqrt{2} & 1+\sqrt{2} \\ -1 & 1 & 1 \\ 0 & 1-\sqrt{2} & 1+\sqrt{2} \end{bmatrix}^{-1}$$

範例 10：對稱矩陣之矩陣函數

Let $A = \begin{bmatrix} 3 & 0 & -2 \\ 0 & 2 & 0 \\ -2 & 0 & 0 \end{bmatrix}$, find a diagonal matrix D and an orthogonal matrix S such that $A = SDS^{-1}$, then compute A^5

宜蘭大電子所

解答：

$$A = \begin{bmatrix} 3 & 0 & -2 \\ 0 & 2 & 0 \\ -2 & 0 & 0 \end{bmatrix}$$

特徵方程式

$$|A - \lambda I| = \begin{vmatrix} 3-\lambda & 0 & -2 \\ 0 & 2-\lambda & 0 \\ -2 & 0 & -\lambda \end{vmatrix} = -(\lambda-2)(\lambda-4)(\lambda+1) = 0$$

特徵值 $\lambda = 2, 4, -1$

1. 特徵值 $\lambda = 2$
$$\begin{bmatrix} 1 & 0 & -2 \\ 0 & 0 & 0 \\ -2 & 0 & -2 \end{bmatrix} \begin{bmatrix} x_1 \\ x_2 \\ x_3 \end{bmatrix} = 0$$

特徵向量 $X_1 = c_1 \begin{bmatrix} 0 \\ 1 \\ 0 \end{bmatrix}$，歸一化 $e_1 = \dfrac{X_1}{|X_1|} = \begin{bmatrix} 0 \\ 1/\sqrt{2} \\ 1/\sqrt{2} \end{bmatrix}$

2. 特徵值 $\lambda = 4$
$$\begin{bmatrix} -1 & 0 & -2 \\ 0 & -2 & 0 \\ -2 & 0 & -4 \end{bmatrix} \begin{bmatrix} x_1 \\ x_2 \\ x_3 \end{bmatrix} = 0$$

特徵向量 $X_2 = c_1 \begin{bmatrix} 2 \\ 0 \\ -1 \end{bmatrix}$，歸一化 $e_2 = \dfrac{X_2}{|X_2|} = \begin{bmatrix} 2/\sqrt{5} \\ 0 \\ -1/\sqrt{5} \end{bmatrix}$

3. 特徵值 $\lambda = -1$
$$\begin{bmatrix} 4 & 0 & -2 \\ 0 & 3 & 0 \\ -2 & 0 & 1 \end{bmatrix} \begin{bmatrix} x_1 \\ x_2 \\ x_3 \end{bmatrix} = 0$$

特徵向量 $X_3 = c_1 \begin{bmatrix} 1 \\ 0 \\ 2 \end{bmatrix}$，歸一化 $e_3 = \dfrac{X_3}{|X_3|} = \begin{bmatrix} 1/\sqrt{5} \\ 0 \\ 2/\sqrt{5} \end{bmatrix}$

轉換矩陣 $S = \begin{bmatrix} 0 & 2/\sqrt{5} & 1/\sqrt{5} \\ 1 & 0 & 0 \\ 0 & -1/\sqrt{5} & 2/\sqrt{5} \end{bmatrix}$，

$$S^{-1} = S^T = \begin{bmatrix} 0 & 1 & 0 \\ 2/\sqrt{5} & 0 & -1/\sqrt{5} \\ 1/\sqrt{5} & 0 & 2/\sqrt{5} \end{bmatrix}$$

對角化 $\quad S^{-1}AS = D$，$D = \begin{bmatrix} 2 & 0 & 0 \\ 0 & 4 & 0 \\ 0 & 0 & -1 \end{bmatrix}$，$A = SDS^{-1}$

(b)
$$A^5 = SD^5S^{-1} = \begin{bmatrix} 0 & 2/\sqrt{5} & 1/\sqrt{5} \\ 1 & 0 & 0 \\ 0 & -1/\sqrt{5} & 2/\sqrt{5} \end{bmatrix} \begin{bmatrix} 2^5 & 0 & 0 \\ 0 & 4^5 & 0 \\ 0 & 0 & (-1)^5 \end{bmatrix} \begin{bmatrix} 0 & 1 & 0 \\ 2/\sqrt{5} & 0 & -1/\sqrt{5} \\ 1/\sqrt{5} & 0 & 2/\sqrt{5} \end{bmatrix}$$

範例 11：對稱矩陣之矩陣函數

Find A^n if n is a positive integer and $A = \begin{bmatrix} 3 & -1 & 0 \\ -1 & 2 & -1 \\ 0 & -1 & 3 \end{bmatrix}$

台科大電機所

解答：

特徵方程式 $\quad |A - \lambda I| = \begin{vmatrix} 3-\lambda & -1 & 0 \\ -1 & 2-\lambda & -1 \\ 0 & -1 & 3-\lambda \end{vmatrix} = 0$

因式分解得 $\quad |A - \lambda I| = -(\lambda-1)(\lambda-3)(\lambda-4) = 0$

1. 當特徵值 $\lambda = 1$ $\quad (A-I)X = 0$，$\begin{bmatrix} 2 & -1 & 0 \\ -1 & 1 & -1 \\ 0 & -1 & 2 \end{bmatrix} \begin{bmatrix} x_1 \\ x_2 \\ x_3 \end{bmatrix} = 0$

得特徵向量 $X = \begin{bmatrix} 1 \\ 2 \\ 1 \end{bmatrix}$

2. 當特徵值 $\lambda = 3$ $(A-3I)X = 0$，$\begin{bmatrix} 0 & -1 & 0 \\ -1 & -1 & -1 \\ 0 & -1 & 0 \end{bmatrix} \begin{bmatrix} x_1 \\ x_2 \\ x_3 \end{bmatrix} = 0$

得特徵向量 $X = \begin{bmatrix} -1 \\ 0 \\ 1 \end{bmatrix}$

3. 當特徵值 $\lambda = 4$ $(A-4I)X = 0$ $\begin{bmatrix} -1 & -1 & 0 \\ -1 & -2 & -1 \\ 0 & -1 & -1 \end{bmatrix} \begin{bmatrix} x_1 \\ x_2 \\ x_3 \end{bmatrix} = 0$

得特徵向量 $X = \begin{bmatrix} 1 \\ -1 \\ 1 \end{bmatrix}$

令轉換矩陣 $P = \begin{bmatrix} 1 & -1 & 1 \\ 2 & 0 & -1 \\ 1 & 1 & 1 \end{bmatrix}$

則可將 A 對角化成 $P^{-1}AP = D = \begin{bmatrix} 1 & 0 & 0 \\ 0 & 3 & 0 \\ 0 & 0 & 4 \end{bmatrix}$

或 $A = PDP^{-1} = P \begin{bmatrix} 1 & 0 & 0 \\ 0 & 3 & 0 \\ 0 & 0 & 4 \end{bmatrix} P^{-1}$

矩陣函數

$$A^n = PD^nP^{-1} = \begin{bmatrix} 1 & -1 & 1 \\ 2 & 0 & -1 \\ 1 & 1 & 1 \end{bmatrix} \begin{bmatrix} 1 & 0 & 0 \\ 0 & 3^n & 0 \\ 0 & 0 & 4^n \end{bmatrix} \begin{bmatrix} 1 & -1 & 1 \\ 2 & 0 & -1 \\ 1 & 1 & 1 \end{bmatrix}^{-1}$$

乘開得

$$A^n = \begin{bmatrix} 1 & -1 & 1 \\ 2 & 0 & -1 \\ 1 & 1 & 1 \end{bmatrix} \begin{bmatrix} 1 & 0 & 0 \\ 0 & 3^n & 0 \\ 0 & 0 & 4^n \end{bmatrix} \frac{1}{6} \begin{bmatrix} 1 & 2 & 1 \\ -3 & 0 & 3 \\ 2 & -2 & 1 \end{bmatrix}$$

或

$$A^n = \begin{bmatrix} \frac{1}{6} + \frac{3^n}{2} + \frac{4^n}{3} & \frac{1}{3} - \frac{4^n}{3} & \frac{1}{6} - \frac{3^n}{2} + \frac{4^n}{3} \\ \frac{1}{3} - \frac{4^n}{3} & \frac{2}{3} + \frac{4^n}{3} & \frac{1}{3} - \frac{4^n}{3} \\ \frac{1}{6} - \frac{3^n}{2} + \frac{4^n}{3} & \frac{1}{3} - \frac{4^n}{3} & \frac{1}{6} + \frac{3^n}{2} + \frac{4^n}{3} \end{bmatrix}$$

第五節　喬登化法求矩陣函數

現在討論第二種類型，若矩陣 A 為 n 階矩陣，且矩陣 A 只存在 m 個（$m < n$）特徵向量：$X_1, X_2, \cdots X_m$，即藉著廣義特徵向量，另外補 $n-m$ 個廣義特徵向量：$X_{m+1}^*, \cdots, X_n^*$，再令轉換矩陣 P：

$$P = \begin{bmatrix} X_1, X_2, \cdots, X_m, X_{m+1}^*, \cdots, X_n^* \end{bmatrix}$$

並由矩陣相似變換知，

$$P^{-1}AP = J = \begin{bmatrix} J_1 & 0 & & 0 \\ 0 & J_2 & & 0 \\ & & \ddots & \\ 0 & 0 & & J_m \end{bmatrix}$$

其中 J 為矩陣 A 之各階 Jordan 塊所組成之 Jordan Cannonical 矩陣。

移項 $\qquad A = PJP^{-1}$

平方 $\qquad A \cdot A = PJP^{-1} \cdot PJP^{-1} = PJ(P^{-1}P)JP^{-1} = PJ^2P^{-1}$

依此類推 $\qquad A^n = PJ^nP^{-1}$

因此任意矩陣函數，都可利用 Taylor 級數展開式表示，亦即利用上式矩陣冪函數，可組成與計算矩陣函數，即

$$f(A) = a_0 I + a_1 A + + \cdots + a_n A^n + \cdots$$

代入得

$$f(A) = a_0 PIP^{-1} + a_1 PJP^{-1} + + \cdots + a_n PJ^n P^{-1} + \cdots$$

或

$$f(A) = P(a_0 I + a_1 J + + \cdots + a_n J^n + \cdots)P^{-1}$$

或

$$f(A) = Pf(J)P^{-1}$$

其中對角矩陣之任意函數

$$f(J) = \begin{bmatrix} f(J_1) & 0 & & 0 \\ 0 & f(J_2) & & 0 \\ & & \ddots & \\ 0 & 0 & & f(J_m) \end{bmatrix}$$

代入得任意矩陣函數，為

$$f(A) = Pf(J)P^{-1} = P \begin{bmatrix} f(J_1) & 0 & & 0 \\ 0 & f(J_2) & & 0 \\ & & \ddots & \\ 0 & 0 & & f(J_m) \end{bmatrix} P^{-1} \qquad (6)$$

其中 $J_1, J_2, \cdots J_m$ 分別為針對矩陣 A 中各特徵值所對應之 Jordan 塊。且其中第 i 個 J_i Jordan 塊矩陣，其形式如下：

已知
$$J_i = \begin{bmatrix} \lambda_i & 1 & & 0 \\ 0 & \lambda_i & & 0 \\ & & \ddots & 1 \\ 0 & 0 & & \lambda_i \end{bmatrix}$$

現在以一個四階 Jordan 塊矩陣 $J_{4\times 4}$，推導矩陣函數 $f(J_i)$ 過程如下：

令
$$J_{4\times 4} = \begin{bmatrix} \lambda & 1 & 0 & 0 \\ 0 & \lambda & 1 & 0 \\ 0 & 0 & \lambda & 1 \\ 0 & 0 & 0 & \lambda \end{bmatrix}$$

分解
$$J = \begin{bmatrix} \lambda & 0 & 0 & 0 \\ 0 & \lambda & 0 & 0 \\ 0 & 0 & \lambda & 0 \\ 0 & 0 & 0 & \lambda \end{bmatrix} + \begin{bmatrix} 0 & 1 & 0 & 0 \\ 0 & 0 & 1 & 0 \\ 0 & 0 & 0 & 1 \\ 0 & 0 & 0 & 0 \end{bmatrix} = D + B$$

其中
$$D = \begin{bmatrix} \lambda & 0 & 0 & 0 \\ 0 & \lambda & 0 & 0 \\ 0 & 0 & \lambda & 0 \\ 0 & 0 & 0 & \lambda \end{bmatrix} = \lambda \begin{bmatrix} 1 & 0 & 0 & 0 \\ 0 & 1 & 0 & 0 \\ 0 & 0 & 1 & 0 \\ 0 & 0 & 0 & 1 \end{bmatrix} = \lambda I$$

及
$$B = \begin{bmatrix} 0 & 1 & 0 & 0 \\ 0 & 0 & 1 & 0 \\ 0 & 0 & 0 & 1 \\ 0 & 0 & 0 & 0 \end{bmatrix}$$

得其冪次方，結果如下，且 $B^n = 0$，$n \geq 4$

$$B^2 = \begin{bmatrix} 0 & 0 & 1 & 0 \\ 0 & 0 & 0 & 1 \\ 0 & 0 & 0 & 0 \\ 0 & 0 & 0 & 0 \end{bmatrix}, \quad B^3 = \begin{bmatrix} 0 & 0 & 0 & 1 \\ 0 & 0 & 0 & 0 \\ 0 & 0 & 0 & 0 \\ 0 & 0 & 0 & 0 \end{bmatrix}, \quad B^4 = \begin{bmatrix} 0 & 0 & 0 & 0 \\ 0 & 0 & 0 & 0 \\ 0 & 0 & 0 & 0 \\ 0 & 0 & 0 & 0 \end{bmatrix}$$

接著計算四階 Jordan 塊之矩陣冪函數，即

$$J^n = (D+B)^n = (\lambda I + B)^n$$

展開得

$$J^n = \lambda^n I + n\lambda^{n-1} B + \frac{n(n-1)}{2!}\lambda^{n-2} B^2 + \frac{n(n-1)(n-2)}{3!}\lambda^{n-3} B^3 + \cdots$$

代入上式結果得

$$J^n = \begin{bmatrix} \lambda^n & \dfrac{n}{1!}\lambda^{n-1} & \dfrac{n(n-1)}{2!}\lambda^{n-2} & \dfrac{n(n-1)(n-2)}{3!}\lambda^{n-3} \\ 0 & \lambda^n & \dfrac{n}{1!}\lambda^{n-1} & \dfrac{n(n-1)}{2!}\lambda^{n-2} \\ 0 & 0 & \lambda^n & \dfrac{n}{1!}\lambda^{n-1} \\ 0 & 0 & 0 & \lambda^n \end{bmatrix}$$

若利用任意函數 $f(A)$ 之 Taylor 級數型式取代上述冪函數，得

$$f(J) = \begin{bmatrix} f(\lambda) & \dfrac{1}{1!}f'(\lambda) & \dfrac{1}{2!}f''(\lambda) & \dfrac{1}{3!}f'''(\lambda) \\ 0 & f(\lambda) & \dfrac{1}{1!}f'(\lambda) & \dfrac{1}{2!}f''(\lambda) \\ 0 & 0 & f(\lambda) & \dfrac{1}{1!}f'(\lambda) \\ 0 & 0 & 0 & f(\lambda) \end{bmatrix} \tag{7}$$

範例 12： 喬登化矩陣函數

Evaluate e^A if $A = \begin{bmatrix} 1 & 1 & 0 & 0 \\ 0 & 1 & 1 & 0 \\ 0 & 0 & 1 & 1 \\ 0 & 0 & 0 & 1 \end{bmatrix}$

中興精密所

解答：計算四階 Jordan 塊之矩陣冪函數，即

$$f(J) = \begin{bmatrix} f(\lambda) & \frac{1}{1!}f'(\lambda) & \frac{1}{2!}f''(\lambda) & \frac{1}{3!}f'''(\lambda) \\ 0 & f(\lambda) & \frac{1}{1!}f'(\lambda) & \frac{1}{2!}f''(\lambda) \\ 0 & 0 & f(\lambda) & \frac{1}{1!}f'(\lambda) \\ 0 & 0 & 0 & f(\lambda) \end{bmatrix}$$

已知 $f(A) = e^A$，$f(\lambda) = e^\lambda$，代入上式，得

$$e^A = \begin{bmatrix} e & e & \frac{e}{2!} & \frac{e}{3!} \\ 0 & e & e & \frac{e}{2!} \\ 0 & 0 & e & e \\ 0 & 0 & 0 & e \end{bmatrix}$$

範例 13： 喬登化矩陣函數

Let $A = \begin{bmatrix} 1 & 0 & 1 & 1 \\ 0 & 1 & 0 & 0 \\ 0 & 0 & 1 & -1 \\ 0 & 0 & 0 & 1 \end{bmatrix}$，求 e^{At}

成大製造所

解答：

特徵方程式 $\quad |A - \lambda I| = (\lambda - 1)^4 = 0$

特徵值 $\quad \lambda = 1, \ 1, \ 1, \ 1$

當 $\lambda = 1$
$$\begin{bmatrix} 0 & 0 & 1 & 1 \\ 0 & 0 & 0 & 0 \\ 0 & 0 & 0 & -1 \\ 0 & 0 & 0 & 0 \end{bmatrix} \begin{bmatrix} x_1 \\ x_2 \\ x_3 \\ x_4 \end{bmatrix} = 0$$

特徵向量為 $\quad X = c_1 \begin{bmatrix} 1 \\ 0 \\ 0 \\ 0 \end{bmatrix} + c_2 \begin{bmatrix} 0 \\ 1 \\ 0 \\ 0 \end{bmatrix}, \ X_1 = \begin{bmatrix} 1 \\ 0 \\ 0 \\ 0 \end{bmatrix}, \ X_2 = \begin{bmatrix} 0 \\ 1 \\ 0 \\ 0 \end{bmatrix}$

再令 $(A - I)X = X_1$
$$\begin{bmatrix} 0 & 0 & 1 & 1 \\ 0 & 0 & 0 & 0 \\ 0 & 0 & 0 & -1 \\ 0 & 0 & 0 & 0 \end{bmatrix} \begin{bmatrix} x_1 \\ x_2 \\ x_3 \\ x_4 \end{bmatrix} = \begin{bmatrix} 1 \\ 0 \\ 0 \\ 0 \end{bmatrix}$$

得廣義特徵向量 $\quad X = c_1 \begin{bmatrix} 1 \\ 0 \\ 0 \\ 0 \end{bmatrix} + \begin{bmatrix} 0 \\ 0 \\ 1 \\ 0 \end{bmatrix}, \ X_3^* = \begin{bmatrix} 0 \\ 0 \\ 1 \\ 0 \end{bmatrix}$

再令 $(A - I)X = X_3^*$
$$\begin{bmatrix} 0 & 0 & 1 & 1 \\ 0 & 0 & 0 & 0 \\ 0 & 0 & 0 & -1 \\ 0 & 0 & 0 & 0 \end{bmatrix} \begin{bmatrix} x_1 \\ x_2 \\ x_3 \\ x_4 \end{bmatrix} = \begin{bmatrix} 0 \\ 0 \\ 1 \\ 0 \end{bmatrix}$$

得廣義特徵向量 $X = c_1 \begin{bmatrix} 1 \\ 0 \\ 0 \\ 0 \end{bmatrix} + \begin{bmatrix} 0 \\ 0 \\ 1 \\ -1 \end{bmatrix}$, $X_4^* = \begin{bmatrix} 0 \\ 0 \\ 1 \\ -1 \end{bmatrix}$

轉換矩陣 $P = \begin{bmatrix} X_1 & X_3^* & X_4^* & X_2 \end{bmatrix} = \begin{bmatrix} 1 & 0 & 0 & 0 \\ 0 & 0 & 0 & 1 \\ 0 & 1 & 1 & 0 \\ 0 & 0 & -1 & 0 \end{bmatrix}$

得喬登塊矩陣 $P^{-1}AP = J = \begin{bmatrix} 1 & 1 & 0 & 0 \\ 0 & 1 & 1 & 0 \\ 0 & 0 & 1 & 0 \\ 0 & 0 & 0 & 1 \end{bmatrix}$

矩陣函數 $f(A) = Pf(J)P^{-1}$

代入得 $e^{At} = \begin{bmatrix} 1 & 0 & 0 & 0 \\ 0 & 0 & 0 & 1 \\ 0 & 1 & 1 & 0 \\ 0 & 0 & -1 & 0 \end{bmatrix} \begin{bmatrix} e^t & te^t & \frac{1}{2}t^2e^t & 0 \\ 0 & e^t & te^t & 0 \\ 0 & 0 & e^t & 0 \\ 0 & 0 & 0 & e^t \end{bmatrix} \begin{bmatrix} 1 & 0 & 0 & 0 \\ 0 & 0 & 0 & 1 \\ 0 & 1 & 1 & 0 \\ 0 & 0 & -1 & 0 \end{bmatrix}^{-1}$

【分析】矩陣函數也可利用下節 Caley-Hamilton 定理定理求。

第六節　Cayley-Hamilton 定理

利用矩陣的相似變換，求矩陣函數，會碰到幾個大矩陣之反矩陣相乘，很是麻煩，能否有較簡易之方法可應用？

現在介紹一連串的 Caley-Hamilton 定理與最小多項式函數，以化簡求一些特殊較高階矩陣函數之工作。

若矩陣 A 為 n 階矩陣，且矩陣 A 之特徵方程式為

$$\phi(\lambda) = |A - \lambda I| = (-1)^n\left(\lambda^n - c_1\lambda^{n-1} + \cdots + (-1)^n c_n\right) = 0$$

※ Caley-Hamilton 定理：

> 任意 n 階矩陣 A 必適合其本身之特徵方程式

意即

$$\phi(A) = (-1)^n\left(A^n - c_1 A^{n-1} + \cdots + (-1)^n c_n I\right) = 0 \qquad (8)$$

【證明】

已知矩陣 A 之特徵方程式為

$$\phi(\lambda) = |A - \lambda I| = \begin{vmatrix} a_{11} - \lambda & a_{12} & \cdots & a_{1n} \\ a_{21} & a_{22} - \lambda & & a_{2n} \\ \vdots & & \ddots & \\ a_{n1} & a_{n2} & & a_{nn} - \lambda \end{vmatrix} = 0$$

令矩陣 $A - \lambda I$ 之伴隨矩陣為 n 階矩陣，表為

$$adj(A - \lambda I) = \begin{bmatrix} P_{11}(\lambda) & P_{12}(\lambda) & \cdots & P_{1n}(\lambda) \\ P_{21}(\lambda) & P_{22}(\lambda) & & P_{2n}(\lambda) \\ \vdots & & \ddots & \\ P_{n1}(\lambda) & & & P_{nn}(\lambda) \end{bmatrix} = F(\lambda)$$

利用已知特性　　$adj(A) \cdot A = |A|I$

將式中之 A 以 $A - \lambda I$ 取代得

$$adj(A - \lambda I) \cdot (A - \lambda I) = |A - \lambda I|I$$

代入得

$$adj(A-\lambda I)\cdot(A-\lambda I)=F(\lambda)(A-\lambda I)=|A-\lambda I|I=\phi(\lambda)I$$

令 $\lambda \sim A$ 代入得

$$\phi(A)I = F(A)(A-AI) = 0$$

得證

$$\phi(A) = (-1)^n \left(A^n - c_1 A^{n-1} + \cdots + (-1)^n c_n I\right) = 0$$

利用 Cayley-Hamilton 定理可計算反矩陣，方法如下：

※Cayley-Hamilton 定理求反矩陣：

已知矩陣 A 之特徵函數為

$$\phi(A) = A^n + c_{n-1}A^{n-1} + \cdots + c_1 A + c_0 I = 0$$

兩邊乘上 A^{-1}，得

$$A^{-1}\left(A^n + c_{n-1}A^{n-1} + \cdots + c_1 A + c_0 I\right) = 0$$

或

$$A^{n-1} + c_{n-1}A^{n-2} + \cdots + c_1 I + c_0 A^{-1} = 0$$

移項得

$$A^{-1} = \frac{-1}{c_0}\left(A^{n-1} + c_{n-1}A^{n-2} + \cdots + c_1 I\right) \tag{9}$$

※ Cayley-Hamilton 定理求矩陣函數

利用 Cayley-Hamilton 定理，可計算任意矩陣函數。

已知矩陣 A 之特徵函數為

$$\phi(A) = A^n + c_{n-1}A^{n-1} + \cdots + c_1 A + c_0 I = 0$$

(其中係數下標與前式不一樣)

移項，得

$$A^n = -c_{n-1}A^{n-1} - \cdots - c_1 A - c_0 I \qquad (10)$$

兩邊乘上 A，得

$$A^{n+1} = A(-c_{n-1}A^{n-1} - \cdots - c_1 A - c_0 I) = -c_{n-1}A^n - \cdots - c_1 A^2 - c_0 A$$

其中式中 A^n 利用上式 1) 代入重新整理得

$$A^{n+1} = -c_{n-1}(-c_{n-1}A^{n-1} - \cdots - c_1 A - c_0 I) - \cdots - c_1 A^2 - c_0 A$$

整理得

$$A^{n+1} = b_{n-1}A^{n-1} + \cdots + b_1 A + b_0 I$$

【分析】上式左邊不管 A 是多少冪次，右邊永遠是 $n-1$ 冪次

依此類推，可重新假設任意矩陣函數 $f(A)$ 為下列形式：

$$f(A) = \alpha_{n-1}A^{n-1} + \cdots + \alpha_1 A + \alpha_0 I$$

右邊永遠最高階為 A^{n-1} 及與以下各冪次函數，線性組合而成，惟其各項係數之整理非常繁複，故須利用其他較簡方法求，說明如下：

由上節之矩陣對角化特性知，$f(A) = Pf(D)P^{-1}$，由相似變換特性知，$f(A)$ 與 $f(D)$ 為相似矩陣，故 $f(A)$ 與 $f(D)$ 之特徵值相同，同為 $f(\lambda_1), f(\lambda_2), \ldots, f(\lambda_n)$，因此 $f(A)$ 中係數 $\alpha_{n-1}, \cdots, \alpha_1, \alpha_0$ 可利用 $f(A)$ 之特徵值求得，意即

【Case I】相異特徵值

若 A 矩陣之 n 個特徵值為相異特徵值，則取相同函數形式之特徵方程式如下：

$$f(A) = \alpha_{n-1}A^{n-1} + \cdots + \alpha_1 A + \alpha_0 I$$

與 $\quad f(\lambda) = \alpha_{n-1}\lambda^{n-1} + \cdots + \alpha_1 \lambda + \alpha_0$

兩者函數完全相同，因此係數也相同，這些係數可由 $f(A)$ 之 n 個特徵值求得，如下：

$$f(\lambda_1) = \alpha_{n-1}\lambda_1^{n-1} + \cdots + \alpha_1\lambda_1 + \alpha_0$$
$$f(\lambda_2) = \alpha_{n-1}\lambda_2^{n-1} + \cdots + \alpha_1\lambda_2 + \alpha_0$$
$$\vdots$$
$$f(\lambda_n) = \alpha_{n-1}\lambda_n^{n-1} + \cdots + \alpha_1\lambda_n + \alpha_0$$

聯立解得係數：$\alpha_{n-1}, \cdots, \alpha_1, \alpha_0$，代回即可得矩陣函數之計算式

$$f(A) = \alpha_{n-1}A^{n-1} + \cdots + \alpha_1 A + \alpha_0 I \text{。}$$

【Case II】重複特徵值

【方法一】

若 A 矩陣之 n 個特徵值為重複特徵值，則採微分

$$f(\lambda_1) = \alpha_{n-1}\lambda_1^{n-1} + \cdots + \alpha_1\lambda_1 + \alpha_0$$
$$f'(\lambda_1) = (n-1)\alpha_{n-1}\lambda_1^{n-2} + \cdots + \alpha_1$$
$$\vdots$$
$$f^{(n-1)}(\lambda_1) = (n-1)!\alpha_{n-1}$$

聯立解得係數：$\alpha_{n-1}, \cdots, \alpha_1, \alpha_0$，代回即可得矩陣函數之計算式

$$f(A) = \alpha_{n-1}A^{n-1} + \cdots + \alpha_1 A + \alpha_0 I \text{。}$$

【方法二】可利用最低次多項式 (下節再介紹)，先舉例說明方法一之情況。

範例 14：（Cayley-Hamilton 定理）特性

已知矩陣 A 之部分元素值 $A = \begin{bmatrix} 1 & -1 & a \\ 3 & 2 & -1 \\ 2 & 1 & b \end{bmatrix}$，又已知 $A^{-1} = \dfrac{1}{6}(-A^2 + 2A + 5I)$.

試求出矩陣 A 中待定係數 a, b

中央土木所

解答：

已知 $$A^{-1} = \frac{1}{6}(-A^2 + 2A + 5I)$$

乘上 A $$AA^{-1} = \frac{1}{6}(-A^3 + 2A^2 + 5A)$$

或 $$-A^3 + 2A^2 + 5A - 6I = 0$$

特徵方程式 $$\lambda^3 - 2\lambda^2 - 5\lambda + 6 = 0$$

跟與係數關係為
$$\lambda^3 - (\lambda_1 + \lambda_2 + \lambda_3)\lambda^2 + (\lambda_1\lambda_2 + \lambda_2\lambda_3 + \lambda_1\lambda_3)\lambda - (\lambda_1\lambda_2\lambda_3) = 0$$

跡與特徵值關係　$\lambda_1 + \lambda_2 + \lambda_3 = 1 + 2 + b = 2$

得　$b = -1$

行列值 $$|A| = \begin{vmatrix} 1 & -1 & a \\ 3 & 2 & -1 \\ 2 & 1 & -1 \end{vmatrix} = -2 + 3a + 2 - 4a + 1 - 3 = -a - 2$$

代入　$|A| = \lambda_1\lambda_2\lambda_3 = -a - 2 = -6$

得　$a = 4$

範例 15

方陣 A 滿足 $-A^3 + 6A^2 - 11A + 6I = 0$，計算方陣 A 之反矩陣之特徵值的和。

中央土木所甲丙

解答：

已知 $-A^3 + 6A^2 - 11A + 6I = 0$

特徵方程式 $-\lambda^3 + 6\lambda^2 + 11\lambda + 6 = -(\lambda-1)(\lambda-2)(\lambda-3) = 0$

$\lambda = 1$，$\lambda = 2$，$\lambda = 3$

A^{-1} 之特徵值，$\lambda = \dfrac{1}{\lambda_1} = 1$，$\lambda = \dfrac{1}{\lambda_2} = \dfrac{1}{2}$，$\lambda = \dfrac{1}{\lambda_3} = \dfrac{1}{3}$

範例 16：喬登化矩陣函數

(15%)
(a) Find the eigenvalues and eigenvectors of the matrix.
$$A = \begin{bmatrix} -1 & -2 \\ 3 & 4 \end{bmatrix}$$
(b) Using Cayley-Hamilton Theorem to evaluate A^{20}

宜蘭大電機所

解答：

(a) $|A - \lambda I| = \begin{vmatrix} -1-\lambda & -2 \\ 3 & 4-\lambda \end{vmatrix} = (\lambda+1)(\lambda-4) + 6 = 0$

$|A - \lambda I| = (\lambda-1)(\lambda-2) = 0$

得特徵值 $\lambda = 1$，$\lambda = 2$

1. 特徵值 $\lambda = 1$ $\begin{bmatrix} -2 & -2 \\ 3 & 3 \end{bmatrix}\begin{bmatrix} y_1 \\ y_2 \end{bmatrix} = 0$

特徵向量 $X = c_1 \begin{bmatrix} 1 \\ -1 \end{bmatrix}$

2. 特徵值 $\lambda = 2$ $\begin{bmatrix} -3 & -2 \\ 3 & 2 \end{bmatrix} \begin{bmatrix} y_1 \\ y_2 \end{bmatrix} = 0$

   特徵向量 $X = c_1 \begin{bmatrix} 2 \\ -3 \end{bmatrix}$

(b) 令 $A^{20} = \alpha_1 A + \alpha_0 I$

   及 $\lambda^{20} = \alpha_1 \lambda + \alpha_0$

   $\lambda = 1$，代入 $1 = \alpha_1 + \alpha_0$

   $\lambda = 2$，代入 $2^{20} = 2\alpha_1 + \alpha_0$

聯立解 $\alpha_1 = 2^{20} - 1$，$\alpha_0 = 1 - \alpha_1 = 2 - 2^{20}$

$$A^{20} = (2^{20} - 1)A + (2 - 2^{20})I$$

$$A^{20} = (2^{20} - 1)\begin{bmatrix} -1 & -2 \\ 3 & 4 \end{bmatrix} + (2 - 2^{20})\begin{bmatrix} 1 & 0 \\ 0 & 1 \end{bmatrix} = \begin{bmatrix} 3 - 2^{21} & -2^{21} + 2 \\ 3 \cdot 2^{20} - 3 & 3 \cdot 2^{20} - 2 \end{bmatrix}$$

範例 17：喬登化矩陣函數

(15%) Let $A = \begin{bmatrix} 1 & -1 & 1 \\ 0 & 1 & 1 \\ 0 & 0 & 1 \end{bmatrix}$. Compute A^k for any integer k.

清大微機電系統所

解答：

$$|A - \lambda I| = \begin{vmatrix} 1-\lambda & -1 & 1 \\ 0 & 1-\lambda & 1 \\ 0 & 0 & 1-\lambda \end{vmatrix} = (\lambda - 1)^3 = 0$$

$\lambda = 1, 1, 1$

令　$A^k = \alpha_2 A^2 + \alpha_1 A + \alpha_0 I$

$\lambda^k = \alpha_2 \lambda^2 + \alpha_1 \lambda + \alpha_0$

微分　　$k\lambda^{k-1} = 2\alpha_2 \lambda + \alpha_1$

再微分　$k(k-1)\lambda^{k-2} = 2\alpha_2$

$\lambda = 1$ 代入以上三式

$1 = \alpha_2 + \alpha_1 + \alpha_0$

$k = 2\alpha_2 + \alpha_1$

$k(k-1) = 2\alpha_2$

聯立解得　　$\alpha_2 = \dfrac{k(k-1)}{2}$, $\alpha_1 = k - 2\alpha_2 = k - k(k-1) = -k(k-2)$,

$\alpha_0 = 1 - \alpha_2 - \alpha_1 = 1 - \dfrac{k(k-1)}{2} + k(k-2) = 1 + \dfrac{k(k-3)}{2}$

代回矩陣函數得　　$A^k = \dfrac{k(k-1)}{2} A^2 + k(k-2)A + 1 + \dfrac{k(k-3)}{2} I$

$$A^k = \begin{bmatrix} 1 & -k & -\dfrac{k(k-3)}{2} \\ 0 & 1 & k \\ 0 & 0 & 1 \end{bmatrix}$$

範例 18： 喬登化矩陣函數

$$A = \begin{bmatrix} 0 & 1 & 0 \\ 0 & 0 & 1 \\ 27 & -27 & 9 \end{bmatrix}$$

(a) Find the eigenvalues of A.
(b) Is A diagonalizable? Justify your answer
(c) Computer e^{At} (15%)

成大電機、微電子、電通

解答：

(a) $|A - \lambda I| = \begin{vmatrix} -\lambda & 1 & 0 \\ 0 & -\lambda & 1 \\ 27 & -27 & 9-\lambda \end{vmatrix} = (\lambda - 3)^3 = 0$

得特徵值　　$\lambda = 3, 3, 3$

(b) $\lambda = 3$，$\begin{bmatrix} -3 & 1 & 0 \\ 0 & -3 & 1 \\ 27 & -27 & 6 \end{bmatrix} \begin{bmatrix} x_1 \\ x_2 \\ x_3 \end{bmatrix} = 0$

$X_1 = \begin{bmatrix} 1 \\ 3 \\ 9 \end{bmatrix}$，只得一個特徵向量

故不能對角化。

(c) 計算矩陣函數 e^{At}

【方法二】Cayley-Hamilton 定理

令 $e^{At} = \alpha_2 A^2 + \alpha_1 A + \alpha_0 I$

同理，$e^{\lambda t} = \alpha_2 \lambda^2 + \alpha_1 \lambda + \alpha_0$

微分　$te^{\lambda t} = 2\alpha_2 \lambda + \alpha_1$

再微分　$t^2 e^{\lambda t} = 2\alpha_2$

令 $\lambda = 3$，代入得

$e^{3t} = 9\alpha_2 + 3\alpha_1 + \alpha_0$

$$te^{3t} = 6\alpha_2 + \alpha_1$$

$$t^2 e^{3t} = 2\alpha_2$$

聯立解得 $\alpha_2 = \dfrac{1}{2} t^2 e^{3t}$，$\alpha_1 = te^{3t} - 6\alpha_2 = te^{3t} - 3t^2 e^{3t}$

$$\alpha_0 = e^{3t} - 3\alpha_1 - 9\alpha_2 = e^{3t} - 3te^{3t} - 9t^2 e^{3t} - \dfrac{9}{2} t^2 e^{3t}$$

$$\alpha_0 = e^{3t} - 3te^{3t} + \dfrac{9}{2} t^2 e^{3t}$$

$$e^{At} = \dfrac{1}{2} t^2 e^{3t} A^2 + \left(t - 3t^2\right) e^{3t} A + \left(1 - 3t + \dfrac{9}{2} t^2\right) e^{3t} I$$

範例 19：對角化與 Cayley-Hamilton 兩法比較題

Given matrix $A = \begin{bmatrix} 0 & 1 \\ -1 & 0 \end{bmatrix}$. Find the follows (1) Both eigenvalues and corresponding eigenvectors (2) Matrix function A^{100} and e^A

嘉義光電與固態電子所、北科大光電所

解答：

【方法一】對角化求矩陣函數

特徵方程式 $\quad |A - \lambda I| = \lambda^2 + 1 = 0$

特徵值 $\quad \lambda = i$，$\lambda = -i$

當特徵值 $\lambda = i$ $\quad \begin{bmatrix} -i & 1 \\ -1 & -i \end{bmatrix} \begin{bmatrix} x_1 \\ x_2 \end{bmatrix} = 0$

特徵向量 $\quad X = c_1 \begin{bmatrix} 1 \\ i \end{bmatrix}$

當特徵值 $\lambda = -i$ $\begin{bmatrix} i & 1 \\ -1 & i \end{bmatrix} \begin{bmatrix} x_1 \\ x_2 \end{bmatrix} = 0$

特徵向量(也共軛) $X = c_2 \begin{bmatrix} 1 \\ -i \end{bmatrix}$

轉換矩陣 $P = \begin{bmatrix} 1 & 1 \\ i & -i \end{bmatrix}$, $P^{-1} = \dfrac{1}{2i}\begin{bmatrix} i & 1 \\ i & -1 \end{bmatrix}$

對角化 $P^{-1}AP = D = \begin{bmatrix} i & 0 \\ 0 & -i \end{bmatrix}$

矩陣函數 $f(A) = Pf(D)P^{-1} = P\begin{bmatrix} f(\lambda_1) & 0 \\ 0 & f(\lambda_2) \end{bmatrix} P^{-1}$

代入得 $A^{100} = \begin{bmatrix} 1 & 1 \\ i & -i \end{bmatrix} \begin{bmatrix} i^{100} & 0 \\ 0 & (-i)^{100} \end{bmatrix} \dfrac{1}{2i}\begin{bmatrix} i & 1 \\ i & -1 \end{bmatrix}$

或 $A^{100} = \begin{bmatrix} 1 & 0 \\ 0 & 1 \end{bmatrix}$

$e^A = \begin{bmatrix} 1 & 1 \\ i & -i \end{bmatrix} \begin{bmatrix} e^i & 0 \\ 0 & e^{-i} \end{bmatrix} \dfrac{1}{2i}\begin{bmatrix} i & 1 \\ i & -1 \end{bmatrix}$

或 $e^A = \begin{bmatrix} \cos 1 & \sin 1 \\ -\sin 1 & \cos 1 \end{bmatrix}$

【方法二】Cayley-Hamilton 定理法

$|A - \lambda I| = \begin{vmatrix} -\lambda & 1 \\ -1 & -\lambda \end{vmatrix} = \lambda^2 + 1 = 0$

$\lambda = i$, $\lambda = -i$

令 $e^A = \alpha_1 A + \alpha_0 I$

及 $e^\lambda = \alpha_1 \lambda + \alpha_0$

代入

$\lambda = i$，$e^i = \alpha_1 i + \alpha_0$

$\lambda = -i$，$e^{-i} = -\alpha_1 i + \alpha_0$

聯立解，得 $\alpha_0 = \frac{1}{2}(e^i + e^{-i}) = \cos 1$，$\alpha_1 = \frac{1}{2i}(e^i - e^{-i}) = \sin 1$

$e^A = \alpha_1 A + \alpha_0 I = \sin 1\, A + \cos 1\, I = \sin 1 \begin{bmatrix} 0 & 1 \\ -1 & 0 \end{bmatrix} + \cos 1 \begin{bmatrix} 1 & 0 \\ 0 & 1 \end{bmatrix}$

$e^A = \begin{bmatrix} \cos 1 & \sin 1 \\ -\sin 1 & \cos 1 \end{bmatrix}$

範例 20：喬登化與 Cayley-Hamilton 兩法比較題

Let $A = \begin{bmatrix} 1 & 1 \\ -1 & -1 \end{bmatrix}$，求 e^A

交大工工所

解答：

【方法一】喬登化法

$|A - \lambda I| = \lambda^2 = 0$

當特徵值 $\lambda = 0$　　得 $\begin{bmatrix} 1 & 1 \\ -1 & -1 \end{bmatrix} \begin{bmatrix} x_1 \\ x_2 \end{bmatrix} = \begin{bmatrix} 0 \\ 0 \end{bmatrix}$

得特徵向量　　$X_1 = c_1 \begin{bmatrix} 1 \\ -1 \end{bmatrix}$ (只有一個)

再令 $AX = X_1$ $\quad A = \begin{bmatrix} 1 & 1 \\ -1 & -1 \end{bmatrix} \begin{bmatrix} x_1 \\ x_2 \end{bmatrix} = \begin{bmatrix} 1 \\ -1 \end{bmatrix}$

得廣義特徵向量 $\quad X_1 = c_1 \begin{bmatrix} 1 \\ -1 \end{bmatrix} + \begin{bmatrix} 0 \\ 1 \end{bmatrix}$，或 $X_2^* = \begin{bmatrix} 0 \\ 1 \end{bmatrix}$

轉換矩陣 $\quad P = \begin{bmatrix} X_1 & X_2^* \end{bmatrix} = \begin{bmatrix} 1 & 0 \\ -1 & 1 \end{bmatrix}$，$P^{-1} = \begin{bmatrix} 1 & 0 \\ 1 & 1 \end{bmatrix}$

喬登化 $\quad P^{-1}AP = J = \begin{bmatrix} 0 & 1 \\ 0 & 0 \end{bmatrix}$

矩陣函數 $\quad e^A = Pf(J)P^{-1} = \begin{bmatrix} 1 & 0 \\ -1 & 1 \end{bmatrix} \begin{bmatrix} e^0 & e^0 \\ 0 & e^0 \end{bmatrix} \begin{bmatrix} 1 & 0 \\ 1 & 1 \end{bmatrix}$

得 $\quad e^A = Pf(J)P^{-1} = \begin{bmatrix} 1 & 0 \\ -1 & 1 \end{bmatrix} \begin{bmatrix} 1 & 1 \\ 0 & 1 \end{bmatrix} \begin{bmatrix} 1 & 0 \\ 1 & 1 \end{bmatrix} = \begin{bmatrix} 2 & 1 \\ -1 & 0 \end{bmatrix}$

【方法二】Cayley-Hamilton 定理

假設矩陣函數 $\quad e^A = \alpha_1 A + \alpha_0 I$

或 $\quad e^\lambda = \alpha_1 \lambda + \alpha_0$

令特徵值 $\lambda_1 = 0 \quad e^0 = \alpha_0 = 1$

由於重根 $\quad$ 微分 $e^\lambda = \alpha_1 \lambda + \alpha_0$

再令特徵值 $\lambda_1 = 0 \quad e^0 = \alpha_1 = 1$

代回得 $\quad e^A = A + I = \begin{bmatrix} 1 & 1 \\ -1 & -1 \end{bmatrix} + \begin{bmatrix} 1 & 0 \\ 0 & 1 \end{bmatrix} = \begin{bmatrix} 2 & 1 \\ -1 & 0 \end{bmatrix}$

第七節　矩陣最低次多項式函數

若 n 階方矩陣 A，只要具有 $P(A)=0$ 之多項式，稱 $P(A)$ 為零化 A 之多項式。

※ 定義：

若最高次項之係數為 1 且可零化 A 之多項式 $P(A)$ 中，次數最小的多項式，稱之為方矩陣 A 之最低次多項式函數 (Minimum Polynomial Function)。

※ 矩陣最低次多項式函數之求法：

已知 n 階方矩陣 A 之特徵方程式：

$$\phi(\lambda) = (\lambda - \lambda_1)^{n_1}(\lambda - \lambda_2)^{n_2}\cdots(\lambda - \lambda_m)^{n_m} = 0$$

上式中各特徵值 λ_i 之重根數目，稱為 λ_i 之代數重根數 (Algebra Multiplicity)。表為

$$n_i = m(\lambda_i)$$

※ 定理：

n 階方矩陣 A 之最低次多項式函數：

$$P(\lambda) = (\lambda - \lambda_1)^{\overline{n}_1}(\lambda - \lambda_2)^{\overline{n}_2}\cdots(\lambda - \lambda_m)^{\overline{n}_m} = 0 \qquad (11)$$

上式中各特徵值 λ_i 之所需重根數目 $\overline{n}_i$，稱為 λ_i 之指標 (Index)。其值為 λ_i 之幾何重根數 (Geometric Multiplicity) $g(\lambda_i)$，再加 1 得

亦即　　$\overline{n}_i = g(\lambda_i) + 1$。

或　指標 $\overline{n}_i$ 等於矩陣 A 之 Jordan conical Form 中對應 λ_i 之 Jordan Block 最大的階數。

※ 定理：

若 n 階方矩陣 A 為對稱矩陣，則 A 必可對角化，則其最低次多項式函數為

$$P(\lambda) = (\lambda - \lambda_1)(\lambda - \lambda_2)\cdots(\lambda - \lambda_m) = 0$$

亦即，每一特徵值之指標全部為 1。

※ 定理：

若 n 階方矩陣 A 之特徵值均相異，則 A 之特徵方程式，即為其最低次多項式

$$P(\lambda) = \phi(\lambda) = (\lambda - \lambda_1)(\lambda - \lambda_2)\cdots(\lambda - \lambda_n) = 0 \tag{12}$$

範例 21：可對角化

(10%) Find the minimal polynomial of $A = \begin{bmatrix} 1 & 1 & 1 \\ 1 & 1 & 1 \\ 1 & 1 & 1 \end{bmatrix}$

高一科大機械所

解答：

$$|A - \lambda I| = \begin{vmatrix} 1-\lambda & 1 & 1 \\ 1 & 1-\lambda & 1 \\ 1 & 1 & 1-\lambda \end{vmatrix} = \lambda^2(\lambda - 3) = 0$$

特徵值　　0, 0, 3

當 $\lambda = 0$，$AX = 0$

$$\begin{bmatrix} 1 & 1 & 1 \\ 1 & 1 & 1 \\ 1 & 1 & 1 \end{bmatrix} \begin{bmatrix} x_1 \\ x_2 \\ x_3 \end{bmatrix} = \begin{bmatrix} 0 \\ 0 \\ 0 \end{bmatrix}$$

令　$x_1 = c_1$，$x_2 = c_1 + c_2$，$x_3 = -c_1 - c_2$

特徵向量 $X = \begin{bmatrix} x_1 \\ x_2 \\ x_3 \end{bmatrix} = c_1 \begin{bmatrix} 1 \\ 1 \\ -1 \end{bmatrix} + c_2 \begin{bmatrix} 0 \\ 1 \\ -1 \end{bmatrix}$

得指標 $\bar{n}_1 = 1$

當 $\lambda = 3$，$(A - 3I)X = 0$

$\begin{bmatrix} -2 & 1 & 1 \\ 1 & -2 & 1 \\ 1 & 1 & -2 \end{bmatrix} \begin{bmatrix} x_1 \\ x_2 \\ x_3 \end{bmatrix} = \begin{bmatrix} 0 \\ 0 \\ 0 \end{bmatrix}$

特徵向量 $X = \begin{bmatrix} x_1 \\ x_2 \\ x_3 \end{bmatrix} = c_3 \begin{bmatrix} 1 \\ 1 \\ 1 \end{bmatrix}$

得指標 $\bar{n}_2 = 1$

故得最低次多項式 $P(\lambda) = \lambda(\lambda - 3)$

範例 22：可對角化

Find the minimal polynomial for $A = \begin{bmatrix} -2 & 1 & 4 \\ 0 & -1 & 4 \\ 0 & 0 & -2 \end{bmatrix}$. (8%)。

中原應數所

解答：

$|A - \lambda I| = \begin{vmatrix} -2 - \lambda & 1 & 4 \\ 0 & -1 - \lambda & 4 \\ 0 & 0 & -2 - \lambda \end{vmatrix} = (\lambda + 2)^2 (\lambda + 1) = 0$

特徵值 $-2, -2, -1$

當 $\lambda = -2$，$(A + 2I)X = 0$

$$\begin{bmatrix} 0 & 1 & 4 \\ 0 & 1 & 4 \\ 0 & 0 & 0 \end{bmatrix} \begin{bmatrix} x_1 \\ x_2 \\ x_3 \end{bmatrix} = \begin{bmatrix} 0 \\ 0 \\ 0 \end{bmatrix}$$

令 $x_1 = c_1$，$x_2 = c_1 + c_2$，$x_3 = -c_1 - c_2$

特徵向量 $X = \begin{bmatrix} x_1 \\ x_2 \\ x_3 \end{bmatrix} = c_1 \begin{bmatrix} 1 \\ 0 \\ 0 \end{bmatrix} + c_2 \begin{bmatrix} 0 \\ -4 \\ 1 \end{bmatrix}$

得指標 $\bar{n}_1 = 1$

當 $\lambda = -1$，$(A+I)X = 0$

$$\begin{bmatrix} -1 & 1 & 4 \\ 0 & 0 & 4 \\ 0 & 0 & -1 \end{bmatrix} \begin{bmatrix} x_1 \\ x_2 \\ x_3 \end{bmatrix} = \begin{bmatrix} 0 \\ 0 \\ 0 \end{bmatrix}$$

特徵向量 $X = \begin{bmatrix} x_1 \\ x_2 \\ x_3 \end{bmatrix} = c_3 \begin{bmatrix} 1 \\ 1 \\ 0 \end{bmatrix}$

得指標 $\bar{n}_2 = 1$

故得最低次多項式 $P(\lambda) = (\lambda + 2)(\lambda + 1)$

範例 23：矩陣最低次多項式函數（喬登化）

Find the minimal polynomial (over R) of the following matrix
$A = \begin{bmatrix} 0 & 1 & 0 & 1 \\ 1 & 0 & 1 & 0 \\ 0 & 1 & 0 & 1 \\ 1 & 0 & 1 & 0 \end{bmatrix}$。

清大統計所

解答：

$$|A - \lambda I| = (\lambda - 2)\lambda^2(\lambda + 2) = 0 \text{ 。}$$

因矩陣 A 為對稱矩陣，故必可對角化，所以最低次多項式，為

$$P(x) = x(x-2)(x+2)$$

範例 24

已知 $A = \begin{bmatrix} 1 & 1 & 0 & 0 \\ -1 & -1 & 0 & 0 \\ -2 & -2 & 2 & 1 \\ 1 & 1 & -1 & 0 \end{bmatrix}$. 求最低次多項式函數

清大統計所

解答：

$$|A - \lambda I| = -(\lambda - 1)^2 \lambda^2 = 0$$

$$\lambda = 0 \text{ , } AX = \begin{bmatrix} 1 & 1 & 0 & 0 \\ -1 & -1 & 0 & 0 \\ -2 & -2 & 2 & 1 \\ 1 & 1 & -1 & 0 \end{bmatrix}\begin{bmatrix} x_1 \\ x_2 \\ x_3 \\ x_4 \end{bmatrix} = 0 \text{ , } X_1 = c_1 \begin{bmatrix} 1 \\ -1 \\ 0 \\ 0 \end{bmatrix}$$

（只有一個特徵向量），故其對應之 Jordan 矩陣階數為 2。

$$\lambda = 1 \text{ , } (A - I)X = \begin{bmatrix} 0 & 1 & 0 & 0 \\ -1 & -2 & 0 & 0 \\ -2 & -2 & 1 & 1 \\ 1 & 1 & -1 & -1 \end{bmatrix}\begin{bmatrix} x_1 \\ x_2 \\ x_3 \\ x_4 \end{bmatrix} = 0 \text{ , } X_2 = c_2 \begin{bmatrix} 0 \\ 0 \\ -1 \\ 1 \end{bmatrix}$$

（只有一個特徵向量），故其對應之 Jordan 矩陣階數為 2。

故，每一特徵值之指標均為 $\overline{n}_1 = \overline{n}_2 = 2$，得最低次多項式 $P(x) = x^2(x-1)^2$

範例 25：（Cayley-Hamilton 定理）求高階矩陣函數

（20%）Let $A = \begin{bmatrix} 3 & 1 & 0 \\ 0 & 3 & 4 \\ 0 & 0 & 4 \end{bmatrix}$

(a) Calculate the eigenvalues of A and the corresponding multiplicity of the eigenvalues.

(b) Let I be the 3×3 identity matrix. Calculate the value of B, where
$B = (A - 3I)^3 A^{100} - (A - 3I)^2 A^{100} + A^2 - 6A + 9I$

中山通訊所甲

解答：

【方法一】

(a) $\phi(\lambda) = |A - \lambda I| = (\lambda - 3)^2 (\lambda - 4) = 0$

$\lambda = 3$，$(A - 3I)X = \begin{bmatrix} 0 & 1 & 0 \\ 0 & 0 & 4 \\ 0 & 0 & 1 \end{bmatrix} \begin{bmatrix} x_1 \\ x_2 \\ x_3 \end{bmatrix} = 0$，$X_1 = \begin{bmatrix} 1 \\ 0 \\ 0 \end{bmatrix}$

$\lambda = 4$，$(A - 4I)X = \begin{bmatrix} -1 & 1 & 0 \\ 0 & -1 & 4 \\ 0 & 0 & 0 \end{bmatrix} \begin{bmatrix} x_1 \\ x_2 \\ x_3 \end{bmatrix} = 0$，$X_2 = \begin{bmatrix} 4 \\ 4 \\ 1 \end{bmatrix}$

(b) $B = (A - 3I)^3 A^{100} - (A - 3I)^2 A^{100} + A^2 - 6A + 9I$

利用 Cayley-Hamilton 定理，知

$\phi(A) = (A - 3I)^2 (A - 4I) = 0$ (i)

已知 $B = (A - 3I)^3 A^{100} - (A - 3I)^2 A^{100} + A^2 - 6A + 9I$

$B = (A - 3I)(A - 3I)^2 A^{100} - I(A - 3I)^2 A^{100} + A^2 - 6A + 9I$

$$B = (A-4I)(A-3I)^2 A^{100} + A^2 - 6A + 9I$$

代入(i)，得

$$B = A^2 - 6A + 9I = \begin{bmatrix} 0 & 0 & 4 \\ 0 & 0 & 4 \\ 0 & 0 & 1 \end{bmatrix}$$

【方法二】

已知　　$\phi(\lambda) = |A - \lambda I| = (\lambda - 3)^2 (\lambda - 4) = 0$

特徵值　$\lambda = 3, 3, 4$

(i) $\lambda = 3, 3$，$(A-3I)X = \begin{bmatrix} 0 & 1 & 0 \\ 0 & 0 & 4 \\ 0 & 0 & 1 \end{bmatrix}$，$X_1 = \begin{bmatrix} 1 \\ 0 \\ 0 \end{bmatrix}$

只有一個特徵向量，故指標為　　$n_1 = 2$

(ii) $\lambda = 4$，$(A-4I)X = \begin{bmatrix} -1 & 1 & 0 \\ 0 & -1 & 4 \\ 0 & 0 & 0 \end{bmatrix}$，$X_2 = \begin{bmatrix} 4 \\ 4 \\ 1 \end{bmatrix}$

故指標為 1，得最低次多項式函數

$$P(A) = (A-3I)^2 (A-4I) = 0$$

$$B = (A-3I)^3 A^{100} - (A-3I)^2 A^{100} + A^2 - 6A + 9I$$

$$B = (A-3I)^2 A^{100}(A-4I) + A^2 - 6A + 9I = A^2 - 6A + 9I$$

$$B = \begin{bmatrix} 0 & 0 & 4 \\ 0 & 0 & 4 \\ 0 & 0 & 1 \end{bmatrix}$$

範例 26

Let A be the following matrix, compute A^{200}.

$$A = \begin{bmatrix} 2 & 1 & 1 \\ 1 & 2 & 1 \\ 1 & 1 & 2 \end{bmatrix}$$

交大機械所丁

解答：

利用最低次多項式，較簡捷。

$$|A - \lambda I| = -(\lambda-1)^2(\lambda-4) = 0$$

特徵值　　　　　　$\lambda = 1, 1, 4$

因 A 為對稱矩陣。必可對角化，故其

最低次多項式為　　$P(\lambda) = (\lambda-1)(\lambda-4)$

為二次式，可利用 Cayley-Hamilton 定理，

令矩陣函數　　　　$A^{200} = \alpha_1 A + \alpha_0 I$

即　　　　　　　　$\lambda^{200} = \alpha_1 \lambda + \alpha_0$

特徵值 $\lambda = 1$ 代入　$1 = \alpha_1 + \alpha_0$

特徵值 $\lambda = 4$ 代入　$4^{200} = 4\alpha_1 + \alpha_0$

聯立解　　　　　　$\alpha_1 = \dfrac{4^{200}-1}{3}$, $\alpha_0 = \dfrac{4-4^{200}}{3}$

得　　　　　　　　$A^{200} = \dfrac{4^{200}-1}{3}A + \dfrac{4-4^{200}}{3}I$

$$A^{200} = \frac{4^{200}-1}{3}\begin{bmatrix} 2 & 1 & 1 \\ 1 & 2 & 1 \\ 1 & 1 & 2 \end{bmatrix} + \frac{4-4^{200}}{3}\begin{bmatrix} 1 & 0 & 0 \\ 0 & 1 & 0 \\ 0 & 0 & 1 \end{bmatrix}$$

第八節　矩陣方程式(對角化法)

已知二次實數代數方程式，形式如下：

$x^2 + ax + b = 0$

若將上式中變數 x 以矩陣 X 取代，可得矩陣二次方程式

$X^2 + aX + bI = A$

則上式未知矩陣 X 如何解得，方法討論如下：

若 n 階矩陣 A 存在 n 個特徵向量，則令轉換矩陣

$P = \begin{bmatrix} X_1 & X_2 & \cdots & X_n \end{bmatrix}$

並由矩陣相似變換知，$P^{-1}AP = D$

已知矩陣二次方程式為

$X^2 + aX + bI = A$

兩邊左乘上轉換矩陣 P^{-1}，右乘上轉換矩陣 P，意即

$$P^{-1}(X^2 + aX + bI)P = P^{-1}AP \tag{13}$$

或

$P^{-1}X^2P + aP^{-1}XP + bP^{-1}P = P^{-1}AP = D$

其中每一項都是對角矩陣，故 $P^{-1}XP$ 為對角矩陣，令

$$P^{-1}XP = \begin{bmatrix} b_1 & 0 & & 0 \\ 0 & b_2 & & 0 \\ & & \ddots & \\ 0 & 0 & & b_n \end{bmatrix} \text{ 及 } P^{-1}X^2P = \begin{bmatrix} b_1^2 & 0 & & 0 \\ 0 & b_2^2 & & 0 \\ & & \ddots & \\ 0 & 0 & & b_n^2 \end{bmatrix}$$

代入矩陣二次方程式 (13)，得

$$\begin{bmatrix} b_1^2+ab_1+b & 0 & & 0 \\ 0 & b_2^2+ab_2+b & & 0 \\ & & \ddots & \\ 0 & 0 & & b_n^2+ab_n+b \end{bmatrix} = \begin{bmatrix} \lambda_1 & 0 & & 0 \\ 0 & \lambda_2 & & 0 \\ & & \ddots & \\ 0 & 0 & & \lambda_n \end{bmatrix}$$

可得 n 個二次代數方程式

$$b_1^2 + ab_1 + b = \lambda_1$$
$$b_2^2 + ab_2 + b = \lambda_2$$
$$\cdots$$
$$b_n^2 + ab_n + b = \lambda_n$$

解得 $b_1, b_2, \cdots b_n$，代回得二次代數方程式之解

$$X = P \begin{bmatrix} b_1 & 0 & & 0 \\ 0 & b_2 & & 0 \\ & & \ddots & \\ 0 & 0 & & b_n \end{bmatrix} P^{-1} \tag{14}$$

範例 27

The equation is given as $X^2 - 4X + 4I = A$, $A = \begin{bmatrix} 4 & 3 \\ 5 & 6 \end{bmatrix}$

Questions：
(a) What are eigenvalues and the corresponding eigenvectors of A ?(10%)
(b) What are the solutions of X ?(15%)

成大奈米(微機電)所、成大工科所、中興電機所

解答：

特徵方程式 $A = \begin{vmatrix} 4-\lambda & 3 \\ 5 & 6-\lambda \end{vmatrix} = (\lambda-4)(\lambda-6)-15 = 0$

特徵值 $\phi(\lambda) = (\lambda-1)(\lambda-9) = 0$

(1) $\lambda = 1$，特徵向量 $X_1 = \begin{bmatrix} 1 \\ -1 \end{bmatrix}$

(2) $\lambda = 9$，特徵向量 $X_2 = \begin{bmatrix} 3 \\ 5 \end{bmatrix}$

轉換矩陣 $P = \begin{bmatrix} 1 & 3 \\ -1 & 5 \end{bmatrix}$ 及 $P^{-1} = \frac{1}{8}\begin{bmatrix} 5 & -3 \\ 1 & 1 \end{bmatrix}$

令 $P^{-1}XP = \begin{bmatrix} b_1 & 0 \\ 0 & b_2 \end{bmatrix}$ \hfill (i)

代入得兩方程 $b_1^2 - 4b_1 + 4 = 1$

得解 $b_1 = 1$ 或 $b_1 = 3$

及 $b_2^2 - 4b_2 + 4 = 9$

得 $b_2 = 5$ 或 $b_2 = -1$

代入 (i)，組合後得四個解：

解一　　$X_1 = \begin{bmatrix} 1 & 3 \\ -1 & 5 \end{bmatrix} \begin{bmatrix} 1 & 0 \\ 0 & 5 \end{bmatrix} \frac{1}{8} \begin{bmatrix} 5 & -3 \\ 1 & 1 \end{bmatrix}$

解二　　$X_2 = \begin{bmatrix} 1 & 3 \\ -1 & 5 \end{bmatrix} \begin{bmatrix} 1 & 0 \\ 0 & -1 \end{bmatrix} \frac{1}{8} \begin{bmatrix} 5 & -3 \\ 1 & 1 \end{bmatrix}$

解三　　$X_3 = \begin{bmatrix} 1 & 3 \\ -1 & 5 \end{bmatrix} \begin{bmatrix} 3 & 0 \\ 0 & 5 \end{bmatrix} \frac{1}{8} \begin{bmatrix} 5 & -3 \\ 1 & 1 \end{bmatrix}$

解四　　$X_4 = \begin{bmatrix} 1 & 3 \\ -1 & 5 \end{bmatrix} \begin{bmatrix} 3 & 0 \\ 0 & -1 \end{bmatrix} \frac{1}{8} \begin{bmatrix} 5 & -3 \\ 1 & 1 \end{bmatrix}$

範例 28： 矩陣開方根

(a) Find the eigenvalues and corresponding eigenvectors of the matrix
$A = \begin{bmatrix} 2 & 2 \\ 1 & 3 \end{bmatrix}$.

(b) Diagonalize A and $A^{\frac{1}{2}}$ （12%）

南台機械所

解答：

特徵方程式　　$\begin{vmatrix} 2-\lambda & 2 \\ 1 & 3-\lambda \end{vmatrix} = \lambda^2 - 5\lambda + 4 = 0$

特徵值　　$\lambda = 1$，$\lambda = 4$

(1) 特徵值 $\lambda = 1$　　$\begin{bmatrix} 1 & 2 \\ 1 & 2 \end{bmatrix} \begin{bmatrix} x_1 \\ x_2 \end{bmatrix} = 0$

特徵向量 $\quad X_1 = \begin{bmatrix} 2 \\ -1 \end{bmatrix}$

(2) 特徵值 $\lambda = 4$ $\quad \begin{bmatrix} -2 & 2 \\ 1 & -1 \end{bmatrix} \begin{bmatrix} x_1 \\ x_2 \end{bmatrix} = 0$

特徵向量 $\quad X_2 = \begin{bmatrix} 1 \\ 1 \end{bmatrix}$

令轉換矩陣 $\quad P = \begin{bmatrix} 2 & 1 \\ -1 & 1 \end{bmatrix}$

令 $\quad X = A^{\frac{1}{2}}$

平方 $\quad X^2 = A$

對角化 $\quad P^{-1}X^2P = P^{-1}AP = D$

令 $\quad P^{-1}XP = B = \begin{bmatrix} b_1 & 0 \\ 0 & b_2 \end{bmatrix}$, $P^{-1}X^2P = \begin{bmatrix} b_1^2 & 0 \\ 0 & b_2^2 \end{bmatrix}$

代入 $\quad \begin{bmatrix} b_1^2 & 0 \\ 0 & b_2^2 \end{bmatrix} = \begin{bmatrix} 1 & 0 \\ 0 & 4 \end{bmatrix}$

得 $\quad b_1 = 1$，或 $b_1 = -1$

及 $\quad b_2 = 2$，或 $b_2 = -2$

代入上式，組合後得四個解：

得第一個解 $\quad X_1 = PBP^{-1} = \begin{bmatrix} 2 & 1 \\ -1 & 1 \end{bmatrix} \begin{bmatrix} 1 & 0 \\ 0 & 2 \end{bmatrix} \dfrac{1}{3}\begin{bmatrix} 1 & -1 \\ 1 & 2 \end{bmatrix}$

得第二個解　　　$X_2 = PBP^{-1} = \begin{bmatrix} 2 & 1 \\ -1 & 1 \end{bmatrix} \begin{bmatrix} 1 & 0 \\ 0 & -2 \end{bmatrix} \dfrac{1}{3} \begin{bmatrix} 1 & -1 \\ 1 & 2 \end{bmatrix}$

得第三個解　　　$X_3 = PBP^{-1} = \begin{bmatrix} 2 & 1 \\ -1 & 1 \end{bmatrix} \begin{bmatrix} -1 & 0 \\ 0 & 2 \end{bmatrix} \dfrac{1}{3} \begin{bmatrix} 1 & -1 \\ 1 & 2 \end{bmatrix}$

得第四個解　　　$X_4 = PBP^{-1} = \begin{bmatrix} 2 & 1 \\ -1 & 1 \end{bmatrix} \begin{bmatrix} -1 & 0 \\ 0 & -2 \end{bmatrix} \dfrac{1}{3} \begin{bmatrix} 1 & -1 \\ 1 & 2 \end{bmatrix}$

範例 29

Let $A = \begin{bmatrix} 9 & -5 & 3 \\ 0 & 4 & 3 \\ 0 & 0 & 1 \end{bmatrix}$. Find a matrix B such that $B^2 = A$

交大工工所

解答：

特徵方程式　　　$|A - \lambda I| = -(\lambda - 1)(\lambda - 4)(\lambda - 9) = 0$

特徵值　$\lambda = 1$，$\lambda = 4$，$\lambda = 9$

(1) 特徵值 $\lambda = 1$　　$\begin{bmatrix} 8 & -5 & 3 \\ 0 & 3 & 3 \\ 0 & 0 & 0 \end{bmatrix} \begin{bmatrix} x_1 \\ x_2 \\ x_3 \end{bmatrix} = 0$

　　特徵向量　　$X_1 = \begin{bmatrix} 1 \\ 1 \\ -1 \end{bmatrix}$

(2) 特徵值 $\lambda = 4$　　$\begin{bmatrix} 5 & -5 & 3 \\ 0 & 0 & 3 \\ 0 & 0 & -3 \end{bmatrix} \begin{bmatrix} x_1 \\ x_2 \\ x_3 \end{bmatrix} = 0$

特徵向量 $\quad X_1 = \begin{bmatrix} 1 \\ 1 \\ 0 \end{bmatrix}$

(3) 特徵值 $\lambda = 9$ $\quad \begin{bmatrix} 0 & -5 & 3 \\ 0 & -5 & 3 \\ 0 & 0 & -8 \end{bmatrix} \begin{bmatrix} x_1 \\ x_2 \\ x_3 \end{bmatrix} = 0$

特徵向量 $\quad X_2 = \begin{bmatrix} 1 \\ 0 \\ 0 \end{bmatrix}$

令轉換矩陣 $\quad P = \begin{bmatrix} 1 & 1 & 1 \\ 1 & 1 & 0 \\ -1 & 0 & 0 \end{bmatrix}$

令 $\quad B^2 = A$

對角化 $\quad P^{-1}B^2P = P^{-1}AP = D$

令 $\quad P^{-1}BP = \begin{bmatrix} b_1 & 0 & 0 \\ 0 & b_2 & 0 \\ 0 & 0 & b_3 \end{bmatrix}, P^{-1}B^2P = \begin{bmatrix} b_1^2 & 0 & 0 \\ 0 & b_2^2 & 0 \\ 0 & 0 & b_3^2 \end{bmatrix}$

代入 $\quad \begin{bmatrix} b_1^2 & 0 & 0 \\ 0 & b_2^2 & 0 \\ 0 & 0 & b_3^2 \end{bmatrix} = \begin{bmatrix} 1 & 0 & 0 \\ 0 & 4 & 0 \\ 0 & 0 & 9 \end{bmatrix}$

解 $\quad b_1^2 = 1$

得 $\quad b_1 = 1$，或 $b_1 = -1$

及解 $\quad b_2^2 = 4$

$$b_2 = 2 \text{,或} b_2 = -2$$

及解
$$b_3^2 = 9$$

$$b_3 = 3 \text{,或} b_3 = -3$$

代入上式,組合後得八個解:

得第一個解
$$X_1 = PBP^{-1} = \begin{bmatrix} 1 & 1 & 1 \\ 1 & 1 & 0 \\ -1 & 0 & 0 \end{bmatrix} \begin{bmatrix} 1 & 0 & 0 \\ 0 & 2 & 0 \\ 0 & 0 & 3 \end{bmatrix} \begin{bmatrix} 1 & 1 & 1 \\ 1 & 1 & 0 \\ -1 & 0 & 0 \end{bmatrix}^{-1}$$

得第二個解
$$X_1 = PBP^{-1} = \begin{bmatrix} 1 & 1 & 1 \\ 1 & 1 & 0 \\ -1 & 0 & 0 \end{bmatrix} \begin{bmatrix} 1 & 0 & 0 \\ 0 & 2 & 0 \\ 0 & 0 & -3 \end{bmatrix} \begin{bmatrix} 1 & 1 & 1 \\ 1 & 1 & 0 \\ -1 & 0 & 0 \end{bmatrix}^{-1}$$

得第三個解
$$X_1 = PBP^{-1} = \begin{bmatrix} 1 & 1 & 1 \\ 1 & 1 & 0 \\ -1 & 0 & 0 \end{bmatrix} \begin{bmatrix} 1 & 0 & 0 \\ 0 & -2 & 0 \\ 0 & 0 & 3 \end{bmatrix} \begin{bmatrix} 1 & 1 & 1 \\ 1 & 1 & 0 \\ -1 & 0 & 0 \end{bmatrix}^{-1}$$

得第四個解
$$X_1 = PBP^{-1} = \begin{bmatrix} 1 & 1 & 1 \\ 1 & 1 & 0 \\ -1 & 0 & 0 \end{bmatrix} \begin{bmatrix} 1 & 0 & 0 \\ 0 & -2 & 0 \\ 0 & 0 & -3 \end{bmatrix} \begin{bmatrix} 1 & 1 & 1 \\ 1 & 1 & 0 \\ -1 & 0 & 0 \end{bmatrix}^{-1}$$

得第五個解
$$X_1 = PBP^{-1} = \begin{bmatrix} 1 & 1 & 1 \\ 1 & 1 & 0 \\ -1 & 0 & 0 \end{bmatrix} \begin{bmatrix} -1 & 0 & 0 \\ 0 & 2 & 0 \\ 0 & 0 & 3 \end{bmatrix} \begin{bmatrix} 1 & 1 & 1 \\ 1 & 1 & 0 \\ -1 & 0 & 0 \end{bmatrix}^{-1}$$

得第六個解
$$X_1 = PBP^{-1} = \begin{bmatrix} 1 & 1 & 1 \\ 1 & 1 & 0 \\ -1 & 0 & 0 \end{bmatrix} \begin{bmatrix} -1 & 0 & 0 \\ 0 & 2 & 0 \\ 0 & 0 & -3 \end{bmatrix} \begin{bmatrix} 1 & 1 & 1 \\ 1 & 1 & 0 \\ -1 & 0 & 0 \end{bmatrix}^{-1}$$

得第七個解 $X_1 = PBP^{-1} = \begin{bmatrix} 1 & 1 & 1 \\ 1 & 1 & 0 \\ -1 & 0 & 0 \end{bmatrix} \begin{bmatrix} -1 & 0 & 0 \\ 0 & -2 & 0 \\ 0 & 0 & 3 \end{bmatrix} \begin{bmatrix} 1 & 1 & 1 \\ 1 & 1 & 0 \\ -1 & 0 & 0 \end{bmatrix}^{-1}$

得第八個解 $X_1 = PBP^{-1} = \begin{bmatrix} 1 & 1 & 1 \\ 1 & 1 & 0 \\ -1 & 0 & 0 \end{bmatrix} \begin{bmatrix} -1 & 0 & 0 \\ 0 & -2 & 0 \\ 0 & 0 & -3 \end{bmatrix} \begin{bmatrix} 1 & 1 & 1 \\ 1 & 1 & 0 \\ -1 & 0 & 0 \end{bmatrix}^{-1}$

第九節　雙線式 (Bilinear Form) 與二次式

※　雙線式 (Bilinear Form)：

若具有下列聯立方程組形式者，稱為雙線式：

$B = a_{11}x_1y_1 + a_{12}x_1y_2 + \cdots + a_{1n}x_1y_n$
$\quad + a_{21}x_2y_1 + a_{22}x_2y_2 + \cdots + a_{2n}x_2y_n$
$\cdots$
$\quad + a_{n1}x_ny_1 + a_{n2}x_ny_2 + \cdots + a_{nn}x_ny_n$

或

$$B = \sum_{i=1}^{n}\sum_{j=1}^{n} a_{ij}x_iy_j$$

或表成矩陣形式

$$B = \begin{bmatrix} x_1 & x_2 & \cdots & x_n \end{bmatrix} \begin{bmatrix} a_{11} & a_{12} & & a_{1n} \\ a_{21} & a_{22} & & a_{2n} \\ & & \ddots & \\ a_{n1} & a_{n2} & & a_{nn} \end{bmatrix} \begin{bmatrix} y_1 \\ y_2 \\ \vdots \\ y_n \end{bmatrix}$$

若令兩組變數：$X = \begin{bmatrix} x_1 \\ x_2 \\ \vdots \\ x_n \end{bmatrix}$，$Y = \begin{bmatrix} y_1 \\ y_2 \\ \vdots \\ y_n \end{bmatrix}$，其上式關係如下式，可表成矩陣符號

$$B = X^T A Y$$

則上式稱為雙線式（Bilinear Form）。

※ 雙線式 (Bilinear Form) 化簡：

現在利用變數變換來化簡上述形式，令變數變換

$$X = P^T U \text{，及 } Y = QV$$

其中新變數為 $U = \begin{bmatrix} u_1 \\ u_2 \\ \vdots \\ u_n \end{bmatrix}$ 及 $V = \begin{bmatrix} v_1 \\ v_2 \\ \vdots \\ v_n \end{bmatrix}$

代入雙線式得

$$B = X^T A Y = (P^T U)^T A(QV) = U^T (PAQ) V$$

其中 PAQ 代表矩陣經過一連串基本列運算矩陣 P 作用，及經過一連串基本行運算矩陣 Q 作用，化簡後所得之同義矩陣，將其化為對角矩陣

$$PAQ = D = \begin{bmatrix} d_1 & 0 & & 0 \\ 0 & d_2 & & 0 \\ & & \ddots & \\ 0 & 0 & & d_n \end{bmatrix}$$

代回原式得

$$B = X^T AY = U^T(PAQ)V = U^T DV$$

或展開得

$$B = \begin{bmatrix} u_1 & u_2 & \cdots & u_n \end{bmatrix} \begin{bmatrix} d_1 & 0 & & 0 \\ 0 & d_2 & & 0 \\ & & \ddots & \\ 0 & 0 & & d_n \end{bmatrix} \begin{bmatrix} v_1 \\ v_2 \\ \vdots \\ v_n \end{bmatrix}$$

或

$$B = d_1 u_1 v_1 + d_2 u_2 v_2 + \cdots + d_n u_n v_n$$

上述過程稱之為雙線式化簡。

惟兩組變數變換之轉換矩陣 P 及 Q 之求得，必須利用一連串基本列運算及一連串基本行運算將 A 化簡成對角矩陣之基本行列矩陣求得。

若利用一連串基本列運算及一連串基本行運算將 A 化簡成單位矩陣，意即

$$PAQ = I = \begin{bmatrix} 1 & 0 & & 0 \\ 0 & 1 & & 0 \\ & & \ddots & \\ 0 & 0 & & 1 \end{bmatrix}$$

則此時所化簡後之雙線式為

$$B = u_1 v_1 + u_2 v_2 + \cdots + u_n v_n$$

所有係數均為 1，此時稱上式為範式（Normal Form）。

上式化簡所需的轉換矩陣，P 與 Q，分別為

$$P = P_n \cdots P_2 P_1$$

及

$$Q = Q_1 Q_2 \cdots Q_m$$

其中　　P_i 為第 i 個基本列矩陣，Q_j 為第 j 個基本行矩陣，

第十節　二次式 (Quadratic Form) 定義

從上節知雙線式通式，表成矩陣符號為

$$B = X^T A Y$$

現令兩組變數相同，即：$X = Y = \begin{bmatrix} x_1 \\ x_2 \\ \vdots \\ x_n \end{bmatrix}$，代入以上雙線式得一個 n 元二次式

如下：

$$\begin{aligned} Q = & a_{11}x_1^2 + a_{12}x_1x_2 + \cdots + a_{1n}x_1x_n \\ & + a_{21}x_2x_1 + a_{22}x_2^2 + \cdots + a_{2n}x_2x_n \\ & \cdots \\ & + a_{n1}x_nx_1 + a_{n2}x_nx_2 + \cdots + a_{nn}x_n^2 \end{aligned}$$

或

$$Q = X^T A X$$

或

$$Q = \begin{bmatrix} x_1 & x_2 & \cdots & x_n \end{bmatrix} \begin{bmatrix} a_{11} & a_{12} & & a_{1n} \\ a_{21} & a_{22} & & a_{2n} \\ & & \ddots & \\ a_{n1} & a_{n2} & & a_{nn} \end{bmatrix} \begin{bmatrix} x_1 \\ x_2 \\ \vdots \\ x_n \end{bmatrix} \quad (15)$$

則上式稱為二次式（Quadratic Form）。其中矩陣 A 必須為對稱矩陣。如此，才能得到唯一之矩陣表示式。

範例 30：二次式標準式

Find a matrix A such that the quadratic form is $X^T A X$
$4x_1^2 - 3x_1x_2 + 2x_2^2$. （6%）

輔仁電工所

解答：

已知二次式　$Q = 4x_1^2 - 3x_1x_2 + 2x_2^2$

令　　　　　$X = \begin{bmatrix} x_1 \\ x_2 \end{bmatrix}$，$X^T = \begin{bmatrix} x_1 & x_2 \end{bmatrix}$

表成矩陣形式

(1) 形式一：

$$Q = X^T A X = \begin{bmatrix} x_1 & x_2 \end{bmatrix} \begin{bmatrix} 4 & -3 \\ 0 & 2 \end{bmatrix} \begin{bmatrix} x_1 \\ x_2 \end{bmatrix}$$

(2) 形式二：

$$Q = X^T A X = \begin{bmatrix} x_1 & x_2 \end{bmatrix} \begin{bmatrix} 4 & 6 \\ -3 & 2 \end{bmatrix} \begin{bmatrix} x_1 \\ x_2 \end{bmatrix}$$

(3) 形式三：對稱形式

$$Q = X^T A X = \begin{bmatrix} x_1 & x_2 \end{bmatrix} \begin{bmatrix} 4 & -3/2 \\ -3/2 & 2 \end{bmatrix} \begin{bmatrix} x_1 \\ x_2 \end{bmatrix}$$

範例 31

Please find a real symmetric matrix A such that $Q = X^T A X$, where Q is equals $-3x_1^2 + 4x_1x_2 - x_2^2 + 2x_1x_3 - 5x_3^2$

交大機械所甲

解答：

已知 $Q = -3x_1^2 + 4x_1x_2 - x_2^2 + 2x_1x_3 - 5x_3^2$

表成對稱矩陣形式，如

$$Q = X^T A X = X^T \begin{bmatrix} -3 & 2 & 1 \\ 2 & -1 & 0 \\ 1 & 0 & -5 \end{bmatrix} X$$

第十一節　二次式(Quadratic Form)化簡

若已知二次式通式，表成矩陣符號為

$$Q = X^T A X$$

現在利用變數變換來化簡上述形式，令變數變換

$$X = PU$$

其中新變數為 $\quad U = \begin{bmatrix} u_1 \\ u_2 \\ \vdots \\ u_n \end{bmatrix}$

代入雙線式得

$$Q = X^T A X = (PU)^T A(PU) = U^T (P^T A P) U \tag{16}$$

其中 $P^T A P = ?$

因二次式標準式中係數矩陣 A 為對稱矩陣，因此，可求得一正交轉換矩陣

$$P = [X_1 \quad X_2 \quad \cdots \quad X_n]$$

其中　　X_1　X_2　$\cdots$　X_n 都為歸一化之特徵向量。

因此
$$P^T P = PP^T = I$$

亦即
$$P^T = P^{-1}$$

代入
$$P^T AP = P^{-1} AP = D$$

代回二次式，得
$$Q = U^T (P^T AP) U = U^T DU$$

其中　　$D = \begin{bmatrix} \lambda_1 & 0 & & 0 \\ 0 & \lambda_2 & & 0 \\ & & \ddots & \\ 0 & 0 & & \lambda_n \end{bmatrix}$

最後得
$$Q = \begin{bmatrix} u_1 & u_2 & \cdots & u_n \end{bmatrix} \begin{bmatrix} \lambda_1 & 0 & & 0 \\ 0 & \lambda_2 & & 0 \\ & & \ddots & \\ 0 & 0 & & \lambda_n \end{bmatrix} \begin{bmatrix} u_1 \\ u_2 \\ \vdots \\ u_n \end{bmatrix}$$

或得到二次式之範式：
$$Q = \lambda_1 u_1^2 + \lambda_2 u_2^2 + \cdots + \lambda_n u_n^2 \tag{17}$$

範例 32　化簡

(10%) Find the principal axes and transform the following equation $2x_1^2 + 4x_1 x_2 +$

$5x_2^2 = 1$ to its canonical form.

台大工科海洋所 F

解答：

已知二次式　$Q = X^T A X = X^T \begin{bmatrix} 2 & 2 \\ 2 & 5 \end{bmatrix} X$

$|A - \lambda I| = \begin{vmatrix} 2-\lambda & 2 \\ 2 & 5-\lambda \end{vmatrix} = (\lambda-5)(\lambda-2) - 4 = (\lambda-1)(\lambda-6) = 0$

特徵值　$\lambda = 1$，$\lambda = 6$

(1) 特徵值　$\lambda = 1$，$(A-I)X = \begin{bmatrix} 1 & 2 \\ 2 & 4 \end{bmatrix}\begin{bmatrix} x_1 \\ x_2 \end{bmatrix} = 0$

特徵向量　$X_1 = \begin{bmatrix} 2 \\ -1 \end{bmatrix}$，歸一化為 $E_1 = \begin{bmatrix} 2/\sqrt{5} \\ -1/\sqrt{5} \end{bmatrix}$

(2) 特徵值　$\lambda = 6$，$(A-6I)X = \begin{bmatrix} -4 & 2 \\ 2 & -1 \end{bmatrix}\begin{bmatrix} x_1 \\ x_2 \end{bmatrix} = 0$

特徵向量　$X_2 = \begin{bmatrix} 1 \\ 2 \end{bmatrix}$，歸一化為 $E_2 = \begin{bmatrix} 1/\sqrt{5} \\ 2/\sqrt{5} \end{bmatrix}$

轉換矩陣　$P = \begin{bmatrix} \dfrac{2}{\sqrt{5}} & \dfrac{1}{\sqrt{5}} \\ \dfrac{-1}{\sqrt{5}} & \dfrac{2}{\sqrt{5}} \end{bmatrix}$，$P^{-1}AP = D = \begin{bmatrix} 1 & 0 \\ 0 & 6 \end{bmatrix}$

令 $X = PV = \begin{bmatrix} \dfrac{2}{\sqrt{5}} & \dfrac{1}{\sqrt{5}} \\ \dfrac{-1}{\sqrt{5}} & \dfrac{2}{\sqrt{5}} \end{bmatrix}\begin{bmatrix} v_1 \\ v_2 \end{bmatrix}$

$$x_1 = \frac{2}{\sqrt{5}}v_1 + \frac{1}{\sqrt{5}}v_2$$

$$x_2 = -\frac{1}{\sqrt{5}}v_1 + \frac{2}{\sqrt{5}}v_2$$

代入,得二次式化簡 $Q = v_1^2 + 6v_2^2 = 1$

範例 33

將二次方程 $5x^2 + 3y^2 + 3z^2 - 2xy + 2yz - 2xz = 1$ 轉換成 $ax'^2 + by'^2 + cz'^2 = d$ 的形式時,abc 的乘積?

中央土木所甲丙

解答:

已知 $Q = 5x^2 + 3y^2 + 3z^2 - 2xy + 2yz - 2xz = 1$

$$Q = X^T A X = X^T \begin{bmatrix} 5 & -1 & -1 \\ -1 & 3 & 1 \\ -1 & 1 & 3 \end{bmatrix} X$$

矩陣 A 之特徵值為 $\lambda = 2$,$\lambda = 3$,$\lambda = 6$

(1) $\lambda = 2$,特徵向量為 $X = c_1 \begin{bmatrix} 0 \\ 1 \\ -1 \end{bmatrix}$

(2) $\lambda = 3$, 特徵向量為 $X = c_2 \begin{bmatrix} 1 \\ 1 \\ 1 \end{bmatrix}$

(3) $\lambda = 6$,特徵向量為 $X = c_3 \begin{bmatrix} 2 \\ -1 \\ -1 \end{bmatrix}$

二次式化簡後為 $\quad B = \lambda_1 x'^2 + \lambda_2 y'^2 + \lambda_3 z'^2 = ax'^2 + by'^2 + cz'^2 = d$

故得 $\quad abc = \lambda_1 \cdot \lambda_2 \cdot \lambda_3 = 2 \times 3 \times 6 = 36$

範例 34

(20%) Please find the coordinate transformation to let
$F = 25x_1^2 + 34x_2^2 + 41x_3^2 - 24x_2 x_3$，become a canonical form
$F = \lambda_1 \bar{x}_1^2 + \lambda_2 \bar{x}_2^2 + \lambda_3 \bar{x}_3^2$. Please write down the λ_i and the coordinates transformation. $\bar{x}_i$ are new coordinates.

台大物理所

解答：

二次式 $\quad F = 25x_1^2 + 34x_2^2 + 41x_3^2 - 24x_2 x_3$

矩陣形式 $\quad F = \begin{bmatrix} x_1 & x_2 & x_3 \end{bmatrix} \begin{bmatrix} 25 & 0 & 0 \\ 0 & 34 & -12 \\ 0 & -12 & 41 \end{bmatrix} \begin{bmatrix} x_1 \\ x_2 \\ x_3 \end{bmatrix}$

特徵值 $\quad \begin{vmatrix} 25-\lambda & 0 & 0 \\ 0 & 34-\lambda & -12 \\ 0 & -12 & 41-\lambda \end{vmatrix} = -(\lambda-25)^2(\lambda-50) = 0$

令 $\lambda = 25$ $\quad \begin{bmatrix} 0 & 0 & 0 \\ 0 & 9 & -12 \\ 0 & -12 & 16 \end{bmatrix} \begin{bmatrix} x_1 \\ x_2 \\ x_3 \end{bmatrix} = 0$

得特徵向量 $\quad X = c_1 \begin{bmatrix} 1 \\ 0 \\ 0 \end{bmatrix} + c_2 \begin{bmatrix} 0 \\ 4 \\ 3 \end{bmatrix}$

令 $\lambda = 50$

$$\begin{bmatrix} -25 & 0 & 0 \\ 0 & -16 & -12 \\ 0 & -12 & -9 \end{bmatrix}\begin{bmatrix} x_1 \\ x_2 \\ x_3 \end{bmatrix} = 0$$

得特徵向量

$$X = c_2 \begin{bmatrix} 0 \\ 3 \\ -4 \end{bmatrix}$$

令

$$X = PU = \begin{bmatrix} 1 & 0 & 0 \\ 0 & 4/5 & 3/5 \\ 0 & 3/5 & -4/5 \end{bmatrix}\begin{bmatrix} \bar{x}_1 \\ \bar{x}_2 \\ \bar{x}_3 \end{bmatrix}$$

得

$$F = \lambda_1 \bar{x}_1^2 + \lambda_2 \bar{x}_2^2 + \lambda_3 \bar{x}_3^2 = 25\bar{x}_1^2 + 25\bar{x}_2^2 + 50\bar{x}_3^2$$

範例 35 二次式化簡之（四階）

Find the orthogonal matrix that will reduce the quadratic form
$4(x_1^2 + x_2^2 + x_3^2 + x_4^2) - 2(x_1 + x_2)(x_3 - x_4)$ to a linear combination of square terms only.

88 交大電子所

解答：

二次式 $Q = 4(x_1^2 + x_2^2 + x_3^2 + x_4^2) - 2(x_1 + x_2)(x_3 - x_4)$

或

$Q = 4x_1^2 + 4x_2^2 + 4x_3^2 + 4x_4^2 - 2x_1 x_3 + 2x_1 x_4 - 2x_2 x_3 + 2x_2 x_4$

矩陣標準式

$$Q = X^T \begin{bmatrix} 4 & 0 & -1 & 1 \\ 0 & 4 & -1 & 1 \\ -1 & -1 & 4 & 0 \\ 1 & 1 & 0 & 4 \end{bmatrix} X$$

特徵值 $\quad |A-\lambda I| = -(\lambda-6)(\lambda-2)(\lambda-4)^2 = 0$

特徵值 $\lambda = 2$ $\quad$ 特徵向量 $X_1 = \begin{bmatrix} 1 \\ 1 \\ 1 \\ -1 \end{bmatrix}$，歸一化 $X_1^* = \begin{bmatrix} 1/2 \\ 1/2 \\ 1/2 \\ -1/2 \end{bmatrix}$

特徵值 $\lambda = 6$ $\quad$ 特徵向量 $X_2 = \begin{bmatrix} -1 \\ -1 \\ 1 \\ -1 \end{bmatrix}$，歸一化 $X_2^* = \begin{bmatrix} -1/2 \\ -1/2 \\ 1/2 \\ -1/2 \end{bmatrix}$

特徵值 $\lambda = 4, 4$ $\quad$ 特徵向量 $X = c_1 \begin{bmatrix} 1 \\ -1 \\ 0 \\ 0 \end{bmatrix} + c_2 \begin{bmatrix} 0 \\ 0 \\ 1 \\ 1 \end{bmatrix}$

歸一化 $\quad X_3^* = \begin{bmatrix} 1/\sqrt{2} \\ -1/\sqrt{2} \\ 0 \\ 0 \end{bmatrix}$ 及 $X_4^* = \begin{bmatrix} 0 \\ 0 \\ 1/\sqrt{2} \\ 1/\sqrt{2} \end{bmatrix}$

令 $\quad P = \begin{bmatrix} 1/2 & -1/2 & 1/\sqrt{2} & 0 \\ 1/2 & -1/2 & -1/\sqrt{2} & 0 \\ 1/2 & 1/2 & 0 & 1/\sqrt{2} \\ -1/2 & -1/2 & 0 & 1/\sqrt{2} \end{bmatrix}$

令 $\quad X = PV$
代入二次式化簡得

$$Q = 2v_1^2 + 6v_2^2 + 4v_3^2 + 4v_4^2$$

範例 36 二次式化簡之應用--雙重積分

Evaluate $\int_{-\infty}^{\infty}\int_{-\infty}^{\infty} e^{-3x^2-4\sqrt{3}xy-7y^2}dxdy$.

高師大物理所

解答:

令 $Q = 3x^2 + 4\sqrt{3}xy + 7y^2 = \begin{bmatrix} x & y \end{bmatrix}\begin{bmatrix} 3 & 2\sqrt{3} \\ 2\sqrt{3} & 7 \end{bmatrix}\begin{bmatrix} x \\ y \end{bmatrix}$

$|A - \lambda I| = \begin{vmatrix} 3-\lambda & 2\sqrt{3} \\ 2\sqrt{3} & 7-\lambda \end{vmatrix} = (\lambda-1)(\lambda-9) = 0$

(1) $\lambda_1 = 1$

特徵向量 $X_1 = \begin{bmatrix} \sqrt{3} \\ -1 \end{bmatrix}$，歸一化 $X_1 = \begin{bmatrix} \sqrt{3}/2 \\ -1/2 \end{bmatrix}$

(2) $\lambda_2 = 9$

特徵向量 $X_2 = \begin{bmatrix} 1 \\ \sqrt{3} \end{bmatrix}$，歸一化 $X_1 = \begin{bmatrix} 1/2 \\ \sqrt{3}/2 \end{bmatrix}$

令 $X = PV = \begin{bmatrix} \sqrt{3}/2 & 1/2 \\ -1/2 & \sqrt{3}/2 \end{bmatrix}\begin{bmatrix} x_1 \\ x_2 \end{bmatrix}$，$J = |P| = 1$

二次式化簡

$Q = 3x^2 + 4\sqrt{3}xy + 7y^2 = x_1^2 + 9x_2^2$

代回積分式

$I = \int_{-\infty}^{\infty}\int_{-\infty}^{\infty} e^{-3x^2-4\sqrt{3}xy-7y^2}dxdy = \int_{-\infty}^{\infty}\int_{-\infty}^{\infty} e^{-(x_1^2+9x_2^2)}|P|dx_1dx_2$

再令 $u = x_1$，$v = 3x_2$，$J = \dfrac{\partial(x_1, x_2)}{\partial(u, v)} = \dfrac{1}{3}$

$$I = \int_{-\infty}^{\infty}\int_{-\infty}^{\infty} e^{-(x_1^2 + 9x_2^2)} dx_1 dx_2 = \int_{-\infty}^{\infty}\int_{-\infty}^{\infty} e^{-(u^2+v^2)}\frac{1}{3} du dv = \frac{1}{3}\pi$$

其中再利用極座標轉換,得

$$\int_{-\infty}^{\infty}\int_{-\infty}^{\infty} e^{-(x^2+y^2)} dxdy = \int_0^{2\pi}\int_0^{\infty} e^{-r^2} r dr d\theta = \pi$$

考題集錦

1. A matrix A is given by $A = \begin{bmatrix} 1 & 0 \\ 1 & 2 \end{bmatrix}$. Find A^{30} (20%)。

   雲科大電資所

2. 2×2 矩陣,$\exp\left(ix\begin{bmatrix} 2 & 1 \\ 1 & 2 \end{bmatrix}\right) = \begin{bmatrix} A(x) & B(x) \\ C(x) & D(x) \end{bmatrix}$,請求函數 $A(x)$、$B(x)$、$C(x)$、和 $D(x)$ (15%)

   成大光電所

3. Let $A = \begin{bmatrix} 2 & 1 & 0 \\ 1 & 3 & 1 \\ 0 & 1 & 2 \end{bmatrix}$, find e^A

   雲科大電機所乙

4. 已知 A 之特徵值分別為 1, 2, 3,請求出下式中 α, β, γ 之值(25%)
   $$A^4 = \alpha A^2 + \beta A + \gamma I$$

   中央土木所

5. (15%) If $A = \begin{bmatrix} -2 & 4 \\ -1 & 3 \end{bmatrix}$, find A^6.

   北台科大土木防災所

6. Let $f(x) = x^3 - 2x^2 + x - 2$, evaluate $f(A)$ if
   $A = \begin{bmatrix} 1 & 2 \\ 2 & 1 \end{bmatrix}$

   台大應力所 G

7. Let $A = \begin{bmatrix} 0.7167 & 0.2167 & 0.0667 \\ 0.2167 & 0.7167 & 0.0667 \\ 0.0667 & 0.0667 & 0.8667 \end{bmatrix}$, find $\lim_{n \to \infty} A^n$

   北科大自動化所乙

8. $A = \begin{bmatrix} 1 & 1 & -2 \\ -1 & 2 & 1 \\ 0 & 1 & -1 \end{bmatrix}$

   (a) (5%) Determine the rank of A
   (b) (5%) Find the inverse of A
   (c) (5%) Find the eigenvectors of A
   (d) (10%) Compute A^m

   中興機械所

9. (20%) Given the matrix $A = \begin{bmatrix} 1 & -1 & 0 & 0 \\ 0 & 1 & 0 & 0 \\ 0 & 0 & 1 & 0 \\ 0 & 0 & -1 & 1 \end{bmatrix}$

   (a) The determinant $\det(-A)^{10}$
   (b) The eigenvalues $\lambda(A^{10})$;
   (c) The rank $\text{rank}(A)$:
   (d) How many linearly independent eigenvectors does matrix A have?

   成大航太所

10. Find the closed-form solution for the following matrix function

$$e^{At} = I + At + \frac{A^2}{2!}t^2 + \cdots, \text{ where } A = \begin{bmatrix} -5 & 3 & 1 \\ -4 & 2 & 1 \\ -4 & 3 & 0 \end{bmatrix}. \text{ Hint : } \lambda = -1, -1, -1$$

北科大電腦通信所

11. For the following quadratic equation, assuming that the number of variables is 3, determine the associated symmetric A matrix. $x_1^2 - 4x_3^2 + 3x_1x_2 = 0$ (10%)

台科大電機所甲

12. (15 points) Identify the conic section whose equation is

    $5x^2 - 2xy + 5y^2 - 4 = 0$

    Transform it to the principal axes and find the angle of rotation.

中原物理大三轉

13. Determine an orthogonal matrix C that reduces the quadratic form $Q(x) = 2x_1^2 + 4x_1x_2 + 5x_2^2$ to a diagonal form.

台大物理所

14. Let $Q(X) = 3x_1^2 + 6x_2^2 + 3x_3^2 - 4x_1x_2 + 8x_1x_3 + 4x_2x_3 = 0$

    (a) Find a unit vector X in R^3 at which $Q(X)$ is maximized, subject to $X^T X = 1$, and the maximum of $Q(X)$. (Hint: Two eigenvalues of the matrix of the form are 7 and -2)

    (b) Find the solution set, not just one particular solution, for part (a).

成大電機所

15. By applying the transformation $x = \dfrac{u}{\sqrt{3}} + v$, $y = \dfrac{u}{\sqrt{3}} - v$, the integral $\iint_D e^{x^2+xy+y^2} dA$ where $D = \{(x,y) | x^2 + xy + y^2 \leq 3\}$, can be evaluated and is equal to _____ 。

台大財融所

第二十九章
一階聯立常微分方程式

第一節　線性系統概論

本書第三章已經介紹一階線性常係數常微分方程式，如

$$\frac{dy}{dx} + ay = f(x) \tag{1}$$

其齊性解為 $\qquad y_h = c_1 e^{-ax}$

與特別積分 $\qquad y_p = e^{-ax} \int e^{ax} f(x) dx \tag{2}$

或逆運算子法 $\qquad y_p = \dfrac{1}{D+a} f(x)$

這些技巧，能否進一步應用到下列聯立一階線性常係數常微分方程式組中？

若一階聯立常微分方程式，通式如下：

$$\begin{aligned}\frac{dx_1}{dt} &= a_{11}x_1 + a_{12}x_2 + \cdots + a_{1n}x_n + f_1(t) \\ \frac{dx_2}{dt} &= a_{21}x_1 + a_{22}x_2 + \cdots + a_{2n}x_n + f_2(t) \\ &\cdots \\ \frac{dx_n}{dt} &= a_{n1}x_1 + a_{n2}x_2 + \cdots + a_{nn}x_n + f_n(t)\end{aligned} \tag{3}$$

如何藉助矩陣的對角化，將其化簡成 n 個一階線性常係數常微分方程式，式(1)，然後很容易就可解出。這就是矩陣特徵值問題主要的應用之一。

第二節　線性系統定義

一階聯立常係數常微分方程式，如下：

$$\frac{dx_1}{dt} = a_{11}x_1 + a_{12}x_2 + \cdots + a_{1n}x_n + f_1(t)$$

$$\frac{dx_2}{dt} = a_{21}x_1 + a_{22}x_2 + \cdots + a_{2n}x_n + f_2(t)$$

$$\cdots$$

$$\frac{dx_n}{dt} = a_{n1}x_1 + a_{n2}x_2 + \cdots + a_{nn}x_n + f_n(t)$$

表成矩陣型式，如下：

$$\begin{bmatrix} \dfrac{dx_1}{dt} \\ \dfrac{dx_2}{dt} \\ \cdots \\ \dfrac{dx_n}{dt} \end{bmatrix} = \begin{bmatrix} a_{11} & a_{12} & \cdots & a_{1n} \\ a_{22} & a_{22} & & a_{2n} \\ \vdots & & \ddots & \\ a_{n1} & a_{n2} & & a_{nn} \end{bmatrix} \begin{bmatrix} x_1 \\ x_2 \\ \cdots \\ x_n \end{bmatrix} + \begin{bmatrix} f_1(t) \\ f_2(t) \\ \vdots \\ f_n(t) \end{bmatrix}$$

或令 $X = \begin{bmatrix} x_1 \\ x_2 \\ \cdots \\ x_n \end{bmatrix}$ 及 $A = \begin{bmatrix} a_{11} & a_{12} & \cdots & a_{1n} \\ a_{22} & a_{22} & & a_{2n} \\ \vdots & & \ddots & \\ a_{n1} & a_{n2} & & a_{nn} \end{bmatrix}$ 代入得

一階聯立常微分方程式之矩陣型式：

$$\frac{dX}{dt} = AX + F(t) \tag{4}$$

上式稱之為一階聯立常微分方程組或稱一階線性系統。

若 $F(t) = 0$，則上式簡化為 $\dfrac{dX}{dt} = AX$，稱之為齊性方程組。滿足此式之所有特

解所成集合，稱之為齊性解。表成 $X = X_h(t)$

若 $F(t) \neq 0$，則上式為 $\dfrac{dX}{dt} = AX + F(t)$，稱之為非齊性方程組。滿足此式之所有特解所成集合，稱之為通解，它由齊性解與特別積分兩部分組成。或

$$X(t) = X_h(t) + X_p(t)$$

第三節　變數消去法

一階聯立常微分方程式(2)之求解，一般最常用的方法，為變數消去法，化成方程式(1) 之單變數一階常微分方程形式，很容易得解。

其化簡要領，以下列幾個範例來說明。

範例 01：常係數 聯立 ODE(指定方法)

Obtain the general solution by the method of elimination
$x' = \sin t - y$
$y' = -9x + 4$

清大材工所

解答：

已知　　　$x' = \sin t - y$

則　　　　$y = -x' + \sin t$

微分　　　$y' = -x'' + \cos t$

代入二式　$y' = -9x + 4$

　　　　　$-x'' + \cos t = -9x + 4$

移項得二階 ODE $\quad x'' - 9x = \cos t - 4$

得解 $\quad x_h = c_1 e^{3t} + c_2 e^{-3t}$

$$x_p = \frac{1}{D^2 - 9} \cos t - \frac{1}{D^2 - 9} 4$$

得 $\quad x_p = -\frac{1}{10} \cos t + \frac{4}{9}$

通解 $\quad x = c_1 e^{3t} + c_2 e^{-3t} - \frac{1}{10} \cos t + \frac{4}{9}$

又 $\quad y = -x' + \sin t = -\left(c_1 e^{3t} + c_2 e^{-3t} - \frac{1}{10} \cos t + \frac{4}{9} \right)' + \sin t$

得 $\quad y = -3c_1 e^{3t} + 3c_2 e^{-3t} + \frac{9}{10} \sin t$

範例 02：變係數 聯立 ODE

Solve for $x(t)$ and $y(t)$ from ODE

$x'(t) = \dfrac{3}{t} x + \dfrac{1}{t} y$

$y'(t) = -\dfrac{5}{t} x - \dfrac{1}{t} y$

where $t > 0$

北科大製造所

解答：

(1) 消去變數 $y(t)$

已知一式 $\quad x'(t) = \dfrac{3}{t} x + \dfrac{1}{t} y$

微分 $\quad x''(t) = x'(t) - \dfrac{3}{t^2} x - \dfrac{1}{t^2} y + \dfrac{1}{t} y'(t)$

代入二式 $\quad y'(t) = -\dfrac{5}{t} x - \dfrac{1}{t} y$

得 $x''(t) = \dfrac{3}{t}x'(t) - \dfrac{8}{t^2}x - \dfrac{2}{t^2}y$

從一式 $y = tx'(t) - 3x$

代入得

$$x''(t) = \dfrac{3}{t}x'(t) - \dfrac{8}{t^2}x - \dfrac{2}{t}x'(t) + \dfrac{6}{t^2}x$$

或 $t^2 x''(t) - tx'(t) + 2x = 0$ 為 Euler-Cauchy ODE

令 $x = t^m$

得 $m(m-1) - m + 2 = 0$，根為 $m = 1 \pm i$

得解 $x(t) = c_1 t\cos(\ln t) + c_2 t\sin(\ln t)$

(2) 得變數 $y(t)$

已知 $x'(t) = \dfrac{3}{t}x + \dfrac{1}{t}y$

$y = tx'(t) - 3x = t(c_1\cos(\ln t) - c_1\sin(\ln t) + c_2\sin(\ln t) + c_2\cos(\ln t))$
$\quad - 3c_1 t\cos(\ln t) - 3c_2 t\sin(\ln t)$

或 $y(t) = (c_2 - 2c_1)t\cos(\ln t) + (c_2 - 4c_1)t\sin(\ln t)$

範例 03：變係數 聯立 ODE

(8%) Determine the periodic solutions, if any, of the system.
$$\dfrac{dx}{dt} = y + \dfrac{x}{\sqrt{x^2+y^2}}(x^2 + y^2 - 2)$$
$$\dfrac{dy}{dt} = -x + \dfrac{y}{\sqrt{x^2+y^2}}(x^2 + y^2 - 2)$$

交大電子所甲

解答：

$$y\frac{dx}{dt} = y^2 + \frac{xy}{\sqrt{x^2+y^2}}(x^2+y^2-2)$$

$$x\frac{dy}{dt} = -x^2 + \frac{xy}{\sqrt{x^2+y^2}}(x^2+y^2-2)$$

聯立化簡得

$$y\frac{dx}{dt} - y^2 = x\frac{dy}{dt} + x^2$$

或 $\quad y\dfrac{dx}{dt} - x\dfrac{dy}{dt} = x^2 + y^2$

$$\frac{xdy - ydx}{x^2+y^2} = -dt$$

積分得

$$\tan^{-1}\left(\frac{y}{x}\right) = -t + c$$

$$y = x\tan(-t+c)$$

範例 04：三階常係數聯立 ODE (非齊性)

請求解以下聯立微分方程

$$2\frac{dy_1}{dt} - \frac{dy_2}{dt} - \frac{dy_3}{dt} = 0$$

$$\frac{dy_1}{dt} + \frac{dy_2}{dt} = 4t + 2$$

$$\frac{dy_2}{dt} + y_3 = t^2 + 2$$

及 $\quad y_1(0) = y_2(0) = y_3(0) = 0$

中央土木所甲丙

解答：

$$2\frac{dy_1}{dt} - \frac{dy_2}{dt} - \frac{dy_3}{dt} = 0 \qquad (1)$$

$$\frac{dy_1}{dt} + \frac{dy_2}{dt} = 4t + 2 \qquad (2)$$

$$\frac{dy_2}{dt} + y_3 = t^2 + 2 \qquad (3)$$

(1)+(2)：$3\dfrac{dy_1}{dt} - \dfrac{dy_3}{dt} = 4t + 2$

(2)-(3)：$\dfrac{dy_1}{dt} - y_3 = 4t - t^2$，或 $\dfrac{dy_1}{dt} = y_3 + 4t - t^2$

代回上式　　$3y_3 + 12t - 3t^2 - \dfrac{dy_3}{dt} = 4t + 2$

或　$\dfrac{dy_3}{dt} - 3y_3 = 8t - 3t^2 - 2$

通解　　$y_3(t) = c_1 e^{3t} + t^2 - 2t$

　　　　$y_3(0) = c_1 = 0$

得　　$y_3 = t^2 - 2t$

代入　　$\dfrac{dy_1}{dt} = y_3 + 4t - t^2 = 2t$

積分　　$y_1 = t^2 + c_2$

　　　　$y_1(0) = c_2 = 0$

得　　$y_1 = t^2$

代入　　$\dfrac{dy_1}{dt} + \dfrac{dy_2}{dt} = 4t + 2$，$\dfrac{dy_2}{dt} = -\dfrac{dy_1}{dt} + 4t + 2 = -2t + 4t + 2 = 2t + 2$

積分　　$y_2 = t^2 + 2t + c_3$

$$y_2(0) = c_3 = 0$$

得　$y_2 = t^2 + 2t$

最後得解

$$y_1 = t^2$$
$$y_2 = t^2 + 2t$$
$$y_3 = t^2 - 2t$$

第四節　拉氏變換法

若一階聯立常微分方程式，如下：

$$\frac{dx_1}{dt} = a_{11}x_1 + a_{12}x_2 + \cdots + a_{1n}x_n + f_1(t)$$
$$\frac{dx_2}{dt} = a_{21}x_1 + a_{22}x_2 + \cdots + a_{2n}x_n + f_2(t)$$
$$\cdots$$
$$\frac{dx_n}{dt} = a_{n1}x_1 + a_{n2}x_2 + \cdots + a_{nn}x_n + f_n(t)$$

(2)

對每一方程式，取拉氏變換，得

$$sL[x_1] - x_1(0) = a_{11}L[x_1] + a_{12}L[x_2] + \cdots + a_{1n}L[x_n] + F_1(s)$$
$$sL[x_2] - x_2(0) = a_{21}L[x_1] + a_{22}L[x_2] + \cdots + a_{2n}L[x_n] + F_2(s)$$
$$\cdots$$
$$sL[x_n] - x_n(0) = a_{n1}L[x_1] + a_{n2}L[x_2] + \cdots + a_{nn}L[x_n] + F_n(s)$$

上式整理，得 n 個聯立代數方程式，再利用變數消去法，或 Cramer's 法則，解出

$$L[x_1] = G_1(s) \,,\, L[x_2] = G_2(s) \,,\, \cdots \quad L[x_n] = G_n(s)$$

最後再利用拉氏逆變換，得出

$$x_1(t) \,、\, x_2(t) \,、\, \cdots \,、\, x_n(t)$$

範例 05：二階常係數 聯立 ODE(非齊性)

以 Laplace Transformation 解 下列聯立常微分方程 (10%)

$$\begin{cases} x' + y' - x = \cos 2t \\ x' + 2y' = 0 \end{cases} \,,\, \text{where} \quad x(0) = 0 \,,\, y(0) = 0$$

台科大自動所

解答：

已知 $\begin{cases} x' + y' - x = \cos 2t \\ x' + 2y' = 0 \end{cases}$ ， $x(0) = 0 \,,\, y(0) = 0$

取拉氏變換

$$(s-1)L[x] + sL[y] = \frac{s}{s^2+4}$$

$$sL[x] + 2sL[y] = 0$$

利用 Cramer's 法則，解出

$$L[x] = \frac{\begin{vmatrix} \dfrac{s}{s^2+4} & s \\ 0 & 2s \end{vmatrix}}{\begin{vmatrix} s-1 & s \\ s & 2s \end{vmatrix}} = \frac{\dfrac{2s^2}{s^2+4}}{2s(s-1)-s^2} = \frac{2s}{(s-2)(s^2+4)}$$

$$L[y] = \frac{\begin{vmatrix} s-1 & \dfrac{s}{s^2+4} \\ s & 0 \end{vmatrix}}{\begin{vmatrix} s-1 & s \\ s & 2s \end{vmatrix}} = \frac{\dfrac{-s^2}{s^2+4}}{2s(s-1)-s^2} = \frac{-s}{(s-2)(s^2+4)} = \frac{1}{2}L[x]$$

部分分式展開　　$L[x] = \dfrac{-\dfrac{1}{2}s+1}{s^2+4} + \dfrac{\dfrac{1}{2}}{s-2}$

得　$x(t) = -\dfrac{1}{2}\cos 2t + \dfrac{1}{2}\sin 2t + \dfrac{1}{2}e^{2t}$

部分分式展開　　$L[y] = \dfrac{\dfrac{1}{4}s-\dfrac{1}{2}}{s^2+4} + \dfrac{-\dfrac{1}{4}}{s-2}$

得　$y = \dfrac{1}{4}\cos 2t - \dfrac{1}{4}\sin 2t - \dfrac{1}{4}e^{2t}$

範例 06：二階常係數 聯立 ODE(非齊性)

以 Laplace Transformation 解 下列聯立常微分方程 (10%)

$\begin{cases} y_1' + y_1 + 3y_2' = 1 \\ 3y_1 + y_2' + 2y_2 = t \end{cases}$，　$y_1(0) = 0$，$y_2(0) = 0$

台大生物機電所 J

解答：

已知　$\begin{cases} y_1' + y_1 + 3y_2' = 1 \\ 3y_1 + y_2' + 2y_2 = t \end{cases}$，　$y_1(0) = 0$，$y_2(0) = 0$

取拉氏變換

$(s+1)L[y_1] + 3sL[y_2] = \dfrac{1}{s}$

$3L[y_1] + (s+2)L[y_2] = \dfrac{1}{s^2}$

利用 Cramer's 法則，解出

$$L[y_1] = \frac{\begin{vmatrix} \dfrac{1}{s} & 3s \\ \dfrac{1}{s^2} & s+2 \end{vmatrix}}{\begin{vmatrix} s+1 & 3s \\ 3 & s+2 \end{vmatrix}} = \frac{\dfrac{s+2}{s} - \dfrac{3}{s}}{(s+1)(s+2) - 9s} = \frac{s-1}{s(s^2 - 6s + 2)}$$

部分分式展開　　$L[y_1] = \dfrac{-\dfrac{1}{2}}{s} + \dfrac{\dfrac{1}{2}s - 2}{s^2 - 6s + 2} = -\dfrac{1}{2}\dfrac{1}{s} + \dfrac{1}{2}\dfrac{s - 3 - 1}{(s-3)^2 - 7}$

得　　$y_1(t) = -\dfrac{1}{2} + \dfrac{1}{2}\left[e^{3t}\cosh(\sqrt{7}t) - \dfrac{1}{2\sqrt{7}}\sinh(\sqrt{7}t) \right]$

$$L[y_2] = \frac{\begin{vmatrix} s+1 & \dfrac{1}{s} \\ 3 & \dfrac{1}{s^2} \end{vmatrix}}{\begin{vmatrix} s+1 & 3s \\ 3 & s+2 \end{vmatrix}} = \frac{\dfrac{s+1}{s^2} - \dfrac{3}{s}}{(s+1)(s+2) - 9s} = \frac{s - 3s + 1}{s^2(s^2 - 6s + 2)}$$

部分分式展開　　$L[y_2] = \dfrac{\dfrac{1}{2}}{s^2} + \dfrac{\dfrac{1}{2}}{s} + \dfrac{-\dfrac{1}{2}s + \dfrac{5}{2}}{s^2 - 6s + 2} = \dfrac{1}{2}\dfrac{1}{s^2} + \dfrac{1}{2}\dfrac{1}{s} - \dfrac{1}{2}\dfrac{s - 3 - 2}{(s-3)^2 - 7}$

得解：　　$y_2(t) = -\dfrac{1}{2}e^{3t}\left[\cosh(\sqrt{7}t) - \dfrac{2}{\sqrt{7}}\sinh(\sqrt{7}t) \right] + \dfrac{1}{2} + \dfrac{1}{2}t$

範例 07：常係數 聯立高階 ODE(齊性)

請以 Laplace transform 求解：

$$\begin{bmatrix} 50 & 0 \\ 0 & 50 \end{bmatrix}\begin{Bmatrix} \ddot{x}_1 \\ \ddot{x}_2 \end{Bmatrix} + \begin{bmatrix} 250 & -100 \\ -100 & 250 \end{bmatrix}\begin{Bmatrix} x_1 \\ x_2 \end{Bmatrix} = \begin{Bmatrix} 0 \\ 0 \end{Bmatrix}$$

其初始條件為 $\begin{Bmatrix} x_1(0) \\ x_2(0) \end{Bmatrix} = \begin{Bmatrix} 1.0 \\ 0 \end{Bmatrix}$, $\begin{Bmatrix} \dot{x}_1(0) \\ \dot{x}_2(0) \end{Bmatrix} = \begin{Bmatrix} 0 \\ 0 \end{Bmatrix}$

交大土木所

解答：

取拉氏變換

$$(s^2+5)L[x_1] - 2L[x_2] = s$$
$$-2L[x_1] + (s^2+5)L[x_2] = 0$$

利用 Cramer's 法則，解出

$$L[x_1] = \frac{1}{2}\frac{s}{s^2+7} + \frac{1}{2}\frac{s}{s^2+3}$$

得

$$x_1(t) = \frac{1}{2}\cos\sqrt{7}t + \frac{1}{2}\cos\sqrt{3}t$$

及

$$L[x_2] = -\frac{1}{2}\frac{s}{s^2+7} + \frac{1}{2}\frac{s}{s^2+3}$$

$$x_2(t) = -\frac{1}{2}\cos\sqrt{7}t + \frac{1}{2}\cos\sqrt{3}t$$

範例 08：常係數 聯立一階 ODE(非齊性)

Using Laplace Transform method，Solve

$$x' + y' = 2\sinh t$$
$$y' + z' = e^t$$
$$x' + z' = 2e^t + e^{-t}$$

, $x(0)=1$, $y(0)=1$, $z(0)=0$

成大水利所

解答：

取拉氏變換

$$L[x'] + L[y'] = 2L[\sinh t]$$
$$L[y'] + L[z'] = L[e^t]$$
$$L[x'] + L[z'] = 2L[e^t] + L[e^{-t}]$$

或整理得

$$sX + sY = \frac{2s^2}{s^2 - 1}$$
$$sY + sZ = \frac{s}{s - 1}$$
$$sX + sZ = \frac{3s + s^2}{s^2 - 1}$$

或

$$X + Y = \frac{2s}{s^2 - 1}$$
$$Y + Z = \frac{s + 1}{s^2 - 1}$$
$$X + Z = \frac{3 + s}{s^2 - 1}$$

或

$$X + Y + Z = \frac{2s + 2}{s^2 - 1}$$

聯立解得

$$X = \frac{s + 1}{s^2 - 1} = \frac{1}{s - 1}$$

$$Y(s) = \frac{s - 1}{s^2 - 1} = \frac{1}{s + 1}$$

$$Z = \frac{2}{s^2 - 1}$$

逆變換，得解　　$x = e^t$；$y = e^{-t}$；$z = 2\sinh t$

第五節　對角化法

已知一階齊性聯立常微分方程組之標準式

$$\frac{dX}{dt} = AX$$，初始條件 $X(t_0) = X_0$

現在利用矩陣之對角化法，來解上式之齊性解。

若矩陣 A 存在 n 個特徵向量，$X_1, X_2, \cdots X_n$，則令轉換矩陣 $P = \begin{bmatrix} X_1 & X_2 & \cdots & X_n \end{bmatrix}$，則得 A 之對角化矩陣

$$P^{-1}AP = D = \begin{bmatrix} \lambda_1 & 0 & & 0 \\ 0 & \lambda_2 & & 0 \\ & & \ddots & \\ 0 & 0 & & \lambda_n \end{bmatrix}$$

接著利用轉換矩陣 P 作變數變換，即令

$$X = PV = \begin{bmatrix} X_1 & X_2 & \cdots & X_n \end{bmatrix} \begin{bmatrix} v_1 \\ v_2 \\ \vdots \\ v_n \end{bmatrix}$$

代入一階齊性聯立常微分方程組，$\frac{dX}{dt} = AX$，得

$$P\frac{dV}{dt} = APV$$

兩邊乘上 P^{-1}，得 $P^{-1}P\frac{dV}{dt} = P^{-1}APV$，或

$$\frac{dV}{dt} = P^{-1}APV = DV$$

或

$$\frac{d}{dt}\begin{bmatrix} v_1 \\ v_2 \\ \vdots \\ v_n \end{bmatrix} = \begin{bmatrix} \lambda_1 & 0 & & 0 \\ 0 & \lambda_2 & & 0 \\ & & \ddots & \\ 0 & 0 & & \lambda_n \end{bmatrix}\begin{bmatrix} v_1 \\ v_2 \\ \vdots \\ v_n \end{bmatrix} \tag{5}$$

乘開後得 n 個非耦合常微分方程式,得

$$\frac{dv_1}{dt} = \lambda_1 v_1$$

$$\frac{dv_2}{dt} = \lambda_2 v_2$$

…

$$\frac{dv_n}{dt} = \lambda_n v_n$$

分別利用一階線性常係數常微分方程式,解

$$\frac{dv_1}{dt} = \lambda_1 v_1 \quad \text{其通解為 } v_1(t) = c_1 e^{\lambda_1 t}$$

$$\frac{dv_2}{dt} = \lambda_2 v_2 \quad \text{其通解為 } v_2(t) = c_2 e^{\lambda_2 t}$$

…

$$\frac{dv_n}{dt} = \lambda_n v_n \quad \text{其通解為 } v_n(t) = c_2 e^{\lambda_n t}$$

上式 n 個一階常微分方程之通解,代入變換式 $X = PV$ 中,得

$$X = PV = \begin{bmatrix} X_1 & X_2 & \cdots & X_n \end{bmatrix} \begin{bmatrix} c_1 e^{\lambda_1 t} \\ c_2 e^{\lambda_2 t} \\ \vdots \\ c_n e^{\lambda_n t} \end{bmatrix}$$

齊性解表成下列通式

$$X_h(t) = c_1 X_1 e^{\lambda_1 t} + c_2 X_2 e^{\lambda_2 t} + \cdots + c_n X_n e^{\lambda_n t} \tag{6}$$

綜合整理

> Case I：
> 已知 $A \in R^{n \times n}$，n 個相異特徵值，$\lambda_1, \lambda_2, \cdots, \lambda_n$，n 個特徵向量，$X_1, X_2, \cdots, X_n$
> 齊性解 $X_h(t) = c_1 X_1 e^{\lambda_1 t} + c_2 X_2 e^{\lambda_2 t} + \cdots + c_n X_n e^{\lambda_n t}$

範例 09：常係數 聯立一階 ODE(齊性)

> (10%) Solve the following initial value problem
> $$\begin{aligned} y_1' &= 3y_1 + 4y_2 \\ y_2' &= 3y_1 + 2y_2 \end{aligned}$$，$y_1(0) = 6$，$y_2(0) = 1$

清大通訊所

解答：

矩陣 $$\frac{dX}{dt} = \begin{bmatrix} 3 & 4 \\ 3 & 2 \end{bmatrix} X$$

特徵方程式 $$\begin{vmatrix} 3-\lambda & 4 \\ 3 & 2-\lambda \end{vmatrix} = (\lambda+1)(\lambda-6) = 0$$

1. 特徵值 $\lambda = -1$，$\begin{bmatrix} 4 & 4 \\ 3 & 3 \end{bmatrix} X = \begin{bmatrix} 0 \\ 0 \end{bmatrix}$

   特徵向量 $X_1 = c_1 \begin{bmatrix} 1 \\ -1 \end{bmatrix}$

2. 特徵值 $\lambda = 6$，$\begin{bmatrix} -3 & 4 \\ 3 & -4 \end{bmatrix} X = \begin{bmatrix} 0 \\ 0 \end{bmatrix}$

   特徵向量 $X_2 = c_2 \begin{bmatrix} 4 \\ 3 \end{bmatrix}$

齊性解　　　　　$X_h = c_1 \begin{bmatrix} 1 \\ -1 \end{bmatrix} e^{-t} + c_2 \begin{bmatrix} 4 \\ 3 \end{bmatrix} e^{6t}$

代入初始條件　$y_1(0) = 6$，$y_2(0) = 1$

得　　　　　　$X_h(0) = \begin{bmatrix} 6 \\ 1 \end{bmatrix} = c_1 \begin{bmatrix} 1 \\ -1 \end{bmatrix} + c_2 \begin{bmatrix} 4 \\ 3 \end{bmatrix}$

得　　　　　　$c_1 = 2$，$c_3 = 1$

最後得解　　　$X_h = 2 \begin{bmatrix} 1 \\ -1 \end{bmatrix} e^{-t} + \begin{bmatrix} 4 \\ 3 \end{bmatrix} e^{6t}$

範例 10：常係數 聯立一階 ODE(齊性)

Consider the linear system of differential equation
$$\begin{bmatrix} \dot{x}_1 \\ \dot{x}_2 \\ \dot{x}_3 \end{bmatrix} = \begin{bmatrix} 1 & 0 & 0 \\ 0 & -2 & 1 \\ 0 & 0 & 3 \end{bmatrix} \begin{bmatrix} x_1 \\ x_2 \\ x_3 \end{bmatrix}.$$
Find the solution to the initial value problem determined by initial condition $x_1(0) = 1$，$x_2(0) = 5$，$x_3(0) = 10$ (20%)。

雲科大電資所

解答：

特徵方程式　$|A - \lambda I| = \begin{vmatrix} 1-\lambda & 0 & 0 \\ 0 & -2-\lambda & 1 \\ 0 & 0 & 3-\lambda \end{vmatrix} = (1-\lambda)(-2-\lambda)(3-\lambda) = 0$

得　　　　　　$\lambda = 1$，$\lambda = 3$，$\lambda = -2$

$\lambda = 1$　　　$\begin{bmatrix} 0 & 0 & 0 \\ 0 & -3 & 1 \\ 0 & 0 & 2 \end{bmatrix} \begin{bmatrix} x_1 \\ x_2 \\ x_3 \end{bmatrix} = 0$

特徵向量 $\quad X = c_1 \begin{bmatrix} 1 \\ 0 \\ 0 \end{bmatrix}$

$\lambda = 3 \quad \begin{bmatrix} -2 & 0 & 0 \\ 0 & -5 & 1 \\ 0 & 0 & 0 \end{bmatrix} \begin{bmatrix} x_1 \\ x_2 \\ x_3 \end{bmatrix} = 0$

特徵向量 $\quad X = c_2 \begin{bmatrix} 0 \\ 1 \\ 5 \end{bmatrix}$

$\lambda = -2 \quad \begin{bmatrix} 3 & 0 & 0 \\ 0 & 0 & 1 \\ 0 & 0 & 5 \end{bmatrix} \begin{bmatrix} x_1 \\ x_2 \\ x_3 \end{bmatrix} = 0$

特徵向量 $\quad X = c_3 \begin{bmatrix} 0 \\ 1 \\ 0 \end{bmatrix}$

令轉換矩陣 $\quad P = \begin{bmatrix} X_1 & X_2 & X_3 \end{bmatrix} = \begin{bmatrix} 1 & 0 & 0 \\ 0 & 1 & 1 \\ 0 & 5 & 0 \end{bmatrix}$

對角化 $\quad P^{-1}AP = \begin{bmatrix} 1 & 0 & 0 \\ 0 & 3 & 0 \\ 0 & 0 & -2 \end{bmatrix}$

令變數變換 $\quad X = PV$，其中 $V = \begin{bmatrix} v_1 \\ v_2 \\ v_3 \end{bmatrix}$

代回原微分方程 $\quad \dot{X} = AX$，得 $P\dot{V} = APV$

或　　　　　　　　$\dot{V} = P^{-1}APV = DV$

展開成分量　　　$\begin{bmatrix} \dot{v}_1 \\ \dot{v}_2 \\ \dot{v}_3 \end{bmatrix} = \begin{bmatrix} 1 & 0 & 0 \\ 0 & 3 & 0 \\ 0 & 0 & -2 \end{bmatrix} \begin{bmatrix} v_1 \\ v_2 \\ v_3 \end{bmatrix}$

解　　　　　　　$\dot{v}_1 = v_1$，解　$v_1 = c_1 e^t$

及　　　　　　　$\dot{v}_2 = 3v_2$，解　$v_2 = c_2 e^{3t}$

及　　　　　　　$\dot{v}_3 = -2v_3$，解　$v_3 = c_3 e^{-2t}$

最後得通解　　　$X = PV = \begin{bmatrix} 1 & 0 & 0 \\ 0 & 1 & 1 \\ 0 & 5 & 0 \end{bmatrix} \begin{bmatrix} c_1 e^t \\ c_2 e^{3t} \\ c_3 e^{-2t} \end{bmatrix}$

或　　　　　　　$X = \begin{bmatrix} x(t) \\ y(t) \end{bmatrix} = c_1 \begin{bmatrix} 1 \\ 0 \\ 0 \end{bmatrix} e^{5t} + c_2 \begin{bmatrix} 0 \\ 1 \\ 5 \end{bmatrix} e^{3t} + c_3 \begin{bmatrix} 0 \\ 1 \\ 0 \end{bmatrix} e^{-2t}$

$$X(0) = \begin{bmatrix} 1 \\ 5 \\ 10 \end{bmatrix} = \begin{bmatrix} c_1 \\ c_1 + c_2 \\ 5c_2 \end{bmatrix}$$

得　　　　　　　$c_1 = 1$，$c_2 = 2$，$c_3 = 3$

得　　　　　　　$X = \begin{bmatrix} x(t) \\ y(t) \end{bmatrix} = \begin{bmatrix} 1 \\ 0 \\ 0 \end{bmatrix} e^{5t} + 2\begin{bmatrix} 0 \\ 1 \\ 5 \end{bmatrix} e^{3t} + 3\begin{bmatrix} 0 \\ 1 \\ 0 \end{bmatrix} e^{-2t}$

範例 11

(10%) 求解聯立微分方程式

$$x' = 4x + y + 3z$$
$$y' = x - z \quad , \text{初值} \quad x(0)=1, y(0)=0, z(0)=0$$
$$z' = 3x - y + 4z$$

成大光電所

解答：

矩陣 $\quad \dfrac{dX}{dt} = \begin{bmatrix} 4 & 1 & 3 \\ 1 & 0 & -1 \\ 3 & -1 & 4 \end{bmatrix} X, \quad X = \begin{bmatrix} x \\ y \\ z \end{bmatrix}$

特徵方程式 $\quad \begin{vmatrix} 4-\lambda & 1 & 3 \\ 1 & -\lambda & -1 \\ 3 & -1 & 4-\lambda \end{vmatrix} = (\lambda+1)(\lambda-2)(\lambda-7) = 0$

1. 特徵值 $\lambda = -1$ $\quad \begin{bmatrix} 5 & 1 & 3 \\ 1 & 1 & -1 \\ 3 & -1 & 5 \end{bmatrix} \begin{bmatrix} y_1 \\ y_2 \\ y_3 \end{bmatrix} = 0$

特徵向量 $\quad X = c_1 \begin{bmatrix} 1 \\ -2 \\ -1 \end{bmatrix}$

2. 特徵值 $\lambda = 2$ $\quad \begin{bmatrix} 2 & 1 & 3 \\ 1 & -2 & -1 \\ 3 & -1 & 2 \end{bmatrix} \begin{bmatrix} y_1 \\ y_2 \\ y_3 \end{bmatrix} = 0$

特徵向量 $\quad X = c_2 \begin{bmatrix} 1 \\ 1 \\ -1 \end{bmatrix}$

3. 特徵值 $\lambda = 7$
$\begin{bmatrix} -3 & 1 & 3 \\ 1 & -7 & -1 \\ 3 & -1 & -3 \end{bmatrix} \begin{bmatrix} y_1 \\ y_2 \\ y_3 \end{bmatrix} = 0$

特徵向量 $X = c_3 \begin{bmatrix} 1 \\ 0 \\ 1 \end{bmatrix}$

齊性解 $X = c_1 \begin{bmatrix} 1 \\ -2 \\ -1 \end{bmatrix} e^{-t} + c_2 \begin{bmatrix} 1 \\ 1 \\ -1 \end{bmatrix} e^{2t} + c_3 \begin{bmatrix} 1 \\ 0 \\ 1 \end{bmatrix} e^{7t}$ 代入初值條件：

$x(0) = 1, y(0) = 0, z(0) = 0$,

$X(0) = \begin{bmatrix} 1 \\ 0 \\ 0 \end{bmatrix} = c_1 \begin{bmatrix} 1 \\ -2 \\ -1 \end{bmatrix} + c_2 \begin{bmatrix} 1 \\ 1 \\ -1 \end{bmatrix} + c_3 \begin{bmatrix} 1 \\ 0 \\ 1 \end{bmatrix}$

得 $c_1 = \dfrac{1}{6}$, $c_2 = \dfrac{1}{3}$, $c_3 = \dfrac{1}{2}$

最後得解

$X = \dfrac{1}{6} \begin{bmatrix} 1 \\ -2 \\ -1 \end{bmatrix} e^{-t} + \dfrac{1}{3} \begin{bmatrix} 1 \\ 1 \\ -1 \end{bmatrix} e^{2t} + \dfrac{1}{2} \begin{bmatrix} 1 \\ 0 \\ 1 \end{bmatrix} e^{7t}$

範例 12：常係數 聯立一階 ODE(齊性重根可對角化)

聯立微分方程 $\dfrac{dx}{dt} = x - 2y + 2z$, $\dfrac{dy}{dt} = -2x + y - 2z$, $\dfrac{dz}{dt} = 2x - 2y + z$. 其一般解為
(a) $x(t) = c_1 e^{-t} + c_2 e^{-t} + c_3 e^{5t}$, $y(t) = c_1 e^{-t} + c_2 e^{-t} - c_3 e^{5t}$, $z(t) = c_1 e^{-t} + c_3 e^{5t}$
(b) $x(t) = c_1 e^{-t} + c_3 e^{5t}$, $y(t) = c_1 e^{-t} + c_2 e^{-t} - c_3 e^{5t}$, $z(t) = c_1 e^{-t} + c_3 e^{5t}$

(c) $x(t) = c_1 e^{-t} + c_3 e^{5t}$，$y(t) = c_1 e^{-t} - c_3 e^{5t}$，$z(t) = c_1 e^{-t} + 2c_3 e^{5t}$

(d) $x(t) = c_1 e^{-t} + c_2 e^{-t} + c_3 e^{5t}$，$y(t) = c_1 e^{-t} - c_2 e^{-t} - c_3 e^{5t}$，$z(t) = c_1 e^{-t} + c_3 e^{5t}$

(e) 以上皆非

台大電機所

解答：

$$\begin{bmatrix} \dot{x} \\ \dot{y} \\ \dot{z} \end{bmatrix} = \begin{bmatrix} 1 & -2 & 2 \\ -2 & 1 & -2 \\ 2 & -2 & 1 \end{bmatrix} \begin{bmatrix} x \\ y \\ z \end{bmatrix}\ ;\ \dot{X} = AX$$

特徵方程式 $\quad |A - \lambda I| = \begin{vmatrix} 1-\lambda & -2 & 2 \\ -2 & 1-\lambda & -2 \\ 2 & -2 & 1-\lambda \end{vmatrix} = (\lambda+1)^2(\lambda-5) = 0$

(由觀察知 $\lambda = -1; -1$ 重根，再由 $\lambda_1 + \lambda_2 + \lambda_3 = 1+1+1 = 3$，得 $\lambda_3 = 5$)

$\lambda = -1; -1$，$\quad \begin{bmatrix} 2 & -2 & 2 \\ -2 & 2 & -2 \\ 2 & -2 & 2 \end{bmatrix} \begin{bmatrix} x \\ y \\ z \end{bmatrix} = \begin{bmatrix} 0 \\ 0 \\ 0 \end{bmatrix}$

得特徵值 $\quad X = c_1 \begin{bmatrix} 1 \\ 0 \\ -1 \end{bmatrix} + c_2 \begin{bmatrix} 0 \\ 1 \\ 1 \end{bmatrix}$

$\lambda = 5$，$\quad \begin{bmatrix} -4 & -2 & 2 \\ -2 & -4 & -2 \\ 2 & -2 & -4 \end{bmatrix} \begin{bmatrix} x \\ y \\ z \end{bmatrix} = \begin{bmatrix} 0 \\ 0 \\ 0 \end{bmatrix}$

得特徵值 $\quad X = c_1 \begin{bmatrix} 1 \\ -1 \\ 1 \end{bmatrix}$

對角化
$$P = \begin{bmatrix} 1 & 0 & 1 \\ 0 & 1 & -1 \\ -1 & 1 & 1 \end{bmatrix}, D = \begin{bmatrix} -1 & 0 & 0 \\ 0 & -1 & 0 \\ 0 & 0 & 5 \end{bmatrix}$$

得齊性解
$$X = c_1 \begin{bmatrix} 1 \\ 0 \\ -1 \end{bmatrix} e^{-t} + c_2 \begin{bmatrix} 0 \\ 1 \\ 1 \end{bmatrix} e^{-t} + c_3 \begin{bmatrix} 1 \\ -1 \\ 1 \end{bmatrix} e^{5t}$$

得
$$x(t) = c_1 e^{-t} + c_3 e^{5t}$$
$$y(t) = c_2 e^{-t} - c_3 e^{5t}$$
$$z(t) = -c_1 e^{-t} + c_2 e^{-t} + c_3 e^{5t}$$

第六節　喬登化法

已知一階齊性聯立常微分方程組之標準式

$$\frac{dX}{dt} = AX \quad , 初始條件 \quad X(t_0) = X_0$$

若矩陣 A 存在 m（$< n$）個特徵向量，$X_1, X_2, \cdots, X_m$，所缺的特徵向量須由 $n - m$ 個廣義特徵向量來補充，則令特徵矩陣與廣義特徵矩陣 為 $X_1, X_2, \cdots, X_m, X_{m+1}^*, \cdots, X_n^*$，

令轉換矩陣 $P = [X_1, X_2, \cdots, X_m, X_{m+1}^*, \cdots, X_n^*]$，則得矩陣 A 之 Jordan 正則化矩陣

$$P^{-1}AP = J = \begin{bmatrix} J_1 & 0 & & 0 \\ 0 & J_2 & & 0 \\ & & \ddots & \\ 0 & 0 & & J_s \end{bmatrix}$$

為簡化分析工作，接著以三階 Jordan 正則化矩陣，作詳細求解說明。

已知三階矩陣 A 之三個特徵值重根,即 $\lambda_1 = \lambda_2 = \lambda_3$,其特徵向量與廣義特徵向量如下:

$$(A - \lambda_1 I)X_1 = 0$$

$$(A - \lambda_1 I)X_2^* = X_1$$

$$(A - \lambda_1 I)X_3^* = X_2^*$$

得轉換矩陣 $P = [X_1 \quad X_2^* \quad X_3^*]$,得 Jordan 正則化

$$P^{-1}AP = J = \begin{bmatrix} \lambda_1 & 1 & 0 \\ 0 & \lambda_1 & 1 \\ 0 & 0 & \lambda_1 \end{bmatrix}$$

利用轉換矩陣 P 作變數變換,即令

$$X = PV = [X_1 \quad X_2^* \quad X_3^*]\begin{bmatrix} v_1 \\ v_2 \\ v_3 \end{bmatrix}$$

代入一階齊性聯立常微分方程組,$\dfrac{dX}{dt} = AX$,得

$$P\frac{dV}{dt} = APV$$

兩邊乘上 P^{-1},得 $P^{-1}P\dfrac{dV}{dt} = P^{-1}APV$,或

$$\frac{dV}{dt} = P^{-1}APV = JV$$

或

$$\frac{dV}{dt} = \begin{bmatrix} \lambda_1 & 1 & 0 \\ 0 & \lambda_1 & 1 \\ 0 & 0 & \lambda_1 \end{bmatrix}\begin{bmatrix} v_1 \\ v_2 \\ v_3 \end{bmatrix} \tag{7}$$

展開後得三個常微分方程式，得

$$\frac{dv_1}{dt} = \lambda_1 v_1 + v_2 \qquad (8)$$

$$\frac{dv_2}{dt} = \lambda_1 v_2 + v_3 \qquad (9)$$

$$\frac{dv_3}{dt} = \lambda_1 v_3 \qquad (10)$$

1. 先解第三組，$\dfrac{dv_3}{dt} = \lambda_1 v_3$

   其通解為 $v_3(t) = c_3 e^{\lambda_1 t}$

2. 再代回去解第二組，$\dfrac{dv_2}{dt} = \lambda_1 v_2 + v_3$

或

$$\frac{dv_2}{dt} - \lambda_1 v_2 = c_3 e^{\lambda_1 t}$$

逆運算法

$$v_{2P}(t) = c_3 \frac{1}{D - \lambda_1} e^{\lambda_1 t} = c_3 \frac{t}{1!} e^{\lambda_1 t}$$

   其通解為 $v_2(t) = c_2 e^{\lambda_1 t} + c_3 t e^{\lambda_1 t}$

3. 再代回去解第一組，$\dfrac{dv_1}{dt} = \lambda_1 v_1 + v_2$

或

$$\frac{dv_1}{dt} - \lambda_1 v_1 = c_2 e^{\lambda_1 t} + c_3 t e^{\lambda_1 t}$$

逆運算法

$$v_{1P}(t) = c_2 \frac{1}{D - \lambda_1} e^{\lambda_1 t} + c_3 \frac{1}{D - \lambda_1} \frac{t}{1!} e^{\lambda_1 t}$$

代入逆運算得

$$v_{1P}(t) = c_2 \frac{t}{1!} e^{\lambda_1 t} + c_3 e^{\lambda_1 t} \frac{1}{D + \lambda_1 - \lambda_1} \frac{t}{1!}$$

或

$$v_{1P}(t) = c_2 \frac{t}{1!} e^{\lambda_1 t} + c_3 e^{\lambda_1 t} \frac{1}{D} \frac{t}{1!}$$

積分得

$$v_{1P}(t) = c_2 \frac{t}{1!} e^{\lambda_1 t} + c_3 e^{\lambda_1 t} \frac{t^2}{2!}$$

其通解為 $v_1(t) = c_1 e^{\lambda_1 t} + c_2 t e^{\lambda_1 t} + c_3 \frac{t^2}{2!} e^{\lambda_1 t}$

整理得

$$\begin{bmatrix} v_1 \\ v_2 \\ v_3 \end{bmatrix} = \begin{bmatrix} c_1 e^{\lambda_1 t} + c_2 t e^{\lambda_1 t} + c_3 \frac{t^2}{2!} e^{\lambda_1 t} \\ c_2 e^{\lambda_1 t} + c_3 t e^{\lambda_1 t} \\ c_3 e^{\lambda_1 t} \end{bmatrix}$$

上式 n 個一階常微分方程之通解，代入變換式 $X = PV$ 中，得

$$X = PV = \begin{bmatrix} X_1 & X_2^* & X_3^* \end{bmatrix} \begin{bmatrix} v_1 \\ v_2 \\ v_3 \end{bmatrix}$$

齊性解表成通式

$$X_h(t) = c_1 X_1 e^{\lambda_1 t} + c_2 (X_1 t + X_2^*) e^{\lambda_1 t} + c_3 \left(X_1 \frac{t^2}{2!} + X_2^* t + X_3^* \right) e^{\lambda_1 t} \quad (11)$$

範例 13：常係數 聯立一階 ODE(齊性重根可喬登化)

Find solutions for the following differential equations
$$y_1' - 4y_1 - y_2 = 0$$
$$y_2' + y_1 - 2y_2 = 0$$
(10%)

成大機械所

解答：

已知
$$y_1' = 4y_1 + y_2$$
$$y_2' = -y_1 + 2y_2$$

$$\frac{dX}{dt} = \begin{bmatrix} 4 & 1 \\ -1 & 2 \end{bmatrix} \begin{bmatrix} y_1 \\ y_2 \end{bmatrix}$$

特徵方程式
$$|A - \lambda I| = \begin{vmatrix} 4-\lambda & 1 \\ -1 & 2-\lambda \end{vmatrix} = (\lambda - 3)^2 = 0$$

特徵值 $\lambda = 3，\lambda = 3$

A 之特徵值 $\lambda = 3$，特徵值向量 $X_1 = \begin{bmatrix} 1 \\ -1 \end{bmatrix}$

廣義特徵值向量 $X_1 = c_1 \begin{bmatrix} 1 \\ -1 \end{bmatrix} + \begin{bmatrix} 0 \\ 1 \end{bmatrix}$

令 $P = \begin{bmatrix} 1 & 0 \\ -1 & 1 \end{bmatrix}$，$P^{-1}AP = J = \begin{bmatrix} 3 & 1 \\ 0 & 3 \end{bmatrix}$

令 $X = PV = \begin{bmatrix} X_1 & X_2^* \end{bmatrix} \begin{bmatrix} v_1 \\ v_2 \end{bmatrix}$

代回原微分方程 $P \dfrac{dV}{dt} = APV$

或

$$\frac{dV}{dt} = P^{-1}APV = JV = \begin{bmatrix} 3 & 1 \\ 0 & 3 \end{bmatrix}\begin{bmatrix} v_1 \\ v_2 \end{bmatrix}$$

展開得

$$\frac{dv_1}{dt} = 3v_1 + v_2 \quad (1)$$

及

$$\frac{dv_2}{dt} = 3v_2 \quad (2)$$

得解(2)

$$v_2 = c_2 e^{3t}$$

及(1)

$$v_1 = c_1 e^{3t} + c_2 t e^{3t}$$

代回

$$X = PV = \begin{bmatrix} X_1 & X_2^* \end{bmatrix}\begin{bmatrix} c_1 e^{3t} + c_2 t e^{3t} \\ c_2 e^{3t} \end{bmatrix}$$

得解

$$X = \begin{bmatrix} y_1 \\ y_2 \end{bmatrix} = c_1 \begin{bmatrix} 1 \\ -1 \end{bmatrix} e^{3t} + c_2 \left(\begin{bmatrix} 1 \\ -1 \end{bmatrix} t + \begin{bmatrix} 0 \\ 1 \end{bmatrix} \right) e^{3t}$$

$$y_1 = c_1 e^{3t} + c_2 t e^{3t}$$
$$y_2 = -c_1 e^{3t} + c_2(-t+1)e^{3t}$$

範例 14：常係數 聯立一階 ODE(齊性重根可喬登化)

(20%) Consider the system of equation $\frac{dY}{dt} = AY = \begin{bmatrix} 1 & -1 & 0 \\ 1 & 3 & 0 \\ 0 & 0 & -2 \end{bmatrix} Y$

(a) Find a complete set of the eigenvalues and eigenvectors of A.
(b) Use the result from (a), construct a general solution of the equation.

台大數學所

解答：

特徵方程式 $\begin{vmatrix} 1-\lambda & -1 & 0 \\ 1 & 3-\lambda & 0 \\ 0 & 0 & -2-\lambda \end{vmatrix} = (\lambda+2)(\lambda-2)^2 = 0$

1. 特徵值 $\lambda = 2, 2$ $\begin{bmatrix} -1 & -1 & 0 \\ 1 & 1 & 0 \\ 0 & 0 & -4 \end{bmatrix} Y = 0$

特徵向量 $X = c_1 \begin{bmatrix} 1 \\ -1 \\ 0 \end{bmatrix}$ 或 $X_1 = \begin{bmatrix} 1 \\ -1 \\ 0 \end{bmatrix}$

廣義特徵向量 $\begin{bmatrix} -1 & -1 & 0 \\ 1 & 1 & 0 \\ 0 & 0 & -4 \end{bmatrix} Y = \begin{bmatrix} 1 \\ -1 \\ 0 \end{bmatrix}$

得 $X = c_1 \begin{bmatrix} 1 \\ -1 \\ 0 \end{bmatrix} + \begin{bmatrix} -1 \\ 0 \\ 0 \end{bmatrix}$ ， $X_1 = \begin{bmatrix} 1 \\ -1 \\ 0 \end{bmatrix}$ ， $X_2^* = \begin{bmatrix} -1 \\ 0 \\ 0 \end{bmatrix}$

2. 特徵值 $\lambda = -2$ $\begin{bmatrix} 3 & -1 & 0 \\ 1 & 5 & 0 \\ 0 & 0 & 0 \end{bmatrix} Y = 0$

特徵向量 $X = c_1 \begin{bmatrix} 0 \\ 0 \\ 1 \end{bmatrix}$ ， $X_3 = \begin{bmatrix} 0 \\ 0 \\ 1 \end{bmatrix}$

齊性解 $y_h = c_1 \begin{bmatrix} 1 \\ -1 \\ 0 \end{bmatrix} e^{2t} + c_2 \left(\begin{bmatrix} 1 \\ -1 \\ 0 \end{bmatrix} te^{2t} + \begin{bmatrix} -1 \\ 0 \\ 0 \end{bmatrix} e^{2t} \right) + c_3 \begin{bmatrix} 0 \\ 0 \\ 1 \end{bmatrix} e^{-2t}$

範例 15：常係數 聯立一階 ODE(齊性重根可喬登化)

Solve $\dfrac{dX}{dt} = \begin{bmatrix} 2 & 1 & 6 \\ 0 & 2 & 5 \\ 0 & 0 & 2 \end{bmatrix} X$.

中央通訊、電機所

解答：

$$|A - \lambda I| = -(\lambda - 2)^3 = 0$$

特徵值 $\lambda = 2$

$$\begin{bmatrix} 0 & 1 & 6 \\ 0 & 0 & 5 \\ 0 & 0 & 0 \end{bmatrix} \begin{bmatrix} x_1 \\ x_2 \\ x_3 \end{bmatrix} = \begin{bmatrix} 0 \\ 0 \\ 0 \end{bmatrix}$$

特徵向量

$$X = c_1 \begin{bmatrix} 1 \\ 0 \\ 0 \end{bmatrix},\ X_1 = \begin{bmatrix} 1 \\ 0 \\ 0 \end{bmatrix}$$

廣義特徵向量

$$\begin{bmatrix} 0 & 1 & 6 \\ 0 & 0 & 5 \\ 0 & 0 & 0 \end{bmatrix} \begin{bmatrix} x_1 \\ x_2 \\ x_3 \end{bmatrix} = \begin{bmatrix} 1 \\ 0 \\ 0 \end{bmatrix}$$

即

$$X = c_1 \begin{bmatrix} 1 \\ 0 \\ 0 \end{bmatrix} + \begin{bmatrix} 0 \\ 1 \\ 0 \end{bmatrix},\ X_2^* = \begin{bmatrix} 0 \\ 1 \\ 0 \end{bmatrix}$$

廣義特徵向量

$$\begin{bmatrix} 0 & 1 & 6 \\ 0 & 0 & 5 \\ 0 & 0 & 0 \end{bmatrix} \begin{bmatrix} x_1 \\ x_2 \\ x_3 \end{bmatrix} = \begin{bmatrix} 0 \\ 1 \\ 0 \end{bmatrix}$$

即

$$X = c_1 \begin{bmatrix} 1 \\ 0 \\ 0 \end{bmatrix} + \begin{bmatrix} 0 \\ -6/5 \\ 1/5 \end{bmatrix},\ X_3^* = \begin{bmatrix} 0 \\ -6/5 \\ 1/5 \end{bmatrix}$$

通解

$$X = c_1 \begin{bmatrix} 1 \\ 0 \\ 0 \end{bmatrix} e^{2t} + c_2 \left(\begin{bmatrix} 1 \\ 0 \\ 0 \end{bmatrix} t + \begin{bmatrix} 0 \\ 1 \\ 0 \end{bmatrix} \right) e^{2t} + c_3 \left(\begin{bmatrix} 1 \\ 0 \\ 0 \end{bmatrix} \frac{t^2}{2} + \begin{bmatrix} 0 \\ 1 \\ 0 \end{bmatrix} t + \begin{bmatrix} 0 \\ -6/5 \\ 1/5 \end{bmatrix} \right) e^{2t}$$

第七節　一階聯立 ODE(五)基本矩陣法

已知一階齊性聯立常微分方程組之標準式

$$\frac{dX}{dt} = AX \quad,\text{初始條件}\quad X(t_0) = X_0$$

其齊性解表成

$$X = c_1 X_1 e^{\lambda_1 t} + c_2 X_2 e^{\lambda_2 t} + \cdots + c_n X_n e^{\lambda_n t}$$

表成矩陣型式

$$X = \begin{bmatrix} X_1 e^{\lambda_1 t} & X_2 e^{\lambda_2 t} & \cdots & X_n e^{\lambda_n t} \end{bmatrix} \begin{bmatrix} c_1 \\ c_2 \\ \vdots \\ c_n \end{bmatrix}$$

或

$$X = \begin{bmatrix} x_{11} e^{\lambda_1 t} & x_{12} e^{\lambda_2 t} & & x_{1n} e^{\lambda_n t} \\ x_{21} e^{\lambda_1 t} & x_{22} e^{\lambda_2 t} & & x_{2n} e^{\lambda_n t} \\ & & \ddots & \\ x_{n1} e^{\lambda_1 t} & x_{n2} e^{\lambda_2 t} & & x_{nn} e^{\lambda_n t} \end{bmatrix} \begin{bmatrix} c_1 \\ c_2 \\ \vdots \\ c_n \end{bmatrix}$$

其中

$$\phi(t)=\begin{bmatrix} x_{11}e^{\lambda_1 t} & x_{12}e^{\lambda_2 t} & & x_{1n}e^{\lambda_n t} \\ x_{21}e^{\lambda_1 t} & x_{22}e^{\lambda_2 t} & & x_{2n}e^{\lambda_n t} \\ & & \ddots & \\ x_{n1}e^{\lambda_1 t} & x_{n2}e^{\lambda_2 t} & & x_{nn}e^{\lambda_n t} \end{bmatrix} \text{ 及 } C=\begin{bmatrix} c_1 \\ c_2 \\ \vdots \\ c_n \end{bmatrix} \qquad (12)$$

稱之為 $\phi(t)$ 為齊性方程組之基本矩陣（Fundamental Matrix）。

齊性解型式，可表成

$$X(t)=\phi(t)C$$

其中 C 為常數矩陣。

代入齊性方程組 $\dfrac{dX}{dt}=AX$ ，初始條件 $X(t_0)=X_0$

得 $\dfrac{dX}{dt}=\dot{\phi}(t)C$，右邊為 $AX=A\phi(t)C$

或

$$\dot{\phi}(t)C=A\phi(t)C$$

移項，得

$$\dot{\phi}(t)C-A\phi(t)C=0$$

或

$$\dot{\phi}(t)-A(t)\phi(t)=0$$

因 $\phi(t)$ 為非奇異矩陣，故 $\phi^{-1}(t)$ 存在。

代入初始條件 $X(t_0)=X_0$，$X(t)=\phi(t)C$，得

$$\phi(t_0)C=X_0$$

得

$$C = \phi^{-1}(t_0)X_0$$

代回原齊性解得其解為

$$X(t) = \phi(t)\phi^{-1}(t_0)X_0 \tag{13}$$

第八節　一階非齊性聯立 ODE(一)逆運算法

若一階非齊性聯立常微分方程之標準式

$$\dot{X} = AX + F(t)　，初始條件　X(t_0) = X_0$$

上式之通解可假設由兩部分組成：$X(t) = X_h(t) + X_p(t)$

令

$$X = PV = \begin{bmatrix} X_1 & X_2 & \cdots & X_n \end{bmatrix} \begin{bmatrix} v_1 \\ v_2 \\ \vdots \\ v_n \end{bmatrix}$$

代入上式

$$P\dot{V} = APV + F(t)$$

乘上 P^{-1}，得

$$P^{-1}P\dot{V} = P^{-1}APV + P^{-1}F(t)$$

得

$$\dot{V} = DV + P^{-1}F(t)$$

或

$$\frac{d}{dt}\begin{bmatrix} v_1 \\ v_2 \\ \vdots \\ v_n \end{bmatrix} = \begin{bmatrix} \lambda_1 & 0 & & 0 \\ 0 & \lambda_2 & \cdots & 0 \\ & & \cdots & \\ 0 & 0 & & \lambda_n \end{bmatrix}\begin{bmatrix} v_1 \\ v_2 \\ \vdots \\ v_n \end{bmatrix} + P^{-1}F(t) \tag{14}$$

最後，再利用逆運算子法，得通解。

範例 16：二階矩陣(非齊性逆運算法)

Find the general solution of the nonhomogeneous linear system of differential equations $Y' = AY + g = \begin{bmatrix} 2 & -4 \\ 1 & -3 \end{bmatrix} Y + \begin{bmatrix} 2t^2 + 10t \\ t^2 + 9t + 3 \end{bmatrix}$, where, and $Y' = \begin{bmatrix} y_1' \\ y_2' \end{bmatrix}$

〈台科大化工所〉

解答：

$$\begin{vmatrix} 2-\lambda & -4 \\ 1 & -3-\lambda \end{vmatrix} = (\lambda-2)(\lambda+3) + 4 = (\lambda+2)(\lambda-1) = 0$$

特徵值 $\lambda = -2$，$\lambda = 1$，特徵向量為 $X_1 = \begin{bmatrix} 1 \\ 1 \end{bmatrix}$ 及 $X_2 = \begin{bmatrix} 4 \\ 1 \end{bmatrix}$

轉換矩陣 $P = \begin{bmatrix} 1 & 4 \\ 1 & 1 \end{bmatrix}$

令 $Y = PV$，代入得

$$PV' = APV + g = \begin{bmatrix} 2 & -4 \\ 1 & -3 \end{bmatrix} Y + \begin{bmatrix} 2t^2 + 10t \\ t^2 + 9t + 3 \end{bmatrix}$$

乘上 P^{-1}

$$P^{-1}PV' = P^{-1}APV + P^{-1}g = P^{-1}\begin{bmatrix} 2 & -4 \\ 1 & -3 \end{bmatrix}Y + P^{-1}\begin{bmatrix} 2t^2 + 10t \\ t^2 + 9t + 3 \end{bmatrix}$$

得 $V' = DV + P^{-1}g = \begin{bmatrix} -2 & 0 \\ 0 & 1 \end{bmatrix}V + \begin{bmatrix} 1 & 4 \\ 1 & 1 \end{bmatrix}^{-1}\begin{bmatrix} 2t^2 + 10t \\ t^2 + 9t + 3 \end{bmatrix}$

或 $V' = \begin{bmatrix} -2 & 0 \\ 0 & 1 \end{bmatrix}V + \frac{1}{3}\begin{bmatrix} -1 & 4 \\ 1 & -1 \end{bmatrix}\begin{bmatrix} 2t^2 + 10t \\ t^2 + 9t + 3 \end{bmatrix}$

得

$$v_1' = -2v_1 + \frac{1}{3}(2t^2 + 26t + 12)$$

$$v_2' = v_2 + \frac{1}{3}(t^2 + t - 3)$$

逆運算

$$v_1 = c_1 e^{-2t} + \frac{1}{3}\frac{1}{D+2}(2t^2 + 26t + 12)$$

$$v_2 = c_2 e^{t} + \frac{1}{3}\frac{1}{D-1}(t^2 + t - 3)$$

最後得解

$$Y = P\begin{bmatrix} v_1 \\ v_2 \end{bmatrix} = c_1\begin{bmatrix} 1 \\ 1 \end{bmatrix}e^{-2t} + c_2\begin{bmatrix} 4 \\ 1 \end{bmatrix}e^{t} + \begin{bmatrix} -t^2 \\ 3t \end{bmatrix}$$

範例 17：二階矩陣(非齊性逆運算法)

$\dfrac{dX(t)}{dt} = AX(t) + G(t) = \begin{bmatrix} 3 & 3 \\ 1 & 5 \end{bmatrix}X(t) + \begin{bmatrix} 8 \\ 4e^{3t} \end{bmatrix}$ where $X(t)$ is a 2×1 matrix, and A is 2×2 matrix.

(a) Find the solution of the above equation.
(b) Find the matrix A^{10}.

北科大土木防災所

解答：

特徵值 $\lambda = 2$，$\lambda = 6$

$$P = \begin{bmatrix} 3 & 1 \\ -1 & 1 \end{bmatrix}$$

令 $X = PV$

$$V' = DV + P^{-1}G = \begin{bmatrix} 2 & 0 \\ 0 & 6 \end{bmatrix}V + \begin{bmatrix} 3 & 1 \\ -1 & 1 \end{bmatrix}^{-1}\begin{bmatrix} 8 \\ 4e^{3t} \end{bmatrix}$$

或 $$V' = \begin{bmatrix} 2 & 0 \\ 0 & 6 \end{bmatrix}V + \frac{1}{4}\begin{bmatrix} 1 & -1 \\ 1 & 3 \end{bmatrix}\begin{bmatrix} 8 \\ 4e^{3t} \end{bmatrix}$$

得

$$v_1' = 2v_1 + 2 - e^{3t}$$
$$v_2' = 6v_2 + 2 + 3e^{3t}$$

逆運算

$$v_1 = c_1 e^{2t} + \frac{1}{D-2}2 - \frac{1}{D-2}e^{3t} = c_1 e^{2t} - 2 - e^{3t}$$
$$v_2 = c_2 e^{6t} + \frac{1}{D-6}2 + 3\frac{1}{D-6}e^{3t} = c_2 e^{6t} - \frac{1}{3} - e^{3t}$$

代回 $$X = PV = \begin{bmatrix} X_1 & X_2 \end{bmatrix}\begin{bmatrix} c_1 e^{2t} - 2 - e^{3t} \\ c_2 e^{6t} - \frac{1}{3} - e^{3t} \end{bmatrix}$$

$$X = c_1 X_1 e^{2t} - 2X_1 - X_1 e^{3t} + c_2 X_2 e^{6t} - \frac{1}{3}X_2 - X_2 e^{3t}$$

或

$$X = c_1 X_1 e^{2t} + c_2 X_2 e^{6t} - \frac{1}{3} X_2 - 2X_1 - X_2 e^{3t} - X_1 e^{3t}$$

整理得

$$X = c_1 \begin{bmatrix} 3 \\ -1 \end{bmatrix} e^{2t} + c_2 \begin{bmatrix} 1 \\ 1 \end{bmatrix} e^{6t} - \left(\frac{1}{3} \begin{bmatrix} 1 \\ 1 \end{bmatrix} + 2 \begin{bmatrix} 3 \\ -1 \end{bmatrix} \right) - \left(\begin{bmatrix} 1 \\ 1 \end{bmatrix} + \begin{bmatrix} 3 \\ -1 \end{bmatrix} \right) e^{3t}$$

得解

$$X = c_1 \begin{bmatrix} 3 \\ -1 \end{bmatrix} e^{2t} + c_2 \begin{bmatrix} 1 \\ 1 \end{bmatrix} e^{6t} - \begin{bmatrix} 4e^{3t} + \frac{19}{3} \\ -\frac{5}{3} \end{bmatrix}$$

(b) $A^{10} = P D^{10} P^{-1} = \begin{bmatrix} 3 & 1 \\ -1 & 1 \end{bmatrix} \begin{bmatrix} 2^{10} & 0 \\ 0 & 6^{10} \end{bmatrix} \frac{1}{4} \begin{bmatrix} 1 & -1 \\ 1 & 3 \end{bmatrix}$

範例 18：二階矩陣(非齊性逆運算法)

Find the particular solution of the following differential equation
$\dfrac{dy}{dt} = y + 2z + e^{2t}$
$\dfrac{dz}{dt} = 2y + z$
which satisfies the initial condition $y(0) = \dfrac{2}{3}$, $z(0) = \dfrac{11}{3}$

嘉義光電與固態電子所

解答：

表成矩陣　　$X' = \begin{bmatrix} 1 & 2 \\ 2 & 1 \end{bmatrix} X + \begin{bmatrix} e^{2t} \\ 0 \end{bmatrix}$

特徵值　$\lambda = -1$, $\lambda = 3$

轉換矩陣　　$P = \begin{bmatrix} 1 & 1 \\ -1 & 1 \end{bmatrix}$, $P^{-1} A P = D$

令 $X = PV$

$$V' = \begin{bmatrix} -1 & 0 \\ 0 & 3 \end{bmatrix} V + \frac{1}{2}\begin{bmatrix} 1 & -1 \\ 1 & 1 \end{bmatrix}^{-1} \begin{bmatrix} e^{2t} \\ 0 \end{bmatrix}$$

得

$$v_1' = -v_1 + \frac{1}{2}e^{2t}$$

$$v_2' = 3v_2 + \frac{1}{2}e^{2t}$$

分別得解

$$v_1 = c_1 e^{-t} + \frac{1}{6}e^{2t}$$

$$v_2 = c_2 e^{3t} - \frac{1}{2}e^{2t}$$

得解

$$X = c_1 \begin{bmatrix} 1 \\ -1 \end{bmatrix} e^{-t} + c_2 \begin{bmatrix} 1 \\ 1 \end{bmatrix} e^{3t} + \begin{bmatrix} -\dfrac{1}{3}e^{2t} \\ -\dfrac{2}{3}e^{2t} \end{bmatrix}$$

第九節　一階非齊性聯立 ODE(二)參數變更法

若一階非齊性聯立常微分方程之標準式

$$\dot{X} = AX + F(t)$$，初始條件 $X(t_0) = X_0$

上式之通解可假設由兩部分組成：$X(t) = X_h(t) + X_p(t)$

當 $F(t) = 0$ 時，得一階齊性聯立常微分方程組：

$$\dot{X} = AX$$

其齊性解為

$$X_h(t) = \phi(t)C$$

假設非齊性解為

$$X_p(t) = \phi(t)U(t)$$

其中 $U(t)$ 為待定參數。代回原方程組，得

$$\dot{\phi}(t)U(t) + \phi(t)\dot{U}(t) = A\phi(t)U(t) + F(t)$$

其中由齊性解知：$\dot{\phi}(t) - A(t)\phi(t) = 0$，代入得

$$\phi(t)\dot{U}(t) = F(t)$$

乘上反矩陣 $\phi^{-1}(t)$，得

$$\dot{U}(t) = \phi^{-1}(t)F(t)$$

直接積分得

$$U(t) = \int \phi^{-1}(t)F(t)dt$$

或

$$U(t) = \int_{t_0}^{t} \phi^{-1}(t)F(t)dt$$

代回通解

$$X(t) = \phi(t)C + \phi(t)\int_{t_0}^{t} \phi^{-1}(t)F(t)dt$$

代入初始條件

$$X(t_0) = \phi(t_0)C + \phi(t_0)\int_{t_0}^{t_0}\phi^{-1}(t)F(t)dt = \phi(t_0)C = X_0$$

得

$$C = \phi^{-1}(t_0)X_0$$

最後得通解公式為

$$X(t) = \phi(t)\phi^{-1}(t_0)X_0 + \phi(t)\int_{t_0}^{t}\phi^{-1}(t)F(t)dt \qquad (15)$$

範例 19：二階矩陣(非齊性參數變更法)

Solve the simultaneous differential equations
$$\dot{x}(t) = x - y + e^{-t}$$
$$\dot{y}(t) = 2x - 2y + \sin(2t)e^{-t}$$
(15%)

清大動機所

解答：

$$\dot{x}(t) = x - y + e^{-t}$$
$$\dot{y}(t) = 2x - 2y + \sin(2t)e^{-t}$$

矩陣形式 $\quad \dot{X} = \begin{bmatrix} 1 & -1 \\ 2 & -2 \end{bmatrix}X + \begin{bmatrix} e^{-t} \\ \sin(2t)e^{-t} \end{bmatrix}$

特徵方程式 $\quad |A - \lambda I| = \begin{vmatrix} 1-\lambda & -1 \\ 2 & -2-\lambda \end{vmatrix} = \lambda(\lambda+1) = 0$

$\lambda = 0 \qquad \begin{bmatrix} 1 & -1 \\ 2 & -2 \end{bmatrix}\begin{bmatrix} x_1 \\ x_2 \end{bmatrix} = 0$

| 特徵向量 | $X = c_1 \begin{bmatrix} 1 \\ 1 \end{bmatrix}$ |

$\lambda = -1$ $\qquad \begin{bmatrix} 2 & -1 \\ 2 & -1 \end{bmatrix} \begin{bmatrix} x_1 \\ x_2 \end{bmatrix} = 0$

特徵向量 $\qquad X = c_1 \begin{bmatrix} 1 \\ 2 \end{bmatrix}$

轉換矩陣 $\qquad P = \begin{bmatrix} 1 & 1 \\ 1 & 2 \end{bmatrix}$

令變數變換 $\qquad X = PV$，其中 $V = \begin{bmatrix} v_1 \\ v_2 \end{bmatrix}$

代回原微分方程 $\qquad \dot{X} = AX$，得 $P\dot{V} = APV$

或 $\qquad \dot{V} = P^{-1}APV = DV$

展開成分量 $\qquad \begin{bmatrix} \dot{v}_1 \\ \dot{v}_2 \end{bmatrix} = \begin{bmatrix} 0 & 0 \\ 0 & -1 \end{bmatrix} \begin{bmatrix} v_1 \\ v_2 \end{bmatrix}$

解 $\qquad \dot{v}_1 = 0$，解 $v_1 = c_1$

及 $\qquad \dot{v}_2 = -v_2$，解 $v_2 = c_2 e^{-t}$

即 $\qquad V = \begin{bmatrix} v_1 \\ v_2 \end{bmatrix} = \begin{bmatrix} c_1 \\ c_2 e^{-t} \end{bmatrix}$

最後得通解 $\qquad X = PV = \begin{bmatrix} 1 & 1 \\ 1 & 2 \end{bmatrix} \begin{bmatrix} c_1 \\ c_2 e^{-t} \end{bmatrix} = \begin{bmatrix} 1 & e^{-t} \\ 1 & 2e^{-t} \end{bmatrix} \begin{bmatrix} c_1 \\ c_2 \end{bmatrix} = \phi(t)C$

$$\phi^{-1}(t) = e^t \begin{bmatrix} 2e^{-t} & -e^{-t} \\ -1 & 1 \end{bmatrix} = \begin{bmatrix} 2 & -1 \\ -e^t & e^t \end{bmatrix}$$

及

$$\phi^{-1}(t)F(t) = \begin{bmatrix} 2 & -1 \\ -e^t & e^t \end{bmatrix} \begin{bmatrix} e^{-t} \\ \sin 2t e^{-t} \end{bmatrix} = \begin{bmatrix} 2e^{-t} - \sin 2t e^{-t} \\ -1 + \sin 2t \end{bmatrix}$$

積分得

$$\int \phi^{-1}(t)F(t)dt = \int \begin{bmatrix} 2e^{-t} - \sin 2t e^{-t} \\ -1 + \sin 2t \end{bmatrix} dt = \begin{bmatrix} -2e^{-t} - \frac{1}{3}(\sin 2t + 2\cos 2t)e^{-t} \\ -t - \frac{1}{2}\cos 2t \end{bmatrix}$$

得特解

$$X_p = \phi(t) \int \phi^{-1}(t)F(t)dt = \begin{bmatrix} 1 & e^{-t} \\ 1 & 2e^{-t} \end{bmatrix} \begin{bmatrix} -2e^{-t} - \frac{1}{3}(\sin 2t + 2\cos 2t)e^{-t} \\ -t - \frac{1}{2}\cos 2t \end{bmatrix}$$

最後得解

$$x(t) = c_1 + c_2 e^{-t} - \left(\frac{1}{3}\sin 2t + \frac{2}{3}\cos 2t\right)e^{-t} - te^{-t}$$

$$y(t) = c_1 + 2c_2 e^{-t} - \left(\frac{1}{3}\sin 2t + \frac{5}{3}\cos 2t\right)e^{-t} - 2te^{-t}$$

範例 20：二階矩陣(非齊性參數變更法)

Solve $X' = \begin{bmatrix} -3 & -4 \\ 5 & 6 \end{bmatrix} X + \begin{bmatrix} 1 \\ -1 \end{bmatrix} e^t$.

中興電機所

解答：

先求齊性解 $X' = \begin{bmatrix} -3 & -4 \\ 5 & 6 \end{bmatrix} X$

特徵方程式 $\begin{vmatrix} -3-\lambda & -4 \\ 5 & 6-\lambda \end{vmatrix} = (\lambda-1)(\lambda-2) = 0$

得 $\lambda = 1$，$\lambda = 2$

$\lambda = 1$ $\begin{bmatrix} -4 & -4 \\ 5 & 5 \end{bmatrix} \begin{bmatrix} x_1 \\ x_2 \end{bmatrix} = 0$

特徵向量 $X = c_1 \begin{bmatrix} 1 \\ -1 \end{bmatrix}$

$\lambda = 2$ $\begin{bmatrix} -5 & -4 \\ 5 & 4 \end{bmatrix} \begin{bmatrix} x_1 \\ x_2 \end{bmatrix} = 0$

特徵向量 $X = c_2 \begin{bmatrix} 4 \\ -5 \end{bmatrix}$

轉換矩陣 $P = \begin{bmatrix} 1 & 4 \\ -1 & -5 \end{bmatrix}$ 及 $P^{-1} = \begin{bmatrix} 5 & 4 \\ -1 & -1 \end{bmatrix}$

得齊性解 $y = \begin{bmatrix} x(t) \\ y(t) \end{bmatrix} = c_1 X_1 e^{2t} + c_2 X_2 e^{6t} = c_1 \begin{bmatrix} 1 \\ -1 \end{bmatrix} e^t + c_2 \begin{bmatrix} 4 \\ -5 \end{bmatrix} e^{2t}$

或 $y = \begin{bmatrix} e^t & 4e^{2t} \\ -e^t & -5e^{2t} \end{bmatrix} \begin{bmatrix} c_1 \\ c_2 \end{bmatrix} = \phi(t) C$

反矩陣 $\phi^{-1}(t) = \dfrac{1}{e^{3t}} \begin{bmatrix} 5e^{2t} & 4e^{2t} \\ -e^t & -e^t \end{bmatrix} = \begin{bmatrix} 5e^{-t} & 4e^{-t} \\ -e^{-2t} & -e^{-2t} \end{bmatrix}$

$$\phi^{-1}(t)F(t) = \begin{bmatrix} 5e^{-t} & 4e^{-t} \\ -e^{-2t} & -e^{-2t} \end{bmatrix} \begin{bmatrix} e^t \\ -e^t \end{bmatrix} = \begin{bmatrix} 1 \\ 0 \end{bmatrix}$$

積分

$$\int \phi^{-1}(t)F(t)dt = \int \begin{bmatrix} 1 \\ 0 \end{bmatrix} dt = \begin{bmatrix} t \\ 0 \end{bmatrix}$$

特解

$$X_P(t) = \begin{bmatrix} 3e^{2t} & e^{6t} \\ -e^{2t} & e^{6t} \end{bmatrix} \begin{bmatrix} t \\ 0 \end{bmatrix} = \begin{bmatrix} 3te^{2t} \\ -te^{2t} \end{bmatrix}$$

通解

$$X = c_1 \begin{bmatrix} 1 \\ -1 \end{bmatrix} e^t + c_2 \begin{bmatrix} 4 \\ -5 \end{bmatrix} e^{2t} + \begin{bmatrix} 3te^{2t} \\ -te^{2t} \end{bmatrix}$$

考題集錦

1. (10%) Find the general solution of the following system of the differential equations

$$\frac{dx}{dt} + \frac{dy}{dt} = 2x + 3y + 11z$$

$$\frac{dy}{dt} + \frac{dz}{dt} = 2y + 7z$$

$$\frac{dz}{dt} + \frac{dx}{dt} = 2x + y + 8z$$

台大電子、電機所 K

2. Solve the simultaneous differential equations $\begin{array}{l} x' + 5x + y' + 4y = e^{-t} \\ x' + 2x + y' + y = 3 \end{array}$.

成大船機電所

3. (15%) Use the Laplace transform to solve the problem $\begin{array}{l} 2x' - 3y + 2y' = 0 \\ x' + y' = 1 \end{array}$,

$x(0) = y(0) = 0$

淡大機械與機電所

4. (a) What is the general procedure for solving an ordinary differential equation with Laplace Transforms?

   (b) Please solve the following ordinary differential equation with Laplace Transforms.

   $$\frac{dx}{dt} + \frac{dy}{dt} + x = -e^{-t}$$

   $$\frac{dx}{dt} + 2\frac{dy}{dt} + 2x + 2y = 0$$

   Initial conditions:
   $x(0) = -1$，$y(0) = \pm 1$

   成大機械所專

5. (5%) Converting the given equation $y'' - 9y = 0$ to a system $y = Ay$, whare A is a 2×2 matrix, and then determining A

   台聯大大三轉工數

6. (10%) A certain matrix A has eigenvalues 1 and -1, with eigenvector $\begin{bmatrix} 1 \\ 0 \end{bmatrix}$ and $\begin{bmatrix} 1 \\ 1 \end{bmatrix}$ respectively.

   (1) Find the solution for the initial value problem

   $$\frac{du}{dt} = Au \text{ with } u(0) = \begin{bmatrix} 2 \\ 1 \end{bmatrix}$$

   (2) Calculate A^{9999}.

   成大機械所

7. Solve $\begin{bmatrix} y_1' \\ y_2' \end{bmatrix} = \begin{bmatrix} 1 & 1 \\ -2 & 4 \end{bmatrix} \begin{bmatrix} y_1 \\ y_2 \end{bmatrix}$，$y_1(0) = 2$，$y_2(0) = 3$

   宜蘭大電子所

8. (10%) 求解聯立微分方程式

$$x_1' = 9x_1 + x_2 + x_3$$
$$x_2' = x_1 + 9x_2 + x_3$$
$$x_3' = x_1 + x_2 + 9x_3$$

北科大光電所

9. (16%) Find solution of the following system of D.E.

$$\begin{aligned} y_1' &= -2y_1 + y_2 \\ y_2' &= -y_1 \end{aligned} \quad ; \quad y_1(0)=1 \,,\, y_2(0)=0$$

交大機械所(丁)

10. (15%) Solve the simultaneous differential equation

$$\dot{y}_1 - 3y_1 = y_2$$
$$\dot{y}_2 - y_2 = -y_1$$

清大微機電系統所

11. (20%) $X' = \begin{bmatrix} 1 & 0 & 0 \\ 2 & 2 & -1 \\ 0 & 1 & 0 \end{bmatrix} X$. Solve X

高雄大電機所光電組工數

12. Solve $\dfrac{dX}{dt} = \begin{bmatrix} 2 & 1 & 6 \\ 0 & 2 & 5 \\ 0 & 0 & 2 \end{bmatrix} X$.

台大工科所、中央通訊、電機所

13. (40%)(a) Show that the matrix : $\begin{bmatrix} 2 & 1 & 6 \\ 0 & 2 & 5 \\ 0 & 0 & 2 \end{bmatrix}$ has the repeated eigenvalues

$\lambda = 2$ with multiplicity 3 and that all eigenvectors of A are of the form

$$u = s\begin{bmatrix} 1 \\ 0 \\ 0 \end{bmatrix}.$$

(b) Use the result of part (a) to obtain a solution to the system $X' = AX$ of the form $X_1(t) = e^{2t}u_1$.

(c) To obtain the second linearly independent solution to the system $X' = AX$, try $X_2(t) = te^{2t}u_1 + e^{2t}u_2$.

(d) To obtain the third linearly independent solution to the system $X' = AX$, try $X_2(t) = \dfrac{t^2}{2}e^{2t}u_1 + te^{2t}u_2 + e^{2t}u_3$.

中興材工所乙組

14. (20%) Solve the following D.E. by the method of finding the eigenvalues and the eigenvectors of matrix A

$$Y' = AY + \begin{bmatrix} 3x \\ e^{-x} \end{bmatrix}, \text{ where } A = \begin{bmatrix} 2 & -4 \\ 1 & -3 \end{bmatrix}$$

中正光機電整合所工數

15. (20%) Find the general solution of the system

$$x_1' = 3x_1 + 3x_2 + 8$$
$$x_2' = x_1 + 5x_2 + 4e^{3t}$$

台科大機械所

16. (20%) Solve $X' = \begin{bmatrix} 4 & 2 \\ 2 & 1 \end{bmatrix} X + \begin{bmatrix} 3e^t \\ e^t \end{bmatrix}$ by diagonalization.

北台科大土木防災所

17. Find the general solution of the nonhomogeneous linear system of differential

equations $Y' = AY + g = \begin{bmatrix} 2 & -4 \\ 1 & -3 \end{bmatrix} Y + \begin{bmatrix} 10t \\ 9t+3 \end{bmatrix}$, where, and $Y' = \begin{bmatrix} y_1' \\ y_2' \end{bmatrix}$

(15%)

台大工科所

18. Tank A contain 100 gal of brine (1 lb of salt per gallon), while tank B contains 100 gal of water. Fresh water flows into tank A at 2 gal/min and there is instantaneous mixing. Liquid flows from A to B at 3 gal/min. Liquid flows from B to A at 1 gal/min, and Liquid overflows from B at 2 gal/min. Find the amounts of salt present in tank A and B at any time.(20%)

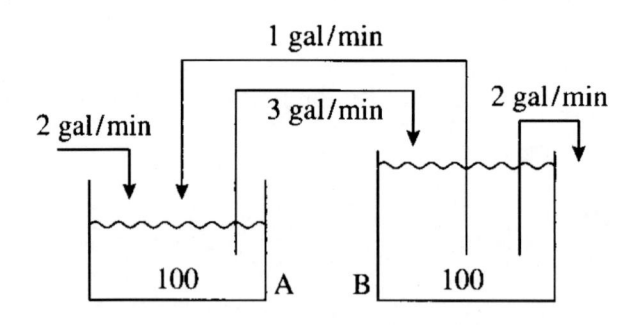

第三十章 複數運算

第一節　概論

實變函數之微分與積分在工程上的應用之廣,已是無法否認之事,因此,各大學幾乎絕大部分之科系,都將其列為必修,至少選修,但是複變函數之微分與積分,到底有什麼用?好像不太受到重視。

舉凡工程上碰到的一些奇異性問題,如破裂力學,裂縫尖端之力學分析、集中負載點之應力、與量子力學電子之運動、還有流力場之壓力與流線之探討,都是複變函數主要發揮的領域。因此,學好複變函數的理論,對這些問題之研討,會比其他分析方法,有事半功倍之效率。

由於「微積分」課程,都是在探討實變函數之微分與積分特性,現在將它們之特性,延伸應用於與複變函數之微積分特性探討,如此,利用實變微積分之基礎來學習複變函數,可收事半功倍之效率,但是其要成功必須注意下列兩大密訣:

1. 實數與複數之關係差異之一:實數都是單值函數,複數會有多值函數的情況出現。如

$$z = x + iy = re^{i(\theta + 2n\pi)}, \ n = 1, 2, \cdots$$

【分析】如何利用實數分析的方法,修正後直接應用於複數多值分析,是關鍵之一。

2. 實變函數與複變函數之關係聯繫公式:Euler 公式

$$e^{ix} = \cos x + i\sin x$$

【證明】

已知 Taylor 級數

$$e^x = 1 + \frac{1}{1!}x + \frac{1}{2!}x^2 + \cdots + \frac{1}{n!}x^n + \cdots$$

令 $x \sim ix$，代入

$$e^{ix} = 1 + \frac{1}{1!}(ix) + \frac{1}{2!}(ix)^2 + \frac{1}{3!}(ix)^3 + \frac{1}{4!}(ix)^4 + \cdots + \frac{1}{n!}(ix)^n + \cdots$$

展開，得

$$e^{ix} = 1 + i\frac{1}{1!}x - \frac{1}{2!}x^2 - i\frac{1}{3!}x^3 + \frac{1}{4!}x^4 + \cdots + \frac{1}{n!}x^n + \cdots$$

或

$$e^{ix} = \left(1 - \frac{1}{2!}x^2 + \frac{1}{4!}x^4 + \cdots\right) + i\left(\frac{1}{1!}x - \frac{1}{3!}x^3 + \frac{1}{5!}x^5 + \cdots\right)$$

得證

$$e^{ix} = \cos x + i\sin x$$

第二節　複數運算法則

※虛數單位：

首先定義一虛數單位：

令　　　　　$i = \sqrt{-1}$

平方　　　　$i^2 = -1$
再乘 i　　　$i^3 = -i$
再乘 i　　　$i^4 = 1$
接著循環。

※複數系（Complex Numbers）：

『實數與虛數之聯集稱之為複數系 (Complex Number)』。

　　表成 $z = a + bi$，$a, b \in R$。

複數系（Complex Numbers）C 之圖示法：z 平面 (橫軸為 x，又稱為實數軸，縱軸為 iy，又稱虛數軸)

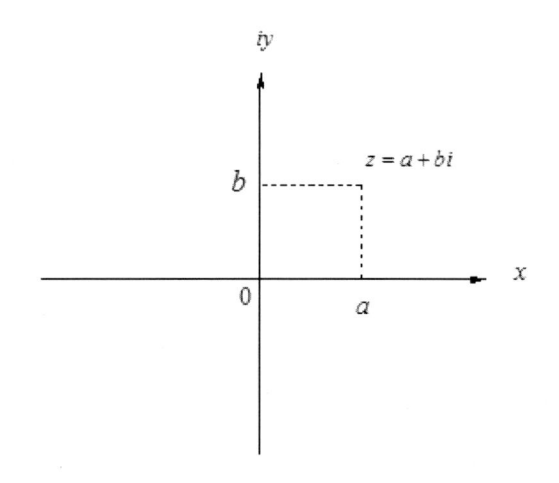

實數系會在兒一維數線上滿足稠密性，而複數系會在二維平面上滿足稠密性，因此，此平面又稱為 z 平面或複數平面 (Complex Plane)

※定義：複數系之五大運算

　　已知　$z_1 = x_1 + iy_1$，$z_2 = x_2 + iy_2$

1. 相等：

　　　若 $z_1 = z_2$，則 $x_1 = x_2, y_1 = y_2$

2. 加減：
$$z_1 \pm z_2 = (x_1 \pm x_2) + i(y_1 \pm y_2)$$

3. 乘法：
$$z_1 \cdot z_2 = (x_1 + iy_1) \cdot (x_2 + iy_2) = (x_1 x_2 - y_1 y_2) + i(x_2 y_1 + x_1 y_2)$$

4. 相除：
$$\frac{z_1}{z_2} = \frac{(x_1 + iy_1)(x_2 - iy_2)}{(x_2 + iy_2)(x_2 - iy_2)} = \frac{(x_1 + iy_1)(x_2 - iy_2)}{x_2^2 + y_2^2}$$

或

$$\frac{z_1}{z_2} = \frac{x_1 x_2 + y_1 y_2}{x_2^2 + y_2^2} + i \frac{x_2 y_1 - x_1 y_2}{x_2^2 + y_2^2}$$

5. 複數之共軛運算（Complex Conjugate）定義：

若 $z = a + ib$，則 共軛複數為 $\bar{z} = a - ib$

6. 複數之內積(或絕對值)：

定義式如下：

$$|z|^2 = z\bar{z} = (x + iy)(x - iy) = x^2 - (iy)^2 = x^2 + y^2$$

7. 複數之內積與複數模數（Modulus）：

若 $z = x + iy$，則其複數絕對值 $|z| = \sqrt{z\bar{z}} = \sqrt{x^2 + y^2}$

第三節　複變數

因為複數系會在二維平面上滿足稠密性，因此，此平面任一點座標為 (x, y)，定意該點變數為複變數 z 如下：

※定義：　複變數(卡氏座標)

令　$z = (x, y) = x + iy$，

其中 x 稱為 z 之實部（Real Part），y 稱為 z 之虛部（Imaginary Part），符號表成：

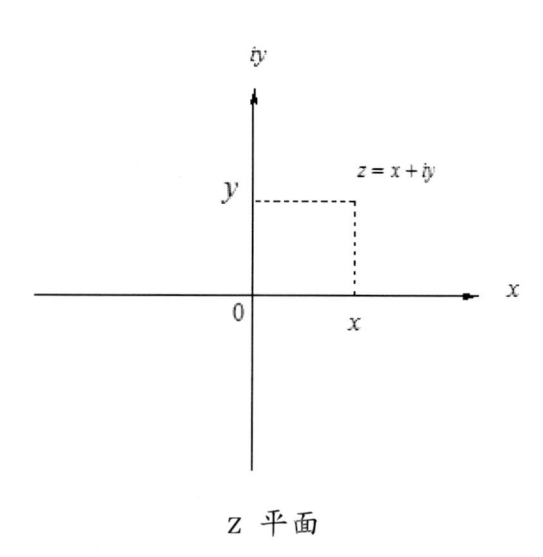

$x = \text{Re}\, z$，$y = \text{Im}\, z$

z 平面

※ 定義：共軛複變數

已知複變數　　$z = x + iy$

取共軛　　　　$\bar{z} = \overline{x + iy} = x - iy$

複數沒有大小，但複數內積可表複數離原點之距離平方：

$|z|^2 = z \cdot \bar{z} = (x + iy)(x - iy) = x^2 + y^2$

※ 實變數與複變數關係：

已知複變數　$z = x + iy$

及　　　　　　$\bar{z} = x - iy$

相加，得　　$z + \bar{z} = x + iy + x - iy = 2x$

相減，得　　$z - \bar{z} = x + iy - x + iy = 2iy$

移項，得

實部：$x = \dfrac{1}{2}(z + \bar{z})$

虛部：$y = \dfrac{1}{2i}(z - \bar{z})$

※ 複變數之極座標形式

已知 $z = x + iy$，從 z 平面取極座標

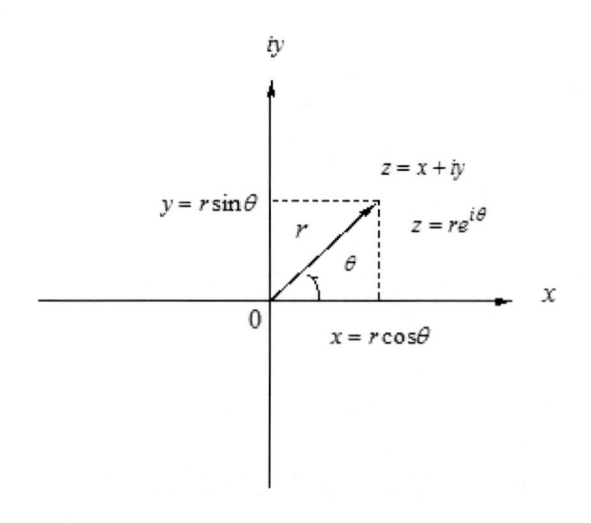

令 $x = r\cos\theta$，$y = r\sin\theta$

代入可得複變數之極座標形式

$z = x + iy = r\cos\theta + i\,r\sin\theta = r(\cos\theta + i\sin\theta)$

利用 Euler 公式 $e^{i\theta} = \cos\theta + i\sin\theta$，得

$z = re^{i\theta}$

※ 模數與幅角

已知 $z = r(\cos\theta + i\sin\theta)$

取絕對值　　$|z|^2 = r^2(\cos^2\theta + \sin^2\theta) = r^2$

得 $r = |z| = \sqrt{x^2 + y^2}$，故 r 為複變數 z 之模數 (Modulus)

θ 稱為複變數 z 之幅角（Argument），表成

$$\theta = \arg z = \tan^{-1}\frac{y}{x}$$

※ 複變數之週期極座標形式

已知複變數之極座標形式，為

$$z = r(\cos\theta + i\sin\theta) = re^{i\theta}$$

由於三角函數具週期性，故得複變數之極座標週期形式，也可表成

$z = r\cos(\theta + 2m\pi) + i\,r\sin(\theta + 2m\pi) = re^{i(\theta + 2m\pi)}$，$m = 0,1,2,\cdots$

上式之幅角為　　$\arg z = \theta + 2m\pi$

當 $m = 0$ 時，稱為主幅角（Principal Argument Value）

【分析】

1. 複變數之極座標週期形式，為

    $z = r\cos(\theta + 2m\pi) + i\,r\sin(\theta + 2m\pi) = re^{i(\theta + 2m\pi)}$，$m = 0,1,2,\cdots$

2. 在實變函數及大多數複變函數計算時，有無考慮 $e^{i(2m\pi)}$ 項，其結果均相同，因此，以前所有有關之計算，只需取 $m = 0$ 即可，實變函數與複變函數計算都相同。

3. 但是複變函數計算與實變函數計算時，唯一不同的是複數可能是多值函數，這是實變函數所沒有的。

4. 但是計算複數多值函數時，發現步驟與實變函數計算時都相同，只需將變數 z，用複變數之極座標週期形式，代入即可求得，即

$$z = r\cos(\theta + 2m\pi) + i\,r\sin(\theta + 2m\pi) = re^{i(\theta + 2m\pi)}$$

以取代複變數之極座標形式，即可。

範例 01：低冪次

求 $(1+i)^3$ 之實部與虛部

台大機械所

解答：

【方法一】

已知 $\qquad (1+i)^3$

乘開 $\qquad (1+i)^3 = 1 + 3i + 3i^2 + i^3 = 1 + 3i - 3 - i$

整理得 $\qquad (1+i)^3 = -2 + 2i$

【方法二】

已知 $\qquad (1+i)^3$

各乘除 $\sqrt{2}$ $\qquad (1+i)^3 = \left[\sqrt{2}\left(\dfrac{1}{\sqrt{2}} + i\dfrac{1}{\sqrt{2}}\right)\right]^3$

極座標 $$(1+i)^3 = \left[2^{\frac{1}{2}}\left(e^{i\left(\frac{\pi}{4}+2n\pi\right)}\right)\right]^3, \quad n = 0, 1, 2, \cdots$$

冪方 $$(1+i)^3 = 2^{\frac{3}{2}}\left(e^{i\frac{3\pi}{4}} e^{i6n\pi}\right)$$

$e^{i6n\pi} = 1$，代入得 $(1+i)^3 = 2^{\frac{3}{2}}\left(e^{i\frac{3\pi}{4}}\right) = 2\sqrt{2}\left(\cos\frac{3\pi}{4} + i\sin\frac{3\pi}{4}\right)$

或 $$(1+i)^3 = 2\sqrt{2}\left(-\frac{1}{\sqrt{2}} + i\frac{1}{\sqrt{2}}\right) = -2 + 2i$$

範例 02：高冪次

求 $(1+i)^{30}$ 之實部與虛部

解答：此為單值函數，故 $2n\pi$ 可以不要加入。

【方法】複變數之極座標形式

已知 $(1+i)^{30}$

$$(1+i)^{30} = \left[\sqrt{2}\left(\frac{1}{\sqrt{2}} + i\frac{1}{\sqrt{2}}\right)\right]^{30}$$

極座標 $$(1+i)^{30} = \left[2^{\frac{1}{2}}\left(e^{i\left(\frac{\pi}{4}+2n\pi\right)}\right)\right]^{30}, \quad n = 0, 1, 2, \cdots$$

冪方
$$(1+i)^{30} = 2^{15}\left(e^{i\left(\frac{30\pi}{4}+60n\pi\right)}\right) = 2^{15}e^{i\frac{30\pi}{4}}e^{i60n\pi}$$

$e^{i60n\pi} = 1$，得 $\quad (1+i)^{30} = 2^{15}e^{i\left(\frac{30\pi}{4}\right)} = 2^{15}e^{i\left(\frac{6\pi}{4}+6\pi\right)}$

$e^{i6\pi} = 1$，$\quad (1+i)^{30} = 2^{15}e^{i\frac{3\pi}{2}} = 2^{15}\left(\cos\frac{3\pi}{2} + i\sin\frac{3\pi}{2}\right)$

或 $\quad (1+i)^{30} = -2^{15}i$

範例 03：何謂主值？

Find the principal value of $(-1+\sqrt{3}i)^{\frac{3}{2}}$.

中正電機所

解答：

【分析】有開根號，必為多值函數 (何謂 Principal Value? $n = 0$)

【方法一】複變數之極座標形式

$$(-1+\sqrt{3}i)^{\frac{3}{2}} = \left[2\left(-\frac{1}{2}+\frac{\sqrt{3}}{2}i\right)\right]^{\frac{3}{2}} = 2^{\frac{3}{2}}\left(e^{i\frac{2}{3}\pi}\right)^{\frac{3}{2}}$$

$$(-1+\sqrt{3}i)^{\frac{3}{2}} = 2^{\frac{3}{2}}\left(e^{i\pi}\right) = -\sqrt{8}$$

(此值是主值，Why?)

【方法二】複變數之卡氏形式

先連乘 3 次，再開方根。

$$(-1+\sqrt{3}i)^{\frac{3}{2}} = [(-1+\sqrt{3}i)(-1+\sqrt{3}i)(-1+\sqrt{3}i)]^{\frac{1}{2}} = \sqrt{8}$$

(不是主值，Why?)

【方法三】利用複變數之週期形式

$$(-1+\sqrt{3}i)^{\frac{3}{2}} = \left[2\left(-\frac{1}{2}+\frac{\sqrt{3}}{2}i\right)\right]^{\frac{3}{2}} = 2^{\frac{3}{2}}\left(e^{i\frac{2}{3}\pi}\right)^{\frac{3}{2}}$$

改成複變數之週期形式

$$(-1+\sqrt{3}i)^{\frac{3}{2}} = 2^{\frac{3}{2}}\left(e^{i\left(\frac{2\pi}{3}+2n\pi\right)}\right)^{\frac{3}{2}}$$

再冪方

$$(-1+\sqrt{3}i)^{\frac{3}{2}} = 2^{\frac{3}{2}}\left(e^{i(\pi+3n\pi)}\right)$$

令 $n = 0$

$$(-1+\sqrt{3}i)^{\frac{3}{2}} = 2^{\frac{3}{2}}\left(e^{i(\pi)}\right) = -\sqrt{8}$$ 此為主值【此為方法一所得解】

令 $n = 1$

$$(-1+\sqrt{3}i)^{\frac{3}{2}} = 2^{\frac{3}{2}}\left(e^{i(4\pi)}\right) = \sqrt{8}$$ 【此為方法二所得解】

範例 04

If $z_1 = i$, $z_2 = 1-\sqrt{3}i$, please find (1) $\arg\left(\dfrac{z_1}{z_2}\right)$ (2) $\arg(z_1 z_2)$

雲科光電工數

解答：

先表成極座標形式

$$z_1 = i = e^{i\frac{\pi}{2}}$$

$$z_2 = 1 - \sqrt{3}i = 2\left(\frac{1}{2} - i\frac{\sqrt{3}}{2}\right) = 2e^{i\frac{5}{3}\pi}$$

$$\arg\left(\frac{z_1}{z_2}\right) = \arg(z_1) - \arg(z_2) = \frac{1}{2}\pi - \frac{5}{3}\pi = -\frac{7}{6}\pi$$

$$\arg(z_1 z_2) = \arg(z_1) + \arg(z_2) = \frac{1}{2}\pi + \frac{5}{3}\pi = \frac{13}{6}\pi$$

範例 05

(20%) 利用 $z = \rho e^{i\theta}$，求 $z = \sqrt{\dfrac{3-i}{4+2i}}$ 所對應的 ρ 和 θ

成大光電所工數

解答：

已知　　$z = \sqrt{\dfrac{3-i}{4+2i}}$

化簡　　$z = \sqrt{\dfrac{(3-i)(4-2i)}{(4+2i)(4-2i)}} = \sqrt{\dfrac{10-10i}{20}} = \sqrt{\dfrac{1}{\sqrt{2}}\dfrac{1-i}{\sqrt{2}}}$

表成極座標形式　　$z = \sqrt{\dfrac{1}{\sqrt{2}}e^{i\left(\frac{7\pi}{4}+2n\pi\right)}} = \left(\dfrac{1}{2}\right)^{\frac{1}{4}} e^{i\left(\frac{7\pi}{8}+n\pi\right)} = \rho e^{i\theta}$

得　　$\rho = \left(\dfrac{1}{2}\right)^{\frac{1}{4}}$，$\theta = \dfrac{7\pi}{8} + n\pi$

第四節　複變數之 Euler 公式

已知　　$e^x = 1 + \dfrac{1}{1!}x + \dfrac{1}{2!}x^2 + \cdots$

Euler 大膽將實數 x 以虛數 $i\theta$ 取代，像是玩弄無意義之符號，即令 $x = i\theta$，代入上式

$$e^{i\theta} = 1 + \dfrac{1}{1!}(i\theta) + \dfrac{1}{2!}(i\theta)^2 + \dfrac{1}{3!}(i\theta)^3 + \cdots$$

接著他又將上式中順序掉換，(無限級數之和，順序不同可能和不同??)
得

$$e^{i\theta} = \left(1 - \dfrac{1}{2!}\theta^2 + \dfrac{1}{4!}\theta^4 + \cdots\right) + i\left(\dfrac{1}{1!}\theta - \dfrac{1}{3!}\theta^3 + \dfrac{1}{5!}\theta^5 + \cdots\right)$$

得

Euler 公式：

$$e^{i\theta} = \cos\theta + i\sin\theta$$

再將 $i\theta$ 以 $-i\theta$ 取代得

$$e^{-i\theta} = \cos(-\theta) + i\sin(-\theta) = \cos(\theta) - i\sin(\theta)$$

再將兩式相加，和相減，得

※ Euler 三角函數公式：

$$\cos(\theta) = \dfrac{e^{i\theta} + e^{-i\theta}}{2} \ , \ \sin(\theta) = \dfrac{e^{i\theta} - e^{-i\theta}}{2i}$$

【這些公式，經高等微積分課程之驗證，正確無誤】

※ 世界「最美公式」：

Euler 再將 $\theta = \pi$ 代入 $e^{i\theta} = \cos\theta + i\sin\theta$，得

$$e^{i\pi} = \cos\pi + i\sin\pi = -1 + 0i = -1$$

或

$$e^{i\pi} + 1 = 0$$

【分析】

1. 它連結了數學中最重要的五個常數(1、0、π、e、i)，也連結了三個最重要的數學運算：加法、乘法、指數運算。

2. 這五個常數分別代表了古典數學的四個支主流：
   ◆ 算術可用 0 和 1 代表
   ◆ 代數用 i 代表
   ◆ 幾何用 π 代表
   ◆ 分析用 e 代表

範例 06：證明三角公式

證明積化和差公式
$$\cos(a+b) = \cos a\cos b - \sin a\sin b$$
$$\sin(a+b) = \sin a\cos b + \cos a\sin b$$

【證明】

利用 Euler 公式 　　$e^{ia} = \cos a + i\sin a$

及 　　　　　　　$e^{ib} = \cos b + i\sin b$

相乘 　　　　　　$e^{ia}e^{ib} = e^{i(a+b)} = \cos(a+b) + i\sin(a+b)$

及	$e^{ia}e^{ib} = e^{i(a+b)} = (\cos a + i\sin a)(\cos b + i\sin b)$
得	$(\cos a + i\sin a)(\cos b + i\sin b) = \cos(a+b) + i\sin(a+b)$
乘開	左邊 $= \cos a\cos b - \sin a\sin b + i(\sin a\cos b + \cos a\sin b)$
得證實部	$\cos(a+b) = \cos a\cos b - \sin a\sin b$
虛部	$\sin(a+b) = \sin a\cos b + \cos a\sin b$

範例 07：證明三角公式

證明積化和差公式
$$\tan(a+b) = \frac{\tan a + \tan b}{1 - \tan a\tan b}$$

【證明】

已知	$e^{ia}e^{ib} = e^{i(a+b)}$
代入 Euler 公式	$e^{ia} = \cos a + i\sin a$
得	$(\cos a + i\sin a)(\cos b + i\sin b) = \cos(a+b) + i\sin(a+b)$
提出公因式	左邊 $= \cos a\left(1 + i\dfrac{\sin a}{\cos a}\right)\cos b\left(1 + i\dfrac{\sin b}{\cos b}\right)$
即	左邊 $= \cos a\cos b(1 + i\tan a)(1 + i\tan b)$
乘開	左邊 $= \cos a\cos b[(1 - \tan a\tan b) + i(\tan a + \tan b)]$
得實部	$\cos(a+b) = \cos a\cos b(1 - \tan a\tan b)$
得虛部	$\sin(a+b) = \cos a\cos b(\tan a + \tan b)$
相除	$\tan(a+b) = \dfrac{\sin(a+b)}{\cos(a+b)} = \dfrac{\cos a\cos b(\tan a + \tan b)}{\cos a\cos b(1 - \tan a\tan b)}$

最後得證 $\quad \tan(a+b) = \dfrac{\tan a + \tan b}{1 - \tan a \tan b}$

第五節　複變數 DeMoivre 定理

已知複變數之極座標型式，為

$$z = r(\cos\theta + i\sin\theta) = re^{i\theta}$$

代入複變冪函數，$w = z^n$，代入得

$$z^n = r^n(\cos\theta + i\sin\theta)^n = (re^{i\theta})^n = r^n e^{in\theta}$$

或

$$(\cos\theta + i\sin\theta)^n = e^{in\theta}$$

代入 Euler 公式，得

$$(\cos\theta + i\sin\theta)^n = e^{in\theta} = \cos n\theta + i\sin n\theta, \quad n \in N$$

【註】上式 1722 年 De Moivre 提出，故稱**隸莫夫定理** (Moivre Theorem)

範例 08

試證三角恆等式　$\cos 2\theta = \cos^2\theta - \sin^2\theta$，$\sin 2\theta = 2\sin\theta\cos\theta$

【證明】

已知 $\quad (e^{i\theta})^n = e^{in\theta} = \cos(n\theta) + i\sin(n\theta)$

代入 Euler 公式 $\quad e^{i\theta} = \cos\theta + i\sin\theta$

得	$\left(e^{i\theta}\right)^n = (\cos\theta + i\sin\theta)^n = \cos n\theta + i\sin n\theta$
令 $n=2$	$(\cos\theta + i\sin\theta)^2 = \cos 2\theta + i\sin 2\theta$
展開	左 $= (\cos\theta + i\sin\theta)^2 = \cos^2\theta + (i\sin\theta)^2 + i(2\sin\theta\cos\theta)$
或	左 $= \cos^2\theta - \sin^2\theta + i(2\sin\theta\cos\theta)$
得證實部	$\cos 2\theta = \cos^2\theta - \sin^2\theta = 1 - 2\sin^2\theta = 2\cos^2\theta - 1$
得證虛部	$\sin 2\theta = 2\sin\theta\cos\theta$

範例 09

> 試證三角恆等式 $\cos 3\theta = 4\cos^3\theta - 3\cos\theta$，$\sin 3\theta = 3\sin\theta - 4\sin^3\theta$

【證明】

已知	$\left(e^{i\theta}\right)^n = e^{in\theta} = \cos(n\theta) + i\sin(n\theta)$
代入 Euler 公式	$e^{i\theta} = \cos\theta + i\sin\theta$
得	$e^{in\theta} = (\cos\theta + i\sin\theta)^n = \cos n\theta + i\sin n\theta$
令 $n=3$	$(\cos\theta + i\sin\theta)^3 = \cos 3\theta + i\sin 3\theta$
展開	
	左 $= (\cos\theta + i\sin\theta)^3 = \cos^3\theta + 3\cos^2\theta(i\sin\theta) + 3\cos\theta(i\sin\theta)^2 + (i\sin\theta)^3$
或	左 $= \cos^3\theta - 3\cos\theta\sin^2\theta + i(3\cos^2\theta\sin\theta - \sin^3\theta)$
其中實部	$\cos 3\theta = \cos^3\theta - 3\cos\theta\sin^2\theta$

$$\cos 3\theta = \cos^3\theta - 3\cos\theta(1-\cos^2\theta)$$

得證實部 $$\cos 3\theta = 4\cos^3\theta - 3\cos\theta$$

其中虛部 $$\sin 3\theta = 3\cos^2\theta\sin\theta - \sin^3\theta$$

$$\sin 3\theta = 3(1-\sin^2\theta)\sin\theta - \sin^3\theta$$

得證虛部 $$\sin 3\theta = 3\sin\theta - 4\sin^3\theta$$

第六節　複變數冪函數與開方根

在複數系下輻角 $\arg(z)$ 並非唯一，因為三角函數對角度具有週期性，
$$z = r[\cos\theta + i\sin\theta] = r[\cos(\theta+2m\pi) + i\sin(\theta+2m\pi)]，m = 0,1,2,\cdots$$
或
$$z = r[\cos(\theta+2m\pi) + i\sin(\theta+2m\pi)] = re^{i(\theta+2m\pi)}$$

※ 定理： 複數方根的計算：
代入複數開 n 方根函數，$W = \sqrt[n]{z} = \sqrt[n]{re^{i(\theta+2m\pi)}}$，代入得

$$W = r^{\frac{1}{n}}e^{i\left(\frac{\theta+2m\pi}{n}\right)} = r^{\frac{1}{n}}\left(\cos\frac{\theta+2m\pi}{n} + i\sin\frac{\theta+2m\pi}{n}\right)，m = 0,1,2,\cdots$$

【分析】

由於複數函數為多值函數 (只需將 m 考慮進去即可，不要省略)，此時

$$W = r^{\frac{1}{n}}\left(\cos\frac{\theta+2m\pi}{n} + i\sin\frac{\theta+2m\pi}{n}\right) \neq r^{\frac{1}{n}}\left(\cos\frac{\theta}{n} + i\sin\frac{\theta}{n}\right)$$

範例 10　開方根

求 $z^3 = i$ 的三個根

交大機械甲

解答：

$$z^3 = i = e^{i\left(\frac{\pi}{2}+2n\pi\right)}$$

開三次方根

$$z = e^{i\left(\frac{\pi}{6}+\frac{2n\pi}{3}\right)}$$

當 $n=0$，$z_1 = e^{i\left(\frac{\pi}{6}\right)} = \frac{\sqrt{3}}{2} + \frac{1}{2}i$

當 $n=1$，$z_2 = e^{i\left(\frac{5\pi}{6}\right)} = -\frac{\sqrt{3}}{2} + \frac{1}{2}i$

當 $n=2$，$z_3 = e^{i\left(\frac{3\pi}{2}\right)} = -i$

範例 11

Find the sixth roots of $-1+i\sqrt{3}$, i.e. $\left(-1+i\sqrt{3}\right)^{\frac{1}{6}}$, show that three of the roots are the solution of $\left(\sqrt{2}\right)z^3 + 1 + i\sqrt{3} = 0$

交大光電顯示聯招工數

解答：

(a) $(-1+i\sqrt{3})^{\frac{1}{6}} = \left[2\left(-\frac{1}{2}+i\frac{\sqrt{3}}{2}\right)\right]^{\frac{1}{6}} = \left[2\left(\cos\frac{2\pi}{3}+i\sin\frac{2\pi}{3}\right)\right]^{\frac{1}{6}}$

$(-1+i\sqrt{3})^{\frac{1}{6}} = \left[2e^{i\left(\frac{2\pi}{3}+2n\pi\right)}\right]^{\frac{1}{6}} = \left[2^{\frac{1}{6}}e^{i\left(\frac{2\pi}{3}+2n\pi\right)\frac{1}{6}}\right]$

得 $(-1+i\sqrt{3})^{\frac{1}{6}} = 2^{\frac{1}{6}}e^{i\left(\frac{\pi}{9}+\frac{n\pi}{3}\right)}$

$n=0$, $z_1 = 2^{\frac{1}{6}}e^{i\left(\frac{\pi}{9}\right)}$

$n=1$, $z_2 = 2^{\frac{1}{6}}e^{i\left(\frac{4\pi}{9}\right)}$

$n=2$, $z_3 = 2^{\frac{1}{6}}e^{i\left(\frac{7\pi}{9}\right)}$

$n=3$, $z_4 = 2^{\frac{1}{6}}e^{i\left(\frac{10\pi}{9}\right)}$

$n=4$, $z_5 = 2^{\frac{1}{6}}e^{i\left(\frac{13\pi}{9}\right)}$

$n=5$, $z_6 = 2^{\frac{1}{6}}e^{i\left(\frac{16\pi}{9}\right)}$

(b) 已知 $(\sqrt{2})z^3 + 1 + i\sqrt{3} = 0$

$(\sqrt{2})z^3 = -1 - i\sqrt{3}$

$z^3 = -\frac{1}{\sqrt{2}} - i\frac{\sqrt{3}}{\sqrt{2}} = \frac{2}{\sqrt{2}}\left(-\frac{1}{2}-i\frac{\sqrt{3}}{2}\right) = \sqrt{2}\left(\cos\frac{4\pi}{3}+i\sin\frac{4\pi}{3}\right)$

或

$$z^3 = \sqrt{2}e^{i\left(\frac{4\pi}{3}+2n\pi\right)}, \quad n = 0,1,2,\cdots$$

開方根

$$z = 2^{\frac{1}{6}}e^{i\left(\frac{4\pi}{9}+\frac{2n\pi}{3}\right)}, \quad n = 0,1,2,\cdots$$

$$n = 0, \quad z_1 = 2^{\frac{1}{6}}e^{i\left(\frac{4\pi}{9}\right)}$$

$$n = 1, \quad z_2 = 2^{\frac{1}{6}}e^{i\left(\frac{10\pi}{9}\right)}$$

$$n = 2, \quad z_3 = 2^{\frac{1}{6}}e^{i\left(\frac{16\pi}{9}\right)}$$

範例 12

> Let z be a complex number that satisfies $z \neq 1$, $z^3 = 1$. Find the value of $(1+z+2z^2)^9$. (5%)

清大電機所

解答：

$$z^3 = 1$$

其根 $\quad z^3 - 1 = (z-1)(z^2+z+1) = 0$

因已知 $\quad z - 1 \neq 0$

故 $\quad (z^2+z+1) = 0$

原式 $\quad (1+z+2z^2)^9 = (1+z+z^2+z^2)^9$

代入上式化簡 $\quad (1+z+2z^2)^9 = (0+z^2)^9 = z^{18} = (z^3)^6$

又 $\quad z^3 = 1$

將代回 $\quad (1+z+z^2+z^2)^9 = (z)^6 = 1$

範例 14

Find the roots of $1+z^4 = 0$.

台大土木所 A

解答：

令分母為 0 $\quad z^4 + 1 = 0$

得 $\quad z^4 = -1 = e^{i(\pi+2n\pi)}$

開方根 $\quad z = e^{i\left(\frac{\pi+2n\pi}{4}\right)}$

當 $n=0$ 得 $\quad z_1 = \dfrac{1}{\sqrt{2}} + i\dfrac{1}{\sqrt{2}}$

當 $n=1$ 得 $\quad z_2 = -\dfrac{1}{\sqrt{2}} + i\dfrac{1}{\sqrt{2}}$

當 $n=2$ 得 $\quad z_3 = -\dfrac{1}{\sqrt{2}} - i\dfrac{1}{\sqrt{2}}$

當 $n=3$ 得 $\quad z_4 = \dfrac{1}{\sqrt{2}} - i\dfrac{1}{\sqrt{2}}$

範例 15

(10%) Find all roots of $\sqrt[3]{1}$ in the complex plane.

成大系統與船機電所

解答：

$$z = \sqrt[3]{1}$$

極座標形式　$z^3 = 1 = \cos 0 + i\sin 0 = e^{i(0+2n\pi)} = e^{i2n\pi}$

得　$z = e^{i\frac{2n\pi}{3}}$

1. $n = 0$，$z_1 = 1$

2. $n = 1$，$z_1 = e^{i\frac{2\pi}{3}} = -\frac{1}{2} + i\frac{\sqrt{3}}{2}$

3. $n = 2$，$z_1 = e^{i\frac{4\pi}{3}} = -\frac{1}{2} - i\frac{\sqrt{3}}{2}$

第七節　二次方程式所有根求解

高中學習基礎數學時，對二次（實數係數）代數方程式

$$ax^2 + bx + c = 0，a,b,c \in R$$

其根為

$$z_1 = \frac{-b + \sqrt{b^2 - 4ac}}{2a} \text{ 及 } z_2 = \frac{-b - \sqrt{b^2 - 4ac}}{2a}$$

【推導公式】：

已知　$az^2 + bz + c = 0$

除以 a　$z^2 + \frac{b}{a}z = -\frac{c}{a}$

配方，兩邊加 $\left(\dfrac{b}{2a}\right)^2$

$$z^2 + \dfrac{b}{a}z + \left(\dfrac{b}{2a}\right)^2 = -\dfrac{c}{a} + \left(\dfrac{b}{2a}\right)^2$$

左邊得完全平方，右邊通分，得

$$\left(z + \dfrac{b}{2a}\right)^2 = \dfrac{b^2 - 4ac}{4a^2}$$

開方根

$$z + \dfrac{b}{2a} = \pm\sqrt{\dfrac{b^2 - 4ac}{4a^2}} = \pm\dfrac{\sqrt{b^2 - 4ac}}{2a}$$

移項得

$$z = -\dfrac{b}{2a} \pm \dfrac{\sqrt{b^2 - 4ac}}{2a}$$

得證其根為

$$z = \dfrac{-b \pm \sqrt{b^2 - 4ac}}{2a}$$

若將上述二次 (實數係數) 代數方程式

$$ax^2 + bx + c = 0 , \quad a, b, c \in R$$

延伸應用於解二次 (複數係數) 代數方程式

$$ax^2 + bx + c = 0 , \quad a, b, c \in C$$

其公式是否仍可使用？我們當然希望處理之手段與方法程序都相同，只需稍加修正一下，把以前省略部分步驟，再恢復即可。

範例 16：複係數二次方方程(十字交乘法)

試解 $z^2 + z + 1 - i = 0$

中興土木所

解答：

【方法一】十字交乘法

$$z^2 + z + 1 - i = (z-i)(z+1+i) = 0$$

得 $z = i$ 或 $z = -1 - i$

【方法二】

已知 $z^2 + z + 1 - i = 0$

代入二次方程式之根 $z = \dfrac{-1 \pm \sqrt{1 - 4(1-i)}}{2} = \dfrac{-1 \pm \sqrt{-3 + 4i}}{2}$

其中 $\sqrt{-3 + 4i} = \sqrt{5}\sqrt{-\dfrac{3}{5} + \dfrac{4}{5}i} = \sqrt{5}\sqrt{e^{i\theta}} = \sqrt{5}e^{i\frac{\theta}{2}}$

其中 $\theta = 37° + \dfrac{\pi}{2} = 127°$ 或 $\cos\theta = -\dfrac{3}{5}$ 及 $\sin\theta = \dfrac{4}{5}$

代入 $z = \dfrac{-1}{2} + \dfrac{\sqrt{5}}{2}e^{i\frac{\theta}{2}} = \dfrac{-1}{2} + \dfrac{\sqrt{5}}{2}\left(\cos\dfrac{\theta}{2} + i\sin\dfrac{\theta}{2}\right)$

其中 $\cos^2\dfrac{\theta}{2} = \dfrac{1 + \cos\theta}{2} = \dfrac{1}{2}\left(1 - \dfrac{3}{5}\right) = \dfrac{1}{5}$

開方得 $\cos\dfrac{\theta}{2} = \dfrac{1}{\sqrt{5}}$

及 $\sin^2\dfrac{\theta}{2} = 1 - \cos^2\dfrac{\theta}{2} = 1 - \dfrac{1}{5}$

開方得 $\sin\dfrac{\theta}{2} = \sqrt{1 - \dfrac{1}{5}} = \dfrac{2}{\sqrt{5}}$

代入 $z = \dfrac{-1}{2} \pm \dfrac{\sqrt{5}}{2}\left(\cos\dfrac{\theta}{2} + i\sin\dfrac{\theta}{2}\right) = \dfrac{-1}{2} \pm \dfrac{\sqrt{5}}{2}\left(\dfrac{1}{\sqrt{5}} + i\dfrac{2}{\sqrt{5}}\right)$

最後得 $z = \dfrac{-1}{2} + \dfrac{\sqrt{5}}{2}\left(\dfrac{1}{\sqrt{5}} + i\dfrac{2}{\sqrt{5}}\right) = i$ 或 $z = \dfrac{-1}{2} - \dfrac{\sqrt{5}}{2}\left(\dfrac{1}{\sqrt{5}} + i\dfrac{2}{\sqrt{5}}\right) = -1 - i$

範例 17：複係數二次方方程 (可因式分解)

(20%) 試求下列方程式之所有解 $z^6 + 8z^3 - 9 = 0$

中興土木所丙組

解答

因式分解 $z^6 + 8z^3 - 9 = 0$

$(z^3 - 1)(z^3 + 9) = 0$

得 (1) $z^3 - 1 = 0$

$z^3 = 1 = e^{i0} = e^{i(2n\pi)}$

開方根 $z = e^{i\left(\frac{2n\pi}{3}\right)}$

當 $n = 0$，$z_1 = e^{i0} = 1$

當 $n=1$，$z_2 = e^{i\left(\frac{2\pi}{3}\right)} = -\frac{1}{2} + \frac{\sqrt{3}}{2}i$

當 $n=2$，$z_3 = e^{i\left(\frac{4\pi}{3}\right)} = -\frac{1}{2} - \frac{\sqrt{3}}{2}i$

得 (2) $z^3 + 9 = 0$

$$z^3 = -9 = 9(-1) = 9(\cos\pi + i\sin\pi) = 9e^{i\pi} = 9e^{i(\pi + 2n\pi)}$$

開方根　$z = 9^{\frac{1}{3}} e^{i\left(\frac{\pi + 2n\pi}{3}\right)}$

當 $n=0$，$z_4 = 9^{\frac{1}{3}} e^{i\left(\frac{\pi}{3}\right)} = 9^{\frac{1}{3}}\left(\frac{1}{2} + \frac{\sqrt{3}}{2}i\right)$

當 $n=1$，$z_5 = 9^{\frac{1}{3}} e^{i\left(\frac{3\pi}{3}\right)} = -9^{\frac{1}{3}}$

當 $n=2$，$z_6 = 9^{\frac{1}{3}} e^{i\left(\frac{5\pi}{3}\right)} = 9^{\frac{1}{3}}\left(\frac{1}{2} - \frac{\sqrt{3}}{2}i\right)$

考題集錦

1. Given $z_1 = 1+i$，$z_2 = 1+\sqrt{3}i$，$z_3 = \sqrt{3} - i$，Find $\arg\left(\dfrac{z_1 z_2}{z_3}\right)$

   成大土木所甲

2. 求 $z = -3 - 3i$ 之 **arg** z (Principle argument of z)

   中興土木所所

3. 求 $z^3 = i$ 的三個根

　　　　　　　　　　　　　　　　　　　　　　　　　　　　　　交大機械甲

4. Find all the roots of $\sqrt[3]{216}$.

　　　　　　　　　　　　　　　　　　　　　　　　　　　　　　成大造船所

5. (10%) Solve the complex quadratic equation $z^2 - (4+i)z + (8+i) = 0$。

　　　　　　　　　　　　　　　　　　　　　　　　　　　　　　台科大電機甲、乙二

第三十一章
Riemann-Cauchy 定理

第一節　複變函數定義

　　現在先從回想微積分對實變數函數之概念與定義開始，進一步延伸至複變數函數之概念。

※ 實變數函數（Real Function）定義：

『對實數子集合 A 中每一個元素 x，在實數子集合 B 中都有一個元素 y 與之對應，且滿足關係式 $y = f(x)$』

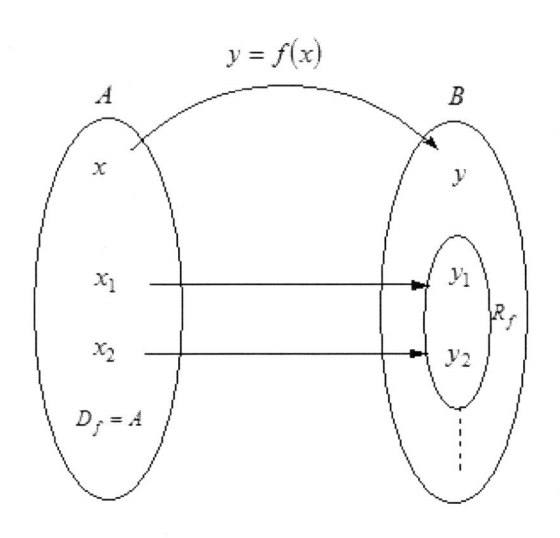

表成數學符號：

『 $f : A \to B, \ A, B \subset R, \ \forall x \in A, \ \exists y \in B, \ \ni y = f(x)$ 』

※ 複變函數（Complex Function）

『對複數子集合 A 中每一個元素 z，在複數子集合 B 中都有一個元素 w 與之對應，且滿足關係式 $w=f(z)$』，則稱 $w=f(z)$ 為複變函數

表成數學符號：

『 $f:A\to B,\ A,B\subset C,\ \forall z\in A,\ \exists w\in B,\ \ni w=f(z)$ 』

同時複變函數可表成兩個實變數函數之組合，即

$$f(z)=f(x+iy)=u(x,y)+i\,v(x,y)$$

或

$$f(z)=f(re^{i\theta})=u(r,\theta)+i\,v(r,\theta)$$

其中 $u(x,y),v(x,y)$、$u(r,\theta),v(r,\theta)$ 為實變數函數。

第二節　複變函數極限定義

※ 實變數函數極限之數學定義：

已知 $y=f(x)$，在 $x=a$ 之極限，$\lim\limits_{x\to a}f(x)=l$，定義如下：

『對 $\forall \varepsilon>0$，$\exists \delta>0$，使 $0<|x-a|<\delta$ 內所有 x，恆使 $|f(x)-l|<\varepsilon$ 成立，則稱 $\lim\limits_{x\to a}f(x)=l$』。

上述實變數函數極限定義，只能確定 $\lim\limits_{x\to a}f(x)$ 之值，是不是給定之 l 值？，至於此 l 值是如何求得的，則須利用另外方法去求。

同理，直接將上述定義，直接延伸至複變數函數極限定義，如下：

※ 複變數函數極限之數學定義：

已知 $W = f(z)$，在 $z = z_0 = a + bi$（$a, b \in R$）處之極限，$\lim_{z \to z_0} f(z) = l$

定義如下

『對 $\forall \varepsilon > 0$，$\exists \delta > 0$，使 $0 < |z - z_0| < \delta$ 內所有 z，恆使 $|f(z) - l| < \varepsilon$ 成立，則稱 $\lim_{z \to z_0} f(z) = l$』。

其中 $0 < |z - z_0| < \delta$ 表示為如圖之圓形鄰近區間。其方程式，為

$$0 < \sqrt{(x-a)^2 + (y-b)^2} < \delta$$

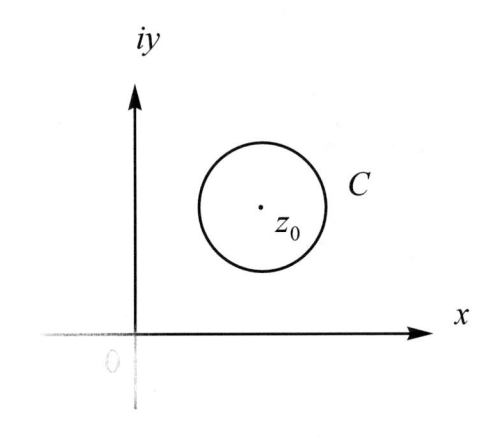

$\lim_{z \to z_0} f(z)$ 之極限值如何求得？能否利用以前學過的實變函數之極限方法？

首先利用複變函數之實部與虛部形式，可將複變數函數極限化成雙變數實變數函數極限，即

$$\lim_{z \to z_0} f(z) = \left(\lim_{(x,y) \to (a,b)} u(x,y) \right) + i \left(\lim_{(x,y) \to (a,b)} v(x,y) \right)$$

上述為雙變數函數之極限，須注意極限值必須與所有趨近路徑無關。但是 $(x, y) \to (a, b)$ 之趨近路徑有無限多條。亦即 $z \to z_0$ 之趨近路徑有無限多條。

想要證明其值與所有趨近 (a, b) 的路徑，其值都相同，相當困難，須要一些定理方能竟其功，這就是 Cauchy-Riemann 定理之重要性。

【題型 1】雙實變數函數極限之計算

範例 01 確定型：直接代入法

> Find $\lim\limits_{(x,y)\to(1,0)}\dfrac{x^2-y^2}{x^2+y^2}$

解答：

令 $x=1$，$y=0$。直接代入，即

$$\lim_{(x,y)\to(1,0)}\frac{x^2-y^2}{x^2+y^2}=\lim_{(x,y)\to(1,0)}\frac{1^2-0^2}{1^2+0^2}=1 \text{。}$$

範例 02 可化成單變數函數之極限：

> $\lim\limits_{(x,y)\to(0,0)}\dfrac{\sin(1-\cos(x^2+y^2))}{(x^2+y^2)^2}=$ _____

台大 B 轉（理工）

解答：

令 $u=x^2+y^2$。直接代入，化成單變數函數之極限，即

$$\lim_{(x,y)\to(0,0)}\frac{\sin(1-\cos(x^2+y^2))}{(x^2+y^2)^2}=\lim_{u\to 0}\frac{\sin(1-\cos u)}{u^2} \text{。}$$

配成兩極限乘積

$$\lim_{(x,y)\to(0,0)}\frac{\sin(1-\cos(x^2+y^2))}{(x^2+y^2)^2}=\lim_{u\to 0}\frac{\sin(1-\cos u)}{1-\cos u}\cdot\frac{1-\cos u}{u^2}=\frac{1}{2}$$

範例 03

Find $\lim_{(x,y)\to(0,0)} \dfrac{6x^2+6y^2-5x^6y^6-5x^4y^8}{x^2+y^2}=?$ （10%）

政大企管轉學考

解答：

整理　　　原式 $= \lim\limits_{(x,y)\to(0,0)} \dfrac{6(x^2+y^2)}{x^2+y^2} - \lim\limits_{(x,y)\to(0,0)} \dfrac{5x^4y^6(x^2+y^2)}{x^2+y^2}$

消去公因式得　　　原式 $= 6 - \lim\limits_{(x,y)\to(0,0)} 5x^4y^6 = 6$

範例 04　與路徑有關之極限：

Find $\lim\limits_{(x,y)\to(0,0)} \dfrac{x^2-y^2}{x^2+y^2}$

交大電物、應數、應化轉

解答：

令 $y=mx$，$\lim\limits_{(x,y)\to(0,0)} \dfrac{x^2-y^2}{x^2+y^2} = \lim\limits_{x\to 0} \dfrac{x^2-(mx)^2}{x^2+(mx)^2} = \dfrac{1-m^2}{1+m^2}$

上式與極限之路徑有關，故 $\lim\limits_{(x,y)\to(0,0)} \dfrac{x^2-y^2}{x^2+y^2}$ 不存在。

範例 05

$\lim\limits_{(x,y)\to(0,0)} \dfrac{x^2y}{x^4+y^2}$ 為(A) 0　(B) $\dfrac{1}{2}$　(C) 不存在　(D) 以上皆非

元智化工轉、雲技企管、資管所、二技

解答： (C) 不存在

令 $y = mx^2$，拋物線路徑，代入得

$$\lim_{(x,y)\to(0,0)} \frac{x^2 y}{x^4 + y^2} = \lim_{x\to 0} \frac{x^2 mx^2}{x^4 + (mx^2)^2} = \lim_{x\to 0} \frac{mx^4}{x^4(1+m^2)} = \frac{m}{1+m^2}$$

與 m 有關，故 $\lim_{(x,y)\to(0,0)} \frac{x^2 y}{x^4 + y^2}$ 與路徑有關，故 $\lim_{(x,y)\to(0,0)} \frac{x^2 y}{x^4 + y^2}$ 不存在。

【題型 2】複變數函數極限之計算

範例 06 確定型：

> Find the limit of $\lim_{z\to 1+i}(x + i(x+2y))$，where $z = x + iy$

交大控制所

解答：

利用極限基本定理求

即化簡 $\lim_{z\to 1+i}(x + i(x+2y)) = \lim_{(x,y)\to(1,1)}(x + i(x+2y)) = 1 + 3i$

範例 07

> (10%) Show that the limit of the function.
> $f(z) = \left(\dfrac{z}{\bar{z}}\right)^2$, z tend to 0 does not exist.

中央電機所

解答：

先化成實變函數形式

$$f(z) = \left(\frac{z}{\bar{z}}\right)^2 = \left(\frac{x+iy}{x-iy}\right)^2 = \left(\frac{(x+iy)^2}{x^2 + y^2}\right)^2$$

即

$$f(z)=\left(\frac{x^2-y^2}{x^2+y^2}+i\frac{2xy}{x^2+y^2}\right)^2$$

取極限

$$\lim_{z\to 0}f(z)=\left(\lim_{(x,y)\to(0,0)}\frac{x^2-y^2}{x^2+y^2}+i\lim_{(x,y)\to(0,0)}\frac{2xy}{x^2+y^2}\right)^2$$

其中 $\displaystyle\lim_{(x,y)\to(0,0)}\frac{x^2-y^2}{x^2+y^2}$

令 $y=mx$,$\displaystyle\lim_{(x,y)\to(0,0)}\frac{x^2-y^2}{x^2+y^2}=\lim_{x\to 0}\frac{x^2-m^2x^2}{x^2+m^2x^2}=\frac{1-m^2}{1+m^2}$

與路徑有關,故極限不存在。

第三節　解析函數之定義

實變數函數得之連續特性、可微分性、可積分性等等,複變函數是否都有？這些複變函數的微分、積分特性,將逐章探討。

以前研究實變數函數的基本特性時,在寫定理時,幾乎在每一個定理中,都會有一個共通的條件:

「$f(z)$在區間$[a,b]$內為連續函數」

現在在描述複變數函數的基本特性時,在寫定理時,幾乎在每一個定理中,都會有一個共通的條件:

「$f(x)$在區域D內為解析函數」

因此,研究複變數函數時,何謂「解析函數」？這將是學好複變數函數的關

鍵。

首先從實變數函數的連續開始，直到

(1) 何謂實變數函數的「解析函數」？
(2) 何謂複變數函數的「解析函數」？
(3) 何謂實變數函數的「奇異點」？
(4) 何謂複變數函數的「奇異點」？

其差別在哪裡？

1. 實變數函數連續之定義：

   已知 $y = f(x)$，在 $x = a$ 之連續性，定義如下：

   『若 (1) $f(a)$ 有確切定義， (2) $\lim\limits_{x \to a} f(x)$ 也存在，且 (3) $\lim\limits_{x \to a} f(x) = f(a)$，則稱 $f(x)$ 在 $x = a$ 為連續的(Continuous)』

2. 複變數函數連續之定義：

   已知 $W = f(z)$，在 $z = z_0$ 處之連續性，定義如下：

   『若 (1) $f(z_0)$ 有確切定義， (2) $\lim\limits_{z \to z_0} f(z)$ 也存在，且 (3) $\lim\limits_{z \to z_0} f(z) = f(z_0)$，則稱 $f(z_0)$ 在 $z = z_0$ 為連續的』。

   若複變數函數 $w = f(z)$，為定義域內之單值函數，則在 $z = z_0$ 可微分定義如下：

3. 實變數函數之可微分（Differentiable）

   $$f'(a) = \lim_{\Delta x \to 0} \frac{f(a + \Delta x) - f(a)}{\Delta x} \text{ 存在}$$

   則稱 $f(x)$ 在 $x = a$ 為可微分（Differentiable）。又稱 $f'(a)$ 為導數值。

4. 複變數函數之可微分（Differentiable）

$$f'(z_0) = \lim_{\Delta z \to 0} \frac{f(z_0 + \Delta z) - f(z_0)}{\Delta z} \text{ 存在}$$

則稱 $f(z)$ 在 $z = z_0$ 為可微分（Differentiable）。又稱 $f'(z_0)$ 為導數值。

【觀念分析】
上式定義中，極限 $\Delta z \to 0$（或 $(\Delta x, \Delta y) \to (0,0)$）之趨近路徑有無限多條。上式之極限值必須與所有趨近路徑無關。

5. 複變數函數之可微分函數

若複變數函數 $W = f(z)$，其定義域內每一點的導數都存在，則稱 $W = f(z)$ 為可微分函數。或下列極限存在：

$$f'(z) = \lim_{\Delta z \to 0} \frac{f(z + \Delta z) - f(z)}{\Delta z}$$

即稱 $W = f(z)$ 為可微分函數。

6. 實變數函數之可解析（Analytic）：

若 $f(x)$ 在 $x = a$ 為 n 次可微分，則稱 $f(x)$ 在 $x = a$ 為可解析。

7. 複變數函數之可解析（Analytic）：

若 $f(z)$ 在 z_0 為可微分，且在 z_0 之某一鄰近區間內每一點都可微分，則稱 $f(z)$ 在 z_0 為可解析。

8. 複變數函數之解析函數

若 $f(z)$ 在 D 內（開區域）每一點為可解析，則稱 $f(z)$ 在 D 內為解析函數。

【分析】
①依定義：解析區域必為開區域（Open Region），不可能為閉區域（Closed

Region)。

因為，在邊界上的點，是不可能滿足上式可解析的定義，因為在邊界上的點 z_0 是不存在一個鄰近區間，使在其內每一點均可微分。

9. 全函數（Entire Function）：

若 $f(z)$ 在 z 平面內每一點為可解析，則稱 $f(z)$ 為全函數。

10. 實變數函數之奇異點（Singular Point）定義：

若 $f(x)$ 在 x 不是 n 次可微分，或不是可解析點，則就稱該點為奇異點。

11. 複變數函數之奇異點（Singular Point）定義：

若 $f(z)$ 在 D 內一點 z_0 為不可解析，且在 z_0 之每一鄰近區間內，仍有可解析之點存在，財稱 z_0 為 $f(z)$ 之奇異點。

【分析】

① 根據上述複變數函數之奇異點定義，比實變數函數之奇異點而言更狹義，亦即，奇異點不等於不可解析的點，而是與解析點相鄰的不可解析點而已。

② 亦即複變數函數之奇異點定義，僅只解析點旁邊相連之奇異點而已。因為其他那些奇異點，我們都沒有興趣，而我們只對解析區域邊的奇異點附近之工程上奇異性行為，看看它是有何異常分布，因它極具有重要工程分析上意義。

12. 微分之定理：根據以上之解析點定義，可推得

「若 $f(z)$ 在 D 內為解析函數，則 $f(z)$ 在 D 內每一點均可微分，亦即 $f'(z)$ 存在」。亦即，只要確定 $f'(z)$ 存在，則 $f(z)$ 在 D 內就為解析函數。

但是，如何確定 $f(z)$ 是解析函數，或如何求微分 $f'(z)$？求出的 $f'(z)$ 是否有意義？

要解決上述疑惑，得須藉助下節定理。

第四節　Cauchy-Riemann 公式

根據上節定義，複變數函數 $W = f(z)$，下列極限存在

$$f'(z) = \lim_{\Delta z \to 0} \frac{f(z+\Delta z) - f(z)}{\Delta z} \quad (1)$$

即稱 $W = f(z)$ 為可解析函數。

上式之極限值須與 $\Delta z \to 0$ 之所有趨近路徑無關，此點目前為止，上述極限值之計算，仍很困難。

因此，我們從可解析函數的定義開始，若已知 $f(z)$ 為解析函數，則上式(1)的任何趨近路徑，都會得到相同極限值。

因此，很容易可證得下列定理：

※定理 1：(必要 Necessary Condition)

> 若複變函數 $f(z) = f(x+iy) = u(x,y) + i\,v(x,y)$ 為解析函數
> 則 $\dfrac{\partial u}{\partial x} = \dfrac{\partial v}{\partial y}$，$\dfrac{\partial v}{\partial x} = -\dfrac{\partial u}{\partial y}$

【證明】

已知 $f(z) = f(x+iy) = u(x,y) + i\,v(x,y)$ 為解析函數，故 $f(z)$ 在區域 R 內每一點為可微分，亦即依可微分之定義知，$f'(z) = \lim\limits_{\Delta z \to 0} \dfrac{f(z+\Delta z) - f(z)}{\Delta z}$ 存在。

因此上式之極限值與趨近路徑無關。

令 $f(z) = f(x+iy) = u(x,y) + i\,v(x,y)$ 代入極限式

$$f'(z) = \lim_{\Delta x + i\Delta y \to 0} \left[\frac{u(x+\Delta x, y+\Delta y) - u(x,y)}{\Delta x + i\Delta y} + i\frac{v(x+\Delta x, y+\Delta y) - v(x,y)}{\Delta x + i\Delta y} \right] \quad (2)$$

接著取下列兩條不同路徑，分別求其極限值，會得相同值，亦即

(1) 先取路徑 $\Delta y \to 0$，代入式 (2) 得

$$f'(z) = \lim_{\Delta x \to 0}\left[\frac{u(x+\Delta x, y+\Delta y)-u(x,y)}{\Delta x} + i\frac{v(x+\Delta x, y+\Delta y)-v(x,y)}{\Delta x}\right]$$

再取 $\Delta x \to 0$，並利用實變函數之偏微分定義，得上式為

$$f'(z) = \frac{\partial u}{\partial x} + i\frac{\partial v}{\partial x}$$

接著，再取第二條路徑，即

(2) 先取路徑 $\Delta x \to 0$，代入得

$$f'(z) = \lim_{i\Delta y \to 0}\left[\frac{u(x, y+\Delta y)-u(x,y)}{i\Delta y} + i\frac{v(x, y+\Delta y)-v(x,y)}{i\Delta y}\right]$$

再取 $\Delta y \to 0$，並利用實變函數之偏微分定義，得

$$f'(z) = \frac{1}{i}\frac{\partial u}{\partial y} + \frac{\partial v}{\partial y}$$

或

$$f'(z) = \frac{\partial v}{\partial y} - i\frac{\partial u}{\partial y}$$

因上式之極限值與趨近路徑無關，故得上面兩式極限值相等，亦即

$$f'(z) = \frac{\partial u}{\partial x} + i\frac{\partial v}{\partial x} = \frac{\partial v}{\partial y} - i\frac{\partial u}{\partial y}$$

比較實部與虛部，最後得證

$$\frac{\partial u}{\partial x} = \frac{\partial v}{\partial y}, \quad \frac{\partial v}{\partial x} = -\frac{\partial u}{\partial y}$$

上式稱為 Cauchy-Riemann 方程式。

上式定理之逆定理為：

「若複變函數滿足條件 $\dfrac{\partial u}{\partial x} = \dfrac{\partial v}{\partial y}$ ，$\dfrac{\partial v}{\partial x} = -\dfrac{\partial u}{\partial y}$ ，

則 $f(z) = f(x+iy) = u(x,y) + i\,v(x,y)$ 不一定是解析函數」

必須再加上一條件，$\dfrac{\partial u}{\partial x}$ ，$\dfrac{\partial v}{\partial y}$ ，$\dfrac{\partial v}{\partial x}$ ，$\dfrac{\partial u}{\partial y}$ 為連續，則上述定理，才成立，亦即

※定理 2：(充分 Sufficient Condition)

若 $\dfrac{\partial u}{\partial x} = \dfrac{\partial v}{\partial y}$ ，$\dfrac{\partial v}{\partial x} = -\dfrac{\partial u}{\partial y}$ 且 $\dfrac{\partial u}{\partial x}$ ，$\dfrac{\partial v}{\partial y}$ ，$\dfrac{\partial v}{\partial x}$ ，$\dfrac{\partial u}{\partial y}$ 為連續

則複變函數 $f(z) = f(x+iy) = u(x,y) + i\,v(x,y)$ 為解析函數

【證明】(【要訣】欲證 $f(z)$ 為解析函數，則只需證明 $f'(z)$ 在 R 內存在即可)

已知 $\qquad f(z) = f(x+iy) = u(x,y) + i\,v(x,y)$

取全微分 $\qquad df = du(x,y) + i\,dv(x,y)$

利用實變函數之全微分，得

$$df = \frac{\partial u}{\partial x}dx + \frac{\partial u}{\partial y}dy + i\left(\frac{\partial v}{\partial x}dx + \frac{\partial v}{\partial y}dy\right)$$

已知 Cauchy-Riemann 方程式。

$$\frac{\partial u}{\partial x} = \frac{\partial v}{\partial y} \text{ , } \frac{\partial v}{\partial x} = -\frac{\partial u}{\partial y}$$

代入得

$$df = \frac{\partial u}{\partial x}dx - \frac{\partial v}{\partial x}dy + i\left(\frac{\partial v}{\partial x}dx + \frac{\partial u}{\partial x}dy\right)$$

或得

$$df = \frac{\partial u}{\partial x}(dx + idy) + \frac{\partial v}{\partial x}(-dy + idx)$$

整理得

$$df = \frac{\partial u}{\partial x}(dx + idy) + i\frac{\partial v}{\partial x}(dx + idy)$$

除以 $dz = dx + idy$

$$\frac{df}{dz} = \frac{\partial u}{\partial x} + i\frac{\partial v}{\partial x}$$

上式若 $\dfrac{\partial u}{\partial x}$, $\dfrac{\partial v}{\partial y}$, $\dfrac{\partial v}{\partial x}$, $\dfrac{\partial u}{\partial y}$ 為連續，則 $\dfrac{df}{dz}$ 存在。

故可證。

當複變函數 $W = f(z)$ 表成即座標形式時，此時 Riemann-Cauchy 方程式，可從卡氏座標形式，直接轉換成極座標形式，過程如下定理所示：

※ 定理 3（極座標）：

若複變函數 $f(z) = f(re^{i\theta}) = u(r,\theta) + i\,v(r,\theta)$ 為解析函數

則 $\dfrac{\partial u}{\partial r} = \dfrac{1}{r}\dfrac{\partial v}{\partial \theta}$, $\dfrac{\partial v}{\partial r} = -\dfrac{1}{r}\dfrac{\partial u}{\partial \theta}$

交大控制所、中正物理所

【證明】

已知 $\quad u = u(x, y)$

全微分 $\quad du = \dfrac{\partial u}{\partial x}dx + \dfrac{\partial u}{\partial y}dy$

除以 dr

$$\frac{\partial u}{\partial r} = \frac{\partial u}{\partial x}\frac{\partial x}{\partial r} + \frac{\partial u}{\partial y}\frac{\partial y}{\partial r}$$

其中 $x = r\cos\theta$, $x = r\sin\theta$, $\dfrac{\partial x}{\partial r} = \cos\theta$, $\dfrac{\partial y}{\partial r} = \sin\theta$, 代入得

$$\frac{\partial u}{\partial r} = \frac{\partial u}{\partial x}\cos\theta + \frac{\partial u}{\partial y}\sin\theta \qquad (3)$$

同理 $\qquad v = v(x, y)$

全微分 $\qquad dv = \dfrac{\partial v}{\partial x}dx + \dfrac{\partial v}{\partial y}dy$

除以 $d\theta$ $\qquad \dfrac{\partial v}{\partial \theta} = \dfrac{\partial v}{\partial x}\dfrac{\partial x}{\partial \theta} + \dfrac{\partial v}{\partial y}\dfrac{\partial y}{\partial \theta}$

其中 $x = r\cos\theta$, $x = r\sin\theta$, $\dfrac{\partial x}{\partial r} = \cos\theta$, $\dfrac{\partial y}{\partial r} = \sin\theta$, 代入得

$$\frac{\partial v}{\partial \theta} = -\frac{\partial v}{\partial x}r\sin\theta + \frac{\partial v}{\partial y}r\cos\theta$$

或

$$\frac{1}{r}\frac{\partial v}{\partial \theta} = -\frac{\partial v}{\partial x}\sin\theta + \frac{\partial v}{\partial y}\cos\theta$$

代入 Riemann-Cauchy 條件：$\dfrac{\partial u}{\partial x} = \dfrac{\partial v}{\partial y}$, $\dfrac{\partial v}{\partial x} = -\dfrac{\partial u}{\partial y}$, 代入得

$$\frac{1}{r}\frac{\partial v}{\partial \theta} = \frac{\partial u}{\partial y}\sin\theta + \frac{\partial u}{\partial x}\cos\theta \quad (4)$$

比較 (3)、(4) 得證 $\qquad \dfrac{\partial u}{\partial r} = \dfrac{1}{r}\dfrac{\partial v}{\partial \theta}$

同理可證 $\qquad \dfrac{\partial v}{\partial r} = -\dfrac{1}{r}\dfrac{\partial u}{\partial \theta}$

範例 08

(10%) Determine where the function, $f(z) = 2x - x^3 - xy^2 + i(x^2 + y^3 - 2y)$, is analytic.

中央機械所工數

解答：

已知
$$f(z) = 2x - x^3 - xy^2 + i(x^2 + y^3 - 2y)$$

令
$$u(x, y) = 2x - x^3 - xy^2$$

$$v(x, y) = x^2 + y^3 - 2y$$

Riemann-Cauchy 條件

$$\frac{\partial u}{\partial x} = 2 - 3x^2 - y^2 , \quad \frac{\partial v}{\partial y} = 3y^2 - 2$$

$\dfrac{\partial u}{\partial x} \neq \dfrac{\partial v}{\partial y}$，故不可解析。

範例 09：解析函數之判定

(20%) 複變函數 $f(z) = u(x, y) + iv(x, y)$，其中 $u(x, y) = x^2 + y$，試問 $f(z)$ 在何處可解析？

中興土木所甲組

解答：

已知 $u(x, y) = x^2 + y$

由 Riemann-Cauchy 方程式

$$\frac{\partial u}{\partial x} = \frac{\partial v}{\partial y} = 2x$$

偏積分 $v = \int (2x) dy = 2xy + f(x)$

$$-\frac{\partial u}{\partial y} = \frac{\partial v}{\partial x} = -1$$

偏積分　　$v = \int(-1)dx = -x + g(y)$

無法求得滿足 Riemann-Cauchy 方程式之 $v(x, y)$

故 $f(z)$ 不可解析。

範例 10：解析函數之判定

> Determine where（in the complex plane） the following functions are analytic？
> (1) $f(z) = \dfrac{x^2}{3} + i\left(y - \dfrac{y^3}{3}\right)$　(2) $f(z) = (1+i)(x+y^2)$　(3) $f(z) = z \cdot \bar{z}$

清大物理所

解答：

(1) $f(z) = \dfrac{x^2}{3} + i\left(y - \dfrac{y^3}{3}\right)$

　　$u(x, y) = \dfrac{x^2}{3}$；$v(x, y) = y - \dfrac{y^3}{3}$

　　$\dfrac{\partial u}{\partial x} = \dfrac{2x}{3}$，$\dfrac{\partial v}{\partial y} = 1 - y^2$，$\dfrac{\partial u}{\partial x} \neq \dfrac{\partial v}{\partial y}$，不相等，故不可解析。

(2) $f(z) = (1+i)(x+y^2)$

　　$u(x, y) = x + y^2$；$v(x, y) = x + y^2$

　　$\dfrac{\partial u}{\partial x} = 1$，$\dfrac{\partial v}{\partial y} = 2y$，$\dfrac{\partial u}{\partial x} \neq \dfrac{\partial v}{\partial y}$，不相等，故不可解析。

(3) $f(z) = z \cdot \bar{z} = x^2 + y^2$

　　$u(x, y) = x^2 + y^2$；$v(x, y) = 0$

　　$\dfrac{\partial u}{\partial x} = 2x$，$\dfrac{\partial v}{\partial y} = 0$，$\dfrac{\partial u}{\partial x} \neq \dfrac{\partial v}{\partial y}$，不相等，故不可解析。

範例 11

Which of the following are analytic functions in $z = x + iy$.
Give your reasons briefly.

(a) $f_a(z) = z^*$ 　　　　　　(b) $f_b(z) = \operatorname{Im} z$
(c) $f_c(z) = z^2$ 　　　　　　(d) $f_d(z) = e^{z^2}$
(e) $f_e(z) = e^{|z|}$ 　　　　　(f) $f_f(z) = 10$

　　　　　　　　　　　　　　　　　　　　　清大天文所應數、清大物理所應數

解答：

(a) $f_a(z) = z^* = x - iy$，$\dfrac{\partial u}{\partial x} \neq \dfrac{\partial v}{\partial y}$，不可解析。

(b) $f_b(z) = \operatorname{Im} z = y$，$\dfrac{\partial u}{\partial x} \neq \dfrac{\partial v}{\partial y}$，不可解析。

(c) $f_c(z) = z^2 = (x^2 - y^2) + i2xy$

$\dfrac{\partial u}{\partial x} = 2x = \dfrac{\partial v}{\partial y}$，$\dfrac{\partial v}{\partial x} = 2y = -\dfrac{\partial u}{\partial y}$，為解析函數

(d) $f_d(z) = e^{z^2}$，$f_d(z) = e^{x^2 - y^2 + i2xy} = e^{x^2 - y^2}\cos(2xy) + ie^{x^2 - y^2}\sin(2xy)$

$\dfrac{\partial u}{\partial x} = 2xe^{x^2 - y^2}\cos(2xy) - 2ye^{x^2 - y^2}\sin(2xy) = \dfrac{\partial v}{\partial y}$

$\dfrac{\partial v}{\partial x} = 2xe^{x^2 - y^2}\sin(2xy) + 2ye^{x^2 - y^2}\cos(2xy) = -\dfrac{\partial u}{\partial y}$，為解析函數。

(e) $f_e(z) = e^{|z|}$，$f_e(z) = e^{\sqrt{x^2 + y^2}}$，$u = \sqrt{x^2 + y^2}$，$v = 0$

$\dfrac{\partial u}{\partial x} = e^{\sqrt{x^2 + y^2}} \dfrac{x}{\sqrt{x^2 + y^2}} \neq \dfrac{\partial v}{\partial y}$，為不可解析函數。

(f) $f_f(z) = 10$，$u = 10$，$v = 0$

$$\frac{\partial u}{\partial x} = \frac{\partial v}{\partial y}, \quad \frac{\partial v}{\partial x} = -\frac{\partial u}{\partial y}, \quad 為解析。$$

範例 12 可微分點? 解析點? 奇異點?之判定

Discuss the differentiability of the following functions:
(a) a function with real variable $f(x) = |x|$, $x \in R$ (real numbers).
(b) a function with complex variable $f(z) = |z|$, $z \in C$ (complex numbers).

交大電控所

解答:

(a) 實變函數 $f(x) = |x| = \begin{cases} x; & x \geq 0 \\ -x; & x < 0 \end{cases}$

在 $x=0$ 之導數 $f'(0) = \lim_{x \to 0} \frac{f(x)-f(0)}{x} = \lim_{x \to 0} \frac{|x|}{x}$

取左右極限 $f'(0^+) = \lim_{x \to 0^+} \frac{x}{x} = 1$

及 $f'(0^-) = \lim_{x \to 0^-} \frac{-x}{x} = -1$

故 $f'(0)$ 不存在。

分段微分 $\dfrac{d}{dx} f(x) = \begin{cases} 1; & x > 0 \\ \text{Not Exist}; & x = 0 \\ -1; & x < 0 \end{cases}$

(b) 複變函數 $f(z) = |z| = \sqrt{x^2+y^2} + i0$

亦即 $u(x,y) = \sqrt{x^2+y^2}$, $v(x,y) = 0$

偏微分 $\dfrac{\partial u}{\partial x} = \dfrac{x}{\sqrt{x^2+y^2}}$, $\dfrac{\partial v}{\partial y} = 0$

及 $\dfrac{\partial v}{\partial x}=0$ ， $\dfrac{\partial u}{\partial y}=\dfrac{y}{\sqrt{x^2+y^2}}$

不滿足 Riemann-Cauchy 方程式： $\dfrac{\partial u}{\partial x}\neq\dfrac{\partial v}{\partial y}$ ， $\dfrac{\partial v}{\partial x}\neq-\dfrac{\partial u}{\partial y}$

故　　　　　　$f(z)=|z|$ ， $z\in C$ 為不可微分。

範例 13

(15%) Let $f(z)=\begin{cases} z/|z| & \text{for } z\neq 0 \\ 0 & \text{for } z=0 \end{cases}$

At what points do the real and imaginary parts of f satisfy the Cauchy-Riemann equations?

成大電機、電通、微電子所工數

解答：

$$f(z)=\dfrac{z}{|z|}=\dfrac{x}{\sqrt{x^2+y^2}}+i\dfrac{y}{\sqrt{x^2+y^2}}$$

或

$$u(x,y)=\dfrac{x}{\sqrt{x^2+y^2}} \text{ 及 } v(x,y)=\dfrac{y}{\sqrt{x^2+y^2}}$$

不滿足 Riemann-Cauchy 方程式： $\dfrac{\partial u}{\partial x}\neq\dfrac{\partial v}{\partial y}$ ， $\dfrac{\partial v}{\partial x}\neq-\dfrac{\partial u}{\partial y}$

範例 14：解析點之判定

Consider the function $f(z)=xy^2+ix^2y$

(a) Show that $f(z)$ is differentiable at $z=0$.

(b) Show that $f(z)$ is not analytic at $z=0$.

> (c) Show that $z = 0$ is not a singular point of $f(z)$.

交大電控所

解答：

(a) $f(z) = xy^2 + ix^2y$

令 $u = xy^2$，$v = x^2y$

$\dfrac{\partial u}{\partial x} = y^2$，$\dfrac{\partial v}{\partial y} = x^2$

$\dfrac{\partial v}{\partial x} = 2xy$，$-\dfrac{\partial u}{\partial y} = -2xy$

上述 Cauchy-Riemann 方程式，只有當 $x = y = 0$，或 $z = 0$，方成立。

故 $f(z)$ 在 $z = 0$ 是可微分。

(b) 但是在 $z = 0$ 之任一鄰近區間內都沒有可微分的點，

故 $f(z)$ 在 $z = 0$ 是不可解析

(c) $f(z)$ 在 $z = 0$ 是不可解析。

同時在 $z = 0$ 之任一鄰近區間內都沒有可解析的點，故 $z = 0$ 也不是 $f(z)$ 的奇異點.

範例 15 複變函數 (應用四：**共軛諧和函數**)

> (20%) Determine a such that $u = \sin ax \cosh 2y$ is harmonic, and find the harmonic conjugate of u

中央電機所電波組工數

解答：

假設 $u(x, y)$ 的 harmonic conjugate 函數為 $v(x, y)$

則 $f(z) = u + iv$ 為解析函數

利用 Cauchy-Riemann 方程式

(1) $\dfrac{\partial u}{\partial x} = \dfrac{\partial v}{\partial y} = \dfrac{\partial}{\partial x}(\sin ax \cosh 2y) = a\cos ax \cosh 2y$

對 y 偏積分　得　$v(x, y) = a\cos ax \int \cosh 2y \, dy$

得　$v(x, y) = \dfrac{a}{2}\cos ax \sinh 2y + f(x)$

(2) $\dfrac{\partial u}{\partial y} = -\dfrac{\partial v}{\partial x} = \dfrac{\partial}{\partial y}(\sin ax \cosh 2y) = 2\sin ax \sinh 2y$

代入得　$\dfrac{\partial v}{\partial x} = -2\sin ax \sinh 2y = -\dfrac{a^2}{2}\sin ax \sinh 2y + f'(x)$

比較，得

$\dfrac{a^2}{2} = 2$；或 $a = 2$

$f'(x) = 0$；或　$f(x) = c$

最後得

$v(x, y) = \cos 2x \sinh 2y + c$

範例 16：共軛諧和函數

> Determine an analytic complex function $f(z)$, where $z = x + iy$, such that $f(z) = u + iv$ and $u(x, y) = y^3 - 3x^2 y + y$

台大工數 F 工科海

解答：

$u(x, y) = y^3 - 3x^2 y + y$

$\dfrac{\partial u(x, y)}{\partial x} = -6xy = \dfrac{\partial v(x, y)}{\partial y}$

對 y 偏積分 $v(x,y) = -3xy^2 + f(x)$

$$\frac{\partial u(x,y)}{\partial y} = 3y^2 - 3x^2 + 1 = -\frac{\partial v(x,y)}{\partial x} \;,\; \frac{\partial v(x,y)}{\partial x} = -3y^2 + 3x^2 - 1$$

對 x 偏積分 $v(x,y) = -3xy^2 + x^3 - x + g(y)$

比較得

$$v(x,y) = -3xy^2 + x^3 - x + c$$

範例 17：已知解析函數中 $u(x,y)$，求 $v(x,y)$

(20%) If $u(x,y) = 3xy^2 - x^3$，use Cauchy-Riemann equations to find a conjugate harmonic function $v(x,y)$.

台科大電子所乙三

解答：

已知 $u(x,y) = 3xy^2 - x^3$

Riemann-Cauchy 方程式

$$\frac{\partial u}{\partial x} = \frac{\partial v}{\partial y} = 3y^2 - 3x^2$$

偏積分 $v = \int (3y^2 - 3x^2)dy = y^3 - 3x^2 y + f(x)$

$$-\frac{\partial u}{\partial y} = \frac{\partial v}{\partial x} = -6xy$$

偏積分 $v = \int (-6xy)dx = -3x^2 y + g(y)$

得 $v = y^3 - 3x^2 y + c$

範例 18

(10%) A potential function u is generally a solution of Laplace's equation. $u =$ constant are called equipotential surface, while $v =$ constant generally represent direction of force, where v is a conjugate harmonic function of u. u and v satisfy the Cauchy-Riemann Equation ($u_x = v_y$ and $v_x = -u_y$). Let $u = x^2 + y^2$, find v.

清大動機所

解答：

已知 $\quad u = x^2 - y^2$

$$\frac{\partial u}{\partial x} = 2x = \frac{\partial v}{\partial y}$$

積分 $\quad v = 2xy + f(x)$

$$-\frac{\partial u}{\partial y} = 2y = \frac{\partial v}{\partial x}$$

積分 $\quad v = 2xy + g(y)$

比較得 $\quad v = 2xy + c$

第五節　複變函數之微分

已知複變數函數 $f(z)$ 為解析函數，則根據 Cauchy-Riemann 方程式，知下列微分公式必成立：

1. 複變數解析函數 $f(z) = u(x, y) + iv(x, y)$，其微分公式為

$$\frac{df}{dz} = \frac{\partial u}{\partial x} + i\frac{\partial v}{\partial x}$$

現在利用上述結果，推導出極座標的複變微分公式，如下

2. 複變數解析函數 $f(z) = u(r,\theta) + iv(r,\theta)$，其微分公式之極座標為

$$\frac{df}{dz} = e^{-i\theta}\left(\frac{\partial u}{\partial r} + i\frac{\partial v}{\partial r}\right)$$

【證明】

已知卡氏座標之微分公式為

$$\frac{df}{dz} = \frac{\partial u}{\partial x} + i\frac{\partial v}{\partial x}$$

已知 極座形式　$u = u(r,\theta)$

全微分

$$du = \frac{\partial u}{\partial r}dr + \frac{\partial u}{\partial \theta}d\theta$$

除以 dx

$$\frac{\partial u}{\partial x} = \frac{\partial u}{\partial r}\frac{\partial r}{\partial x} + \frac{\partial u}{\partial \theta}\frac{\partial \theta}{\partial x}$$

代入 $x = r\cos\theta$，$y = r\sin\theta$，$r = \sqrt{x^2 + y^2}$，$\theta = \tan^{-1}\frac{y}{x}$

$$\frac{\partial r}{\partial x} = \frac{x}{\sqrt{x^2+y^2}} = \frac{x}{r}，\frac{\partial \theta}{\partial x} = \frac{1}{1+\left(\frac{y}{x}\right)^2}\left(-\frac{y}{x^2}\right) = \frac{-y}{x^2+y^2}$$

代入得

$$\frac{\partial u}{\partial x} = \frac{\partial u}{\partial r}\frac{x}{r} + \frac{\partial u}{\partial \theta}\frac{-y}{y^2+x^2}$$

或

$$\frac{\partial u}{\partial x} = \frac{\partial u}{\partial r}\cos\theta - \frac{\partial u}{\partial \theta}\frac{\sin\theta}{r}$$

同理，得

$$\frac{\partial v}{\partial x} = \frac{\partial v}{\partial r}\frac{x}{r} + \frac{\partial v}{\partial \theta}\frac{-y}{y^2 + x^2}$$

或
$$\frac{\partial v}{\partial x} = \frac{\partial v}{\partial r}\cos\theta - \frac{\partial v}{\partial \theta}\frac{\sin\theta}{r}$$

代回原式
$$\frac{df}{dz} = \frac{\partial u}{\partial x} + i\frac{\partial v}{\partial x} = \frac{\partial u}{\partial r}\cos\theta - \frac{\partial u}{\partial \theta}\frac{\sin\theta}{r} + i\left(\frac{\partial v}{\partial r}\cos\theta - \frac{\partial v}{\partial \theta}\frac{\sin\theta}{r}\right)$$

整理得
$$\frac{df}{dz} = \frac{\partial u}{\partial r}\cos\theta - \frac{1}{r}\frac{\partial u}{\partial \theta}\sin\theta + i\frac{\partial v}{\partial r}\cos\theta - i\frac{1}{r}\frac{\partial v}{\partial \theta}\sin\theta$$

或
$$\frac{df}{dz} = \left(\frac{\partial u}{\partial r}\cos\theta - i\frac{1}{r}\frac{\partial v}{\partial \theta}\sin\theta\right) + \left(i\frac{\partial v}{\partial r}\cos\theta + i^2\frac{1}{r}\frac{\partial u}{\partial \theta}\sin\theta\right)$$

又由 Riemann-Cauchy 條件：$\dfrac{\partial u}{\partial r} = \dfrac{1}{r}\dfrac{\partial v}{\partial \theta}$，$\dfrac{\partial v}{\partial r} = -\dfrac{1}{r}\dfrac{\partial u}{\partial \theta}$

得
$$\frac{df}{dz} = \frac{\partial u}{\partial r}(\cos\theta - i\sin\theta) + i\frac{\partial v}{\partial r}(\cos\theta - i\sin\theta)$$

其中　　$e^{-i\theta} = \cos\theta - i\sin\theta$

得證
$$\frac{df}{dz} = e^{-i\theta}\left(\frac{\partial u}{\partial r} + i\frac{\partial v}{\partial r}\right)$$

範例 19：複變可微分之必要條件

(a) Discuss the differentiability of the complex function $f(z) = e^x e^{-iy}$.

(b) Discuss the differentiability of the complex function $f(z) = e^x e^{iy}$.

中央電機所

解答：

(a)

已知 $\qquad f(z) = e^x e^{-iy} = e^{x-iy} = e^{\bar{z}}$

由解析函數特性知：若且唯若 $f'(z)$ 存在，則 $f(z)$ 為解析函數，而且 $\dfrac{\partial f}{\partial \bar{z}} = 0$。

因 $\qquad \dfrac{\partial f}{\partial \bar{z}} = e^{\bar{z}} \neq 0$

或利用 Cauchy-Riemann equation

$\qquad u = e^x \cos y$ 及 $v = -e^x \sin y$

代入 $\qquad \dfrac{\partial u}{\partial x} = e^x \cos y \neq \dfrac{\partial v}{\partial y}$

故 $\qquad f(z) = e^{\bar{z}}$ 不是解析函數，故 $f(z) = e^x e^{-iy}$ 不可微分。

【錯誤解法】

已知 $\qquad f(z) = e^x e^{-iy} = e^x(\cos y - i \sin y)$

及 $\qquad u = e^x \cos y$ 及 $v = -e^x \sin y$

代入 $\qquad f'(z) = \dfrac{\partial u}{\partial x} + i \dfrac{\partial v}{\partial x} = \dfrac{\partial}{\partial x}(e^x \cos y) - i \dfrac{\partial}{\partial x}(e^x \sin y)$

得 $\qquad f'(z) = e^x \cos y - i e^x \sin y = f(z)$

(b) 已知 $f(z)$ 為解析函數

$\qquad f(z) = e^x e^{iy} = e^x(\cos y + i \sin y)$

及 $\qquad u = e^x \cos y$ 及 $v = e^x \sin y$

代入　　　　　$\dfrac{\partial u}{\partial x} = e^x \cos y = \dfrac{\partial v}{\partial y}$ ，$\dfrac{\partial v}{\partial x} = e^x \sin y = -\dfrac{\partial u}{\partial x}$

故為為解析函數

代入微分公式　　$f'(z) = \dfrac{\partial u}{\partial x} + i\dfrac{\partial v}{\partial x} = \dfrac{\partial}{\partial x}(e^x \cos y) + i\dfrac{\partial}{\partial x}(e^x \sin y)$

得　　　　　　　$f'(z) = e^x \cos y + ie^x \sin y = f(z)$

範例 20：複變函數之微分

> Give that $f(z) = z^2 - iz = u(x,y) + iv(x,y)$ in the complex plane. (1) Find $u(x,y)$ and $v(x,y)$. (2) Determine whether the Cauchy-Riemann equation hold or not.

台科大電機所

解答：

(1) 已知　　　$f(z) = z^2 - iz = (x+iy)^2 - i(x+iy)$

展開　　　　$f(z) = x^2 - y^2 + 2ixy - ix + y = (x^2 - y^2 + y) + i(2xy - x)$

即得　　　實部：$u(x,y) = x^2 - y^2 + y$，虛部：$v(x,y) = 2xy - x$

(2) Hold

偏微分　　　$\dfrac{\partial u}{\partial x} = 2x$ ，$\dfrac{\partial v}{\partial y} = 2x$

及　　　　　$\dfrac{\partial v}{\partial x} = 2y - 1$ ，$\dfrac{\partial u}{\partial y} = -2y + 1$

故滿足 Cauchy-Riemann equation。

範例 21：複變微分之反運算

> A particle is moving on the complex plane, whose position is represented by the complex variable $z(t) = x(t) + iy(t)$ with $i = \sqrt{-1}$ and $x, y \in R$. If we assume

that the particle's complex velocity is proportional to its position such that

$$\frac{dz}{dt} = 2iz, \quad z(0) = 1+i$$

Find the particle's complex position $z(t)$

成大微機電所

解答：

已知
$$\frac{dz}{dt} = 2iz$$

表成實變函數
$$\frac{dx}{dt} + i\frac{dy}{dt} = 2i(x+iy) = -2y + i2x$$

聯立解
$$\frac{dx}{dt} = -2y$$
$$\frac{dy}{dt} = 2x$$

及初始條件 $z(0) = x(0) + iy(0) = 1+i$

或 $x(0) = 1 \,,\, y(0) = 1$

【方法一】

$$\frac{d^2x}{dt^2} = -2\frac{dy}{dt} = -4x \text{ 或 } \frac{d^2x}{dt^2} + 4x = 0$$

得 $x = c_1 \cos 2t + c_2 \sin 2t$

初始條件 $x(0) = c_1 = 1$

$$y = -\frac{1}{2}\frac{dx}{dt} = -\frac{1}{2}(-2c_1 \sin 2t + 2c_2 \cos 2t)$$

或 $y = -c_2 \cos 2t + c_1 \sin 2t = -c_2 \cos 2t + \sin 2t$

初始條件 $y(0) = -c_2 = 1 \,,\, c_2 = -1$

最後得
$$x = \cos 2t - \sin 2t$$
$$y = \cos 2t + \sin 2t$$
或
$$z = x + iy = (\cos 2t - \sin 2t) + i(\cos 2t + \sin 2t)$$

第六節　解析函數特性

幾乎所有複變函數之基本定理都基於解析函數而得，現將解析函數所具有之特性，綜合整理並證明如下：

※定理1：

> 若 $W = f(z) = u(x,y) + iv(x,y)$ 為解析函數，則 $f(z)$ 之實部 $u(x,y)$ 與虛部 $v(x,y)$，滿足 Laplace 方程式，亦即 $\nabla^2 u(x,y) = 0$ 及 $\nabla^2 v(x,y) = 0$。

【證明】：

已知 $w = f(z) = u(x,y) + iv(x,y)$ 為解析函數，故由 Cauchy-Riemann 定理知

$$\frac{\partial u}{\partial x} = \frac{\partial v}{\partial y} \quad (1)$$

$$\frac{\partial v}{\partial x} = -\frac{\partial u}{\partial y} \quad (2)$$

將式(1)對 $\dfrac{\partial}{\partial x}$，得　$\dfrac{\partial}{\partial x}\left(\dfrac{\partial u}{\partial x}\right) = \dfrac{\partial}{\partial x}\left(\dfrac{\partial v}{\partial y}\right)$

將式(2)對 $\dfrac{\partial}{\partial y}$，得　$\dfrac{\partial}{\partial y}\left(\dfrac{\partial v}{\partial x}\right) = -\dfrac{\partial}{\partial y}\left(\dfrac{\partial u}{\partial y}\right)$

以上兩式相減，得　$\dfrac{\partial^2 u}{\partial y^2} + \dfrac{\partial^2 u}{\partial x^2} = \nabla^2 u = 0$

同理

將式 (1) 對 $\dfrac{\partial}{\partial y}$，得　　$\dfrac{\partial}{\partial y}\left(\dfrac{\partial u}{\partial x}\right)=\dfrac{\partial}{\partial y}\left(\dfrac{\partial v}{\partial y}\right)$

將式 (2) 對 $\dfrac{\partial}{\partial x}$，得　　$\dfrac{\partial}{\partial x}\left(\dfrac{\partial v}{\partial x}\right)=-\dfrac{\partial}{\partial x}\left(\dfrac{\partial u}{\partial y}\right)$

以上兩式相減，得　　$\dfrac{\partial^2 v}{\partial y^2}+\dfrac{\partial^2 v}{\partial x^2}=\nabla^2 v=0$

※定理 2：

> 若 $w=f(z)=u(x,y)+iv(x,y)$ 為解析函數，則 $f(z)$ 之複數平面內之兩曲線族 $u(x,y)=C$ 與 $v(x,y)=K$，為正交曲線族。

【證明】：

已知曲線族 $u(x,y)=C$，其線上每一點之斜率為 $m_1=\dfrac{dy}{dx}=-\dfrac{\dfrac{\partial u}{\partial x}}{\dfrac{\partial u}{\partial y}}$

已知曲線族 $v(x,y)=K$，其線上每一點之斜率為 $m_2=\dfrac{dy}{dx}=-\dfrac{\dfrac{\partial v}{\partial x}}{\dfrac{\partial v}{\partial y}}$

又已知 $w=f(z)=u(x,y)+iv(x,y)$ 為解析函數，故由 Cauchy-Riemann 定理知

$$\dfrac{\partial u}{\partial x}=\dfrac{\partial v}{\partial y},\ \dfrac{\partial v}{\partial x}=-\dfrac{\partial u}{\partial y}$$

將上式代入斜率乘積，得

$$m_1\cdot m_2=\left(-\dfrac{\dfrac{\partial u}{\partial x}}{\dfrac{\partial u}{\partial y}}\right)\cdot\left(-\dfrac{\dfrac{\partial v}{\partial x}}{\dfrac{\partial v}{\partial y}}\right)=\dfrac{\dfrac{\partial u}{\partial x}}{\dfrac{\partial u}{\partial y}}\cdot\dfrac{-\dfrac{\partial u}{\partial y}}{\dfrac{\partial u}{\partial x}}=-1$$

故得證兩曲線族 $u(x,y)=C$ 與 $v(x,y)=K$，為正交曲線族。

根據定義知，任一複變函數 $w=f(z)$，可利用兩個實變函數組合表示，亦即

$$f(z)=u(x,y)+iv(x,y)$$

現反過來講，現有任兩個實變函數 $u(x,y), v(x,y)$，他們組合後之複變函數形式為何？是否一定可湊成 $u(x,y)+iv(x,y)=f(z)$ 嗎？

【推導如下】：

已知 $z=x+iy$，共軛 $\bar{z}=x-iy$

化簡得

$$x=\frac{1}{2}(z+\bar{z}) \text{ 及 } y=\frac{1}{2i}(z-\bar{z})$$

代回兩實變函數組合

$$u(x,y)+iv(x,y)=u\left(\frac{z+\bar{z}}{2},\frac{z-\bar{z}}{2}\right)+iv\left(\frac{z+\bar{z}}{2},\frac{z-\bar{z}}{2}\right)=f(z,\bar{z})$$

上式不為 $f(z)$ 形式，得 $w=f(z,\bar{z})$ 比 $w=f(z)$ 更具一般性。亦即先前我們定義之複變函數 $w=f(z)$，似乎不夠一般性，但是當複變函數 $w=f(z,\bar{z})$ 為解析函數時，可得下列定理，從此定理知，只要是解析函數，一定可表成 $w=f(z)$。

定理 3：

> 若 $f(z,\bar{z})=u(x,y)+iv(x,y)$ 為解析函數，則 $\dfrac{\partial f(z,\bar{z})}{\partial \bar{z}}=0$

【證明】：

已知複變函數通式　　$f(z,\bar{z})=u(x,y)+iv(x,y)$

全微分　　　　　　　$df(z,\bar{z})=du(x,y)+idv(x,y)$

或
$$df(z,\bar{z}) = \frac{\partial u}{\partial x}dx + \frac{\partial u}{\partial y}dy + i\left(\frac{\partial v}{\partial x}dx + \frac{\partial v}{\partial y}dy\right)$$

除以 $\partial \bar{z}$，得
$$\frac{\partial}{\partial \bar{z}}f(z,\bar{z}) = \frac{\partial u}{\partial x}\frac{\partial x}{\partial \bar{z}} + \frac{\partial u}{\partial y}\frac{\partial y}{\partial \bar{z}} + i\left(\frac{\partial v}{\partial x}\frac{\partial x}{\partial \bar{z}} + \frac{\partial v}{\partial y}\frac{\partial y}{\partial \bar{z}}\right)$$

其中 $\frac{\partial x}{\partial \bar{z}} = \frac{1}{2}$，$\frac{\partial y}{\partial \bar{z}} = -\frac{1}{2i} = \frac{i}{2}$，代入上式

$$\frac{\partial}{\partial \bar{z}}f(z,\bar{z}) = \frac{1}{2}\left(\frac{\partial u}{\partial x} + i\frac{\partial u}{\partial y}\right) + \frac{i}{2}\left(\frac{\partial v}{\partial x} + i\frac{\partial v}{\partial y}\right)$$

或
$$\frac{\partial}{\partial \bar{z}}f(z,\bar{z}) = \frac{1}{2}\left(\frac{\partial u}{\partial x} - \frac{\partial v}{\partial y}\right) + \frac{i}{2}\left(\frac{\partial u}{\partial y} + \frac{\partial v}{\partial x}\right)$$

已知 Cauchy-Riemann 定理知 $\frac{\partial u}{\partial x} = \frac{\partial v}{\partial y}$，$\frac{\partial v}{\partial x} = -\frac{\partial u}{\partial y}$

代入得 $\frac{\partial}{\partial \bar{z}}f(z,\bar{z}) = 0$。

範例 22：複變函數

If $f(z) = u(x,y) + iv(x,y)$ is analytic function

(1) Please prove the Laplace equation $\frac{\partial^2 u}{\partial x^2} + \frac{\partial^2 u}{\partial y^2} = 0$ 及 $\frac{\partial^2 v}{\partial x^2} + \frac{\partial^2 v}{\partial y^2} = 0$

(2) If one define further $\bar{z} = x - iy$，then $\frac{\partial^2 u}{\partial \bar{z} \partial z} = 0$ and $\frac{\partial^2 v}{\partial \bar{z} \partial z} = 0$

清大動機所、交大光電所

證明：

(1) (略)見課文。

(2)

【方法一】已知 $u = u(x,y)$

全微分
$$du = du(x,y) = \frac{\partial u}{\partial x}dx + \frac{\partial u}{\partial y}dy$$

$$\frac{\partial u}{\partial z} = \frac{\partial u}{\partial x}\frac{\partial x}{\partial z} + \frac{\partial u}{\partial y}\frac{\partial y}{\partial z}$$

其中
$$x = \frac{1}{2}(z+\bar{z})\,,\ y = \frac{1}{2i}(z-\bar{z})$$

微分
$$\frac{\partial x}{\partial z} = \frac{1}{2}\,,\ \frac{\partial y}{\partial z} = \frac{1}{2i}$$

代入
$$\frac{\partial u}{\partial z} = \frac{1}{2}\frac{\partial u}{\partial x} + \frac{1}{2i}\frac{\partial u}{\partial y}$$

全微分
$$d\left(\frac{\partial u}{\partial z}\right) = \frac{\partial}{\partial x}\left(\frac{1}{2}\frac{\partial u}{\partial x} + \frac{1}{2i}\frac{\partial u}{\partial y}\right)dx + \frac{\partial}{\partial y}\left(\frac{1}{2}\frac{\partial u}{\partial x} + \frac{1}{2i}\frac{\partial u}{\partial y}\right)dy$$

$$\frac{\partial}{\partial \bar{z}}\left(\frac{\partial u}{\partial z}\right) = \frac{\partial}{\partial x}\left(\frac{1}{2}\frac{\partial u}{\partial x} + \frac{1}{2i}\frac{\partial u}{\partial y}\right)\frac{\partial x}{\partial \bar{z}} + \frac{\partial}{\partial y}\left(\frac{1}{2}\frac{\partial u}{\partial x} + \frac{1}{2i}\frac{\partial u}{\partial y}\right)\frac{\partial y}{\partial \bar{z}}$$

其中
$$\frac{\partial x}{\partial \bar{z}} = \frac{1}{2}\,,\ \frac{\partial y}{\partial \bar{z}} = -\frac{1}{2i}$$

最後得
$$\frac{\partial^2 u}{\partial \bar{z}\partial z} = \left(\frac{1}{2}\frac{\partial^2 u}{\partial x^2} + \frac{1}{2i}\frac{\partial^2 u}{\partial x \partial y}\right)\frac{1}{2} + \left(\frac{1}{2}\frac{\partial^2 u}{\partial y \partial x} + \frac{1}{2i}\frac{\partial^2 u}{\partial y^2}\right)\left(-\frac{1}{2i}\right)$$

整理得
$$\frac{\partial^2 u}{\partial \bar{z}\partial z} = \frac{1}{4}\left(\frac{\partial^2 u}{\partial x^2} + \frac{\partial^2 u}{\partial y^2}\right) + \left(\frac{1}{4i}\frac{\partial^2 u}{\partial x \partial y} - \frac{1}{4i}\frac{\partial^2 u}{\partial y \partial x}\right)$$

或
$$\frac{\partial^2 u}{\partial \bar{z}\partial z} = \frac{1}{4}\left(\frac{\partial^2 u}{\partial x^2} + \frac{\partial^2 u}{\partial y^2}\right) = 0$$

$$\left(\frac{\partial^2}{\partial x^2} + \frac{\partial^2}{\partial y^2}\right)u = \nabla^2 u = 4\frac{\partial^2 u}{\partial z \partial \bar{z}}$$

【方法二】

全微分
$$du = du(z,\bar{z}) = \frac{\partial u}{\partial z}dz + \frac{\partial u}{\partial \bar{z}}d\bar{z}$$

$$\frac{\partial u}{\partial x} = \frac{\partial u}{\partial z}\frac{\partial z}{\partial x} + \frac{\partial u}{\partial \bar{z}}\frac{\partial \bar{z}}{\partial x}$$

其中 $z = x + iy$，$\bar{z} = x - iy$

微分 $\dfrac{\partial z}{\partial x} = 1$，$\dfrac{\partial \bar{z}}{\partial x} = 1$，$\dfrac{\partial z}{\partial y} = i$，$\dfrac{\partial \bar{z}}{\partial y} = -i$

代入
$$\frac{\partial u}{\partial x} = \frac{\partial u}{\partial z} + \frac{\partial u}{\partial \bar{z}}$$

$$\frac{\partial}{\partial x}\left(\frac{\partial u}{\partial x}\right) = \frac{\partial}{\partial z}\left(\frac{\partial u}{\partial z} + \frac{\partial u}{\partial \bar{z}}\right)\frac{\partial z}{\partial x} + \frac{\partial}{\partial \bar{z}}\left(\frac{\partial u}{\partial z} + \frac{\partial u}{\partial \bar{z}}\right)\frac{\partial \bar{z}}{\partial x}$$

$$\frac{\partial^2 u}{\partial x^2} = \frac{\partial^2 u}{\partial z^2} + 2\frac{\partial^2 u}{\partial z \partial \bar{z}} + \frac{\partial^2 u}{\partial \bar{z}^2}$$

同理

代入
$$\frac{\partial u}{\partial y} = \frac{\partial u}{\partial z}\frac{\partial z}{\partial y} + \frac{\partial u}{\partial \bar{z}}\frac{\partial \bar{z}}{\partial y} = i\frac{\partial u}{\partial z} - i\frac{\partial u}{\partial \bar{z}}$$

$$\frac{\partial}{\partial y}\left(\frac{\partial u}{\partial y}\right) = \frac{\partial}{\partial z}\left(i\frac{\partial u}{\partial z} - i\frac{\partial u}{\partial \bar{z}}\right)\frac{\partial z}{\partial y} + \frac{\partial}{\partial \bar{z}}\left(i\frac{\partial u}{\partial z} - i\frac{\partial u}{\partial \bar{z}}\right)\frac{\partial \bar{z}}{\partial y}$$

$$\frac{\partial}{\partial y}\left(\frac{\partial u}{\partial y}\right) = \frac{\partial}{\partial z}\left(i\frac{\partial u}{\partial z} - i\frac{\partial u}{\partial \bar{z}}\right)i + \frac{\partial}{\partial \bar{z}}\left(i\frac{\partial u}{\partial z} - i\frac{\partial u}{\partial \bar{z}}\right)(-i)$$

$$\frac{\partial^2 u}{\partial y^2} = -\frac{\partial^2 u}{\partial z^2} + 2\frac{\partial^2 u}{\partial z \partial \bar{z}} - \frac{\partial^2 u}{\partial \bar{z}^2}$$

最後

$$\frac{\partial^2 u}{\partial x^2} + \frac{\partial^2 u}{\partial y^2} = 4\frac{\partial^2 u}{\partial z \partial \bar{z}} = 0$$

範例 23

Suppose that $f(z) = u(x,y) + iv(x,y)$ is analytic and that $g(z) = v(x,y) + iu(x,y)$ is also analytic, Show that $u(x,y)$ and $v(x,y)$ must both be constants. (Hint: $\pm if(z)$ is analytic)

交大電信所

解答：

$f(z) = u(x,y) + iv(x,y)$ 為解析函數，則滿足 $\dfrac{\partial u}{\partial x} = \dfrac{\partial v}{\partial y}$ and $\dfrac{\partial v}{\partial x} = -\dfrac{\partial u}{\partial y}$

$g(z) = v(x,y) + iu(x,y)$ 為解析函數，則 $\dfrac{\partial v}{\partial x} = \dfrac{\partial u}{\partial y}$ and $\dfrac{\partial u}{\partial x} = -\dfrac{\partial v}{\partial y}$

聯立解，$\dfrac{\partial u}{\partial x} = 0$，$\dfrac{\partial u}{\partial y} = 0$，$\dfrac{\partial v}{\partial x} = 0$，$\dfrac{\partial v}{\partial y} = 0$，得 $u(x,y)$ 及 $v(x,y)$ 為常數。

範例 24

若 $f(z)$ 在某一區域內為解析函數，且其模數 $|f(z)|$ 也為常數，試證在該區域內 $f(z)$ 為常數。

交大光電所、清大計管所

證明：

已知 $\qquad |f(z)|^2 = u^2 + v^2 = c$

微分 $\quad 2udu + 2vdv = 0$

$$2u\frac{\partial u}{\partial x} + 2v\frac{\partial v}{\partial x} = 0$$

及

$$2u\frac{\partial u}{\partial y} + 2v\frac{\partial v}{\partial y} = 0$$

聯立解 $\quad \dfrac{\partial u}{\partial x} = 0$ 及 $\dfrac{\partial u}{\partial y} = 0$

故 $\quad u = c_1$

同理得 $\quad v = c_2$

考題集錦

1. Determine where $f(z) = 2x - x^3 - xy^2 + i(x^2 y + y^3 - 2y)$ is differentiable? Where is analytic?

   台大機械所

2. Is the following function with complex variable z, $f(z) = |z|^2 = x^2 + y^2$ analytic or differentiable at $z = 0$? Why?

   交大電控所、清大電機所、交大控工所

3. A complex function $f(z)$ is called entire if $f(z)$ is analytic for all z in complex plane. Determine whether each of the following complex functions is entire? (a) $f(z) = \text{Re}\{z^2\}$ (b) $f(z) = z - \bar{z}$ (c) $f(z) = z + \dfrac{1}{z}$ (d) $f(z) = e^z$

   中央電機所

4. Find the most general analytic function $f(z) = u(x, y) + iv(x, y)$ such that

$u(x, y) = x^2 - x - y^2$

〈中央電機、通訊所〉

5. 試問 (1) $f(z) = \dfrac{1}{3-z}$ (2) $f(z) = 3|z|^2$ 是否可解析函數？

〈交大控工所〉

6. 已知 harmonic function $u(x, y) = \cosh x \cos y$，求解析函數 $f(z) = u(x, y) + iv(x, y)$

〈中興土木所〉

7. 若 $u(x, y) = x^3 + 3x^2 y + axy^2 + by^3$，試求 a, b 值及 $v(x, y)$，使 $f(z) = u(x, y) + iv(x, y)$ 為解析函數

〈交大光電所〉

8. Discuss the differentiability of the following functions:
   (a) a function with real variable $f(x) = |x|$, $x \in R$ (real numbers).
   (b) a function with complex variable $f(z) = |z|$, $z \in C$ (complex numbers).

〈交大電控所〉

9. 在 R 區域內，$u(x, y); v(x, y)$ 為諧和函數，試證 $\left(\dfrac{\partial u}{\partial y} - \dfrac{\partial v}{\partial x} \right) + i\left(\dfrac{\partial u}{\partial x} + \dfrac{\partial v}{\partial y} \right)$ 為解析函數

〈成大機械所〉

10. Is the following function with complex variable z, $f(z) = |z|^2 = x^2 + y^2$ analytic or differentiable at $z = 0$? Why?

〈交大電控所、清大電機所、交大控工所〉

第三十二章
複變基本解析函數

第一節　複變數多項式解析函數

複變冪函數（Power Function）定義：

$$W = f(z) = z^n，n為正整數$$

多項式函數定義：幾個各階冪函數之線性組合稱之為複數多項式函數。即

$$W = f(z) = a_n z^n + a_{n-1} z^{n-1} + \cdots + a_1 z + a_0$$

1. 冪函數 $f(z) = z^n$ 之化簡如下：

   已知複變數 $z = x + iy = re^{i\theta}$，代入冪函數

   $$z^n = (re^{i\theta})^n = r^n e^{in\theta} = r^n \cos(n\theta) + ir^n \sin(n\theta)$$

   亦即　實部　$u(r,\theta) = r^n \cos(n\theta)$ 與虛部 $v(r,\theta) = r^n \sin(n\theta)$

2. 冪函數為解析函數：

   利用 Riemann-Cauchy 公式，知

   $$\frac{\partial u}{\partial r}(r,\theta) = nr^{n-1}\cos(n\theta) \text{ 及 } \frac{\partial v}{\partial \theta}(r,\theta) = nr^n \cos(n\theta)$$

   得證　$\dfrac{\partial u}{\partial r} = \dfrac{1}{r}\dfrac{\partial v}{\partial \theta}$。

同理得證 $\dfrac{\partial v}{\partial r} = -\dfrac{1}{r}\dfrac{\partial u}{\partial \theta}$。

因此證實冪函數為解析函數。

3. 冪函數之微分公式：

$$\dfrac{df}{dz} = e^{-i\theta}\left(\dfrac{\partial u}{\partial r} + i\dfrac{\partial v}{\partial r}\right) = e^{-i\theta}\left(nr^{n-1}\cos(n\theta) + inr^{n-1}\sin(n\theta)\right)$$

或

$$\dfrac{df}{dz} = e^{-i\theta}\left(nr^{n-1}e^{in\theta}\right) = nr^{n-1}e^{i(n-1)\theta} = n\left(re^{i\theta}\right)^{n-1} = nz^{n-1}$$

或　　$\dfrac{d}{dz}\left(z^n\right) = nz^{n-1}$

得證與實變數冪函數之微分公式 $\dfrac{d}{dx}\left(x^n\right) = nx^{n-1}$ 相同。

第二節　基本指數函數

已知實變數指數函數定義如下：

$$y = f(x) = e^x$$

1. 定義複變數指數函數如下(將上式定義中之 x，改成 z 即得)

$$W = f(z) = e^z$$

其中 z 為複變數，即 $z = x + iy$ 代入上式，得

$$W = e^z = e^{x+iy} = e^x e^{iy} = e^x \cos y + ie^x \sin y$$

實部為 $u(x,y) = e^x \cos y$，虛部為 $v(x,y) = e^x \sin y$

2. 指數函數為解析函數：

   【證明】利用 Riemann-Cauchy 公式，知

   $$\frac{\partial u}{\partial x}(x,y) = e^x \cos y \ \text{及} \ \frac{\partial v}{\partial y}(x,y) = e^x \cos y$$

   得證 $\dfrac{\partial u}{\partial x} = \dfrac{\partial v}{\partial y}$。

   同理，

   $$\frac{\partial u}{\partial y}(x,y) = -e^x \sin y \ \text{及} \ \frac{\partial v}{\partial x}(x,y) = e^x \sin y$$

   得證 $\dfrac{\partial v}{\partial x} = -\dfrac{\partial u}{\partial y}$。因此指數函數為解析函數。

3. 指數函數之微分公式為

   $$\frac{d}{dz}e^z = \frac{\partial u}{\partial x} + i\frac{\partial v}{\partial x} = e^x \cos y + ie^x \sin y = e^z$$

   得證與實變數指數函數之微分公式 $\dfrac{d}{dx}e^x = e^x$ 相同。

範例 01

(7%) For $z = x + iy$ as complex variable, find all solution of $e^z = i$

台科大化工工數

解答：

已知
$$e^z = i = \left(\cos\frac{\pi}{2} + i\sin\frac{\pi}{2}\right) = e^{i\left(\frac{\pi}{2} + 2n\pi\right)}$$

得
$$z = i\left(\frac{\pi}{2} + 2n\pi\right), \ n = 0, \pm 1, \pm 2, \cdots$$

範例 02

Find all solutions of $e^z = 1$ where z is a complex variable.

清大電機所

解答：

已知　　$e^z = 1$

極座標　$e^z = 1 = 1 + 0i = \cos 0 + i\sin 0 = e^{i(2n\pi)}$，$n = 0, 1, 2, \cdots$

得　$z = 2n\pi i$，$n = 0, 1, 2, \cdots$

第三節　基本解析函數（三）雙曲線函數

已知實變雙曲線函數定義：

$$\sinh x = \frac{1}{2}(e^x - e^{-x})\ ;\ \cosh x = \frac{1}{2}(e^x + e^{-x})$$

1. 定義複變雙曲線函數：如下(將上式定義中之 x，改成 z 即得)

$$\sinh z = \frac{1}{2}(e^z - e^{-z})\ ;\ \cosh z = \frac{1}{2}(e^z + e^{-z})$$

其中 z 為複變數，即 $z = x + iy$ 代入上式，得

$$\sinh z = \frac{1}{2}(e^z - e^{-z}) = \frac{1}{2}(e^{x+iy} - e^{-x-iy})$$

整理化簡，得

$$\sinh z = \frac{1}{2}\left[e^x(\cos y + i\sin y) - e^{-x}(\cos y - i\sin y)\right]$$

或

$$\sinh z = \frac{e^x - e^{-x}}{2}\cos y + i\frac{e^x + e^{-x}}{2}\sin y = \sinh x \cos y + i\cosh x \sin y$$

實部為 $u(x,y) = \sinh x \sin y$，虛部為 $v(x,y) = \cosh x \sin y$

2. 雙曲線函數為解析函數：

   利用 Riemann-Cauchy 公式，知

   $$\frac{\partial u}{\partial x}(x,y) = \cosh x \cos y \text{ 及 } \frac{\partial v}{\partial y}(x,y) = \cosh x \cos y$$

   得證 $\dfrac{\partial u}{\partial x} = \dfrac{\partial v}{\partial y}$。

   同理，$$\frac{\partial u}{\partial y}(x,y) = -\sinh x \sin y \text{ 及 } \frac{\partial v}{\partial x}(x,y) = \sinh x \sin y$$

   得證 $\dfrac{\partial v}{\partial x} = -\dfrac{\partial u}{\partial y}$。因此雙曲線函數 $\sinh z$ 為解析函數。

   同理

   $$\cosh z = \frac{1}{2}\left[e^x(\cos y + i\sin y) + e^{-x}(\cos y - i\sin y)\right]$$

   或

   $$\cosh z = \frac{e^x + e^{-x}}{2}\cos y + i\frac{e^x - e^{-x}}{2}\sin y = \cosh x \cos y + i\sinh x \sin y$$

   實部為 $u(x,y) = \cosh x \cos y$，虛部為 $v(x,y) = \sinh x \sin y$

   同理可證，雙曲線函數 $\cosh z$ 為解析函數。

3. 雙曲線函數 $\sinh z$ 之微分公式為

   已知 $\sinh z = \sinh x \cos y + i\cosh x \sin y$

   $$\frac{d}{dz}\sinh z = \frac{\partial u}{\partial x} + i\frac{\partial v}{\partial x} = \cosh x \cos y + i\sinh x \sin y = \cosh z$$

得證與實變數雙曲線函數 $\sinh x$ 之微分公式 $\dfrac{d}{dz}\sinh x = \cosh x$ 相同。

同理，雙曲線函數 $\cosh z$ 之微分公式為

$$\dfrac{d}{dz}\cosh z = \dfrac{\partial u}{\partial x} + i\dfrac{\partial v}{\partial x} = \sinh x \cos y + i \cosh x \sin y = \sinh z$$

4. 反雙曲線函數：

$$\sinh^{-1} z = \ln\left(z + \sqrt{z^2 + 1}\right); \quad \cosh^{-1} z = \ln\left(z + \sqrt{z^2 - 1}\right)$$

$$\tanh^{-1} z = \dfrac{1}{2}\ln\left(\dfrac{1+z}{1-z}\right); \quad \coth^{-1} z = \dfrac{1}{2}\ln\left(\dfrac{z+1}{z-1}\right)$$

$$\operatorname{sech}^{-1} z = \ln\left(\dfrac{1 + \sqrt{1 - z^2}}{z}\right); \quad \operatorname{csch}^{-1} z = \ln\left(\dfrac{1 + \sqrt{1 + z^2}}{z}\right)$$

【證明】證明 $\sinh^{-1} z = \ln\left(z + \sqrt{z^2 + 1}\right)$

已知　　　　　　　$W = \sinh^{-1} z$

取 $\sinh(\ )$，得　　$z = \sinh W = \dfrac{1}{2}(e^W - e^{-W})$

移項整理　　　　　$e^W - e^{-W} - 2z = 0$

乘上 e^W　　　　　$e^{2W} - 2ze^W - 1 = 0$

利用二式次求根　　$e^W = \dfrac{2z \pm \sqrt{4z^2 + 4}}{2} = z \pm \sqrt{z^2 + 1}$

因 $e^W > 0$，故取正，即　$e^W = z + \sqrt{z^2 + 1}$

再取對數　　　　　$W = \sinh^{-1} z = \ln\left(z + \sqrt{z^2 + 1}\right)$

依此類推，可推導得其它反雙曲線函數。

範例 03

(8%)　Prove　$\cosh^2 x - \sinh^2 x = 1$

中興精密所

解答：

利用定義
$$\cosh x = \frac{1}{2}\left(e^x + e^{-x}\right) \text{，} \sin x = \frac{1}{2}\left(e^x - e^{-x}\right)$$

$$\cosh^2 x - \sinh^2 x = \frac{1}{4}\left(e^x + e^{-x}\right)^2 - \frac{1}{4}\left(e^x - e^{-x}\right)^2$$

$$\cosh^2 x - \sinh^2 x = \frac{1}{4}(4) = 1$$

範例 04

Please show that $\sinh(z_1 + z_2) = \sinh(z_1)\cosh(z_2) + \cosh(z_1)\sinh(z_2)$，where z_1，z_2 and z be complex numbers and $i = \sqrt{-1}$

交大電信所乙

解答：

已知
$$\sinh(z_1 + z_2) = \frac{e^{z_1+z_2} - e^{-(z_1+z_2)}}{2}$$

展開
$$\sinh(z_1 + z_2) = \frac{1}{2}\left(e^{z_1}e^{z_2} - e^{-z_1}e^{-z_2}\right) \quad \text{(i)}$$

$$\sinh(z_1)\cosh(z_2) + \cosh(z_1)\sinh(z_2) = \frac{e^{z_1} - e^{-z_1}}{2}\frac{e^{z_2} + e^{-z_2}}{2} + \frac{e^{z_1} + e^{-z_1}}{2}\frac{e^{z_2} - e^{-z_2}}{2}$$

整理
$$\text{右邊} = \frac{1}{4}\left[\left(e^{z_1} - e^{-z_1}\right)\left(e^{z_2} + e^{-z_2}\right) + \left(e^{z_1} + e^{-z_1}\right)\left(e^{z_2} - e^{-z_2}\right)\right]$$

或
$$\text{右邊} = \frac{1}{4}\left[\left(2e^{z_1}e^{z_2} - 2e^{-z_1}e^{-z_2}\right)\right] = \frac{1}{2}\left(e^{z_1}e^{z_2} - e^{-z_1}e^{-z_2}\right) \quad \text{(ii)}$$

從 (i),(ii) 得證　$\sinh(z_1 + z_2) = \sinh(z_1)\cosh(z_2) + \cosh(z_1)\sinh(z_2)$

第四節　基本解析函數（三）三角函數定義

已知 Euler 公式

$$e^{ix} = \cos x + i\sin x \text{ 及 } e^{-ix} = \cos x - i\sin x$$

化簡得實變數三角函數定義為：

$$\cos x = \frac{1}{2}\left(e^{ix} + e^{-ix}\right) \text{ 及 } \sin x = \frac{1}{2i}\left(e^{ix} - e^{-ix}\right)$$

1. 複變數三角函數定義：如下(將上式定義中之 x，改成 z 即得)

$$\sin z = \frac{1}{2i}\left(e^{iz} - e^{-iz}\right) \; ; \; \cos z = \frac{1}{2}\left(e^{iz} + e^{-iz}\right)$$

2. 三角函數之實部與虛部：

   若 z 為複變數，即 $z = x + iy$ 代入上式，得

$$\sin z = \frac{1}{2i}\left(e^{iz} - e^{-iz}\right) = \frac{1}{2i}\left(e^{i(x+iy)} - e^{-i(x+iy)}\right) = \frac{1}{2i}\left(e^{ix-y} - e^{-ix+y}\right)$$

   整理化簡，得

$$\sin z = -\frac{i}{2}\left[e^{-y}(\cos x + i\sin x) - e^{y}(\cos x - i\sin x)\right]$$

   或

$$\sin z = \sin x \frac{e^{y} + e^{-y}}{2} + i\cos x \frac{e^{y} - e^{-y}}{2} = \sin x \cosh y + i\cos x \sinh y$$

   實部為 $u(x, y) = \sin x \cosh y$，虛部為 $v(x, y) = \cos x \sinh y$

3. 三角函數為解析函數：

利用 Riemann-Cauchy 公式，知

$$\frac{\partial u}{\partial x}(x,y) = \cos x \cosh y \text{ 及 } \frac{\partial v}{\partial y}(x,y) = \cos x \cosh y$$

得證 $\dfrac{\partial u}{\partial x} = \dfrac{\partial v}{\partial y}$。

同理，$\dfrac{\partial u}{\partial y}(x,y) = \sin x \sinh y$ 及 $\dfrac{\partial v}{\partial x}(x,y) = -\sin x \sinh y$

得證 $\dfrac{\partial v}{\partial x} = -\dfrac{\partial u}{\partial y}$。因此三角函數 $\sin z$ 為解析函數。

同理

$$\cos z = \frac{1}{2}\left(e^{iz} + e^{-iz}\right) = \frac{1}{2}\left(e^{ix-y} + e^{-ix+y}\right)$$

$$\cos z = \frac{1}{2}\left[e^{-y}(\cos x + i\sin x) + e^{y}(\cos x - i\sin x)\right]$$

或

$$\cos z = \cos x \frac{e^{y} + e^{-y}}{2} - i\sin x \frac{e^{y} - e^{-y}}{2} = \cos x \cosh y - i\sin x \sinh y$$

實部為 $u(x,y) = \cos x \cosh y$，虛部為 $v(x,y) = -\sin x \sinh y$

同理可證　　　　　三角函數 $\cos z$ 為解析函數。

4. 三角函數之微分：

已知

$$\cos z = \cos x \cosh y - i\sin x \sinh y$$

$$\sin z = \sin x \cosh y + i\cos x \sinh y$$

三角函數 $\sin z$ 之微分公式為

$$\frac{d}{dz}\sin z = \frac{\partial u}{\partial x} + i\frac{\partial v}{\partial x} = \cos x \cosh y - i \sinh x \sinh y = \cos z$$

得證與實變數三角函數 $\sin x$ 之微分公式 $\dfrac{d}{dx}\sin x = \cos x$ 相同。

三角函數 $\cos z$ 之微分公式為

$$\frac{d}{dz}\cos z = \frac{\partial u}{\partial x} + i\frac{\partial v}{\partial x} = -\sin x \cosh y - i \cos x \sinh y = -\sin z$$

得證與實變數三角函數 $\cos x$ 之微分公式 $\dfrac{d}{dx}\cos x = -\sin x$ 相同。

5. 複變反三角解析函數定義：

$$\sin^{-1} z = \frac{1}{i}\ln\left(iz + \sqrt{1-z^2}\right) \quad ; \quad \cos^{-1} z = \frac{1}{i}\ln\left(z + \sqrt{z^2-1}\right)$$

$$\tan^{-1} z = \frac{1}{2i}\ln\frac{1+iz}{1-iz} \quad ; \quad \cot^{-1} z = \frac{1}{2i}\ln\frac{z+i}{z-i}$$

$$\sec^{-1} z = \frac{1}{i}\ln\left(\frac{1+\sqrt{1-z^2}}{z}\right) \quad ; \quad \csc^{-1} z = \frac{1}{i}\ln\left(\frac{i+\sqrt{1+z^2}}{z}\right)$$

【證明與推導】證明 $\sin^{-1} z = \dfrac{1}{i}\ln\left(iz + \sqrt{1-z^2}\right)$

中央電機所

已知 $\qquad W = \sin^{-1} z$

取 $\sin(\ )$，得 $\qquad z = \sin W = \dfrac{1}{2i}\left(e^{iW} - e^{-iW}\right)$

移項整理 $\qquad e^{iW} - e^{-iW} - 2iz = 0$

乘上 e^{iW} $\qquad e^{2iW} - 2ize^{iW} - 1 = 0$

利用二式次求根　　$e^{iW} = \dfrac{2iz \pm \sqrt{4-4z^2}}{2} = iz \pm \sqrt{1-z^2}$

因 $e^{iW} > 0$，故取正，即　　$e^{iW} = iz + \sqrt{1-z^2}$

再取對數　　$W = \sin^{-1} z = \dfrac{1}{i} \ln\left(iz + \sqrt{1-z^2}\right)$

依此類推，可推導得其它反三角函數。

範例 05

Show that $\cos \bar{z} = \overline{\cos z}$ for all z.

清大電機所

解答：

已知　$\cos z = \cos(x+iy) = \cos x \cosh y - i \sin x \sinh y$

$\overline{\cos z} = \cos x \cosh y + i \sin x \sinh y$

$\cos \bar{z} = \cos(x - iy) = \cos x \cosh(-y) - i \sin x \sinh(-y)$

得　　$\cos \bar{z} = \cos x \cosh y + i \sin x \sinh y$

故兩者為恆等式　　$z \in C$

範例 06

z is a complex variable, prove that $\sin^2 z + \cos^2 z = 1$.

中央通訊、電機所

解答：

【方法一】定義法

已知 $\cos z = \dfrac{1}{2}(e^{iz}+e^{-iz})$ 及 $\sin z = \dfrac{1}{2i}(e^{iz}-e^{-iz})$

代入 $\cos^2 z = \dfrac{1}{4}(e^{i2z}+e^{-i2z}+2)$ 及 $\sin^2 z = -\dfrac{1}{4}(e^{i2z}+e^{-i2z}-2)$

代入 $\sin^2 z + \cos^2 z = 1$

【方法二】已知 $\cos z = \cos x \cosh y - i \sin x \sinh y$

平方 $\cos^2 z = (\cos x \cosh y - i \sin x \sinh y)^2$

得 $\cos^2 z = \cos^2 x \cosh^2 y - \sin^2 x \sinh^2 y - i2\cos x \cosh y \sin x \sinh y$

已知 $\sin z = \sin x \cosh y + i \cos x \sinh y$

平方 $\sin^2 z = (\sin x \cosh y + i \cos x \sinh y)^2$

得 $\sin^2 z = \sin^2 x \cosh^2 y - \cos^2 x \sinh^2 y + i2\sin x \cosh y \cos x \sinh y$

其和 $\sin^2 z + \cos^2 z = \cosh^2 y - \sinh^2 y = 1$

範例 07

> For a complex number $z = x + iy$
> Is $|\cos(z)| \leq 1$? Why? (7%)

清大動機所

解答：

(a) 已知 $\cos(z) = \dfrac{1}{2}(e^{iz}+e^{-iz})$

令 $z = iy$ $\cos(z) = \dfrac{1}{2}(e^{-y}+e^{y})$

當 $y \to \infty$ $|\cos(z)| \to \infty$

範例 08

Show that $\sin(z) = \sin x \cosh y + i\cos x \sinh y$

台師大光電所、中正電機所、中央電機所

解答：(見課文)

範例 09

(20%) A complex variable z is defined as $z = x + iy$. Hyperbolic sine and cosine are defined as $\sinh x = \dfrac{1}{2}(e^x - e^{-x})$ and $\cosh x = \dfrac{1}{2}(e^x + e^{-x})$, respectively.

(a) Show that the real part and the imaginary part of a complex function $(\sin z)$ are $(\sin x \cosh y)$ and $(\cos x \sinh y)$ respectively.

(b) Determine the the real part and the imaginary part of a complex function $(\cos z)$

台科大機械所

解答：

(a)(見課文)

(b)(見課文)

範例 10：三角方程式或反三角函數

(15%) Find all values of z satisfying the given equations：$\sin z = \sqrt{2}$

中中興機械所

解答：

已知 $\quad \sin z = \sqrt{2}$

或 $\quad \sin(z) = \sin x \cosh y + i \cos x \sinh y = \sqrt{2}$

聯立解 $\quad \sin x \cosh y = \sqrt{2} \quad (1)$

及 $\cos x \sinh y = 0$ (2)

由式 (2) 知　　(i). $\sinh y = 0$　或　(ii). $\cos x = 0$

(i) 又當 $\sinh y = 0$，此時 $y = 0$，由式(1)

知　　$\cosh 0 = 1$，$\sin x = \sqrt{2} > 1$ (不合)

故 (ii) $\cos x = 0$，即 $x = \dfrac{(2n+1)\pi}{2}$，$n = 0, \pm 1, \pm 2, \cdots$

當 $x = \dfrac{(2n+1)\pi}{2}$，$n = \pm 1, \pm 3, \cdots$，此時由式 (1)

$\sin x = -1$，得 $\cosh y = -\sqrt{2} < 0$ (不合)

當 $x = \dfrac{(2n+1)\pi}{2}$，$n = 0, \pm 2, \pm 4, \cdots$ 此時由式 (1)

$\sin x = 1$，

及　　$\cosh y = \sqrt{2}$ 或 $y = \cosh^{-1}\sqrt{2}$

最後得解　　$z = x + iy = \dfrac{2n+1}{2}\pi + i\cosh^{-1}\sqrt{2}$，$n = 0, \pm 2, \pm 4, \cdots$

或　　$z = \left(\dfrac{4n+1}{2}\right)\pi + i\cosh^{-1}\sqrt{2}$；$n = 0, \pm 1, \pm 2, \cdots$

範例 11

Let $z = x + iy$. Solve the following problems.
(a) Find all z such that $\sin z = \dfrac{1}{2}$. (10%)

成大醫工所

解答：

(a) $\sin z = \sin x \cosh y + i \cos x \sinh y = \dfrac{1}{2}$

$\sin x \cosh y = \dfrac{1}{2}$ \quad (1)

$\cos x \sinh y = 0$ \quad (2)

由(2) $\sinh y = 0$，$y = 0$，代入(1) $\cosh y = 1$，$\sin x = \dfrac{1}{2}$，得 $x = \sin^{-1}\dfrac{1}{2}$

得解 $z = x + y = \sin^{-1}\dfrac{1}{2} + i0$

由(2) $\cos x = 0$，此時 $\sin x = \pm 1$

(i) $\sin x = 1$，由(1) $\cosh y = \dfrac{1}{2}$，無解（因 $\cosh \geq 1$）

(ii) $\sin x = -1$，由(1) $\cosh y = -\dfrac{1}{2}$，無解（因 $\cosh \geq 1$）

最後得解 $z = x + y = \sin^{-1}\dfrac{1}{2} + i0$

範例 12

(6%) Solve the equation $\cos z = 2$ for z (Express your solution in the form of $x + iy$)

交大電控所

解答：

已知 $\cos z = 2$

或 $\cos z = \cos x \cosh y - i \sin x \sinh y = 2$

聯立解 $\cos x \cosh y = 2$ \quad (1)

$\sin x \sinh y = 0$ \quad (2)

由(2) 得解 (i) $\sin x = 0$，即 $x = n\pi$

當 $x = n\pi$，$n = \pm 1, \pm 3, \cdots$，此時 $\cos x = -1$，由(1) 得 $\cosh y = -2$ (不合)

當 $x = n\pi$，$n = 0, \pm 2, \pm 4, \cdots$，或 $x = 2n\pi$，$n = 0, \pm 1, \pm 2, \cdots$ 此時 $\cos x = 1$，

及由(1)得　$\cosh y = 2$，$y = \cosh^{-1} 2$

由(2) 得解 (ii) $\sinh y = 0$，即 $\cosh y = 1$，由(1) 得 $\cos x = 2$ (不合)

最後得解　$z = x + iy = n\pi + i \cosh^{-1} 2$，$n = 0, \pm 2, \pm 4, \cdots$

範例 13

Does $f(z) = \cos \bar{z}$ possess a derivative with r. t. z everywhere in the z plane? If possess a derivative, find it.

中央大光電所

解答：

$$\cos \bar{z} = \frac{1}{2}\left(e^{i\bar{z}} + e^{-i\bar{z}}\right) = \frac{1}{2}\left(e^{i(x-iy)} + e^{-i(x-iy)}\right) = \frac{1}{2}\left(e^{ix+y} + e^{-ix-y}\right)$$

$$\cos \bar{z} = \frac{1}{2}\left[e^{y}(\cos x + i \sin x) + e^{-y}(\cos x - i \sin x)\right]$$

或 x

$$\cos \bar{z} = \cos x \frac{e^{y} + e^{-y}}{2} + i \sin x \frac{e^{y} - e^{-y}}{2} = \cos x \cosh y + i \sin x \sinh y$$

實部為 $u(x, y) = \cos x \cosh y$，虛部為 $v(x, y) = \sin x \sinh y$

$$\frac{\partial u(x, y)}{\partial x} = -\sin x \cosh y，\frac{\partial v(x, y)}{\partial y} = \sin x \sinh y$$

$\dfrac{\partial u(x, y)}{\partial x} \neq \dfrac{\partial v(x, y)}{\partial y}$，不滿足 Riemann-Cauchy 公式，故 $f(z) = \cos \bar{z}$ 不是解析函數，故 $f(z) = \cos \bar{z}$ 不可微分。

範例 14

$$\text{試求 } \tan^{-1}(2i)$$

交大電信所

解答：

令 $\quad \tan^{-1}(2i) = z$

$$2i = \tan z = \frac{\sin z}{\cos z} = \frac{\frac{1}{2i}(e^{iz} - e^{-iz})}{\frac{1}{2}(e^{iz} + e^{-iz})}$$

整理 $\quad 2i^2 = \dfrac{e^{iz} - e^{-iz}}{e^{iz} + e^{-iz}} = \dfrac{(e^{iz})^2 - 1}{(e^{iz})^2 + 1}$

移項 $\quad -2e^{2iz} - 2 = e^{2iz} - 1$

或

$$e^{2iz} = -\frac{1}{3} = \frac{1}{3}(-1) = \frac{1}{3}(\cos\pi + i\sin\pi) = \frac{1}{3}e^{i(\pi + 2n\pi)}$$

取對數 $\quad 2iz = \ln\dfrac{1}{3} + \ln\left(e^{i(\pi+2n\pi)}\right) = -\ln 3 + i(\pi + 2n\pi)$

移項 $\quad z = -\dfrac{1}{2i}\ln 3 + \left(\dfrac{\pi + 2n\pi}{2}\right)$

最後得 $\quad \tan^{-1}(2i) = \left(\dfrac{\pi}{2} + n\pi\right) + i\ln\sqrt{3}$，$n = 0, 1, 2, \cdots$

第五節　三角函數與雙曲線關係

複變三角解析函數與複變數雙曲線解析函數之關係

$$\sin(iz) = i\sinh(z) \; ; \; \cos(iz) = \cosh(z)$$
$$\sinh(iz) = i\sin(z) \; ; \; \cosh(iz) = \cos(z)$$

【證明】只證 $\sin(iz) = i\sinh(z)$

已知三角函數定義式　$\sin z = \dfrac{1}{2i}\left(e^{iz} - e^{-iz}\right)$

及雙曲線函數 $\sinh z$ 定義式　$\sinh z = \dfrac{1}{2}\left(e^z - e^{-z}\right)$

令 $z \sim iz$ 代入 $\sin z$ 中得　$\sin(iz) = \dfrac{1}{2i}\left(e^{-z} - e^z\right) = \dfrac{1}{i}\left(-\dfrac{e^z - e^{-z}}{2}\right)$

或得　　$\sin(iz) = \dfrac{i}{i^2}\left(-\dfrac{e^z - e^{-z}}{2}\right) = i\sinh z$

依此類推，可推導得其三角函數與雙曲線函數之關係式。

範例 15

> Show all possible z such that $\sin(z) = i\sinh(1)$. (5%)

清大電機所

解答：

已知　　　　　　　$\sin(z) = i\sinh 1$

或　　　　　　　　$\sin(z) = \sin x \cosh y + i\cos x \sinh y = i\sinh 1$

聯立解　　　　　　$\sin x \cosh y = 0$　　(1)

及 $\quad\cos x \sinh y = \sinh 1$ (2)

由式(1)知 $\quad$ 因 $\cosh y \neq 0 \quad$ 故得 $\sin x = 0$

即 $x = n\pi$，$n = 0, \pm 1, \pm 2, \cdots$

當 $x = n\pi$，$n = \pm 1, \pm 3, \cdots$，此時 $\cos x = -1$，由(2) 得 $-\sinh y = \sinh 1$

得 $\quad y = -1$

當 $x = n\pi$，$n = 0, \pm 2, \pm 4, \cdots$

此時 $\quad \cos x = 1$

及由(2) 得 $\quad \sinh y = \sinh 1$ 或 $y = 1$

最後得解 $\quad z = x + iy = n\pi - i$，$n = \pm 1, \pm 3, \cdots$

及解 $\quad z = x + iy = n\pi + i$，$n = 0, \pm 2, \pm 4, \cdots$

範例 16

Let z_1、z_2 and z be complex numbers and $i = \sqrt{-1}$. Please show that

(a) $\sinh(iz_1) = i \sin(z_1)$.

(b) $\cosh(iz_1) = \cos(z_1)$.

Note that $\sinh(z) = \dfrac{e^z - e^{-z}}{2}$ and $\cosh(z) = \dfrac{e^z + e^{-z}}{2}$

交大電信所乙

解答：

(a) 已知雙曲線函數定義式 $\sinh z = \dfrac{1}{2}\left(e^z - e^{-z}\right)$

令 $z \sim iz_1$ 代入 $\sinh z$ 中

得證 $\sinh(iz_1) = \frac{1}{2}(e^{iz_1} - e^{-iz_1}) = i\left(\frac{e^{iz_1} - e^{-iz_1}}{2i}\right) = i\sin z_1$

(b) 已知雙曲線函數定義式 $\cosh z = \frac{1}{2}(e^z + e^{-z})$

令 $z \sim iz_1$ 代入 $\cosh z$ 中得 $\cosh(iz_1) = \frac{1}{2}(e^{iz_1} + e^{-iz_1}) = \cos z_1$

範例 17

Show that $\tan(ix) = i\tanh x$

中央天文所

解答:

已知 $\sin(iz) = i\sinh(z)$；$\cos(iz) = \cosh(z)$

代入 $\tan(ix) = \frac{\sin(ix)}{\cos(ix)}$

其中 $\sin(ix) = i\sinh(x)$ 及 $\cos(ix) = i\cosh(x)$

得 $\tan(ix) = \frac{i\sinh(x)}{\cosh(x)} = i\tanh(x)$

第六節　對數函數定義

複數對數函數定義:

$W = \ln z = u(x, y) + iv(x, y)$

其反函數為指數函數，故依反函數恆等式，得

$$e^W = e^{\ln z} = z$$

利用複變指數函數定義

$$z = e^W = e^{u+iv} = e^u e^{iv} = re^{i\theta}$$

得

$$r = e^u \quad 或 \quad v = \theta$$

再取實變指數得實部 $u = \ln r$ 及虛部 $v = \theta$

利用 Riemann-Cauchy 公式，知

$$\frac{\partial u}{\partial r}(r,\theta) = \frac{1}{r} \text{ 及 } \frac{\partial v}{\partial \theta}(r,\theta) = 1$$

得證 $\frac{\partial u}{\partial r} = \frac{1}{r}\frac{\partial v}{\partial \theta}$。同理得證 $\frac{\partial v}{\partial r} = -\frac{1}{r}\frac{\partial u}{\partial \theta}$。因此複數對數函數為解析函數。

複數對數函數之微分公式為

$$\frac{d}{dz}\ln z = e^{-i\theta}\left(\frac{\partial u}{\partial r} + i\frac{\partial v}{\partial r}\right) = e^{-i\theta}\left(\frac{1}{r} + i0\right) = \frac{1}{re^{i\theta}} = \frac{1}{z}$$

得證與實變數對數函數之微分公式 $\frac{d}{dx}\ln x = \frac{1}{x}$ 相同。

範例 18

(10%) Find all values of $(-1+i)^{-3i}$

台科大機械工數

解答：

$$(-1+i)^{-3i} = \left(\sqrt{2}\left(-\frac{1}{\sqrt{2}} + \frac{1}{\sqrt{2}}i\right)\right)^{-3i}$$

$$(-1+i)^{-3i} = \left(\sqrt{2}\left(\cos\frac{3\pi}{4} + i\sin\frac{3\pi}{4}\right)\right)^{-3i} = \left(\sqrt{2}e^{i\left(\frac{3\pi}{4}+2n\pi\right)}\right)^{-3i}$$

$$(-1+i)^{-3i} = e^{\ln\left(\sqrt{2}e^{i\left(\frac{3\pi}{4}+2n\pi\right)}\right)^{-3i}} = e^{-3i\left(\ln\sqrt{2}+i\left(\frac{3\pi}{4}+2n\pi\right)\right)}$$

$$(-1+i)^{-3i} = e^{\left(-3i\ln\sqrt{2}+3\left(\frac{3\pi}{4}+2n\pi\right)\right)} = e^{\left(-3i\ln\sqrt{2}+\left(\frac{9\pi}{4}+6n\pi\right)\right)}$$

得

$$(-1+i)^{-3i} = e^{\left(\frac{9\pi}{4}+6n\pi\right)-3i\ln\sqrt{2}} = e^{\left(\frac{9\pi}{4}+6n\pi\right)}e^{-3i\ln\sqrt{2}} = \rho e^{i\phi}$$

得 $\rho = e^{\left(\frac{9\pi}{4}+6n\pi\right)}$, $\phi = -3\ln\sqrt{2} = \ln\left(\frac{1}{\sqrt{8}}\right)$

範例 19

Find the principal value of $(-i)^i$

中央電機所工數

解答：

$$(-i)^i = e^{i\ln(-i)} = e^{i\ln\left(\cos\left(\frac{3}{2}\pi\right)+i\sin\left(\frac{3}{2}\pi\right)\right)} = e^{i\ln\left(e^{i\frac{3}{2}\pi+2n\pi}\right)}$$

或

$$(-i)^i = e^{i\left(i\frac{3}{2}\pi+2n\pi\right)} = e^{-\frac{3}{2}\pi+i2n\pi}$$

主值 (principal value)，Let $n = 0$

$$(-i)^i = e^{-\frac{3}{2}\pi}$$

範例 20

(10%) Find $(1-2i)^9 e^{3i}$ in Cartesian form, where $i = \sqrt{-1}$.

台科大電子所乙三

解答：

$$(1-2i)^9 e^{3i} = \left(\sqrt{5}\right)^9 \left(\frac{1}{\sqrt{5}} - i\frac{2}{\sqrt{5}}\right)^9 e^{3i} = \sqrt{5^9}\left(e^{i\theta}\right)^9 e^{3i}$$

其中 $\dfrac{3}{2}\pi < \theta < 2\pi$，$\cos\theta = \dfrac{1}{\sqrt{5}}$，$\sin\theta = -\dfrac{2}{\sqrt{5}}$

$$(1-2i)^9 e^{3i} = \sqrt{5^9}\, e^{i9\theta} e^{3i} = \sqrt{5^9}\, e^{i(9\theta+3)}$$

$$(1-2i)^9 e^{3i} = \sqrt{5^9}\cos(9\theta+3) + i\sqrt{5^9}\sin(9\theta+3)$$

其中 $\theta = \cos^{-1}\left(\dfrac{1}{\sqrt{5}}\right)$

範例 21

(10%) Find all solution for z，that $e^z = 1+i$.

清大動機所

解答：

$$e^z = 1+i = \sqrt{2}\left(\frac{1}{\sqrt{2}} + i\frac{1}{\sqrt{2}}\right) = \sqrt{2}e^{i\left(\frac{\pi}{4}+2n\pi\right)}$$

$$z = \ln\left[\sqrt{2}e^{i\left(\frac{\pi}{4}+2n\pi\right)}\right] = \frac{1}{2}\ln 2 + i\left(\frac{\pi}{4}+2n\pi\right), \quad n = 0,1,2,\cdots$$

考題集錦

1. (1) Let $u(x,y) = e^x \cos y + x^2 - y^2$, find a function $v(x,y)$ that satisfies the conditions $\frac{\partial u}{\partial x} = \frac{\partial v}{\partial y}$ and $\frac{\partial v}{\partial x} = -\frac{\partial u}{\partial y}$

   (2) Use the result of (1), find $F(z) = u(x,y) + iv(x,y)$

   (3) Use the result of (2), find the derivative $F'(z)$

   北科大機電所

2. 已知 $f(z) = e^{x-iy}$ 是否可解析函數？

   清大物理所

3. If the complex value $z = 1+2i$, calculate the absolute of w, where $w = e^z + \cos z + \cosh z$ (10%)

   台科大電機所甲

4. 設 $i = \sqrt{-1}$ (a) 求 $\sin\left(\frac{\pi}{2} + \sqrt{2}i\right)$

   成大地科所

5. Find all values of z satisfying the given equations：$\sin z = 2$

   中央通訊、電機所、成大地科所

6. Find all the solution of the equation $\sin(z) = \cosh 4$

   中正電機所

7. 下列敘述何者為對？(A) $\sin z = \dfrac{1}{2i}\left(e^{iz} + e^{-iz}\right)$ (B) $\cos z = \dfrac{1}{2i}\left(e^{iz} - e^{-iz}\right)$ (C) $\sinh z = \dfrac{1}{2}\left(e^{z} - e^{-z}\right)$ (D) $\cosh z = \dfrac{1}{2}\left(e^{z} + e^{-z}\right)$

   中山機械所

8. Find all values of $\sin^{-1}(3)$

   交大電信所

9. Find the principal values of $(1+i)^{1-i}$.

   清大電機所

10. Write down all possible values for the real and imaginary parts of the complex number $\ln(-4i)$.

    台大機械所

11. Find the all values of $\ln z$ where $z = \sqrt{2} + i\sqrt{2}$.

    清大電機所、成大地科所

第三十三章
Cauchy 積分定理與均值定理

第一節　複數積分

※ 實變數函數之單重定積分之定義：

$$\int_a^b f(x)dx = \lim_{n \to \infty} \sum_{i=1}^n f(x_i)\Delta x_i$$

※ 複變數函數之積分之定義：

$$\int_C f(z)dz = \lim_{n \to \infty} \sum_{i=1}^n f(z_i)\Delta z_i$$

※ 直接線積分求複變數函數之積分：

已知 $\qquad f(z) = u(x, y) + iv(x, y)$ 及 $dz = dx + idy$

代入複數積分 $\qquad \int_C f(z)dz = \int_C [u(x, y) + iv(x, y)](dx + idy)$

或 $\qquad \int_C f(z)dz = \int_C [u(x, y)dx - v(x, y)dy] + i\int_C [v(x, y)dx + u(x, y)dy]$

上式右邊為兩個實變雙變數函數之線積分，其直接積分技巧與第二十一章平面線積分是相同的。

　　如已知複數平面上一曲線 C，其參數方程式為 $x = x(t)$，$y = y(t)$，$a < t < b$，則

$$\int_C f(z)dz = \int_a^b \left[u(x,y)\frac{dx}{dt} - v(x,y)\frac{dy}{dt} \right]dt + i\int_a^b \left[v(x,y)\frac{dx}{dt} + u(x,y)\frac{dy}{dt} \right]dt$$

※ 積分路徑無關之條件：

若 $f(z) = u + iv$ 為解析函數，則由 Cauchy-Riemann 方程式，得

$$\frac{\partial u}{\partial x} = \frac{\partial v}{\partial y} \text{ 及 } \frac{\partial v}{\partial x} = -\frac{\partial u}{\partial y}$$

代入線積分式

$$\int_a^b \left[u(x,y)\frac{dx}{dt} - v(x,y)\frac{dy}{dt} \right]dt$$

積分路徑無關之條件，$\dfrac{\partial v}{\partial x} = -\dfrac{\partial u}{\partial y}$

$$\int_a^b \left[v(x,y)\frac{dx}{dt} + u(x,y)\frac{dy}{dt} \right]dt$$

積分路徑無關之條件，$\dfrac{\partial u}{\partial x} = \dfrac{\partial v}{\partial y}$

範例 01：直接複數積分

For $z = x + iy$，evaluate the integral of $\int_{1+i}^{2+4i} z^2 dz$ along the parabola $x = t$，$y = t^2$ where $1 \leq t \leq 2$

中正光機電整合所工數

解答：

【方法一】直接積分

令 $x = t$，$y = t^2$，$z = x + iy = t + it^2$，$dz = dx + idy = (1 + 2it)dt$

$$\int_{1+i}^{2+4i} z^2 \, dz = \int_1^2 (t+it^2)^2 (1+i2t) dt$$

$$\int_{1+i}^{2+4i} z^2 \, dz = \int_1^2 t^2(1+2it-t^2)(1+i2t) dt$$

$$\int_{1+i}^{2+4i} z^2 \, dz = \int_1^2 t^2(1+4it-5t^2-2it^3) dt$$

得

$$\int_{1+i}^{2+4i} z^2 \, dz = -\frac{86}{3} - 6i$$

【方法二】因為 z^2 為解析函數，故積分路徑無關。

$$\int_{1+i}^{2+4i} z^2 \, dz = \left(\frac{z^3}{3}\right)_{1+i}^{2+4i} = \frac{(2+4i)^3}{3} - \frac{(1+i)^3}{3} = -\frac{86}{3} - 6i$$

範例 02

Evaluate $\int_C (z^2 - z + 2) dz$ from i to 1 along the indicated shown in Fig.

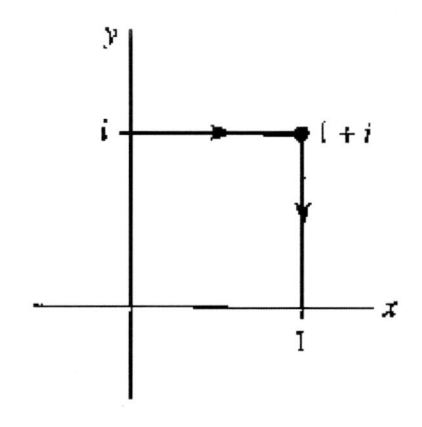

<中興機械所>

解答：

【方法一】因為 $z^2 - z + 2$ 為解析函數，故積分路徑無關。

$$\int_{C_2}(z^2 - z + 2)dz = \int_i^1 (z^2 - z + 2)dz$$

$$\int_{C_2}(z^2 - z + 2)dz = \left(\frac{z^3}{3} - \frac{z^2}{2} + 2z\right)_i^1 = \left(\frac{1}{3} - \frac{1}{2} + 2\right) - \left(\frac{-i}{3} + \frac{1}{2} + 2i\right)$$

得

$$\int_{C_2}(z^2 - z + 2)dz = \frac{4}{3} - \frac{5i}{3}$$

【方法二】直接積分

(a) on C_1：$z = x + i$，$dz = dx$

$$\int_{C_1}(z^2 - z + 2)dz = \int_0^1 ((x+i)^2 - (x+i) + 2)dx$$

$$\int_{C_1}(z^2 - z + 2)dz = \left(\frac{(x+i)^3}{3} - \frac{(x+i)^2}{2} + 2x\right)_0^1$$

$$\int_{C_1}(z^2 - z + 2)dz = \frac{(1+i)^3}{3} - \frac{(1+i)^2}{2} + 2 + \frac{i}{3} - \frac{1}{2}$$

$$\int_{C_1}(z^2 - z + 2)dz = 2 - \frac{2}{3} - \frac{1}{2} = \frac{5}{6}$$

(b) on C_2：$z = 1 + iy$，$dz = idy$

$$\int_{C_2}(z^2 - z + 2)dz = \int_1^0 ((1+iy)^2 - (1+iy) + 2)idy$$

$$\int_{C_2}(z^2 - z + 2)dz = i\left(\frac{(1+iy)^3}{3i} - \frac{(1+iy)^2}{2i} + 2y\right)_1^0$$

$$\int_{C_2}(z^2-z+2)dz = \frac{1}{3}-\frac{1}{2}-\left(\frac{(1+i)^3}{3}-\frac{(1+i)^2}{2}+2i\right)$$

$$\int_{C_2}(z^2-z+2)dz = -\frac{1}{6}+\frac{2}{3}-\frac{2i}{3}-i = \frac{1}{2}-\frac{5i}{3}$$

最後得 (a)+(b)

$$\int_C (z^2-z+2)dz = \frac{5}{6}+\frac{1}{2}-\frac{5i}{3} = \frac{4}{3}-\frac{5i}{3}$$

範例 03 直接複數圍線積分

(10%) Evaluate the contour integral $\oint_C \text{Re}(z)dz$, where C is the circle $|z|=1$ (counterclockwise).

成大製造所甲

解答：

$$\oint_C \text{Re}(z)dz = \oint_C x\,dz$$

$|z|=1$，令 $x=\cos\theta$，$y=\sin\theta$，$dz=dx+idy=(-\sin\theta+i\cos\theta)d\theta$

$$\oint_C \text{Re}(z)dz = \int_0^{2\pi}\cos\theta(-\sin\theta+i\cos\theta)d\theta$$

積分得

$$\oint_C \text{Re}(z)dz = 0+i\int_0^{2\pi}\cos^2\theta\,d\theta = i\frac{1}{2}\int_0^{2\pi}(1+\cos 2\theta)d\theta = \pi i$$

範例 04：基本積分式

Please find $\int_C (z-z_0)^3 dz$, where z_0 is a constant and the integration path C is show in the figure.

中山光電所

解答： xiy

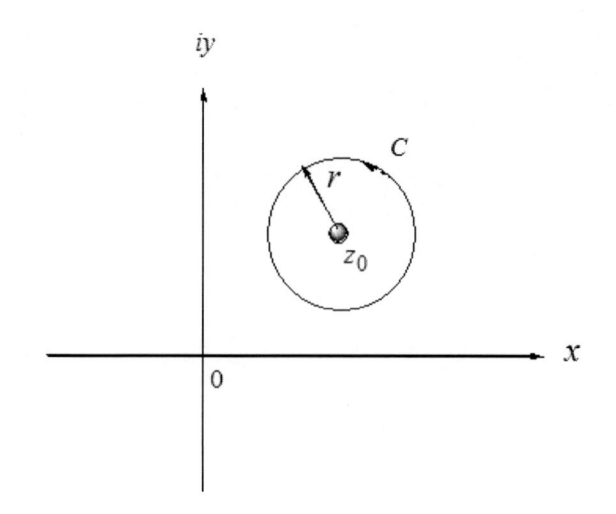

$$\oint_C (z-z_0)^3 dz$$

令圓上點 $\quad z - z_0 = e^{i\theta}$ ， $dz = e^{i\theta} i d\theta$

代入得 $\quad \oint_C (z-z_0)^3 dz = \int_0^{2\pi} e^{3i\theta} e^{i\theta} i d\theta = i \int_0^{2\pi} e^{4i\theta} d\theta$

積分得 $\quad \oint_C z^3 dz = i \left(\dfrac{e^{4i\theta}}{4i} \right)_0^{2\pi} = \dfrac{1}{4}\left(e^{i8\pi} - 1\right)_0^{2\pi} = 0$

【分析】$\oint_C (z-z_0)^n dz = \int_0^{2\pi} e^{ni\theta} e^{i\theta} i d\theta = i \int_0^{2\pi} e^{i(n+1)\theta} d\theta = 0$ ， $n = 0, 1, 2, \cdots$

範例 05：基本積分式

Let $C: |z - z_0| = r$ be a closed contour, Evaluate $\oint_C \dfrac{1}{z - z_0} dz$

清大材工所

解答：

採用直接積分。因 $C: |z - z_0| = r$ ，令 $z - z_0 = re^{i\theta}$ ， $dz = re^{i\theta} i d\theta$

代入直接線積分

得　$\oint_C \dfrac{1}{z-z_0}dz = \int_0^{2\pi}\dfrac{re^{i\theta}i}{re^{i\theta}}d\theta = i\int_0^{2\pi}d\theta = 2\pi i$

範例 06：基本積分式

> Let $C:|z-z_0|=r$ be a closed contour, Evaluate $\oint_C \dfrac{1}{(z-z_0)^n}dz$

北科大電腦通訊所丙

解答：

令　$z-z_0 = re^{i\theta}$，$dz = re^{i\theta}id\theta$

代入直接線積分

當 $n \neq 1$ 時得

$$\oint_C \dfrac{1}{(z-z_0)^n}dz = \int_0^{2\pi}\dfrac{re^{i\theta}i}{(re^{i\theta})^n}d\theta = r^{n+1}i\int_0^{2\pi}e^{i(1-n)\theta}d\theta = 0,\ n \neq 1$$

當 $n=1$ 時採用直接積分，

因 $C:|z-z_0|=r$，令　$z-z_0 = re^{i\theta}$，$dz = re^{i\theta}id\theta$

代入直接線積分

得　$\oint_C \dfrac{1}{z-z_0}dz = \int_0^{2\pi}\dfrac{re^{i\theta}i}{re^{i\theta}}d\theta = i\int_0^{2\pi}d\theta = 2\pi i$

最後得

$$\oint_C \frac{1}{(z-z_0)^n} dz = \begin{cases} 0 & , \quad n \neq 1 \\ 2\pi i & , \quad n = 1 \end{cases}$$

第二節　複變函數平面 Green 定理

※ 實變函數平面 Green 定理：

若 $P(x,y)$，$Q(x,y)$ 滿足下列條件：

1. R 為單連區域

2. $P(x,y)$，$Q(x,y)$ 及 $\frac{\partial Q}{\partial x}$、$\frac{\partial P}{\partial y}$ 在區域內 R 及邊界 C 上具連續性

則　$\oint_C P(x,y)dx + Q(x,y)dy = \iint_R \left(\frac{\partial Q}{\partial x} - \frac{\partial P}{\partial y} \right) dxdy$

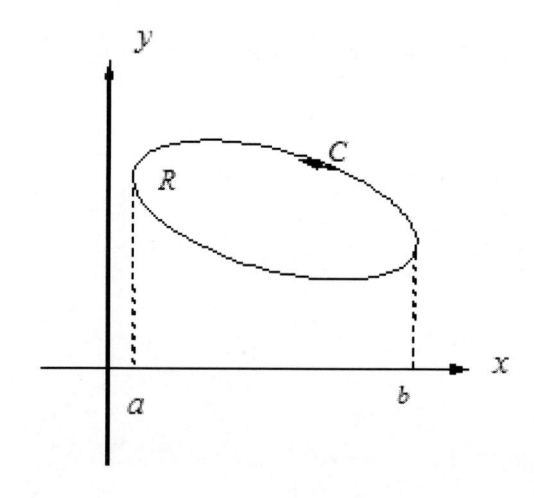

現考慮複變函數，其實部為 $P(x,y)$，虛部為 $Q(x,y)$，令 $x = \frac{1}{2}(z+\bar{z})$ 及 $y = \frac{1}{2i}(z-\bar{z})$，代入上式，得

$$P(x,y)+iQ(x,y)=P\left(\frac{1}{2}(z+\bar{z}),\frac{1}{2i}(z-\bar{z})\right)+iQ\left(\frac{1}{2}(z+\bar{z}),\frac{1}{2i}(z-\bar{z})\right)$$

故得上式為任一複變函數，其形式為

$$B(z,\bar{z})=P(x,y)+iQ(x,y)$$

現假設複變函數 $B(z,\bar{z})=P(x,y)+iQ(x,y)$ 在區域內 R 及邊界 C 上一階偏微分具連續性，及 $z=x+iy$、$dz=dx+idy$

代入得

$$\oint_C B(z,\bar{z})dz=\oint_C [P(x,y)+iQ(x,y)](dx+idy)$$

展開得

$$\oint_C B(z,\bar{z})dz=\oint_C [P(x,y)dx-Q(x,y)dy]+i\oint_C [Q(x,y)dx+P(x,y)dy]$$

上式中第一項積分為實變函數之線積分，直接利用實數平面 Green 定理

$$\oint_C [P(x,y)dx-Q(x,y)dy]=\iint_R \left(-\frac{\partial Q}{\partial x}-\frac{\partial P}{\partial y}\right)dxdy$$

同理，上式中第二項積分為實變函數之線積分，直接利用實數平面 Green 定理

$$\oint_C [Q(x,y)dx+P(x,y)dy]=\iint_R \left(\frac{\partial P}{\partial x}-\frac{\partial Q}{\partial y}\right)dxdy$$

代回原複變數函數積分，得

$$\oint_C B(z,\bar{z})dz=\iint_R \left(-\frac{\partial Q}{\partial x}-\frac{\partial P}{\partial y}\right)dxdy+i\iint_R \left(\frac{\partial P}{\partial x}-\frac{\partial Q}{\partial y}\right)dxdy$$

其中 $-1=i^2$ 代入得

$$\oint_C B(z,\bar{z})dz = \left(i^2 \iint_R \left(\frac{\partial Q}{\partial x} + \frac{\partial P}{\partial y} \right) dxdy + i \iint_R \left(\frac{\partial P}{\partial x} - \frac{\partial Q}{\partial y} \right) dxdy \right)$$

或

$$\oint_C B(z,\bar{z})dz = i \left(\iint_R \left(\frac{\partial P}{\partial x} - \frac{\partial Q}{\partial y} \right) dxdy + i \iint_R \left(\frac{\partial Q}{\partial x} + \frac{\partial P}{\partial y} \right) dxdy \right)$$

又複變函數 $B(z,\bar{z}) = P(x,y) + iQ(x,y)$，取全微分

$$dB(z,\bar{z}) = dP(x,y) + idQ(x,y) = \left(\frac{\partial P}{\partial x}dx + \frac{\partial P}{\partial y}dy \right) + i\left(\frac{\partial Q}{\partial x}dx + \frac{\partial Q}{\partial y}dy \right)$$

除以 $d\bar{z}$，得

$$\frac{\partial B(z,\bar{z})}{\partial \bar{z}} = \left(\frac{\partial P}{\partial x}\frac{\partial x}{\partial \bar{z}} + \frac{\partial P}{\partial y}\frac{\partial y}{\partial \bar{z}} \right) + i\left(\frac{\partial Q}{\partial x}\frac{\partial x}{\partial \bar{z}} + \frac{\partial Q}{\partial y}\frac{\partial y}{\partial \bar{z}} \right)$$

又 $x = \frac{1}{2}(z+\bar{z})$，及 $y = \frac{1}{2i}(z-\bar{z})$，得 $\frac{\partial x}{\partial \bar{z}} = \frac{1}{2}$，$\frac{\partial y}{\partial \bar{z}} = -\frac{1}{2i} = \frac{i}{2}$ 代入得

$$\frac{\partial B(z,\bar{z})}{\partial \bar{z}} = \left(\frac{1}{2}\frac{\partial P}{\partial x} - \frac{1}{2i}\frac{\partial P}{\partial y} \right) + i\left(\frac{1}{2}\frac{\partial Q}{\partial x} - \frac{1}{2i}\frac{\partial Q}{\partial y} \right)$$

若

$$2\frac{\partial B(z,\bar{z})}{\partial \bar{z}} = \left(\frac{\partial P}{\partial x} - \frac{1}{i}\frac{\partial P}{\partial y} \right) + i\left(\frac{\partial Q}{\partial x} - \frac{1}{i}\frac{\partial Q}{\partial y} \right) = \left(\frac{\partial P}{\partial x} - \frac{\partial Q}{\partial y} \right) + i\left(\frac{\partial Q}{\partial x} + \frac{\partial P}{\partial y} \right)$$

再乘上 i，得

$$2i\frac{\partial B(z,\bar{z})}{\partial \bar{z}} = i\left(\frac{\partial P}{\partial x} - \frac{\partial Q}{\partial y} \right) + i^2\left(\frac{\partial Q}{\partial x} + \frac{\partial P}{\partial y} \right) = -\left(\frac{\partial Q}{\partial x} + \frac{\partial P}{\partial y} \right) + i\left(\frac{\partial P}{\partial x} - \frac{\partial Q}{\partial y} \right)$$

代回原複變數函數積分，

$$\oint_C B(z,\bar{z})dz = \iint_R \left(-\frac{\partial Q}{\partial x} - \frac{\partial P}{\partial y}\right)dxdy + i\iint_R \left(\frac{\partial P}{\partial x} - \frac{\partial Q}{\partial y}\right)dxdy$$

得複變函數平面 Green 定理

$$\oint_C B(z,\bar{z})dz = \iint_R 2i\frac{\partial B}{\partial \bar{z}}dxdy$$

第三節　Cauchy-Goursat 積分定理

已知複變函數平面 Green 定理

$$\oint_C B(z,\bar{z})dz = \iint_R 2i\frac{\partial B}{\partial \bar{z}}dxdy$$

若 $B(z,\bar{z})$ 在 R 區域及曲線 C 上為解析函數，則由解析函數特性知，$\frac{\partial B}{\partial \bar{z}} = 0$，代入上式得 $\oint_C B(z,\bar{z})dz = 0$

意即當任意複變函數 $B(z,\bar{z})$ 為解析函數時，$B(z,\bar{z})$ 中不會含有複變數 $\bar{z}$，故令 $B(z,\bar{z}) = f(z)$，故知 $f(z)$ 為解析函數時，其封閉圍線積分為 0，意即

$$\oint_C f(z)dz = 0$$

上式稱之為 Cauchy-Goursat 定理。

範例 07：解析複數函數之 Cauchy 積分

計算積分 $\oint_C z^2 \sin z\, dz$，其中 C 為 $x^2 + 2y^2 = 1$

台大材工所

解答：

因為 $f(z) = z^2 \sin z$ 為解析函數

故依 Cauchy 積分定理知 $\oint_C z^2 \sin z \, dz = 0$

範例 08

> (10%)Evaluate the integral $\int_C \dfrac{ie^z}{(z-2+i)^2} dz$
>
> Where C is the contour clockwise circle $|z| = 2$.

成大航太所

解答：

因為複變函數 $f(z) = \dfrac{ie^z}{(z-2+i)^2}$ 在 $|z| = 2$ 內是解析函數。

(因極點 $z = 2 - i$ 不在 $|z| = 2$ 內。)

故 $\dfrac{ie^z}{(z-2+i)^2}$ 在 C 內為解析函數

得 $\int_C \dfrac{ie^z}{(z-2+i)^2} dz = 0$

第四節　積分路徑無關或變形原理

已知 $f(z)$ 為解析函數時，其封閉圍線積分為 0，即

$$\oint_C f(z) dz = 0$$

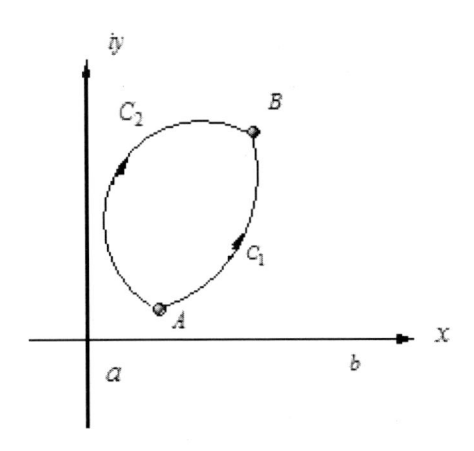

若封閉圍線 $C = C_1 + (-C_2)$，則

$$\oint_C f(z)dz = \int_{C_1} f(z)dz + \int_{-C_2} f(z)dz = 0$$

或

$$\oint_C f(z)dz = \int_{C_1} f(z)dz - \int_{C_2} f(z)dz = 0$$

移項得

$$\int_{C_1} f(z)dz = \int_{C_2} f(z)dz$$

其中 C_1 與 C_2 分別為連接兩端點 A, B 之兩條不同曲線。上式得積分值與積分路徑無關。

第五節　Cauchy 積分式

已知 $f(z)$ 為解析函數時，其封閉圍線積分為 0，即

$$\oint_C f(z)dz = 0$$

若封閉圍線 C 內部含有一個不連續點 $z = z_0$，意即 $f(z)$ 在區域 R 內不再適用，現在討論最簡單積分式，即

$$\oint_C \frac{1}{z-z_0} dz = ? \text{ 其中 } C \text{ 為任意半徑之圓 } C: |z-z_0| = R$$

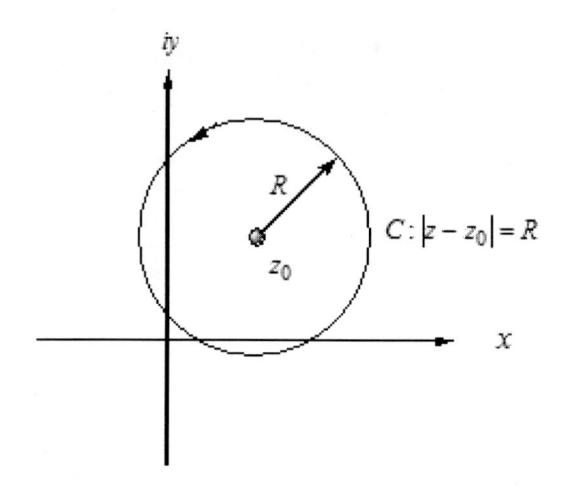

現利用直接積分法計算上式，令 $z - z_0 = R\,e^{i\theta}$，$dz = R\,e^{i\theta} d\theta$，代入上式得

$$\oint_C \frac{1}{z-z_0} dz = \int_0^{2\pi} \frac{1}{R\,e^{i\theta}} R\,e^{i\theta} d\theta = 2\pi i$$

接著分子是常數時，得

$$\oint_C \frac{a}{z-z_0} dz = (2\pi i)a \text{，其中 } C \text{ 為任意半徑之圓 } C: |z-z_0| = R$$

當分子是函數 $f(z)$ 時，且 $f(z)$ 在圍線內部為連續函數，得

$$\oint_C \frac{f(z)}{z-z_0} dz = (2\pi i)f(z_0) \text{，其中 } C \text{ 為任意半徑之圓 } C: |z-z_0| = R$$

上式結果稱為 Cauchy 積分式。

【證明】

計算線積分
$$\oint_C \frac{f(z)}{z-z_0}dz$$

加減一項 $f(z_0)$
$$\oint_C \frac{f(z)}{z-z_0}dz = \oint_C \frac{f(z)-f(z_0)}{z-z_0}dz + \oint_C \frac{f(z_0)}{z-z_0}dz$$

因為 $f(z)$ 在圍線內部為連續函數，上式中 $f(z_0)$ 為常數，故第二項積分值為

$$\oint_C \frac{f(z_0)}{z-z_0}dz = 2\pi\, i f(z_0)$$

依連續的定義知 $f(z)$ 在圍線內部點 $z=z_0$ 為連續，其定義式為

對每一個 $\varepsilon>0$，存在一個 $\delta>0$，在 $|z-z_0|<\delta$ 內所有點，恆使 $|f(z)-f(z_0)|<\varepsilon$ 成立，故上式中第一項積分式，可簡化計算如下：

$$\left|\oint_C \frac{f(z)-f(z_0)}{z-z_0}dz\right| \leq \oint_C \left|\frac{f(z)-f(z_0)}{z-z_0}\right||dz|$$

其中圍線 $|z-z_0|<\delta$，令 $z-z_0=\delta e^{i\theta}$，微分 $dz=\delta\, e^{i\theta} = \delta\, e^{i\theta} i d\theta$，代入

$$\left|\oint_C \frac{f(z)-f(z_0)}{z-z_0}dz\right| \leq \oint_C \frac{|f(z)-f(z_0)|}{|z-z_0|}\delta\, e^{i\theta}id\theta \leq \int_0^{2\pi} \frac{|f(z)-f(z_0)|}{|z-z_0|}|i\,e^{i\theta}|\delta\, d\theta$$

或

$$\left|\oint_C \frac{f(z)-f(z_0)}{z-z_0}dz\right| \leq \int_0^{2\pi}\frac{\varepsilon}{\delta}\delta\, d\theta \leq \varepsilon\int_0^{2\pi}d\theta \leq 2\pi\varepsilon$$

當 $\varepsilon \to 0$，$\left|\oint_C \frac{f(z)-f(z_0)}{z-z_0}dz\right|=0$

故得
$$\oint_C \frac{f(z)}{z-z_0}dz = (2\pi i)f(z_0)$$

範例 09：可化成 Cauchy 積分式

計算 $\oint_C \dfrac{7z-6}{z^2-2z}dz$ 的值，其中 $z = x + iy$，C 為單位圓，逆時針。

交大土木所丁

解答：

首先部分分式展開　　$\oint_C \dfrac{7z-6}{z^2-2z}dz = \oint_C \dfrac{7z-6}{z(z-2)}dz$

利用 Cauchy 積分式 $\oint_C \dfrac{f(z)}{z-z_0}dz = (2\pi i)f(z_0)$，得

$$\oint_C \dfrac{7z-6}{z(z-2)}dz = \oint_C \left(\dfrac{3}{z} + \dfrac{4}{z-2}\right)dz = 2\pi i \cdot 3 + 2\pi i \cdot 4 = 14\pi i$$

範例 10

Integrate the complex function $f(z)$ counterclockwise around the circle $|z|=3$ by using the Cauchy's integral formula. (10%)

$$f(z) = \dfrac{\sin(\pi z^2) + \cos(\pi z^2)}{(z-1)(z-2)}$$

清大動機所

解答：

部分分式展開　　$\dfrac{1}{(z-1)(z-2)} = \dfrac{1}{z-2} - \dfrac{1}{z-1}$

代入原式得

$$\oint_C \dfrac{\cos(\pi z^2) + \sin(\pi z^2)}{(z-1)(z-2)}dz = \oint_C \dfrac{\cos(\pi z^2) + \sin(\pi z^2)}{z-2}dz - \oint_C \dfrac{\cos(\pi z^2) + \sin(\pi z^2)}{z-1}dz$$

其中利用 Cauchy 積分式 $\oint_C \dfrac{f(z)}{z-z_0}dz = (2\pi i)f(z_0)$，得

$$\oint_C \dfrac{\cos(\pi z^2)+\sin(\pi z^2)}{z-2}dz = 2\pi i\{\cos(\pi z^2)+\sin(\pi z^2)\}_{z=2} = 2\pi i$$

及

$$\oint_C \dfrac{\cos(\pi z^2)+\sin(\pi z^2)}{z-1}dz = 2\pi i\{\cos(\pi z^2)+\sin(\pi z^2)\}_{z=1} = -2\pi i$$

代入得

$$\oint_C \dfrac{\cos(\pi z^2)+\sin(\pi z^2)}{(z-1)(z-2)}dz = 2\pi i - (-2\pi i) = 4\pi i$$

第六節　Cauchy 積分通式

從上節得知，當 C 為任意半徑之圓 $C:|z-z_0|=R$ 時

$$\oint_C \dfrac{f(z)}{z-z_0}dz = (2\pi i)f(z_0)$$

將上式移項得

$$f(z_0) = \dfrac{1}{2\pi i}\oint_C \dfrac{f(z)}{z-z_0}dz$$

將上式中名義變數 z 改以 w 表示，即

$$f(z_0) = \dfrac{1}{2\pi i}\oint_C \dfrac{f(w)}{w-z_0}dw$$

當定義內每一點 z_0 函數值都得到後，表成函數為

$$f(z) = \dfrac{1}{2\pi i}\oint_C \dfrac{f(w)}{w-z}dw$$

將上式微分，得

$$f'(z) = \frac{1!}{2\pi i} \oint_C \frac{f(w)}{(w-z)^2} dw$$

再微分,得

$$f''(z) = \frac{2!}{2\pi i} \oint_C \frac{f(w)}{(w-z)^3} dw$$

依此類推,微 n 次

$$f^{(n)}(z) = \frac{n!}{2\pi i} \oint_C \frac{f(w)}{(w-z)^{n+1}} dw \; ; \; n = 0, 1, 2, \cdots$$

若只要其中某點函數值,得

$$f^{(n)}(z_0) = \frac{n!}{2\pi i} \oint_C \frac{f(w)}{(w-z_0)^{n+1}} dw = \frac{n!}{2\pi i} \oint_C \frac{f(z)}{(z-z_0)^{n+1}} dz$$

或移項得

$$\oint_C \frac{f(z)}{(z-z_0)^{n+1}} dz = \frac{2\pi i}{n!} f^{(n)}(z_0) \; ; \; n = 0, 1, 2, \cdots$$

或

$$\oint_C \frac{f(z)}{(z-z_0)^n} dz = \frac{2\pi i}{(n-1)!} f^{(n-1)}(z_0)$$

上式稱之為 Cauchy 積分通式。

範例 11

Evaluate $\oint_C \frac{\cos z + \sin z}{(z+i)^4} dz$, where C is any simple closed path about $-i$

解答：

已知 Cauchy 積分通式 $\oint_C \frac{f(z)}{(z-z_0)^n}dz = \frac{2\pi i}{(n-1)!}f^{(n-1)}(z_0)$，得

$$\oint_C \frac{\cos z + \sin z}{(z+i)^4}dz = \frac{2\pi i}{(4-1)!}\left\{D^3(\cos z + \sin z)\right\}_{z=-i}$$

$$\oint_C \frac{\cos z + \sin z}{(z+i)^4}dz = \frac{\pi i}{3}\left\{\sin z - \cos z\right\}_{z=-i}$$

$$\oint_C \frac{\cos z + \sin z}{(z+i)^4}dz = \frac{\pi i}{3}(-\sin i - \cos i)$$

範例 12

(10%) Evaluate the line integral $\frac{1}{2\pi i}\oint_C \frac{ze^z}{(z-2)^3}dz$, Given that 2 is inside the contour C.

清大電機所

解答：

已知 Cauchy 積分通式 $\oint_C \frac{f(z)}{(z-z_0)^n}dz = (2\pi i)\frac{f^{(n-1)}(z_0)}{(n-1)!}$，得

$$\frac{1}{2\pi i}\oint_C \frac{ze^z}{(z-2)^3}dz = \frac{f''(2)}{2!} = \frac{1}{2}(ze^z + 2e^z)_{z=2} = 2e^2$$

第七節　Gauss 均值定理

已知 Cauchy 積分公式，

$$f(z_0) = \frac{1}{2\pi i} \oint_C \frac{f(z)}{z - z_0} dz$$

其中 C 為含奇異點 $z = z_0$ 在內之圓或任意封閉圍線。若取 C 為圓 $|z - z_0| = r$，則令 $z - z_0 = re^{i\theta}$；微分 $dz = re^{i\theta} i d\theta$，代入 Cauchy 積分公式，得

$$f(z_0) = \frac{1}{2\pi i} \int_0^{2\pi} \frac{f(z_0 + re^{i\theta})}{re^{i\theta}} re^{i\theta} i d\theta$$

或

$$f(z_0) = \frac{1}{2\pi} \int_0^{2\pi} f(z_0 + re^{i\theta}) d\theta$$

上式類似實變函數中之積分均值定理，故稱 $f(z_0)$ 為在圓周 C 上各點上之 $f(z)$，對 θ 積分後之積分平均值，或稱 Gauss 平均值，此值與所取之圓周 C 半徑 r 無關。

第八節　Cauchy 不等式

已知 Cauchy 積分通式

$$f^{(n)}(z_0) = \frac{n!}{2\pi i} \oint_C \frac{f(z)}{(z - z_0)^{n+1}} dz$$

其中 C 為圓 $|z - z_0| = r$。

對上式取絕對值，得

$$\left|f^{(n)}(z_0)\right| = \left|\frac{n!}{2\pi i}\oint_C \frac{f(z)}{(z-z_0)^{n+1}}dz\right| = \frac{n!}{2\pi}\left|\oint_C \frac{f(z)}{(z-z_0)^{n+1}}dz\right|$$

由絕對值特性知，

$$\left|f^{(n)}(z_0)\right| \leq \frac{n!}{2\pi}\int_0^{2\pi}\left|\frac{f(z)}{(z-z_0)^{n+1}}\right||dz|$$

因 C 為圓 $|z-z_0|=r$，故令 $z-z_0 = re^{i\theta}$ ； $dz = re^{i\theta}id\theta$
代入上式直接積分，得

$$\left|f^{(n)}(z_0)\right| \leq \frac{n!}{2\pi}\int_0^{2\pi}\frac{|f(z)|}{\left|re^{i\theta}\right|^{n+1}}\left|re^{i\theta}i\right|d\theta \leq \frac{n!}{2\pi}\int_0^{2\pi}\frac{|f(z)|}{r^{n+1}}rd\theta$$

或

$$\left|f^{(n)}(z_0)\right| \leq \frac{n!}{2\pi}\frac{1}{r^n}\int_0^{2\pi}|f(z)|d\theta$$

令 M 為 $|f(z)|$ 在圓周 $|z-z_0|=r$ 上之最大模數值，意即在原周 C 上，意即 $|f(z)| \leq M$，代入上式得

$$\left|f^{(n)}(z_0)\right| \leq \frac{n!}{2\pi}\frac{M}{r^n}\int_0^{2\pi}d\theta \leq \frac{n!}{2\pi}\frac{M}{r^n}2\pi \leq \frac{n!}{r^n}M$$

上述結果稱為 Cauchy 不等式。詳述如下定理

※ 定理：Cauchy 不等式

> 已知 $f(z)$，在 $|z-z_0|<r$ 內為解析函數，則 $\left|f^{(n)}(z_0)\right| \leq \frac{n!}{r^n}M$，其中 M 為 $|f(z)|$ 在圓周 $|z-z_0|=r$ 上之最大模數值。

第九節　最大模數定理

已知 Cauchy 不等式

$$\left|f^{(n)}(z_0)\right| \leq \frac{n!}{r^n} M$$

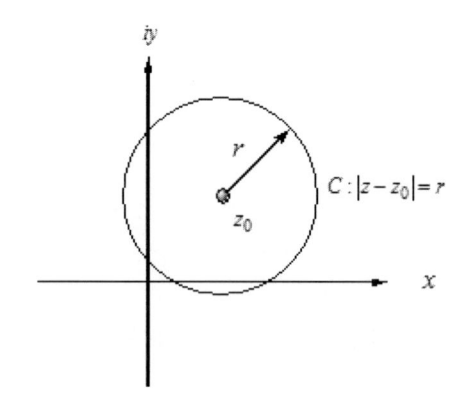

若令 $n = 0$ 代入上式，則得

$$\left|f(z_0)\right| \leq M$$

上式與所取圓 $|z - z_0| = r$ 之半徑 r 無關。而且在 z_0 點處函數值 $f(z_0)$，其模數值 $|f(z_0)|$ 竟小於或等於在圓周 $|z - z_0| = r$ 上每一點處函數值 $f(z)$ 之最大模數值。依此類推，對解析區域內每一解析點，$z_0 \in D$，都有上述特性。意即：一個複變函數在其解析區域內任一點函數模數值，不可能成為 D 內最大模數值，上述稱為最大模數定理。

※定理：最大模數定理

「一個複變函數在其解析區域內任一點函數模數值，不可能成為 D 內最大模數值」。

第十節　最小模數定理

若已知 $f(z)$ 為在 D 內之解析函數，且對 $\forall z \in D$，$f(z) \neq 0$，，現令

$$g(z) = \frac{1}{f(z)}$$

因 $f(z) \neq 0$，故 $g(z)$ 在 D 內也為解析函數，因此利用最大模數定理知，$g(z)$ 在其解析區域 D 邊界圓周 C 上任一點函數 $g(z)$，其模數值 $|g(z)|$，不可能成為 D 內最大模數值。亦即：$f(z)$ 在其解析區域 D 邊界圓周 C 上任一點函數值 $f(z)$ 其模數 $|f(z)|$，也不可能成為最小模數值。亦即可得下面定理：

※定理：最小模數定理

> 一個複變函數 $f(z)$ 為在 D 內之解析函數，且對 $\forall z \in D$，$f(z) \neq 0$，則 $f(z)$ 在其解析區域 D 內任一點函數模數值，不可能成為 D 內最小模數值」。

第十一節　Liouville 定理

Liouville 定理：

根據最大模數或最小模數定理知，解析區域內每一點，都不可能為最大或最小模數值所在，那最大或最小模數值所在的地方，就只剩下兩個可能：第一是在解析區域 D 之邊界 C 上；第二是最大模數或最小模數定理中的等號成立，亦即 該函數為常數，因此每一解析點都是最大模數或最小模數定理。此即下面定理。

若 $f(z)$ 為全函數，亦即 $f(z)$ 在全複數 z 平面上每一點都是解析函數，亦即沒有邊界圓周存在，亦即第一種可能不成立，此時只剩下第二種情況成立，即

※定理：Liouville 定理

> 若 $f(z)$ 為一全函數，且對 $\forall z \in D$，$f(z) \neq 0$，則 $|f(z)|$ 必等於一個常數，同時 $f(z)$ 也等於一個常數。

交大電信所、交大光電所、清大計管所

證明：

已知 $\quad |f(z)|^2 = u^2 + v^2 = c$

微分 $\quad 2udu + 2vdv = 0$

$$2u\frac{\partial u}{\partial x} + 2v\frac{\partial v}{\partial x} = 0$$

及

$$2u\frac{\partial u}{\partial y} + 2v\frac{\partial v}{\partial y} = 0$$

聯立解 $\quad \dfrac{\partial u}{\partial x} = 0$ 及 $\dfrac{\partial u}{\partial y} = 0$

故 $\quad u = c_1$

同理得 $\quad v = c_2$

第十二節 Gauss 代數基本定理

定理：代數基本定理 (Gauss 提出)

已知 n 次多項式函數 $f(z) = a_n z^n + a_{n-1} z^{n-1} + \cdots + a_1 z + a_0 = 0$

試證：在複數系內

(1) 至少含有一個根

(2) 恰含有 n 個根

【證明】

(1) 利用矛盾法證明：

假設 $f(z) = a_n z^n + a_{n-1} z^{n-1} + \cdots + a_1 z + a_0$ 沒有根存在

亦即 $f(z) \neq 0$，且 $f(z)$ 為解析函數

故由 Liouville 定理知，$f(z) =$ 常數

但是 $f(z)$ 為 n 次多項式函數，不為常數

故矛盾，亦即得證

$f(z) = a_n z^n + a_{n-1} z^{n-1} + \cdots + a_1 z + a_0$ 至少有一根存在。

(2) 假設 此根為 $z = \alpha_1$，

如此 $f(z)$ 可提出一公因式 $(z - \alpha_1)$

亦即可得 $f(z) = (z - \alpha_1) g(z)$，其中 $g(z)$ 為 $n-1$ 次多項式函數。

再重複 (1) 之證明過程，又可得 $g(z)$ 至少有一根存在，令其為 α_2，如此重複 n 次後得

$$f(z) = (z - \alpha_1)(z - \alpha_2) \cdots (z - \alpha_n) h(z)$$

其中 $h(z) = a_n$

再假設 $h(z) = a_n$ 沒有根存在

亦即 $h(z) \neq 0$，且 $h(z)$ 為解析函數

故由 Liouville 定理知，$h(z) =$ 常數

故得證 $h(z) = a_n$，沒有根存在

最後證得

$f(z) = a_n z^n + a_{n-1} z^{n-1} + \cdots + a_1 z + a_0$，恰有 n 個根存在。

第十三節　Rouche 定理

定理：Rouche 定理

> 若
> 1. $f(z)$，$g(z)$ 在開區域 D 內為解析函數
> 2. 在邊界 C 上，$|g(z)| < |f(z)|$
>
> 則 $f(z) + g(z)$ 與 $f(z)$ 在開區域 D 內有相同數目之零點。

【證明一】

　　由幅角定理知：若 $f(z) + g(z)$ 與 $f(z)$ 在 C 內區域為解析函數，故他們的零點數目，分別為他們在 W 平面內繞原點之次數。

又令 $F(z) - 1 = \dfrac{g(z)}{f(z)}$，或 $F(z) = 1 + \dfrac{g(z)}{f(z)} = \dfrac{f(z) + g(z)}{f(z)}$

已知在邊界 C 上，$|g(z)| < |f(z)|$

故得　　$|F(z) - 1| = \left|\dfrac{g(z)}{f(z)}\right| < 1$

意即 $F(z)$ 在 W 平面內之對應像在 $|F(z) - 1| = |W - 1| < 1$

故 $|W - 1| < 1$ 在 W 平面內之右邊平面上之單位圓內任一圍線，都無法繞過原點，故由幅角定理知：$F(z)$ 之 $N_z - N_P = 0$ 或 $N_z = N_P$

意即 $F(z)$ 中極點($f(z) = 0$)與零點($f(z) + g(z) = 0$)之數目相等，意即得證 $f(z) + g(z)$ 與 $f(z)$ 在開區域 D 內有相同數目之零點。

【證明二】

【要訣】

令 $R(z) = \dfrac{g(z)}{f(z)}$，得 $g(z) = R(z)f(z)$

$$f(z) + g(z) = f(z) + R(z)f(z) = f(z)(1 + R(z))$$

零點數目

$$N_1 = \frac{1}{2\pi i}\oint_C \frac{f'(z) + g'(z)}{f(z) + g(z)}dz = \frac{1}{2\pi i}\oint_C \frac{f'(z)(1 + R(z)) + f(z)R'(z)}{f(z)(1 + R(z))}dz$$

及

$$N_1 = \frac{1}{2\pi i}\oint_C \frac{f'(z)}{f(z)}dz$$

兩者應相同。

【證明】

$$N_1 - N_2 = \frac{1}{2\pi i}\left[\oint_C \frac{f'(z)(1 + R(z)) + f(z)R'(z)}{f(z)(1 + R(z))}dz - \oint_C \frac{f'(z)}{f(z)}dz\right]$$

$$N_1 - N_2 = \frac{1}{2\pi i}\left[\oint_C \frac{f'(z)(1 + R(z))}{f(z)(1 + R(z))}dz + \oint_C \frac{f(z)R'(z)}{f(z)(1 + R(z))}dz - \oint_C \frac{f'(z)}{f(z)}dz\right]$$

$$N_1 - N_2 = \frac{1}{2\pi i}\left[\oint_C \frac{f(z)R'(z)}{f(z)(1 + R(z))}dz\right] = \frac{1}{2\pi i}\left[\oint_C \frac{R'(z)}{(1 + R(z))}dz\right]$$

因為 $|g(z)| < |f(z)|$，$|R(z)| < 1$，$|1 + R(z)| \neq 0$

亦即 $\dfrac{R'(z)}{(1 + R(z))}$ 在 C 內為解析函數，

故得證 $N_1 - N_2 = 0$

範例 13　Gauss 平均值

Show that if $u(z)$ is harmonic in $|z-z_0|<R$, then
$$u(z_0)=\frac{1}{2\pi}\int_0^{2\pi}u(z_0+re^{i\theta})d\theta,\ 0<r<R\ .$$

成大土木所甲

解答：

Gauss 均值定理

已知 $u(z_0)=\dfrac{1}{2\pi i}\oint_C\dfrac{u(z)}{z-z_0}dz$，其中 C 為含奇異點 $z=z_0$ 在內之圓

令 $z-z_0=re^{i\theta}$；$dz=re^{i\theta}id\theta$ 代入

得 $u(z_0)=\dfrac{1}{2\pi i}\int_0^{2\pi}\dfrac{u(z_0+re^{i\theta})}{re^{i\theta}}re^{i\theta}i\theta=\dfrac{1}{2\pi}\int_0^{2\pi}u(z_0+re^{i\theta})\theta$

範例 14　最大模數定理

(15%) Let $f(z)=az^n+b$. Show that in the region $R=\{z:|z|\leq 1\}$,
$\max\limits_{|z|\leq 1}f(z)=|a|+|b|$

交大電信所乙丙

解答：

已知　　$f(z)=az^n+b$

取絕對值 $|f(z)|=|az^n+b|\leq |az^n|+|b|=|a||z^n|+|b|$

利用最大模數定理，$g(z)=z^n$ 在 $|z|<1$ 內可解析，

故 $g(z)=z^n$ 之最大模數，必發生邊界上，$|z|=1$

故 $\max\limits_{|z|\leq 1}f(z)=|a|+|b|$

範例 15 證明根所在範圍

(15%) Show that all roots of equation $z^7 - 2z^3 + 8 = 0$ satisfy $1 < |z| < 2$
Hint: Use Rouche's theorem

交大電信所

【證明】

令 $f(z) = z^7$

得 $f(z) = z^7 = 0$，有 7 個零點

再令 $g(z) = -2z^3 + 8$

在圓 $|z| = 2$ 上， $|f(2)| = 2^7 = 128$

及 $|g(2)| = |-2 \cdot 2^3 + 8| \le 2 \cdot 2^3 + 8 \le 24$

得 $|g(z)| < |f(z)|$

由 Rouche 定理知，$f(z) + g(z)$ 與 $f(z)$ 在圓 $|z| \le 2$，都有相同數目之零點 (有 7 個零點)。

再取 $f(z) = 8$

得 $f(z) = 8 \ne 0$，沒有零點

再令 $g(z) = z^7 - 2z^3$

在圓 $|z| = 1$ 上， $|f(z)| = 8$

及 $|g(z)| = |z^7 - 2z^3| \le |z^7| + |2z^3| \le 3$

得 $|g(z)| < |f(z)|$

由 Rouche 定理知，$f(z) + g(z)$ 與 $f(z)$ 在圓 $|z| \le 1$，都有相同數目之零點 (沒有零點)。

故得證 $f(z) + g(z) = z^7 - 2z^3 + 8$ 之 7 個零點，全位在 $|z| = 1$ 與 $|z| = 2$ 兩圓之間區域。

範例 16

試證 $z^7 - 5z^3 + 12 = 0$ 之 n 個根全部位於 $|z| = 1$ 與 $|z| = 2$ 兩圓之間區域

【證明】

令 $\qquad f(z) = z^7$

得 $\qquad f(z) = z^7 = 0$，有 7 個零點

再令 $\qquad g(z) = -5z^3 + 12$

在圓 $|z| = 2$ 上， $\quad |f(2)| = 2^7 = 128$

及 $\qquad |g(2)| = |-5 \cdot 2^3 + 12| \le 5 \cdot 2^3 + 12 \le 52$

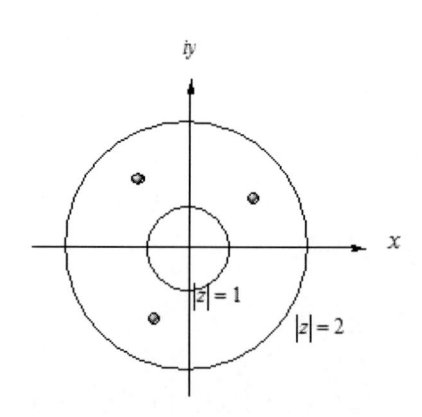

得 $\qquad |g(z)| < |f(z)|$

由 Rouche 定理知， $f(z) + g(z)$ 與 $f(z)$ 在圓 $|z| \le 2$，都有相同數目之零點 (有 7 個零點)。

再取 $\qquad f(z) = 12$

得 $\qquad f(z) = 12 \ne 0$，沒有零點

再令 $g(z) = z^7 - 5z^3$

在圓 $|z| = 1$ 上，$|f(z)| = 12$

及 $|g(z)| = |z^7 - 5z^3| \leq |z^7| + |5z^3| \leq 6$

得 $|g(z)| < |f(z)|$

由 Rouche 定理知，$f(z) + g(z)$ 與 $f(z)$ 在圓 $|z| \leq 1$，都有相同數目之零點 (沒有零點)。

故得證 $f(z) + g(z) = z^7 - 5z^3 + 12$ 之 7 個零點，全位在 $|z| = 1$ 與 $|z| = 2$ 兩圓之間區域。

範例 17 求所在範圍內根之數目

(10%) Find the number of roots of the equation $z^8 - 5z^5 + z^2 - 1 = 0$ of absolute value less than 1.

清大電機所

【證明】

令 $f(z) = -5z^5$

得 $f(z) = -5z^5 = 0$，有 5 個零點

再令 $g(z) = z^8 + z^2 - 1$

在圓 $|z| = 1$ 上，$|f(1)| = 5$

及 $|g(1)| \leq 1 + 1 + 1 \leq 3$

得 $|g(z)| < |f(z)|$

由 Rouche 定理知，$f(z) + g(z)$ 與 $f(z)$ 在圓 $|z| \leq 1$，都有相同數目之零點 (有 5 個零點)。

範例 18

試求 $z^4 + 2z^3 - 3z^2 - 3z + 6 = 0$ 之 n 個根有幾個根位於 $|z|=1$ 圓之內 (Hint: 將方程式兩邊乘上因式 z^2+2，再使用 Rouche 定理)

中山電機所

解答：沒有

已知 $\quad z^4 + 2z^3 - 3z^2 - 3z + 6 = 0$

方程式兩邊乘上因式 $(z^2+2)(z^4+2z^3-3z^2-3z+6)=0$

展開得 $\quad z^6 + 2z^5 - z^4 + z^3 - 6z + 12 = 0$

已知 $\quad z^2 + 2 = 0$

兩個根為 $\quad z=\sqrt{2}i$ 及 $z=-\sqrt{2}i$ 都不在單位圓 $|z|=1$ 內。

令 $\quad f(z) = 12$

得 $\quad f(z) = 12 \neq 0$，沒有零點

再令 $\quad g(z) = z^6 + 2z^5 - z^4 + z^3 - 6z$

在圓 $|z|=1$ 上， $|f(z)| = 12$

及 $\quad |g(z)| = |z^6 + 2z^5 - z^4 + z^3 - 6z| \leq |z^6| + 2|z^5| + |z^4| + |z^3| + 6|z|$

或 $\quad |g(z)| \leq 11$

在單位圓 $|z|=1$ 內得 $|g(z)| < |f(z)|$

由 Rouche 定理知，$f(z) + g(z)$ 與 $f(z)$ 在圓 $|z| \leq 1$，都有相同數目之零點 (沒有零點)。

故得 $\quad z^4 + 2z^3 - 3z^2 - 3z + 6 = 0$，在圓 $|z| \leq 1$，沒有零點。

考題集錦

1. Evaluate the following integrals $\int_0^{\frac{\pi}{6}} e^{i2t} dt$

   清大動機所工數

2. Given $z = x + iy$, evaluate the integral $\int_C y\,dz$, where C is the straight line joining $z = 1$ to $z = i$.

   成大土木所工數

3. Let $z = x + iy$. Solve the following problems.
   Evaluate the $\int_C \frac{1}{z} dz$, where C is the straight line segment from i to $2+4i$. (10%)

   成大醫工所

4. 試求下列複數積分 $\int_C f(z)dz$，其中 $f(z) = \bar{z}$，C: $y = x^2$ from 0 to $1+i$

5. C is counterclockwise circle $|z| = 5$，which is a closed curve. Evaluate the complex integral $\oint_C \frac{e^{2z}}{z-3} dz$

   清大材工所

6. 計算積分 $\oint_{|z|=2} \frac{z^3 + 3z - 5}{z-1} dz$

   台大工工所

7. Let Γ be a closed path enclosing $0, 1, 2$, Evaluate $\oint_\Gamma \frac{e^z}{(z-2)z^2} dz$

   中原電機所

8. Use the residue theorem to evaluate $\oint_C \dfrac{5z^2 - 3z + 2}{(z-1)^3} dz$ where C is an arbitrary simple closed curve enclosing the point $z = 1$

　　　　　　　　　　　　　　　　　　　　　　　　　　　　〔清大動機所〕

9. 計算積分 $\oint_C \dfrac{e^{2z}}{(z-1)^3} dz$ ，其中 C 為 $|z-1|=1$

　　　　　　　　　　　　　　　　　　　　　　　　　　　　〔台科大電機所〕

10. 假設 $f(z)$ 在圍線 C 內為解析函數，圍線 C 內區域一點 z_0 ，試證明

$$\oint_C \dfrac{f'(z)}{z - z_0} dz = \oint_C \dfrac{f(z)}{(z - z_0)^2} dz$$

　　　　　　　　　　　　　　　　　　　　　　　　　　　　〔成大機械所〕

第三十四章
複數級數與殘數計算

第一節　複數 Taylor 級數 (在解析點展開)

若 $f(z)$ 在單連區域內為解析函數，z 及 z_0 分別表示一變點及一固定點，且 $f(z)$ 在 z_0 為可解析，則依 Cauchy 積分定理知

$$f(z_0) = \frac{1}{2\pi i} \oint_C \frac{f(w)}{w-z_0} dw$$

其複變函數為

$$f(z) = \frac{1}{2\pi i} \oint_C \frac{f(w)}{w-z} dw$$

上式中 $\dfrac{1}{w-z}$ 在 z_0 點展開成無窮級數，即

$$\frac{1}{w-z} = \frac{1}{w-z_0-(z-z_0)} \quad \frac{1}{}\left(\frac{1}{z-z_0}\right)$$

已知 Taylor 級數

$$\frac{1}{1-x} = 1 + x + x^2 + x^3 + \cdots$$

代入上式得

$$\frac{1}{w-z} = \frac{1}{w-z_0}\left[1 + \frac{z-z_0}{w-z_0} + \left(\frac{z-z_0}{w-z_0}\right)^2 + \cdots\right]$$

或

$$\frac{1}{w-z} = \frac{1}{w-z_0} + \frac{z-z_0}{(w-z_0)^2} + \frac{(z-z_0)^2}{(w-z_0)^3} + \cdots = \sum_{n=0}^{\infty}\frac{(z-z_0)^n}{(w-z_0)^{n+1}}$$

上式在 $|z-z_0| < R$ 收斂，代回複變函數，得

$$f(z) = \frac{1}{2\pi i}\oint_C \frac{f(w)}{w-z}dw = \frac{1}{2\pi i}\oint_C\left(\sum_{n=0}^{\infty}\frac{f(w)}{(w-z_0)^{n+1}}(z-z_0)^n\right)dw$$

或

$$f(z) = \frac{1}{2\pi i}\sum_{n=0}^{\infty}\left(\oint_C \frac{f(w)}{(w-z_0)^{n+1}}dw\right)(z-z_0)^n$$

利用 Cauchy 積分通式定理，得

$$\frac{1}{2\pi i}\oint_C \frac{f(w)}{(w-z_0)^{n+1}}dw = \frac{1}{n!}f^{(n)}(z_0)$$

代入得複數 Taylor 級數

$$f(z) = \sum_{n=0}^{\infty}\left(\frac{1}{2\pi i}\oint_C \frac{f(w)}{(w-z_0)^{n+1}}dw\right)(z-z_0)^n = \sum_{n=0}^{\infty}\frac{f^{(n)}(z_0)}{n!}(z-z_0)^n$$

範例 01

$$\sum_{n=0}^{\infty} \frac{(3+i)^{2n}}{(2n)!} \text{ 收斂否？試證明之}$$

淡大財融所工數

解答：

利用比值審斂法 $\lim_{n \to \infty} \left| \frac{a_{n+1}}{a_n} \right| < 1$，此級數為收斂。

得 $\lim_{n \to \infty} \left| \frac{a_{n+1}}{a_n} \right| = \lim_{n \to \infty} \left| \frac{(3+i)^{2(n+1)}}{(2(n+1))!} \cdot \frac{(2n)!}{(3+i)^{2n}} \right| < 1$

$\lim_{n \to \infty} \left| \frac{a_{n+1}}{a_n} \right| = \lim_{n \to \infty} \left| \frac{(3+i)^{2n}(3+i)^2}{(2n+2) \cdot (2n+1) \cdot (2n)!} \cdot \frac{(2n)!}{(3+i)^{2n}} \right| < 1$

$\lim_{n \to \infty} \left| \frac{a_{n+1}}{a_n} \right| = \lim_{n \to \infty} \left| \frac{(3+i)^2}{(2n+2) \cdot (2n+1)} \right| = 0 < 1$

故 $\sum_{n=0}^{\infty} \frac{(3+i)^{2n}}{(2n)!}$ 收斂

範例 02：Taylor 級數收斂半徑

(10%) Find the radius of convergence of the power series

$\sum_{n=0}^{\infty} \frac{i^n}{2^{n+1}} (z+5i)^n$, z is a complex variable, and $i = \sqrt{-1}$

台科大機械工數

解答：

利用比值審斂法 $\lim_{n \to \infty} \left| \frac{a_{n+1}}{a_n} \right| < 1$，此級數為收斂。

$$\lim_{n\to\infty}\left|\frac{i^{n+1}(z+5i)^{n+1}}{2^{n+2}}\cdot\frac{2^{n+1}}{i^n(z+5i)^n}\right|<1$$

$$|z+5i|\cdot\frac{1}{2}<1$$

$$|z+5i|<2=R$$

得收斂半徑為 $R=2$

範例 03

(25%) Prove the following series converges uniformly in the given region,

$$\sum_{n=0}^{\infty}\frac{z^n}{|z|^{2n}+1}, \quad 2\le|z|\le 4$$

where z is the complex variable.

成大機械所

解答：

$$\left|\frac{z^n}{|z|^{2n}+1}\right|=\frac{|z|^n}{|z|^{2n}+1}\le\frac{|z|^n}{|z|^{2n}}\le\frac{1}{|z|^n}$$

因為 $2\le|z|\le 4$，故

$$\left|\frac{z^n}{|z|^{2n}+1}\right|\le\frac{1}{|z|^n}\le\frac{1}{2^n} \text{ 或 } \sum_{n=0}^{\infty}\frac{z^n}{|z|^{2n}+1}\le\sum_{n=1}^{\infty}\frac{1}{2^n}$$

由 Weistrass M-Test 知：已知 $\sum_{n=1}^{\infty}\frac{1}{2^n}$ 為收斂

故 $\sum_{n=0}^{\infty} \dfrac{z^n}{|z|^{2n}+1}$ is converges uniformly for $2 \leq |z|$

範例 04

(10%) 請找出下列複變級數之收斂半徑

$$\sum_{n=0}^{\infty} \dfrac{n+1}{2^n}(z+3i)^n$$

交大土木所丙

解答：

利用比值審斂法 $\lim\limits_{n \to \infty}\left|\dfrac{a_{n+1}}{a_n}\right|<1$，此級數為收斂。

$|z+3i|\lim\limits_{n \to \infty}\left|\dfrac{n+2}{2^{n+1}} \cdot \dfrac{2^n}{n+1}\right|<1$

$|z+3i|<2=R$

得收斂半徑為 $R=2$

範例 05 Taylor 級數

Find the Maclaurin series of $f(z)$ and find the radius of convergence.

$f(z)=\dfrac{1}{1+z^2}$

朝陽資工工數

解答：

$\dfrac{1}{1+z^2}=\dfrac{1}{1-(-z^2)}=1+(-z^2)+(-z^2)^2+\cdots$，$|-z^2|<1$

$$\frac{1}{1+z^2} = 1 - z^2 + z^4 - + \cdots$$

收斂半徑 $|z|<1$，亦即 $R=1$

範例 06：Taylor 級數

> Expand $f(z) = \dfrac{1}{(z+1)(z+3)}$ in a Laurent series valid for $1<|z|<3$

成大土木所

解答：

$$f(z) = \frac{1}{(z+1)(z+3)} = \frac{1}{2}\left(\frac{1}{z+1} - \frac{1}{z+3}\right)$$

整理

$$f(z) = \frac{1}{(z+1)(z+3)} = \frac{1}{2z} \cdot \frac{1}{\left(1+\frac{1}{z}\right)} - \frac{1}{6} \cdot \frac{1}{\left(1+\frac{z}{3}\right)}$$

得

$$f(z) = \frac{1}{(z+1)(z+3)} = \frac{1}{2z} \cdot \frac{1}{1-\left(-\frac{1}{z}\right)} - \frac{1}{6} \cdot \frac{1}{1-\left(-\frac{z}{3}\right)}$$

得

$$f(z) = \frac{1}{2z}\cdot\left(1 - \frac{1}{z} + \frac{1}{z^2} - + \cdots\right) - \frac{1}{6}\cdot\left(1 - \frac{z}{3} + \left(\frac{z}{3}\right)^2 - + \cdots\right)$$

收斂範圍 $\left|\dfrac{1}{z}\right|<1$ 及 $\left|\dfrac{z}{3}\right|<1$ 內收斂

或 $1<|z|<3$

範例 07：解析點展開之兩種題型

> Given the function $f(z)=\dfrac{z+1}{2(z-1)}$, represent it by.
> (a) (10%) its Maclaurin series, and give the region of validity for the representation;
> (b) (5%) its Laurent series for the domain $1<|z|<\infty$.

中央電機所

解答：

(a) $f(z)=\dfrac{z+1}{2(z-1)}=\dfrac{1}{2}+\dfrac{1}{z-1}=\dfrac{1}{2}-\dfrac{1}{1-z}=\dfrac{1}{2}-(1+z+z^2+\cdots)$，其中 $|z|<1$

(b) $f(z)=\dfrac{z+1}{2(z-1)}=\dfrac{1}{2}\dfrac{z-1+2}{z-1}=\dfrac{1}{2}\left(1+\dfrac{2}{z-1}\right)=\dfrac{1}{2}+\dfrac{1}{z}\left(\dfrac{1}{1-\dfrac{1}{z}}\right)$

利用公式 $\dfrac{1}{1-x}=1+x+x^2+\cdots$，$|x|<1$

令 $x\sim\dfrac{1}{z}$，

$f(z)=\dfrac{z+1}{2(z-1)}=\dfrac{1}{2}+\dfrac{1}{z}\left(1+\dfrac{1}{z}+\dfrac{1}{z^2}+\cdots\right)$，$\left|\dfrac{1}{z}\right|<1$，或 $|z|>1$

或 $f(z)=\dfrac{1}{2}+\dfrac{1}{z}+\dfrac{1}{z^2}+\dfrac{1}{z^3}+\cdots$

第二節　複數 Laurent 級數(在奇異點展開)

若 $f(z)$ 在多連區域內（$0<|z-z_0|<R$）為解析函數，z 及 z_0 分別表示一變點及一固定點，且 $f(z)$ 在 z_0 為孤立奇異點，則依 Cauchy 積分定理知

複變函數為

$$f(z) = \frac{1}{2\pi i}\oint_{C^*}\frac{f(w)}{w-z}dw$$

其中 $C^* = C + l_1 + l_2 + C_0$，$C$ 為逆時針方向，C_0 為順時針方向，l_1, l_2 分別為連接兩封閉曲線 C, C_0 之兩直線，其方向相反，此直線積分其值會互相抵銷。

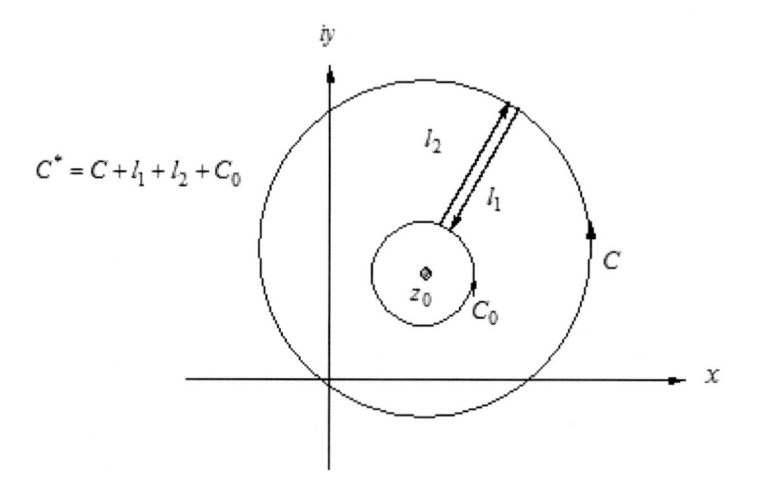

代回原式，上式可化成下列之和，

$$f(z) = \frac{1}{2\pi i}\oint_{C}\frac{f(w)}{w-z}dw - \frac{1}{2\pi i}\oint_{C_0}\frac{f(w)}{w-z}dw$$

上式中第一項 $\dfrac{1}{2\pi i}\oint_{C}\dfrac{f(w)}{w-z}dw$，在 $|z - z_0| < R$ 收斂，因此需將式中 $\dfrac{1}{w-z}$ 在 z_0 點展開成無窮級數，即

$$\frac{1}{w-z} = \frac{1}{w-z_0-(z-z_0)} = \frac{1}{w-z_0}\left(\frac{1}{1-\dfrac{z-z_0}{w-z_0}}\right)$$

已知 Taylor 級數

$$\frac{1}{1-x} = 1 + x + x^2 + x^3 + \cdots$$

代入上式得

$$\frac{1}{w-z} = \frac{1}{w-z_0}\left[1 + \frac{z-z_0}{w-z_0} + \left(\frac{z-z_0}{w-z_0}\right)^2 + \cdots\right]$$

或

$$\frac{1}{w-z} = \frac{1}{w-z_0} + \frac{z-z_0}{(w-z_0)^2} + \frac{(z-z_0)^2}{(w-z_0)^3} + \cdots = \sum_{n=0}^{\infty}\frac{(z-z_0)^n}{(w-z_0)^{n+1}}$$

上式在 $|z-z_0| < R$，代回複變函數，得

$$\frac{1}{2\pi i}\oint_C \frac{f(w)}{w-z}dw = \frac{1}{2\pi i}\oint_C\left(\sum_{n=0}^{\infty}\frac{f(w)}{(w-z_0)^{n+1}}(z-z_0)^n\right)dw$$

或

$$\frac{1}{2\pi i}\oint_C \frac{f(w)}{w-z}dw = \frac{1}{2\pi i}\sum_{n=0}^{\infty}\left(\oint_C \frac{f(w)}{(w-z_0)^{n+1}}dw\right)(z-z_0)^n$$

利用 Cauchy 積分通式定理，得

$$\frac{1}{2\pi i}\oint_C \frac{f(w)}{(w-z_0)^{n+1}}dw = \frac{1}{n!}f^{(n)}(z_0)$$

代入得複數 Taylor 級數

$$\frac{1}{2\pi i}\sum_{n=0}^{\infty}\left(\oint_C \frac{f(w)}{(w-z_0)^{n+1}}dw\right)(z-z_0)^n = \frac{1}{2\pi i}\sum_{n=0}^{\infty}\frac{f^{(n)}(z_0)}{n!}(z-z_0)^n$$

現討論第二項 $-\frac{1}{2\pi i}\oint_{C_0}\frac{f(w)}{w-z}dw = \frac{1}{2\pi i}\oint_{C_0}\frac{-f(w)}{w-z}dw$，此項需在 $|z-z_0| > R$ 內

收斂，因此需將

式中 $\dfrac{-1}{w-z}$ 在 z_0 點展開成無窮級數，即

$$\dfrac{-1}{w-z} = \dfrac{-1}{w-z_0-(z-z_0)} = \dfrac{1}{z-z_0-(w-z_0)} = \dfrac{1}{z-z_0}\left(\dfrac{1}{1-\dfrac{w-z_0}{z-z_0}}\right)$$

已知 Taylor 級數

$$\dfrac{1}{1-x} = 1 + x + x^2 + x^3 + \cdots$$

代入上式得

$$\dfrac{-1}{w-z} = \dfrac{1}{z-z_0}\left[1 + \dfrac{w-z_0}{z-z_0} + \left(\dfrac{w-z_0}{z-z_0}\right)^2 + \cdots\right]$$

或

$$\dfrac{-1}{w-z} = \dfrac{1}{z-z_0} + \dfrac{w-z_0}{(z-z_0)^2} + \dfrac{(w-z_0)^2}{(z-z_0)^3} + \cdots = \sum_{n=1}^{\infty}\dfrac{(w-z_0)^{n-1}}{(z-z_0)^n}$$

上式代回複變函數，得

$$\dfrac{-1}{2\pi i}\oint_{C_0}\dfrac{f(w)}{w-z}dw = \dfrac{1}{2\pi i}\oint_{C}\left(\sum_{n=1}^{\infty}\dfrac{f(w)}{(z-z_0)^n}(w-z_0)^{n-1}\right)dw$$

令 $n = -m$ 代入上式

$$\dfrac{-1}{2\pi i}\oint_{C_0}\dfrac{f(w)}{w-z}dw = \dfrac{1}{2\pi i}\sum_{m=-1}^{-\infty}\left(\oint_{C_0}\dfrac{f(w)}{(w-z_0)^{m+1}}dw\right)(z-z_0)^m$$

代入得複數 Laurent 級數

$$f(z) = \frac{1}{2\pi i} \sum_{n=-\infty}^{\infty} \left(\oint_C \frac{f(w)}{(w-z_0)^{n+1}} dw \right) (z-z_0)^n$$

範例 08：Lorentz 級數

Expand the function $f(z) = \dfrac{2}{z(z-1)(z-2)}$ in a Laurent (or Taylor) series of powers of z in the following regions：
(a) $0 < |z| < 1$ (b) $1 < |z| < 2$ (c) $|z| > 2$

中央太空所應用數學

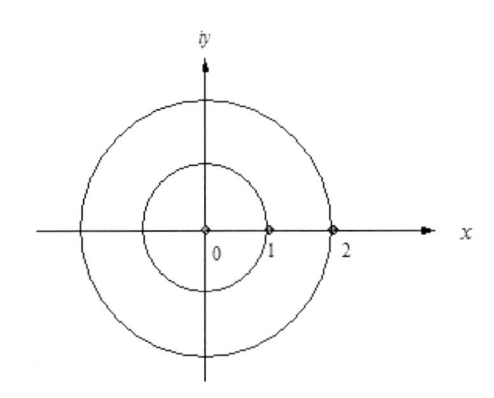

解答：

部分分式展開　　$f(z) = \dfrac{2}{z(z-1)(z-2)} = \dfrac{1}{z} - \dfrac{2}{z-1} + \dfrac{1}{z-2}$

及利用 $\dfrac{1}{1-x} = 1 + x + x^2 + \cdots$，$|x| < 1$

(a) $0 < |z| < 1$

$$f(z) = \frac{1}{z} + 2\frac{1}{1-z} - \frac{1}{2}\frac{1}{1-\dfrac{z}{2}}$$

$$f(z) = \frac{1}{z} + 2(1+z+z^2+\cdots) - \frac{1}{2}\left(1+\frac{z}{2}+\left(\frac{z}{2}\right)^2+\cdots\right)$$

收斂範圍 $|z|<1$，及 $\left|\frac{z}{2}\right|<1$，或 $|z|<2$

(b) $1<|z|<2$

$$f(z) = \frac{1}{z} + 2\frac{1}{1-z} - \frac{1}{2}\frac{1}{1-\frac{z}{2}}$$

改成

$$f(z) = \frac{1}{z} - \frac{2}{z}\frac{1}{1-\frac{1}{z}} - \frac{1}{2}\frac{1}{1-\frac{z}{2}}$$

$$f(z) = \frac{1}{z} - \frac{2}{z}\left(1+\frac{1}{z}+\left(\frac{1}{z}\right)^2+\cdots\right) - \frac{1}{2}\left(1+\frac{z}{2}+\left(\frac{z}{2}\right)^2+\cdots\right)$$

收斂範圍 $\frac{1}{z}<1$，或 $|z|>1$，及 $\left|\frac{z}{2}\right|<1$，或 $|z|<2$

(c) $2<|z|$

$$f(z) = \frac{1}{z} - \frac{2}{z-1} + \frac{1}{z-2}$$

改成

$$f(z) = \frac{1}{z} - \frac{2}{z}\frac{1}{1-\frac{1}{z}} + \frac{1}{z}\frac{1}{1-\frac{2}{z}}$$

$$f(z) = \frac{1}{z} - \frac{2}{z}\left(1 + \frac{1}{z} + \left(\frac{1}{z}\right)^2 + \cdots\right) + \frac{1}{z}\left(1 + \frac{2}{z} + \left(\frac{2}{z}\right)^2 + \cdots\right)$$

收斂範圍　　$\left|\frac{1}{z}\right| < 1$，或 $|z| > 1$，及 $\left|\frac{2}{z}\right| < 1$，或 $|z| > 2$

範例 09：綜合題

> Expand $f(z) = \dfrac{z}{(z-1)(z-2)}$ in a Laurent expansion valid for (1) $|z| < 1$ (2) $1 < |z| < 2$ (3) $|z| > 2$ (4) $|z-1| > 1$ (5) $0 < |z-1| < 1$

成大機械所

解答：

部分分式展開　　$f(z) = \dfrac{z}{(z-1)(z-2)} = \dfrac{2}{z-2} - \dfrac{1}{z-1}$

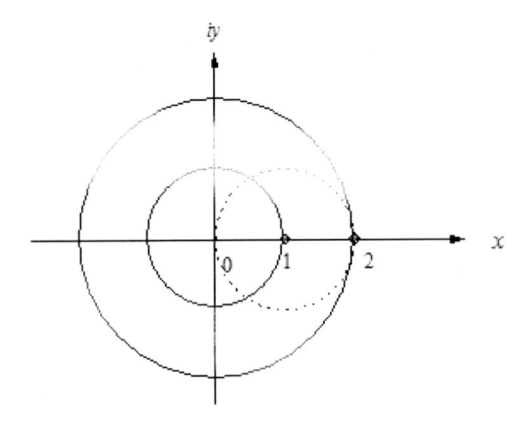

(1) $|z| < 1$

$$f(z) = \frac{1}{1-z} - \frac{1}{1-\frac{z}{2}}$$

$$f(z) = (1 + z + z^2 + \cdots) - \left(1 + \frac{z}{2} + \frac{z^2}{2^2} + \cdots\right)\text{，}|z|<1 \text{ 且 } \left|\frac{z}{2}\right| < 1$$

(2) $1 < |z| < 2$

$$f(z) = -\frac{1}{z}\left(\frac{1}{1-\frac{1}{z}}\right) - \frac{1}{1-\frac{z}{2}}$$

$$f(z) = -\frac{1}{z}\left(1 + \frac{1}{z} + \frac{1}{z^2} + \cdots\right) - \left(1 + \frac{z}{2} + \frac{z^2}{2^2} + \cdots\right) \text{ , } \left|\frac{1}{z}\right| < 1 \text{ 且 } \left|\frac{z}{2}\right| < 1$$

(3) $|z| > 2$

$$f(z) = -\frac{1}{z}\left(\frac{1}{1-\frac{1}{z}}\right) + \frac{2}{z}\left(\frac{1}{1-\frac{2}{z}}\right)$$

$$f(z) = -\frac{1}{z}\left(1 + \frac{1}{z} + \frac{1}{z^2} + \cdots\right) + \frac{2}{z}\left(1 + \frac{2}{z} + \frac{2^2}{z^2} + \cdots\right) \text{ , } \left|\frac{1}{z}\right| < 1 \text{ 且 } \left|\frac{2}{z}\right| < 1$$

(4) $|z-1| > 1$

$$f(z) = \frac{2}{z-2} - \frac{1}{z-1} = \frac{2}{z-1}\frac{1}{\left(1-\frac{1}{z-1}\right)} - \frac{1}{z-1}$$

$$f(z) = -\frac{1}{z-1} + \frac{2}{z-1}\left(1 + \frac{1}{z-1} + \frac{1}{(z-1)^2} + \cdots\right) \text{ , } \left|\frac{1}{z-1}\right| < 1$$

(5) $0 < |z-1| < 1$

$$f(z) = \frac{2}{z-2} - \frac{1}{z-1} = -2\frac{1}{1-(z-1)} - \frac{1}{z-1}$$

$$f(z) = -\frac{1}{z-1} - 2\left(1 + (z-1) + (z-1)^2 + \cdots\right) \text{ , } |z-1| < 1$$

範例 10

> 設 $f(z)=\dfrac{1}{1-z^2}$，請找出在區域 $0<|z-1|<2$ 成立的 $f(z)$ 之 Laurent series.

中央土木所

解答：

(a) 求在 $0<|z-1|<2$ 收斂之 Laurent series

部分分式展開 $\quad f(z)=\dfrac{1}{1-z^2}=\dfrac{1}{(1-z)(1+z)}=\dfrac{1}{2}\left(\dfrac{1}{1-z}+\dfrac{1}{1+z}\right)$

配方 $\quad f(z)=\dfrac{1}{2}\dfrac{1}{1-z}+\dfrac{1}{2}\left(\dfrac{1}{2+z-1}\right)$

提出 2 $\quad f(z)=\dfrac{1}{2}\dfrac{1}{1-z}+\dfrac{1}{2^2}\left(\dfrac{1}{1+\dfrac{z-1}{2}}\right)$

或 $\quad f(z)=\dfrac{1}{2}\dfrac{1}{1-z}+\dfrac{1}{2^2}\left(\dfrac{1}{1-\left(-\dfrac{z-1}{2}\right)}\right)$

已知 $\quad \dfrac{1}{1-x}=1+x+x^2+x^3+\cdots$

以 $x\sim -\dfrac{z-1}{2}$ 代入上式

得 $\quad f(z)=\dfrac{1}{2}\dfrac{1}{1-z}+\dfrac{1}{2^2}\left(1+\left(-\dfrac{z-1}{2}\right)+\left(-\dfrac{z-1}{2}\right)^2+\cdots\right)$

或

$$f(z) = \frac{1}{2}\frac{1}{1-z} + \left(\frac{1}{2^2} - \frac{1}{2^2}\left(\frac{z-1}{2}\right) + \frac{1}{2^2}\left(\frac{z-1}{2}\right)^2 + \cdots\right)$$

整理得

$$f(z) = \frac{1}{2}\frac{1}{1-z} + \frac{1}{2^2} - \frac{1}{2^3}(z-1) + \frac{1}{2^3}(z-1)^2 + \cdots$$

收斂條件為

$$\left|\frac{z-1}{2}\right| < 1 \text{ 或 } \quad |z-1| < 2$$

範例 11：複數超越函數之 Laurent 級數

(15%) Expand $\dfrac{1}{\sin z}$ about $z = 0$ in $\pi < |z| < 2\pi$

成大電機、電通、微電子所、清核科所

解答：

已知 Taylor 級數

$$\frac{1}{\sin z} = \frac{1}{z - \frac{1}{3!}z^3 + \frac{1}{5!}z^5 + \cdots} = \frac{1}{z\left(1 - \frac{1}{3!}z^2 + \frac{1}{5!}z^4 + \cdots\right)}$$

展開得級數

$$\frac{1}{\sin z} = \frac{1}{z}\left(1 + \frac{1}{3!}z^2 - \frac{14}{3!\cdot 5!}z^4 + \cdots\right), \quad \pi < |z| < 2\pi$$

或

$$\frac{1}{\sin z} = \frac{1}{z} + \frac{1}{3!}z - \frac{14}{3!\cdot 5!}z^3 + \cdots$$

範例 12

(單選題) The residue of the complex function $f(z) = \dfrac{\sin z}{z^2(z^2 + i)}$ at $z = 0$ is ? (a)

$-i$ (b) i (c) $-\dfrac{i}{2}$ (d) 0 (e) $\sqrt{-i}$

台大機械所 B

解答：(a) $-i$

$$f(z)=\frac{\sin z}{z^2\left(z^2+i\right)}=\frac{\sin z}{z^2}\cdot\frac{1}{z^2+i}$$

$$f(z)=\frac{z\left(1-\dfrac{1}{3!}z^2+\dfrac{1}{5!}z^4-+\cdots\right)}{z^2}\cdot\frac{1}{i}\cdot\frac{1}{\left(1-\left(-\dfrac{z^2}{i}\right)\right)}$$

$$f(z)=\frac{1-\dfrac{1}{3!}z^2+\dfrac{1}{5!}z^4-+\cdots}{z}\cdot\frac{1}{i}\left(1+\left(-\dfrac{z^2}{i}\right)+\left(-\dfrac{z^2}{i}\right)^2+\cdots\right)$$

整理得

$$f(z)=\frac{\sin z}{z^2\left(z^2+i\right)}=\left(\frac{1}{z}-\frac{1}{3!}z+\frac{1}{5!}z^3+\cdots+\cdots\right)\left(-i+z^2-iz^4+\cdots\right)$$

$$f(z)=\frac{\sin z}{z^2\left(z^2+i\right)}=\frac{-i}{z}+(1-i)z+\cdots$$

得殘數為 $-i$

範例 13：超越函數

Find all Taylor or Laurent series representations with center $z_0=1$, and their corresponding precise region of convergence of the function $f(z)=\dfrac{\sinh z}{(z-1)^2}$

清大光電所

解答：

$$f(z) = \frac{\sinh z}{(z-1)^2}$$

令 $x = z - 1$，$f(z) = \frac{\sinh z}{(z-1)^2} = \frac{\sinh(x+1)}{x^2} = \frac{e^{x+1} - e^{-x-1}}{2x^2}$

$$f(z) = \frac{ee^x - e^{-1}e^{-x}}{2x^2} = \frac{1}{2x^2}\left[e\left(1 + \frac{x}{1!} + \frac{x^2}{2!} + \cdots\right) - e^{-1}\left(1 - \frac{x}{1!} + \frac{x^2}{2!} - + \cdots\right)\right]$$

$$f(z) = \frac{1}{2}\left[e\left(\frac{1}{x^2} + \frac{1}{1!}\frac{1}{x} + \frac{1}{2!} + \cdots\right) - e^{-1}\left(\frac{1}{x^2} - \frac{1}{1!}\frac{1}{x} + \frac{1}{2!} - + \cdots\right)\right]$$

$$f(z) = \left[\frac{e - e^{-1}}{2}\frac{1}{x^2} + \frac{1}{1!}\frac{e + e^{-1}}{2}\frac{1}{x} + \frac{1}{2!}\frac{e - e^{-1}}{2} + \cdots\right]$$

$$f(z) = \left[\sinh 1 \frac{1}{x^2} + \frac{\cosh 1}{1!}\frac{1}{x} + \frac{\sinh 1}{2!} + \frac{\cosh 1}{1!}x + \cdots\right]$$

$$f(z) = \left[\sinh 1 \frac{1}{(z-1)^2} + \frac{\cosh 1}{1!}\frac{1}{z-1} + \frac{\sinh 1}{2!} + \frac{\cosh 1}{1!}(z-1) + \cdots\right]$$

第三節　利用 Laurent 級數定義殘數

若 $f(z)$ 在多連區域內（$0 < |z - z_0| < R$）為解析函數，且 $f(z)$ 在 z_0 為孤立奇異點，則 $f(z)$ 可以 $z = z_0$ 展開成 Lauren 級數，即

$$f(z) = \frac{a_{-n}}{(z - z_0)^n} + \frac{a_{-(n-1)}}{(z - z_0)^{n-1}} + \cdots + \frac{a_{-1}}{z - z_0} + a_0 + a_1(z - z_0) + \cdots$$

若將上式取以 $z = z_0$ 為圓心之圓 $C_0 : |z - z_0| = \rho$，對上式兩邊取圍線積分

$$\oint_{C_0} f(z)dz = \oint_{C_0} \frac{a_{-n}}{(z-z_0)^n} dz + \cdots + \oint_{C_0} \frac{a_{-1}}{z-z_0} dz + a_0 \oint_{C_0} dz + a_1 \oint_{C_0} (z-z_0)dz + \cdots$$

利用公式

$$\oint_{C_0} \frac{1}{(z-z_0)^n} dz = \begin{cases} 0; & n \neq 1 \\ 2\pi i; & n = 1 \end{cases}$$

故上式中除 $\oint_{C_0} \frac{a_{-1}}{z-z_0} dz = 2\pi i \, a_{-1}$ 外，其餘每一項積分均為 0。因此得

$$\oint_{C_0} f(z)dz = 2\pi i \, a_{-1}$$

因此綜合以上分析，欲對 $f(z)$ 進行圍線積分，只須將 $f(z)$ 之 Lauren 級數中 $\frac{1}{z-z_0}$ 項之係數 a_{-1} 求出即可，故定義此係數 a_{-1} 為殘數（Residue）

※ 定義：殘數表成

$$a_{-1} = \operatorname*{Res}_{z=z_0} f(z)$$

※ 殘數求法：

那係數 a_{-1} 如何求得，現從 Laurent 級數來討論，即

$$f(z) = \frac{a_{-n}}{(z-z_0)^n} + \frac{a_{-(n-1)}}{(z-z_0)^{n-1}} + \cdots + \frac{a_{-1}}{z-z_0} + a_0 + a_1(z-z_0) + \cdots$$

將上式兩邊成上 $(z-z_0)^n$，得

$$(z-z_0)^n f(z) = a_{-n} + a_{-(n-1)} + \cdots + a_{-1}(z-z_0)^{n-1} + a_0(z-z_0)^n + \cdots$$

再微分 n-1 次，得

$$D^{n-1}\left[(z-z_0)^n f(z)\right] = (n-1)! a_{-1} + a_0 n \cdot (n-1) \cdots 2 \cdot (z-z_0) + \cdots$$

再取極限

$$\lim_{z \to z_0} \{D^{n-1}[(z-z_0)^n f(z)]\} = (n-1)! a_{-1}$$

或

$$a_{-1} = \frac{1}{(n-1)!} \lim_{z \to z_0} \{D^{n-1}[(z-z_0)^n f(z)]\}$$

上式又表成符號

$$\operatorname*{Res}_{z=z_0} f(z) = \frac{1}{(n-1)!} \lim_{z \to z_0} \{D^{n-1}[(z-z_0)^n f(z)]\}$$

上式計算式中，需要先求對 n 值，此 n 值為 $f(z)$ 之 Lauren 級數中最高負冪次方，或稱為極點 $z = z_0$ 之階數。

範例 14：Laurent 級數法求殘數

The residue of the complex function $f(z) = (z+2)e^{\frac{1}{z}}$ at $z = 0$ is
(a) $\frac{5}{2}$ (b) 1 (c) $\frac{1}{2}$ (d) 0 (e) πi

台大工數 B

解答：(a) $\frac{5}{2}$

$$f(z) = (z+2)e^{\frac{1}{z}} = (z+2)\left(1 + \frac{1}{z} + \frac{1}{2!}\frac{1}{z^2} + \cdots\right)$$

乘開得

$$f(z) = z + 3 + \frac{5}{2}\frac{1}{z} + \cdots$$

則得 $\frac{1}{z}$ 項之係數 $\frac{5}{2}$ 為殘數。

範例 15

Use a Laurent series to find the indicated residue

$$f(z) = \frac{e^{-z}}{(z-2)^2} \quad ; \quad \text{Re}\,s(f(z), 2)$$

by the residue integration method.

中央機械所工數甲乙丙

解答：

利用求殘數公式，因為 $z = 2$ 為二階異點，因分母含 $(z-2)^2$，得

$$r_2 = \frac{1}{1!}\lim_{z \to 2} D\left[(z-2)^2 \frac{e^{-z}}{(z-2)^2}\right] = \lim_{z \to 2} D\left[e^{-z}\right] = \lim_{z \to 2}\left(-e^{-z}\right) = -e^{-2}$$

範例 16

What is the residue at the $z = 0$ of the function $\dfrac{\cot z}{z^4}$

中山機電、中央機械所

解答：

Lauren 級數展開

$$\frac{\cot z}{z^4} = \frac{1}{z^4}\frac{\cos z}{\sin z} = \frac{1}{z^4}\frac{1 - \frac{1}{2!}z^2 + \cdots}{z - \frac{1}{3!}z^3 + \frac{1}{5!}z^5 - + \cdots}$$

得

$$\frac{\cot z}{z^4} = \frac{1}{z^5}\frac{1 - \frac{1}{2!}z^2 + \cdots}{1 - \frac{1}{3!}z^2 + \frac{1}{5!}z^4 - + \cdots}$$

或

$$\frac{\cot z}{z^4} = \frac{1}{z^5}\left(1 - \frac{1}{3}z^2 - \frac{1}{45}z^4 + \cdots\right)$$

或
$$\frac{\cot z}{z^4} = \frac{1}{z^5} - \frac{1}{3}\frac{1}{z^3} - \frac{1}{45}\frac{1}{z} + \cdots$$

殘數為 $\frac{1}{z}$ 項之係數 $\operatorname*{Res}_{z=0}\left(\frac{\cot z}{z^4}\right) = -\frac{1}{45}$

範例 17

Find the residue at $z = 0$ of $z^{-3}\csc(z^2)$

淡大電機所

解答：

$$z^{-3}\csc(z^2) = \frac{1}{z^3 \sin(z^2)} = \frac{1}{z^3}\left(\frac{1}{(z^2) - \frac{1}{3!}(z^2)^3 + \cdots}\right)$$

$$z^{-3}\csc(z^2) = \frac{1}{z^3}\left(\frac{1}{z^2 - \frac{1}{3!}z^6 + \cdots}\right)$$

$$z^{-3}\csc(z^2) = \frac{1}{z^5}\left(\frac{1}{1 - \frac{1}{3!}z^4 + \cdots}\right) = \frac{1}{z^5}\left(1 + \frac{1}{3!}z^4 + \cdots\right)$$

$$z^{-3}\csc(z^2) = \frac{1}{z^5} + \frac{1}{3!}\frac{1}{z} + \cdots$$

得殘數為 $\frac{1}{z}$ 項之係數 $r_0 = \frac{1}{3!}$

範例 18

What is the residue at the $z=0$ of the function $\dfrac{\sinh z}{z^4(1-z^2)}$

中山機電、中央機械所

解答：

Lauren 級數展開
$$\frac{\sinh z}{z^4(1-z^2)} = \frac{1}{z^4}(\sinh z) \cdot \frac{1}{1-z^2}$$

其中
$$\sinh z = \frac{1}{2}(e^z - e^{-z}) = z + \frac{1}{3!}z^3 + \frac{1}{5!}z^5 + \cdots$$

及
$$\frac{1}{1-z^2} = 1 + z^2 + z^4 + \cdots$$

代入得
$$\frac{\sinh z}{z^4(1-z^2)} = \frac{1}{z^4}\left(z + \frac{1}{3!}z^3 + \frac{1}{5!}z^5 + \cdots\right) \cdot (1 + z^2 + z^4 + \cdots)$$

整理得
$$\frac{\sinh z}{z^4(1-z^2)} = \frac{1}{z^4}\left(z + \left(\frac{1}{3!}+1\right)z^3 + \cdots\right)$$

或
$$\frac{\sinh z}{z^4(1-z^2)} = \frac{1}{z^3} + \frac{7}{6}\frac{1}{z} + \cdots$$

殘數為 $\dfrac{1}{z}$ 項之係數
$$\operatorname*{Res}_{z=0}\left(\frac{\sinh z}{z^4(1-z^2)}\right) = \frac{7}{6}$$

範例 19

（3%）The residue of the complex function $f(z) = \dfrac{\sin z}{z(z+i)^2}$ at $z=-i$ is (a) $i\cos i - \sin i$ (b) $-i\sin i$ (c) $-i\cos i + \sin i$ (d) 0 (e) $\dfrac{i\cos i - \sin i}{2}$

台大機械所 B

解答：(a) $i\cos i - \sin i$

$z = 0$ 為一階極點。$z = -i$ 為二階極點。

$z = -i$ 之殘數，可利用公式，得

$$r_{-i} = \lim_{z \to -i} D\left[(z+i)^2 \frac{\sin z}{z(z+i)^2}\right] = \lim_{z \to -i} D\left[\frac{\sin z}{z}\right]$$

得

$$r_{-i} = \lim_{z \to -i}\left[\frac{\cos z}{z} - \frac{\sin z}{z^2}\right] = \frac{\cos(-i)}{-i} - \frac{\sin(-i)}{(-i)^2}$$

整理得

$$r_{-i} = \frac{\cos(i)}{-i} + \frac{\sin(i)}{i^2} = \frac{i\cos(i)}{1} - \frac{\sin(i)}{1} = i\cos(i) - \sin(i)$$

範例 20：公式法求殘數

What is the residue of $f(z) = \dfrac{e^{iz}}{1+z^2}$ at the origin

北科大土木所

解答：

令分母為 0　　　　$1 + z^2 = 0$

得　　　　　　　　$z = i$ 及 $z = -i$，兩個一階極點。

故得原點 $z = 0$ 為解析點

即在原點 $z = 0$ 之殘數為 0

【註】

在原點 $z = i$ 之殘數為 $\operatorname*{Res}_{z=i} f(z) = \operatorname*{Res}_{z=i}\dfrac{P(z)}{Q(z)} = \operatorname*{Res}_{z=i}\dfrac{P(z)}{Q'(z)} = \lim_{z \to i}\dfrac{e^{iz}}{2z} = \dfrac{e^{-1}}{2i}$

在原點 $z=-i$ 之殘數為 $\operatorname*{Res}_{z=-i}f(z)=\operatorname*{Res}_{z=-i}\dfrac{P(z)}{Q'(z)}=\lim\limits_{z\to -i}\dfrac{e^{iz}}{2z}=\dfrac{e^{1}}{-2i}=i\dfrac{e}{2}$

範例 21 Lauren 級數法求殘數

What is the residue of $f(z)=\dfrac{1+z}{1-\cos z}$ at the origin

台科大電子所

解答：

【方法一】

令分母為 0 　　　　$1-\cos z=0$，或 $\cos z=1$

得極點　　　　　　及 $z=2n\pi$，$n=0,\pm 1,\pm 2,\cdots$，為一階極點。

其中極點 $z=0$ 為二階極點，因

$$\lim_{z\to 0}z^{2}\dfrac{1+z}{1-\cos z}=\lim_{z\to 0}\dfrac{2z+3z^{2}}{\sin z}=\lim_{z\to 0}\dfrac{2+6z}{\cos z}=2\neq 0$$

在原點 $z=0$ 之殘數為

$$\operatorname*{Res}_{z=0}f(z)=\lim_{z\to 0}D\left(z^{2}\dfrac{1+z}{1-\cos z}\right)=\lim_{z\to 0}D\left(\dfrac{z^{2}+z^{3}}{1-\cos z}\right)$$

或

$$\operatorname*{Res}_{z=0}f(z)=\lim_{z\to 0}\left(\dfrac{(2z+3z^{2})(1-\cos z)-(z^{2}+z^{3})\sin z}{(1-\cos z)^{2}}\right)$$

得

$$\operatorname*{Res}_{z=0}f(z)=\lim_{z\to 0}\left(\dfrac{(2z+3z^{2})(1-\cos z)-(z^{2}+z^{3})\sin z}{z^{4}}\cdot\dfrac{z^{4}}{(1-\cos z)^{2}}\right)$$

分成兩組極限，第一組消去 z

$$\operatorname*{Res}_{z=0} f(z) = \lim_{z \to 0} \frac{(2+3z)(1-\cos z)-(z+z^2)\sin z}{z^3} \cdot \left(\lim_{z \to 0} \frac{z^2}{1-\cos z} \right)^2$$

分別羅必達法則

$$\operatorname*{Res}_{z=0} f(z) = \lim_{z \to 0} \frac{3+(1+z)\sin z-(3+z+z^2)\cos z}{3z^2} \cdot (2^2)$$

$$\operatorname*{Res}_{z=0} f(z) = \lim_{z \to 0} \frac{3+(1+z)\sin z-(3+z+z^2)\cos z}{3z^2} \cdot (2^2)$$

再羅必達法則

$$\operatorname*{Res}_{z=0} f(z) = 4 \cdot \lim_{z \to 0} \frac{-z\cos z + (4+z+z^2)\sin z}{6z}$$

再羅必達法則

$$\operatorname*{Res}_{z=0} f(z) = 4 \cdot \lim_{z \to 0} \frac{(1+3z)\sin z + (3+z+z^2)\cos z}{6} = 2$$

【方法二】(較簡捷)

Lauren 級數展開

$$f(z) = \frac{1+z}{1-\cos z} = \frac{1+z}{\frac{1}{2!}z^2 - \frac{1}{4!}z^4 + - \cdots}$$

除開得 $\quad f(z) = \frac{2}{z^2} \frac{1+z}{\left(1-\frac{1}{12}z^2 + -\cdots\right)} = \frac{2}{z^2}\left(1+z+\frac{1}{12}z^2+\cdots\right)$

或　　$f(z) = \dfrac{2}{z^2} + \dfrac{2}{z} + \dfrac{1}{6} + \cdots$

得在原點 $z = 0$ 之殘數為 2

第四節　　奇異點之分類

※ 可微分點之定義：

　　　若 $f'(z_0)$ 存在，則稱 $f(z)$ 在 z_0 為可微分

※ 解析點之定義：

　　　「若 $f(z)$ 在 z_0 為可微分且在 z_0 之某一鄰近區間 $(|z - z_0| < \delta)$ 內每一點都可微分，則稱 $f(z)$ 在 z_0 為可解析。」

※ 奇異點之定義：

　　　「若 $f(z)$ 在 z_0 為不可解析，且在 z_0 之每一鄰近區間內都有可解析之點存在，則稱 z_0 為 $f(z)$ 之奇異點。」

※ 奇異點之類型：

滿足上述定義之奇異點，又可根據其特性分成下列兩種：

1. 孤立奇異點（Isolated Singular Point）：

　　　「若 $f(z)$ 在 z_0 為不可解析，但在 z_0 之某一鄰近區間內 $0 < |z - z_0| < \delta$ 每一點都可解析，則稱 $f(z)$ 在 z_0 為孤立奇異點。」

2. 非孤立奇異點（Isolated Singular Point）：

　　　「若 $f(z)$ 在 z_0 為奇異點，且在 z_0 之每一鄰近區間內 $0 < |z - z_0| < \delta$，仍有其他奇異點存在，如分支線（Branch Line）。

第五節　　奇異點之分類(一)孤立奇異點或極點之種類

孤立奇異點又稱極點（Pole），每一極點都具有奇異性，而奇異性之大小，可利用階數來描述，定義如下：

※ 極點階數定義：

已知 z_0 為 $f(z)$ 孤立奇異點或極點，若存在一正數 $n \in N$，（N 為自然數），使極限值 $\lim\limits_{n \to \infty}(z - z_0)^n f(z) = l$ 存在且 $l \neq 0$，$l \neq \infty$，則稱 z_0 為 $f(z)$ 之 n 階極點。

※ 極點階數之計算法 (一)：

$\lim\limits_{n \to \infty}(z - z_0)^n f(z) = l$，其中 $l \neq 0$，$l \neq \infty$。

※ 極點階數之計算法 (二)：

已知 z_0 為 $f(z)$ 孤立奇異點或極點，若將 $f(z)$ 在 z_0 展開成 Lauren 級數，即

$$f(z) = \frac{a_{-n}}{(z - z_0)^n} + \frac{a_{-(n-1)}}{(z - z_0)^{n-1}} + \cdots + \frac{a_{-1}}{z - z_0} + a_0 + a_1(z - z_0) + \cdots$$

上式最高負冪次方 n，即為 z_0 為 $f(z)$ 之 n 階極點。

※ 本質奇異點（Essential Singular Point）定義：

已知 z_0 為 $f(z)$ 孤立奇異點或極點，且為 ∞ 階極點，則稱 z_0 為 $f(z)$ 之本質奇異點。

例：

$$f(z) = e^{\frac{1}{z}} = 1 + \frac{1}{1!}\left(\frac{1}{z}\right) + \frac{1}{2!}\left(\frac{1}{z}\right)^2 + \frac{1}{3!}\left(\frac{1}{z}\right)^3 + \cdots$$

上式最高負冪次方 n 為 ∞。

※ 可移去之奇異點（Removable Singular Point）定義：

已知 z_0 為 $f(z)$ 孤立奇異點或極點，且為 0 階極點，則稱 z_0 為 $f(z)$ 之可移去之奇異點。

例：

$$f(z) = \frac{\sin z}{z} = \frac{1}{z}\left(z - \frac{1}{3!}z^3 + \frac{1}{5!}z^5 + \cdots\right) = 1 - \frac{1}{3!}z^2 + \frac{1}{5!}z^4 + \cdots$$

上式最高負冪次方 n 為 0。

第六節　　奇異點之分類(二)無窮遠處之極點

若 $f(z)$ 在區間……之孤立奇異點或稱無窮遠之極點。

※ 無窮遠之極點判定法如下：

令 $z = \frac{1}{\xi}$，代入得 $f(z) = f\left(\frac{1}{\xi}\right) = g(\xi)$，現直接對 $g(\xi)$ 判定，若 $\xi = 0$ 為極點（或 $g(\xi)$ 在區間 $0 < |\xi| < \frac{1}{R}$ 內解析），則稱 $f(z)$ 在 $z = \infty$ 處為無窮遠之極點。

【分析】

1. 任何函數都以無窮遠處為奇異點，只是為孤立或非孤立奇異點而已。
2. 若 $g(\xi)$ 對 $\xi = 0$ 為可移去之奇異點，則稱 $f(z)$ 在 $z = \infty$ 處為可移去之奇

異點。

3. 若 $g(\xi)$ 對 $\xi = 0$ 為 n 階極點，則稱 $f(z)$ 在 $z = \infty$ 處為 n 階極點。
4. 若 $g(\xi)$ 對 $\xi = 0$ 為本質奇異點，則稱 $f(z)$ 在 $z = \infty$ 處為本質奇異點。

範例 22 孤立奇異點

(15%) What is the order of the pole at $z = 0$ of the following function? Why?
$$f(z) = \frac{1}{\left(2\cos z - 2 + z^2\right)^2}$$

成大微電子所

解答：

化成 Laurent 級數，得最高負冪次方

$$f(z) = \frac{1}{\left(2\cos z - 2 + z^2\right)^2} = \frac{1}{\left(2\left(1 - \frac{1}{2!}z^2 + \frac{1}{4!}z^4 - +\cdots\right) - 2 + z^2\right)^2}$$

$$f(z) = \frac{1}{\left(\frac{1}{4!}z^4 - \frac{1}{6!}z^6 + \cdots\right)^2} = \frac{1}{z^8\left(\frac{1}{4!} - \frac{1}{6!}z^2 + \cdots\right)^2}$$

$z = 0$ 為 8 階極點

範例 23

What type of singular point of $f(z) = \dfrac{z^2 + 1}{z^2(z-1)}$

解答：

令分母為 0　$z^2(z-1) = 0$，得 $z = 0$，$z = 1$ 為極點。

當 $z = 0$ $\lim\limits_{z \to 0} z^2 f(z) = \lim\limits_{z \to 0} z^2 \dfrac{z^2+1}{z^2(z-1)} = \lim\limits_{z \to 0} \dfrac{z^2+1}{(z-1)} = -1 \neq 0$

故得　　$z = 0$ 為 2 階極點

當 $z = 1$ $\lim\limits_{z \to 1}(z-1)f(z) = \lim\limits_{z \to 1}(z-1)\dfrac{z^2+1}{z^2(z-1)} = \lim\limits_{z \to 1}\dfrac{z^2+1}{z^2} = 2 \neq 0$

故得　　$z = 0$ 為 1 階極點

範例 24

Let $f(z) = \dfrac{\sin z}{z^2(z^2-4)}$ be a complex function. (1) Find all the poles of $f(z)$ and classify their orders. (2) Evaluate the residue at each pole of $f(z)$.

台大機械所

解答：

令分母為 0　　$z^2(z^2-4) = 0$，得 $z = 0$，$z = 2$，$z = -2$ 三個極點。

當 $z = 0$ $\lim\limits_{z \to 0} zf(z) = \lim\limits_{z \to 0} z \dfrac{\sin z}{z^2(z^2-4)} = \lim\limits_{z \to 0} \dfrac{\sin z}{z(z^2-4)}$

羅必達法則　原式 $= \lim\limits_{z \to 0} \dfrac{\cos z}{3z^2-4} = -\dfrac{1}{4} \neq 0$

故得 $z = 0$ 為一階極點，殘數為 $-\dfrac{1}{4}$

當 $z = 2$ $\lim\limits_{z \to 2}(z-2)f(z) = \lim\limits_{z \to 2}(z-2)\dfrac{\sin z}{z^2(z-2)(z+2)}$

得 $\lim\limits_{z \to 2}(z-2)f(z) = \lim\limits_{z \to 2}\dfrac{\sin z}{z^2(z+2)} = \dfrac{\sin 2}{16} \neq 0$

故得 $z = 2$ 為一階極點，殘數為 $\dfrac{\sin 2}{16}$

當 $z=-2$ $\lim_{z\to -2}(z+2)f(z)=\lim_{z\to -2}(z+2)\dfrac{\sin z}{z^2(z^2-4)}$

得 $\lim_{z\to -2}(z+2)f(z)=\lim_{z\to -2}\dfrac{\sin z}{z^2(z-2)}=\dfrac{\sin 2}{16}\neq 0$

故得 $z=-2$ 為一階極點，殘數為 $\dfrac{\sin 2}{16}$

範例 25 本質奇異點(為無窮階之極點)

> Is the complex function $f(z)=z\sin\left(\dfrac{1}{z}\right)$ analytic at $z=0$? If not, what type of the singularity is it?

台大機械所

解答：

已知 $$f(z)=z\sin\left(\dfrac{1}{z}\right)$$

展開成級數 $$f(z)=z\left(\dfrac{1}{z}-\dfrac{1}{3!}\dfrac{1}{z^3}+\dfrac{1}{5!}\dfrac{1}{z^5}-+\cdots\right)$$

或 $$f(z)=1-\dfrac{1}{3!}\dfrac{1}{z^2}+\dfrac{1}{5!}\dfrac{1}{z^4}-+\cdots$$

故 $z=0$ 為本質奇異點。

範例 26

> Find all the isolated singularities of $f(z)=\dfrac{z(z-\pi)^2}{\sin^2 z}e^{\frac{1}{z-1}}$. In the case of a pole, state the order of the pole?

交大光電所

解答：

(1) 因含 $e^{\frac{1}{z-1}}$ 項，得 $z=1$ 為本奇異點

(2) 分母為 0，$\sin^2 z = 0$，得極點 $z = n\pi$，$n = 0, \pm 1, \pm 2, \cdots$

其中(i) $z = 0$ 為一階極點

因為 $\displaystyle\lim_{z \to 0} z f(z) = \lim_{z \to 0} \frac{z^2}{\sin^2 z}(z-\pi)^2 e^{\frac{1}{z-1}} = \pi^2 e^{-1} \neq 0$

其中 (ii) $z = \pi$ 為 0 階極點或可移去之極點。

因為 $\displaystyle\lim_{z \to \pi} f(z) = \lim_{z \to \pi} \left(\frac{z-\pi}{\sin z}\right)^2 z^2 e^{\frac{1}{z-1}} = \pi^2 e^{\frac{1}{\pi-1}} \neq 0$

(iii) $z = n\pi$，$n \neq 0, 1$ 為二階極點。

因為 $\displaystyle\lim_{z \to 0}(z - n\pi)^2 f(z) = \lim_{z \to 0}\left(\frac{z-n\pi}{\sin z}\right)^2 (z-\pi)^2 z^2 e^{\frac{1}{z-1}}$

$\displaystyle\lim_{z \to 0}(z - n\pi)^2 f(z) = (n-1)^2 n^2 \pi^4 e^{\frac{1}{n\pi-1}} \neq 0$

範例 27：可移去之極點(為 0 階之極點)

Identity and characterize the singularities of (1) $f(z) = \dfrac{z}{\sin z}$ (2) $f(z) = \dfrac{\sin z}{z}$.

成大土木所

解答：

(1) $f(z) = \dfrac{z}{\sin z}$

已知 $\sin z = 0$，得 $z = 0, \pm\pi, \pm 2\pi, \pm 3\pi, \cdots$

當 $z = 0$ $\quad \lim\limits_{z \to 0} \dfrac{z}{\sin z} = 1 \neq 0$

故得 $\quad z = 0$ 為可移去奇異點

當 $z = 0, \pm\pi, \pm 2\pi, \pm 3\pi, \cdots$ $\lim\limits_{z \to n\pi}(z - n\pi)\dfrac{z}{\sin z} = \lim\limits_{z \to n\pi}\dfrac{2z - n\pi}{\cos z} = \dfrac{n\pi}{(-1)^n} \neq 0$

故 $z = 0, \pm\pi, \pm 2\pi, \pm 3\pi, \cdots$，都為一階極點。

(2) $f(z) = \dfrac{\sin z}{z}$

Taylor 級數展開 $\quad f(z) = \dfrac{\sin z}{z} = \dfrac{z - \dfrac{z^3}{3!} + \dfrac{z^5}{5!} - + \cdots}{z}$

得 $\quad f(z) = 1 - \dfrac{z^2}{3!} + \dfrac{z^4}{5!} - + \cdots$

得 $\quad z = 0$ 為可移去奇異點。

範例 28

What type of singular point of $f(z) = \dfrac{z - \sin z}{z^3}$

解答：

令分母為 0 $\quad z^3 = 0$，得 $z = 0$ 極點

當 $z = 0$ $\quad \lim\limits_{z \to 0} f(z) = \lim\limits_{z \to 0} \dfrac{z - \sin z}{z^3} = \lim\limits_{z \to 0}\dfrac{1 - \cos z}{3z^2} = \lim\limits_{z \to 0}\dfrac{\sin z}{6z} = \dfrac{1}{6} \neq 0$

故得 $\quad z = 0$ 為 0 階極點，或為可移去奇異點（0 階極點）

範例 29：無窮遠處之極點

> What type of singular point of $f(z) = \dfrac{1}{\sin\dfrac{1}{z}}$

解答：

(1) 令分母為 0　$\sin\dfrac{1}{z} = 0$，得 $\dfrac{1}{z} = n\pi$，或 $z = \dfrac{1}{n\pi}$，$n = 0, \pm 1, \pm 2, \cdots$

當 $z = \dfrac{1}{n\pi}$　$\lim\limits_{z \to \frac{1}{n\pi}} \left(z - \dfrac{1}{n\pi} \right) f(z) = \lim\limits_{z \to \frac{1}{n\pi}} \left(z - \dfrac{1}{n\pi} \right) \dfrac{1}{\sin\dfrac{1}{z}}$

羅必達法則　$\lim\limits_{z \to \frac{1}{n\pi}} \left(z - \dfrac{1}{n\pi} \right) f(z) = \lim\limits_{z \to \frac{1}{n\pi}} \dfrac{1}{\cos\dfrac{1}{z} \cdot \left(-\dfrac{1}{z^2} \right)} = \lim\limits_{z \to \frac{1}{n\pi}} \dfrac{1}{(-1)^n \cdot (-n^2 \pi^2)} \neq 0$

故得　$z = \dfrac{1}{n\pi}$ 為一階極點

(2) 令 $z = \dfrac{1}{\xi}$，代入得 $f(z) = \dfrac{1}{\sin\dfrac{1}{z}} = \dfrac{1}{\sin \xi}$

現直接對 $f(\xi) = \dfrac{1}{\sin \xi}$ 判定

令分母為 0　　$\sin \xi = 0$，得 $\xi = n\pi$，$n = 0, \pm 1, \pm 2, \cdots$

當 $\xi = 0$　$\lim\limits_{\xi \to 0} \left(\xi \dfrac{1}{\sin \xi} \right) = \lim\limits_{\xi \to 0} \left(\dfrac{\xi}{\sin \xi} \right) = 1$ 為一階極點。

故得　　　　$f(z)$ 在 $z = \infty$ 處為一階極點。

範例 30：分支點

For the function $f(z)$ is given as $f(z) = \dfrac{1}{z^2+z+1} \ln\left(\dfrac{z-i}{z+i}\right)$.
identify all singularities of $f(z)$ and specify their type?

成大微機電所、 中山應數所

解答：

已知　　$f(z) = \dfrac{1}{z^2+z+1} \ln\left(\dfrac{z-i}{z+i}\right)$

(1) 令 $\ln(\ )$ 內為零，得 $z - i = 0$ 與 $z + i = 0$

得　　　　　　　$z = i$ 及 $z = -i$ 為分支點 (Branch Point)

(2) 分母為 0　　$z^2 + z + 1 = 0$，得一階極點 $z = \dfrac{-1 \pm \sqrt{3}i}{2}$

考題集錦

1. Write down true or false to the following statements：

   The complex function $\dfrac{1}{z(z^2+9)}$ has a Taylor series expansion about the point $z = 2i$ valid in an annulus $0 < |z| < 3$

   年台大機械所 B

2. 考慮複變函數 $f(z) = \dfrac{1}{(i+1-z)(z-i-2)}$，$z = x + iy$，以 $z = i$ 為中心作展開

   可得出 Laurent series 表示式 $f(z) = \sum\limits_{n=-\infty}^{\infty} c_n (z-i)^n$。若此 series 的收斂區間

為 $1<|z-i|<2$，請計算出 series 中的係數 C_2 和 C_{-2} 的數值。

中央土木所甲丙

3. Expansion $\dfrac{1}{1+z}$ in a Taylor series centered at $-2i$ and determine the radius of convergence.

成大工科所

4. 設 $f(z)=\dfrac{1}{1-z^2}$，請找出下列區域成立的 $f(z)$ 的 Taylor series 和 Laurent series. (a) $|z|<1$ (b) for $1<|z|<2$

中央土木所

5. Find the Laurent expansion of the complex function $f(z)=\dfrac{z+1}{z^2+4}$ about the point $z=2i$.

台大機械所

6. Consider $\dfrac{1}{z^4-z^5}$, with the complex variable $z=x+iy$. (a) Write the Laurent series expansions respectively for the two different regions $0<|z|<1$ and $|z|>1$. (b) Calculate $\oint_C \dfrac{1}{z^4-z^5}dz$ where C is the circle of $|z|=\dfrac{1}{2}$（Counterclockwise）.

清大動機所

7. Represent the function $f(z)=\dfrac{z}{(z-1)(z-3)}$ by its Laurent series for the regions $0<|z-1|<2$.

中正電機所

8. (1) Show that $\dfrac{\cos z}{z^2+1}$ the singular point $z=i$ of the function is pole. Determine

the order m of the pole and the corresponding residue.

交大機械所

9. What is the residue at the $z = 0$ of the function $\dfrac{z - \sin z}{z}$

中央機械所

10. 求複變函數 $f(z) = \dfrac{1 - e^{2z}}{z^4}$ 之極點與殘數

成大機械所

11. What type of singular point of $\tan\left(\dfrac{1}{z+1}\right)$

清大動機所

12. What type of singular point of $f(z) = \dfrac{1}{z^3} + \dfrac{1}{z^4} + \dfrac{1}{z^5} + \cdots$ at $z = 0$

第三十五章
殘數定理

第一節　殘數定理

若 $f(z)$ 在單連區域內除 z_0 為一階孤立奇異點外，都為解析函數，則以 $z=z_0$ 為中心展開之 Laurent 級數，為

$$f(z) = \frac{a_{-1}}{z-z_0} + a_0 + a_1(z-z_0) + a_2(z-z_0)^2 + \cdots \qquad (1)$$

取含 z_0 在內部之圍線 C，作圍線積分，得

$$\oint_C f(z)dz = \oint_C \frac{a_{-1}}{z-z_0}dz + \oint_C a_0 dz + \oint_C a_1(z-z_0)dz + \oint_C a_2(z-z_0)^2 dz + \cdots$$

利用直接積分，可得

$$\oint_C f(z)dz = 2\pi i \cdot a_{-1} + 0 + 0 + 0 + \cdots$$

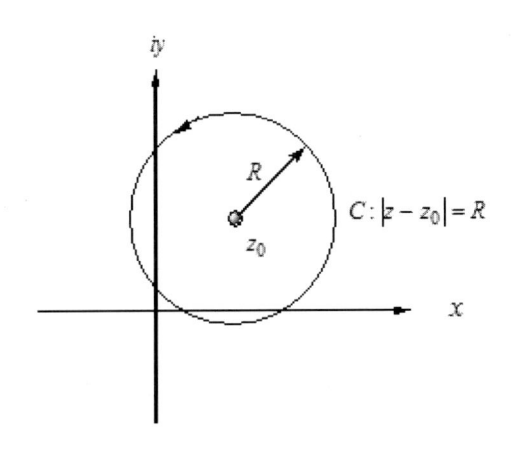

若 $f(z)$ 在單連區域內除 z_0 為 n 階孤立奇異點外，都為解析函數，則以 $z = z_0$ 為中心展開之 Laurent 級數，為

$$f(z) = \frac{a_{-n}}{(z-z_0)^n} + \cdots + \frac{a_{-1}}{z-z_0} + a_0 + a_1(z-z_0) + a_2(z-z_0)^2 + \cdots \qquad (2)$$

取含 z_0 在內部之圍線 C，作圍線積分，得

$$\oint_C f(z)dz = \oint_C \frac{a_{-n}}{(z-z_0)^n} dz + \cdots + \oint_C \frac{a_{-1}}{z-z_0} dz + \oint_C a_0 dz + \oint_C a_1(z-z_0)dz + \cdots$$

利用直接積分，可得

$$\oint_C f(z)dz = 0 + \cdots + 2\pi i \cdot a_{-1} + 0 + 0 + 0 + \cdots$$

亦即，上式級數中，只有 $\dfrac{1}{z-z_0}$ 項積分不會等於 0，故得殘數定理

$$\oint_C f(z)dz = 2\pi i \cdot a_{-1}$$

或

$$\oint_{C_0} f(z)dz = 2\pi i\, a_{-1} = 2\pi i \operatorname*{Res}_{z=z_0} f(z)$$

第二節　　殘數定理（Lauren 級數法）

若 $f(z)$ 在多連區域內（$0 < |z-z_0| < R$）為解析函數，且 $f(z)$ 只有在 z_0 為孤立奇異點，則以 $z = z_0$ 為圓心之圓 $C_0 : |z-z_0| = \rho$，對圍線積分

$$\oint_{C_0} f(z)dz = 2\pi i\, a_{-1} = 2\pi i \operatorname*{Res}_{z=z_0} f(z)$$

上式可利用圍線變形原理，若將圓 $C_0: |z-z_0| = \rho$ 延伸至任意封閉曲線 C，則下式圍線積分得

$$\oint_C f(z)dz = 2\pi i\, a_{-1} = 2\pi i \operatorname*{Res}_{z=z_0} f(z)$$

【分析】

若 $f(z)$ 在任意封閉曲線單連區域 C 內，每一點都是解析，則

$$\oint_C f(z)dz = 0$$

依此類推，若 $f(z)$ 在多連區域內除 $z_1; z_2; \cdots; z_n$ 外為解析函數，此多連區域之封閉邊界線為 C，對圍線積分值為區域內所有殘數和，再乘上 $2\pi i$，即

$$\oint_C f(z)dz = 2\pi i\left(\operatorname*{Res}_{z=z_1} f(z) + \operatorname*{Res}_{z=z_2} f(z) + \cdots + \operatorname*{Res}_{z=z_n} f(z)\right)$$

上式稱之為殘數定理（Residue Theorem）。

※ 殘數定理（1 階極點）：

殘數定理可由 Cauchy 定理推導求得，已知

$$f(z_0) = \frac{1}{2\pi i}\oint_C \frac{f(z)}{z-z_0} dz$$

或

$$\oint_C \frac{f(z)}{z-z_0} dz = 2\pi i\, f(z_0)$$

其中，$f(z)$ 在圍線 C 內為解析函數。

令 $f^*(z) \sim \dfrac{f(z)}{z-z_0}$ 取代，即 $(z-z_0)f^*(z) \sim f(z)$

$$f(z_0) = \lim_{z \to z_0}(z-z_0)f^*(z)$$

代入上式得

$$\oint_C \frac{f(z)}{z-z_0}dz = \oint_C f^*(z)dz = 2\pi i\, f(z_0) = 2\pi i \lim_{z \to z_0}(z-z_0)f^*(z)$$

或

$$\oint_C f^*(z)dz = 2\pi i \lim_{z \to z_0}(z-z_0)f^*(z) = 2\pi i \operatorname*{Res}_{z=z_0} f^*(z)$$

其中 $\operatorname*{Res}\limits_{z=z_0} f^*(z) = \lim\limits_{z \to z_0}(z-z_0)f^*(z)$ 為一階極點之殘數。

※ 殘數定理（n 階極點）

若 Cauchy 定理通式為

$$f^{(m)}(z_0) = \frac{m!}{2\pi i}\oint_C \frac{f(z)}{(z-z_0)^{m+1}}dz$$

其中，$f(z)$ 在圍線 C 內為解析函數。
令 $m = n-1$，代入上式，得

$$f^{(n-1)}(z_0) = \frac{(n-1)!}{2\pi i}\oint_C \frac{f(z)}{(z-z_0)^n}dz$$

移項，得

$$\oint_C \frac{f(z)}{(z-z_0)^n}dz = \frac{2\pi i}{(n-1)!}f^{(n-1)}(z_0)$$

令 $f*(z) \sim \dfrac{f(z)}{(z-z_0)^n}$ 取代，即 $(z-z_0)^n f*(z) \sim f(z)$

$$f^{(n-1)}(z_0) = \lim_{z \to z_0} \left\{ D^{n-1} \left[(z-z_0)^n f*(z) \right] \right\}$$

代入原式得

$$\oint_C f*(z)dz = \frac{2\pi i}{(n-1)!} \lim_{z \to z_0} \left\{ D^{n-1} \left[(z-z_0)^n f*(z) \right] \right\}$$

其中 $\operatorname*{Res}\limits_{z=z_0} f*(z) = \dfrac{1}{(n-1)!} \lim\limits_{z \to z_0} \left\{ D^{n-1} \left[(z-z_0)^n f*(z) \right] \right\}$ 為 n 階極點之殘數。

※ 殘數定理（含多個極點）

綜合上述，若 $f(z)$ 在多連區域內除 $z_1; z_2; \cdots; z_n$，n 個極點外為解析函數，此多連區域之封閉邊界線為 C，對圍線積分值為區域內所有殘數和，再乘上 $2\pi i$，即

$$\oint_C f(z)dz = 2\pi i \left(\operatorname*{Res}_{z=z_1} f(z) + \operatorname*{Res}_{z=z_2} f(z) + \cdots + \operatorname*{Res}_{z=z_n} f(z) \right)$$

上式即為殘數定理（Residue Theorem）。

※ 殘數定理之計算 (有理式函數積分)(一) 一階極點速算法

利用一階極點速算公式　　$r_{z_0} = \lim\limits_{z \to z_0} \dfrac{P(z)}{Q'(z)} = \dfrac{P(z_0)}{Q'(z_0)}$

【推導】

$$r_{z_0} = \lim_{z \to z_0}(z-z_0)\frac{P(z)}{Q(z)} = \lim_{z \to z_0}(z-z_0)\frac{P(z)}{Q(z)-Q(z_0)}$$

$$r_{z_0} = \lim_{z \to z_0} \frac{P(z)}{\underbrace{Q(z) - Q(z_0)}_{z - z_0}} = \frac{\lim_{z \to z_0} P(z)}{\lim_{z \to z_0} \underbrace{Q(z) - Q(z_0)}_{z - z_0}} = \frac{P(z_0)}{Q'(z_0)}$$

※ 殘數定理之計算(一)有理式函數之圍線積分

範例 01

(3%) Evaluate the complex integral $\oint_C \frac{\bar{z}}{(z+2i)^2} dz$ over $C: |z| = 1$.

台大機械 B 工數

解答：

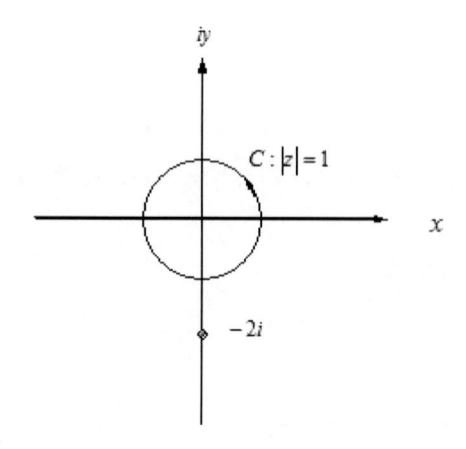

因極點 $z = -2i$ 不在 $C: |z| = 1$ 內，故

$$\oint_C \frac{\bar{z}}{(z+2i)^2} dz = 0$$

範例 02

Find the contour integral $\oint_C \frac{2z-3}{z^3 - 3z^2 + 4} dz$ with contour (a) $|z| = \frac{3}{2}$, and (b)

$$|z-3|=2$$

清大生醫環科所工數

解答：

$$\oint_C \frac{2z-3}{z^3-3z^2+4}dz = \oint_C \frac{2z-3}{(z-2)^2(z+1)}dz$$

令分母為 0，得

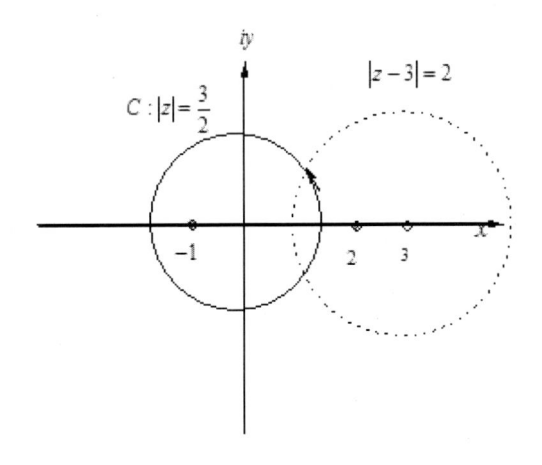

　　$z=2$ 為二階極點

　　$z=-1$ 為一階極點

(a) $C_1 : |z| = \dfrac{3}{2}$

　　只有 $z=-1$ 在 C_1 內，利用殘數定理，得

$$\oint_C \frac{2z-3}{(z-2)^2(z+1)}dz = 2\pi i r_{-1}$$

其中 $z=-1$ 之殘數

$$r_{-1} = \lim_{z\to -1}(z+1)\frac{2z-3}{(z-2)^2(z+1)} = \lim_{z\to -1}\frac{2z-3}{(z-2)^2} = \frac{-5}{9}$$

$$\oint_C \frac{2z-3}{(z-2)^2(z+1)}dz = 2\pi i \cdot \left(-\frac{5}{9}\right) = -\frac{10}{9}\pi i$$

(b) $C_2 : |z-3| = 2$

只有 $z = 2$ 在 C_2 內，利用殘數定理，得

$$\oint_C \frac{2z-3}{(z-2)^2(z+1)}dz = 2\pi i r_2$$

其中 $z = 2$ 之殘數

$$r_2 = \lim_{z \to 2} D\left[(z-2)^2 \frac{2z-3}{(z-2)^2(z+1)}\right] = \lim_{z \to 2} D\left(\frac{2z-3}{z+1}\right)$$

得 $\quad r_2 = \lim_{z \to 2} D\left(2 - \frac{5}{z+1}\right) = \frac{5}{(2+1)^2} = \frac{5}{9}$

$$\oint_C \frac{2z-3}{(z-2)^2(z+1)}dz = 2\pi i \cdot \left(\frac{5}{9}\right) = \frac{10}{9}\pi i$$

範例 03

Evaluate $\oint_C \frac{3z^3+2}{(z-1)(z^2+9)}dz$ by using the residue theorem, where $C : |z| = 4$

中山電機所

解答：

$$\oint_C \frac{3z^3+2}{(z-1)(z^2+9)}dz$$

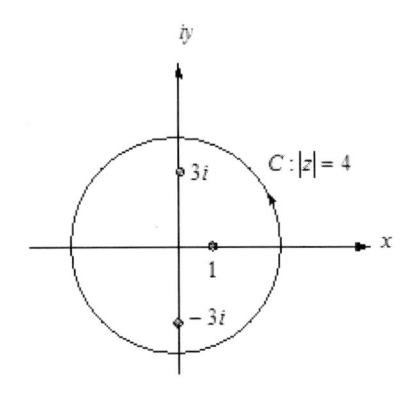

極點為 $z=1$，一階極點；$z=3i, -3i$，一階極點；都在 C 內

$$\oint_C \frac{3z^3+2}{(z-1)(z^2+9)}dz = 2\pi i(r_1 + r_{3i} + r_{-3i})$$

$$r_1 = \lim_{z\to 1}(z-1)\frac{3z^3+2}{(z-1)(z^2+9)} = \lim_{z\to 1}\frac{3z^3+2}{(z^2+9)} = \frac{5}{10} = \frac{1}{2}$$

$$r_{3i} = \lim_{z\to 3i}(z-3i)\frac{3z^3+2}{(z-1)(z^2+9)} = \lim_{z\to 3i}\frac{3z^3+2}{(z-1)(2z)} = \frac{3(3i)^3+2}{(3i-1)6i}$$

或 $\quad r_{3i} = \frac{3(3i)^3+2}{(3i-1)6i} = -\frac{2-3^4 i}{(18+6i)}$

$$r_{-3i} = \lim_{z\to -3i}(z+3i)\frac{3z^3+2}{(z-1)(z^2+9)} = \lim_{z\to -3i}\frac{3z^3+2}{(z-1)(2z)} = \frac{3(-3i)^3+2}{(-3i-1)(-6i)}$$

或 $\quad r_{-3i} = \frac{2+3^4 i}{(-18+6i)}$

範例 04 超越函數之（Laurent 級數法）

Evaluate $\oint_C \frac{\sin^2 z}{z^4}dz$, taking the contour C to be the unit circle $|z|=1$

(counterclockwise).

成大製造所

解答：

$z=0$ 為二階極點

已知 $\oint_C \dfrac{f(z)}{(z-z_0)^n}dz = \dfrac{2\pi i}{(n-1)!} f^{(n-1)}(z_0)$

$$\oint_C \dfrac{\sin^2 z}{z^4}dz = \dfrac{2\pi i}{(2-1)!}\left\{D\left(z^2 \dfrac{\sin^2 z}{z^4}\right)\right\}_{z=0} = \dfrac{2\pi i}{(2-1)!}\left\{D\left(\dfrac{\sin^2 z}{z^2}\right)\right\}_{z=0}$$

$$\oint_C \dfrac{\sin^2 z}{z^4}dz = 2\pi i\left\{\lim_{z\to 0}\left(\dfrac{2z\sin z\cos z - 2\sin^2 z}{z^3}\right)\right\}$$

$$\oint_C \dfrac{\sin^2 z}{z^4}dz = 2\pi i\left\{\lim_{z\to 0}\left(\dfrac{2z\cos z - 2\sin z}{z^2}\cdot\dfrac{\sin z}{z}\right)\right\} = 0$$

$$\oint_C \dfrac{\sin^2 z}{z^4}dz = 2\pi i\left\{\lim_{z\to 0}\left(\dfrac{-2z\sin z}{2z}\right)\right\} = 0$$

$$\oint_C \dfrac{\sin^2 z}{z^4}dz = 0$$

【方法二】Lauren 級數展開。

$$\oint_C \dfrac{\sin^2 z}{z^4}dz = \dfrac{1}{2}\oint_C \dfrac{1-\cos 2z}{z^4}dz$$

$$\oint_C \dfrac{\sin^2 z}{z^4}dz = \dfrac{1}{2}\oint_C \dfrac{\dfrac{1}{2!}(2z)^2 - \dfrac{1}{4!}(2z)^4 + \dfrac{1}{6!}(2z)^6 - +\cdots}{z^4}dz$$

$$\oint_C \frac{\sin^2 z}{z^4} dz = \frac{1}{2} \oint_C \left(\frac{2^2}{2!} \frac{1}{z^2} - \frac{2^4}{4!} + \frac{2^6}{6!} z^2 - + \cdots \right) dz = 0$$

因 $\frac{1}{z}$ 項係數，殘數為 0

範例 05

試求 $\oint_C \frac{\sin z}{z^3} dz$，其中 C 為 $|z|=1$

解答：

已知
$$f(z) = \frac{\sin z}{z^3} = \frac{z - \frac{1}{3!}z^3 + \frac{1}{5!}z^5 - + \cdots}{z^3}$$

或
$$\frac{\sin z}{z^3} = \frac{1}{z^2} - \frac{1}{3!} + \frac{1}{5!}z^2 - + \cdots$$

積分得
$$\oint_C \frac{\sin z}{z^3} dz = 0$$

因 $\frac{1}{z}$ 項係數，殘數為 0

範例 06

試求 $\oint_C \frac{\sin z}{z^4} dz$，其中 C 為 $|z|=1$

解答：

已知
$$f(z) = \frac{\sin z}{z^4} = \frac{z - \frac{1}{3!}z^3 + \frac{1}{5!}z^5 - + \cdots}{z^4}$$

或
$$\frac{\sin z}{z^4} = \frac{1}{z^3} - \frac{1}{3!}\frac{1}{z} + \frac{1}{5!}z - + \cdots$$

積分得

$$\oint_C \frac{\sin z}{z^4}dz = -\frac{1}{3!}\oint_C \frac{1}{z}dz = -\frac{2\pi i}{3!} = -\frac{\pi i}{3}$$

因 $\frac{1}{z}$ 項係數，殘數為 $-\frac{1}{3!}$

範例 07 超越函數之（直接殘數公式法）

> Integrate the following function in the counterclockwise sense around the unit circle
> $\frac{e^z - 1}{z}$

中央光電所應用數學

解答：

$$\oint_{|z|=1} \frac{e^z - 1}{z}dz = \oint_{|z|=1} \frac{z + \frac{1}{2!}z^2 + \cdots}{z}dz$$

$$\oint_{|z|=1} \frac{e^z - 1}{z}dz = \oint_{|z|=1}\left(1 + \frac{1}{2!}z + \cdots\right)dz = 0$$

因 $\frac{1}{z}$ 項係數，殘數為 0

範例 08

> What is the value of the complex integral $\oint_C \left\{\frac{\sin z}{z(z-i)^2}\right\}dz$ over $C: |z - i| = 2$?
>
> (a) $\sin i - i\cos i$ (b) 0 (c) $2\pi(\cos i + i\sin i)$ (d) $-2\pi(\cos i + i\sin i)$
> (e) $2\pi(\sin i - i\cos i)$

台大工數 B

解答：(C)

$$\oint_C \left\{ \frac{\sin z}{z(z-i)^2} \right\} dz$$

令分母為 0，得 $z=0$ 為可移去之極點；$z=i$ 為二階極點

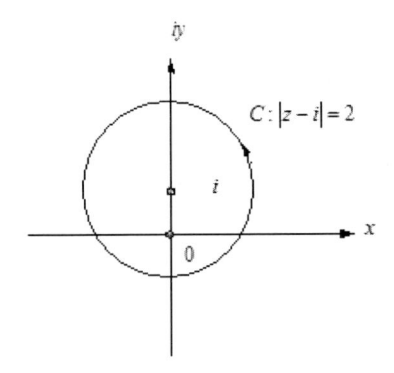

$C: |z-i| = 2$

得有 $z=0$，$z=i$ 在 C 圍線內

$$\oint_C \left\{ \frac{\sin z}{z(z-i)^2} \right\} dz = 2\pi i (r_0 + r_i)$$

其中

$$r_0 = \lim_{z \to 0} \left[z \frac{\sin z}{z(z-i)^2} \right] = \lim_{z \to 0} \left[\frac{\sin z}{(z-i)^2} \right] = 0$$

$$r_i = \frac{1}{1!} \lim_{z \to i} D \left[(z-i)^2 \frac{\sin z}{z(z-i)^2} \right] = \lim_{z \to i} D \left[\frac{\sin z}{z} \right]$$

得

$$r_i = \lim_{z \to i} \left[\frac{z \cos z - \sin z}{z^2} \right] = \frac{i \cos i - \sin i}{i^2}$$

代回，得

$$\oint_C \left\{ \frac{\sin z}{z(z-i)^2} \right\} dz = 2\pi i \cdot \frac{i\cos i - \sin i}{i^2} = 2\pi(\cos i + i\sin i)$$

範例 09

> 計算 $\oint_C \frac{\tan z}{(z^2-1)} dz$ ，其中 C 為逆時針 $|z| = \frac{3}{2}$

成大水利海洋所、崑山科大電子所、成大醫工所

解答：

已知 $\quad \dfrac{\tan z}{z^2 - 1} = \dfrac{\sin z}{(z^2 - 1)\cos z}$

令分母為 0 $\quad (z^2 - 1)\cos z = 0$

得一階極點 $\quad z = 1$，$z = -1$，$z = \dfrac{2n-1}{2}\pi$，$n = \pm 1, \pm 2, \cdots$ 為一階極點

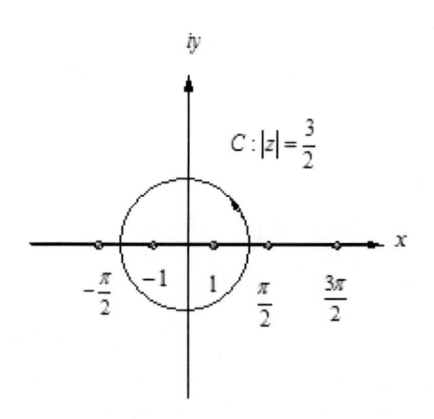

在圍線 $|z| = \dfrac{3}{2}$ 內，只有 $z = 1$，及 $z = -1$

【方法一】

利用一階極點速算公式 $\quad r_{z_0} = \lim\limits_{z \to z_0} \dfrac{P(z)}{Q'(z)} = \dfrac{P(z_0)}{Q'(z_0)}$

在 $z=1$ 之殘數為　　$r_1 = \lim_{z \to \frac{\pi}{2}}(z-1)\dfrac{\tan z}{z^2-1} = \lim_{z \to 1}\dfrac{\tan z}{2z} = \dfrac{\tan 1}{2}$

在 $z=-1$ 之殘數為　$r_{-1} = \lim_{z \to -1}\dfrac{\tan z}{2z} = \dfrac{\tan(-1)}{-2} = \dfrac{\tan 1}{2}$

積分　　　　　　　$\oint_C \dfrac{\tan z}{(z^2-1)}dz = 2\pi i\left(\dfrac{\tan 1}{2} + \dfrac{\tan 1}{2}\right) = 2\pi i \cdot \tan 1$

【方法二】
$$\oint_C \dfrac{\tan z}{(z^2-1)}dz = \dfrac{1}{2}\oint_C \left(\dfrac{\tan z}{z-1} - \dfrac{\tan z}{z+1}\right)dz$$

利用 Cauchy 積分定理 $\oint_C \dfrac{f(z)}{z-z_0}dz = 2\pi i f(z_0)$

得　　　　　　　　$\oint_C \dfrac{\tan z}{(z^2-1)}dz = \dfrac{2\pi i}{2}(\tan 1 - \tan(-1)) = 2\pi i \tan 1$

範例 10

> (10%) Evaluate the integrals along the path C that is the counterclockwise circle with $|z|=3$. $\oint_C \dfrac{\sinh 3z}{(z^2+1)^2}dz$

清大電機領域

解答：

$$\oint_C \dfrac{\sinh 3z}{(z^2+1)^2}dz$$

令分母為 0，得 $z=i$ 為二階極點；$z=-i$ 為二階極點

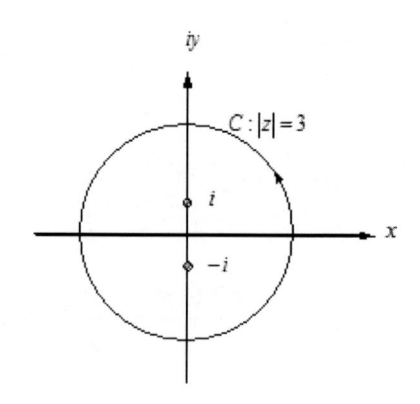

$C: |z| = 3$

有 $z = i$，$z = -i$ 在 C 圍線內

$$\oint_C \frac{\sinh 3z}{(z^2+1)^2} dz = 2\pi i (r_i + r_{-i})$$

(1) 因 $r_i = \lim\limits_{z \to i} D\left[(z-i)^2 \frac{\sinh 3z}{(z-i)^2(z+i)^2}\right] = \lim\limits_{z \to i} D\left[\frac{\sinh 3z}{(z+i)^2}\right]$

$r_i = \lim\limits_{z \to i}\left[\frac{3\cosh 3z}{(z+i)^2} - \frac{2\sinh 3z}{(z+i)^3}\right]$

$r_i = \frac{3\cosh(3i)}{(i+i)^2} - \frac{2\sinh(3i)}{(i+i)^3} = \frac{3\cos(3)}{(2i)^2} - \frac{2i\sin(3)}{(2i)^3}$

其中　$\cosh(iz) = \cos(z)$，$\sinh(iz) = i\sin(z)$

$r_i = \dfrac{\sin(3) - 3\cos(3)}{4}$

(2) 因 $r_{-i} = \lim\limits_{z \to -i} D\left[(z+i)^2 \frac{\sinh 3z}{(z-i)^2(z+i)^2}\right] = \lim\limits_{z \to -i} D\left[\frac{\sinh 3z}{(z-i)^2}\right]$

$$r_{-i} = \lim_{z \to -i} \left[\frac{3\cosh 3z}{(z-i)^2} - \frac{2\sinh 3z}{(z-i)^3} \right]$$

$$r_{-i} = \frac{3\cosh(-3i)}{(-i-i)^2} - \frac{2\sinh(-3i)}{(-i-i)^3} = \frac{3\cosh(3i)}{-4} + \frac{2\sinh(3i)}{8i}$$

$$r_{-i} = \frac{3\cos(3)}{-4} + \frac{2i\sin(3)}{8i} = \frac{3\cos(3)}{-4} + \frac{\sin(3)}{4}$$

代入得

$$\oint_C \frac{\sinh 3z}{(z^2+1)^2} dz = 2\pi i(r_i + r_{-i}) = 2\pi i \frac{\sin 3 - 3\cos 3}{2}$$

或

$$\oint_C \frac{\sinh 3z}{(z^2+1)^2} dz = \pi i(\sin 3 - 3\cos 3)$$

範例 11

Evaluate the following integral for the complex function with $z = x + iy$

$$\oint_C \left(\frac{1}{z(z-1)^2} + \frac{1}{z(z-4)} + ze^{\frac{\pi}{z}} \right) dz$$

Where C is the circle $x^2 + y^2 = 9$ (counter clockwise) on the complex plane.

中興精密所

解答：

$$\oint_C \left(\frac{1}{z(z-1)^2} + \frac{1}{z(z-4)} + ze^{\frac{\pi}{z}} \right) dz = \oint_C \left(\frac{1}{z(z-1)^2} \right) dz + \oint_C \left(\frac{1}{z(z-4)} \right) dz + \oint_C \left(ze^{\frac{\pi}{z}} \right) dz$$

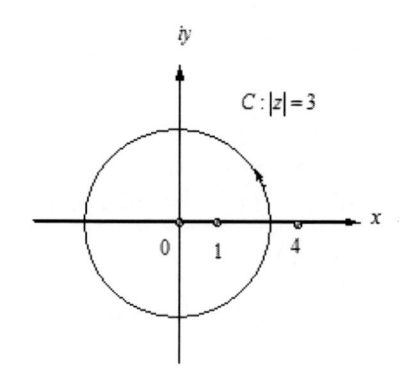

得

$$\oint_C \left(\frac{1}{z(z-1)^2} + \frac{1}{z(z-4)} + ze^{\frac{\pi}{z}} \right) dz = 2\pi i(r_0 + r_1) + 2\pi i r_0^* + 2\pi i r_0^{**}$$

其中

$$r_0 = \lim_{z \to 0} \left(z \frac{1}{z(z-1)^2} \right) = 1$$

$$r_1 = \lim_{z \to 1} D\left((z-1)^2 \frac{1}{z(z-1)^2} \right) = \lim_{z \to 1} \left(-\frac{1}{z^2} \right) = -1$$

$$r_0^* = \lim_{z \to 0} \left(z \frac{1}{z(z-4)} \right) = -\frac{1}{4}$$

$$ze^{\frac{\pi}{z}} = z\left(1 + \frac{1}{1!}\frac{\pi}{z} + \frac{1}{2!}\left(\frac{\pi}{z}\right)^2 + \cdots \right) = z + \frac{1}{1!}\pi + \frac{1}{2!}\frac{\pi^2}{z} + \cdots$$

得 $r_0^{**} = \frac{1}{2!}\pi^2$

代入上面各殘數得

$$\oint_C \left(\frac{1}{z(z-1)^2} + \frac{1}{z(z-4)} + ze^{\frac{\pi}{z}} \right) dz = 2\pi i(1-1) + 2\pi i\left(-\frac{1}{4}\right) + \pi^3 i$$

$$\oint_C \left(\frac{1}{z(z-1)^2} + \frac{1}{z(z-4)} + ze^{\frac{\pi}{z}} \right) dz = -\frac{\pi i}{2} + \pi^3 i$$

範例 12

(10%) Evaluate the integral $\oint_C e^{-\frac{1}{z^2}} dz$ where $C: |z| = 4$ counterclockwise.

清大電機領域聯招 A

解答：

已知　$e^x = 1 + \frac{1}{1!}x + \frac{1}{2!}x^2 + \cdots$

$e^{-\frac{1}{z^2}} = 1 - \frac{1}{1!}\frac{1}{z^2} + \frac{1}{2!}\left(\frac{1}{z^2}\right)^2 + \cdots$

積分

$$\oint_C e^{-\frac{1}{z^2}} dz = \oint_C \left(1 - \frac{1}{1!}\frac{1}{z^2} + \frac{1}{2!}\left(\frac{1}{z^2}\right)^2 + \cdots \right) dz$$

沒有 $\frac{1}{z}$ 項，故 $\oint_C e^{-\frac{1}{z^2}} dz = 0$

範例 13

試求 $\int_C z^2 \exp\left(\frac{2}{z}\right) dz$，其中 $c: |z| = 2$. (counterclockwise)

中興土木所工數

解答：

$$\int_C z^2 \exp\left(\frac{2}{z}\right)dz = \int_C z^2\left(1 + \frac{2}{z} + \frac{1}{2!}\frac{2^2}{z^2} + \frac{1}{3!}\frac{2^3}{z^3} + \cdots\right)dz$$

得

$$\int_C z^2 \exp\left(\frac{2}{z}\right)dz = \int_C \left(z^2 + 2z + 2 + \frac{4}{3}\frac{1}{z} + \cdots\right)dz$$

得 $\frac{1}{z}$ 項之係數為殘數 $\frac{4}{3}$，代入得

$$\int_C z^2 \exp\left(\frac{2}{z}\right)dz = 2\pi i \left(\frac{4}{3}\right) = \frac{8}{3}\pi i$$

範例 14

Show that $z = 0$ in an essential singularity of $e^{\frac{2}{z}}$ and evaluate $\oint_{|z|=1} e^{\frac{2}{z}}dz$

逢甲機械所

解答：

已知

$$e^{\frac{2}{z}} = 1 + \frac{1}{1!}\frac{2}{z} + \frac{1}{2!}\frac{2^2}{z^2} + \cdots$$

得 $\frac{1}{z}$ 項之係數為殘數 2，代入得

積分得

$$\oint_{|z|=1} e^{\frac{2}{z}}dz = 2\pi i \, r_0 = 2\pi i \cdot 2 = 4\pi i$$

範例 15

計算 $\oint_C z e^{\frac{1}{z}}dz$，其中 C 為 $|z - i| = 2$

清大動機所

解答：

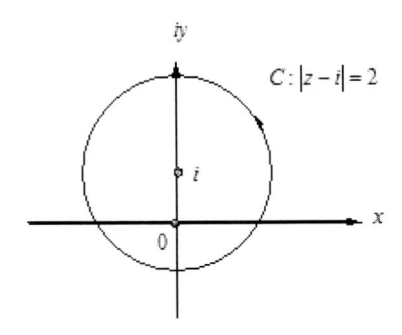

$$\oint_C ze^{\frac{1}{z}}dz = \oint_C z\left(1 + \frac{1}{1!}\frac{1}{z} + \frac{1}{2!}\frac{1}{z^2} + \cdots\right)dz$$

整理得

$$\oint_C ze^{\frac{1}{z}}dz = \oint_C \left(z + \frac{1}{1!} + \frac{1}{2!}\frac{1}{z} + \cdots\right)dz$$

得 $\frac{1}{z}$ 項之係數為殘數 $\frac{1}{2!}$，代入得

$$\oint_C ze^{\frac{1}{z}}dz = 2\pi i\left(\frac{1}{2!}\right) = \pi i$$

範例 16：避點積分

(18%) Evaluate the integral $\oint_C \dfrac{1}{z^2(z-2i)}dz$ where C is

(a) $|z-1|=1$ (b) $|z-1|=2$ (c) $|z-1|=3$

台科大電機工數

解答：

已知 $\oint_C \dfrac{1}{z^2(z-2i)}dz$

令分母為 0，得 $z^2(z-2i)=0$，

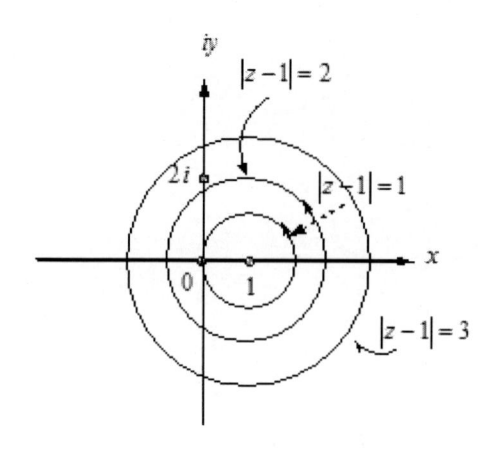

得 $z=0$ 為二階極點；$z=2i$ 為一階極點

(a) $C_1: |z-1|=1$，只有 $z=0$ 在圍線上穿過，此時須避點積分

$$\oint_{C_a} \frac{1}{z^2(z-2i)} dz = \pi i r_0 = \frac{\pi i}{4}$$

(b) $C_1: |z-1|=2$，只有 $z=0$ 在圍線內

$$\oint_{C_b} \frac{1}{z^2(z-2i)} dz = 2\pi i r_0 = \frac{\pi i}{2}$$

(c) (a) $C_2: |z-1|=3$，有 $z=0$ 與 $z=2i$ 在圍線內

$$\oint_{C_c} \frac{1}{z^2(z-2i)} dz = 2\pi i(r_0 + r_{2i}) = 2\pi i \left(\frac{1}{4} - \frac{1}{4} \right) = 0$$

範例 17：避點積分

計算 $\oint_C \left[\dfrac{e^z}{(z^2+1)(z^2-16)} + ze^{\frac{1}{z}} \right] dz$，其中 C 為 $|z-i|=2$

清大動機所

解答：

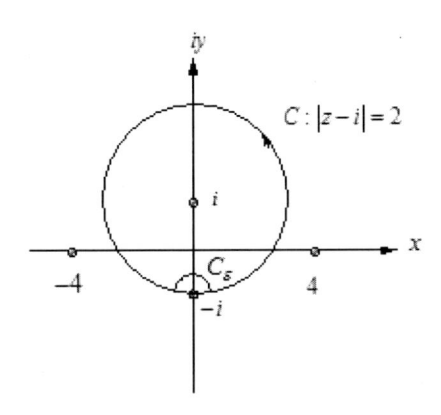

已知
$$\oint_C \left[\frac{e^z}{(z^2+1)(z^2-16)} + ze^{\frac{1}{z}} \right] dz$$

分成兩個積分
$$\oint_C \left[\frac{e^z}{(z^2+1)(z^2-16)} + ze^{\frac{1}{z}} \right] dz = \oint_C \frac{e^z}{(z^2+1)(z^2-16)} dz + \oint_C ze^{\frac{1}{z}} dz$$

第二個積分
$$\oint_C ze^{\frac{1}{z}} dz = \oint_C z\left(1 + \frac{1}{1!}\frac{1}{z} + \frac{1}{2!}\frac{1}{z^2} + \cdots\right) dz$$

整理得
$$\oint_C ze^{\frac{1}{z}} dz = \oint_C \left(z + \frac{1}{1!} + \frac{1}{2!}\frac{1}{z} + \cdots\right) dz = 2\pi i \left(\frac{1}{2!}\right) = \pi i$$

第一個積分
$$\oint_C \frac{e^z}{(z^2+1)(z^2-16)} dz$$

令分母為 0 $\quad (z^2+1)(z^2-16) = 0$

得 $\quad z = i$、$z = -i$、$z = -4$、$z = 4$ 均為一階極點。

但圍線　　　　　　C 為 $|z-i|=2$，經過極點 $z=-i$

故須在 $z=-i$，取一個向上之半圓，利用避點積分，得殘數定理

$$\oint_C \frac{e^z}{(z^2+1)(z^2-16)}dz = 2\pi i(r_i) + \pi i(r_{-i})$$

其中　　　　$r_i = \lim_{z\to i}(z-i)\cdot \frac{e^z}{(z+i)(z-i)(z^2-16)} = \frac{e^i}{(2i)(-17)} = -\frac{e^i}{34i}$

及　　　　$r_{-i} = \lim_{z\to -i}(z+i)\cdot \frac{e^z}{(z+i)(z-i)(z^2-16)} = \frac{e^{-i}}{(-2i)(-17)} = \frac{e^{-i}}{34i}$

代入得　　　$\oint_C \frac{e^z}{(z^2+1)(z^2-16)}dz = 2\pi i\left(-\frac{e^i}{34i}\right) + \pi i\frac{e^{-i}}{34i} = -\frac{\pi e^i}{17} + \frac{\pi e^{-i}}{34}$

範例 18：多連區域之圍線積分

Let $f(z) = \dfrac{3z}{(z+2)(z-1)^2}$. Evaluate $\oint_C f(z)dz$ over the following contours：

(a) $C = C_1 : |z+1| = 0.5$

(b) $C = C_2$: the boundary of the triangle with vertices $2, 2i$ and $-2i$

(c) $C = C_3$: see the figure

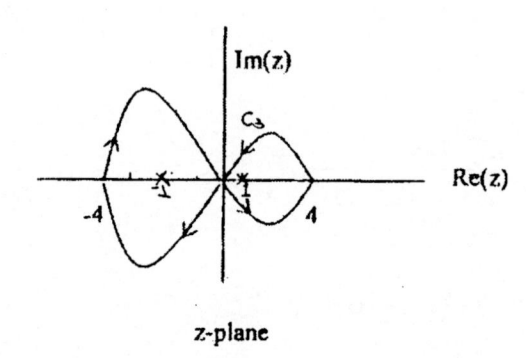

z-plane

成大航太所

解答：

已知 $f(z) = \dfrac{3z}{(z+2)(z-1)^2}$

分母為 0，得一階極點 $z = -2$ 及二階極點 $z = 1$

(a) $f(z)$ 在 C 內為解析函數

$$\oint_C f(z)dz = 0$$

(b) $C = C_2$: the boundary of the triangle with vertices $2, 2i$ and $-2i$

二階極點 $z = 1$ 在 C_2 內

$$\oint_C f(z)dz = 2\pi i r_1 = 2\pi i \lim_{z \to 1} D\left((z-1)^2 \dfrac{3z}{(z+2)(z-1)^2}\right)$$

得

$$\oint_C f(z)dz = 2\pi i \lim_{z \to 1} D\left(\dfrac{3z}{(z+2)}\right) = 2\pi i \lim_{z \to 1} D\left(\dfrac{3(z+2) - 3z}{(z+2)^2}\right) = \dfrac{4}{3}\pi i$$

(c) $C = C_3$:

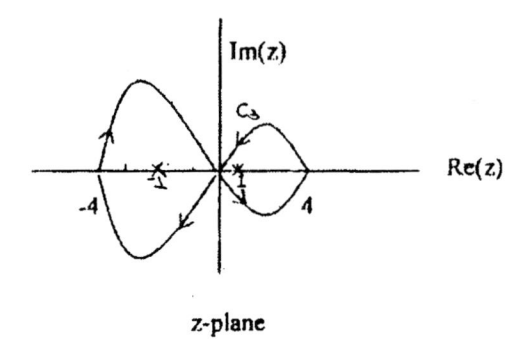

z-plane

利用殘數定理，得圖中左邊圍線為順時針方向，右邊圍線為逆時針方向，得

$$\oint_C f(z)dz = (-2\pi i r_{-2} + 2\pi i r_1) = \left(2\pi i \dfrac{2}{3} + 2\pi i \dfrac{2}{3}\right) = \dfrac{8\pi i}{3}$$

第三節　殘數定理之計算(六)在無窮遠之極點

※ 定理：

在閉區域之 z 平面 $|z| \leq \infty$ 內，$f(z)$ 所有殘數之和為 0

亦即

$$r_{z_1} + r_{z_2} + \cdots + r_{z_n} + r_\infty = 0$$

若函數 $f(z)$ 在 $|z| > R$ 收斂之級數展開式，如下：

$$f(z) = \frac{a_{-n}}{z^n} + \frac{a_{-n-1}}{z^{n+1}} + \cdots$$

當 $n = 1$ 時，形式如下：

$$f(z) = \frac{a_{-1}}{z} + \frac{a_{-2}}{z^2} + \cdots$$

積分 (順時針)

$$\oint_C f(z)dz = \oint_C \frac{a_{-1}}{z}dz + \oint_C \frac{a_{-2}}{z^2}dz + \cdots = -2\pi i a_{-1} = 2\pi i(-a_{-1})$$

在無窮遠之極點　　$r_\infty = -a_{-1} = \operatorname*{Res}_{z=\infty} f(z) = -\lim_{z \to \infty} zf(z)$

範例 19

> Calculate $\oint_C \dfrac{z+5}{z^2+2z-3}dz$, Where C is the circle $|z| = 4$

中原土木所

解答：

【方法一】

因式分解 $\dfrac{z+5}{z^2+2z-3} = \dfrac{z+5}{(z-1)(z+3)}$

　　$z=1$，$z=-3$ 一階極點

極點 $z=1$ 殘數　　$r_1 = \lim\limits_{z \to 1}(z-1)\dfrac{z+5}{(z-1)(z+3)} = \dfrac{6}{4} = \dfrac{3}{2}$

極點 $z=-3$ 殘數　　$r_{-3} = \lim\limits_{z \to -3}(z+3)\dfrac{z+5}{(z-1)(z+3)} = \dfrac{2}{-4} = -\dfrac{1}{2}$

代入得　　$\oint_C \dfrac{z+5}{z^2+2z-3} dz = 2\pi i (r_1 + r_{-3}) = 2\pi i \left(\dfrac{3}{2} - \dfrac{1}{2}\right) = 2\pi i$

【方法二】

已知在 $|z| \le \infty$ 內所有殘數和為 0，即　$r_1 + r_{-3} + r_\infty = 0$

移項得　　　　　　　　$r_1 + r_{-3} = -r_\infty$

在無窮遠處之殘數　　$r_\infty = -\lim\limits_{z \to \infty} z \dfrac{z+5}{z^2+2z-3} = -1$

代回　　$\oint_C \dfrac{z+5}{z^2+2z-3} dz = 2\pi i (r_1 + r_{-3}) = 2\pi i (-r_\infty) = 2\pi i$

範例 20

Calculate $\oint_C \dfrac{z-23}{z^2-4z-5} dz$，Where C is the circle $|z|=6$

清大原子所

解答：

【方法一】

因式分解　　$\dfrac{z-23}{z^2-4z-5} = \dfrac{z-23}{(z-5)(z+1)}$

極點　　　$z=5$，$z=-1$ 為一階

極點 $z=5$ 殘數　　$r_5 = \lim_{z \to 5}(z-5)\dfrac{z-23}{(z-5)(z+1)} = -3$

極點 $z=-1$ 殘數　　$r_{-3} = \lim_{z \to -1}(z+1)\dfrac{z-23}{(z-5)(z+1)} = 4$

代入得　　$\oint_c \dfrac{z-23}{z^2-4z-5}dz = 2\pi i(r_1+r_{-3}) = 2\pi i(-3+4) = 2\pi i$

【方法二】

已知在 $|z| \le \infty$ 內所有殘數和為 0，即 $r_5 + r_{-1} + r_\infty = 0$

移項得　　　　　　　$r_5 + r_{-1} = -r_\infty$

在無窮遠處之殘數　　$r_\infty = -\lim_{z \to \infty} z\dfrac{z+5}{z^2+2z-3} = -1$

代回　　　　$\oint_c \dfrac{z-23}{z^2-4z-5}dz = 2\pi i(r_5+r_{-1}) = 2\pi i(-r_\infty) = 2\pi i$

範例 21

What is the value of $\int_c \dfrac{z+4}{z^2+2z+5}dz$, If C is the circle $|z|=5$?

成大工科所

解答：

積分式　　　　　$\int_c \dfrac{z+4}{z^2+2z+5}dz$

令分母為 0　　　$z^2+2z+5 = 0$

得一階極點　　　$z=-1+2i$，$z=-1-2i$

積分區域為 $|z|=5$

其極點在 $|z|=5$ 內部有極點，$z=-1+2i$ 及 $z=-1-2i$

其殘數為
$$r_{-1+2i}=\lim_{z\to -1+2i}\frac{P(z)}{Q(z)}=\lim_{z\to -1+2i}\frac{z+4}{2z+2}=\frac{3+2i}{4i}$$

其極點，$z=-1-2i$

其殘數為
$$r_{-1-2i}=\lim_{z\to -1-2i}\frac{P(z)}{Q(z)}=\lim_{z\to -1+2i}\frac{z+4}{2z+2}=\frac{3-2i}{-4i}$$

代入得

$$\int_{|z|=5}\frac{z+4}{z^2+2z+5}dz=2\pi i(r_{z_1}+r_{z_2})=\frac{\pi}{2}(3+2i)-\frac{\pi}{2}(3-2i)=2\pi i$$

【方法二】

已知在 $|z|\leq\infty$ 內所有殘數和為 0，即 $r_{z_1}+r_{z_2}+r_\infty=0$

$$r_{-1+2i}+r_{-1-2i}=\frac{3+2i}{4i}-\frac{3-2i}{4i}=\frac{4i}{4i}=1$$

在無窮遠處之殘數
$$r_\infty=-\lim_{z\to\infty}z\frac{z+4}{z^2+2z+5}=-1$$

得證 $r_{-1+2i}+r_{-1-2i}+r_\infty=0$

$$\int_{|z|=5}\frac{z+4}{z^2+2z+5}dz=2\pi i(r_{z_1}+r_{z_2})=2\pi i(-r_\infty)=2\pi i$$

第四節　在零點之殘數

已知　　$\oint_C\frac{f'(z)}{f(z)}dz=?$

1. 先考慮 C 內零點

若 $f(z)=0$ 在 $z=z_0$ 為 n 次重根，亦即 $z=z_0$ 為 $f(z)$ 之零點，或

$$f(z)=(z-z_0)^n g(z)，其中 g(z_0) \neq 0$$

將上式微分

$$f'(z)=n(z-z_0)^{n-1}g(z)+(z-z_0)^n g'(z)$$

相除，得

$$\frac{f'(z)}{f(z)}=\frac{n(z-z_0)^{n-1}g(z)+(z-z_0)^n g'(z)}{(z-z_0)^n g(z)}=\frac{n}{(z-z_0)}+\frac{g'(z)}{g(z)}$$

積分

$$\oint_C \frac{f'(z)}{f(z)}dz = \oint_C \frac{n}{(z-z_0)}dz + \oint_C \frac{g'(z)}{g(z)}dz$$

其中

$$\oint_C \frac{n}{(z-z_0)}dz = 2\pi i \cdot n$$

及

$$\oint_C \frac{g'(z)}{g(z)}dz = 0$$

得

$$\oint_C \frac{f'(z)}{f(z)}dz = n \cdot 2\pi i$$

同理，當若 $f(z)=0$ 在 $z=z_1$ 為 n_1 次重根，在 $z=z_2$ 為 n_2 次重根，⋯，在 $z=z_n$ 為 n_n 次重根，則

$$\oint_C \frac{f'(z)}{f(z)}dz = 2\pi i\, n_1 + 2\pi i\, n_2 + \cdots + 2\pi i\, n_n = 2\pi i\,(n_1+n_2+\cdots+n_n) = 2\pi i N_z$$

其中 N_z 為 C 圍線內所有零點之階數和。

2. 再考慮 C 內極點：

   若 $f(z)$ 在 $z = z_0$ 為其 n 階極點，即

   $$f(z) = \frac{h(z)}{(z-z_0)^n} \text{，其中 } h(z_0) \neq 0$$

   將上式微分

   $$f'(z) = -n(z-z_0)^{-n-1}h(z) + (z-z_0)^{-n}h'(z)$$

   相除，得

   $$\frac{f'(z)}{f(z)} = \frac{-n(z-z_0)^{-n-1}h(z) + (z-z_0)^{-n}h'(z)}{(z-z_0)^{-n}h(z)} = \frac{-n}{(z-z_0)} + \frac{h'(z)}{h(z)}$$

   積分

   $$\oint_C \frac{f'(z)}{f(z)}dz = \oint_C \frac{-n}{(z-z_0)}dz + \oint_C \frac{h'(z)}{h(z)}dz$$

   其中

   $$\oint_C \frac{-n}{(z-z_0)}dz = -2\pi i \cdot n$$

   及

   $$\oint_C \frac{h'(z)}{h(z)}dz = 0$$

   得

   $$\oint_C \frac{f'(z)}{f(z)}dz = -n \cdot 2\pi i$$

同理,當若 $f(z)$ 在 $z = z_1$ 為 n_1 階極點,在 $z = z_2$ 為 n_2 階極點,$\cdots$,在 $z = z_n$ 為 n_n 階極點,則

$$\oint_C \frac{f'(z)}{f(z)} dz = -(2\pi i\, n_1 + 2\pi i\, n_2 + \cdots + 2\pi i\, n_n)$$
$$= -2\pi i\,(n_1 + n_2 + \cdots + n_n) = -2\pi i N_p$$

其中 N_p 為 C 圍線內所有極點之階數和。

最後得

※ 幅角定理:

$$\oint_C \frac{f'(z)}{f(z)} dz = 2\pi i (N_z - N_P)$$

其中 N_z 為 C 圍線內所有零點之階數和,N_p 為 C 圍線內所有極點之階數和。

最後

$$\oint_C \frac{f'(z)}{f(z)} dz = 2\pi i (N_z - N_P)$$

其中 N_z 為 C 圍線內所有零點之階數和,N_p 為 C 圍線內所有極點之階數和。

※ 幅角定理

因 $\quad \dfrac{d}{dz} \ln(f(z)) = \dfrac{f'(z)}{f(z)}$

代入幅角定理,得

$$\oint_C \frac{f'(z)}{f(z)} dz = \oint_C \frac{d}{dz} \ln(f(z)) dz = 2\pi i (N_z - N_P)$$

其中 $\oint_C \dfrac{d}{dz} \ln(f(z)) dz$ 表函數 $\ln(f(z))$ 在繞完圍線 C 後之變化量,已知

$$\ln(f(z)) = \ln|f(z)| + i\arg[f(z)]$$

繞完圍線 C 後，$\ln|f(z)|$ 項不變，$\arg[f(z)]$ 會改變，意即

$$2\pi i(N_z - N_P) = \Delta_c i\arg[f(z)] = i(2\pi N)$$

其中　N 為 $f(z)$ 對應於圍線 C，在 W 平面內繞原點之圈數。

得

$$N_z - N_P = N$$

【分析】

若 $f(z)$ 在 C 內區域為解析函數，則 $N_p = 0$

得

$$N_z = N$$

意即，$f(z)$ 對應於圍線 C，在 W 平面內繞原點之圈數，等於 $f(z)$ 在 C 內零點（或根）之數目。

範例 22

設 $f(z) = \dfrac{z(z-i)^2 e^{3z}}{(z+2)^2(4z+32)^3}$，式求下列積分值

(a) $\displaystyle\int_{|z|=3} \dfrac{f'(z)}{f(z)} dx$ (8%)

(b) $\displaystyle\int_{|z|=3} f(z) dx$ (8%)

台師大數學所

解答：

(a)已知幅角定理：

$$\oint_C \frac{f'(z)}{f(z)} dz = 2\pi i (N_z - N_P)$$

已知 $f(z) = \dfrac{z(z-i)^2 e^{3z}}{(z+2)^2 (4z+32)^3}$

分子等於 0，得零點：$z=0$ 為一階零點，$z=i$ 為二階零點，
分母等於 0，得極點：$z=-2$ 為二階極點，$z=-8$ 為三階零點，

在圍線 $|z|=3$ 內之零點為 $z=0$ 及 $z=i$，$N_z = 1+2 = 3$
在圍線 $|z|=3$ 內之極點為 $z=-2$，$N_p = 2$

代入 $\displaystyle\oint_{|z|=3} \frac{f'(z)}{f(z)} dz = 2\pi i (N_z - N_P) = 2\pi i (3-2) = 2\pi i$

(b) $\displaystyle\int_{|z|=3} f(z)dz = \int_{|z|=3} \frac{z(z-i)^2 e^{3z}}{(z+2)^2 (4z+32)^3} dz = 2\pi i (r_{-2})$

其中 $r_{-2} = \dfrac{1}{1!} \lim_{z \to -2} D\left[(z+2)^2 \dfrac{z(z-i)^2 e^{3z}}{(z+2)^2 (4z+32)^3} \right] = \lim_{z \to -2} D\left[\dfrac{z(z-i)^2 e^{3z}}{(4z+32)^3} \right]$

$r_{-2} = \lim_{z \to -2} \left[\dfrac{(z-i)^2 e^{3z} + 2z(z-i)e^{3z} + 3z(z-i)^2 e^{3z}}{(4z+32)^3} - \dfrac{3 \cdot z(z-i)^2 e^{3z} \cdot 4}{(4z+32)^4} \right]$

$r_{-2} = e^{-6} \left[\dfrac{(-2-i)^2 - 4(-2-i) - 6(-2-i)^2}{24^3} + \dfrac{6(-2-i)^2 \cdot 4}{24^4} \right]$

$r_{-2} = \dfrac{-4(2+i)(1+i)}{24^3 e^6}$

$\displaystyle\int_{|z|=3} f(z) dz = \dfrac{(3-i)\pi}{3 \cdot 24^2 e^6}$

範例 23

(15%) Evaluate the complex integral $\oint_C \tan z\, dz$ for the contour C in the circle $|z|=3$.

台科大電機工數

解答：

已知 $$\oint_C \tan z\, dz = \oint_C \frac{\sin z}{\cos z} dz$$

令分母為 0　　　$\cos z = 0$

得一階極點　　　$z = \dfrac{2n-1}{2}\pi$，$n = \pm 1, \pm 2, \cdots$ 為一階極點

在圍線 $|z|=3$ 內，只有 $z = \dfrac{1}{2}\pi$，及 $z = -\dfrac{1}{2}\pi$

利用一階極點速算公式　　$r_{z_0} = \lim\limits_{z \to z_0} \dfrac{P(z)}{Q'(z)} = \dfrac{P(z_0)}{Q'(z_0)}$

在 $z = \dfrac{1}{2}\pi$ 之殘數為　　$r_{\frac{\pi}{2}} = \lim\limits_{z \to \frac{\pi}{2}} \left(z - \dfrac{\pi}{2}\right)\tan z = \lim\limits_{z \to \frac{\pi}{2}} \left(z - \dfrac{\pi}{2}\right)\dfrac{\sin z}{\cos z}$

或　　$r_{\frac{\pi}{2}} = \lim\limits_{z \to \frac{\pi}{2}} \dfrac{\sin z}{-\sin z} = -1$

同理在 $z = -\dfrac{1}{2}\pi$ 之殘數為　$r_{-\frac{\pi}{2}} = \lim\limits_{z \to -\frac{\pi}{2}} \dfrac{\sin z}{-\sin z} = -1$

殘數定理知　$\oint_C \tan z\, dz = 2\pi i \left(r_{\frac{\pi}{2}} + r_{-\frac{\pi}{2}}\right) = 2\pi i(-1-1) = -4\pi i$

【方法二】 利用輻角定理

$$-\oint_C \frac{\sin(z)}{\cos(z)}dz = 2\pi i(N_z) = 2\pi i(1+1) = 4\pi i$$

$$\oint_C \tan z\, dz = -\oint_C \frac{\sin(z)}{\cos(z)}dz = -4\pi i$$

考題集錦

1. 已知 $f(z) = \dfrac{1}{z} + \dfrac{2}{z+2i} + \dfrac{3}{z+3i}$，且 C 為一圓心在 $-3i$，半徑 0.3 之圓路徑，求 $\oint_C f(z)dz$

成大製造所工數

2. Evaluate the following integrals

   $\oint_C \dfrac{z\,dz}{z^2 - 3z + 2}$，where C is the circle $|z| = 3$ counterclockwise in a complex plane.

清大動機所工數

3. (10%) Evaluate $\oint_C \dfrac{1}{z^2 - 4}dz$，where C is the circle $|z| = 4$.

台科大電子所乙三

   (a) Find the Laurent series expansion of $f(z) = \dfrac{1}{6 - z - z^2}$ in the domain $2 < |z| < 3$.

   (b) Calculate $\oint_{|z|=\frac{3}{2}} \dfrac{-3z + 4}{z(z-1)(z-2)}dz$

成大工科所

4. (10%)

   (a) Show that the function $f(z) = \tan\left(\dfrac{1}{z+1}\right)$ there is infinitely many singularities, only one of which is nonisolated.

   (b) Evaluate $\displaystyle\oint_C \dfrac{z+3}{z(z-\pi)(z-7)}dz$, the contours C consists of the circle $|z|=6$, described in the positive direction, together with the circle $|z|=4$, described in the negative direction.

   宜蘭大電機所

5. (單選題) Let C be the circle $|z-2|=2$, described in the positive sense. The integral $\dfrac{1}{2\pi i}\displaystyle\oint_C \dfrac{3z^2+2}{(z-1)(z^2+9)}dz$ is (A) 1 (B) 2 (C) 4 (D) 6 (E) none of the above.

   中山機械與機電所

6. (10%) Please solve $\displaystyle\oint_C \dfrac{2z^3+z^2+4}{z^4+4z^2}dz$, C the circle $|z-2|=4$, clockwise。

   中山光電所

7. (15%) Evaluate the complex integral $\displaystyle\oint_C \dfrac{e^z}{z^2(z^2-2z-3)}dz$ for along the contour C in the circle $|z|=4$.

   成大光電所

8. Evaluate following complex integral along contour C counterclockwise. (10%)

$$\oint_C \frac{z^2 \sin z}{4z^2 - 1} dz \, , \, C: \, |z| = 2$$

交大土木所丙

9. (17%) Evaluate $\oint_C \frac{\cos az}{z^2 + 1} dz$, where C is shown as below and $R \to \infty$ (下半圓)

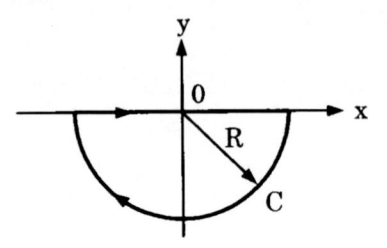

交大機械所丁

10. Evaluate $\oint_C \frac{\sin^2 z}{z^4} dz$, taking the contour C to be the unit circle $|z| = 1$ (counterclockwise).

成大製造所

11. (a) Compute the complex integral $\oint_C \frac{\exp(z)}{\exp(z) - 2} dz$, where C is the counterclockwise contour (loop) as shown below.

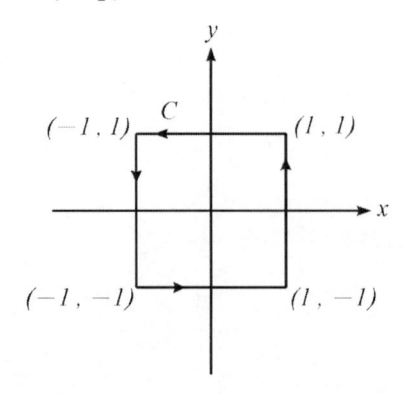

清大電機、電子所

12. (a) Compute the complex integral $\oint_L \frac{\exp(z) - 2}{\exp(z)} dz$, where L is the counterclockwise contour (loop) as shown below.

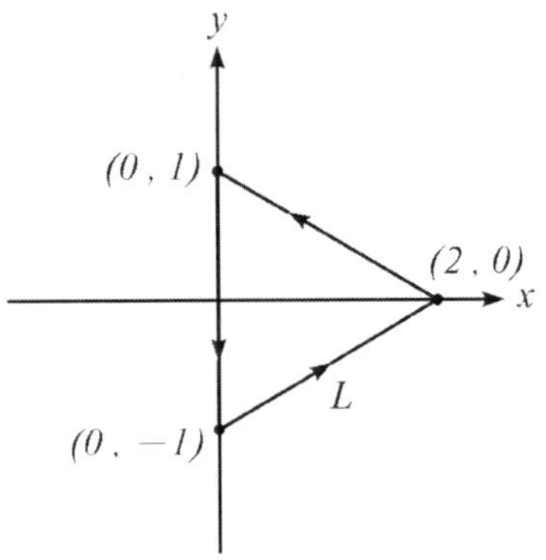

清大電機、電子所

13. 計算 $\oint_C ze^{\frac{1}{z}}dz$ ，其中 C 為 $|z-i|=2$

中興精密所、清大動機所

14. For a complex number $z=x+iy$. Evaluate $\oint_C \frac{1}{z}dz$ ，where C is any simple closed contour in the z-plane. (13%)

清大動機所

15. 計算 $\oint_{|z|=5} \frac{1}{z^6(z+2)^2}dz$

台大機械所

第三十六章
殘數定理之應用求瑕積分

第一節 三角函數積分（單位圓複變積分）

三角實變函數積分（取單位圓圍線之殘數定理）

實變三角函數積分型式如下：

$$\int_0^{2\pi} f(\cos\theta, \sin\theta)d\theta$$

上式無法利用實數變數代換法求得其積分值。

現可化成複變函數積分，即殘數定理求得。

首先取 C 為單位圓，$|z|=1$

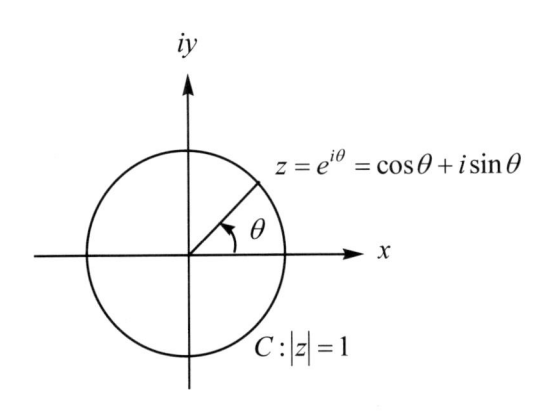

圓上任一點複變數為

$$z = e^{i\theta} = \cos\theta + i\sin\theta$$

及

$$\frac{1}{z} = e^{-i\theta} = \cos\theta - i\sin\theta$$

兩式相加、減，可整理得

$$\cos\theta = \frac{1}{2}\left(z + \frac{1}{z}\right), \sin\theta = \frac{1}{2i}\left(z - \frac{1}{z}\right)$$

微分

$$dz = e^{i\theta}id\theta = izd\theta$$

或

$$d\theta = \frac{dz}{iz}$$

代入上式，得

$$\int_0^{2\pi} f(\cos\theta, \sin\theta)d\theta = \oint_C f\left(\frac{1}{2}\left(z+\frac{1}{z}\right), \frac{1}{2i}\left(z-\frac{1}{z}\right)\right)\frac{dz}{iz}$$

或

$$\int_0^{2\pi} f(\cos\theta, \sin\theta)d\theta = \oint_C f^*(z)dz = 2\pi i \cdot （單位圓圍線 C 內 f^*(z) 所有殘數和）$$

其中 $C: |z| = 1$。

範例 01

> 計算積分 $\int_0^{2\pi} \frac{1}{a + b\cos\theta}d\theta$，其中 $a > b > 0$

台科大機械所、成大土木所工數、中央太空所

解答：

令 $\quad \cos\theta = \dfrac{1}{2}\left(z + \dfrac{1}{z}\right)$, $d\theta = \dfrac{1}{iz}dz$

代入得 $\quad \displaystyle\int_0^{2\pi} \dfrac{1}{a+b\cos\theta}d\theta = \oint_C \dfrac{1}{a + \dfrac{b}{2}\left(z+\dfrac{1}{z}\right)} \cdot \dfrac{dz}{iz}$

移項 $\quad \displaystyle\int_0^{2\pi} \dfrac{1}{a+b\cos\theta}d\theta = \dfrac{2}{i}\oint_C \dfrac{dz}{bz^2+2az+b}$

其中極點為 $\quad p = \dfrac{-a+\sqrt{a^2-b^2}}{b}$, $q = \dfrac{-a-\sqrt{a^2-b^2}}{b}$

或 $\quad \displaystyle\int_0^{2\pi} \dfrac{1}{a+b\cos\theta}d\theta = \dfrac{2}{i}\oint_C \dfrac{dz}{b(z-p)(z-q)}$

利用根與係數關係 $\quad p \cdot q = 1$

因 $\quad |q| > 1$

故得只有 $\quad |p| < 1$，即 $z = p$ 為單位圓內一階極點。

得 $\quad \displaystyle\int_0^{2\pi} \dfrac{1}{a+b\cos\theta}d\theta = \dfrac{2}{ib}2\pi i r_p = \dfrac{2}{ib}2\pi i \dfrac{1}{p-q} = \dfrac{2\pi}{\sqrt{a^2-b^2}}$

範例 02：

Evaluate the following integrals $\displaystyle\int_0^{2\pi} \dfrac{1}{2+\sin\theta}d\theta$

彰師光電所、清大電機所

解答：

利用 $\sin\theta = \dfrac{1}{2i}\left(z - \dfrac{1}{z}\right)$ 及 $d\theta = \dfrac{dz}{iz}$

代入
$$\int_0^{2\pi}\frac{1}{2+\sin\theta}d\theta=\oint_{|z|=1}\frac{1}{2+\frac{1}{2i}\left(z-\frac{1}{z}\right)}\frac{dz}{iz}$$

$$\int_0^{2\pi}\frac{1}{2+\sin\theta}d\theta=\oint_{|z|=1}\frac{2}{z^2+4iz-1}dz$$

極點 $z^2+4iz-1=0$

得根 $$z=\frac{-4i\pm\sqrt{-16+4}}{2}=\frac{-4i\pm i2\sqrt{3}}{2}=\left(-2\pm\sqrt{3}\right)i$$

只有 $z=\left(-2+\sqrt{3}\right)i$ 在單位圓內。

由殘數定理知 $$\int_0^{2\pi}\frac{1}{2+\sin\theta}d\theta=\oint_{|z|=1}\frac{2}{z^2+4iz-1}dz=2\pi i\, r_{(-2+\sqrt{3})i}$$

得 $$\int_0^{2\pi}\frac{1}{2+\sin\theta}d\theta=2\pi i\lim_{z\to(-2+\sqrt{3})i}\frac{2}{2z+4i}=\frac{2\pi}{\sqrt{3}}$$

範例 03：

計算積分 $\int_0^{2\pi}\frac{1}{(a+b\cos\theta)^2}d\theta$，其中 $a>b>0$

成大電機、微電子、電通、中央光電所、成大電機所

解答：

【方法一】微分法

已知(從範例 1) $$\int_0^{2\pi}\frac{1}{a+b\cos\theta}d\theta=\frac{2\pi}{\sqrt{a^2-b^2}}$$

兩邊對 a 微分 $$\frac{d}{da}\int_0^{2\pi}\frac{1}{a+b\cos\theta}d\theta=\frac{d}{da}\frac{2\pi}{\sqrt{a^2-b^2}}$$

得
$$\int_0^{2\pi} \frac{-1}{(a+b\cos\theta)^2} d\theta = \frac{2\pi \cdot (-a)}{\sqrt{(a^2-b^2)^3}}$$

或
$$\int_0^{2\pi} \frac{1}{(a+b\cos\theta)^2} d\theta = \frac{2a\pi}{\sqrt{(a^2-b^2)^3}}$$

【方法二】殘數定理

令
$$\cos\theta = \frac{1}{2}\left(z+\frac{1}{z}\right),\ dz = \frac{1}{iz}dz$$

代入得
$$\int_0^{2\pi} \frac{1}{(a+b\cos\theta)^2} d\theta = \frac{4}{ib^2}\oint_C \frac{z\,dz}{(z-p)^2(z-q)^2}$$

其中
$$p = \frac{-a+\sqrt{a^2-b^2}}{b},\ q = \frac{-a-\sqrt{a^2-b^2}}{b}$$

只有 $|p|<1$ 且 $z=p$ 為二階極點。

得
$$\int_0^{2\pi} \frac{1}{(a+b\cos\theta)^2} d\theta = \frac{4}{ib^2}2\pi i r_p = \frac{2a\pi}{\sqrt{(a^2-b^2)^3}}$$

範例 04：

Compute $\int_0^{2\pi} \frac{\sin^2\theta}{2+\cos\theta} d\theta$

淡大航太所、中興物理所

解答：

令
$$\cos\theta = \frac{1}{2}\left(z+\frac{1}{z}\right),\ \sin\theta = \frac{1}{2i}\left(z-\frac{1}{z}\right),\ d\theta = \frac{1}{iz}dz$$

代入
$$\int_0^{2\pi}\frac{\sin^2\theta}{2+\cos\theta}d\theta=\oint_C\frac{\frac{1}{2}-\frac{1}{4}\left(z^2+\frac{1}{z^2}\right)}{2+\frac{1}{2}\left(z+\frac{1}{z}\right)}\frac{dz}{iz}$$

整理得
$$\int_0^{2\pi}\frac{\sin^2\theta}{2+\cos\theta}d\theta=\frac{-1}{2i}\oint_C\frac{(z^2-1)^2}{z^2(z^2+4z+1)}dz$$

極點有三個 $z=0$ 為二階極點。$z=-2\pm\sqrt{3}$ 為一階極點。

在單位圓內只有二個 $z=0$ 及 $z=-2+\sqrt{3}$

殘數定理
$$\int_0^{2\pi}\frac{\sin^2\theta}{2+\cos\theta}d\theta=-\frac{1}{2i}\cdot 2\pi i(r_0+r_{-2+\sqrt{3}})$$

其中殘數
$$r_0=\lim_{z\to 0}D\left[z^2\frac{(z^2-1)^2}{z^2(z^2+4z+1)}\right]=\lim_{z\to 0}D\left[\frac{(z^2-1)^2}{(z^2+4z+1)}\right]$$

或
$$r_0=\lim_{z\to 0}\left[\frac{2(z^2-1)2z(z^2+4z+1)-(z^2-1)^2(2z+4)}{(z^2+4z+1)^2}\right]=-4$$

及
$$r_{-2+\sqrt{3}}=\lim_{z\to 0}\left[\frac{(z^2-1)^2}{z^2(2z+4)}\right]=\lim_{z\to 0}\left[\frac{((-2+\sqrt{3})^2-1)^2}{(-2+\sqrt{3})^2\cdot 2\sqrt{3}}\right]$$

或
$$r_{-2+\sqrt{3}}=\frac{(6-4\sqrt{3})^2}{(7-4\sqrt{3})\cdot 2\sqrt{3}}=\frac{12(7-4\sqrt{3})}{(7-4\sqrt{3})\cdot 2\sqrt{3}}=2\sqrt{3}$$

得
$$\int_0^{2\pi}\frac{\sin^2\theta}{2+\cos\theta}d\theta=-\frac{1}{2i}\cdot 2\pi i(-4+2\sqrt{3})=\pi(4-2\sqrt{3})$$

範例 05：

Evaluate the function I using the residue theorem

$$I = \int_0^{2\pi} \frac{3\cos\theta}{1 - 2p\cos\theta + p^2} d\theta \text{, where } 0 < p < 1$$

中興土木所工數丙乙

解答：

令 $\cos\theta = \frac{1}{2}\left(z + \frac{1}{z}\right)$, $d\theta = \frac{1}{iz}dz$

已知

$$\int_0^{2\pi} \frac{3\cos\theta}{1 - 2p\cos\theta + p^2} d\theta = \oint_C \frac{\frac{3}{2}\left(z + \frac{1}{z}\right)}{1 - p\left(z + \frac{1}{z}\right) + p^2} \frac{dz}{iz}$$

整理得

$$\int_0^{2\pi} \frac{3\cos\theta}{1 - 2p\cos\theta + p^2} d\theta = \frac{3}{2i}\oint_C \frac{(z^2 + 1)}{[z - p(z^2 + 1) + p^2 z]} dz$$

殘數定理

$$\int_0^{2\pi} \frac{3\cos\theta}{1 - 2p\cos\theta + p^2} d\theta = \frac{3}{2pi}\oint_C \frac{(z^2 + 1)}{(z - p)\left(z - \frac{1}{p}\right)z} dz$$

因為 $0 < p < 1$，故只有極點，$z = 0$，$z = p$ 在單位圓內

得

$$\int_0^{2\pi} \frac{3\cos\theta}{1 - 2p\cos\theta + p^2} d\theta = \frac{3}{2pi}(2\pi i)(r_0 + r_p)$$

其中

$$r_0 = \lim_{z \to 0} z \frac{(z^2 + 1)}{(z - p)\left(z - \frac{1}{p}\right)z} = \lim_{z \to 0} \frac{(z^2 + 1)}{(z - p)\left(z - \frac{1}{p}\right)} = \frac{1}{(-p)\left(-\frac{1}{p}\right)} = 1$$

$$r_p = \lim_{z \to p} (z - p) \frac{(z^2 + 1)}{(z - p)\left(z - \frac{1}{p}\right)z} = \lim_{z \to p} \frac{(z^2 + 1)}{z\left(z - \frac{1}{p}\right)} = \frac{p^2 + 1}{p^2 - 1}$$

最後得

$$\int_0^{2\pi} \frac{3\cos\theta}{1-2p\cos\theta+p^2}d\theta = \frac{3\pi}{p}\left(1+\frac{p^2+1}{p^2-1}\right) = \frac{6\pi p}{p^2-1}$$

第二節　有理式實變函數積分

※ 瑕積分 (Improper Integral) 定義：

根據實變函數瑕積分的定義，下列無限大區間之瑕積分式，計算如下：

$$\int_{-\infty}^{\infty} f(x)dx = \int_{-\infty}^{a} f(x)dx + \int_{a}^{\infty} f(x)dx$$

其中

$$\int_{-\infty}^{a} f(x)dx = \lim_{t\to-\infty}[F(a)-F(t)]$$

及

$$\int_{a}^{\infty} f(x)dx = \lim_{t\to\infty}[F(t)-F(a)]$$

兩式之極限都存在，上式無限大區間之瑕積分式之值方存在。

※ Cauchy 積分主值 (Principal Value of Cauchy Integral) 定義：

當已知無限大區間之瑕積分式 $\int_{-\infty}^{\infty} f(x)dx$ 之值存在，要計算它的值時，常常無法找到適當方法求，現在從複變函數之殘數定理，可求得下列之 Caucy 積分主值 (Cauchy Integral Principle Values)，定義如下：

$$P.V.\int_{-\infty}^{\infty} f(x)dx = \lim_{R \to \infty} \int_{-R}^{R} f(x)dx$$

※ Cauchy 積分主值與瑕積分之收斂定理：

無限大區間之瑕積分式 $\int_{-\infty}^{\infty} f(x)dx$ 與 Cauchy 積分主值 $P.V.\int_{-\infty}^{\infty} f(x)dx$ 之關係定理如下：

若瑕積分 $\int_{-\infty}^{\infty} f(x)dx$ 存在，則 $\int_{-\infty}^{\infty} f(x)dx = P.V.\int_{-\infty}^{\infty} f(x)dx$

如此 Cauchy 積分主值之計算值，方能取代瑕積分值之計算。

※ Cauchy 積分主值求有理式實變函數瑕積分：

因此，若考慮有理式實變函數瑕積分：

$$\int_{-\infty}^{\infty} \frac{P(x)}{Q(x)}dx$$

其中 $P(x)$、$Q(x)$ 為多項式函數。

現取複變函數 $f(z) = \dfrac{P(z)}{Q(z)}$，並計算 $f(z)$ 之圍線積分，來計算上式實變函數瑕積分值，首先複變函數之圍線積分，即：

$$\oint_C f(z)dz = \oint_C \frac{P(z)}{Q(z)}dz = 2\pi i\ （C\ 內所有殘數和。）$$

其中取 C 為兩部分組成之圍線，第一部份 C_1 為 x 軸上從 $x = -R$ 到 $x = R$ 之 x 軸線段，第二部分 C_2 為以原點為圓心，半徑為 R 之上半平面內之半圓（即 $0 < \theta < \pi$）。

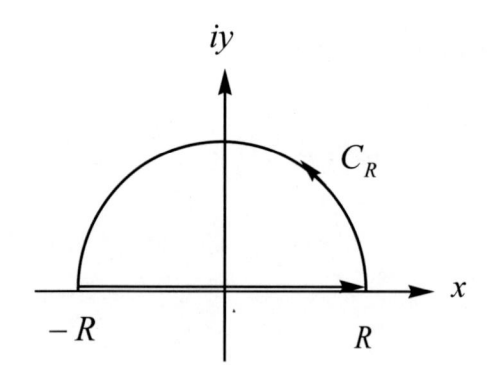

亦即

$$\oint_C \frac{P(z)}{Q(z)}dz = \oint_{C_1} \frac{P(z)}{Q(z)}dz + \oint_{C_2} \frac{P(z)}{Q(z)}dz$$

因在 C_1：為 x 軸上從 $x = -R$ 到 $x = R$ 之線段，故在 C_1 上，可令 $z = x$，$dz = dx$ 即

$$\oint_C \frac{P(z)}{Q(z)}dz = \int_{-R}^{R} \frac{P(x)}{Q(x)}dx + \oint_{C_R} \frac{P(z)}{Q(z)}dz$$

取極限 $R \to \infty$，或 $z \to \infty$ 得

$$\lim_{R \to \infty} \oint_C \frac{P(z)}{Q(z)}dz = \lim_{R \to \infty} \left(\int_{-R}^{R} \frac{P(x)}{Q(x)}dx + \oint_{C_2} \frac{P(z)}{Q(z)}dz \right)$$

或

$$\lim_{R \to \infty} \oint_C \frac{P(z)}{Q(z)}dz = \lim_{R \to \infty} \int_{-R}^{R} \frac{P(x)}{Q(x)}dx + \lim_{R \to \infty} \oint_{C_R} \frac{P(z)}{Q(z)}dz$$

第二項積分，取極限，即

$$\lim_{R \to \infty} \left| \oint_{C_R} \frac{P(z)}{Q(z)}dz \right| \le \lim_{R \to \infty} \oint_{C_R} \left| \frac{P(z)}{Q(z)}dz \right| \le \lim_{R \to \infty} \oint_{C_R} \left| \frac{P(z)}{Q(z)} \right| |dz|$$

此項積分，因在 C_R：為以原點為圓心，半徑為 R 之上半平面內之半圓（即

$0 < \theta < \pi$)，故在 C_2 上，可令 $z = Re^{i\theta}$，$dz = Re^{i\theta}id\theta = izd\theta$
即

$$\lim_{R\to\infty}\left|\oint_{C_R}\frac{P(z)}{Q(z)}dz\right| \leq \lim_{R\to\infty}\oint_{C_R}\left|\frac{P(z)}{Q(z)}\right||izd\theta| \leq \lim_{R\to\infty}\int_0^\pi\left|z\frac{P(z)}{Q(z)}\right||d\theta|$$

上式若 $Q(z)$ 之冪次比分子 $P(z)$ 之冪次大兩次以上，亦即 $\dfrac{P(z)}{Q(z)} \sim \dfrac{1}{z^2}$，則

$\lim\limits_{z\to\infty}\left|\dfrac{zP(z)}{Q(z)}\right| \sim \lim\limits_{z\to\infty}\left|\dfrac{1}{z}\right| = 0$，代入上式，得

$$\lim_{R\to\infty}\left|\oint_{C_R}\frac{P(z)}{Q(z)}dz\right| = 0$$

或原式為

$$\lim_{R\to\infty}\oint_C\frac{P(z)}{Q(z)}dz = \lim_{R\to\infty}\int_{-R}^R\frac{P(x)}{Q(x)}dx + \lim_{R\to\infty}\oint_{C_R}\frac{P(z)}{Q(z)}dz = \int_{-\infty}^\infty\frac{P(x)}{Q(x)}dx$$

依殘數定理得

$$\int_{-\infty}^\infty\frac{P(x)}{Q(x)}dx = \lim_{R\to\infty}\oint_C\frac{P(z)}{Q(z)}dz = 2\pi i \cdot \text{（上半平面內所有殘數和）}$$

綜合整理如下：

若有理式函數 $f(x) = \dfrac{P(x)}{Q(x)}$，滿足下列三條件：

1. $P(x)$、$Q(x)$ 為多項式函數。

2. $Q(x)$ 之冪次比分子 $P(x)$ 之冪次大兩次以上，或 $\lim\limits_{z\to\infty}\left|\dfrac{zP(z)}{Q(z)}\right| = 0$

3. $Q(x) = 0$ 沒有實根(亦即，在實數軸上沒有極點)。

$$\text{則} \quad \int_{-\infty}^{\infty} \frac{P(x)}{Q(x)} dx = 2\pi i \left(\sum_{i=1}^{n} \operatorname*{Res}_{z=z_i} \left(\frac{P(z)}{Q(z)} \right) \right)$$

其中 $\sum_{i=1}^{n} \operatorname*{Res}_{z=z_i} \left(\frac{P(z)}{Q(z)} \right)$ 表上半平面內所有殘數和。

【觀念分析】

1. 若 $Q(x)=0$ 有實根（亦即，在實數軸上有極點），此時須考慮避點積分。
2. 若 $f(x)$ 不是有理式函數，只要滿足 $\lim_{z \to \infty}(zf(z)) = 0$，本定理就適用。

範例 06：有理式函數之瑕積分（扇形一）

Evaluate using residues the integral $\int_0^{\infty} \frac{dx}{1+x^3}$

成大土木所丁、中山光電所、台大機械

解答：

【方法一】Beta 函數

令 $x^3 = y$，$x = y^{\frac{1}{3}}$，$dx = \frac{1}{3} y^{\frac{1}{3}-1} dy$

$$\int_0^{\infty} \frac{1}{1+x^3} dx = \frac{1}{3} \int_0^{\infty} \frac{y^{\frac{1}{3}-1}}{1+y} dy = \frac{1}{3} B\left(\frac{1}{3}, \frac{2}{3}\right) = \frac{1}{3} \frac{\Gamma\left(\frac{1}{3}\right)\Gamma\left(\frac{2}{3}\right)}{\Gamma\left(\frac{1}{3}+\frac{2}{3}\right)}$$

$$\int_0^{\infty} \frac{1}{1+x^3} dx = \frac{1}{3} \Gamma\left(\frac{1}{3}\right) \Gamma\left(\frac{2}{3}\right) = \frac{1}{3} \frac{\pi}{\sin \frac{\pi}{3}} = \frac{2\pi}{3\sqrt{3}}$$

【方法二】殘數定理

因碰到分母 $1+x^3=0$，因此，C 圍線須取角度為 $\dfrac{2\pi}{3}$ 之扇形圍線，如下圖所示：

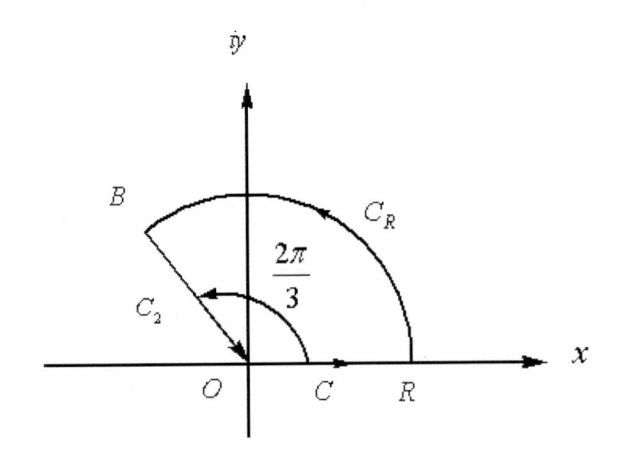

取如圖所示，圍線 $C^* = C + C_R + C_2$

$$\oint_{C^*} \frac{1}{1+z^3} d = 2\pi i \left(C^*\text{內殘數和}\right)$$

$$\lim_{R \to \infty} \oint_{C^*} \frac{1}{1+z^3} d = 2\pi i \left(C^*\text{延伸扇形內殘數和}\right)$$

其中　$1+z^3=0$，極點為

$$z = e^{i\left(\frac{\pi + 2n\pi}{3}\right)}$$

得　$z_1 = e^{i\left(\frac{\pi}{3}\right)} = \cos\left(\dfrac{\pi}{3}\right) + i\sin\left(\dfrac{\pi}{3}\right) = \dfrac{1}{2} + i\dfrac{\sqrt{3}}{2}$ 在 C^* 內。

其殘數為

$$r_{e^{i\frac{\pi}{3}}} = \operatorname*{Res}_{z \to e^{\frac{\pi i}{3}}}\left(e^{\frac{\pi i}{3}}\right) = \lim_{z \to e^{\frac{\pi i}{3}}} \frac{1}{3z^2} = \frac{1}{3} e^{-\frac{2\pi i}{3}}$$

其中

(1) $\lim_{R\to\infty}\int_{C_1}\dfrac{1}{1+z^3}dz=\int_0^\infty\dfrac{dx}{1+x^3}$

(2) $\lim_{R\to\infty}\left|\int_{C_R}\dfrac{1}{1+z^3}dz\right|\le \lim_{R\to\infty}\int_0^{\frac{2\pi}{3}}\left|\dfrac{1}{1+R^3e^{i3\theta}}\cdot iRe^{i\theta}\right|d\theta\le \lim_{R\to\infty}\int_0^{\frac{2\pi}{3}}\left|\dfrac{R}{R^3}\right|d\theta=0$

(3) $\lim_{R\to\infty}\int_{C_2}\dfrac{1}{1+z^3}dz=\lim_{R\to\infty}\int_R^0\dfrac{e^{i\frac{2\pi}{3}}}{1+(re^{i\frac{2\pi}{3}})^3}dr=-e^{i\frac{2\pi}{3}}\int_0^\infty\dfrac{1}{1+r^3}dr$

代回原式

$$\int_0^\infty\dfrac{dx}{1+x^3}-e^{i\frac{2\pi}{3}}\int_0^\infty\dfrac{dx}{1+x^3}+0=2\pi i\operatorname*{Res}_{z\to e^{\frac{\pi i}{3}}}\left(e^{\frac{\pi i}{3}}\right)$$

整理

$$\left(1-e^{i\frac{2\pi}{3}}\right)\int_0^\infty\dfrac{dx}{1+x^3}=2\pi i\left(\dfrac{1}{3}e^{-i\frac{2\pi}{3}}\right)$$

移項

$$\int_0^\infty\dfrac{dx}{1+x^3}=\dfrac{2\pi i}{1-e^{i\frac{2\pi}{3}}}\left(\dfrac{1}{3}e^{-i\frac{2\pi}{3}}\right)=\dfrac{2\pi i}{3}\dfrac{e^{-\frac{2\pi i}{3}}e^{-\frac{\pi i}{3}}}{\left(1-e^{i\frac{2\pi}{3}}\right)e^{-\frac{\pi i}{3}}}$$

$$\int_0^\infty\dfrac{dx}{1+x^3}=\dfrac{\pi}{3}\dfrac{e^{-i\pi}}{\dfrac{1}{2i}\left(e^{-i\frac{\pi}{3}}-e^{i\frac{\pi}{3}}\right)}=\dfrac{\pi}{3}\dfrac{1}{\dfrac{1}{2i}\left(e^{i\frac{\pi}{3}}-e^{-i\frac{\pi}{3}}\right)}$$

得

$$\int_0^\infty\dfrac{dx}{1+x^3}=\dfrac{\pi}{3}\dfrac{1}{\sin\dfrac{\pi}{3}}=\dfrac{2\pi}{3\sqrt{3}}$$

範例 07：有理式函數之瑕積分（扇形一）

Evaluate $\int_0^\infty \frac{1}{1+x^4} dx$?（hint: apply the residue theorem）

中興土木所、台大土木、成大醫工所、交大機械所

解答：

【方法一】

因碰到分母 $1+x^4=0$，因此，C 圍線須取角度為 $\frac{2\pi}{4}=\frac{\pi}{2}$ 之扇形圍線，如下圖所示：

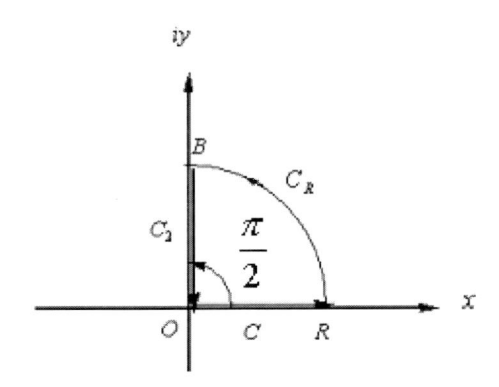

$$\lim_{R\to\infty}\oint_C \frac{1}{1+z^4} dz = \lim_{R\to\infty}\left(\int_0^R \frac{1}{1+x^4} dx + \int_{C_R} \frac{1}{1+z^4} dz + \int_R^0 \frac{1}{1+(iy)^4} i\,dy\right)$$

其中 $\quad \lim_{R\to\infty}\int_{C_R} \frac{1}{1+z^4} dz = 0$

代入 $\quad \lim_{R\to\infty}\oint_C \frac{1}{1+z^4} dz = \lim_{R\to\infty}\left(\int_0^R \frac{1}{1+x^4} dx + i\int_R^0 \frac{1}{1+y^4} dy\right)$

得 $\quad \lim_{R\to\infty}\oint_C \frac{1}{1+z^4} dz = (1-i)\int_0^\infty \frac{1}{1+x^4} dx$

利用殘數定理 $\lim\limits_{R\to\infty}\oint_C \dfrac{1}{1+z^4}dz = (1-i)\int_0^\infty \dfrac{1}{1+x^4}dx = 2\pi i\,\mathrm{Res}\limits_{z=e^{i\frac{\pi}{4}}} f(z)$

其中殘數 $\mathrm{Res}\limits_{z=e^{i\frac{\pi}{4}}} f(z) = \lim\limits_{z=e^{i\frac{\pi}{4}}}\dfrac{1}{4z^3} = \dfrac{1}{4}e^{-i\frac{3\pi}{4}} = \dfrac{-1-i}{4\sqrt{2}}$

代回得 $(1-i)\int_0^\infty \dfrac{1}{1+x^4}dx = 2\pi i\,\dfrac{-1-i}{4\sqrt{2}}$

整理得 $\int_0^\infty \dfrac{1}{1+x^4}dx = \dfrac{\sqrt{2}\pi}{4}$

【方法二】Beta 函數

$$\int_0^\infty \dfrac{1}{1+x^4}dx = \dfrac{1}{4}B\left(\dfrac{1}{4},\dfrac{3}{4}\right) = \dfrac{1}{4}\dfrac{\Gamma\left(\dfrac{1}{4}\right)\Gamma\left(\dfrac{3}{4}\right)}{\Gamma\left(\dfrac{1}{4}+\dfrac{3}{4}\right)} = \dfrac{1}{4}\dfrac{\pi}{\sin\dfrac{\pi}{4}} = \dfrac{\sqrt{2}}{4}\pi$$

範例 08：有理式函數之瑕積分（扇形一）

Compute $\int_0^\infty \dfrac{1}{1+x^6}dx$

成大奈米所(微機電所)、中央機械、光機電、能源所

解答：

【方法一】取扇形圍線

因碰到分母 $1+x^6=0$，因此，C 圍線須取角度為 $\dfrac{2\pi}{6}=\dfrac{\pi}{3}$ 之扇形圍線，如

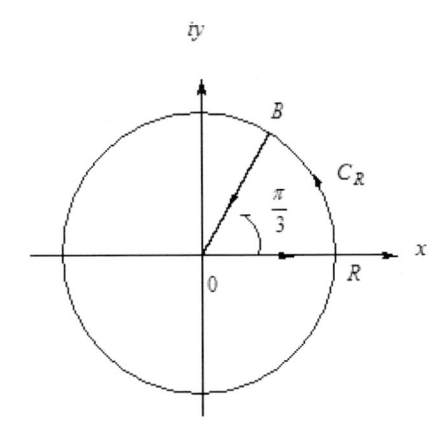

【方法二】取上半圓圍線

$$\int_0^\infty \frac{dx}{1+x^6} = \frac{1}{2}\int_{-\infty}^{+\infty} \frac{dx}{1+x^6}$$

考慮如圖所示之圍線積分，（可為 $\frac{2\pi}{6} = \frac{\pi}{3}$ 之整數倍圍線）

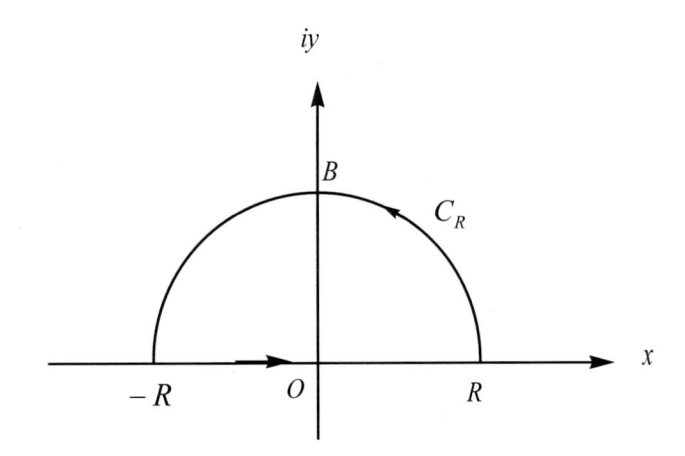

$$\lim_{R\to\infty} \oint_C \frac{1}{1+z^6} dz = 2\pi i \sum_{U.P.} R\{f(z)\} = \lim_{R\to\infty}\left[\int_{C_R} \frac{1}{1+z^6} dz - \int_{C_2} \frac{1}{1+z^6} dz\right]$$

其中 $f(z) = \dfrac{1}{1+z^6}$，顯然的

$$\lim_{R\to\infty}\int_{C_R}\frac{1}{1+z^6}dz=0 \text{ , } \lim_{R\to\infty}\int_{C_2}\frac{1}{1+z^6}dz=\int_{-\infty}^{\infty}f(x)dx$$

$f(z)$ 有 6 個奇異點：

$$z=e^{i(\frac{\pi+2n\pi}{6})}$$

$z_1=e^{i\frac{\pi}{6}}$ ，$z_2=e^{i\frac{3\pi}{6}}$ ，$z_3=e^{i\frac{5\pi}{6}}$ （以上位於上半平面）

$z_4=e^{i\frac{7\pi}{6}}$ ，$z_5=e^{i\frac{9\pi}{6}}$ ，$z_6=e^{i\frac{11\pi}{6}}$ （以上位於下半平面）

殘數值：

$$R(z_1)=\frac{1}{6z^5}\bigg|_{z=e^{i\frac{\pi}{6}}}=\frac{1}{6}e^{-i\frac{5\pi}{6}}$$

$$R(z_2)=\frac{1}{6z^5}\bigg|_{z=i}=\frac{1}{6i}$$

$$R(z_3)=\frac{1}{6z^5}\bigg|_{z=e^{i\frac{5\pi}{6}}}=\frac{1}{6}e^{-i\frac{\pi}{6}}$$

$$\int_0^{\infty}\frac{dx}{1+x^6}=\frac{1}{2}\left[2\pi i\left(\frac{1}{6}\frac{-\sqrt{3}-i}{2}-\frac{i}{6}+\frac{1}{6}\frac{\sqrt{3}-i}{2}\right)\right]=\frac{\pi}{3}$$

範例 09：有理式實函數瑕積分（上半圓）

Evaluate the following integrals $\int_0^{\infty}\frac{2x^2-1}{x^4+5x^2+4}dx$

(Hint: an improper integral of an even function)

清大動機所、淡大物理、成大土木所、中山地震所

解答：

【方法一】

因式分解　　　　$\int_0^\infty \dfrac{2x^2-1}{x^4+5x^2+4}dx = \dfrac{1}{2}\int_{-\infty}^\infty \dfrac{2x^2-1}{(x^2+1)(x^2+4)}dx$

取上半圓圍線　　$\int_0^\infty \dfrac{2x^2-1}{(x^2+1)(x^2+4)}dx = \dfrac{1}{2}(2\pi i)(r_i + r_{2i})$

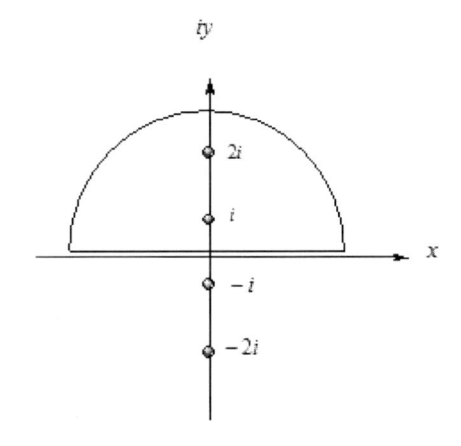

殘數　　　　　　$r_i = \lim\limits_{z \to i}\dfrac{2z^2-1}{2z(z^2+4)} = \dfrac{-3}{6i} = \dfrac{-1}{2i}$

及　　　　　　　$r_i = \lim\limits_{z \to 2i}\dfrac{2z^2-1}{2z(z^2+1)} = \dfrac{-9}{-12i} = \dfrac{3}{4i}$

代回得　　　　　$\int_0^\infty \dfrac{2x^2-1}{(x^2+1)(x^2+4)}dx = \pi i\left(\dfrac{-1}{2i} + \dfrac{3}{4i}\right) = \dfrac{\pi}{4}$

範例 10：不可因式分解

Evaluate the following integral $\int_0^\infty \dfrac{1}{x^4+x^2+1}dx$

台大物理所

解答：

$$\int_0^\infty \frac{1}{x^4+x^2+1}dx = \frac{1}{2}\int_{-\infty}^\infty \frac{1}{x^4+x^2+1}dx$$

取複數積分

$$\oint_C \frac{1}{z^4+z^2+1}dz = 2\pi i\, (C\text{內殘數和})$$

令分母為 0　　$z^4+z^2+1=0$

得　　$z^2 = \dfrac{-1+\sqrt{3}i}{2} = e^{i\left(\frac{2\pi}{3}+2n\pi\right)}$

得根　　$z = e^{i\left(\frac{\pi}{3}+n\pi\right)}$，或　$z_1 = e^{i\frac{\pi}{3}}$，$z_1 = e^{i\frac{4\pi}{3}}$

及　　$z^2 = \dfrac{-1-\sqrt{3}i}{2} = e^{i\left(\frac{4\pi}{3}+2n\pi\right)}$

得根　　$z = e^{i\left(\frac{2\pi}{3}+n\pi\right)}$，或　$z_1 = e^{i\frac{2\pi}{3}}$，$z_1 = e^{i\frac{5\pi}{3}}$

殘數　　$r_{z_1} = \lim\limits_{z\to e^{i\frac{\pi}{3}}} \dfrac{1}{4z^3+2z} = \dfrac{1}{-3+i\sqrt{3}} = \dfrac{-3-i\sqrt{3}}{12}$

殘數　　$r_{z_2} = \lim\limits_{z\to e^{i\frac{2\pi}{3}}} \dfrac{1}{4z^3+2z} = \dfrac{1}{3+\sqrt{3}i} = \dfrac{3-i\sqrt{3}}{12}$

$$\lim_{R\to\infty}\oint_C \frac{1}{z^4+z^2+1}dz = 2\pi i\left(\frac{(-3-i\sqrt{3})}{12}+\frac{(3-i\sqrt{3})}{12}\right) = 2\pi i\left(\frac{-i\sqrt{3}}{6}\right)$$

整理得

$$\lim_{R\to\infty}\oint_C \frac{1}{z^4+z^2+1}dz = \frac{\sqrt{3}\pi}{3}$$

最後得

$$I = \int_0^\infty \frac{1}{x^4+x^2+1}dx = \frac{\sqrt{3}\pi}{6}$$

第三節　傅立葉變換積分式之計算

有理式實變函數積分，型如

$$\int_{-\infty}^{\infty} \frac{P(x)}{Q(x)} e^{iax} dx = \int_{-\infty}^{\infty} \frac{P(x)}{Q(x)}(\cos ax + i\sin ax)dx$$

或

$$\int_{-\infty}^{\infty} \frac{P(x)}{Q(x)} e^{iax} dx = \left(\int_{-\infty}^{\infty} \frac{P(x)}{Q(x)}\cos(ax)dx\right) + i\left(\int_{-\infty}^{\infty} \frac{P(x)}{Q(x)}\sin(ax)dx\right)$$

得

$$\int_{-\infty}^{\infty} \frac{P(x)}{Q(x)}\cos(ax)dx = \operatorname{Re}\left[\int_{-\infty}^{\infty} \frac{P(x)}{Q(x)} e^{iax} dx\right]$$

及

$$\int_{-\infty}^{\infty} \frac{P(x)}{Q(x)}\sin(ax)dx = \operatorname{Im}\left[\int_{-\infty}^{\infty} \frac{P(x)}{Q(x)} e^{iax} dx\right]$$

利用複變函數殘數定理：

【第一種情況】：$a > 0$

$$\oint_C \frac{P(z)}{Q(z)} e^{iaz} dz = 2\pi i \text{（上半圓 } C \text{ 內所有殘數和）}, a > 0$$

其中

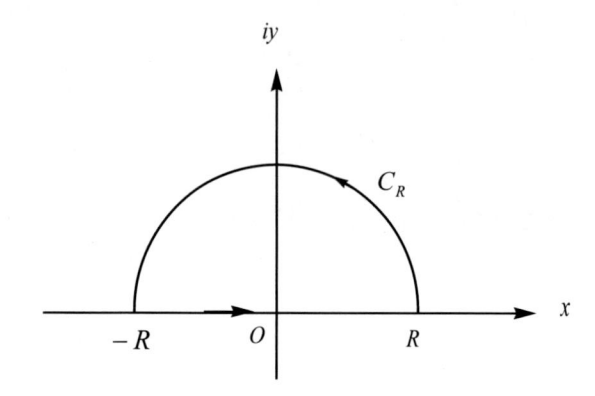

$$\lim_{R \to \infty} \oint_C \frac{P(z)}{Q(z)} e^{iaz} dz = \lim_{R \to \infty} \left(\int_{-R}^{R} \frac{P(x)}{Q(x)} e^{iax} dx + \int_{C_R} \frac{P(z)}{Q(z)} e^{iaz} dz \right) = 2\pi i \text{（上半圓 C 內}$$

所有殘數和）

因在 C_1：為 x 軸上從 $x = -R$ 到 $x = R$ 之線段，故在 C_1 上，可令 $z = x$，$dz = dx$
即

$$\lim_{R \to \infty} \oint_C \frac{P(z)}{Q(z)} e^{iaz} dz = \lim_{R \to \infty} \left(\int_{-R}^{R} \frac{P(x)}{Q(x)} e^{iax} dx + \int_{C_R} \frac{P(z)}{Q(z)} e^{iaz} dz \right)$$

第二項積分，取極限，即

$$\lim_{R \to \infty} \left| \int_{C_R} \frac{P(z)}{Q(z)} e^{iaz} dz \right| \leq \lim_{R \to \infty} \int_{C_R} \left| \frac{P(z)}{Q(z)} e^{iaz} \right| dz$$

此項積分，因在 C_R：為以原點為圓心，半徑為 R 之上半平面內之半圓（即 $0 < \theta < \pi$），故在 C_R 上，可令 $z = Re^{i\theta}$，$dz = Re^{i\theta} i d\theta = izd\theta$

即 $\displaystyle\lim_{R\to\infty}\int_{C_R}\left|\frac{P(z)}{Q(z)}e^{iaz}\right||dz|\leq \lim_{R\to\infty}\int_0^\pi \left|z\frac{P(z)e^{iaz}}{Q(z)}\right||d\theta|$

上式若 $Q(z)$ 之冪次比分子 $P(z)$ 之冪次大一次以上，則 $\dfrac{P(z)}{Q(z)}\sim \dfrac{1}{z}$，代入上式，得

$$\lim_{R\to\infty}\left|\int_{C_R}\frac{P(z)}{Q(z)}e^{iaz}dz\right|\leq \lim_{R\to\infty}\int_0^\pi\left|\frac{zP(z)e^{iaz}}{Q(z)}\right|d\theta\leq \lim_{R\to\infty}\int_0^\pi\left|\frac{ze^{ia(R\cos\theta+iR\sin\theta)}}{z}\right|d\theta$$

或（$|e^{iaR\cos\theta}|=1$）

$$\lim_{R\to\infty}\left|\int_{C_R}\frac{P(z)}{Q(z)}e^{iaz}dz\right|\leq \int_0^\pi\left(\lim_{R\to\infty}e^{-aR\sin\theta}\right)d\theta=0$$

其中　　$\sin\theta>0$，當 $\theta\in[0,\pi]$，$a>0$

則原式為

$$\lim_{R\to\infty}\oint_C\frac{P(z)}{Q(z)}e^{iaz}dz=\lim_{R\to\infty}\left(\int_{-R}^R\frac{P(x)}{Q(x)}e^{iax}dx+\int_{C_R}\frac{P(z)}{Q(z)}e^{iaz}dz\right)$$

或

$$\lim_{R\to\infty}\oint_C\frac{P(z)}{Q(z)}e^{iaz}dz=\lim_{R\to\infty}\left(\int_{-R}^R\frac{P(x)}{Q(x)}e^{iax}dx\right)$$

或

$$\lim_{R\to\infty}\oint_C\frac{P(z)}{Q(z)}e^{iaz}dz=\int_{-\infty}^\infty\frac{P(x)}{Q(x)}e^{iax}dx$$

依殘數定理得

$$\int_{-\infty}^{\infty} \frac{P(x)}{Q(x)} e^{iax} dx = 2\pi i \cdot \text{（上半平面內所有殘數和。）}$$

【第二種情況】：$a < 0$

$$\lim_{R \to \infty} \oint_C \frac{P(z)}{Q(z)} e^{iaz} dz = (-2\pi i) \text{（下半圓 } C \text{ 內所有殘數和），} a < 0$$

綜合整理如下：

若有理式函數 $f(x) = \dfrac{P(x)}{Q(x)}$，滿足下列三條件：

1. $P(x)$、$Q(x)$ 為多項式函數。
2. $Q(x)$ 之冪次比分子 $P(x)$ 之冪次大一次以上
3. $Q(x) = 0$ 沒有實根（亦即，在實數軸上沒有極點）。

則
$$\int_{-\infty}^{\infty} \frac{P(x)}{Q(x)} \cos(ax) dx = \text{Re}\left[\int_{-\infty}^{\infty} \frac{P(x)}{Q(x)} e^{iax} dx \right]$$

及

$$\int_{-\infty}^{\infty} \frac{P(x)}{Q(x)} \sin(ax) dx = \text{Im}\left[\int_{-\infty}^{\infty} \frac{P(x)}{Q(x)} e^{iax} dx \right]$$

其中

$$\int_{-\infty}^{\infty} \frac{P(x)}{Q(x)} e^{iax} dx = \lim_{R \to \infty} \oint_C \frac{P(z)}{Q(z)} e^{iaz} dz = 2\pi i \text{（上半平面內所有殘數和。）}$$

範例 11

Evaluate the real integral $\displaystyle\int_0^{\infty} \frac{\cos ax}{x^2 + b^2} dx$

成大系統船機電所、成大工科所工數、中央太空所

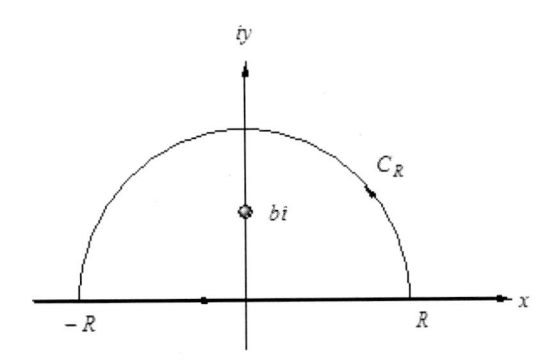

解答：

取圍線積分
$$\lim_{R\to\infty}\oint_C \frac{e^{iaz}}{z^2+b^2}dz = 2\pi i r_{bi}$$

極點為 $z = bi$，$z = -bi$

其中
$$r_{bi} = \lim_{z\to bi}\frac{e^{iaz}}{2z} = \frac{e^{-ab}}{2bi}$$

代回
$$\lim_{R\to\infty}\oint_C \frac{e^{iaz}}{z^2+b^2}dz = \frac{\pi}{b}e^{-ab}$$

$$\int_0^\infty \frac{\cos ax}{x^2+b^2}dx = \frac{1}{2}\text{Re}\left(\oint_C \frac{e^{iaz}}{z^2+b^2}dz\right) = \frac{\pi}{2b}e^{-ab}$$

範例 12：直接

Use the residue theorem to find the value of the integral $\int_0^\infty \dfrac{\cos ax}{\left(x^2+b^2\right)^2}dx$ （$a>0$，$b>0$）

清大工程系統所

解答：

【方法一】

取圍線積分
$$\lim_{R\to\infty}\oint_C \frac{e^{iaz}}{(z^2+b^2)^2}dz = 2\pi i r_{bi}$$

其中
$$r_{bi} = \lim_{z\to bi} D\left((z-bi)^2 \frac{e^{iaz}}{(z-bi)^2(z+bi)^2}\right)$$

$$r_{bi} = \lim_{z\to bi} D\left(\frac{e^{iaz}}{(z+bi)^2}\right) = \frac{2e^{-ab}(1+ab)}{8b^3 i}$$

代回
$$\lim_{R\to\infty}\oint_C \frac{e^{iaz}}{(z^2+b^2)^2}dz = \frac{\pi(ab+1)}{2b^3}e^{-ab}$$

或
$$\int_{-\infty}^{\infty}\frac{\cos ax}{(x^2+b^2)^2}dx = \frac{\pi(ab+1)}{2b^3}e^{-ab}$$

或
$$\int_0^{\infty}\frac{\cos ax}{(x^2+b^2)^2}dx = \frac{\pi(ab+1)}{4b^3}e^{-ab}$$

【方法二】

已知
$$\int_0^{\infty}\frac{\cos ax}{x^2+b^2}dx = \frac{\pi}{2b}e^{-ab}$$

對 b 微分

得
$$\int_0^{\infty}\frac{\cos ax}{(x^2+b^2)^2}dx = \frac{\pi(ab+1)}{4b^3}e^{-ab}$$

範例 13：分母四次不能因式分解

Evaluate the following integral:

$$\int_0^\infty \frac{\cos x}{x^4+x^2+1}dx$$

交大電信所乙丙

解答：

$$\int_0^\infty \frac{\cos x}{x^4+x^2+1}dx = \frac{1}{2}\int_{-\infty}^\infty \frac{\cos x}{x^4+x^2+1}dx$$

取複數積分

$$\lim_{R\to\infty}\oint_C \frac{e^{iz}}{z^4+z^2+1}dz = 2\pi i \quad (C內殘數和)$$

令分母為 0　$z^4+z^2+1=0$

得　$z^2 = \dfrac{-1+i\sqrt{3}}{2} = e^{i\left(\frac{2\pi}{3}+2n\pi\right)}$

得根　$z = e^{i\left(\frac{\pi}{3}+n\pi\right)}$，或　$z_1 = e^{i\frac{\pi}{3}}$，$z_1 = e^{i\frac{4\pi}{3}}$

及　$z^2 = \dfrac{-1-i\sqrt{3}}{2} = e^{i\left(\frac{4\pi}{3}+2n\pi\right)}$

得根　$z = e^{i\left(\frac{2\pi}{3}+n\pi\right)}$，或　$z_1 = e^{i\frac{2\pi}{3}}$，$z_1 = e^{i\frac{5\pi}{3}}$

殘數　$r_{z_1} = \lim\limits_{z\to e^{i\frac{\pi}{3}}}\dfrac{e^{iz}}{4z^3+2z} = \dfrac{e^{i\frac{1}{2}}e^{-\frac{\sqrt{3}}{2}}}{-3+i\sqrt{3}} = e^{-\frac{\sqrt{3}}{2}}\dfrac{(-3-i\sqrt{3})e^{i\frac{1}{2}}}{12}$

殘數　$r_{z_2} = \lim\limits_{z\to e^{i\frac{2\pi}{3}}}\dfrac{e^{iz}}{4z^3+2z} = \dfrac{e^{-i\frac{1}{2}}e^{-\frac{\sqrt{3}}{2}}}{3+i\sqrt{3}} = e^{-\frac{\sqrt{3}}{2}}\dfrac{(3-i\sqrt{3})e^{-i\frac{1}{2}}}{12}$

$$\lim_{R\to\infty} \oint_C \frac{e^{iaz}}{z^4+z^2+1}dz = 2\pi i \left(e^{-\frac{\sqrt{3}}{2}} \frac{(-3-i\sqrt{3})e^{i\frac{1}{2}}}{12} + e^{-\frac{\sqrt{3}}{2}} \frac{(3-i\sqrt{3})e^{-i\frac{1}{2}}}{12} \right)$$

整理得

$$\lim_{R\to\infty} \oint_C \frac{e^{iaz}}{z^4+z^2+1}dz = \frac{\pi}{3} e^{-\frac{\sqrt{3}}{2}} \left(3\sin\frac{1}{2} + \sqrt{3}\cos\frac{1}{2} \right)$$

最後得

$$\int_0^\infty \frac{\cos x}{x^4+x^2+1}dx = \frac{\pi}{6} e^{-\frac{\sqrt{3}}{2}} \left(3\sin\frac{1}{2} + \sqrt{3}\cos\frac{1}{2} \right)$$

範例 14：Fourier 積分（下半圓）

Solve $\int_{-\infty}^{\infty} \frac{e^{-ix}}{x^3-x^2+4x-4}dx$ by Complex analysis

中興機械所

解答：

【要訣】須取下半圓圍線。

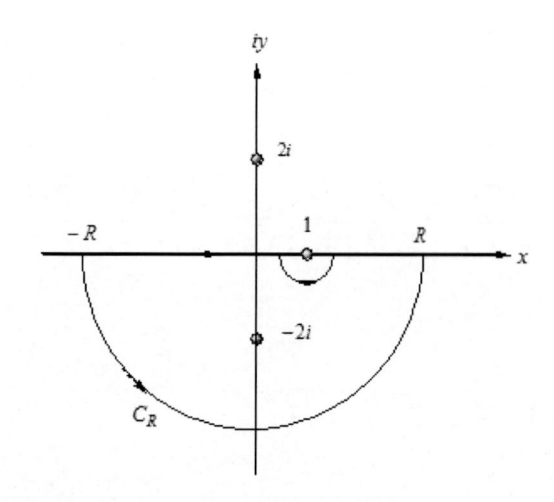

因式分解

$$\int_{-\infty}^{\infty} \frac{e^{-ix}}{x^3 - x^2 + 4x - 4} dx = \int_{-\infty}^{\infty} \frac{e^{-ix}}{(x^2 + 4)(x - 1)} dx$$

$$\int_{-\infty}^{\infty} \frac{e^{-ix}}{x^3 - x^2 + 4x - 4} dx = (-2\pi i) \operatorname{Re} s(-2i) + (-\pi i) \operatorname{Re} s(1)$$

其中

$$\operatorname{Re} s(-2i) = \left(\frac{e^{-iz}}{3z^2 - 2z + 4} \right)_{z=-2i} = \frac{e^{-2}}{4i - 8}$$

其中極點 $z = 1$ 須避點積分，其殘數

$$\operatorname{Re} s(1) = \left(\frac{e^{-iz}}{3z^2 - 2z + 4} \right)_{z=1} = \frac{e^{-i}}{5}$$

得

$$\int_{-\infty}^{\infty} \frac{e^{-ix}}{x^3 - x^2 + 4x - 4} dx = (-2\pi i) \frac{e^{-2}}{4i - 8} + (-\pi i) \frac{e^{-i}}{5}$$

範例 15：Fourier 積分（下半圓）

計算積分 $I = \int_{-\infty}^{\infty} \frac{e^{ikx}}{x - i\varepsilon} dx$，其中 $\varepsilon > 0$，當 (a) $k < 0$ (b) $k > 0$

交大光電所

解答：

(a) $k < 0$，須取下半圓圍線

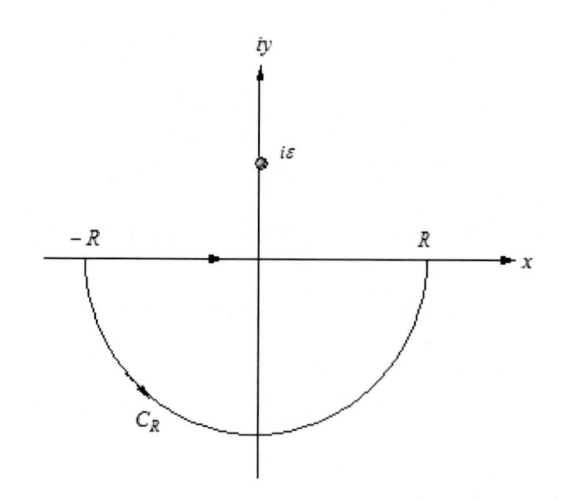

殘數定理

$$\lim_{R\to\infty}\oint_C \frac{e^{ikz}}{z-i\varepsilon}dz = \lim_{R\to\infty}\left(\int_{-R}^{R}\frac{e^{ikx}}{x-i\varepsilon}dx + \int_{C_R}\frac{e^{ikz}}{z-i\varepsilon}dz\right) = 0$$

其中

$$\lim_{R\to\infty}\left(\int_{C_R}\frac{e^{ikz}}{z-i\varepsilon}dz\right) = 0$$

代回

$$\int_{-\infty}^{\infty}\frac{e^{ikx}}{x-i\varepsilon}dx = 0$$

(b) $k > 0$，須取上半圓圍線

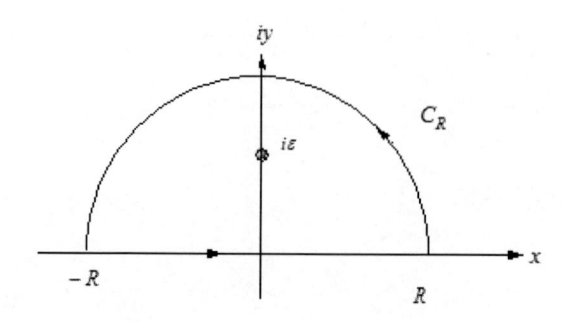

殘數定理

$$\lim_{R\to\infty}\oint_C \frac{e^{ikz}}{z-i\varepsilon}dz = \lim_{R\to\infty}\left(\int_{-R}^{R}\frac{e^{ikx}}{x-i\varepsilon}dx + \int_{C_R}\frac{e^{ikz}}{z-i\varepsilon}dz\right) = 2\pi i r_{i\varepsilon}$$

其中
$$\lim_{R\to\infty}\left(\int_{C_R}\frac{e^{ikz}}{z-i\varepsilon}dz\right) = 0$$

及殘數
$$r_{\varepsilon i} = \lim_{R\to\infty}\left((z-i\varepsilon)\frac{e^{ikz}}{z-i\varepsilon}\right) = e^{-k\varepsilon}$$

代回得
$$\int_{-\infty}^{\infty}\frac{e^{ikx}}{x-i\varepsilon}dx = 2\pi i\, e^{-k\varepsilon}$$

範例 16：扇形二

Evaluate the Fresnel integral $\int_0^{\infty}\sin(x^2)dx$, $\int_0^{\infty}\cos(x^2)dx$

成大奈米所(微機電所)、日本東大理

解答：

【方法一】

取 $45° = \dfrac{\pi}{4}$ 角之扇形圍線

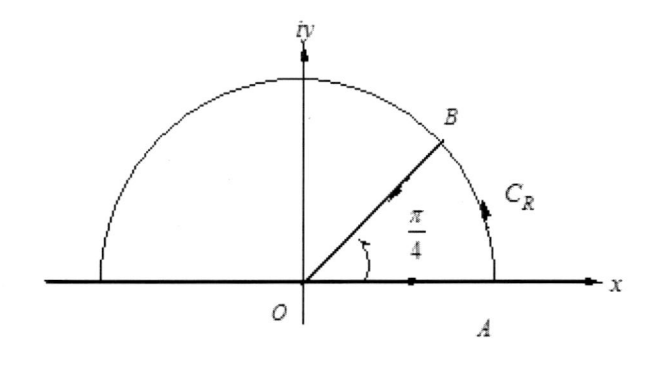

$$\oint_C e^{iz^2} dz = \int_{OA} e^{iz^2} dz + \int_{AB} e^{iz^2} dz + \int_{BO} e^{iz^2} dz = 0$$

其中

(1) on $\overline{OA}$ 上 $z = x$，$dz = dx$

$$\int_{OA} e^{iz^2} dz = \lim_{R \to \infty} \int_0^R e^{ix^2} dx = \int_0^\infty e^{ix^2} dx$$

(2) on 圓弧 AB 上 $z = Re^{i\theta}$，$dz = Rie^{i\theta} d\theta$

$$\left| \int_{AB} e^{iz^2} dz \right| \le \lim_{R \to \infty} \int_0^{\frac{\pi}{4}} \left| e^{iR^2 e^{2i\theta}} Re^{i\theta} i \right| d\theta$$

$$\left| \int_{AB} e^{iz^2} dz \right| \le \lim_{R \to \infty} \int_0^{\frac{\pi}{4}} \left| e^{iR^2(\cos 2\theta + i\sin(2\theta))} R \right| d\theta$$

$$\left| \int_{AB} e^{iz^2} dz \right| \le \lim_{R \to \infty} \int_0^{\frac{\pi}{4}} e^{-R^2 \sin(2\theta)} R d\theta = 0$$

(3) on $\overline{BO}$ 上 $z = re^{i\frac{\pi}{4}}$，$z = e^{i\frac{\pi}{4}} dr$

$$\int_{BO} e^{iz^2} dz = e^{i\frac{\pi}{4}} \lim_{R \to \infty} \int_R^0 e^{ir^2 e^{i\frac{\pi}{2}}} dr = -e^{i\frac{\pi}{4}} \int_0^\infty e^{-r^2} dr$$

其中 $\int_0^\infty e^{-r^2} dr = \frac{\sqrt{\pi}}{2}$

$$\int_{BO} e^{iz^2} dz = -e^{i\frac{\pi}{4}} \frac{\sqrt{\pi}}{2}$$

代回原式 $I + 0 + -e^{i\frac{\pi}{4}} \frac{\sqrt{\pi}}{2} = 0$

$$I = \int_0^\infty e^{ix^2} dx = \frac{\sqrt{\pi}}{2} e^{i\frac{\pi}{4}}$$

最後得 $I = \left(\int_0^\infty \cos(x^2) dx\right) + i\left(\int_0^\infty \sin(x^2) dx\right) = \frac{\sqrt{\pi}}{2}\left(\cos\frac{\pi}{4} + i\sin\frac{\pi}{4}\right)$

$$\int_0^\infty \sin(x^2) dx = \int_0^\infty \cos(x^2) dx = \frac{1}{2}\sqrt{\frac{\pi}{2}}$$

【方法二】

已知 $\int_0^\infty e^{-r^2} dr = \frac{\sqrt{\pi}}{2}$

令 $r^2 = ax^2$，$r = \sqrt{a}x$，$dr = \sqrt{a}dx$

$$\int_0^\infty e^{-r^2} dr = \sqrt{a}\int_0^\infty e^{-ax^2} dx = \frac{\sqrt{\pi}}{2}$$

得 $\int_0^\infty e^{-ax^2} dx = \frac{1}{2}\sqrt{\frac{\pi}{a}}$

$$\int_0^\infty \left(\int_0^\infty e^{-ax^2} dx\right) \sin a\, da = \frac{1}{2}\int_0^\infty \left(\sqrt{\frac{\pi}{a}}\right) \sin a\, da$$

變換次序 $\int_0^\infty \left(\int_0^\infty e^{-ax^2} \sin a\, da\right) dx = \frac{\sqrt{\pi}}{2}\int_0^\infty \frac{\sin a}{\sqrt{a}} da$

其中 $\int_0^\infty e^{-ax^2} \sin a\, da = \frac{1}{1+x^4}$

代入 $\frac{\sqrt{\pi}}{2}\int_0^\infty \frac{\sin a}{\sqrt{a}} da = \int_0^\infty \frac{1}{1+x^4} dx$

利用 Beta 函數得 $\int_0^\infty \dfrac{1}{1+x^4}dx = \dfrac{\pi}{2\sqrt{2}}$

$$\dfrac{\sqrt{\pi}}{2}\int_0^\infty \dfrac{\sin a}{\sqrt{a}}da = \dfrac{\pi}{2\sqrt{2}}$$

移項得 $\int_0^\infty \dfrac{\sin a}{\sqrt{a}}da = \sqrt{\dfrac{\pi}{2}}$

同理 $\int_0^\infty \dfrac{\cos a}{\sqrt{a}}da = \sqrt{\dfrac{\pi}{2}}$

令 $a = x^2$，$da = 2xdx$

$$\int_0^\infty \dfrac{\sin a}{\sqrt{a}}da = \int_0^\infty \dfrac{\sin(x^2)}{x}2xdx = 2\int_0^\infty \sin(x^2)dx = \sqrt{\dfrac{\pi}{2}}$$

得 $\int_0^\infty \sin(x^2)dx = \dfrac{1}{2}\sqrt{\dfrac{\pi}{2}}$

同理 $\int_0^\infty \cos(x^2)dx = \dfrac{1}{2}\sqrt{\dfrac{\pi}{2}}$

範例 17：長方形

Please find the following integral result $\int_{-\infty}^{\infty}\dfrac{e^{ax}}{1+e^x}dx$，$0 < a < 1$（30%）。

北科大機電整合所、台大機械所

解答：

【方法一】

取長方形圍線　　$(-R \leq x \leq R, 0 \leq y \leq 2\pi i)$

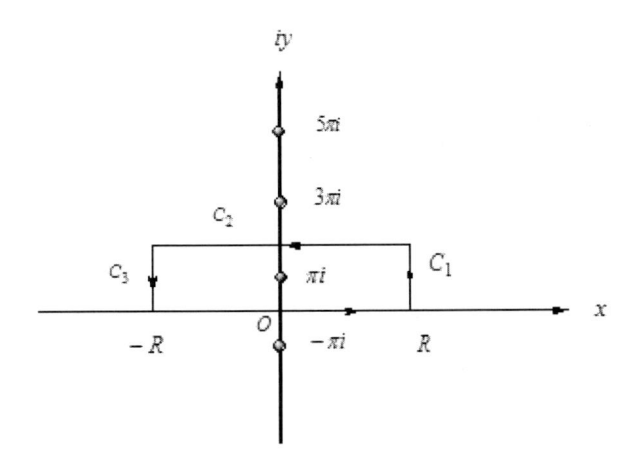

複數圍線積分

$$\oint_C \frac{e^{az}}{1+e^z}dz = \lim_{R\to\infty}\left(\int_{-R}^{R}\frac{e^{az}}{1+e^z}dz + \int_{C_1}\frac{e^{az}}{1+e^z}dz + \int_{C_2}\frac{e^{az}}{1+e^z}dz + \int_{C_3}\frac{e^{az}}{1+e^z}dz\right)$$

其中(1) 第二項 $\lim\limits_{R\to\infty}\left(\int_{C_1}\dfrac{e^{az}}{1+e^z}dz\right)$

在 $C_1: z = R+iy$，$dz = idy$，$|dz| = dy$

$$\lim_{R\to\infty}\left|\int_{C_1}\frac{e^{az}}{1+e^z}dz\right| \leq \lim_{R\to\infty}\int_{C_1}\left|\frac{e^{az}}{1+e^z}\right|dz \leq \lim_{R\to\infty}\int_{C_1}\frac{|e^{az}|}{|1+e^z|}|dz|$$

$$\lim_{R\to\infty}\left|\int_{C_1}\frac{e^{az}}{1+e^z}dz\right| \leq \lim_{R\to\infty}\int_{C_1}\frac{|e^{az}|}{|e^z|}|dz| \leq \lim_{R\to\infty}\int_0^{2\pi}\frac{|e^{aR+i2ay}|}{|e^{R+iy}|}dy$$

$$\lim_{R\to\infty}\left|\int_{C_1}\frac{e^{az}}{1+e^z}dz\right| \leq \lim_{R\to\infty}\int_0^{2\pi}\frac{1}{e^{(1-a)R}}dy = 0$$

因 $\quad 0 < a < 1$

得 $\quad \lim\limits_{R \to \infty} \left(\int_{C_1} \dfrac{e^{az}}{1+e^z} dz \right)$

同理(2) $\quad \lim\limits_{R \to \infty} \left(\int_{C_3} \dfrac{e^{az}}{1+e^z} dz \right) = 0$

代回原式 $\quad (1 - e^{2a\pi i}) \int_{-\infty}^{\infty} \dfrac{e^{ax}}{1+e^x} dx = 2\pi i r_{\pi i}$

其中殘數 $\quad r_{\pi i} = \lim\limits_{z \to \pi i} \dfrac{e^{az}}{e^z} = -e^{a\pi i}$

代回得 $\quad \int_{-\infty}^{\infty} \dfrac{e^{ax}}{1+e^x} dx = \dfrac{2\pi i e^{a\pi i}}{e^{2a\pi i} - 1} = \dfrac{\pi}{\dfrac{1}{2i}(e^{a\pi i} - e^{-a\pi i})}$

或 $\quad \int_{-\infty}^{\infty} \dfrac{e^{ax}}{1+e^x} dx = \dfrac{\pi}{\dfrac{1}{2i}(e^{a\pi i} - e^{-a\pi i})} = \dfrac{\pi}{\sin a\pi}$

【方法二】

已知 $\quad \int_{-\infty}^{\infty} \dfrac{e^{ax}}{1+e^x} dx$

令 $\ y = e^x$，$dx = \dfrac{dy}{y}$，代入

$$\int_{-\infty}^{\infty} \dfrac{e^{ax}}{1+e^x} dx = \int_{0}^{\infty} \dfrac{y^a}{1+y} \cdot \dfrac{dy}{y} = \int_{0}^{\infty} \dfrac{y^{a-1}}{1+y} \cdot dy$$

利用分支點積分 $\quad \int_{-\infty}^{\infty} \dfrac{e^{ax}}{1+e^x} dx = \int_{0}^{\infty} \dfrac{y^{a-1}}{1+y} \cdot dy = \dfrac{\pi}{\sin a\pi}$

【參考範例】 $\int_0^\infty \frac{x^{a-1}}{1+x} \cdot dx = \frac{\pi}{\sin a\pi}$

第四節　避點積分式（Indented Contour）

定義：Cauchy Principal Value

若函數 $f(x)$ 在區間 $[a, c]$ 上只有在 $x = b$ 不連續，則當以下極限存在時，此極限稱為 $f(x)$ 在區間 $[a, c]$ 上的 Cauchy Principal Value

$$P.V. \int_a^c f(x)dx = \lim_{\varepsilon \to 0} \left(\int_a^{b-\varepsilon} f(x)dx + \int_{b-\varepsilon}^c f(x)dx \right)$$

其詳細避點圍線積分，由下列範例說明：

範例 18：

Use residue calculus to evaluate the following integrals $\int_{-\infty}^{\infty} \frac{\sin x}{x} dx$. (10%)

中央太空所、北科大電腦通訊所丙、中央光電所、台科大機械所

解答：

取複變函數圍線積分如下：$\oint_C \frac{e^{iz}}{z} dz$，其中圍線 C 之路徑為 z 平面上，以 R 為半徑之上半圓圍線（須包含上半平面內所有極點），而且在原點處必須取以 $\varepsilon(\varepsilon \ll R)$ 為半徑之上半圓圍線，以避開原點。

如圖所示：

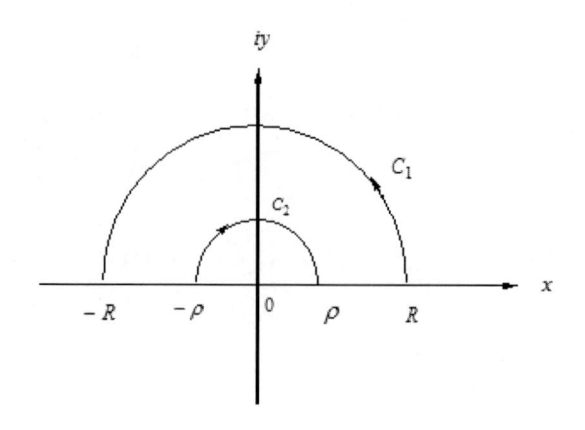

利用殘數定理，得 $\lim_{R\to\infty}\oint_C \dfrac{e^{iz}}{z}dz = 2\pi i$（上半平面內所有殘數和）

代入每一段之圍線，得

$$\oint_C \dfrac{e^{iz}}{z}dz = \int_{-R}^{-\rho}\dfrac{e^{ix}}{x}dx + \int_{C_2}\dfrac{e^{iz}}{z}dz + \int_{\rho}^{R}\dfrac{e^{ix}}{x}dx + \int_{C_1}\dfrac{e^{iz}}{z}dz = 0$$

1. 上式中第一、三項合成

$$\lim_{\substack{R\to\infty\\\rho\to 0}}\int_{-R}^{-\rho}\dfrac{e^{ix}}{x}dx + \lim_{\substack{R\to\infty\\\rho\to 0}}\int_{\rho}^{R}\dfrac{e^{ix}}{x}dx = \int_{-\infty}^{\infty}\dfrac{e^{ix}}{x}dx$$

2. 第四項 $C_R:\ z = Re^{i\theta} = R\cos\theta + iR\sin\theta,\ dz = izd\theta$

$$\lim_{R\to\infty}\left|\int_{C_R}\dfrac{e^{iz}}{z}dz\right| \le \lim_{R\to\infty}\int_0^{\pi}\left|\dfrac{e^{iz}iz}{z}\right|d\theta$$

$$\lim_{R\to\infty}\left|\int_{C_R}\dfrac{e^{iz}}{z}dz\right| \le \lim_{R\to\infty}\int_0^{\pi}\left|e^{iR\cos\theta}e^{-R\sin\theta}\right|d\theta = 0$$

3. 第二項 $\lim_{\varepsilon\to 0}\left|\int_{C_\varepsilon}\dfrac{e^{iz}}{z}dz\right| = (-\pi)i\,\underset{z=0}{Res}\left(\dfrac{e^{iz}}{z}\right) = -\pi i\lim_{z=0}\left(z\dfrac{e^{iz}}{z}\right) = -\pi i$

代回原式得 $\int_{-\infty}^{\infty} \frac{e^{ix}}{x} dx - \pi i = 0$ 或 $\int_{-\infty}^{\infty} \frac{e^{ix}}{x} dx = \pi i$

取虛部得 $\int_{-\infty}^{\infty} \frac{\sin x}{x} dx = \text{Im}\left(\int_{-\infty}^{\infty} \frac{e^{ix}}{x} dx \right) = \pi$

或 $\int_0^{\infty} \frac{\sin x}{x} dx = \frac{\pi}{2}$

範例 19

Please evaluate the following integral. Please remember to draw your integral contour and show everything in detail. $\int_{-\infty}^{\infty} \frac{\cos x}{\pi^2 - 4x^2} dx$.

台科大機械所、成大機械所、中央太空所、清大動機所

解答：

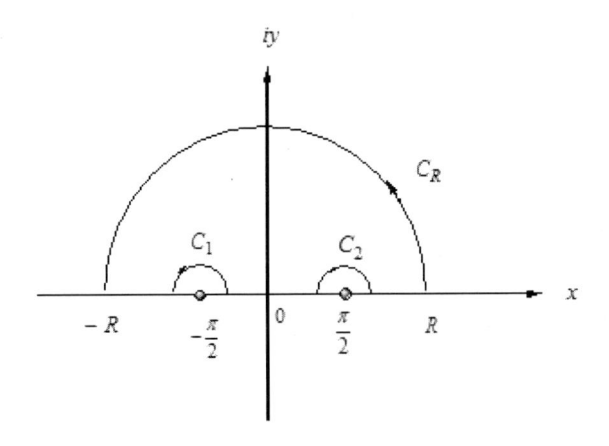

原式 $= \text{Re}\left\{ \int_{-\infty}^{\infty} \frac{e^{ix}}{\pi^2 - 4x^2} dx \right\}$

由殘數定理可知

$$\lim_{R \to \infty} \oint_C \frac{e^{iz}}{\pi^2 - 4z^2} dz = 0$$

或

$$\lim_{\substack{\rho \to 0 \\ R \to \infty}} \left(\int_{C_R} \frac{e^{iz}}{\pi^2 - 4z^2} dz + \int_{C_1} \frac{e^{iz}}{\pi^2 - 4z^2} dz + \int_{-R}^{R} \frac{e^{ix}}{\pi^2 - 4x^2} dx + \int_{C_2} \frac{e^{iz}}{\pi^2 - 4z^2} dz \right) = 0$$

其中

(1) $$\lim_{R \to \infty} \int_{C_R} \frac{e^{iz}}{\pi^2 - 4z^2} dz = 0$$

(2) $$\lim_{\rho \to 0} \int_{C_1} \frac{e^{iz}}{\pi^2 - 4z^2} dz = -\pi i r_{-\frac{\pi}{2}} = -\pi i \cdot \frac{-i}{4\pi} = \frac{-1}{4}$$

(3) $$\lim_{\rho \to 0} \int_{C_2} \frac{e^{iz}}{\pi^2 - 4z^2} dz = -\pi i r_{\frac{\pi}{2}} = -\pi i \cdot \frac{-i}{4\pi} = \frac{-1}{4}$$

代回 $$\int_{-\infty}^{\infty} \frac{e^{ix}}{\pi^2 - 4x^2} dx = \frac{1}{4} + \frac{1}{4} = \frac{1}{2}$$

取實部 $$\int_{-\infty}^{\infty} \frac{\cos x}{\pi^2 - 4x^2} dx = \frac{1}{2}$$

範例 20：

Evaluate the following integral $\int_{-\infty}^{\infty} \frac{1}{(x+1)(x^2+2)} dx$

台大機械所

解答：

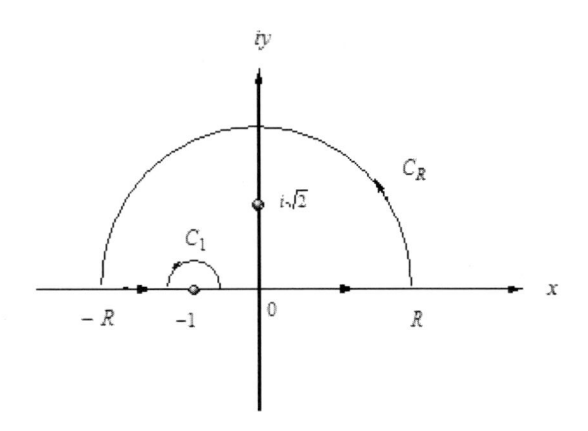

$$\int_{-\infty}^{\infty}\frac{1}{(x+1)(x^2+2)}dx = 2\pi i r_{\sqrt{2}i} + \pi i r_{-1}$$

得

$$\int_{-\infty}^{\infty}\frac{1}{(x+1)(x^2+2)}dx = 2\pi i r_{\sqrt{2}i} + \pi i r_{-1} = \frac{\pi}{-2+\sqrt{2}i}i + \frac{\pi}{3}i = \frac{\sqrt{2}}{6}\pi$$

第五節　含分支線之圍線積分式

$$I = \int_0^\infty x^{\alpha-1}\frac{P(x)}{Q(x)}dx \text{ , } 0 < \alpha < 1$$

應用殘數定理之過程如下：

(1) 將實變函數 $x^{\alpha-1}\dfrac{P(x)}{Q(x)}$ 化成複變函數 $z^{\alpha-1}\dfrac{P(z)}{Q(z)}$，則其積分路徑即為是複平面上的正實數軸。

(2) 應用殘數定理，必須形成封閉迴路，假設在複平面上分支點 (branch point) 為原點，而分支線 (branch cut) 為正實數軸，則積分路徑必須先選擇如下圖的路徑：

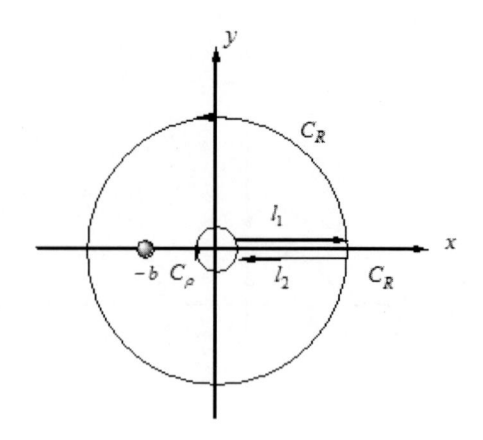

依殘數定理，得

$$\lim_{R\to\infty} \oint_C z^{\alpha-1} \frac{P(z)}{Q(z)} dz = 2\pi i \left(\sum_{i=1}^{n} \operatorname*{Res}_{z=z_i} \left[z^{\alpha-1} \frac{P(z)}{Q(z)} \right] \right)$$

其中

$$左邊 = \lim_{R\to\infty} \int_{C_R} z^{\alpha-1} \frac{P(z)}{Q(z)} dz + \lim_{R\to\infty} \int_{l_2} z^{\alpha-1} \frac{P(z)}{Q(z)} dz$$

$$+ \lim_{\rho\to 0} \int_{C_\rho} z^{\alpha-1} \frac{P(z)}{Q(z)} dz + \lim_{R\to\infty} \int_{l_1} z^{\alpha-1} \frac{P(z)}{Q(z)} dz$$

逐段討論其積分值：

1. C_R: $z = Re^{i\theta}, dz = iRe^{i\theta} d\theta = iz d\theta$

$$\lim_{R\to\infty} \int_{C_R} z^{\alpha-1} \frac{P(z)}{Q(z)} dz = \lim_{|z|\to\infty} \int_0^{2\pi} \left| z^{\alpha} \frac{P(z)}{Q(z)} \right| d\theta = 0$$

2. C_ρ: $z = \rho e^{i\theta}$，$dz = i\rho e^{i\theta} d\theta$，$dz = iz d\theta$

$$\lim_{\rho\to 0} \left| \int_{C_\rho} z^{\alpha-1} \frac{P(z)}{Q(z)} dz \right| = \int_{2\pi}^{0} \lim_{|z|\to 0} \left| z^{\alpha-1} \frac{zP(z)}{Q(z)} \right| d\theta = 0$$

3. $l_1 : z = x, dz = dx$

$$\lim_{\substack{R\to\infty \\ \rho\to 0}} \int_{C_1} z^{\alpha-1}\frac{p(z)}{q(z)}dz = \int_0^\infty x^{\alpha-1}\frac{p(x)}{q(x)}dx$$

4. $l_2 : z = xe^{i2\pi}, dz = dx$

$$\lim_{\substack{R\to\infty \\ \rho\to 0}} \int_{C_2} z^{\alpha-1}\frac{p(z)}{q(z)}dz = \int_\infty^0 x^{\alpha-1}e^{i2\pi(\alpha-1)}\frac{p(x)}{q(x)}dx = -e^{i2\pi\alpha}\int_0^\infty x^{\alpha-1}\frac{p(x)}{q(x)}dx$$

代入,得

$$\left(1-e^{i2\alpha\pi}\right)\int_0^\infty x^{\alpha-1}\frac{p(x)}{q(x)}dx = 2\pi i \sum \operatorname{Res}\left[z^{\alpha-1}\frac{p(z)}{q(z)}\right]$$

$$\int_0^\infty x^{\alpha-1}\frac{p(x)}{q(x)}dx = \frac{2\pi i}{\left(1-e^{i2\alpha\pi}\right)}\sum \operatorname{Res}\left[z^{\alpha-1}\frac{p(z)}{q(z)}\right]$$

$$\int_0^\infty x^{\alpha-1}\frac{p(x)}{q(x)}dx = \frac{-\pi e^{-i\alpha\pi}}{\dfrac{e^{i\alpha\pi}-e^{-i\alpha\pi}}{2i}}\sum \operatorname{Res}\left[z^{\alpha-1}\frac{p(z)}{q(z)}\right]$$

$$\int_0^\infty x^{\alpha-1}\frac{p(x)}{q(x)}dx = \frac{\pi}{\sin\alpha\pi}\sum \operatorname{Res}\left[\left(ze^{-i\pi}\right)^{\alpha-1}\frac{p(z)}{q(z)}\right]$$

綜合以上推演。可得下列定理:

定理 4-1:

$$I = \int_0^\infty x^{\alpha-1}\frac{P(x)}{Q(x)}dx \text{ , } 0<\alpha<1$$

若:

(1) $P(x)$,$Q(x)$ 均為 x 之多項式

(2) $Q(x)$ 之冪次比 $P(x)$ 高出 1 次以上

(3) $Q(x)=0$ 無實根存在 (則複平面上的實軸無極點)。

則

$$I = \int_0^\infty x^{\alpha-1} \frac{P(x)}{Q(x)} dx = \frac{\pi}{\sin \alpha \pi} \sum \operatorname{Res}\left[\left(ze^{-i\pi}\right)^{\alpha-1} \frac{P(z)}{Q(z)} \right]$$

範例 21

計算 Lebesque 積分 $I = \int_0^\infty \frac{x^a}{x+b} dx$,$0 > a > -1$,$b > 0$

交大機械所

解答:

由於 a 非整數,z^a 多值函數,必須取 branch cut,設 branch cut 取於正實軸,考慮如下之複變函數封閉線積分:

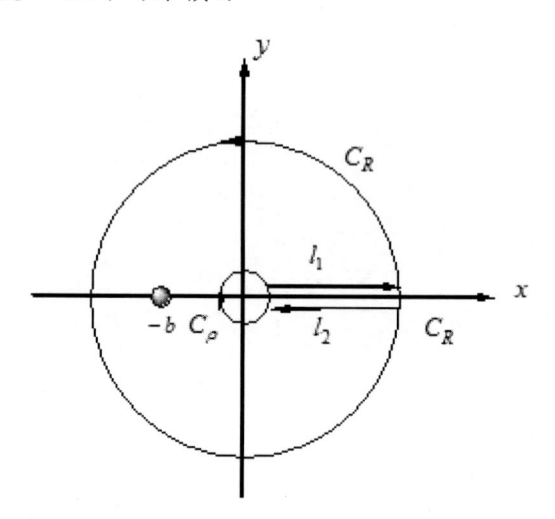

殘數定理,得

$$\lim_{R \to \infty} \oint_C \frac{z^a}{z+b} dz = 2\pi i(r_{-b}) = 2\pi i(-b)^a = 2\pi i\left(be^{i\pi}\right)^a$$

其中圍線 $\qquad C = C_R + l_2 + C_\rho + l_1$

或 $\qquad \lim_{R \to \infty} \oint_C \frac{z^a}{z+b} dz = 2\pi i(r_{-b}) = 2\pi i b^a e^{ia\pi}$

(1) 在 l_1 上,$z = xe^{i0}$,$dz = e^{i0}dx = dx$

代入得 $$\lim_{\substack{R\to\infty \\ \varepsilon\to 0}} \int_\rho^R \frac{z^a}{z+b}dz = \int_0^\infty \frac{(xe^{i0})^a}{x+b}dx = \int_0^\infty \frac{x^a}{x+b}dx = I$$

(2) 在 l_2 上，$z = xe^{i2\pi}$，$dz = e^{i2\pi}dx = dx$

代入得 $$\lim_{\substack{R\to\infty \\ \varepsilon\to 0}} \int_R^\rho \frac{z^a}{z+b}dz = -\int_0^\infty \frac{(xe^{i2\pi})^a}{xe^{i2\pi}+b}dx = -\int_0^\infty \frac{x^a e^{i2a\pi}}{x+b}dx = -e^{i2a\pi}I$$

(3) 在 C_R 上，$z = Re^{i\theta}$，$dz = Re^{i\theta}id\theta = izd\theta$

代入得 $$\lim_{R\to\infty}\left|\int_{C_R} \frac{z^a}{z+b}dz\right| \le \int_0^{2\pi} \lim_{R\to\infty}\left|\frac{z^{a+1}}{z+b}\right|d\theta \le \int_0^{2\pi}\lim_{R\to\infty}\left|\frac{z^{a+1}}{z}\right|d\theta$$

或 $$\lim_{R\to\infty}\left|\int_{C_R}\frac{z^a}{z+b}dz\right| \le \int_0^{2\pi}\lim_{z\to\infty}|z^a|d\theta = 0 \text{，須 } a < 0$$

(4) 在 C_ρ 上，$z = \rho e^{i\theta}$，$dz = \rho e^{i\theta}id\theta = izd\theta$

代入得 $$\lim_{\varepsilon\to 0}\left|\int_{C_\rho}\frac{z^a}{z+b}dz\right| \le \int_{2\pi}^0 \lim_{\rho\to 0}\left|\frac{z^{a+1}}{z+b}\right|d\theta \le \int_{2\pi}^0 \lim_{\rho\to 0}\left|\frac{z^{a+1}}{b}\right|d\theta$$

或 $$\lim_{\rho\to 0}\left|\int_{C_\rho}\frac{z^a}{z+b}dz\right| \le \int_{2\pi}^0 \lim_{\rho\to 0}\left|\frac{z^{a+1}}{b}\right|d\theta = 0 \text{，須 } 1+a > 0$$

綜合上述，得

$$\lim_{R\to\infty}\oint_C \frac{z^a}{z+b}dz = I - e^{i2a\pi}I = 2\pi ib^a e^{ia\pi}$$

移項得 $$I = 2\pi ib^a \frac{e^{ia\pi}}{1-e^{i2a\pi}} = 2\pi ib^a \frac{1}{e^{-ia\pi}-e^{ia\pi}}$$

或 $$I = -\frac{\pi b^a}{\frac{1}{2i}\left(e^{ia\pi}-e^{-ia\pi}\right)} = -\frac{\pi b^a}{\sin(a\pi)}$$

得
$$I = \int_0^\infty \frac{x^a}{x+b}dx = -\frac{\pi b^a}{\sin(a\pi)}$$

範例 22：

Compute $\int_0^\pi \ln(\sin x)dx$

中央太空所應用數學、台大材料所

解答：

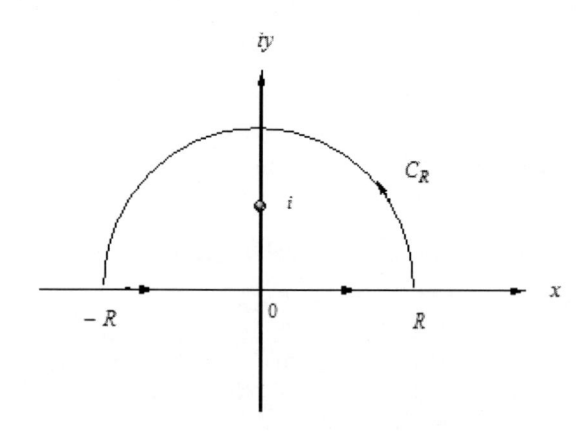

已知 $\int_0^\infty \frac{\ln(x^2+1)}{x^2+1}dx = \pi\ln 2$

令 $x = \tan\theta$，代入上式，得

$$\int_0^\infty \frac{\ln(x^2+1)}{x^2+1}dx = \int_0^{\frac{\pi}{2}} \frac{\ln(\tan^2\theta+1)}{\tan^2\theta+1}\sec^2\theta d\theta = \pi\ln 2$$

整理得

$$\int_0^\infty \frac{\ln(x^2+1)}{x^2+1}dx = \int_0^{\frac{\pi}{2}} \ln(\sec^2\theta)d\theta = -2\int_0^{\frac{\pi}{2}} \ln(\cos\theta)d\theta = \pi\ln 2$$

故得

$$\int_0^{\frac{\pi}{2}} \ln(\cos\theta)d\theta = -\frac{\pi \ln 2}{2}$$

再令 $\theta = \frac{\pi}{2} - u$，$d\theta = -du$

$$\int_0^{\frac{\pi}{2}} \ln(\cos\theta)d\theta = -\int_{\frac{\pi}{2}}^0 \ln\left(\cos\left(\frac{\pi}{2} - u\right)\right)du$$

得證 $\int_0^{\frac{\pi}{2}} \ln(\cos\theta)d\theta = \int_0^{\frac{\pi}{2}} \ln(\sin u)du = \int_0^{\frac{\pi}{2}} \ln(\sin\theta)d\theta$

【方法二】

先求(b) 先令 $x = \frac{\pi}{2} - u$，$dx = -du$

$$\int_0^{\frac{\pi}{2}} \ln(\cos x)dx = -\int_{\frac{\pi}{2}}^0 \ln\left(\cos\left(\frac{\pi}{2} - u\right)\right)du$$

得證 $I = \int_0^{\frac{\pi}{2}} \ln(\cos x)dx = \int_0^{\frac{\pi}{2}} \ln(\sin u)du = \int_0^{\frac{\pi}{2}} \ln(\sin x)dx$

相加

$$I + I = \int_0^{\frac{\pi}{2}} [\ln(\cos x) + \ln(\sin x)]dx = \int_0^{\frac{\pi}{2}} \ln(\sin x \cos x)dx$$

或

$$2I = \int_0^{\frac{\pi}{2}} \ln\left(\frac{\sin 2x}{2}\right)dx = \int_0^{\frac{\pi}{2}} \ln(\sin 2x)dx - \int_0^{\frac{\pi}{2}} \ln 2\, dx$$

或

$$2I = \int_0^{\frac{\pi}{2}} \ln\left(\frac{\sin 2x}{2}\right)dx = \frac{1}{2}\int_0^{\pi} \ln(\sin\theta)d\theta - \frac{\pi}{2}\ln 2$$

其中
$$\int_0^\pi \ln(\sin\theta)d\theta = \int_0^{\frac{\pi}{2}} \ln(\sin\theta)d\theta + \int_{\frac{\pi}{2}}^\pi \ln(\sin\theta)d\theta$$

同理,可證
$$\int_0^\pi \ln(\sin\theta)d\theta = \int_0^{\frac{\pi}{2}} \ln(\sin\theta)d\theta + \int_0^{\frac{\pi}{2}} \ln(\sin\theta)d\theta = 2I$$

代回,得
$$2I = \frac{1}{2}2I - \frac{\pi}{2}\ln 2 = I - \frac{\pi}{2}\ln 2$$

最後得
$$I = \int_0^{\frac{\pi}{2}} \ln(\sin x)dx = -\frac{\pi}{2}\ln 2$$

範例 23

Evaluate the integral $\quad I = \int_0^\infty \frac{(\ln x)^2}{x^2+1}dx$

交大電物所乙應數、交大電控組聯招、交大光電

解答:

取圍線積分 $\oint_C \frac{(\ln z)^2}{z^2+1}dz$,其中 C 如下:

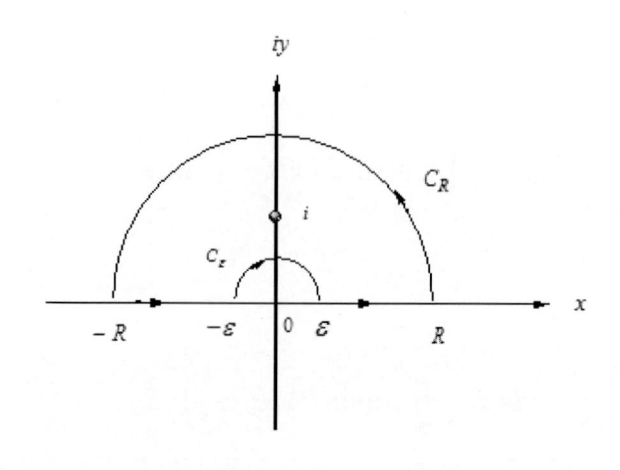

極點　　$z = i$ 一階極點，其殘數為

$$r_i = \lim_{z \to i}(z-i)\frac{(\ln z)^2}{(z-i)(z+i)} = \frac{(\ln i)^2}{(i+i)} = \frac{\left(\ln\left(e^{i\frac{\pi}{2}}\right)\right)^2}{2i}$$

或　$r_i = \dfrac{\left(i\dfrac{\pi}{2}\right)^2}{2i} = \dfrac{-\dfrac{\pi^2}{4}}{2i} = -\dfrac{\pi^2}{8i}$

殘數定理　　$\oint_C \dfrac{(\ln z)^2}{z^2+1}dz = 2\pi i\left(-\dfrac{\pi^2}{8i}\right) = -\dfrac{\pi^3}{4}$

又

$$\oint_C \frac{(\ln z)^2}{z^2+1}dz = \int_{-R}^{-\varepsilon}\frac{(\ln z)^2}{z^2+1}dz + \int_{C_0}\frac{(\ln z)^2}{z^2+1}dz + \int_{\varepsilon}^{R}\frac{(\ln z)^2}{z^2+1}dz + \int_{C_R}\frac{(\ln z)^2}{z^2+1}dz$$

(1) $\displaystyle\int_{-R}^{-\varepsilon}\frac{(\ln z)^2}{z^2+1}dz = \int_{\varepsilon}^{R}\frac{(\ln u + \pi i)^2}{u^2+1}du$

(2) $\displaystyle\lim_{\varepsilon \to 0}\int_{C_0}\frac{(\ln z)^2}{z^2+1}dz = 0$

(3) $\displaystyle\lim_{R \to \infty}\int_{C_R}\frac{(\ln z)^2}{z^2+1}dz = 0$

$$\int_{\varepsilon}^{R}\frac{(\ln u + \pi i)^2}{u^2+1}du + \int_{\varepsilon}^{R}\frac{(\ln u)^2}{u^2+1}du = -\frac{\pi^3}{4}$$

$$2\int_{\varepsilon}^{R}\frac{(\ln u)^2}{u^2+1}du + 2\pi i \int_{\varepsilon}^{R}\frac{(\ln u)}{u^2+1}du - \pi^2\int_{\varepsilon}^{R}\frac{1}{u^2+1}du = -\frac{\pi^3}{4}$$

$R \to \infty$，$\varepsilon \to 0$

其中　　$\displaystyle\int_0^{\infty}\frac{(\ln u)}{u^2+1}du = 0$

$$2\int_0^\infty \frac{(\ln u)^2}{u^2+1}du - \pi^2\int_0^\infty \frac{1}{u^2+1}du = -\frac{\pi^3}{4}$$

$$2\int_0^\infty \frac{(\ln u)^2}{u^2+1}du - \frac{\pi^3}{2} = -\frac{\pi^3}{4}$$

最後得 $I = \int_0^\infty \frac{(\ln x)^2}{x^2+1}dx = \frac{\pi^3}{8}$

考題集錦

1. (20%) Evaluate the integral $\int_0^{2\pi}\frac{d\theta}{k+\cos\theta}$, $k>1$

   中央電機所電波組工數

2. Evaluate the integral $\int_0^{2\pi}\frac{1}{2-\cos\theta}d\theta$ by using the method of residue integration.

   北科大光電所、崑山電機所

3. Evaluate $\int_0^{2\pi}\frac{d\theta}{\sqrt{2}-\cos\theta}$.

   成大造船所、成大水利所

4. Evaluate $\int_0^{2\pi}\frac{d\theta}{5+3\sin\theta}$

   中正光機電整合所工數、清大機械所

5. 計算積分 $\int_0^{2\pi}\frac{\cos 3\theta}{5-4\cos\theta}d\theta$

   中央機械所

6. Find $\int_0^{2\pi} \dfrac{1}{1-2p\cos\theta + p^2} d\theta$, where $-1 < p < 1$

7. Evaluate the integral (show the details of your work)(20%) $\int_0^{\infty} \dfrac{x^2}{(x^2+4)^2} dx$.

8. Find the value of the integration shown below: $\int_{-\infty}^{\infty} \dfrac{1}{(x^2+1)(x^2+4)} dx$.

9. 試利用複數積分計算積分 $\int_0^{\infty} \dfrac{1}{1+x^2} dx$

10. Evaluate the integral $\int_{-\infty}^{\infty} \dfrac{dx}{(1+x^2)^3}$.

11. Use residual theorem to compute the integral $\int_{-\infty}^{\infty} \dfrac{1}{x^4+a^4} dx$, a>0

12. (10%) Find the Cauchy principle value of the integral

$$I = \int_{-\infty}^{\infty} \dfrac{3}{(x^2+1)(x-1)} dx$$

13. Evaluate the following integral $\int_{-\infty}^{\infty} \dfrac{1}{(x+1)(x^2+2)} dx$

14. Compute $I_1 = \int_{-\infty}^{\infty} \dfrac{x \cos x}{x^2 - 3x + 2} dx$

清大工程系統所乙丙

15. (12%) $\int_0^{\infty} \dfrac{\sin x}{x} dx =$ (a) 0.4π (b) π (c) $2\pi - 4$ (d) $2.5\pi - 5$ (e) 0.6π (f) 0.8π (g) $\pi - 2$ (h) 0.5π (i) none of the above. (You may use the residue theorem.)

中央太空所、清大電機領域

16. Evaluate $\int_{-\infty}^{\infty} \dfrac{\sin \pi x}{x - x^5} dx$.

成大造船所

17. 計算積分 $\int_0^{\infty} \dfrac{x^a}{(1+x)^2} dx$, $-1 < a < 1$

中央光電所、交大電信所

18. 計算積分 $\int_0^{\infty} \dfrac{x^{a-1}}{1+x^3} dx$, $0 < a < 3$

成大造船所、交大應化所

19. 計算積分 $\int_0^{\infty} \dfrac{\ln x}{x^2 + b^2} dx$, $b > 0$

淡大電機所、清大電機所

20. Evaluate the given integral by means of the residue theorem $\int_0^{\infty} \dfrac{\ln^2 x}{b^2 + x^2} dx$

交大電物所乙、交大電控組聯招、台科大自動化所

附　錄

工程數學(下) 習題簡答

第十九章

19-1 $\iint_R \left(1 - \dfrac{x}{4} - \dfrac{y}{3}\right) dA = 8$

19-2 $\displaystyle\int_0^4 \left[\int_{\sqrt{x}}^2 \sqrt{1+y^3}\, dy\right] dx = \dfrac{52}{9}$

19-3 $\iint_S \sin(y^3)\, dA = \dfrac{1}{3}(1 - \cos 8)$

19-4 $\displaystyle\int_0^\infty \int_0^2 e^{-xy}\, dxdy = \ln 2$

19-5 $\displaystyle\int_0^1 \dfrac{x-1}{\ln x}\, dx = \ln 2$

19-6 $\displaystyle\int_0^1 \int_0^x f(x-y)\, dydx = \pi - \sqrt{3}$ ； $\iint_{x^2+y^2\leq 1} x^2 f(x^2+y^2)\, dydx = \dfrac{\sqrt{3}\pi}{2}$

19-7 $\iint_R e^{-(x^2+y^2)}\, dxdy = \pi(e^{-1} - e^{-4})$

19-8 $\displaystyle\int_0^\infty e^{-x^2}\, dx = \dfrac{\sqrt{\pi}}{2}$

19-9 $\displaystyle\int_{-\infty}^\infty \int_{-\infty}^\infty \dfrac{e^{-(x-y)^2}}{1+(x+y)^2}\, dxdy = \dfrac{\pi\sqrt{\pi}}{2}$

19-10　(a) 極慣性矩　(b) $\iiint_R (x^2+y^2+z^2)dxdydz = \dfrac{a^5}{20}$

19-11　$I_z = \iiint_{\bar{F}} (x^2+y^2) dzdydx = \dfrac{128}{15}\pi$

19-12　$\iiint_V \dfrac{1}{x^2+y^2+z^2} dV = 12\pi$

19-13　$V = \dfrac{16}{3}a^3$

19-14　$V = \dfrac{16a^3\pi}{3}$

19-15　$\bar{x} = \bar{y} = \bar{z} = \dfrac{7}{12}$

19-16　$S = \dfrac{\pi}{6}\left[(1+4b^2)^{\frac{3}{2}} - 1\right]$

19-17　$\iint_S \vec{F}\cdot\vec{n}\,dA = 128$

19-18　$\iint_S \vec{F}\cdot\vec{n}\,dS = 1$

19-19　$\iint_S x^2 z\,dS = \dfrac{h\pi a^3}{4}(a+2h)$

第二十章

20-1　$I_C = \iint_R \vec{r}\cdot d\vec{\sigma} = 4\pi R^3$

20-2　$\iint_S \vec{F}\cdot\vec{n}\,dS = -15\cdot 16\pi$

20-3　$\iint_S \vec{F}\cdot\vec{n}\,dS = 18\pi$

20-4 $\oiint_S \vec{F} \cdot \vec{n} dS = \dfrac{64}{3}\pi$

20-5 $\oiint_S \vec{F} \cdot \vec{n} dA = 12(e^2 - e^{-2})$

20-6 $\iint_S \vec{F} \cdot \vec{n} dA = 8\pi$

20-7 $\iint_S \vec{F} \cdot \vec{n} dA = -64\pi$

20-8 $\iint_S \vec{F} \cdot \vec{n} dA = \dfrac{160}{3}\pi$

20-9 $\oiint_S \vec{F} \cdot \vec{n} dS = 4h\pi a^2$

20-10 $\oiint_S \vec{v} \cdot \vec{n} dS = \dfrac{1}{3}$

20-11 (a) 4π

20-12 $\oiint_S \dfrac{\vec{r} \cdot d\vec{S}}{r^3} = \iiint \nabla \cdot \left(\dfrac{\vec{r}}{r^3}\right) dV = 0$

20-13 $\oint_C \vec{A} \cdot d\vec{r} = 2\pi$

20-14 $\dfrac{\partial G}{\partial n} = -\left(jk + \dfrac{1}{r}\right)\dfrac{e^{-jkr}}{r}\cos\theta$

20-15 $\oiint_S d\vec{S} = 0$

20-16 (1) $\oiint_S \dfrac{\partial f}{\partial n} dS = 28$ (2) $\oiint_S \vec{n} \times \nabla f \, dS = 0$

第二十一章

21-1 $\int_{C_1} (y^2 - 6xy + 6)dx + (2xy - 3x^2)dy = -36$

21-2　　$\int_C [2x\cos(2y)dx - 2x^2 \sin(2y)dy] = 0$

21-3　　$\int_C \vec{F} \cdot d\vec{r} = 0$

21-4　　$\int_C \vec{F} \cdot d\vec{r} = -\dfrac{10}{3}$

21-5　　(1) $\int_C F dl = 16$，(2) $\int_C \vec{G} \cdot d\vec{l} = 4\pi$，(3) $\int_C \vec{G} \cdot \vec{n} dl = 24$，(4) $\int_C \vec{H} \cdot d\vec{l} = 0$

21-6　　$\int_C [(x+y)dx + (2x-z)dy + (y-z)dz] = 15$

21-7　　$\oint_C \vec{F}(\vec{r}) d\vec{r} = \dfrac{1}{4}\sinh 2 - \dfrac{1}{4}\cosh 2 + \dfrac{1}{4}$

21-8　　$\oint_C (x^5 + 3y)dx + (5x - e^{y^3})dy = 8\pi$

21-9　　$\oint_C (4x^2 y dx + 2y dy) = -\dfrac{2}{3}$

21-10　　$\oint_C 3y dx - 2xy dy = -112\pi$

21-11　　$\oint_C \vec{F} \cdot \vec{n} ds = 2\pi$

21-12　　(a) $\oint_C \vec{A} \cdot d\vec{r} = -2\pi$　(b) $\oint_C \dfrac{y}{x^2+y^2}dx - \dfrac{x}{x^2+y^2}dy = 0$

第二十二章

22-1　　$\int_{(0,1)}^{(1,2)} \vec{V} \cdot d\vec{r} = \dfrac{14}{3}$

22-2　　$\int_{(0,0,0)}^{(1,1,1)} \vec{V} \cdot d\vec{r} = 3$

22-3 $I = \int_C (2xyz^2 dx + (x^2 z^2 + z \cos yz) dy + (2x^2 yz + y \cos yz) dz) = \pi + 1$

22-4 (1) $\int_C \dfrac{-ydx + xdy + zdz}{x^2 + y^2} = \dfrac{\pi}{2}$ (2) 因可化成全微分，故積分路徑無關。

22-5 $\int_C xdx - yzdy + e^z dz = \dfrac{111}{4} + e^4 - e$

22-6 (1) $\vec{F} = \nabla f = \dfrac{x}{\sqrt{x^2 + y^2}} \vec{i} + \dfrac{y}{\sqrt{x^2 + y^2}} \vec{j}$ (2) $\int_{C_1} \vec{F} \cdot dl = 1$ (3) $\int_{C_2} \vec{F} \cdot dl = 1$

22-7 $\oint_C \vec{F} \cdot d\vec{r} = 0$

22-8 $\iint_S \nabla \times \vec{F} \cdot \vec{n} dS = 0$

22-9 $\oint_C zdx + xdy + ydz = 2\pi$

22-10 $\oint_C \vec{F} \cdot d\vec{r} = \dfrac{3}{2}$

第二十三章

23-1 $AB = \begin{bmatrix} 12 & 27 & 30 & 13 \\ 8 & -4 & 26 & 12 \end{bmatrix}$

23-2 $A^n - 2A^{n-1} = \begin{bmatrix} 0 & 0 & 0 \\ 0 & 0 & 0 \\ 0 & 0 & 0 \end{bmatrix}$

23-3 $A^2 = I$ ； $A^{20} = I$

23-4 (A) $3(BA)(CD) + (4A)(BC)D$

23-5 $Tr(AB) = Tr(BA)$

23-6 $f(x) = 0$ 有兩個根

23-7 $|A| = (\beta - \alpha)(\gamma - \alpha)(\gamma - \beta)$

23-8 $\quad |A|_{(n-2)\times(n-2)} + |A|_{(n-1)\times(n-1)} = |A|_{n\times n}$

23-9 $\quad \left(\dfrac{dA}{dt}\right)^2 = \begin{bmatrix} \cos 2t & -\sin 2t \\ \sin 2t & \cos 2t \end{bmatrix}$

23-10 $\quad \dfrac{d}{dt}|A| = 0$

第二十四章

24-1 (a) $A \cdot adj(A) = \det(A) \cdot I_n$ (b) $adj(A) = \begin{bmatrix} 1 & -4 & 2 \\ 0 & 2 & -1 \\ 0 & -1 & 1 \end{bmatrix}$

24-2 略

24-3 略

24-4 $\quad A^{-1} = \dfrac{-1}{15}\begin{bmatrix} 1 & -2 \\ -6 & -3 \end{bmatrix}$

24-5 $\quad A^{-1} = \begin{bmatrix} -\dfrac{5}{2} & -\dfrac{3}{2} \\ -2 & -1 \end{bmatrix}$

24-6 $\quad A^{-1} = \dfrac{-1}{13}\begin{bmatrix} 1 & -5 \\ -2 & -3 \end{bmatrix}$

24-7 $\quad A^{-1} = \dfrac{1}{7}\begin{bmatrix} -3 & 8 & 6 \\ 7 & -14 & -7 \\ -1 & 5 & 2 \end{bmatrix}$

24-8 $\quad A^{-1} = \dfrac{1}{10}\begin{bmatrix} -2 & 4 & -2 \\ -4 & -2 & 6 \\ 7 & 1 & -3 \end{bmatrix}$

24-9 $\quad Q^{-1} = Q^T = \begin{bmatrix} \cos\theta & -\sin\theta & 0 \\ \sin\theta & \cos\theta & 0 \\ 0 & 0 & 1 \end{bmatrix}$

24-10　$A^{-1} = \dfrac{1}{18}\begin{bmatrix} 4 & -4 & -2 \\ -1 & 1 & 5 \\ -14 & 32 & 16 \end{bmatrix}$

24-11　$A^{-1} = \dfrac{1}{2}\begin{bmatrix} 0 & 2 & -2 \\ -1 & -1 & 3 \\ 1 & -1 & 1 \end{bmatrix}$

24-12　(a) $\begin{bmatrix} 2 & 4 \\ 1 & 3 \end{bmatrix}^{-1} = \dfrac{1}{2}\begin{bmatrix} 3 & -4 \\ -1 & 2 \end{bmatrix}$　(b) $\begin{bmatrix} 2 & 1 & -3 \\ 3 & 1 & 0 \\ -6 & -4 & 6 \end{bmatrix}^{-1} = \dfrac{1}{16}\begin{bmatrix} 2 & 10 & 3 \\ -6 & -14 & -9 \\ -6 & 2 & -1 \end{bmatrix}$

24-13　可逆

24-14　(c) $A^{-1} = \begin{bmatrix} -0.7 & 0.2 & 0.3 \\ -1.3 & -0.2 & 0.7 \\ 0.8 & 0.2 & -0.2 \end{bmatrix}$

24-15　(a) $A^{-1} = A^T = \begin{bmatrix} 1 & 0 & 0 \\ 0 & \cos\phi & -\sin\phi \\ 0 & \sin\phi & \cos\phi \end{bmatrix}$．(b) $B^{-1} = B^T = \begin{bmatrix} 1 & 0 & 0 \\ 0 & \dfrac{1}{\sqrt{2}} & -\dfrac{1}{\sqrt{2}} \\ 0 & -\dfrac{1}{\sqrt{2}} & \dfrac{1}{\sqrt{2}} \end{bmatrix}$

24-16　$A^{-1} = \dfrac{1}{250}\begin{bmatrix} 30 & -10 & 0 \\ -10 & 45 & 0 \\ 0 & 0 & 50 \end{bmatrix}$

24-17　$A^{-1} = \begin{bmatrix} 5 & 8 & -4 \\ -5 & -7 & 4 \\ -1 & -2 & 1 \end{bmatrix}$

24-18　$A^{-1} = \begin{bmatrix} 1/a & 0 & 0 & 0 \\ 0 & 1/b & 0 & 0 \\ 0 & 0 & 1/c & 0 \\ 0 & 0 & 0 & 1/d \end{bmatrix}$

24-19 $A^{-1} = \begin{bmatrix} -23 & 29 & -\dfrac{64}{5} & -\dfrac{18}{5} \\ 10 & -12 & \dfrac{26}{5} & \dfrac{7}{5} \\ 1 & -2 & \dfrac{6}{5} & \dfrac{2}{5} \\ 2 & -2 & \dfrac{3}{5} & \dfrac{1}{5} \end{bmatrix}$

24-20 $A^{-1} = \begin{bmatrix} 1 & 0 & 0 & 0 \\ 1 & 1 & 0 & 0 \\ 1 & 1 & 1 & 0 \\ 1 & 1 & 1 & 1 \end{bmatrix}$

第二十五章

25-1 $a = -8$

25-2   (a) $k_1 = 6$，$b_2 = 2$，$k_2 = -\dfrac{15}{2}$ (b) $k_1 \neq 6$，$b_2 \neq 2$，$k_2 = -\dfrac{15}{2}$ 或 $k_1 = 6$，$b_2 = 2$，$k_2 \neq -\dfrac{15}{2}$ (c) $x_1 = 1$：$b_2 - 2 = 0$

25-3   (a) $k = 0$ 時無窮多解。(b) $k = -4$ 時無解。(c) $k \neq 0, -4$ 時唯一解。

25-4 $X = \begin{bmatrix} 1 \\ 2 \\ 3 \\ 4 \end{bmatrix}$

25-5 $X = c_1 \begin{bmatrix} 0 \\ 3 \\ 1 \end{bmatrix} + \begin{bmatrix} 3 \\ 2 \\ 0 \end{bmatrix}$

25-6 $\begin{bmatrix} x_1 \\ x_2 \\ x_3 \\ x_4 \end{bmatrix} = \begin{bmatrix} 2 \\ 1 \\ -1 \\ 3 \end{bmatrix}$

25-7 $X = \begin{bmatrix} 51/25 \\ -4/5 \\ 78/25 \end{bmatrix}$

25-8 $\begin{bmatrix} x \\ y \\ z \end{bmatrix} = \begin{bmatrix} 3 \\ 1 \\ 2 \end{bmatrix}$

25-9 $X = \begin{bmatrix} -1/2 \\ -57/66 \\ 2/11 \end{bmatrix}$

25-10 $L = \begin{bmatrix} 1 & 0 & 0 \\ 1 & 1 & 0 \\ 0 & 1 & 1 \end{bmatrix}$ 及 $U = \begin{bmatrix} 1 & 1 & 0 \\ 0 & 1 & 1 \\ 0 & 0 & 1 \end{bmatrix}$

25-11 (a) $L = \begin{bmatrix} 1 & 0 & 0 \\ -2 & 1 & 0 \\ 3 & -3 & 1 \end{bmatrix}$, $U = \begin{bmatrix} 1 & -1 & -2 & -8 \\ 0 & -1 & -2 & -7 \\ 0 & 0 & 2 & 4 \end{bmatrix}$ (b) $\begin{bmatrix} x_1 \\ x_2 \\ x_3 \\ x_4 \end{bmatrix} = c_1 \begin{bmatrix} 1 \\ -3 \\ -2 \\ 1 \end{bmatrix} + \begin{bmatrix} -2 \\ 3 \\ -1 \\ 0 \end{bmatrix}$

第二十六章

26-1 (a) $\sum_{i=1}^{3} \lambda_i = a + b + c$ (b) $\sum_{i=1}^{3} \lambda_i^2 = a^2 + b^2 + c^2 + 2(d^2 + e^2 + f^2)$

26-2 特徵值之和為 35, 積為 1472

26-3 $Q = \begin{bmatrix} 2/3 & 1/\sqrt{2} & 1/\sqrt{18} \\ 2/3 & -1/\sqrt{2} & 1/\sqrt{18} \\ 1/3 & 0 & -4/\sqrt{18} \end{bmatrix}$

26-4 (a) $\lambda_1 = 1$, $X_1 = \begin{bmatrix} 5 \\ 8 \\ -16 \end{bmatrix}$; $\lambda_2 = 6$, $X_2 = \begin{bmatrix} 0 \\ 3 \\ -1 \end{bmatrix}$; $\lambda_3 = 7$, $X_3 = \begin{bmatrix} 0 \\ 2 \\ -1 \end{bmatrix}$ (b) $(-4 \quad 3 \quad 2)$

26-5　　$\lambda_1 = 3, 3$，$X_1 = \begin{bmatrix} 1 \\ -1 \\ 0 \end{bmatrix}$，$X_2 = \begin{bmatrix} 1 \\ 0 \\ -1 \end{bmatrix}$；$\lambda_3 = 14$，$X_3 = \begin{bmatrix} 2 \\ 3 \\ 6 \end{bmatrix}$

26-6　　$\lambda = \sqrt{2}$，$\lambda = -\sqrt{2}$，$\lambda = 2$，$\lambda = 3$

26-7　　$|A - \lambda I| = (-1)^n (\lambda)^{n-1} \cdot (\lambda - 2n) = 0$

26-8　　$\lambda_1 = \lambda_2 = \cdots = \lambda_{n-1} = 0$，$\lambda_n = c_1 + c_2 + \cdots + c_n$

26-9　　$\lambda = -1, -2, -3, -4$

26-10　　$\lambda = 2$，$X_1 = \begin{bmatrix} 0 \\ 0 \\ 1 \end{bmatrix}$；$\lambda = 1, 1$，$X_2 = \begin{bmatrix} 1 \\ 2 \\ -1 \end{bmatrix}$；$X_3^* = \begin{bmatrix} 0 \\ 1 \\ -1 \end{bmatrix}$

26-11　　$\lambda = 2$，$X_1 = \begin{bmatrix} 0 \\ 0 \\ 1 \end{bmatrix}$；$\lambda = 1, 1$，$X_2 = \begin{bmatrix} 1 \\ 0 \\ 0 \end{bmatrix}$；$X_3^* = \begin{bmatrix} 0 \\ 1 \\ 0 \end{bmatrix}$

26-12　　$\lambda = -1$，$X_1 = \begin{bmatrix} -1 \\ -2 \\ 4 \end{bmatrix}$；$\lambda = 1, 1$，$X_2 = \begin{bmatrix} 1 \\ 0 \\ 0 \end{bmatrix}$；$X_3^* = \begin{bmatrix} 0 \\ -1 \\ 0 \end{bmatrix}$

第二十七章

27-1　　$\lambda = 0$，$\lambda = 5$，$P = \begin{bmatrix} \dfrac{2}{\sqrt{5}} & \dfrac{1}{\sqrt{5}} \\ \dfrac{-1}{\sqrt{5}} & \dfrac{2}{\sqrt{5}} \end{bmatrix}$，$P^{-1}AP = D = \begin{bmatrix} 0 & 0 \\ 0 & 5 \end{bmatrix}$

27-2　　$P = \begin{bmatrix} 3 & 1 \\ -1 & -3 \end{bmatrix}$，$P^{-1}AP = D = \begin{bmatrix} -3 & 0 \\ 0 & 5 \end{bmatrix}$

27-3　　$Q = \begin{bmatrix} 1/\sqrt{5} & 2/\sqrt{5} \\ -2/\sqrt{5} & 1/\sqrt{5} \end{bmatrix}$，$Q^{-1}AQ = D = \begin{bmatrix} -3 & 0 \\ 0 & 7 \end{bmatrix}$

27-4 $Q = \begin{bmatrix} 1 & 1 & 0 \\ -1 & 1 & 0 \\ 0 & 0 & 1 \end{bmatrix}$, $Q^{-1}AQ = D = \begin{bmatrix} 0 & 0 & 0 \\ 0 & 2 & 0 \\ 0 & 0 & 2 \end{bmatrix}$

27-5 $Q = \begin{bmatrix} 2 & 1 & 1 \\ 2 & -1 & 1 \\ 1 & 0 & -4 \end{bmatrix}$, $Q^{-1}AQ = D = \begin{bmatrix} 0 & 0 & 0 \\ 0 & 9 & 0 \\ 0 & 0 & 9 \end{bmatrix}$

27-6 $P = \begin{bmatrix} 1/\sqrt{6} & 1/\sqrt{30} & 2/\sqrt{5} \\ 2/\sqrt{6} & 2/\sqrt{30} & -1/\sqrt{5} \\ -1/\sqrt{6} & 5/\sqrt{30} & 0 \end{bmatrix}$, $P^T A P = D = \begin{bmatrix} 1 & 0 & 0 \\ 0 & 7 & 0 \\ 0 & 0 & -3 \end{bmatrix}$

27-7 $P = \begin{bmatrix} 2/3 & 2/3 & 1/3 \\ 2/3 & -1/3 & -2/3 \\ 1/3 & -2/3 & 2/3 \end{bmatrix}$, $D = \begin{bmatrix} 3 & 0 & 0 \\ 0 & 6 & 0 \\ 0 & 0 & 9 \end{bmatrix}$

27-8 $P = \begin{bmatrix} 0 & 1/3 & 4/\sqrt{18} \\ 1/\sqrt{2} & -2/3 & 1/\sqrt{18} \\ 1/\sqrt{2} & 2/3 & -1/\sqrt{18} \end{bmatrix}$, $D = \begin{bmatrix} -9 & 0 & 0 \\ 0 & -9 & 0 \\ 0 & 0 & 9 \end{bmatrix}$

27-9 $P = \begin{bmatrix} 1 & 0 & 2 \\ 2 & 5 & -1 \\ 0 & 1 & 5 \end{bmatrix}$, $D = \begin{bmatrix} 15 & 0 & 0 \\ 0 & 15 & 0 \\ 0 & 0 & -15 \end{bmatrix}$

27-10 $P = \begin{bmatrix} 0 & 2 & 1 \\ 1 & 0 & 1 \\ 1 & 1 & 0 \end{bmatrix}$, $P^{-1}AP = D = \begin{bmatrix} 0 & 0 & 0 \\ 0 & -3 & 0 \\ 0 & 0 & 3 \end{bmatrix}$

27-11 (b) 不能對角化。

27-12 $P = \begin{bmatrix} 1 & 0 & 0 \\ -1 & 0 & 1 \\ -1 & -1 & 2 \end{bmatrix}$, $P^{-1}AP = J = \begin{bmatrix} 1 & 1 & 0 \\ 0 & 1 & 0 \\ 0 & 0 & 1 \end{bmatrix}$

27-13 $J = \begin{bmatrix} 1 & 0 & 0 \\ 0 & 2 & 1 \\ 0 & 0 & 2 \end{bmatrix}$

27-14　$J = \begin{bmatrix} 1 & 1 & 0 & 0 & 0 \\ 0 & 1 & 0 & 0 & 0 \\ 0 & 0 & 2 & 1 & 0 \\ 0 & 0 & 0 & 2 & 0 \\ 0 & 0 & 0 & 0 & 2 \end{bmatrix}$

27-15　$P = \begin{bmatrix} 1 & 0 & 0 & 0 & 0 & 0 \\ 0 & 1 & 0 & 0 & 0 & 0 \\ 0 & 0 & 1 & 0 & 0 & 0 \\ 0 & 0 & 0 & 0 & -1 & 1 \\ 0 & 0 & 0 & 1 & 0 & 0 \\ 0 & 0 & 1 & 0 & -1 & 0 \end{bmatrix}$, $P^{-1}AP = J = \begin{bmatrix} 1 & 1 & 0 & 0 & 0 & 0 \\ 0 & 1 & 1 & 0 & 0 & 0 \\ 0 & 0 & 1 & 0 & 0 & 0 \\ 0 & 0 & 0 & 1 & 1 & 0 \\ 0 & 0 & 0 & 0 & 1 & 0 \\ 0 & 0 & 0 & 0 & 0 & 1 \end{bmatrix}$

第二十八章

28-1　$P = \begin{bmatrix} 1 & 0 \\ -1 & 1 \end{bmatrix}$, $A^{30} = PDP^{-1} = \begin{bmatrix} 1 & 0 \\ -1 & 1 \end{bmatrix}\begin{bmatrix} 1 & 0 \\ 0 & 2^{30} \end{bmatrix}\begin{bmatrix} 1 & 0 \\ 1 & 1 \end{bmatrix} = \begin{bmatrix} 1 & 0 \\ 2^{30}-1 & 2^{30} \end{bmatrix}$

28-2　$P = \begin{bmatrix} 1 & 1 \\ -1 & 1 \end{bmatrix}$, $e^{ixA} = \begin{bmatrix} \frac{1}{2}(e^{i3x}+e^{ix}) & \frac{1}{2}(e^{i3x}-e^{ix}) \\ \frac{1}{2}(e^{i3x}-e^{ix}) & \frac{1}{2}(e^{i3x}+e^{ix}) \end{bmatrix}$

28-3　$e^A = Pe^D P^{-1} = \begin{bmatrix} 1 & 1 & 1 \\ -1 & 0 & 2 \\ 1 & -1 & 1 \end{bmatrix}\begin{bmatrix} e & 0 & 0 \\ 0 & e^2 & 0 \\ 0 & 0 & e^4 \end{bmatrix}\begin{bmatrix} 1 & 1 & 1 \\ -1 & 0 & 2 \\ 1 & -1 & 1 \end{bmatrix}^{-1}$

28-4　$\alpha = 25$, $\beta = -60$, $\gamma = 36$

28-5　$A^6 = 21A + 22I$

28-6　$f(A) = 4A - 2I = \begin{bmatrix} 2 & 8 \\ 8 & 2 \end{bmatrix}$

28-7　$\lim_{n\to\infty} A^n = 10A^2 - 13A + 4I$

28-8 (a) $Rank(A)=3$，(b) $A^{-1}=\begin{bmatrix} 3/2 & 1/2 & -5/2 \\ 1/2 & 1/2 & -1/2 \\ 1/2 & 1/2 & -3/2 \end{bmatrix}$ (c) $X_1=\begin{bmatrix} 3 \\ 2 \\ 1 \end{bmatrix}$，

$X_2=\begin{bmatrix} 1 \\ 0 \\ 1 \end{bmatrix}$，$X_3=\begin{bmatrix} 1 \\ 3 \\ 1 \end{bmatrix}$，(d) $A^m=PD^mP^{-1}=\begin{bmatrix} 3 & 1 & 1 \\ 2 & 0 & 3 \\ 1 & 1 & 1 \end{bmatrix}\begin{bmatrix} 1 & 0 & 0 \\ 0 & (-1)^m & 0 \\ 0 & 0 & 2^m \end{bmatrix}\begin{bmatrix} 3 & 1 & 1 \\ 2 & 0 & 3 \\ 1 & 1 & 1 \end{bmatrix}^{-1}$

28-9 (a) $\det(-A)^{10}=|A|^{10}=1$ (b) $\lambda(A^{10})$ 之特徵值為 $\lambda=1,1,1,1$ (c) $rank(A)=4$

(d) $X=c_1\begin{bmatrix} 1 \\ 0 \\ 0 \\ 0 \end{bmatrix}+c_2\begin{bmatrix} 0 \\ 0 \\ 0 \\ 1 \end{bmatrix}$，有兩個線性獨立特徵向量。

28-10 $e^{At}=Pe^JP^{-1}=\begin{bmatrix} 1 & 0 & 0 \\ 1 & 0 & 1 \\ 1 & 1 & -3 \end{bmatrix}\begin{bmatrix} e^{-t} & te^{-t} & 0 \\ 0 & e^{-t} & 0 \\ 0 & 0 & e^{-t} \end{bmatrix}\begin{bmatrix} 1 & 0 & 0 \\ 1 & 0 & 1 \\ 1 & 1 & -3 \end{bmatrix}^{-1}$

28-11 $B=X^TAX=X^T\begin{bmatrix} 1 & 3/2 & 0 \\ 3/2 & 0 & 0 \\ 0 & 0 & -4 \end{bmatrix}X$

28-12 $X=PV=\dfrac{1}{\sqrt{2}}\begin{bmatrix} 1 & 1 \\ 1 & -1 \end{bmatrix}\begin{bmatrix} v_1 \\ v_2 \end{bmatrix}$，$F=\lambda_1 v_1^2+\lambda_2 v_2^2=4v_1^2+6v_2^2$

28-13 $C=\dfrac{1}{\sqrt{5}}\begin{bmatrix} 2 & 1 \\ -1 & 2 \end{bmatrix}$，$Q=v_1^2+6v_2^2$

28-14 (a) X 在 $\lambda_1=7$ 之特徵空間內 $\{X_1\ X_2\}$ 故取 $X=X_1$ 即可 (b) $Q(X)=7y_1^2+7y_2^2-2y_3^2=0$

28-15 $\iint_D e^{x^2+xy+y^2}dA=\dfrac{2\pi}{\sqrt{3}}(1-e^3)$

第二十九章

29-1　　$z = c_3 e^{2t}$，$y = c_2 e^{2t} + 5c_3 t e^{2t}$，$x = c_1 e^{2t} + c_2 t e^{2t} + 5c_3 e^{2t} \dfrac{t^2}{2} + 6c_3 t e^{2t}$

29-2　　$x = 4$，$y = \dfrac{1}{3} e^{-t} - 5$

29-3　　$y(t) = \dfrac{2}{3}$，$x(t) = t - \dfrac{2}{3}$

29-4　　$x = -e^{-t}(\cos t + \sin t)$，$y = e^{-t} + e^{-t}\sin t$

29-5　　$A = \begin{bmatrix} 0 & 1 \\ 9 & 0 \end{bmatrix}$

29-6　　(1) $u = \begin{bmatrix} e^t + e^{-t} \\ e^{-t} \end{bmatrix}$，(2) $A^{9999} = \begin{bmatrix} 1 & -2 \\ 0 & -1 \end{bmatrix}$

29-7　　$X = \begin{bmatrix} 1 \\ 1 \end{bmatrix} e^{2t} + \begin{bmatrix} 1 \\ 2 \end{bmatrix} e^{3t}$

29-8　　$X = c_1 \begin{bmatrix} 1 \\ 0 \\ -1 \end{bmatrix} e^{8t} + c_2 \begin{bmatrix} 0 \\ 1 \\ -1 \end{bmatrix} e^{8t} + c_3 \begin{bmatrix} 1 \\ 1 \\ 1 \end{bmatrix} e^{11t}$

29-9　　$X = \begin{bmatrix} 1 \\ 1 \end{bmatrix} e^{-t} - \left(\begin{bmatrix} 1 \\ 1 \end{bmatrix} t e^{-t} + \begin{bmatrix} 0 \\ 1 \end{bmatrix} e^{-t} \right)$

29-10　　$X = c_1 \begin{bmatrix} 1 \\ -1 \end{bmatrix} e^{2t} + c_2 \left(\begin{bmatrix} 1 \\ -1 \end{bmatrix} t e^{2t} + \begin{bmatrix} 0 \\ 1 \end{bmatrix} e^{2t} \right)$

29-11　　$X = c_1 \begin{bmatrix} 0 \\ 1 \\ 1 \end{bmatrix} e^t + c_2 \left(\begin{bmatrix} 0 \\ 1 \\ 1 \end{bmatrix} t + \begin{bmatrix} 0 \\ 1 \\ 0 \end{bmatrix} \right) e^t + c_3 \left(\begin{bmatrix} 0 \\ 1 \\ 1 \end{bmatrix} \dfrac{t^2}{2} + \begin{bmatrix} 0 \\ 1 \\ 0 \end{bmatrix} + \begin{bmatrix} 1/2 \\ 0 \\ 0 \end{bmatrix} \right) e^t$

29-12 $X = c_1 \begin{bmatrix} 1 \\ 0 \\ 0 \end{bmatrix} e^{2t} + c_2 \left(\begin{bmatrix} 1 \\ 0 \\ 0 \end{bmatrix} t + \begin{bmatrix} 0 \\ 1 \\ 0 \end{bmatrix} \right) e^{2t} + c_3 \left(\begin{bmatrix} 1 \\ 0 \\ 0 \end{bmatrix} \frac{t^2}{2} + \begin{bmatrix} 0 \\ 1 \\ 0 \end{bmatrix} t + \begin{bmatrix} 0 \\ -6/5 \\ 1/5 \end{bmatrix} \right) e^{2t}$

29-13 $X = c_1 \begin{bmatrix} 1 \\ 0 \\ 0 \end{bmatrix} e^{2t} + c_2 \left(\begin{bmatrix} 1 \\ 0 \\ 0 \end{bmatrix} t + \begin{bmatrix} 0 \\ 1 \\ 0 \end{bmatrix} \right) e^{2t} + c_3 \left(\begin{bmatrix} 1 \\ 0 \\ 0 \end{bmatrix} \frac{t^2}{2} + \begin{bmatrix} 0 \\ 1 \\ 0 \end{bmatrix} t + \begin{bmatrix} 0 \\ -6/5 \\ 1/5 \end{bmatrix} \right) e^{2t}$

29-14 $Y = c_1 \begin{bmatrix} 4 \\ 1 \end{bmatrix} e^x + c_2 \begin{bmatrix} 1 \\ 1 \end{bmatrix} e^{-2x} + \begin{bmatrix} -\frac{9}{2} \\ -\frac{3}{2} \end{bmatrix} x + \begin{bmatrix} -\frac{15}{4} \\ -\frac{3}{4} \end{bmatrix} + \begin{bmatrix} 2 \\ \frac{3}{2} \end{bmatrix} e^{-x}$

29-15 $X = c_1 \begin{bmatrix} 3e^{2t} \\ -e^{2t} \end{bmatrix} + c_2 \begin{bmatrix} e^{6t} \\ e^{6t} \end{bmatrix} + \begin{bmatrix} -\frac{10}{3} \\ \frac{2}{3} \end{bmatrix} + \begin{bmatrix} -4e^{3t} \\ 0 \end{bmatrix}$

29-16 $X = c_1 \begin{bmatrix} 1 \\ -2 \end{bmatrix} + c_2 \begin{bmatrix} 2 \\ 1 \end{bmatrix} e^{5t} - \frac{1}{10} \begin{bmatrix} 5 \\ 8 \end{bmatrix} e^t$

29-17 $Y = c_1 \begin{bmatrix} 1 \\ 1 \end{bmatrix} e^{-2t} + c_2 \begin{bmatrix} 4 \\ 1 \end{bmatrix} e^t + \frac{1}{3} \begin{bmatrix} 13t - \frac{1}{2} \\ -t + 2 \end{bmatrix}$

29-18 $x(t) = 100 e^{-\frac{3}{100}t} \cos\left(\frac{\sqrt{3}}{100}t\right)$, $y(t) = 100\sqrt{3} e^{-\frac{3}{100}t} \sin\left(\frac{\sqrt{3}}{100}t\right)$

第三十章

30-1 $\arg\left(\dfrac{z_1 z_2}{z_3}\right) = \dfrac{\pi}{4} + \dfrac{\pi}{3} - \dfrac{11\pi}{6} = -\dfrac{5\pi}{4}$

30-2 $\arg(z) = \dfrac{5\pi}{4}$

30-3 $z_1 = e^{i\left(\frac{\pi}{6}\right)} = \dfrac{\sqrt{3}}{2} + \dfrac{1}{2}i$, $z_2 = e^{i\left(\frac{5\pi}{6}\right)} = -\dfrac{\sqrt{3}}{2} + \dfrac{1}{2}i$, $z_3 = e^{i\left(\frac{3\pi}{2}\right)} = -i$

30-4 $z_1 = 6$，$z_2 = 6e^{i\frac{2\pi}{3}}$，$z_3 = 6e^{i\frac{4\pi}{3}}$

30-5 $z = \frac{13}{2} + i\frac{1+3\sqrt{26}}{2}$，$z = -\frac{5}{2} + i\frac{1-3\sqrt{26}}{2}$

第三十一章

31-1 在 $x^2 + y^2 = 1$ 上各點是可微分，其餘點不可微分。沒有解析點。

31-2 只有在 $z = 0$ 是可微分。每一點皆為不可解析。

31-3 (a) $f(z) = \text{Re}\{z^2\}$ 在 $z = 0$ 是可微分，其餘點不可微分；(b) $f(z) = z - \bar{z}$ 不是全函數；(c) $f(z) = z + \frac{1}{z}$ $z = 0$ 是不可微分，其餘點可微分，不是全函數；(d) $f(z) = e^z$ 為全函數。

31-4 $f(z) = (x^2 - x - y^2) + i(2xy - y + c) = z^2 - z + c_2$

31-5 (1) $f(z) = \frac{1}{3-z}$ 除 $z = 3$ 外為解析函數；(2) $f(z) = 3|z|^2$ 不是可解析函數。

31-6 $v(x, y) = \sinh x \sin y + c$

31-7 $a = -3$，$b = -1$，$v(x, y) = 3x^2 y + 2xy^2 - y^3 - x^3 + c$

31-8 (a) $\frac{d}{dx} f(x) = \begin{cases} 1; & x > 0 \\ \text{Not Exist}; & x = 0 \\ -1; & x < 0 \end{cases}$ (b) $f(z) = |z|$，$z \in C$ 為不可微分。

31-9 略

31-10 只有在 $z = 0$ 是可微分，每一點皆為不可解析，也都不是奇異點。

第三十二章

32-1 (1) $v(x, y) = e^x \sin y + 2xy + c$ (2) $F(z) = e^z + z^2 + c$ (3) $F'(z) = e^z + 2z$

32-2 不是

32-3　實部 $u = \dfrac{3}{2}e\cdot\cos 2 + \dfrac{1}{2e}\cos 2 + \cos 1\cdot\cosh 2$ ；虛部 $v = \dfrac{3}{2}e\cdot\sin 2 - \dfrac{1}{2e}\sin 2 - \sin 1\cdot\sinh 2$

32-4　$\sin\left(\dfrac{\pi}{2} + \sqrt{2}i\right) = \cosh\sqrt{2}$

32-5　$z = \left(\dfrac{4n+1}{2}\right)\pi + i\cosh^{-1}2$ ；$n = 0, \pm 1, \pm 2, \cdots$

32-6　$z = \left(\dfrac{4n+1}{2}\right)\pi + i4$ ；$n = 0, \pm 1, \pm 2, \cdots$

32-7　(C) $\sinh z = \dfrac{1}{2}\left(e^z - e^{-z}\right)$　(D) $\cosh z = \dfrac{1}{2}\left(e^z + e^{-z}\right)$

32-8　$\sin^{-1} 3 = \left(\dfrac{\pi}{2} + 2n\pi\right) - i\ln\left(3 \pm \sqrt{8}\right)$ ，$n = 0, 1, 2, \cdots$

32-9　$z = (1+i)^{1-i} = e^{\frac{1}{2}\ln 2 + \frac{\pi}{4} + i\left(\frac{\pi}{4} - \frac{1}{2}\ln 2\right)}$

32-10　$\ln(-4i) = \ln 4 + i\left(\dfrac{3\pi}{2} + 2n\pi\right)$ ，$n = 0, 1, 2, \cdots$

32-11　$\ln z = \ln 2 + i\left(\dfrac{\pi}{4} + 2n\pi\right)$ ，$n = 0, 1, 2, \cdots$

第三十三章

33-1　$\displaystyle\int_0^{\frac{\pi}{6}} e^{i2t}\,dt = \dfrac{\sqrt{3}}{4} + i\dfrac{1}{4}$

33-2　$\displaystyle\int_C y\,dz = -\dfrac{1}{2} + i\dfrac{1}{2}$

33-3　$\displaystyle\oint_C \dfrac{1}{z}\,dz = \ln|2+4i| - i\dfrac{\pi}{2}$

33-4　$\displaystyle\int_C \overline{z}\,dz = \dfrac{5}{6} + i\dfrac{1}{3}$

33-5 $\oint \dfrac{e^{2z}}{z-3}dz = 2\pi i e^6$

33-6 $\oint_{|z|=2} \dfrac{z^3+3z-5}{z-1}dz = -2\pi i$

33-7 $\oint_C \dfrac{e^z}{(z-2)z^2}dz = 2\pi i\left(-\dfrac{3}{4}+\dfrac{e^2}{4}\right)$

33-8 $\oint_C \dfrac{5z^2-3z+2}{(z-1)^3}dz = 10\pi i$

33-9 $\oint_C \dfrac{e^{2z}}{(z-1)^3}dz = 4e^2\pi i$

33-10 略

第三十四章

34-1 False

34-2 $c_2 = \dfrac{1}{8}$, $c_{-2} = 1$

34-3 $\dfrac{1}{1+z} = \dfrac{1}{1-2i} - \dfrac{z+2i}{(1-2i)^2} + \dfrac{(z+2i)^2}{(1-2i)^3} + \cdots$, $|z+2i| < \sqrt{5}$

34-4 (a) $\dfrac{1}{1-z^2} = 1 - z^2 + z^4 + \cdots$, $|z| < 1$ (b) $\dfrac{1}{1-z^2} = -\dfrac{1}{z^2} - \dfrac{1}{z^4} - \cdots$, $1 < |z| < 2$

34-5 $\dfrac{z+1}{z^2+4} = \dfrac{2-i}{4}\dfrac{1}{z-2i} + \dfrac{2+i}{16i}\left(1 - \dfrac{z-2i}{4i} + \left(\dfrac{z-2i}{4i}\right)^2 + \cdots\right)$

34-6 (a) $\dfrac{1}{z^4-z^5} = -\dfrac{1}{z^5} - \dfrac{1}{z^6} - \dfrac{1}{z^7} + \cdots$; (b) $\oint_C \dfrac{1}{z^4-z^5}dz = 2\pi i$

34-7 $f(z) = -\left(\dfrac{1}{2}\dfrac{1}{z-1} + \dfrac{3}{2^2} + \dfrac{3}{2^3}(z-1) + \dfrac{3}{2^4}(z-1)^2 + \cdots\right)$

34-8 $\lim\limits_{z\to i}\left((z-i)\dfrac{\cos z}{z^2+1}\right) = \dfrac{\cosh 1}{2i}$

34-9 $\displaystyle\operatorname*{Res}_{z=0}\left(\frac{z-\sin z}{z}\right)=0$

34-10 $\displaystyle\operatorname*{Res}_{z=0}\left(\frac{1-e^{2z}}{z^4}\right)=-\frac{8}{3!}=-\frac{4}{3}$

34-11 $z=\dfrac{2}{(2n-1)\pi}-1$ 為一階極點

34-12 $z=0$ 二階極點

第三十五章

35-1 $6\pi i$

35-2 $2\pi i$

35-3 $\displaystyle\oint_C \frac{1}{z^2-4}dz=0$

35-4 (a) $f(z)=-\dfrac{1}{5z}\left(1+\dfrac{2}{z}+\left(\dfrac{2}{z}\right)^2+\cdots\right)+\dfrac{1}{15}\left(1-\dfrac{z}{3}+\left(\dfrac{z}{3}\right)^2-+\cdots\right)$ (b) $2\pi i$

35-5 (a) $z=\dfrac{2}{(2n-1)\pi}-1$,$n=1,2,\cdots$ 為孤立奇異點。 (b) $\displaystyle\oint_C \frac{z+3}{z(z-\pi)(z-7)}dz=0$

35-6 (E)

35-7 $\displaystyle\oint_C \frac{2z^3+z^2+4}{z^4+4z^2}dz=-4\pi i$

35-8 $\displaystyle\oint_C \frac{e^z}{z^2(z^2-2z-3)}dz=2\pi i\left(-\frac{1}{9}+\frac{1}{36}e^3-\frac{1}{4e}\right)$

35-9 $\displaystyle\oint_C \frac{z^2\sin z}{4z^2-1}dz=2\pi i\left(\frac{1}{8}\sin\left(\frac{1}{2}\right)\right)$

35-10 $\displaystyle\oint_C \frac{\cos az}{z^2+1}dz=\pi\cosh(a)$

35-11 $\displaystyle\oint_C \frac{\sin^2 z}{z^4}dz=0$

35-12 $\oint_C \dfrac{\exp(z)}{\exp(z)-2} dz = 2\pi i$

35-13 $\oint_L \dfrac{\exp(z)-2}{\exp(z)} dz = 0$

35-14 $\oint_C z e^{\frac{1}{z}} dz = \pi i$

35-15 若圍線：$C: |z|=r$，$r>0$，逆時針，則 $\oint_C \dfrac{1}{z} dz = 2\pi i$

35-16 $\oint_{|z|=5} \dfrac{1}{z^6 (z+2)^2} dz = 0$

第三十六章

36-1 $\displaystyle\int_0^{2\pi} \dfrac{1}{k+\cos\theta} d\theta = \dfrac{2\pi}{\sqrt{k^2-1}}$

36-2 $\displaystyle\int_0^{2\pi} \dfrac{1}{2-\cos\theta} d\theta = \dfrac{2\pi}{\sqrt{3}}$

36-3 $\displaystyle\int_0^{2\pi} \dfrac{1}{\sqrt{2}-\cos\theta} d\theta = 2\pi$

36-4 $\displaystyle\int_0^{2\pi} \dfrac{1}{5+3\sin\theta} d\theta = \dfrac{\pi}{2}$

36-5 $\displaystyle\int_0^{2\pi} \dfrac{\cos 3\theta}{5-4\cos\theta} d\theta = \dfrac{\pi}{12}$

36-6 $\displaystyle\int_0^{2\pi} \dfrac{1}{1-2p\cos\theta+p^2} d\theta = \dfrac{2\pi}{1-p^2}$

36-7 $\displaystyle\int_0^{\infty} \dfrac{x^2}{(x^2+4)^2} dx = \dfrac{\pi}{8}$

36-8 $\displaystyle\int_{-\infty}^{\infty} \dfrac{1}{(x^2+1)(x^2+4)} dx = \dfrac{\pi}{6}$

36-9 $\displaystyle\int_0^{\infty} \dfrac{1}{1+x^2} dx = \dfrac{\pi}{2}$

36-10　$\displaystyle\int_{-\infty}^{\infty}\frac{dx}{(1+x^2)^3}=\frac{3}{8}\pi$

36-11　$\displaystyle\int_{0}^{\infty}\frac{1}{a^4+x^4}dx=\frac{\sqrt{2}\pi}{2a^3}$

36-12　$I=-\dfrac{3}{2}\pi$

36-13　$\displaystyle\int_{-\infty}^{\infty}\frac{1}{(x+1)(x^2+2)}dx=\frac{\sqrt{2}}{6}\pi$

36-14　$\displaystyle\int_{-\infty}^{\infty}\frac{x\cos x}{(x-1)(x-2)}dx=\pi(\sin 1-2\sin 2)$

36-15　(h)　0.5π

36-16　$\displaystyle\int_{-\infty}^{\infty}\frac{e^{i\pi x}}{x-x^5}dx=\pi\left(\frac{3}{2}-\frac{1}{2}e^{-\pi}\right)$

36-17　$\displaystyle\int_{0}^{\infty}\frac{x^a}{(1+x)^2}dx=\frac{a\pi}{\sin a\pi}$

36-18　$\displaystyle\int_{0}^{\infty}\frac{x^{a-1}}{1+x^3}dx=\frac{\pi}{3\sin\dfrac{a\pi}{3}}$

36-19　$I=\displaystyle\int_{0}^{\infty}\frac{\ln x}{x^2+b^2}dx=\frac{\pi\ln b}{2b}$

36-20　$\displaystyle\int_{0}^{\infty}\frac{\ln^2 x}{b^2+x^2}dx=\frac{\pi}{2b}\ln^2 b+\frac{\pi^3}{8b}$